生命科学前沿及应用生物技术大系·典藏版

MicroRNAs: From Basic Science to Disease Biology

MicroRNA
——从基础科学到疾病生物学

〔美〕K. 阿帕萨尼　主编
陈月琴　屈良鹄 等　译

科 学 出 版 社
北 京

图字：01-2008-5510号

内 容 简 介

本书是一本全面而详尽地反映当前国际上microRNA（miRNA）研究进展的专著，全书共分6篇38章，主要讲述关于miRNA 的发现及其在疾病诊断和药物研发领域中的应用。内容包括：各种模式生物中miRNA的发现，miRNA定量、定性检测的方法与应用，高通量miRNA分析的计算机RNA组学，miRNA的功能及RNAi介导的途径，干细胞发育过程中的miRNA，疾病生物学中的miRNA调控等miRNA研究的现状、存在的问题和应用前景。本书的特点是将miRNA的基础生物学研究和疾病诊断与药物研发整合为一体呈递给读者。

本书可供细胞生物学、分子生物学、功能基因组学、RNA组学、基础与临床医学、生物技术、药学以及农牧等方面的科研教学人员、研究生、临床医生和生物医药公司的研发决策者参考使用。

图书在版编目（CIP）数据

MicroRNA：从基础科学到疾病生物学 /（美）阿帕萨尼（Appasani. K.）主编；陈月琴，屈良鹄等译. —北京：科学出版社，2010.9（2017.4重印）
（应用生物技术大系）

ISBN 978-7-03-028689-5

Ⅰ.①M… Ⅱ.①阿… ②陈… Ⅲ.①核糖核酸-生物技术-研究 Ⅳ.①Q522
中国版本图书馆CIP数据核字（2010）第161677号

责任编辑：莫结胜 刘 晶 / 责任校对：张凤琴
责任印制：徐晓晨 / 封面设计：耕者设计工作室

科学出版社 出版
北京东黄城根北街16号
邮政编码：100717
http：//www.sciencep.com

中煤（北京）印务有限公司印刷
科学出版社发行 各地新华书店经销
*
2010年9月第 一 版 开本：787×1092 1/16
2010年9月第一次印刷 印张：29 1/2
2025年1月第三次印刷 字数：700 000

定价：120.00元
（如有印装质量问题，我社负责调换）

MicroRNA

microRNA（miRNA）是一种进化保守的RNA分子，它能调节基因的表达。近年来，microRNA的发现对基础生物医学研究和药物开发已产生了革命性的影响。由于microRNA在不同的组织和发育阶段中表现出不同的表达水平，因此，我们有可能通过分析microRNA的表达谱，来鉴定众多不同的生物反应过程中的调节点。目前，来自学术界以及产业界的首席专家们所发表的一系列关于microRNA的研究论文和相关资料，为那些希望将microRNA技术应用到他们的研究中的科研人员（包括研究生、博士后、科研机构的研究员，以及那些在生物技术公司和制药公司研发部门工作并需要了解这项新兴技术的研究者）提供了宝贵的资源。本书回顾了从microRNA的发现到功能研究，以及microRNA在疾病发生发展中作用的研究历程，有机地结合了基础科学和应用科学，包括药物认证、诊断学和治疗策略的发展。

Krishnarao Appasani是“基因表达系统”（一家基因鉴定公司，专注于功能基因组的肿瘤研究）的创建人和首席执行官。他也是《RNA干涉：从基础科学到药物开发》（2005）一书的编者。

献给我的妻子 Shyamala，感谢她 25 年的陪伴。

编　　者

Hatim T. Allawi
Third Wave Technologies, Inc.
502 S. Rosa Rd
Madison, WI 53719-1256, USA

Sidney Altman
Department of Molecular, Cell and Developmental Biology
Yale University
New Haven, CT 06520, USA

Ines Alvarez-Garcia
The Wellcome Trust/Cancer Research UK
Gurdon Institute and Department of Biochemistry
The Henry Wellcome Building of Cancer and Developmental Biology
University of Cambridge
Tennis Court Road
Cambridge CB2 1QN, United Kingdom

Victor R. Ambros
Department of Genetics
Dartmouth Medical School
Maynard Street
Hanover, NH 03755, USA

Parker B. Antin
Department of Cell Biology and Anatomy
University of Arizona
PO Box 245044
Life Sciences North 462
1501 N. Campbell Avenue
Tucson, AZ 85724-5044, USA

Krishnarao Appasani
GeneExpression Systems, Inc.
PO Box 540170
Waltham, MA 02454, USA

Norio Asou
Department of Hematology
Kumamoto University School of Medicine
1-1-1 Honjo
Kumamoto 860-8556, Japan

John Barnes
Department of Human Genetics
Emory University
615 Michael Street
Atlanta, GA 30322, USA

Ergin Beyret
Department of Cell Biology and Yale Stem Cell Center
Yale University School of Medicine
333 Cedar Street, SHM I-213
New Haven, CT 06511, USA

Graham J. Brock
Ordway Research Institute
150 New Scotland Avenue
Albany, NY 12208, USA

George Adrian Calin
Center for Human Cancer Genetics
The Ohio State University Comprehensive Cancer Center
385L Comprehensive Cancer Center
410 West 10th Avenue
Columbus, OH 43210, USA

Jinhong Chang
Fox Chase Cancer Center
333 Cottman Avenue

Philadelphia, PA 19111, USA

Yue-Qin Chen
Biotechnology Research Center
Key Laboratory of Gene Engineering of the Ministry of Education
Zhongshan University
Guangzhou, 510275, People's Republic of China

Caifu Chen
Research & Development
Applied Biosystems
850 Lincoln Centre Drive
Foster City, CA 94404, USA

Silvia Anna Ciafè
Experimental Medicine and Biochemical Sciences
University of Rome
Via Montpellier 1, Rome 00133, Italy

Amelia Cimmino
Center for Human Cancer Genetics
The Ohio State University Comprehensive Cancer Center
385L Comprehensive Cancer Center
410 West 10th Avenue
Columbus, OH 43210, USA

Carlo Maria Croce
Center for Human Cancer Genetics
The Ohio State University Comprehensive Cancer Center
385L Comprehensive Cancer Center
410 West 10th Avenue
Columbus, OH 43210, USA

Dean J. Danner (deceased)
Department of Human Genetics
Emory University
615 Michael Street, Room 305C
Atlanta, GA 30322, USA

Diana K. Darnell
Department of Cell Biology and Anatomy
University of Arizona
PO Box 245044
Life Sciences North 462
1501 N. Campbell Avenue
Tucson, AZ 85724-5044, USA

Sean Davey
Department of Cell Biology and Anatomy
University of Arizona
PO Box 245044
Life Sciences North 462
1501 N. Campbell Avenue
Tucson, AZ 85724-5044, USA

Matthias Eder
Hanover Medical School
Center for Internal Medicine
Department of Hematology and Oncology
Carl-Neuberg Strasse 1
D-30623 Hanover, Germany

Anton J. Enright
Computational and Functional Genomics
The Wellcome Trust Sanger Institute
Wellcome Trust Genome Campus
Hinxton, Cambridge CB10 1SA, United Kingdom

Muller Fabbri
Center for Human Cancer Genetics
The Ohio State University Comprehensive Cancer Center
385L Comprehensive Cancer Center
410 West 10th Avenue
Columbus, OH 43210, USA

Yoichi R. Fujii
Molecular Biology and Retroviral Genetics Group
Division of Nutritional Sciences
Graduate School of Pharmaceutical Sciences

Nagoya City University
Nagoya 467-8603, Japan

Michael Gallo
Epic Therapeutics, Inc.
220 Norwood Park
Norwood, MA 02062, USA

Joanne Garver
US Genomics, Inc.
12 Gill Street, Suite 4700
Woburn, MA 01801, USA

Ramiro Garzon
Center for Human Cancer Genetics
The Ohio State University Comprehensive Cancer Center
385L Comprehensive Cancer Center
410 West 10th Avenue
Columbus, OH 43210, USA

Michael Greenberg
Department of Neurobiology
Children's Hospital, 300 Longwood Avenue
Harvard Medical School
Boston, MA 02115, USA

Finn Grey
Vaccine & Gene Therapy Institute
Oregon Health & Sciences University
Portland, OR 97201, USA

Dominic Grün
Center for Functional Comparative Genomics
Department of Biology, NYU, 1009 Main Building
100 Washington Square East
New York, NY 10003-6688, USA

Sam Griffiths-Jones
Computational and Functional Genomics
The Wellcome Trust Sanger Institute
Wellcome Trust Genome Campus
Hinxton, Cambridge CB10 1SA, United Kingdom

Steven R. Gullans
RxGen, Inc.
New Haven, CT, USA

Maria Hackett
Novartis Institutes for Biomedical Research
250 Massachusetts Avenue
Cambridge, MA 02139, USA

Joshua W. Hagen
Memorial Sloan-Kettering Institute
Department of Developmental Biology
521 Rockefeller Research Labs
1275 York Avenue, Box 252
New York, NY 10021, USA

Annick Harel-Bellan
Laboratoire Oncogenese, Differenciation et Transduction du Signal
CNRS UPR 9079
Institut Andre Lwoff,
Batiment B, 1er Etage
7 rue Guy Moquet
94800 Villejuif, France

Brian D. Harfe
Department of Molecular Genetics & Microbiology
University of Florida College of Medicine
1600 SW Archer Road
Gainesville, FL 32610-0266, USA

John Harris
US Genomics, Inc.
12 Gill Street, Suite 4700
Woburn, MA 01801, USA

Artemis G. Hatzigeorgiou
University of Pennsylvania
Center for Bioinformatics
1407 Blockley Hall/6021
Philadelphia, PA 19104-6021, USA

Alec J. Hirsch
Vaccine & Gene Therapy Institute
Oregon Health & Sciences University
Portland, OR 97201, USA

Hristo B. Houbaviy
Department of Cell Biology
University of Medicine & Dentistry of New Jersey
Two Medical Center Drive
Stratford, NJ 08084-1489, USA

David T. Humphreys
Molecular Genetics Program
Victor Chang Cardiac Research Institute
384 Victoria Street, Darlinghurst
Sidney, NSW 2010 Australia

Gregory J. Hurteau
Ordway Research Institute
150 New Scotland Avenue
Albany, NY 12208, USA

Tyler Jacks
Massachusetts Institute of Technology
Department of Biology and Center for Cancer Research
40 Ames Street, E17-518
Cambridge, 02139 MA, USA

Peng Jin
Department of Human Genetics
Emory University School of Medicine
615 Michael Street, Room 325.1
Atlanta, GA 30322, USA

Sakari Kauppinen
Wilhelm Johannsen Centre for Functional Genome Research
Institute of Medical Biochemistry and Genetics
University of Copenhagen
Blegdamsvej 3
DK-2200 Copenhagen North, Denmark
and
Santaris Pharma
Boge Alle 3
Horshol DK-2970, Denmark

Simran Kaur
Department of Cell Biology and Anatomy
University of Arizona
PO Box 245044
Life Sciences North 462
1501 N. Campbell Avenue
Tucson, AZ 85724-5044, USA

Jay H. Konieczka
Department of Cell Biology and Anatomy
University of Arizona
PO Box 245044
Life Sciences North 462
1501 N. Campbell Avenue
Tucson, AZ 85724-5044, USA

Tomoko Kozu
Division of Cancer Treatment
Research Institute for Clinical Oncology
Saitama Cancer Center
818 Komuro, Ina, Saitama 362-0806, Japan

Madhu S. Kumar
Massachusetts Institute of Technology
Department of Biology and Center for Cancer Research
40 Ames Street, E17-518
Cambridge, 02139 MA, USA

Eric C. Lai
Memorial Sloan-Kettering Institute
Department of Developmental Biology
521 Rockefeller Research Labs
1275 York Avenue, Box 252
New York, NY 10021, USA

Kaiqin Lao
Advanced Research Technology
Applied Biosystems

850 Lincoln Center Drive
Foster City, CA 94404, USA

Yu Liang
Research & Development
Applied Biosystems
850 Lincoln Centre Drive
Foster City, CA 94404, USA

Bing Lim
Stem Cell and Developmental Biology
Genome Institute of Singapore
60 Biopolis Street, #02-01, Genome
Singapore 138672

Haifan Lin
Department of Cell Biology and Yale Stem Cell Center
Yale University School of Medicine
333 Cedar Street, SHM I-213
New Haven, CT 06511, USA

Shi-Lung Lin
Department of Cell and Neurobiology
Keck School of Medicine
University of Southern California
1333 San Pablo Street, BMT-403
Los Angeles, CA 90033-9112, USA

Yu-Chun Luo
Biotechnology Research Center
Key Laboratory of Gene Engineering of the Ministry of Education
Zhongshan University
Guangzhou, 510275, People's Republic of China

Victor I. Lyamichev
Third Wave Technologies, Inc.
502 S. Rosa Rd
Madison, WI 53719-1256, USA

Danielle M. Maatouk
Department of Molecular Genetics & Microbiology
University of Florida College of Medicine
1600 SW Archer Road
Gainesville, FL 32610-0266, USA

David I. K. Martin
Molecular Genetics Program
Victor Chang Cardiac Research Institute
384 Victoria Street, Darlinghurst
Sidney, NSW 2010, Australia

Stephen McLaughlin
US Genomics, Inc.
12 Gill Street, Suite 4700
Woburn, MA 01801, USA

Joshua T. Mendell
Program in Human Genetics and Molecular Biology
Institute of Genetic Medicine
Johns Hopkins University School of Medicine
Baltimore, MD 21205, USA

Molly Megraw
University of Pennsylvania
Center for Bioinformatics
1407 Blockley Hall/6021
Philadelphia, PA 19104-6021, USA

Benjamin Mersey
Department of Human Genetics
Emory University
615 Michael Street
Atlanta, GA 30322, USA

Joseph D. Miller
Department of Cell and Neurobiology
Keck School of Medicine
University of Southern California
1333 San Pablo Street, BMT-403
Los Angeles, CA 90033-9112, USA

Eric A. Miska
The Wellcome Trust/Cancer Research UK
Gurdon Institute and Department of Biochemistry

The Henry Wellcome Building of Cancer and Developmental Biology
University of Cambridge
Tennis Court Road
Cambridge CB2 1QN, United Kingdom

Mark Nadel
US Genomics, Inc.
12 Gill Street, Suite 4700
Woburn, MA 01801, USA

Irina Naguibneva
Laboratoire Oncogenese, Differenciation et Transduction du Signal
CNRS UPR 9079
Institut Andre Lwoff,
Batiment B, 1er Etage
7 rue Guy Moquet
94800 Villejuif, France

Lori A. Neely
Technology & Pre-Development
Millipore Corp.
80 Ashby Rd.
Bedford, MA 01730, USA

Jay A. Nelson
Vaccine & Gene Therapy Institute
Oregon Health & Sciences University
Portland, OR 97201, USA

Kathryn A. O'Donnell
Program in Human Genetics and Molecular Biology
Institute of Genetic Medicine
Johns Hopkins University School of Medicine
Baltimore, MD 21205, USA

Javier F. Palatnik
Molecular Biology Division
IBR-Institute of Molecular and Cellular Biology of Rosario
Suipacha 531
2000 Rosario, Argentina

Sonal Patel
US Genomics, Inc.
12 Gill Street, Suite 4700
Woburn, MA 01801, USA

Anna Polesskaya
Laboratoire Oncogenese, Differenciation et Transduction du Signal
CNRS UPR 9079
Institut Andre Lwoff,
Batiment B, 1er Etage
7 rue Guy Moquet
94800 Villejuif, France

Thomas Preiss
Molecular Genetics Program
Victor Chang Cardiac Research Institute
384 Victoria Street, Darlinghurst
Sidney, NSW 2010, Australia

Liang-Hu Qu
Biotechnology Research Center
Key Laboratory of Gene Engineering of the Ministry of Education
Zhongshan University
Guangzhou, 510275, People's Republic of China

Nikolaus Rajewsky
Assistant Prof. of Biology and Mathematics
New York University
Center for Functional Comparative Genomics
Department of Biology, NYU, 1009 Main Building
100 Washington Square East
New York, NY 10003-6688, USA
and
MDC/Charite Medical University
Max Delbruck Centrum for Molecular Medicine
Berlin-Buch
13092 Berlin, Germany

Marc Rehmsmeier
Universität Bielefeld

Center for Biotechnology (CeBiTec)
33594 Bielefeld, Germany

Jason R. Rock
Department of Molecular Genetics & Microbiology
University of Florida College of Medicine
1600 SW Archer Road
Gainesville, FL 32610-0266, USA

Ramiro E. Rodriguez
Molecular Biology Division
IBR-Institute of Molecular and Cellular Biology of Rosario
Suipacha 531
2000 Rosario, Argentina

Pål Sætrom
Interagon AS
Laboratoriesenteret
Medisinsk Teknisk Senter
NO-7489 Trondheim, Norway

Michaela Scherr
Hanover Medical School
Center for Internal Medicine
Department of Hematology and Oncology
Carl-Neuberg Strasse 1
D-30623, Hanover, Germany

Carla Schommer
Department of Molecular Biology
Max Plank Institute for Developmental Biology
Tubingen 72076, Germany

Gerhard Schratt
University of Heidelberg
Interdisciplinary Center for Neurosciences
Im Neuenheimer Feld 345, Room 160
D-69120 Heidelberg, Germany

Praveen Sethupathy
University of Pennsylvania
Center for Bioinformatics
1407 Blockley Hall/6021
Philadelphia, PA 19104-6021, USA

Neil R. Smalheiser
University of Illinois at Chicago
Psychiatric Institute
1601 W. Taylor Street
Chicago, IL 60612, USA

Ola Snøve Jr.
Interagon AS
Laboratoriesenteret
Medisinsk Teknisk Senter
NO-7489 Trondheim, Norway

Takashi Sonoki
Department of Hematology and Oncology
Wakayama Medical University
Kimi-idera 811-1
Wakayama 641-8510, Japan

Simon D. Spivack
Human Toxicology & Molecular Epidemiology
Wadsworth Center
NYS Department of Health
Albany, NY 12201, USA

Stacey Stanislaw
Department of Cell Biology and Anatomy
University of Arizona
PO Box 245044
Life Sciences North 462
1501 N. Campbell Avenue
Tucson, AZ 85724-5044, USA

M. Azim Surani
The Wellcome Trust/Cancer Research UK
Gurdon Institute of Cancer and Developmental Biology
University of Cambridge
Tennis Court Road
Cambridge CB2 1QR, United Kingdom

Keith Szulwach
Department of Human Genetics
Emory University School of Medicine
615 Michael Street, Room 325.1
Atlanta, GA 30322, USA

Ruoying Tan
Research & Development
Applied Biosystems
850 Lincoln Centre Drive
Foster City, CA 94404, USA

Fuchou Tang
The Wellcome Trust/Cancer Research UK
Gurdon Institute of Cancer and Developmental Biology
University of Cambridge
Tennis Court Road
Cambridge CB2 1QR, United Kingdom

Yvonne Tay
Stem Cell and Developmental Biology
Genome Institute of Singapore
60 Biopolis Street, #02-01, Genome
Singapore 138672

John M. Taylor
Fox Chase Cancer Center
333 Cottman Avenue
Philadelphia, PA 19111, USA

Andrew M. Thomson
Stem Cell and Developmental Biology
Genome Institute of Singapore
60 Biopolis Street, #02-01, Genome
Singapore 138672

Vetle I. Torvik
University of Illinois at Chicago
Psychiatric Institute
1601 W. Taylor Street
Chicago, IL 60612, USA

Andrea Ventura
Massachusetts Institute of Technology
Department of Biology and Center for Cancer Research
40 Ames Street, E17-518
Cambridge, 02139 MA, USA

Jia-Fu Wang
Biotechnology Research Center
Key Laboratory of Gene Engineering of the Ministry of Education
Zhongshan University
Guangzhou, 510275, People's Republic of China

Belinda J. Westman
Molecular Genetics Program
Victor Chang Cardiac Research Institute
384 Victoria Street, Darlinghurst
Sidney, NSW 2010 Australia

Duncan Whitney
US Genomics, Inc.
12 Gill Street, Suite 4700
Woburn, MA 01801, USA

Linda Wong
Research & Development
Applied Biosystems
850 Lincoln Centre Drive
Foster City, CA 94404, USA

Tatiana A. Yatskievych
Department of Cell Biology and Anatomy
University of Arizona
PO Box 245044
Life Sciences North 462
1501 N. Campbell Avenue
Tucson, AZ 85724-5044, USA

Shao-Yao Ying
Department of Cell and Neurobiology
Keck School of Medicine
University of Southern California

1333 San Pablo Street, BMT-403
Los Angeles, CA 90033-9112, USA

Hui Zhou
Biotechnology Research Center
Key Laboratory of Gene Engineering of the Ministry of Education
Zhongshan University
Guangzhou, 510275, People's Republic of China

译　者　序

近年来，RNA 科学和技术在前沿研究中受到前所未有的关注。2004 年 *Science* 杂志评选的十大科技突破以“隐蔽的 DNA 宝藏”为题，指出在占人类基因组 90%以上的所谓“垃圾 DNA”中存在大量非编码 RNA 基因。2006 年的诺贝尔生理学或医学奖授予了发现“双链 RNA 引发基因沉默”的 Andrew Fire 和 Craig Mello。非编码 RNA 的研究已成为后基因组时代的科学前沿和功能基因组研究的重要内容，它不仅将揭示一个全新的由 RNA 介导的遗传信息表达调控网络，从不同于蛋白质编码基因的角度来注释和阐明生命体的遗传、进化和疾病发生发展的本质，而且将从基因调控水平来阐明细胞分化和疾病发生的本质，为人类重要疾病的研究和治疗提供新的技术和思路。

microRNA（缩写为 miRNA，译为微 RNA）是一类长度在 21 个核苷酸左右的微小 RNA，也是细胞中重要的调控型非编码 RNA。近期的研究已揭示，miRNA 在基因转录和转录后加工、细胞分化和个体发育、遗传和表观遗传等几乎所有的重要生命活动中发挥重要作用。目前已发现很多复杂的疾病与 miRNA 有关，如一些 miRNA 起癌性基因或抑癌基因作用，其变异将导致细胞发育异常或产生癌变。这些发现引起了全世界的关注，对 miRNA 的鉴定挖掘及对其功能的探索已成为生命科学研究的热点和前沿。

虽然 miRNA 的研究在世界各国都已得到不同程度的发展，在中国也引起了极大的关注，但目前我国仍然没有这方面研究的专门书籍出版，所以通过该书系统而详尽地向国人介绍该领域的进展就显得非常重要。该书由诺贝尔奖获得者 Sidney Altman 博士和发现第一个 miRNA *lin-4* 的 Victor R. Ambros 作序，由 12 个国家的 100 位此领域的专家和学者执笔，从 microRNA 生物学的主要概念、在疾病的多种形式中起到的关键作用，以及在诊断学和药物开发中的应用等方面，多层次、全方位地讲述了该领域的研究进展和发展趋势。而且，书中大多数章节是由最初的发现者或他们的合作者撰写的。全书由中山大学生命科学学院陈月琴教授和我国第一个以“非编码 RNA”为题的“973”项目首席科学家屈良鹄教授主持翻译，一些老师和研究生也参与了翻译工作，他们是邵鹏、余春红、廖建友、周爱东、徐辉、肖振东、杨建华、何洁华、张华等。最后，由陈月琴教授进行了统一审校。希望此书能为中国非编码 RNA 的探索，特别是调控型小分子非编码 RNA 的研究起到促进作用。

由于时间和水平有限，书中难免有疏漏之处，敬请读者批评指正。

陈月琴　屈良鹄

2009 年 12 月于中山大学康乐园

序　一

25年前，人们已经能预测到将会发现更多的RNA：其中一部分RNA具有催化功能，另一部分没有催化功能但是能够发挥其他作用。这些预测被证实是完全正确的。该书介绍了其中一类新型RNA——microRNA。我们现在的任务就是要阐明这些新型RNA的自然特性和功能。

该书概括了microRNA的分析方法，包括生物信息学和传统的实验操作方法，并安排了多个章节介绍microRNA的细胞内功能，以及microRNA在发育过程和疾病发生中的作用。初学者可以充分使用这本简易的书籍，将其作为参考书或教学用书。迄今为止，尚未有一本能够对microRNA进行如此详尽而完整介绍的书籍出版。我希望该书提出的问题能够继续得到认真的研究解决，并为建立一个综合各种RNA作为真核生物重要调控基因的新理论铺平道路。

Sidney Altman
美国康涅狄格州纽黑文　耶鲁大学

序　二

经过一段相当长时间的积累和酝酿，自 2001 年以来，microRNA 研究进入了一个惊人的快速发展阶段。关于小分子 RNA 能够通过与信使 RNA 的碱基配对来调节基因表达的观点可以追溯到 45 年前。1961 年，一篇发表在 *Journal of Molecular Biology* 的文章中，Jacob 和 Monod 利用遗传学的方法阐明了 *lac* 抑制子与操纵子的相互作用，并对此提出了一种反义 RNA 碱基配对模型。后来发现，*lac* 抑制子是一种蛋白质，但是针对细菌中一些真实存在的反义调节 RNA 的研究，使得反义 RNA 调节基因表达的研究得到持续稳定的发展。在 1993 年，*lin-4* microRNA 及其反义调节的靶标 *lin-14* 的发现并没有引起人们对真核生物中反义基因调节的极大兴趣，主要是因为 *lin-4* 在线虫类以外的物种中没有呈现出明显的保守性（尽管现在我们知道 *lin-4* 与脊椎动物中的 *mir-125* 同源，但是在过去人们尚未获得基因组序列之前，*lin-4* 和 *mir-125* 的序列相似性还不够，以致利用当时的技术手段无法检测到两者的保守性）。即使到了 2000 年，在秀丽隐杆线虫中发现了第二种 microRNA——*let-7*，仍然没有立即使生物学家们认识到这些特殊的小分子 RNA 所呈现的一个普遍的现象。我必须承认，我是持怀疑态度的大多数人之一。

Ruvkun 的实验室于 2000 年发表在 *Nature* 的一篇文章中指出，*let-7* microRNA 的 21 个核苷酸的序列在从 4 亿年前的由两侧对称动物祖先起源的生物中基本上是完全保守的，这一发现标志着现代 microRNA 生物学的诞生。值得注意的是，就在关于 *let-7* 保守性的文章发表之前，1999 年 Baulcombe 的实验室已经在植物中鉴定出类似的与基因沉默相关的 22 个核苷酸的 RNA。Ruvkun 和 Baulcombe 两个实验室的这些具有相似意义的研究成果确实引起了大家的注意，而且非常肯定地证明了 *lin-4* 和 *let-7* RNA 参与了一系列与小分子 RNA 相关的、普遍存在而久远的基因调节现象。认识到一定还存在着很多与 *lin-4* 和 *let-7* 类似的小分子 RNA 后，一些实验室受到启发，立即尝试鉴定真核生物基因组中其他 microRNA。

在发现秀丽隐杆线虫 *let-7* 之后的 1～2 年内，人们从果蝇、线虫、脊椎动物和植物中鉴定出了许多种新的 microRNA，包括许多像 *let-7* 那样高度保守的 microRNA。随后的几年里，人们对 microRNA 多样性的了解，以及对 microRNA 的进化、生物合成、表达模式、生物学功能和分子机制的研究取得了显著的进步。现在，microRNA 仍以多种出人意料的方式使我们感到惊讶和欣喜。这种小的调节分子似乎参与了多细胞生物的几乎所有的生物学过程，调节着各种各样的生物反应，包括病毒复制、细胞命运的调控、形态发生、分化、生理及疾病。该书归纳了截至 2008 年 microRNA 的研究现状，并通过多个不同系列的主题阐明了 microRNA 的功能多样性。这些章节涵盖了 microRNA 在生物体内的鉴定和发现、mRNA 与 microRNA 相互作用的计算机分析，以及 microRNA 调节基因表达的分子机制。此外，该书安排了大量篇幅来介绍 microRNA 在发育和人类疾病中的遗传学和分子研究——这是当今一个相当热门的研究领域。在这一研究的早期阶段，我们很难预测出在人类疾病中 microRNA 所参与的全部领域，但是从发表的文章中已经可以很清楚地看出，microRNA 对研究许多疾病的分子病理学具有重要的意义。

该书记录了目前（大约截至 2008 年）microRNA 领域的研究现状，但是我们确信在未来的研究中将会出现更多重大的惊人发现，并提出更多重要的原理法则。这是很显然的，因为这里所总结的文章中已经提出了许多关于 microRNA 的问题。这里的每一章都提出了一些重要的基础问题，这样做让我们可以更好地了解到我们所面对的还没解决的问题和技术挑战。为了完全地了解某些特殊的 microRNA 在发育和生理上的作用，我们还需要进行更多的研究。例如，利用模式生物进行遗传学研究，对了解保守的 microRNA 在人体内的功能到底有多大作用呢？的确，我们不清楚整个 21～22 个核苷酸的 microRNA（如 *let-7*）是怎样在如此漫长的进化岁月里仍然保持高度的保守性，选择压力又是如何在这么漫长的时间里迫使 RNA 的每一个核苷酸保持一致。另外，microRNA 基因也能通过重新合成或基因复制以快速进化，因此，microRNA 及其靶标的进化是如何影响人类的种群多样性和疾病易感性的呢？最后，microRNA 检测技术和计算机方法的进步将毋庸置疑地带领着我们发现许多重要的新型 microRNA 基因，以及 microRNA 与靶标的相互作用，特别是针对罕有的细胞系和干细胞的微环境。在过去 6 年左右的时间里，有关 microRNA 研究的发展快速而惊人，我们确信，microRNA 的发现将以更快的加速度向前发展，我们将获得大量激动人心的新的生物学见解和多方面的人类医疗应用。

Victor R. Ambros
美国新罕布什尔州汉诺威　达特默斯医学院

目 录

V 疾病生物学

VI 干细胞发育中的 microRNA

绪　论

现在我们清楚地认识到，一个广阔的 microRNA 世界正飞速发展，速度之快几乎连遗传学的雷达也监测不了。

——Gary Ruvkun，哈佛医学院教授，发表于 2004 年 *Cell* 第 116 期第 95 页

RNA 组学是遗传学的一门新兴的分支学科，在分类学上主要研究细胞内非编码核糖核酸的结构、功能和加工过程。microRNA 组学是 RNA 组学的一个分支，microRNA 组学描述的是小分子 RNA 调节子的生物合成过程和机制，以及它们在发育、分化、细胞增殖、细胞死亡、染色体分离和代谢等过程中发挥的作用。在多种生物中都发现了 microRNA，范围涵盖了从秀丽隐杆线虫到人类，它们的调节功能为理解基因表达打开了一个新的局面。另外，有关 RNA 干扰（RNA interference 或 RNAi）及其作用机制的研究也促进了对 microRNA 各种功能的阐明。在过去的几年里，microRNA 研究蓬勃发展，让我们能够在一个新的层面上理解基因组学。因此，现在正是一个适当的时机来系统地分析这些可利用的证据，从而让我们能够掌握这个重要的研究领域的发展趋势。

《MicroRNA——从基础科学到疾病生物学》一书主要针对投身于分子细胞生物学、基因组学、生物技术和分子医学领域的读者，适用于高年级研究生的课程。本书分为 6 篇共 38 章，集中介绍 microRNA 生物学的主要概念、在疾病的多种形式中起到的关键作用，以及在诊断学和药物开发中的应用。大多数章节是由最初的发现者或他们的合作者撰写的，这些作者来自学术界、产业界和制药公司，并且都从事 microRNA 领域的研究。

虽然若干篇关于这些小分子的综述已经被发表，但目前仍然没有这方面研究的专门书籍出版。本书回顾了从研究 microRNA 各种各样的功能，到研究 microRNA 对疾病生物学影响的历程，是第一本结合了理论科学和工业应用的书籍，内容涵盖了生物信息学、定量法、预后诊断学以及药物开发和认证。本书可以作为来自学术研究所并打算在其实验室开展 microRNA 研究的研究生、博士后研究者和教授们的参考书。另外，本书也可以作为生物技术公司和制药公司研发部门的管理人员和科学家们的一份深入的、说明性的科学分析材料。本书将为投资者和负责生命科学相关产业发展并需要对 microRNA 研究保持先进性的人们提供一份有价值的管理科学概要。最重要的是，我希望本书既能作为 microRNA 领域初学者的序言，又能为已经在此领域相当活跃的科学家们提供最新的信息。

剑桥医学研究委员会分子生物学实验室（Medical Research Council Laboratory of Molecular Biology，简称 MRC LMB）的 Sydney Brenner 最初发现了 *lin-4* 突变体，开启了线虫生物学的新领域（20 世纪 70 年代中期）。随后，他的博士后同事、来自马萨诸塞技术研究所的 Howard Robert Horvitz 分离到 *lin-14*。尽管这两个基因是在研究线虫的发育时间特异性缺陷时发现的，但是它们的自然特性和功能没有被探究，直到

Horovitz的博士后同事Ambros和Ruvkun开始研究它们。14年前，达特茅斯医学院的Victor Ambros和他的同事鉴定了*lin-4*是第一个短的非编码microRNA，它能调节线虫的基因表达。与此同时，哈佛医学院的Gary Ruvkun和他的同事证明了*lin-14*是首个microRNA的靶基因。这两个重要的发现共同确认了一种新的转录后基因调节机制。Ambros和Ruvkun最初成功的合作以及后来他们各自的研究为我们今天理解microRNA生物学铺平了道路。但是，microRNA世界没有就此飞速发展起来，直到发现了RNA干扰技术和鉴定出*let-7*（第二个被发现的microRNA，由Ruvkun和他的同事于2000年发现）。*let-7*高度保守的自然特性大大吸引了人们对microRNA研究的注意，此后，众多研究团队在多种生物（从原生动物到人类）中发现了microRNA。至今，异性基因*lin-4*/*lin-14*的例子仍然是一个通用模式；目前已知microRNA能够控制植物中mRNA的丰度，人们认为它能够调节除了翻译以外的多个步骤。尽管在过去5年里，相当多的注意力被投入到microRNA的研究中，但是许多问题仍然没有得到解决，microRNA的作用机制仍然颇具争议。在目前已知的物种中，只证实了microRNA的一小部分体内功能。在本书中，我打算把关于microRNA研究的各个方面融合在一起，包括生物学特征、应用以及它们在干细胞和疾病生物学中的作用。microRNA组学的研究领域正飞速发展，因此，任何描述此研究材料的书籍都可能会略显过时。在我把所有的原始章节送去印刷之后，关于microRNA在免疫学、心脏病学、糖尿病和单细胞生物中的作用才刚被报道。所以，我在本书的结尾添加了两个新的章节来回顾这些主题。

正如Ambros在前段时间的一篇文章中提到的，*lin-4*的故事讲述的是一种持久的好奇心、运气、时机和同事的宽容。的确，这是现代分子生物学的一项重要突破。在未来的日子里，microRNA研究必将改写着我们的教科书，并改变“中心法则”的基本观念。在不久的将来，我们将能够利用基于microRNA的分子识别信号或microRNA的复合生物标记面板来鉴定一个肿瘤是良性的还是恶性的、它的起源位置、它的预后类型，甚至预测它对治疗的反应。很明显，高通量的方法和生物信息学在未来的临床肿瘤学和病理学中将发挥主要作用。另外，microRNA将被用于心血管的靶标治疗，并作为“翻译药物”的一个中心原则。为了完全了解microRNA作为生物标记协助药物开发的潜力，产业界需将生物标记的发展落到实处，并推动“翻译研究”策略的发展。将研究成果从理论转化为实际应用的最大障碍不仅是技术的进步，还在于对microRNA调节功能的必要的认可。简单来说，microRNA微阵列技术具有能够在一个测试平台上容纳全部所需的化验形式并且在未来能够为病理诊断提供更好的反应物的潜力。我们希望，通过完全理解microRNA在各种各样人类疾病中的功能以及它们作为纳米治疗药的后续发展，我们将进入“翻译药物”的新时代。

许多人为我能够参与这个项目作出了贡献。我终生感谢我的老师们，他们卓越的教学、指导和启蒙，引导我成为一名科学家。我感谢所有对本书作出贡献的人，没有他们的付出，本书就无法呈现给读者。许多人为本书的发行提供了帮助。每一个章节都经过作者们相互之间反复的考证和修改，因此每一章节都代表了一个共同的作品。感谢各位读者，因为如果你觉得花费在本书上的时间是有意义的，这将使我为整理本书所耗费的时间变得有价值。我要对剑桥大学出版社的工作人员致谢，尤其感谢Katrina Halliday在编辑本书时的宽容和高效，她确切地明白本书的紧急性和必要性。我要特别感谢诺贝尔奖得主 Sidney Altman 和 Victor Ambros，他们为本书提供了许多的帮助和支持，并撰写了序言。最后，但并非最不重要的，我要感谢我的两个出色的儿子 Raakish 和 Raghu，在本书的撰写过程中，他们给予了我深深的理解和协助。

本书的一部分版税将捐献给 Appasani 博士基金会，这是一个致力于在发展中国家进行青少年教育以带来社会变革的非营利组织。

Krishnarao Appasani

I 各种生物中 microRNA 的发现

1 秀丽隐杆线虫中的 microRNA

Ines Alvarez-Garcia and Eric A. Miska*

1.1 发现

microRNA（miRNA）是一类在多种真核生物中调控基因表达的小的非编码 RNA。Victor Ambros 的实验室于 1993 年在秀丽隐杆线虫中首次发现了 microRNA（Lee *et al.*, 1993）。与此同时，Gary Ruvkun 的实验室鉴定了首个 microRNA 的靶标基因（Wightman *et al.*, 1993）。这两个重要的发现共同确认了一种新的转录后基因调节机制。最近，曾参与相关项目的主要研究者发表了文章，回顾起当年的研究历史（Lee *et al.*, 2004；Ruvkun *et al.*, 2004）。但是直到大约 7 年后，当 Ruvkun 和 Horvitz 的实验

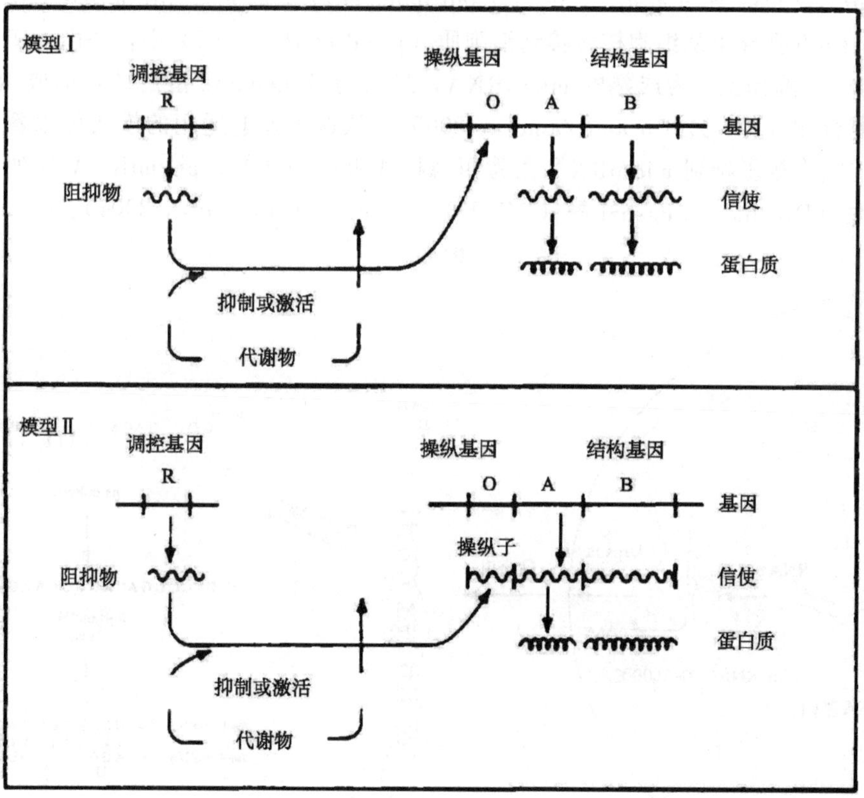

图 1.1　蛋白质合成的调节模型。复制自 Jacob 和 Monod 的文章（1961 年）。模型 II 描述的是一种类似于 microRNA 的机制。两个模型都被认为是 *lac* 抑制子，但是后来发现这是错误的，因为 *lac* 抑制子是一种蛋白转录因子。然而，模型 I 和模型 II 可能解释了短链 RNA 分别在转录和转录后水平上调节基因的表达。

* 通讯作者。

室在线虫中鉴定出第二个 microRNA，以及人们对另一类短链 RNA——siRNA（参与植物和动物体内的 RNA 干扰过程和相关现象）开始感兴趣的时候，才意识到 microRNA的重要性（Hamilton and Baulcombe，1999；Zamore *et al.*，2000）。尽管 microRNA的发现是出乎意料的，但是早在 40 年前 Jacob 和 Monod 对 *lac* 抑制子作用机制的理论研究中已经假设了一种类似于 microRNA 的作用机制（图 1.1）(Jacob and Monod，1961)。

1.2 生物起源和作用机制

从秀丽隐杆线虫、黑腹果蝇和哺乳动物细胞培养的研究中，我们得出动物中 microRNA 生物起源的一个模型［图 1.2（a）和 1.2（b）］：microRNA 首先由 RNA 聚合酶 II 转录成为长的 RNA 前体（microRNA 的初始转录物，pri-miRNA）(Kim，2005)，pri-miRNA 在细胞核中被 RNA 酶 III 家族的 Drosha 和 DGCR8 / Pasha 加工形成大约 70 个核苷酸的 miRNA 前体（pre-miRNA）(Lee *et al.*，2003；Denli *et al.*，2004；Gregory *et al.*，2004；Han *et al.*，2004；Landthaler *et al.*，2004)。pre-miRNA 在输送蛋白 Exportin-5 介导下从细胞核转移到细胞质（Lund *et al.*，2004）中，并由 RNA 酶 III 家族的 Dicer 酶加工成为成熟的 microRNA，最后与 Argonaute 蛋白结合形成 RNA 诱导沉默复合体（RISC）(Du and Zamore，2005)。从这个普遍适用的模式可以看出，许多因子能够直接影响到 microRNA 在秀丽隐杆线虫中的功能。pri-miRNA 的加工需要 Drsh-1 酶（Drosha）和 Pash-1 酶（DGCR8 / Pasha）(Denli *et al.*，2004)。pre-miRNA

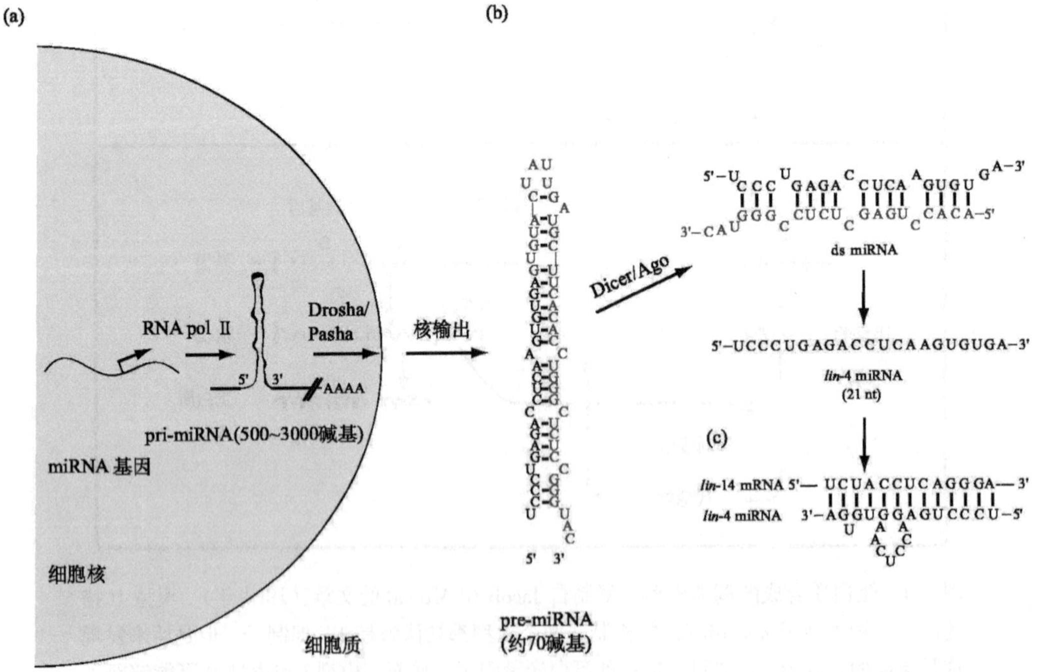

图 1.2 microRNA 的生物起源和作用机制。图示为 microRNA 生物起源和作用机制的通用模型。这是动物中 microRNA 生物起源的普遍模式，以 *lin-4* miRNA 和 *lin-14* mRNA 为例。线虫中与 microRNA 生物合成相关的因子包括 Drsh-1 (Drosha)、Pash-1 (Pasha)、Dcr-1 (Dicer) 和 Alg-1/2 (Ago)。

的加工需要 Dcr-1 酶（Dicer）(Grishok *et al.*, 2001；Ketting *et al.*, 2001；Knight and Bass，2001)。有趣的是，Argonaute 蛋白家族的两个成员 Alg-1 和 Alg-2 对 pre-miRNA 加工为成熟的 miRNA 也是必需的，推测至少在线虫中 Argonaute 蛋白不仅参与了 microRNA 的作用机制，还参与了 microRNA 的生物合成（Grishok *et al.*, 2001)。在动物中，microRNA 被认为是通过与靶标 mRNA 的 3′-非翻译区（3′-untranslated region 或 3′-UTR）之间的不完全配对，有效抑制 mRNA 翻译成靶标基因从而发挥作用的［见图 1.2（c)］(Bartel，2004；Pillai *et al.*, 2005)。然而，这种作用机制具有选择性，可直接导致 mRNA 的降解（Mansfield *et al.*, 2004；Yekta *et al.*, 2004)，或者降低 mRNA 的稳定性（Bagga *et al.*, 2005；Jing *et al.*, 2005；Giraldez *et al.*, 2006)。在生物体内，microRNA 的大部分靶标仍然是未知的，但是利用多种生物信息学方法来预测 microRNA 的靶标，可估计某一特定的 microRNA 的靶标基因数目为一到数百个（Lewis *et al.*, 2003；Stark *et al.*, 2003；John *et al.*, 2004；Rajewsky and Socci，2004；Brennecke *et al.*, 2005；Farh *et al.*, 2005；Lewis *et al.*, 2005；Stark *et al.*, 2005；Xie *et al.*, 2005；Lall *et al.*, 2006)。

1.3 microRNA 基因的鉴定和表达分析

在秀丽隐杆线虫中通过正向遗传筛选鉴定出第一个 microRNA，我们将在后面的内容中加以描述。然而，线虫和其他生物的大部分 microRNA 是通过分子生物学技术和生物信息学方法鉴定得到的（Lau *et al.*, 2001；Lee and Ambros，2001)。目前，已经建立了 microRNA 鉴定和命名的统一的严格标准（Ambros *et al.*, 2003a)。重要的是，除非 microRNA 在相关物种中呈现明显的同源性，否则 microRNA 都需要来自具有茎环结构的前体，并运用特异探针进行 Northern 杂交（Northern blotting）或聚合酶链反应（polymerase chain reaction）的实验验证（Lau *et al.*, 2001；Lee and Ambros，2001；Grad *et al.*, 2003；Lim *et al.*, 2003；Ohler *et al.*, 2004)。microRNA 的公共数据库——miRBase，目前列出了秀丽隐杆线虫的 115 种 microRNA（release 8.0）(Griffiths-Jones，2004；Griffiths-Jones *et al.*, 2006)。但是，其中只有 98 种 microRNA 可能是真实的（Lim *et al.*, 2003；Ohler *et al.*, 2004)。当然，其中至少 40%是与人类是保守的（Lim *et al.*, 2003)。另外，在线虫中也发现了不同于 microRNA 的其他类型的小 RNA，如内源小干扰 RNA（siRNA）和极小的非编码 RNA（tncRNA）(Ambros *et al.*, 2003b；Lee *et al.*, 2006)。线虫中短链 RNA 的数量将可能不断地增加，更多的 microRNA 会被发现是意料中的事。

分析 microRNA 的表达将为协助 microRNA 的功能研究提供有用的信息。利用 Northern 杂交技术确定了线虫中许多 microRNA 表达的时序性（表 1.1）(Lee *et al.*, 1993；Reinhart *et al.*, 2000；Lau *et al.*, 2001；Lee and Ambros，2001；Lim *et al.*, 2003；Grad *et al.*, 2003；Ohler *et al.*, 2004)。这些研究揭示了线虫中可能有 1/3 的 microRNA 在幼虫发育时期特异表达。但是，许多 microRNA 在胚胎期、幼虫期和成虫期都有表达。所以，把这些研究延伸到胚胎阶段并收集突变背景将是很有趣的。microRNA 微阵列技术的有效性将可以帮助未来的 microRNA 表达的研究（Krichevsky *et al.*, 2003；Miska *et al.*, 2004)。除了 microRNA 时序性表达的信息外，关于 microRNA

表 1.1　秀丽隐杆线虫在幼虫发育阶段 microRNA 的表达情况

microRNA	E	L1	L2	L3	L4	A
let-7				**	**	**
lin-4			**	**	**	**
miR-1	*	*	*	*	*	*
miR-2	**	**	**	**	**	**
miR-34		*	*	*	**	**
miR-35	**					**
miR-36	**					**
miR-37	**					**
miR-38	**					**
miR-39	**					**
miR-40	**					**
miR-41						
miR-42	**	*	*	*	*	
miR-43	**	*	*	*	*	
miR-44/45	**	**	**	**	**	*
miR-46	**	**	**	**	**	**
miR-47	**	**	**	**	**	**
miR-48				**	**	**
miR-49	**	**	*	*	*	*
miR-50	**	**	**	**	**	**
miR-51	**	**	**	**	**	**
miR-52/53	**	**	**	**	**	**
miR-54	**	**	**	**	**	**
miR-55	**	**	**	**	**	**
miR-56	**	**	**	**	**	**
miR-57	**	**	**	**	**	**
miR-58	**	**	**	**	**	**
miR-59	*				**	**
miR-60	*	*	*	*	*	*
miR-61	**	**	**	**	**	**
miR-62	*	*	*	*	*	*
miR-63	**	**	**	**	**	**
miR-64/65	**	**	**	**	**	**
miR-66	**	**	**	**	**	**
miR-67	**	**	**	**	**	**
miR-70	*	*	**	**	**	**
miR-71		*	*	*	*	*
miR-72	**	**	**	**	**	**
miR-73	**	**	**	**	**	**
miR-74	**	**	**	**	**	**
miR-75	*	**	**	**	**	**
miR-76	*	*	*	*	*	*
miR-77			*	*	**	**

续表

microRNA	E	L1	L2	L3	L4	A
miR-78						
miR-79	**	**	**	**	**	**
miR-80	**	**	**	**	**	**
miR-81/82	**	**	**	**	**	**
miR-83	*	*	*	*	*	*
miR-84				**	**	**
miR-85					**	**
miR-86	**	**	**	**	**	**
miR-87	**	**	**	**	**	**
miR-90	**	**	**	**	**	**
miR-124	**	**	**	**	**	**
miR-228	**	**	**	**	**	**
miR-229	**	**	**	**	**	**
miR-230	*	*	*	*	*	*
miR-231	**	**	**	**	**	**
miR-232	**	**	**	**	**	**
miR-233	**	**	**	**	**	**
miR-234	*	**	*	*	*	*
miR-235	*	*	*	*	*	*
miR-236	**	**	**	**	**	**
miR-237				**	**	**
miR-238	*	**	**	**	**	**
miR-239a/b	*	**	**	**	**	**
miR-240					*	*
miR-241				**	**	**
miR-242	*	*	*	*	*	*
miR-243	**	**	**	**	**	**
miR-244	**	**	**	**	**	**
miR-245					*	*
miR-246					*	*
miR-247				*		
miR-248		*	*	*	*	*
miR-249						
miR-250	*	*	*	*	*	*
miR-251	*	*	*	*	*	*
miR-252	*	*	*	*	*	*
miR-253						
miR-254						
miR-255						

注：利用 Northern 杂交技术对秀丽隐杆线虫在幼虫发育阶段 microRNA 的表达情况进行系统研究（Lau *et al.*，2001；Lee and Ambros，2001；Lim *et al.*，2003）。

* 表示低表达水平；** 表示高表达水平。

组织特异性表达的信息也是非常有用的。迄今为止，关于线虫中 microRNA 的组织特异性表达的研究仍然局限于一些间接的方法，如融合 GFP 启动子的转基因方法（Johnson *et al.*，2003）。利用寡核苷酸探针的原位检测方法能够直接检测 microRNA，并已在植物、果蝇和鱼类中得到成功运用。但是，这种方法是否也适用于线虫仍然是不确定的（Kidner and Martienssen，2004；Sokol and Ambros，2005；Wienholds *et al.*，2005）。

1.4 microRNA 靶标的预测

首批 microRNA 靶标——*lin-14*、*lin28* 和 *lin-41* mRNA 是分别通过与 *lin-4* 和 *let-7* microRNA 进行遗传反应而鉴定出来的（Ambros，1989；Ruvkun and Giusto，1989）。目前已经提出了许多种 microRNA 靶标的预测法则（Lewis *et al.*，2003；Stark *et al.*，2003；John *et al.*，2004；Rajewsky and Socci，2004；Brennecke *et al.*，2005；Farh *et al.*，2005；Lewis *et al.*，2005；Stark *et al.*，2005；Xie *et al.*，2005；Lall *et al.*，2006；Watanabe，2006）。尽管我们仍然不清楚在生物体内有多少种预测的 microRNA 与其靶标的相互反应是重要的，但是我们已经能够成功预测到 microRNA 靶标，包括在黑腹果蝇体内鉴定出由 *bantam* 编码的 microRNA 靶标（Brennecke *et al.*，2003）。到目前为止，两个关于线虫 microRNA 靶标预测的研究已经被发表（Lall *et al.*，2006；Watanabe，2006）。仿照最近对黑腹果蝇和人类所采取的研究方法，把上述的两个研究成果及新的靶标预测方法与线虫的 microRNA 及其靶标 mRNA 的表达数据综合起来，将会是挺有趣的（Farh，2005；Stark *et al.*，2005）。

1.5 microRNA 控制发育的时间特异性

不是为了搜索非编码 RNA，而是出于对控制线虫发育时间特异性的遗传系统的好奇（Horvitz and Sulston，1980；Chalfie *et al.*，1981；Ambros and Horvitz，1984），人们克隆出第一个 microRNA——*lin-4* miRNA（Lee *et al.*，1993），并鉴定出首个 microRNA 的靶标——*lin-14* mRNA（Wightman *et al.*，1993)(图 1.2)。在线虫的幼虫发育阶段，发育的时间特异性途径调节着具有阶段特异性的加工过程［图 1.3（a)］。这个途径经常被称为异时性途径，引自进化生物学的术语（Gould，2000）。异时性途径最近在别的文章中被详细地介绍（Rougvie，2005）。有关线虫中异时性途径的研究主要集中在真皮侧面的若干母细胞的发育命运，这些母细胞被称为缝线细胞［图 1.3（b)］。缝线细胞的细胞分裂模式与动物的 4 次幼虫蜕皮期同步。只有到了成虫期，缝线细胞才会出现有丝分裂并最终分化。缝线细胞最终分化后，紧接着就会分泌一种成虫特有的表皮结构——侧翼［图 1.3（c)］（Cox *et al.*，1981）。*lin-4* 突变的线虫体内，缝线细胞不断重复幼虫 1 期（L1）的细胞分裂模式，并且不能分化。这个突变现象被解释为是一种异时性的改变，即发育的时钟停留在 L1 阶段，结果导致发育“迟滞”。*lin-4* microRNA 的靶标 *lin-14* 的获得性突变可以导致相同的现象，但是 *lin-14* 的缺失性突变则得到一个相反的“早熟”现象，因为这时缝线细胞略过了幼虫 1 期的细胞分裂。因此，*lin-4* 与 *lin-14* 的基因产物是一个发育调节开关，控制着 L1 期向 L2 期的转换。

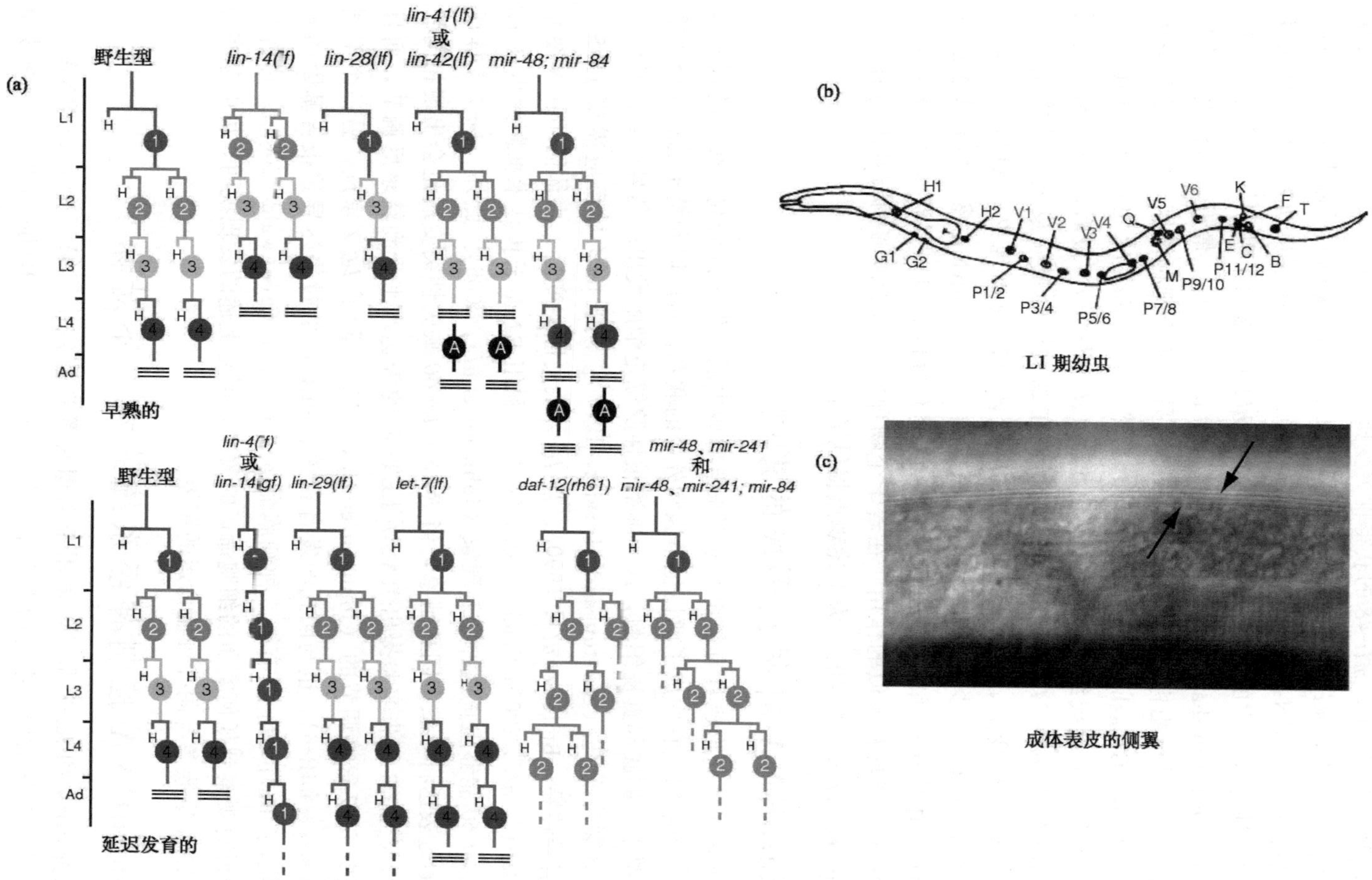

图 1.3　microRNA 控制线虫的发育时间特异性。(a) 线虫 V1～V4 和 V6 缝线细胞的细胞系图表。H 表示结合在真皮上的细胞；三条横线表示缝线细胞分化并形成翼；L1～L4 表示幼虫 1～4 期；Ad 表示成虫期。(b)幼虫 L1 期真皮侧线上 V1～V6 缝线细胞的位置。(c)成虫表皮的DIC 图像，箭头指示侧翼。

let-7 家族的三个 microRNA——*mir-48*、*mir-84* 和 *mir-241*，重复控制下一个发育转换阶段，即从 L2 期转向 L3 期（Reinhart *et al.*，2000；Lau *et al.*，2001；Abbott *et al.*，2005；Li *et al.*，2005）。这三个 microRNA 缺失性突变后，将使虫体不断重复幼虫 2 期的细胞分裂模式。然而，*mir-48* 的获得性突变则导致一个早熟的表型。在这个转换点上，*mir-48*、*mir-84* 和 *mir-241* 的靶标可能是线虫 *hunchback* 的同源基因 *hbl-1*。*let-7* 是第二个被鉴定的 microRNA（Reinhart *et al.*，2000），它控制着从幼虫 4 期到成虫期的转变，在异时性途径中它的两个靶标是 *lin-41* 和 *hbl-1*，这两个基因均为异时性基因（Slack *et al.*，2000；Abrahante *et al.*，2003；Lin *et al.*，2003）。最近，结合生物信息学和 RNA 干扰分析进行靶标预测，鉴定出 *let-7* 的另外两个靶标基因，它们是转录因子 *daf-12* 和 *pha-4*（Grosshans *et al.*，2005）。当然，至少 *daf-12* 也是异时性途径的一个调节子，它控制着缝线细胞的命运（Antebi *et al.*，1998）。最后，*let-7* 家族的两个成员——*mir-48* 和 *mir-84* microRNA 也控制着在成虫期幼虫蜕皮循环的停止，当 *mir-48* 和 *mir-84* 双突变后，虫体将在成虫期出现多余的蜕皮现象（Abbott *et al.*，2005）。引人注目的是，至少 2 个 microRNA 家族和 4 个 microRNA 参与控制线虫的发育时间特异性。由于 *lin-4* 和 *let-7* microRNA 家族是保守的，我们容易推测到这两个家族在其他物种中可能具有类似的作用。在若干个物种中，*let-7* 能够调节基因的时序性表达（Pasquinelli *et al.*，2000），为上述观点提供了证据。

1.6 microRNA 对阴孔形成的影响

microRNA 对器官形成具有影响的证据来自对线虫阴孔发育的研究。线虫的阴孔具有类似于环状的结构，它构成了两性生殖腺和外部的联系，对产卵和精子的进入至关重要。阴孔起源于一群腹部真皮细胞，这些细胞被性腺锚定细胞发出的信号诱导，发生一系列的细胞分裂和分化（Sulston and Horvitz，1977）。阴孔的诱导反应需要 RAS / LET-60 的信号转导（Beitel *et al.*，1990），当 *let-7* 缺失性突变后，虫体因阴孔爆裂而死亡（Reinhart *et al.*，2000；Slack *et al.*，2000）；利用 RNA 干扰技术抑制线虫 *RAS* 的同源基因 *let-60* 能够阻止这种爆裂现象（Johnson *et al.*，2005）。此外，*let-7* 家族成员 miR-84 的过表达将导致多阴孔现象，当 *RAS* / *let-60* 缺失性突变后也会出现相同的现象。最近，3′UTR 报告实验提出 RAS / LET-60 的表达水平受到转录后调节，而且可能是直接由 *let-7* 家族调节的（Johnson *et al.*，2005）。除了 *let-7* 家族，另一个不同的 microRNA——miR-61，也与阴孔的发育相关。miR-61 的过表达导致报告基因的异常表达，提示了 Pn. p 细胞具有第二种细胞命运（Yoo and Greenwald，2005）。尽管在这个研究中没有观察到任何实质的细胞命运的改变，但是上述的发现说明，可能存在若干个 microRNA 家族参与阴孔细胞命运的调控。

1.7 microRNA 控制神经系统的左右不对称

正如研究 *lin-4* 和 *let-7* 那样，采用正向遗传筛选鉴定出了第三个 microRNA——*lsy-6*，它参与调节线虫神经系统的左右不对称（Johnston and Hobert，2003）。在线虫中，两个左右对称的味觉受体神经元——左部 ASE（ASEL）和右部 ASE（ASER），对三种公认的化学受体基因 *gcy-5*、*gcy-6* 和 *gcy-7* 呈现出左右不对称的表达模式

(*Hobert et al.*, 2002; Chang *et al.*, 2003)(图 1.4)。通常为 ASEL 特异表达的 *gcy-7* 被抑制后，利用遗传筛选寻找这种突变体时，分离出了 microRNA 基因 *lsy-6*（Chang *et al.*, 2003）。在这种 *lsy-6* 突变体中，ASEL 不再表达 *gcy-7*，而是表达 ASER 特异的 *gcy-5* 基因。遗传学反应和 GFP 报告实验表明，*lsy-6* 是 Nkx 类型的同源框基因 *cog-1* 的一个负调节子（*cog-1* 在同一个遗传筛选实验中被鉴定出来）。有趣的是，第二个 microRNA——miR-273 可能在同一途径中作为 *die-1*（编码 C2H2 锌指转录因子）的调节子在上游发挥作用（Chang *et al.*, 2004）。转录因子 *die-1* 呈 ASEL 特异性表达，并在 *lsy-6* 的上游起作用。

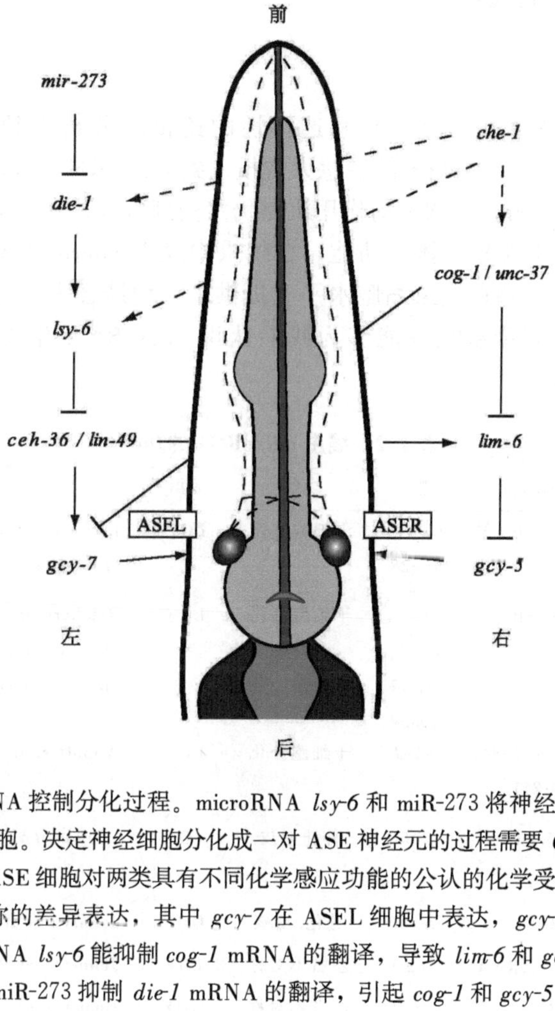

图 1.4　microRNA 控制分化过程。microRNA *lsy-6* 和 miR-273 将神经细胞分成 ASEL 和 ASER 两类细胞。决定神经细胞分化成一对 ASE 神经元的过程需要 *Che-1*、*unc-37* 和 *ceh-36*/*lin-49*。ASE 细胞对两类具有不同化学感应功能的公认的化学受体基因 *gcy-7* 和 *gcy-5* 呈现不对称的差异表达，其中 *gcy-7* 在 ASEL 细胞中表达，*gcy-5* 在 ASER 细胞中表达。microRNA *lsy-6* 能抑制 *cog-1* mRNA 的翻译，导致 *lim-6* 和 *gcy-7* 的表达。在 ASER 细胞中，miR-273 抑制 *die-1* mRNA 的翻译，引起 *cog-1* 和 *gcy-5* 的表达。

1.8　microRNA 对衰老的影响

线虫的寿命受到若干遗传途径（包括一种胰岛素/IGF-1 样的信号级联转导）的高度控制。最近，人们发现具有时空性选择表达的基因参与调节线虫的寿命（Boehm and Slack, 2005）。虫体在 *lin-4* 缺失性突变后寿命缩短；相反，*lin-4* 的直接靶标 *lin-14* 的部分缺失性突变导致线虫寿命延长。另外，对 *lin-14* 进行 RNA 干扰作用可以抑制 *lin-14* 突变体中观察到的线虫寿命缩短的现象。*lin-14* 的获得性突变是 *lin-4* 突变体寿命缩短的一种表型，其 3′-UTR 上缺少与 *lin-4* 互补的位点。综合以上实验说明，*lin-4* microRNA 通过抑制成虫的 *lin-14* 来抑制虫体衰老（Boehm and Slack，2005）。有趣的是，*lin-4* microRNA 的表达受到另一个参与控制线虫寿命的因子 DAF-16 的调节（Baugh and Sternberg，2006）。DAF-16 是一种 FOXO 转录因子，通过 *lin-4*：：*yfp* 报告基因的转基因实验，发现 DAF-16 在幼虫 L1 期通过一种依赖于食物的方式调节 *lin-4* 的表达。尽管很多机制仍然还不清楚，但是发育的时间选择性和影响寿命的途径表现是相互联系的，这仍然让我们感到兴奋。

1.9 总结

在 13 年前，有关线虫发育的时间选择性的遗传学分析带领人们发现了 microRNA。尽管在过去 5 年里，相当多的注意力被投入到 microRNA 的研究中，但是许多问题仍然没有得到解决。microRNA 的作用机制仍然受到争议。在目前已知的物种中，只证实了 microRNA 一小部分的体内功能。在线虫中发现 microRNA 对发育具有多种调控作用（见表 1.2）。已知在线虫细胞水平上提供了一种结合表型分析的有效的正向和反向遗传学方法，我们希望线虫能够为我们认识 microRNA 生物学继续作出重要的贡献。

表 1.2 线虫 microRNA 的功能

过程	microRNA	靶标	功能	证据	参考文献
发育的时间选择性	*lin-4* microRNA	*lin-14*、*lin-28*	干细胞分化	LOF	Lee *et al.*，1993；Wightman *et al.*，1993
发育的时间选择性	*let-7* microRNA	*lin-41*、*hbl-1*、*daf-12*、*pha-4*	干细胞分化	LOF	Reinhart *et al.*，2000；Abrahante *et al.*，2003；Lin *et al.*，2003；Slack *et al.*，2000；Grosshans *et al.*，2005
发育的时间选择性	miR-48、miR-84、miR-241	*hbl-1*	干细胞分化	LOF	Abbott *et al.*，2005；Lin *et al.*，2003
发育的时间选择性	miR-48、miR-84	未知	停止蜕皮	LOF	Abbott *et al.*，2005
器官形成	miR-84	*let-60*	分化/增殖	GOF	Johnson *et al.*，2005
分化	*lsy-6* microRNA	*cog-1*	左右不对称	LOF	Johnston and Hobert，2003
分化	miR-273	*die-1*	左右不对称	GOF	Chang *et al.*，2004
寿命	*lin-4*	*lin-14*	长寿	LOF+GOF	Boehm and Slack，2005

注：此表包含了所有在体内利用缺失功能的方法进行分析的 microRNA，以及那些运用间接方法（如错误表达实验）证实具有类似功能的 microRNA。此表不包含那些利用过表达实验预测或确认了靶标 mRNA 的 microRNA，但是列出了在细胞或机体水平上没有发现进一步功能的 microRNA。

参考文献

Abbott, A. L., Alvarez-Saavedra, E., Miska, E. A. *et al*. (2005). The *let-7* MicroRNA family members *mir-48*, *mir-84*, and *mir-241* function together to regulate developmental timing in *Caenorhabditis elegans*. *Developmental Cell*, **9**, 403–414.

Abrahante, J. E., Daul, A. L., Li, M. *et al*. (2003). The *Caenorhabditis elegans hunchback-like gene lin-57/hbl-1* controls developmental time and is regulated by microRNAs. *Developmental Cell*, **4**, 625–637.

Ambros, V. (1989). A hierarchy of regulatory genes controls a larva-to-adult developmental switch in *C. elegans*. *Cell*, **57**, 49–57.

Ambros, V. and Horvitz, H. R. (1984). Heterochronic mutants of the nematode *Caenorhabditis elegans*. *Science*, 226, 409–416.

Ambros, V., Bartel, B., Bartel, D. P. *et al*. (2003a). A uniform system for microRNA annotation. *RNA*, **9**, 277–279.

Ambros, V., Lee, R. C., Lavanway, A., Williams, P. T., and Jewell, D. (2003b). MicroRNAs and other tiny endogenous RNAs in *C. elegans*. *Current Biology*, **13**, 807–818.

Antebi, A., Culotti, J. G. and Hedgecock, E. M. (1998). daf-12 regulates developmental age and the dauer alternative in *Caenorhabditis elegans*. *Development*, **125**, 1191–1205.

Bagga, S., Bracht, J., Hunter, S. *et al*. (2005). Regulation by *let-7* and *lin-4* miRNAs results in target mRNA degradation. *Cell*, **122**, 553–563.

Bartel, D. P. (2004). MicroRNAs: genomics, biogenesis, mechanism, and function. *Cell*, **116**, 281–297.

Baugh, L. R. and Sternberg, P. W. (2006). DAF-16/FOXO regulates transcription of cki-1/Cip/ Kip and repression of lin-4 during *C. elegans* L1 arrest. *Current Biology*, **16**, 780–785.

Beitel, G. J., Clark, S. G. and Horvitz, H. R. (1990). *Caenorhabditis elegans ras gene let-60* acts as a switch in the pathway of vulval induction. *Nature*, **348**, 503–509.

Boehm, M. and Slack, F. (2005). A developmental timing microRNA and its target regulate life span in *C. elegans*. *Science*, **310**, 1954–1957.

Brennecke, J., Hipfner, D. R., Stark, A., Russell, R. B. and Cohen, S. M. (2003). *Bantam* encodes a developmentally regulated microRNA that controls cell proliferation and regulates the proapoptotic gene hid in *Drosophila*. *Cell*, **113**, 25–36.

Brennecke, J., Stark, A., Russell, R. B. and Cohen, S. M. (2005). Principles of microRNA-target recognition. *Public Library of Science Biology*, **3**, e85.

Chalfie, M., Horvitz, H. R. and Sulston, J. E. (1981). Mutations that lead to reiterations in the cell lineages of *C. elegans*. *Cell*, **24**, 59–69.

Chang, S., Johnston, R. J., Jr. and Hobert, O. (2003). A transcriptional regulatory cascade that controls left/right asymmetry in chemosensory neurons of *C. elegans*. *Genes & Development*, **17**, 2123–2137.

Chang, S., Johnston, R. J., Jr., Frokjaer-Jensen, C., Lockery, S. and Hobert, O. (2004). MicroRNAs act sequentially and asymmetrically to control chemosensory laterality in the nematode. *Nature*, **430**, 785–789.

Cox, G. N., Staprans, S. and Edgar, R. S. (1981). The cuticle of *Caenorhabditis elegans*. II. Stagespecific changes in ultrastructure and protein composition during postembryonic development. *Developmental Biology*, **86**, 456–470.

Denli, A. M., Tops, B. B., Plasterk, R. H., Ketting, R. F. and Hannon, G. J. (2004). Processing of primary microRNAs by the Microprocessor complex. *Nature*, **432**, 231–235.

Du, T. and Zamore, P. D. (2005). MicroPrimer: the biogenesis and function of microRNA. *Development*, **132**, 4645–4652.

Farh, K. K., Grimson, A., Jan, C. *et al*. (2005). The widespread impact of mammalian microRNAs on mRNA repression and evolution. *Science*, **310**, 1817–1821.

Giraldez, A. J., Mishima, Y., Rihel, J. *et al.* (2006). Zebrafish MiR-430 promotes deadenylation and clearance of maternal mRNAs. *Science*, **312**, 75 – 79.

Gould, S. J. (2000). Of coiled oysters and big brains: how to rescue the terminology of heterochrony, now gone astray. *Evolution & Development*, **2**, 241 – 248.

Grad, Y., Aach, J., Hayes, G. D. *et al.* (2003). Computational and experimental identification of *C. elegans* microRNAs. *Molecular Cell*, **11**, 1253 – 1263.

Gregory, R. I., Yan, K. P., Amuthan, G. *et al.* (2004). The Microprocessor complex mediates the genesis of microRNAs. *Nature*, 432, 235 – 240.

Griffiths-Jones, S. (2004). The microRNA Registry. *Nucleic Acids Research*, **32**, D109 – 111.

Griffiths-Jones, S., Grocock, R. J., van Dongen, S., Bateman, A. and Enright, A. J. (2006). miRBase: microRNAsequences, targets and gene nomenclature. *Nucleic Acids Research*, **34**, D140 – 144.

Grishok, A., Pasquinelli, A. E., Conte, D. *et al.* (2001). Genes and mechanisms related to RNA interference regulate expression of the small temporal RNAs that control *C. elegans* developmental timing. *Cell*, **106**, 23 – 34.

Grosshans, H., Johnson, T., Reinert, K. L., Gerstein, M. and Slack, F. J. (2005). The temporal patterning microRNA *let-7* regulates several transcription factors at the larval to adult transition in *C. elegans*. *Developmental Cell*, **8**, 321 – 330.

Hamilton, A. J. and Baulcombe, D. C. (1999). A species of small antisense RNA in posttranscriptional gene silencing in plants. *Science*, **286**, 950 – 952.

Han, J., Lee, Y., Yeom, K. H. *et al.* (2004). The Drosha-DGCR8 complex in primary microRNA processing. *Genes & Development*, **18**, 3016 – 3027.

Hobert, O., Johnston, R. J., Jr. and Chang, S. (2002). Left-right asymmetry in the nervous system: the *Caenorhabditis elegans* model. *Nature Reviews Neuroscience*, **3**, 629 – 640.

Horvitz, H. R. and Sulston, J. E. (1980). Isolation and genetic characterization of cell-lineage mutants of the nematode *Caenorhabditis elegans*. *Genetics*, **96**, 435 – 454.

Jacob, F. and Monod, J. (1961). Genetic regulatory mechanisms in the synthesis of proteins. *Journal of Molecular Biology*, **3**, 318 – 356.

Jing, Q., Huang, S., Guth, S. *et al.* (2005). Involvement of microRNA in AU-rich elementmediated mRNA instability. *Cell*, **120**, 623 – 634.

John, B., Enright, A. J., Aravin, A. *et al.* (2004). Human microRNA targets. *Public Library of Science Biology*, **2**, e363.

Johnson, S. M., Lin, S. Y. and Slack, F. J. (2003). The time of appearance of the *C. elegans let-7* microRNA is transcriptionally controlled utilizing a temporal regulatory element in its promoter. *Developmental Biology*, **259**, 364 – 379.

Johnson, S. M., Grosshans, H., Shingara, J. *et al.* (2005). RAS is regulated by the *let-7* microRNA family. *Cell*, **120**, 635 – 647.

Johnston, R. J. and Hobert, O. (2003). A microRNA controlling left/right neuronal asymmetry in *Caenorhabditis elegans*. *Nature*, **426**, 845 – 849.

Ketting, R. F., Fischer, S. E., Bernstein, E. *et al.* (2001). Dicer functions in RNA interference and in synthesis of small RNA involved in developmental timing in *C. elegans*. *Genes & Development*, **15**, 2654 – 2659.

Kidner, C. A. and Martienssen, R. A. (2004). Spatially restricted microRNA directs leaf polarity through ARGONAUTE1. *Nature*, **428**, 81 – 84.

Kim, V. N. (2005). MicroRNA biogenesis: coordinated cropping and dicing. *Nature Reviews Molecular Cell Biology*, **6**, 376 – 385.

Knight, S. W. and Bass, B. L. (2001). A role for the RNase III enzyme DCR-1 in RNA interference and germ line development in *Caenorhabditis elegans*. *Science*, **293**, 2269 – 2271.

Krichevsky, A. M., King, K. S., Donahue, C. P., Khrapko, K. and Kosik, K. S. (2003). A microRNA array reveals extensive regulation of microRNAs during brain development. *RNA*, **9**, 1274 – 1281.

Lall, S., Grun, D., Krek, A. *et al*. (2006). A genome-wide map of conserved microRNA targets in *C. elegans*. *Current Biology*, **16**, 460 – 471.

Landthaler, M., Yalcin, A. and Tuschl, T. (2004). The human DiGeorge syndrome critical region gene 8 and Its *D. melanogaster* homolog are required for miRNA biogenesis. *Current Biology*, **14**, 2162 – 2167.

Lau, N. C., Lim, L. P., Weinstein, E. G. and Bartel, D. P. (2001). An abundant class of tiny RNAs with probable regulatory roles in *Caenorhabditis elegans*. *Science*, **294**, 858 – 862.

Lee, R. C. and Ambros, V. (2001). An extensive class of small RNAs in *Caenorhabditis elegans*. *Science*, **294**, 862 – 864.

Lee, R. C., Feinbaum, R. L. and Ambros, V. (1993). The *C. elegans* heterochronic gene *lin-4* encodes small RNAs with antisense complementarity to *lin-14*. *Cell*, **75**, 843 – 854.

Lee, R., Feinbaum, R. and Ambros, V. (2004). A short history of a short RNA. *Cell*, **116**, S89 – 92, 81 p following S96.

Lee, R. C., Hammell, C. M. and Ambros, V. (2006). Interacting endogenous and exogenous RNAi pathways in *Caenorhabditis elegans*. *RNA*, **4**, 589 – 597.

Lee, Y., Ahn, C., Han, J. *et al*. (2003). The nuclear RNase III Drosha initiates microRNA processing. *Nature*, **425**, 415 – 419.

Lewis, B. P., Shih, I. H., Jones-Rhoades, M. W., Bartel, D. P. and Burge, C. B. (2003). Prediction of mammalian microRNA targets. *Cell*, **115**, 787 – 798.

Lewis, B. P., Burge, C. B. and Bartel, D. P. (2005). Conserved seed pairing, often flanked by adenosines, indicates that thousands of human genes are microRNA targets. *Cell*, **120**, 15 – 20.

Li, M., Jones-Rhoades, M. W., Lau, N. C., Bartel, D. P. and Rougvie, A. E. (2005). Regulatory mutations upstream of *mir-***48**, a *C. elegans let-7* family microRNA, cause developmental timing defects. *Developmental Cell*, **3**, 415 – 422.

Lim, L. P., Lau, N. C., Weinstein, E. G. *et al*. (2003). The microRNAs of *Caenorhabditis elegans*. *Genes & Development*, **17**, 991 – 1008.

Lin, S. Y., Johnson, S. M., Abraham, M. *et al*. (2003). The *C. elegans* hunchback homolog, *hbl-1*, controls temporal patterning and is a probable microRNA target. *Developmental Cell*, **4**, 639 – 650.

Lund, E., Guttinger, S., Calado, A., Dahlberg, J. E. and Kutay, U. (2004). Nuclear export of microRNA precursors. Science, **303** (5654), 95 – 98.

Mansfield, J. H., Harfe, B. D., Nissen, R. *et al*. (2004). MicroRNA-responsive 'sensor' transgenes uncover Hox-like and other developmentally regulated patterns of vertebrate microRNA expression. *Nature Genetics*, **36**, 1079 – 1083.

Miska, E. A., Alvarez-Saavedra, E., Townsend, M. *et al*. (2004). Microarray analysis of microRNA expression in the developing mammalian brain. *Genome Biology*, **5**, R68.

Ohler, U., Yekta, S., Lim, L. P., Bartel, D. P. and Burge, C. B. (2004). Patterns of flanking sequence conservation and a characteristic upstream motif for microRNA gene identification. *RNA*, **10**, 1309 – 1322.

Pasquinelli, A. E., Reinhart, B. J., Slack, F. *et al*. (2000). Conservation of the sequence and temporal expression of *let-7* heterochronic regulatory RNA. *Nature*, **408**, 86 – 89.

Pillai, R. S., Bhattacharyya, S. N., Artus, C. G. *et al*. (2005). Inhibition of translational initiation by *let-7* microRNA in human cells. *Science*, **309**, 1573 – 1576.

Rajewsky, N. and Socci, N. D. (2004). Computational identification of microRNA targets. *Developmental Biology*, **267**, 529 – 535.

Reinhart, B. J., Slack, F. J., Basson, M. *et al*. (2000). The 21-nucleotide *let-7* RNA regulates developmental timing in *Caenorhabditis elegans*. *Nature*, **403**, 901 – 906.

Rougvie, A. E. (2005). Intrinsic and extrinsic regulators of developmental timing: from miRNAs to nutritional cues.

Development, **132**, 3787 – 3798.

Ruvkun, G. and Giusto, J. (1989). The *Caenorhabditis elegans* heterochronic gene lin-14 encodes a nuclear protein that forms a temporal developmental switch. *Nature*, **338**, 313 – 319.

Ruvkun, G., Wightman, B. and Ha, I. (2004). The 20 years it took to recognize the importance of tiny RNAs. *Cell*, **116**, S93 – 96, 92 p following S96.

Slack, F. J., Basson, M., Liu, Z. *et al*. (2000). The *lin-41* RBCC gene acts in the *C. elegans* heterochronic pathway between the *let-7* regulatory RNA and the LIN-29 transcription factor. *Molecular Cell*, **5**, 659 – 669.

Sokol, N. S. and Ambros, V. (2005). Mesodermally expressed *Drosophila* microRNA-1 is regulated by Twist and is required in muscles during larval growth. *Genes & Development*, **19**, 2343 – 2354.

Stark, A., Brennecke, J., Russell, R. B. and Cohen, S. M. (2003). Identification of *Drosophila* microRNA targets. *Public Library of Science Biology*, **3**, E60.

Stark, A., Brennecke, J., Bushati, N., Russell, R. B. and Cohen, S. M. (2005). Animal microRNAs confer robustness to gene expression and have a significant impact on 3′UTR evolution. *Cell*, **123**, 1133 – 1146.

Sulston, J. E. and Horvitz, H. R. (1977). Post-embryonic cell lineages of the nematode, *Caenorhabditis elegans*. *Developmental Biology*, **56**, 110 – 156.

Watanabe, Y., Yachie, N., Numata, K. *et al*. (2006). Computational analysis of microRNA targets in *Caenorhabditis elegans*. *Gene*, **365**, 2 – 10.

Wienholds, E., Kloosterman, W. P., Miska, E. *et al*. (2005). MicroRNA expression in zebrafish embryonic development. *Science*, **309**, 310 – 311.

Wightman, B., Ha, I. and Ruvkun, G. (1993). Posttranscriptional regulation of the heterochronic gene *lin-14* by *lin-4* mediates temporal pattern formation in *C. elegans*. *Cell*, **75**, 855 – 862.

Xie, X., Lu, J., Kulbokas, E. J. *et al*. (2005). Systematic discovery of regulatory motifs in human promoters and 3′UTRs by comparison of several mammals. *Nature*, **434**, 338 – 345.

Yekta, S., Shih, I. H. and Bartel, D. P. (2004). MicroRNA-directed cleavage of HOXB8 mRNA. *Science*, **304**, 594 – 596.

Yoo, A. S. and Greenwald, I. (2005). LIN-12/Notch activation leads to microRNA-mediated down-regulation of Vav in *C. elegans*. *Science*, **310**, 1330 – 1333.

Zamore, P. D., Tuschl, T., Sharp, P. A. and Bartel, D. P. (2000). RNAi: double-stranded RNA directs the ATP-dependent cleavage of mRNA at 21 to 23 nucleotide intervals. *Cell*, **101**, 25 – 33.

2 非编码 RNA——基于人造载体内含子 microRNA 的研究进展

Shao-Yao Ying*, Joseph D. Miller and Shi-Lung Lin

2.1 引言

分子生物学的中心法则是基因组 DNA 通过转录产生信使 RNA（mRNA），信使 RNA 翻译生成蛋白质。这个法则最近受到了挑战，因为一部分 DNA 转录生成的 mRNA 前体（pre-mRNA）并非翻译成为蛋白质；相反，这些 RNA 调节其他基因的表达。这些由 DNA 片段直接转录为具有调节作用的 RNA，不编码蛋白质产物，因此它们被称为非编码 RNA。在人类基因组中，绝大多数的 DNA（差不多 95%）属于非编码的类型。常见的疾病与这些非编码 RNA 的出错相关。在这里，我们将介绍非编码 RNA 研究的历史背景及重要性，尤其是 microRNA 的研究现状以及人工内含子 microRNA 的发展前景。这些 microRNA 在发育、蛋白质分泌和基因调节中发挥着重要的作用。一部分 microRNA 是反义的发夹 RNA，而其他的则具有更加复杂的结构。为了更好地理解由于 microRNA 的失调而导致的疾病，我们需要建立一个组织特异性的表达系统，再现单个 microRNA 在体内和体外的功能及作用机制。

2.2 非编码 RNA

非编码 RNA（non-coding RNA，ncRNA）被定义为不翻译成蛋白质但是能够调节蛋白质合成的 RNA 分子片段。与能够被翻译成蛋白质的大片段 RNA 分子相比，非编码 RNA 通常是比较小的，长度不足 300 个核苷酸。因此，它们也被称为小分子 RNA（sRNA），或称为非信使 RNA（non-messenger RNA，nmRNA）、小分子非信使 RNA [small non-messenger RNA（snmRNA）或 tiny non-coding RNA（tncRNA）]、小分子调节 RNA [small modulatory RNA（smRNA）或 small regulatory RNA]。尽管非编码 RNA 不翻译成蛋白质，但是它们能够行使调节其他基因的功能。因此，转录非编码 RNA 的 DNA 序列也被叫做 RNA 基因或非编码调节基因。换句话说，非编码 RNA 基因是一种能够调节其他蛋白编码基因的 RNA 基因。

本文中我们只讨论长度不足 300 个核苷酸、直接参与 RNA 加工和降解、间接参与蛋白质合成和基因调节的小分子 RNA。因为 RNA 聚合酶 II（Pol-II）无法产生这种长度的小分子 RNA，所以这类小分子 RNA 是由 RNA 聚合酶 III（Pol-III）直接转录，或者是由 RNA 聚合酶 II（Pol-II）转录的长片段转录产物经过加工间接产生的。

---

* 通讯作者。

2.3 小分子非编码 RNA 的多样性

2.3.1 转运 RNA

转运 RNA（tRNA）是非编码 RNA 中最典型的例子，它参与翻译的过程，是第一种被鉴定和描述的小分子 RNA（Holley，1965）。在翻译过程中，转运 RNA 把特异的氨基酸转运到位于核糖体的蛋白质合成位点上正在延伸的多肽链中。转运 RNA 是一种长度为 74～93 个核苷酸的小分子 RNA，包含氨基酸结合位点和密码子识别位点，从而能在多肽链中加入特异性的氨基酸。转运 RNA 的二级结构和三级结构均为一种具有四五个结构域的四叶草结构，并且分别具有 L 形的三维空间结构。

2.3.2 核仁 RNA

非编码 RNA 的另外一个例子是核糖体 RNA。核糖体 RNA（ribosomal RNA，rRNA）是核糖体的基本组成部分，由 DNA 转录产生。在真核生物中，核糖体 RNA 在核仁中经过加工后，再通过核膜外运。这种 RNA 可能产生核仁小分子 RNA（small nucleolar RNA，snoRNA），即第二种小分子 RNA。许多新鉴定的 snoRNA 是通过内含子加工途径而合成的。一些核仁小分子 RNA 和核仁小分子 RNA 蛋白是核糖体 RNA 加工过程所必需的，但是它们具体的功能仍然有待阐明。基本上，核仁小分子 RNA 参与了核糖体合成的多个过程，包括：核糖体 RNA 前体的折叠；rRNP 底物的形成；催化 RNA 的剪切；碱基的修饰；核糖体前体亚基的组装；rRNP 颗粒从细胞核转移到细胞质的外运；等等。

在核仁中，核仁小分子 RNA 直接指导核糖体 RNA 的假尿嘧啶化和 2′-*O*-核糖甲基化。因此，核仁小分子 RNA 能够通过序列配对引导核仁小分子 RNA 蛋白质复合体到靶标核糖体 RNA 的修饰位点上。然后，这些蛋白质催化核糖体 RNA 上的碱基修饰。因此，这种类型的 RNA 也被叫做向导 RNA。

核仁小分子 RNA 与一些能够形成一部分哺乳动物端粒酶的蛋白质相关，同时，也与一些参与父本染色体印迹现象的蛋白质相关。核仁小分子 RNA 是由真核生物 Pol-II 转录的基因的内含子所编码的，尽管一部分宿主基因并不编码蛋白质。所以，这些基因的内含子（而不是外显子）在脊椎动物的进化中更加保守。出于这个原因，一些植物或者无脊椎动物基因的内含子在脊椎动物中仍然具有功能。

核仁小分子 RNA 的结构包含能够与其靶标 RNA 进行碱基配对的保守序列。几乎所有脊椎动物的向导核仁小分子 RNA 都来源于编码蛋白质或非编码 RNA 基因的内含子，这些内含子都被 Pol-II 转录。然而，酵母只有一小部分向导核仁小分子 RNA 来源于内含子，正如上面所说的，这暗示进化过程中内含子的累积反映了转入的基因进入内含子后的保守性（Filipowicz，2000；Maxwell and Fournier，1995；Tycowski *et al.*，1996）。这些内含子通过多种途径被加工处理，包括 RNase III 相关酶的核酸内切酶和核酸外切酶的剪切，可能还包括发生在一种叫做剪切体的大型复合物中 RNA 介导的剪切（Allmang *et al.*，1999；van Hoof and Parker，1999）。

2.3.3 核 RNA

小分子核 RNA（snRNA）是一类在真核细胞核中发现的小分子 RNA。它们参与许多重要的加工进程，如 RNA 剪接（从 mRNA 前体中去除内含子）和端粒维持等。它们能够与特异的蛋白质结合，形成的复合体被称为小核核蛋白（snRNP）。核 RNA 的例子包括 U2 snRNA、pre-5S rRNA 和 U6 snRNA。胚胎干细胞的 U2 snRNA 和非洲爪蟾卵母细胞的 pre-5S rRNA 通过结合到保守的 R_0 蛋白上，在紫外线照射后仍然具有活性。真核细胞中的 U6 snRNA 是 5 种参与 mRNA 剪接的剪接体 RNA（U1～U6）中的一种。小分子核 RNA 的二级结构包含一个茎环（内环）即一个茎封闭的内环和保守的蛋白质结合位点（Frank *et al.*，1994）。

2.3.4 噬菌体和病毒 RNA

另一种小分子 RNA 长度为 30 个核苷酸，能够作为噬菌体 F1 DNA 复制的引发子。这个功能只用于在噬菌体 DNA 的指定位点上引发 DNA 复制，暗示了一种对外来病菌入侵的原始防御机制。来源于 T4 噬菌体的内含子参与了一种抑制蛋白质合成的 RNA-RNA 相互作用。

2.3.5 小干扰 RNA

小干扰 RNA（small interfering RNA，siRNA）是一类双链小 RNA 分子，长度为 20～25 个核苷酸，它能通过 Dicer 酶参与的 RNA 干扰来抑制基因的表达。小干扰 RNA 的研究开始于对牵牛花色素表达的观察。许多年以前，van der Krol 等尝试通过引入外源基因来增强花色素的表达，但是出乎意料地观察到在某些植物中花色素的表达反而减弱了，这暗示了基因沉默可能参与了自然发生的基因功能的调节。将某个基因的多个拷贝引入牵牛花中不仅仅导致转入基因的沉默，其他研究者（Napoli *et al.*，1990）还观察到该内源基因也被沉默了。这说明甲基化部分地引起了同源基因（转基因和内源基因）的共抑制，这个现象被称为 RNA 干扰（RNA interference，RNAi）。注意，被引入到牵牛花中的转基因是一个能够与靶标基因完全配对的双链 RNA。

当把双链 RNA 注入线虫中时，Fire 和他的同事注意到了基因沉默和 RNAi（Fire *et al.*，1998）。人们认为，双链 RNA 一旦进入细胞，就会被 RNA 酶 III 家族的核酸内切酶——Dicer 酶所切割。Dicer 由一个氨基末端解旋酶结构域、一个 PAZ 结构域、两个 RNA 酶 III 基序和一个双链 RNA 结合基序组成。因此，Dicer 能够结合到双链 RNA 上并将其剪切成小干扰 RNA（siRNA）。这些小干扰 RNA 能够找到与它们的双链中其中一条完全互补的单链 RNA 分子。然后，RNA 降解酶（RNase）破坏与 siRNA 互补配对的 RNA，这个现象也被称为转录后基因沉默（PTGS）或者转基因抑制。换句话说，可以通过引入转基因，如与靶基因转录产物完全互补的 RNA 病毒或 dsRNA 序列来激活基因沉默。

在哺乳动物中，长于 30 个核苷酸的双链 RNA 可以激活抗病毒反应，导致 RNA 转录物的非特异降解、干扰素的产生以及宿主细胞蛋白质合成的完全停止（Shi，2003）。所以，在哺乳动物的细胞中，长的双链 RNA 不能引发基因特异的 RNAi 现象（Sui *et* al.，2002)。

我们在各种物种的不同生物系统中应用了许多术语来描述相同或类似的现象，包括：短干扰（si）RNA（Elbashir *et al.*，2001)、小瞬时（st）RNA（Pasquinelli *et al.*，2000)、异染色质 siRNA（Reinhart and Bartel，2002）和小调控双链 RNA（Kuwabara *et al.*，2004)。

2.3.6 microRNA

microRNA 是一种单链小分子 RNA 基因，它能够与蛋白质编码基因的 mRNA 转录物反向互补。这些 microRNA 能够抑制编码蛋白质的靶标基因的表达。microRNA 首先在线虫中被发现，包括 *lin-4*（Lee *et al.*，1993）和 *let-7*（Lau *et al.*，2001)。作为长

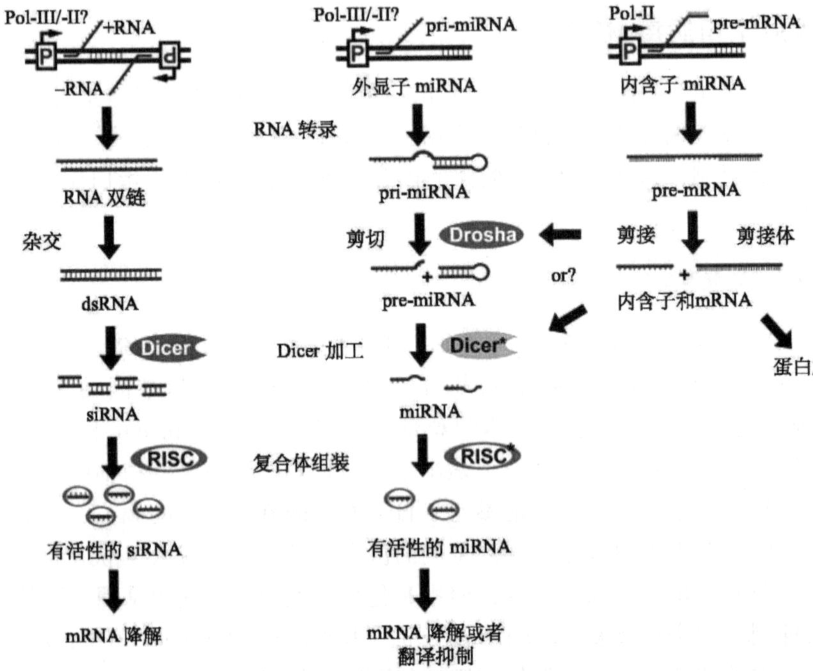

图 2.1　小干扰 RNA、基因间（外显子的）microRNA 和内含子 microRNA 的生物形成以及 RNA 干扰机制的比较。siRNA 由两个从不同的启动子转录而来的完全配对的 RNA 转录物组成（仍需要进一步证明），并进一步被 RNase III 家族的核酸内切酶 Dicer 加工成 19～22 个碱基的二聚体。以 *lin-4* 和 *let-7* 为例，基因间的 microRNA 的生物发生涉及一个长的转录前体（pri-miRNA），它可能是由 Pol-II 或 Pol-III RNA 的启动子产生的；而内含子 microRNA 是由编码 microRNA 的基因的 Pol-II 启动子转录，并在基因转录产物（pre-mRNA）的内含子区域共表达。经过 RNA 剪接和加工后，被剪切的内含子可能作为能够产生内含子 microRNA 的 miRNA 初始转录物（pri-miRNA）发挥作用。在细胞核中，pri-miRNA 被 Drosha RNase 剪切形成一个发夹状的 pre-miRNA 模板，之后转运到细胞质中进一步被 Dicer 加工成为成熟的 miRNA。Dicer 在 siRNA 和 miRNA 途径中的作用是不一样的。这三种小分子调控 RNA 最后都形成了 RNA 诱导的沉默复合体（RISC），包含有 siRNA 中的其中一条链或单链的 microRNA。microRNA 的作用被认为是具有更高的特异性，但没有 siRNA 那么明显，因为 microRNA 只涉及了一条链。另外，siRNA 主要是触发 mRNA 的降解。然而，microRNA 是诱导 mRNA 的降解或者抑制蛋白质的合成，取决于 microRNA 与靶标基因转录物的序列互补程度。

度为18～23个核苷酸的RNA分子，它能与靶标转录物的3′-UTR互补（图2.1）。线虫的发育受到这些RNA基因的调控。Lee和他的同事首先观察到*lin-4* microRNA能够负调控LIN-14蛋白的水平，对控制胚胎后期多个发育过程的正常时序性是必不可少的（Hong *et al.*，2000）。microRNA的另一个例子是线虫中的*let-7*，它能够抑制*lin-41*基因的表达，是幼虫后期转变为成虫所必需的。*let-7* RNA被发现在一些物种的幼虫后期中均为高度保守的，暗示着它作为一个普遍的调控基因能够沉默特异基因的表达（Hutvagner *et al.*，2001）。随后，在多个物种中都发现了microRNA，范围包括从线虫、果蝇到人类（Lagos-Quintana *et al.*，2003），暗示这些分子代表一个基因家族，是由一个远古的祖先小分子RNA基因进化而来的。

microRNA被认为是由DNA转录而来的，这些DNA不能被翻译，但是能够调节其他基因的表达。microRNA的初始转录物pri-miRNA是一种长的RNA转录物，包含有至少一个发夹状的microRNA前体。pri-miRNA在核仁中被核糖核酸酶Drosha在Microprocessor的帮助下加工成为pre-miRNA（Lee *et al.*，2003），并且由Exportin-5（Lund *et al.*，2003）从核仁中转运出去。这些60～90个核苷酸的miRNA前体形成了茎环结构，细胞质中RNA酶III家族的Dicer将成熟的miRNA从这些前体的发夹茎区域上剪切下来。microRNA和小干扰RNA似乎是密切相关的，尤其是考虑到其dsRNA和发夹结构。siRNA可以被认为是miRNA的二聚体形式，其RNA分子包含着miRNA及其反向互补序列。因此，siRNA可以被看做是一种miRNA的前体。

microRNA能够抑制基因的表达，依赖于它能够与一个或多个mRNA的部分序列互补，这些序列一般在3′-UTR区。miRNA与靶标mRNA的结合能够抑制蛋白质的翻译。某些情况下，通过结合miRNA形成了dsRNA，从而触发了mRNA的降解，该过程与RNAi类似。但是在另外一些情况下，miRNA复合体只是阻遏了蛋白质翻译机器，或者通过其他不降解RNA的方法而抑制蛋白质的翻译。

因为大多数miRNA抑制基因的功能依赖于部分互补，因此一个miRNA能够靶定一个以上的mRNA，而多个miRNA也能同时作用于一个mRNA，从而在不同的组织和细胞中协同调节基因的表达强度。因此，miRNA可能对蛋白质编码基因具有广泛的微调作用。毋庸置疑的是，miRNA的发现改变了后基因组时代我们对基因调节的理解。

2.3.7 内含子miRNA

内含子在基因组编码蛋白的DNA中占了非编码序列的绝大部分。基因组中编码蛋白的DNA转录产生了信使RNA前体（pre-mRNA），其中包含了四个主要的部分：5′-非翻译区、编码蛋白质的外显子、非编码的内含子和3′非翻译区。广义上来讲，无论是3′还是5′非翻译区，都能够被看成是一种内含子的延伸；然而，在mRNA成熟的过程中，对两者的加工却是与两个外显子之间的内含子（也叫做“框内内含子”）明显不同的。起初，框内内含子被认为是基因转录物中庞大的遗传无用区，后来由于内含子miRNA的发现，过往的误解才被纠正。至今，内含子miRNA的起源仍有待全面阐明。

一些具有调控作用的小分子RNA从内含子RNA片段中产生。例如，核仁小分子RNA是由编码核糖体蛋白和核仁蛋白的基因的内含子片段产生的。另外，一些小RNA

来源于一些失去编码蛋白功能的外显子。这种类型的内含子加工与 RNase III 相关的酶及核酸外切酶的剪切有关，可能还与 RNA 介导的剪切有关。因此，内含子 miRNA 是一种在编码蛋白基因的内含子加工过程中产生的新型 miRNA。

内含子 miRNA 和前面所提到的基因间 miRNA 的最大区别在于，前者的生物合成需要 RNA 聚合酶 II（Pol-II）和剪接体元件（Ying and Lin，2005a，b）。内含子 miRNA和基因间 miRNA 可能具有相同的装配过程，也就是形成 RNA 介导的沉默复合体（RISC，它是 RNAi 相关的基因沉默的效应物）。尽管与 siRNA 相关的 RISC 的装配已经被用来预测 miRISC 的装配过程，但是最终的 miRNA 成熟体与 RISC 装配之间的联系仍然有待阐明。比较 siRNA 和 miRNA，两者的 Dicer 和 RISC 的特性是明显不同的（Lee *et al.*，2004a，b；Tang，2005）。

内含子 miRNA 需要符合以下要求：①它们必须与编码基因转录物共享启动子；②它们位于基因初始转录物（pre-mRNA）的非蛋白编码区；③它们与基因转录物共同表达；④它们被核 RNA 从编码基因的转录物中剪切下来，并经过剪接形成成熟的 miRNA。

目前已知的 miRNA 中，有一部分是由基因的内含子区域编码的，但是它们的方向与编码蛋白质的基因转录物相反。因此，这些 miRNA 不被认为是内含子 miRNA，因为它们与基因不共享一个启动子，而且它们也不是通过 RNA 剪接从编码蛋白的基因转录物中释放出来的。这些 miRNA 的启动子位于基因的反义方向，可将该基因的转录物作为反义 miRNA 的潜在靶标。*let-7c* 是这类 miRNA 的典型例子，它是一个基因间的 miRNA，位于基因内含子的反义区域。

2.3.8 microRNA 与小干扰 RNA

与双链的 siRNA 不同，miRNA 是一种单链 RNA，长度约 18～25nt，来源于非编码 DNA 的长的 RNA 转录物（pri-miRNA）。另一个不同之处是，miRNA 与一个或多个 mRNA 的某些序列部分互补，通常是 3′-UTR 上的位点，而 siRNA 与 mRNA 的一部分编码区完全互补。另外，通过与 miRNA 结合形成的双链 RNA 有时能够触发 mRNA的降解，该过程与 RNAi 类似，在其他情况下，miRNA 复合体只是阻碍了蛋白质翻译机器，或以别的方式抑制蛋白质翻译，但不导致 mRNA 降解。

siRNA 和 miRNA 的第三个不同点在于其生物合成过程。两者的生物合成具有一些相同的特征，但是也存在不同的地方。两者都是从高级结构或双链 RNA 前体中被 RNase III 的 Dicer 剪切而来的。但是最新的证据显示，Dicer 家族的一个特别成员参与了细胞核与细胞质中 miRNA 前体的特异剪切（Khvorova *et al.*，2003）。此外，Agonaunte（AGO）基因家族的成员也与 siRNA 和 miRNA 的形成和（或）功能有关。AGO I 是 siRNA 与 miRNA 途径都需要的一个关键蛋白质，并且它可能是对 RISC 的靶标 mRNA 进行剪切的核酸内切酶（Okamura *et al.*，2004；Kidner and Martienssen，2005）。若能充分阐明 AGO 蛋白家族各个成员的作用，将会进一步揭示 RISC 的调控机制和小 RNA 的调节作用。目前已经报道了多个在 PTGS 和 miRNA 途径中与 RISC 相关的蛋白质（Meister *et al.*，2004； Liu *et al.*，2005）。

siRNA 和 miRNA 的生物合成途径的不同之处还在于病毒抑制沉默子——助手元件

蛋白酶（Hc-Pro），消除 siRNA 却增强了 miRNA 的积累（Mallory *et al.*，2002）。此外，siRNA 和 miRNA 的生成具有不同的遗传学要求。siRNA 的长度为 20～22 个碱基对，能够介导 RNA 沉默。通过病毒复制形成的或者来源于异常转基因的双链 RNA 能够被降解成 siRNA，这些 siRNA 可以指导相应的病毒或转基因 RNA 进行直接的序列特异性降解。因此，RNA 的沉默功能能够保护宿主免受病毒感染和异常基因的转染。相比之下，随着时间进化，在包括人类在内的脊椎动物 miRNA 中选择部分转座子结合到基因组中，从而对基因的表达进行微调。siRNA 和 miRNA 都参与了转录基因的沉默和异染色质的失活（Tang，2005），只是两者的机制稍有差异。关于 siRNA 与 miRNA 基因沉默差异性的假说，可能为解释内源性 siRNA 在无脊椎动物中含量丰富但在哺乳动物中相对缺乏提供了线索。

在植物中，siRNA 和 miRNA 都能引起 DNA 的甲基化和 RNAi（Jones *et al.*，1999；Beclin *et al.*，2002；Vaistij *et al.*，2002）。miRNA 的另一个功能是，它是 X 染色体编码的一个特异性非编码 RNA 分子，这种非编码 RNA 称为 Xist。Xist 在两条雌性 X 染色体中的一条优先表达，并能够沿着那条染色体顺式转录。该 X 染色体被紧紧包裹成转录失活的异染色质，因此只有一条雌性 X 染色体具有活性。这个现象与 DNA 的甲基化相关。出于同样的原因，在进化过程中整合到哺乳动物基因组内含子区的病毒、转基因和转座子，可能利用了这些特点，通过剪接 pri-miRNA，并结合 Dicer 样的蛋白质进行基因沉默和 mRNA 的降解。

microRNA（miRNA）由植物和动物的基因组编码，并从具有高级结构的前体加工而来。有趣的是，正如上面所述，这些 miRNA 能够调节重要的发育调节因子的表达。大多数 miRNA 在翻译水平调节基因的表达，其中一些 miRNA 能够改变 mRNA 的稳定性。考虑到各个物种中 miRNA 的数量众多，很可能其中某些 miRNA 能够在其他水平调节基因表达，如转录水平、mRNA 转座、RNA 加工甚至是基因组水平。

相比于 siRNA 而言，miRNA 更可能成为潜在的治疗试剂（Ying and Lin，2005a，b）。第一，在哺乳动物细胞中，长于 25 个碱基对的双链 RNA 或者高剂量的 siRNA 会产生干扰素相关的、非特异性的 RNA 降解。第二，短的 siRNA 在体内不稳定，而且在小鼠中需要药理学用量才能发生治疗反应。第三，RNAi 诱导需要 siRNA 与其靶标 RNA 具有高度严格的互补配对，因此很难应用 siRNA 解决病毒频繁变异的问题。第四，基于载体的 Pol-III 指导的 siRNA 有时合成的 RNA 产物比希望得到的 siRNA 要长，导致意料之外的干扰素细胞毒性。Pol-III 启动子与载体的另一个病毒启动子（如 LTR 或 CMV）之间的竞争也会引起意料之外的干扰素细胞毒性。出于上述原因，我们利用 Pol-II 型 RNA 转录建立了一个内含子 miRNA 系统。

2.4 转座子和内含子 miRNA

在真核生物中，内含子和其他非编码 RNA 不断进化，可能为基因的表达提供了另一个层面上的调控，从而能够形成微调基因表达活性的复杂网络。在细菌和细胞器蛋白质基因组中，II 型内含子包含了具有催化作用的 RNA 和逆转座元件，这些逆转座元件使得这类内含子能够移动。因此，这些内含子能被直接反向接合到 DNA 靶位点上，随后被内含子编码的基因反转录。插入到 DNA 之后，内含子会在基因的转录物中被剪切下来，以减少对宿主的损害。

II 型内含子与真核生物的剪接体内含子以及非 LTR 逆转座子之间具有潜在的进化关系。利用这个特点，就很容易设计可移动的 II 型内含子，使其整合到基因打靶的载体中，成为靶标内含子，从而能够特异性地靶定各种各样的基因（Lambowitz and Zimmerly，2004）。有报道指出，最近获得了线虫基因的内含子，其中有一部分是来源于同一个基因组中的“供体”内含子。此外，这些新发现的内含子中有一部分显然是来源于同一个基因的其他内含子（Coghlan and Wolfe，2004）。也许剪接系统决定了内含子在哪里插入到基因中。另外，一些新发现的功能未知的大脑特异性核仁小 RNA 由串联重复的内含子编码，并且这些内含子是父本印迹表达的。

从进化的优势上来说，转座子可能是非常古老的，并存在于共同的祖先基因组中。它们可能作为寄生物多次进入到宿主体内。转座子的这个特点与反转录病毒相类似。太强的转座子活性能够破坏一个基因组。为了反击转座子和病毒的活性，一些生物发展了一套机制来移除和（或）沉默转座子及病毒的活性。例如，细菌常常去除它们的基因以移除整合到基因组上的转座子和反转录病毒。真核生物中，miRNA 相关技术是减少转座子活性的一种方法。可以想象，与免疫系统中产生的各种各样的抗体类似，miRNA 可能参与抵抗病毒和转座子的入侵。

来自同一个受精卵的同卵双胞胎在它们的核 DNA 中具有相同的遗传信息。同卵双胞胎之间在出生后出现的任何差异绝大多数都是由于环境影响所导致的，而不是遗传造成的。但是同卵双胞胎可能并不拥有全部一样的 DNA 序列。雌性同卵双胞胎的差异是由于 X 染色体失活的差异导致的，因此，雌性同卵双胞胎中的一个可能患有 X 连锁的疾病，如肌肉萎缩症；但是另外一个则能够幸免于此。同卵双胞胎常常呈现微小而确实存在的差异，如疾病的易感性，但更多的是生理学上的差异。例如，肌强直性营养不良（myotonic dystrophy，DM）是一种显性遗传的多系统疾病，具有一系列看起来好像不相关而且非常罕见的临床特征，包括：肌强直、肌肉营养不良、心脏传导缺陷、后虹彩白内障和内分泌紊乱等（Harper，1989）。DM2（2 型）是由于定位在锌指蛋白 9 基因（*ZNF9*）的 1 号内含子上的 CCTG 延伸（平均约 5000 个重复）所致（Liquori *et al.*，2001）。患有这种失调疾病的同卵双胞胎表现出不同的症状，可能是由于不同的内含子 miRNA 或不同插入水平的内含子基因所导致的。

II 型转座子能够被剪切下来并插入到基因组中。转座酶结合到重复的转座子末端和基因组的靶标位点上，并在基因组的靶标位点上留下黏性末端。这两个组分被连接酶拼接到一起。利用这种方式，转座子就能在基因组中留下自己的多个重复拷贝以增加基因组的大小。通过 miRNA，转座子很有可能在基因组中对调控基因具有选择性优势。不难想象，当转座子在合适的条件下被插入到编码蛋白基因的内含子中时，这些转座子中的一部分或者是它们的二级结构可能变成内含子 miRNA。

2.5 miRNA 的生物合成途径和机制

关于 miRNA 的生物合成我们将在本书后面的章节中进行详细的介绍，而在这里我们将简单讨论一下 miRNA 在脊椎动物生物合成途径中涉及的 5 个步骤。第一，形成 miRNA 的初始 miRNA 前体（pri-miRNA），这个过程大部分是由 RNA 聚合酶 II 介导的（Pol-II）（Lin *et al.*，2003；Lee *et al.*，2004a，b）。pri-miRNA 由基因组转录而来。第二，长的 pri-miRNA 被类似 Drosha 的 RNase III 核酸内切酶和（或）剪接体元件剪切，形成 60～70nt 的 miRNA 前体（pre-miRNA）。pre-miRNA 具有重要的二级结构，包括不完全配对的 dsRNA 区域，这个区域随后将被剪切成为一个或多个 miRNA。该步骤取决于该 pri-miRNA 的来源，即位于外显子还是内含子（Lee *et al.*，2003；Lin *et al.*，2003）。第三，miRNA 前体被 Ran-GTP 和受体 Exportin-5 转运出细胞核（Lund *et al.*，2003；Yi *et al.*，2003）。第四，在细胞质中，类似 Dicer 的核酸内切酶将 miRNA 前体剪切成为 18～25nt 的成熟 miRNA。第五，成熟的 miRNA 与核糖体颗粒结合形成 RNA 诱导的基因沉默复合体（RISC），执行 RNAi 相关的基因沉默（Khvorova *et al.*，2003；Schwarz *et al.*，2003）。两条链中只有一条是 miRNA，另外一条链成为 miRNA*。成熟的 miRNA 通过与靶标 mRNA 的部分互补配对，尤其是通过与 mRNA 的 3′非翻译区的碱基配对来阻碍 mRNA 的翻译。如果 miRNA 与 mRNA 能够完全互补配对，则会导致 mRNA 降解，与 siRNA 介导的 mRNA 降解情况类似。通过 miRNA 来调控某些基因表达的自调节负反馈机制包括 RNA 沉默体制。

在体外的系统中 siRNA 的 RISC 组装已经被报道，相似的组装过程可能也发生在 miRNA 途径中。但是 miRNA 的最终成熟与 RISC 的组装之间的联系仍然不清楚。最新的利用斑马鱼进行的研究显示，在 RISC 的组装过程中，miRNA 前体的茎环结构与成熟 miRNA 的链的选择有关。这些发现进一步说明了 siRNA 的双链结构对体内 miRNA 相关的 RISC 的组装并非是严格需求的。可以想象，miRNA 的茎环结构可能促进了正确 miRNA 序列的选择和加工成熟。miRNA 生物合成的可能途径是根据 siRNA 的体外模型而猜想的。出于这些原因，未来的工作重点将集中在 siRNA 和 miRNA 的加工过程中区分 Dicer 与 RISC 各自的特点和作用机制的差异上。

2.6 鉴定

microRNA 的系统鉴定将在本书后面的章节中由 Hagen 和 Lai 详细介绍。目前，有 4 种主要的方法来鉴定 miRNA：①直接克隆；②利用计算机搜索基因组；③在不同的物种中进行 microRNA 芯片搜索；④人工制备人造的 miRNA 用来靶定已知的基因序列。

2.6.1 直接克隆

传统的直接克隆短 RNA 分子的方法，如克隆 *let-7* 和 *lin-4*，仍然是鉴定新 miRNA 的一个可选的方法。可以想象，我们可以分离出小分子 RNA 并对其单独测序。到目前为止，结果中绝大部分都是高表达的 miRNA。但是，一旦 miRNA 被鉴定出来，它在其他物种（包括人类）中的功能，也将可以被探索出来。例如，*let-7* 首先在秀丽隐杆线虫中被鉴定出来；随后，在人类肺癌细胞中发现 *let-7* miRNA（Takamizawa *et al.*，2004）和 Dicer（Karube *et al.*，2005）的表达降低，暗示了 *let-7* 表达水平的改变与临床和生物学效应相关。

2.6.2 计算机搜索

目前有许多新的计算机方法可以估计不同动物中 miRNA 基因的总数（McManus，2003；Gesellchen and Boutros，2004；Jin *et al.*，2004；Xu *et al.*，2004；以及本书第 III 部分若干章节）。基本上每种程序都能鉴定出高度保守的基因组非编码区，这些区域拥有茎环结构和特异性的“种子”序列，并且含有 8～10 nt 的互补区域。然后，检查正向和反向互补序列的二级结构。此外，以下标准可帮助鉴定 miRNA：最长的螺旋臂（臂的自由能）内部短环和不对称的凸环。这样鉴定出来的 miRNA 通常比实验鉴定到的 miRNA 更加不一致，这暗示传统的克隆方法具有高度的假阴性或漏选率。然而，计算机方法也可能具有较高的假阳率。因此，利用 Northern 杂交分析和功能研究来对鉴定得到的 miRNA 进行验证是很重要的。这些方法仍在不断改进，并且 miRNA 与它们的靶标可能具有“一对多”或“多对一”的关系。众多哺乳动物的潜在靶标将可能通过该方法被鉴定出来。

2.6.3 芯片搜索

为了促进研究，人们发展出一种在不同物种的各个组织中进行全基因组 miRNA 表达谱分析的寡核苷酸芯片技术（Liu *et al.*，2005；Miska *et al.*，2004；Valoczi *et al.*，2004；以及本书第 V 部分若干章节）。其中一些芯片使用了锁定核酸修饰的寡核苷酸以便可以进行 miRNA 的原位杂交和 miRNA 表达谱分析（Valoczi *et al.*，2004；另见本书第 17 章）。此外，这个方法能够通过一大批 microRNA 来鉴定调控情况。运用此方法的一个很好的例子是对调控斑马鱼大脑形态生成的 miRNA 的研究（Giraldez *et al.*，2005）。

2.6.4 人造 miRNA 的形成

在人类和小鼠细胞中，我们发现由基因转录物（即 mRNA 前体，pre-mRNA）中最接近 5′端的内含子编码的类似 miRNA 前体的生物合成是由哺乳动物的 RNA 聚合酶 II（Pol-II）介导的。利用这个发现，我们发展出一种独特的方法，通过使用 miRNA 诱导的载体盒来沉默基因表达（Lin *et al.*，2003）。利用含有发夹样 miRNA 前体（pre-miRNA）的人工内含子，我们可以将该内含子插入到宿主基因中，从而能产生成熟的 miRNA 分子。这些 miRNA 分子能够激发基因沉默，作用于人类前列腺癌细胞、人类子宫颈癌细胞及大鼠神经干细胞中，并在斑马鱼、鸡和小鼠体内同样有效。

图 2.2 显示了一个合成的内含子（SpRNAi），它（从 5′端到 3′端）包含有一个 5′接合供体位点（DS）、一个插入的 miRNA 前体寡核苷酸（insert）、一个分支点区（BrP）、一个多聚嘧啶带（PPT）和一个 3′接合受体位点（AS）。红色荧光膜蛋白 rGFP 基因的外显子（外显子 1 和外显子 2）被干扰了，因为在它们之间插入了人工内含子，并形成了一个重组的 SpRNAi-rGFP 基因盒。通过插入 miRNA 前体，阻断了 rGFP，因此 rGFP 不表达。当 miRNA 形成并被剪切出来后，被阻断的 rGFP 外显子就可以连接起来，rGFP 得到翻译。通过在细胞膜上显示红色荧光，我们就可以确定内含子的剪接和 miRNA 的成熟。这种红色荧光的发射可以作为内含子 miRNA 产生的视觉指示器。

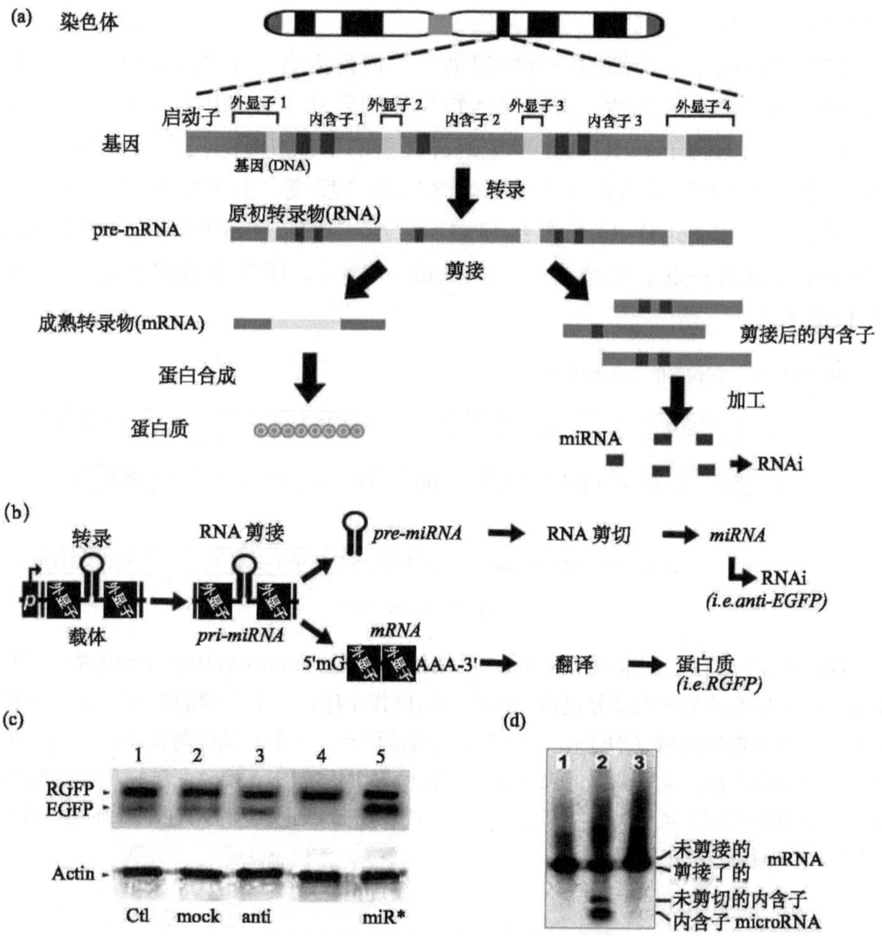

图 2.2　内含子 miRNA 的生物合成和功能。(a) 内源性的内含子 miRNA 与信使 RNA 前体（pre-mRNA）一起被 Pol-II 共转录，并通过一种 RNA 剪接机器（剪接体）从 mRNA 前体上剪切下来。被剪接的内含子具有发夹样的二级结构并进一步加工成为成熟的 miRNA 用于激发 RNA 干扰效应。与此同时，被连接起来的外显子形成成熟的 mRNA 用于蛋白质合成。(b) 我们设计了一个包含 miRNA 前体的人工内含子（命名为 SpRNAi）来模拟内源性的内含子 miRNA 的生物发生过程。(c) 把一个人工设计的 miR-EGFP（280-302，构建茎环结构）用于斑马鱼 EGFP 表达 Tg（UAS：gfp）的测试中，我们发现强烈的 RNAi 效应只作用于靶标 EGFP（第 4 泳道）。在其他的泳道（从左到右）没有观察到基因沉默现象：1. 空白载体对照（Ctl）；2. miRNA 茎环靶定 HIV-p24（mock）；3. 没有茎环结构的 miRNA（anti）；5. 具有茎环结构的 miRNA* 与 miR-EGFP（180-302）序列（miR*）互补。非靶标基因（如载体 RGFP 和鱼类的肌动蛋白）没有受到影响，说明 miRNA 介导的基因沉默具有高度的靶标特异性。(d) 三个不同的 miR-EGFP（280-302）表达系统用于检测 miRNA 的生物形成（从左到右）：1. 不含内含子的 RGFP 的载体表达，没有 miRNA 的前体插入；2. 插入了一个内含子编码的 5′-miRNA-茎环-miRNA-3′的 RGFP 的载体表达；3. 构建一个与“2”结构相似的载体，但是缺失了内含子的 5′端位点。在探测 miR-EGFP（280-302）序列的 Northern 杂交分析中显示，在细胞质中成熟的 mi-RNA 只能从2 号载体构建物被剪接的内含子中释放出来。

使用特异性的 Pol- II 启动子，内含子来源的 miRNA 系统和 rGFP 都被激活。利用这种方法，我们能够选择需要沉默的靶标基因。

我们同样可以使用一个细胞特异的启动子，使得内含子 miRNA 可以与其编码基因在一个特异的细胞群中共表达。通过激活特异性的启动子和基因的表达，我们可以获得具有细胞特异性的内含子 miRNA。产生这种类型的 miRNA 的先决条件是：①Pol-II 介导 mRNA 前体的初始转录与内含子的剪切之间串联反应，并发生在接近周染色质纤丝的特定核区域；②在 Pol-II RNA 剪接和加工后形成成熟的 miRNA ；③编码基因转录物的外显子被连接在一起，形成了一个成熟的 mRNA，用来合成报告蛋白（如 rGFP）（图 2.3 和图 2.4）。

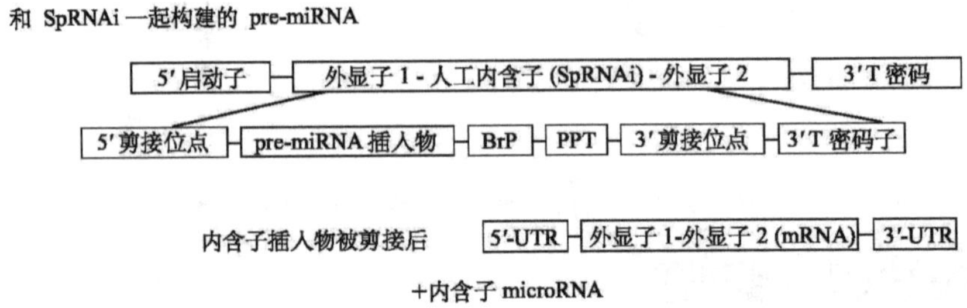

图 2.3　细胞内表达和加工的重组基因 SpRNAi-RGFP 中人工 SpRNAi 内含子的构造示意图。Pol-II 介导的 SpRNAi 系统的组成部分包括一些共同的核苷元件：一个 5′端的剪接位点、一个分支点区（BrP）、一个多嘧啶区域（PPT）、一个 3′端的剪接位点、一个 5′端的剪接位点和 Brp 区域之间的 miRNA 前体插入物。重组基因的表达受到哺乳动物 Pol-II RNA 启动子或一个相容的病毒启动子的调控，因此具有细胞类型特异的效应。通过 RNA 剪接和进一步的 Dicer 酶加工，成熟的 miRNA 从内含子中释放出来。

2.7　人造 miRNA 的潜在应用

人造的内含子 miRNA 具有多种潜在的应用性：①分析基因的功能；② 评价 miRNA的功能和有效性；③设计和开发新的基因治疗策略；④设计和开发抗病毒疫苗；⑤产生缺失性突变的转基因动物。

2.7.1　基因的功能分析

人类基因组包含有超过 220 亿个碱基对。分析和理解这些序列是所有自然科学面临的一个挑战。利用启动子、细胞特异性和内含子介导的基因盒形成的质粒或载体，再结合计算机鉴定的基因序列和潜在的 miRNA 序列，科学家们能够在体内和体外探索这些序列的功能重要性及其靶标分子。此外，使用该方法可以阐明特定的分子在信号转导途径或疾病发展过程中的重要作用，尤其是下游的作用机制。

2.7.2　miRNA 的功能和有效性的评估

利用计算机程序预测 miRNA 的候选分子已经鉴定出众多基因组的发夹结构序列。然而，这些序列的功能仍然未知。因为在哺乳动物细胞中直接转染发夹样的 miRNA 前

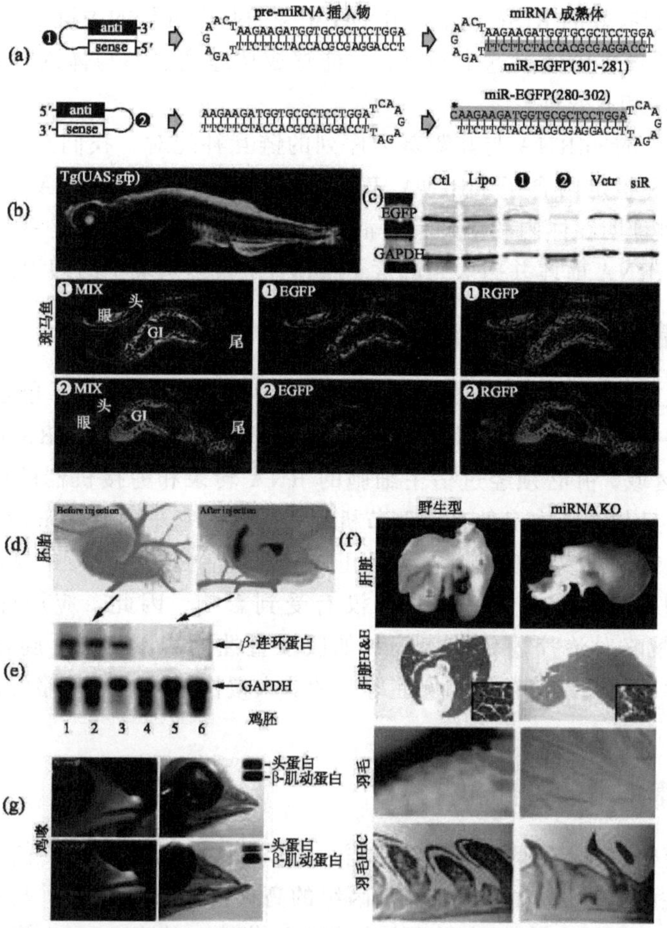

图 2.4 体内内含子 miRNA 介导的基因沉默效应。(a) ～ (c) 通过转染 5′-miRNA*-茎环-miRNA-3′ 观察 RISC 组装的不同的选择偏好，并分别显示了斑马鱼中的 5′-miRNA-茎环-miRNA*-3 (①) 和前体 miRNA (②) 的结构。(a) 在②号转染斑马鱼中检测到一种成熟的 miRNA [称为 miR-EGFP (280/302)]，但是在①号转染斑马鱼中产生了另一种 miRNA [miR*-EGFP (301-281)]，该 miRNA 与 miR-EGFP (280/302) 部分互补。(b) 虽然 miRNA 的指示剂 RGFP (红色) 均匀地出现在所有的载体转染物中，但是只在②号 miRNA 前体的转染物中检测到 RNAi 效应，图片上显示为在②号转染物中 EGFP (绿色) 比①号的少。(c) Western 杂交分析 EGFP 蛋白水平证实了 (b) 中的特异性沉默效果。在没有做对照而只有脂质体处理的鱼中，检测不到明显的基因沉默现象。不管是转染 U6 引导的 siRNA 载体 (siR) 或是一个没有插入特定 miRNA 前体的空载体 (Vctr) 都不能进行沉默基因。(d) ～ (g) 鸡胚中内源性 β-连环蛋白和头蛋白基因的沉默。(d) 前体 miRNA 的构造和快速绿色染料混合物被注入鸡胚的腹部侧边，靠近心脏下方的肝脏胚原细胞。(e) 利用 Northern 杂交分析鸡胚肝脏中提取出来的 RNA，比较转染了抗 β-连环蛋白的 miRNA (第 4～6 泳道) 与野生型 (第 1～3 泳道) 之间的差别，显示超过 98%的 β-连环蛋白 mRNA 的表达受到沉默抑制，而管家基因 GAPDH 并未受到影响。(f) 敲除 β-连环蛋白后，肝脏的形成受到阻碍 (右上角的两个图片)。通过显微镜观察到肝脏细胞具有一个松弛的结构，暗示了在早期的肝脏发育中，由于 β-连环蛋白与细胞膜 E-钙黏素的黏合结构被破坏，使其失去了细胞之间的黏合。在受到严重影响的区域，靠近注射区的皮肤中羽毛的生长也受到了抑制 (右下角两个图片)。对 β-连环蛋白的表达进行免疫组织化学染色 (褐色)，显示在羽毛卵泡鞘中该蛋白质的表达明显下降。(g) 与野生型 (上图) 相比，通过在下颚骨中注射抗头蛋白的 miRNA 前体结构 (下图) 后，鸟下嘴的发育上调了。右图显示的硬骨 (茜素红) 和软骨 (阿尔新蓝) 染色表明敲除了头蛋白后鸟下嘴的骨组织生长情况。利用 Northern 杂交分析 (小窗格) 证明了下鸟嘴区头蛋白 mRNA 表达水平下降了大概 60%。(见彩图 1)

体并非总能够引起有效的 RISC 组装（RNAi 相关的基因沉默的关键步骤），而利用内含子 miRNA 表达系统能够解决这个问题，并能够成功地增强参与体内和体外诱导 RNAi 的 miRNA 的效率和有效性。

根据人工设计的 miRNA 与其靶基因序列的链互补配对，我们开发出一套 miRNA 分离方法来纯化和鉴定内含子 miRNA 表达系统产生的成熟 miRNA。许多内含子 miRNA 及其结构被证明在体内和体外具有活性。根据这个原理循证，我们现在掌握了设计更加有效的 miRNA 前体并插入到内含子 miRNA 表达系统中的知识。

2.7.3 新的基因治疗策略的设计和开发

能够触发 RNAi 的内含子 miRNA 可用作药物。例如，miRNA 能够抑制真核生物中人类病原体和病毒中与人类基因不相似的重要基因。内含子 miRNA 插入到基因组 DNA 的非编码区域，并必须经过宿主细胞的 RNA 转录和剪接机器的激活。这个过程受到严格控制，且与细胞本身的基因调节机制相协调。基于内含子 miRNA 疗法的支持者指出，该方法或许可以减轻患者对自己正常基因组活性发生改变的忧虑。这个治疗方法可能是安全的，因为蛋白质编码基因没有受到影响。因此，应用此方法的内含子 miRNA 和治疗策略对治疗遗传性疾病（如肌强直性营养不良、X 脆性智力迟钝综合征、老年痴呆症、帕金森综合征和癌症等）的非入侵性基因治疗策略的设计和开发可能是非常有用的。

2.7.4 抗病毒疫苗的设计和开发

设计一个有效的疫苗来防止病毒的感染（如 HIV）的困难主要包括以下几点。首先，这种全球性的流行病是由于 HIV 基因组的高突变率所导致的，基因组的高度突变能够不断产生具有抵抗高效抗逆转录病毒疗法的菌株。其次，HIV 前病毒能够整合到宿主基因组中以逃避治疗的抑制作用，该作用只能使病毒复制的循环失活，但不能破坏潜伏的病毒基因组，结果导致 HIV 病毒携带者不断增加。HIV 抗药菌株及其携带者的不断增加，给艾滋病预防计划带来了极大的挑战和沉重的经济负担。与传统的抗艾滋病病毒药物相比，miRNA 能够触发翻译的抑制还是 RNA 的降解，这取决于 miRNA 与靶标基因互补的程度。因此，我们使用载体携带 miRNA 来解决 HIV 变异带来的问题，这种方法被证明是可行的（Lin *et al.*，2005）。我们相信利用这个方法可以促进抗病毒药物和抗 HIV 感染的疫苗的研制（图 2.5）。

2.7.5 缺失性突变的转基因动物的开发

转基因动物模型是体内测试基因功能和药物作用机制非常有用的手段。利用上述描述的内含子 miRNA，我们能够在斑马鱼和小鼠中建立缺失性突变的动物模型。转基因斑马鱼的缺失性突变不能够通过 siRNA 获得，但是已经证明能够通过 miRNA 得到（Lin *et al.*，2005；Ying and Lin，2005b）。斑马鱼具有许多与人类的生物系统相似的特征，非常适合用于人类疾病的遗传学和病理学研究，尤其适合于研究那些特定基因缺失所导致的疾病或生理失调的分子机制。此外，应用该方法在缺失性突变的斑马鱼转基因模型中可以筛选出所有药剂学研发的药物。

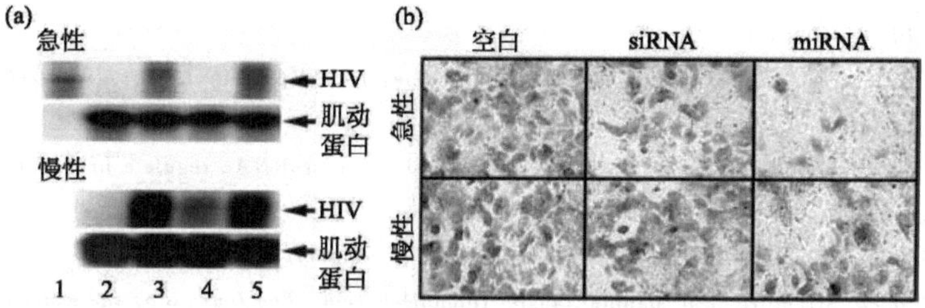

图 2.5 通过在急性和慢性的 AIDS 感染期的 $CD4^+$ T 淋巴细胞中转染抗 *gag/pro/pol* 的 miRNA 来沉默 HIV-1 的基因组复制。(a) Northern 杂交分析显示，在急性和慢性的感染细胞中经过 miRNA 处理后，HIV 基因组的表达量分别下降了 98% 和 70% (泳道 4)。用 $miRNA^*$ 靶定病毒基因组中相同的 *gag/pro/pol* 区域，并转染到 T 细胞中，没有观察到任何效果 (第 5 泳道)。纯化的 HIV-1 前病毒含有约 9700 个碱基 (第 1 泳道)。从正常的未受感染的 $CD4^+$ T 淋巴细胞中提取的 RNA 被用作阴性对照 (第 2 泳道)，而那些来源于感染了 HIV 的 T 细胞的 RNA 被用作阳性对照 (第 3 泳道)。(b) 对 HIV p24 标记进行的免疫学染色确认了 (a) 的结果。因为体外沉默了 HIV 的 T 淋巴细胞对同一个株系的 HIV 的进一步感染具有抗性，所以，通过将这些 T 淋巴细胞再次注入供体患者体内有可能消除 HIV 感染的细胞。

2.8 总结

人工合成的内含子 miRNA 基因盒独有的特征包括以下几个方面：①它与 Pol-II RNA 转录物相协调，能够进行组织特异性和基因特异性的基因靶定和沉默；②这个方法与药物诱导的启动子相协调，如 Tet-On 或 Tet-Off 系统；③内含子 miRNA 具有可交换的启动子和载体；④内含子 miRNA 前体的插入也是可以交换的；⑤多个 miRNA 前体 (簇) 能够插入到该基因盒中，这样就能同时测试一个簇的基因；⑥绿色荧光蛋白能够即时在视觉上做出指示，呈现出 miRNA 的水平。

致谢

本研究受 NIH/NCI 基金 CA-85722 的资助。

参考文献

Allmang, C., Kufel, J., Chanfreau, G. *et al.* (1999). Functions of the exosome in rRNA, snoRNA and snRNA synthesis. *European Molecular Biology Organization Journal*, **18**, 5399 – 5410.

Be'clin, C., Boutet, S., Waterhouse, P. and Vaucheret, H. (2002). A branched pathway for transgene-induced RNA silencing in plants. *Current Biology*, **12**, 684 – 688.

Coghlan, A. and Wolfe, K. H. (2004). Origins of recently gained introns in Caenorhabditis. *Proceedings of the National Academy of Sciences of the USA*, **101**, 11 362 – 11 367.

Elbashir, S. M., Lendeckel, W. and Tuschl, T. (2001). RNA interference is mediated by 21- and 22-nucleotide RNAs. *Genes & Development*, **15**, 188 – 200.

Filipowicz, W. (2000). Imprinted expression of small nucleolar RNAs in brain: time for RNomics. *Proceedings of the National Academy of Sciences of the USA*, **97**, 14 035 – 14 037.

Fire, A., Xu, S., Montgomery, M. K. *et al.* (1998). Potent and specific genetic interference by double-stranded RNA in *Caenorhabditis elegans*. *Nature*, **391**, 806 – 811.

Frank, D. N., Roiha, H. and Guthrie, C. (1994). Architecture of the U5 small nuclear RNA. *Molecular and Cellular Biology*, **14**, 2180 – 2190.

Gesellchen, V. and Boutros, M. (2004). Managing the genome: microRNAs in *Drosophila*. *Differentiation*, **72**, 74 – 80.

Giraldez, A. J., Cinalli, R. M., Glasner, M. E. *et al*. (2005). MicroRNAs regulate brain morphogenesis in zebrafish. *Science*, **308**, 833 – 838.

Harper, P. S. (1989). *Myotonic Dystrophy*, 2nd edn. London: Saunders.

Holley, R. W. (1965). Structure of an alanine transfer ribonucleic acid. *The Journal of the American Medical Association*, **194**, 868 – 871.

Hong, Y., Lee, R. C. and Ambros, V. (2000). Structure and function analysis of *LIN-14*, a temporal regulator of postembryonic developmental events in *Caenorhabditis elegans*. *Molecular and Cellular Biology*, **20**, 2285 – 2295.

Hutvágner, G., McLachlan, J., Pasquinelli, A. E. *et al*. (2001). A cellular function for the RNAinterference enzyme Dicer in the maturation of the let-7 small temporal RNA. *Science*, **293**, 834 – 838.

Jin, P., Alisch, R. S. and Warren, S. T. (2004). RNA and microRNAs in fragile X mental retardation. *Nature Cell Biology*, **6**, 1048 – 1053.

Jones, L., Hamilton, A. J., Voinnet, O. *et al*. (1999). RNA-DNA interactions and DNA methylation in post-transcriptional gene silencing. *Plant Cell*, **11**, 2291 – 2301.

Karube, Y., Tanaka, H., Osada, H. *et al*. (2005). Reduced expression of Dicer associated with poor prognosis in lung cancer patients. *Cancer Science*, **96**, 111 – 115.

Khvorova, A., Reynolds, A. and Jayasena, S. D. (2003). Functional siRNAs and miRNAs exhibit strand bias. *Cell*, **115**, 209 – 216.

Kidner, C. A. and Martienssen, R. A. (2005). The role of ARGONAUTE1 (AGO1) in meristem formation and identity. *Developmental Biolology*, **280**, 504 – 517.

Kuwabara, T., Hsieh, J., Nakashima, K., Taira, K. and Gage, F. H. (2004). A small modulatory dsRNA specifies the fate of adult neural stem cells. *Cell*, **116**, 779 – 793.

Lagos-Quintana, M., Rauhut, R., Meyer, J., Borkhardt, A. and Tuschl, T. (2003). New microRNAs from mouse and human. *RNA*, **9**, 175 – 179.

Lambowitz, A. M. and Zimmerly, S. (2004). Mobile group II introns. *Annual Review of Genetics*, **38**, 1 – 35.

Lau, N. C., Lim, L. P., Weinstein, E. G. and Bartel, D. P. (2001). An abundant class of tiny RNAs with probable regulatory roles in *Caenorhabditis elegans*. *Science*, **294**, 858 – 862.

Lee, R. C., Feinbaum, R. L. and Ambros, V. (1993). The *C. elegans* heterochronic gene *lin-4* encodes small RNAs with antisense complementarity to *lin-14*. *Cell*, **75**, 843 – 854.

Lee, Y., Ahn, C., Han, J. *et al*. (2003). The nuclear RNase III Drosha initiates microRNA processing. *Nature*, **425**, 415 – 419.

Lee, Y., Kim, M., Han, J. *et al*. (2004a). MicroRNA genes are transcribed by RNA polymerase II. *European Molecular Biology Organization Journal*, **23**, 4051 – 4060.

Lee, Y. S., Nakahara, K., Pham, J. W. *et al*. (2004b). Distinct roles for *Drosophila* Dicer-1 and Dicer-2 in the siRNA/miRNA silencing pathways. *Cell*, **117**, 69 – 81.

Lin, S. L., Chang, D., Wu, D. Y. and Ying, S. Y. (2003). A novel RNA splicing-mediated gene silencing mechanism potential for genome evolution. *Biochemical and Biophysical Research Communications*, **310**, 754 – 760.

Lin, S. L., Huang, F. T., Chang, D., Ji, H. H. and Ying, S. Y. (2004). Combinational therapy for HIV-1 eradication and vaccination. *International Journal of Oncology*, **24**, 81 – 88.

Lin, S. L., Chang, D. and Ying, S. Y. (2005). Asymmetry of intronic pre-miRNA structures in functional RISC assembly. *Gene*, **356**, 32 – 38.

Liquori, C. L., Ricker, K., Moseley, M. L. *et al*. (2001). Myotonic dystrophy type 2 caused by a CCTG expansion in intron 1 of ZNF9. *Science*, **293**, 864 – 867.

Liu, J., Valencia-Sanchez, M. A., Hannon, G. J. and Parker, R. (2005). MicroRNA-dependent localization of targeted mRNAs to mammalian P-bodies. *Nature Cell Biology*, **7**, 719 – 723.

Lund, E., Guttinger, S., Calado, A., Dahlberg, J. E. and Kutay, U. (2003). Nuclear export of microRNA precursors. *Science*, **303**, 95 – 98.

McManus, M. T. (2003). MicroRNAs and cancer. *Seminars in Cancer Biology*, **13**, 253 – 258.

Mallory, A. C., Reinhart, B. J., Bartel, D., Vance, V. B. and Bowman, L. H. (2002). A viral suppressor of RNA silencing differentially regulates the accumulation of short interfering RNAs and microRNAs in tobacco. *Proceedings of the National Academy of Sciences of the USA*, **99**, 15 228 – 15 233.

Matzke, M. A., Primig, M. J., Trnovsky, J. and Matzke, A. J. M. (1989). Reversible methylation and inactivation of marker genes in sequentially transformed tobacco plants. *European Molecular Biology Organization Journal*, **8**, 643 – 649.

Maxwell, E. S. and Fournier, M. J. (1995). The small nucleolar RNAs. *Annual Review of Biochemistry*, **64**, 897 – 934.

Meister, G., Landthaler, M., Patkaniowska, A. *et al*. (2004). Human Argonaute2 mediates RNA cleavage targeted by miRNAs and siRNAs. *Molecular Cell*, **15**, 185 – 197.

Miska, E. A., Alvarez-Saavedra, E., Townsend, M. *et al*. (2004). Microarray analysis of microRNA expression in the developing mammalian brain. *Genome Biology*, **5**, R68.

Napoli, C., Lemieux, C. and Jorgensen, R. A. (1990). Introduction of a chimeric chalcone synthase gene into *Petunia* results in reversible co-suppression of homologous genes in trans. *Plant Cell*, **2**, 279 – 289.

Okamura, K., Ishizuka, A., Siomi, H. and Siomi, M. C. (2004). Distinct roles for Argonaute proteins in small RNA-directed RNA cleavage pathways. *Genes & Development*, **18**, 1655 – 1666.

Pasquinelli, A. E., Reinhart, B. J., Slack, F. *et al*. (2000). Conservation of the sequence and temporal expression of *let-7* heterochronic regulatory RNA. *Nature*, **408**, 86 – 89.

Reinhart, B. J. and Bartel, D. P. (2002). Small RNAs correspond to centromere heterochromatic repeats. *Science*, **297**, 1831.

Schwarz, D. S., Hutvagner, G., Du, T. *et al*. (2003). Asymmetry in the assembly of the RNAi enzyme complex. *Cell*, **115**, 199 – 208.

Shi, Y. (2003). Mammalian RNAi for the masses. *Trends in Genetics*, **19**, 9 – 12.

Stavianopoulos, J. G., Karkus J. D. and Charguff, E. (1971). Nucleic acid polymerase of the developing chicken embryos: a DNA polymerase preferring a hybrid template. *Proceedings of the National Academy of Sciences of the USA*, **68**, 2207 – 2211.

Stavianopoulos, J. G., Karkus J. D. and Charguff, E. (1972). Mechanism of DNA replication by highly purified DNA polymerase of chicken embryos. *Proceedings of the National Academy of Sciences of the USA*, **69**, 2609 – 2613.

Sui, G., Soohoo, C., Affar, el B. *et al*. (2002). A DNA vector-based RNAi technology to suppress gene expression in mammalian cells. *Proceedings of the National Academy of Sciences of the USA*, **99**, 5515 – 5520.

Takamizawa, J., Konishi, H., Yanagisawa, K. *et al*. (2004). Reduced expression of the let-7 microRNAs in human lung cancers in association with shortened postoperative survival. *Cancer Research*, **64**, 3753 – 2756.

Tang, G. (2005). siRNA and miRNA: an insight into RISCs. *Trends in Biochemical Sciences*, **30**, 106 – 114.

Tycowski, K. T., Shu, M. D. and Steitz, J. A. (1996). A mammalian gene with introns instead of exons generating stable RNA products. *Nature*, **379**, 464 – 466.

Vaistij, F. E., Jones, L. and Baulcombe, D. C. (2002). Spreading of RNA targeting and DNA methylation in RNA silencing requires transcription of the target gene and a putative RNA-dependent RNA polymerase. *Plant Cell*, **14**, 857 – 867.

Valoczi, A., Hornyik, C., Varga, N. *et al*. (2004). Sensitive and specific detection of microRNAs by Northern blot analysis using LNA-modified oligonucleotide probes. *Nucleic Acids Research*, **32**, e175.

van der Krol, A. R., Mur, L. A., Beld, M., Mol, J. N. and Stuitje, A. R. (1990). Flavonoid genes in petunia: addition of a limited number of gene copies may lead to a suppression of gene expression. *Plant Cell*, **2**, 291 – 299.

van Hoof, A. and Parker, R. (1999). The exosome: a proteasome for RNA? *Cell*, 99, 347 – 350.

Wank, H. and Schroeder, R. (1996). Antibiotic-induced oligomerisation of group I intron RNA. *Journal of Molecular Biology*, **258**, 53 – 61.

Xu, P., Guo, M. and Hay, B. A. (2004). MicroRNAs and the regulation of cell death. *Trends in Genetics*, **20**, 617 – 624.

Yi, R., Qin, Y., Macara, I. G. and Cullen, B. R. (2003). Exportin-5 mediates the nuclear export of pre-microRNAs and short hairpin RNAs. *Genes & Development*, **17**, 3011 – 3016.

Ying, S. Y. and Lin, S. L. (2005a). Intronic microRNAs (miRNAs). *Biochemical and Biophysical Research Communications*, **326**, 515 – 520.

Ying, S. Y. and Lin, S. L. (2005b). MicroRNA: fine-tunes the function of genes in zebrafish. *Biochemical and Biophysical Research Communications*, **335**, 1 – 4.

3 眼见为实：研究 microRNA 表达的策略

Joshua W. Hagen and Eric C. Lai*

3.1 引言

在 20 世纪 90 年代早期，人们就发现了一种由 *lin-4* 抑制 *lin14* 基因编码的核因子从而促进线虫发育过程中幼虫第一阶段向第二阶段转变的新机制。值得一提的是，*lin-4* 编码一种小分子 RNA，并通过结合在 *lin-14* 转录物的 3′非编码区（3′-UTR）的多个位点从而在转录后水平对 *lin-14* 进行负调控（Lee *et al.*，1993；Wightman *et al.*，1993）。该研究报道近十年后，人们才发现了更充分的证据表明 *lin-4* 是一类新的、广泛存在的调控 RNA 的典型代表，现在统一称为 microRNA（miRNA）家族（Lagos-Quintana *et al.*，2001；Lau *et al.*，2001；Lee and Ambro，2001；Reinhart *et al.*，2000）。这些 miRNA 是由具有发夹结构的前体转录物加工成的长 21～24nt 的 RNA，并且已经在不同的动物、植物甚至病毒中被鉴定（Bartel，2004；Griffiths-Jones *et al.*，2006；Lai，2003）。现在 miRNA 作为已知的最大基因家族之一，在单个物种中，其数目达几百甚至上千或更多。

不论是在正常生理还是在病理条件下，了解基因的时空表达特性都是全面理解基因功能所必需的。随着全基因组测序和表达序列数据库的广泛建立，通过使用基因芯片（microarray）、原位杂交（*in situ* hybridization）和启动子融合技术（promoter fusion）对 mRNA 表达模式进行系统分析已处于较好的进展中。然而直到最近几年，这些技术才被成功应用于 miRNA 表达谱的研究。本章的目标就是对这些技术在 miRNA 研究中的应用情况做一综述，特别是它们在动物系统方面的应用。

3.2 miRNA 的生物合成

虽然 miRNA 的生物合成机制不是本章的重点，但是为了能在下文中更好地阐明 miRNA 表达的不同策略（图 3.1），简要地回顾这一途径显然是必需的。关于这一途径的详情，也可以参考本书中由 Scherr 和 Eder 编写的第 34 章。有很大一部分 miRNA 发夹结构序列处于内含了的有义链中并可能从宿主 mRNA 的初始转录物中加工而来。除此之外，可以独立转录的 miRNA 由 RNA 聚合酶 II 进行转录，并且带有 5′帽子和 3′poly（A）尾（Lee *et al.*，2004）。miRNA 的初始转录物（pri-miRNA）存在的时间很短，很快就被第二类 RNase III 核酸酶中的 Drosha 酶进行加工（Lee *et al.*，2003）。Drosha 切割的碱基位点处于发夹结构内，从而释放出前体 miRNA（pre-miRNA）并决定哪一端产生成熟的 miRNA。接下来，pre-miRNA 被运到细胞质中，由 RNase III 核酸酶中的 Dicer 酶在其末端环附近切割产生一个长 21～24nt 的 miRNA 双链体

---

* 通讯作者。

(Hutvagner *et al.*, 2001; Ketting *et al.*, 2001; Lee *et al.*, 2002)。通常来说，miRNA 双链体中，有活性的一条 miRNA 与另外一条被称为 miRNA* 的相比，可以得到更高水平的富集。这是因为其中的一条特异性链不对称地掺入到一种由 miRNA 引导的靶向转录物的沉默复合物——miRISC 中 (Schwarz *et al.*, 2003)。

miRNA 生物生成途径的多个步骤中都可以较容易地对 miRNA 表达进行功能分析，

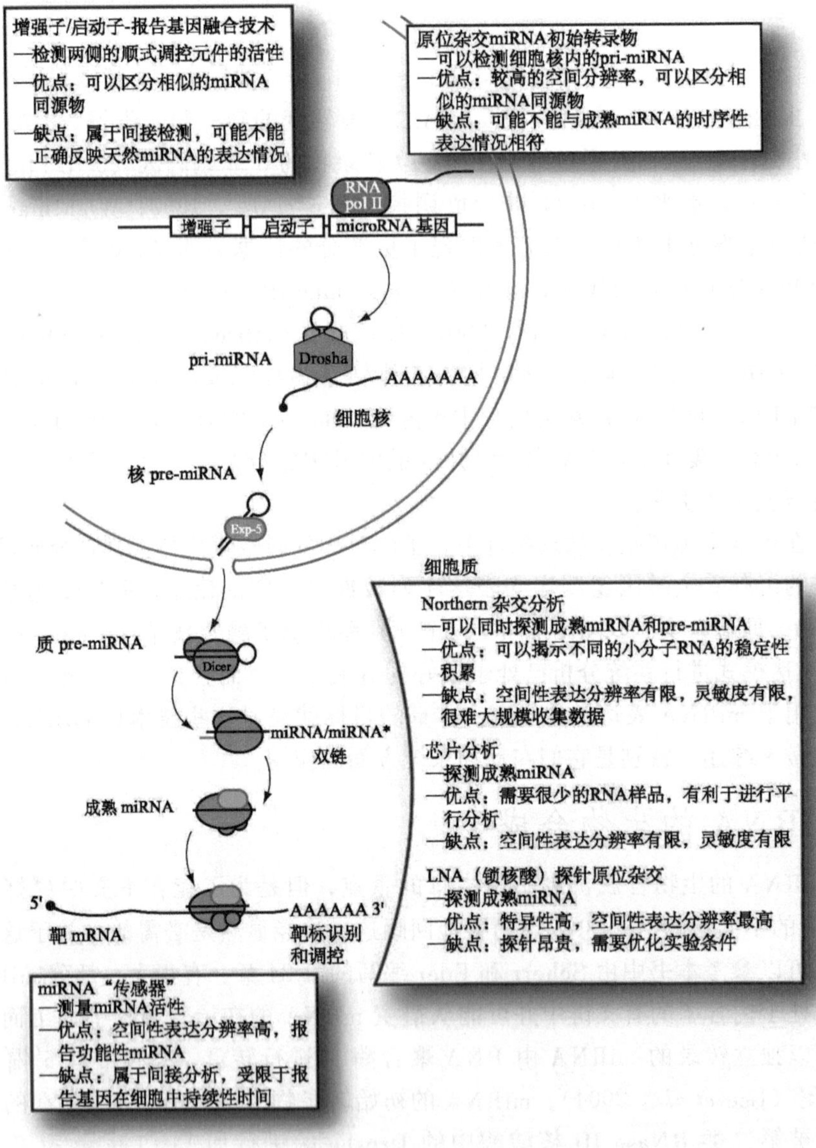

图 3.1 microRNA 生物生成途径。由 RNA 聚合酶 II 合成的初始 miRNA 转录物 (pri-miRNA) 中含有一个发夹结构，被 Drosha 酶 (细胞核内的一种 RNAse III 核酸酶) 识别并切割为 pre-miRNA 发夹结构。pre-miRNA 被 Exportin-5 (Exp-5) 从细胞核内转运到细胞质中。在细胞质中，pre-miRNA 被 Dicer 酶切割之后组装进 miRISC 中，后者介导转录后基因表达的沉默。方框中的文字总结了本章中将详细介绍的不同的 miRNA 探测技术。

从启动子活性的探测、细胞核内初始 miRNA 转录物（pri-miRNA）或者细胞质内成熟 miRNA 的杂交，到成熟 miRNA 负调控活性的观察（图 3.1）。下面我们将会讨论每种研究切入点的优点和缺点，以及它们所能提供的关于特定 miRNA 的不同的表达信息。

3.3 通过克隆和 Northern 杂交检测 miRNA 表达

最初，miRNA 发现和鉴定的策略是对小分子 RNA 进行克隆和测序，再将它们定位在基因组中，从而鉴定出那些与预测的发夹结构前体转录物相关的小分子 RNA。由于没有一个临界值说明发夹结构必须达到怎样的表达量才是一种真正的 miRNA，所以对它的表达情况进行独立验证则显得尤为必要。验证表达情况的一项严格标准就是通过 Northern 杂交分析来显示某一特定小分子 RNA 的确是一种不同的、稳定的分子种类的积累。使用不同发育阶段的线虫 RNA 样品进行 Northern 杂交分析，结果表明 *lin-4* 和 *let-7* 的表达是受发育调控的。这些 miRNA 在适当时间的活化是它们调控特定阶段的细胞系的发育时序的关键（Lee and Ambros，2001；Reinhart *et al.*，2000）。后来发表的最初的三篇 miRNA 克隆文章（Lagos-Quintana *et al.*，2001；Lau *et al.*，2001；Lee and Ambros，2001）中的 Northern 杂交分析结果表明受发育调控的 miRNA 表达很常见。

从果蝇和线虫这样的无脊椎动物的微小的不同组织中分离到大量的 RNA 是相当具有挑战性的技术难点。然而在脊椎动物中，可以简单地从特定的组织或者器官中分离足够的 RNA 用于克隆和 Northern 杂交分析。在 2002 年，这方面的努力证实了特定种类 miRNA 的表达经常局限于单个或有限的器官亚结构中（Lagos-Quintana *et al.*，2002）。在这项研究中，小分子 RNA 文库的构建取材于鼠类的不同器官和组织，包括心脏、肝脏、小肠、结肠、脾、中脑、大脑、人脑皮质和小脑。特定种类 miRNA 的克隆频率总会明显地在某组织中表现出统计学上的偏倚，这可以作为组织特异性表达的一个反映。例如，肝脏中克隆到的 miRNA 中 72%都是 miR-122，这提示它是一种主要的肝脏小分子 RNA。组织特异性是通过 Northern 杂交分析不同组织中特定 miRNA 的表达而确定的。例如，miR-122a 仅仅在肝脏中表达，miR-1 则限制在心脏中表达，而 miR-124 相对地为脑特异性表达（Lagos-Quintana *et al.*，2002；Lee and Ambros，2001）（图 3.2）。在单个的器官中，miRNA 也会表现出区域表达性。例如，miR-375 最初从胰岛细胞系中克隆而来，结果证明它在胰岛细胞中特异性表达，但是在胰腺外分泌细胞中却不表达（Poy *et al.*，2004）。通过使用 Northern 杂交技术对 miRNA 进行分析，在 2004 年达到了一个顶峰。当时，在一项研究中就可以完成数百个杂交，产生了哺乳动物 miRNA 组织特异性表达的详细信息（Sempere *et al.*，2004）。

尽管它是一种可靠的方法，Northern 杂交分析仍然有很多的局限。第一，它提供的仅是基因表达受空间调控的相对粗略的信息。许多基因只是在特定组织的细胞亚群中表达，当用整个分离的器官来制备 RNA 样品时，这些空间限制性信息就会丢失。而且，器官特异性 RNA 样品的制备本身也是不容易的，尤其是对于更小的模式生物。第二，由于 miRNA 探针太过短小从而限制了某些杂交条件，使得无法区分非常类似的相关 miRNA 序列。第三，Northern 杂交分析需要很大的劳动强度，这样要进行全基因组范围的表达图谱分析就不是很理想。第四，不是所有通过克隆测序探测到的 miRNA 都

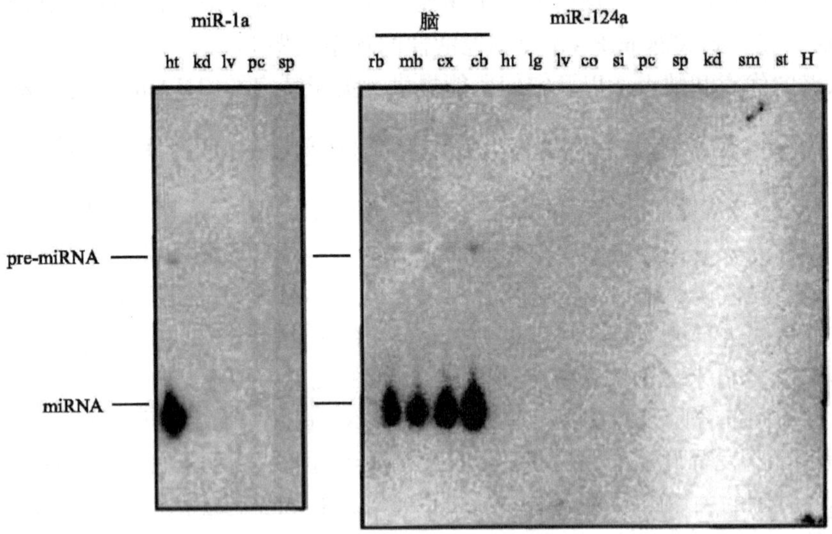

图 3.2 Northern 杂交分析器官特异性 RNA 样品揭示 miRNA 表达的组织特异性。在这个示例中，鼠类 miR-1a 表现出心脏特异性表达（左），而 miR-124a 则被大大地限制在大脑中表达。注意：虽然成熟的、约 21nt 长的 miRNA 的表达非常显著，但是约 65nt 长的 pre-miRNA 也被探测到有微弱的表达。注：心（heart，ht），肾（kidney，kd），肝（liver，lv），胰（pancreas，pc），脾脏（spleen，sp），结肠（colon，co），小肠（small intestine，si），平滑肌（smooth muscle，sm），海粒细胞（HeLa cells，H），肺（lung，lg），中脑（midbrain，mb），皮层（cortex，cx），小脑（cerebellum，cb），以及脑部其他部分 and rest of brain（rb）．图片来自于 Lagos-Quintana et al，2002．经许可后复制。

可以被 Northern 杂交分析检测到。这是否反映了某些 miRNA 可能表达水平很低，或者只在某些细胞中表达，或者是这两种情况的结合。显然，标准的 Northern 杂交分析技术不足以灵敏地检测到所有种类的 miRNA 的表达情况。

尽管如此，Northern 杂交分析仍不失为直接观察不同大小的稳定 RNA 的最好方法。当克隆的 RNA 并非是真实 pri-miRNA 的 Drosha/Dicer 的特异加工产物时，其他的方法（接下来的部分会有描述）就无法区分同一转录物是否产生不同大小的小分子 RNA。另外，Northern 杂交分析可以方便地监控 pre-miRNA 的微弱表达量。在很多情况下，长 65～75nt 的 pre-miRNA 的微弱表达量可以与成熟产物一起被检测到（图 3.2）。因此，这种方法可以很理想地用于观察突变或时空特异性因子对 miRNA 生物生成的影响。

3.4 芯片和其他高通量 miRNA 表达分析平台

Northern 杂交分析需要较多的 RNA 样品且只能进行低通量分析，解决这两个缺点的潜在方法便是采用芯片（microarray，或称微阵列）技术。芯片技术的主要问题在于如何有效地标记小分子 RNA。miRNA 因为缺少 poly（A）尾，所以不能像 mRNA 那样直接使用 dT 连接的引物进行反转录；并且由于它们比较短，也不可能用随机引物进行反转录分析。第一篇报道 miRNA 芯片的文章描述了一种将寡核苷酸点在膜上而构成的芯片，它可以用来探测那些被多核苷酸激酶在末端标记上 γ^{33}P dATP 的小分子 RNA

(*Krichevsky et al.*, 2003)。后来大多数的芯片平台则是利用点有寡核苷酸的载玻片探测荧光标记的小分子 RNA。这样就可以将用于分析传统芯片的扫描仪来分析现在的芯片；还可以将标有不同荧光的参考探针进行同时杂交而作为归一化对照。

对采用芯片技术分析 miRNA 表达的极大兴趣导致了许多小分子 RNA 标记和检测的方法出现（可参考由 Alvarez-Garcia and Miska 编写的第 1 章）。在一些方法中，通过使用 T4 RNA 连接酶将荧光修饰的二核苷酸直接连接到小分子 RNA 的 3′端（Thomson *et al.*, 2004），或者通过荧光标记的顺铂衍生物来标记 RNA 内的鸟嘌呤残基（Babak *et al.*, 2004）。通过 3′端加尾的方法掺入多个荧光剂可以增加灵敏度（Shingara *et al.*, 2005）。在其他的方法中，使用荧光标记的引物对小分子 RNA 进行克隆以及有限的 PCR 扩增（Barad *et al.*, 2004；Baskerville and Bartel，2005；Miska *et al.*, 2004），有可能减少实验所需的 RNA 样品量。基于小珠的小分子 RNA 库溶液杂交法也已经设计出来了（Barad *et al.*, 2004；Lu *et al.*, 2005）。在这一方法中，被染料混合物饱和的俘获小珠可以通过流式细胞仪区分，产生超过 100 种的不同的小珠颜色，每种代表一种被分析的 miRNA。每个小珠连接有可以与一种不同的 miRNA 互补的寡核苷酸，可以通过连接在克隆的小分子 RNA 上的标签来探测每个小珠的杂交量。

这些高通量 miRNA 表达分析的一个问题在于它们是否能精确地区分不同的相关 miRNA，这也是 Northern 杂交分析的一个问题。同一 miRNA 家族的不同成员间的典型差别在于它们 3′端的不同，而 RAKE（RNA-primed，array-based Klenow enzyme，基于芯片的以 RNA 为引物的 Klenow 酶）检测正是利用这一特点来区分小分子 RNA 的（Nelson *et al.*, 2004）。在这一方法中，小分子 RNA 与斑点 DNA 探针杂交，并在载玻片上以标记的核苷酸为底物，用 Klenow 酶来延伸。因为 Klenow 酶延伸需要 miRNA 3′端完全互补才能生成新的标记产物，所以这一方法减少了具有不同 3′端的 miRNA 的交叉检测。也有报道描述了被修改的 Taqman 检测法也可以有效地区分相关 miRNA（Chen *et al.*, 2005）。在第 20 章，Chen 及其合作者将更详细地描述这种方法，将与 miRNA 3′端互补的引物设计成茎环结构来进行 miRNA 反转录，再用实时 PCR 进行定量分析。

最后，miRNA 定量分析的最新策略是用两种光谱性质不同的探针与指定的 miRNA 的 5′端和 3′端半分子进行杂交（Neely *et al.*, 2006）。这些短的探针包括可以增加它们与互补序列间亲和性的锁核苷酸（locked nucleic acid，LNA）；未结合 miRNA 的探针接下来与具有荧光猝灭基团的互补探针杂交。然后通过传统的流式技术平台分析杂交液中的单分子来探测两种荧光剂的同步事件，这些同步事件与单个 miRNA 分子和 5′/3′ 荧光剂杂交相关。因为没有扩增，每个 miRNA 又是单独检测，所以与其他的 miRNA 表达谱分析法相比，这一平台可以进行更高灵敏度（在 500 fmol 范围内）的检测和更好的线性动态范围（大于三个对数数量级）（可以参考由 Neely 及其合作者编写的第 19 章）。

这些表达谱分析方法的应用迅速增加了我们对 miRNA 的发育与组织特异性表达模式的认识。除此之外，当前的一个很大兴趣就是将这些方法应用到与人类疾病相关的基因表达特点的研究中。肿瘤细胞系和原发性肿瘤的 miRNA 的表达谱已经建立，这些独特的 miRNA 表达谱可以有效地对肿瘤类型进行分类（Calin *et al.*, 2005；Hayashita *et* al.，2005；He *et al.*，2005a；Lu *et al.*，2005；Murakami *et al.*，2005）。而且这些表达谱可能比 mRNA 表达谱更能区分肿瘤类型（Lu *et al.*，2005）。miRNA 表达谱的早期分类和诊断可能有助于肿瘤的合理治疗。这一话题将会在本书的其他章节继续讨论（如由 Croce 及其合作者编写的第 23 章）。

相对于正常的细胞或组织，肿瘤中 miRNA 的表达谱总是普遍降低（Lu *et al.*，2005）。这大概与 miRNA 促进或有利于保持分化状态的观点一致。另外，有些 miRNA 好像因肿瘤发生而使表达量升高。芯片表达分析揭示多顺反子 miR-17-92 基因簇在特定肿瘤中表达量升高，包括肺癌和 B 细胞淋巴瘤（Hayashita *et al.*，2005；He *et al.*，2005b）。而且，这个 miRNA 基因簇的错误表达会促进细胞增殖以及与 c-myc 相关的肿瘤发生（He *et al.*，2005b），因此这个 miRNA 基因簇表现出癌基因的特性。

3.5 miRNA 传感器

虽然 miRNA 克隆、Northern 杂交、芯片分析技术为 miRNA 的表达提供了重要的信息，但是它们只是一些有限的空间表达模式信息。因此，在全组织样品或者切片组织中检测 miRNA 或者 miRNA 活性就显得非常迫切。最初，由于 miRNA 分子太小而阻碍了通过原位杂交进行检测的传统方法。克服这一限制的一个策略是采用 miRNA 传感器（miRNA sensor），它的骨架是一连接到无作用的 3′-UTR（如 SV40 的 3′-UTR）上并能进行普遍表达的报告基因（如 *GFP* 或者 *lacZ*），这个对照报告基因需要表现出广泛性的空间表达活性 [图 3.3（a）]。将与感兴趣的 miRNA 完全互补的靶标序列连接到它的 3′-UTR 来把这个对照报告基因改变成 miRNA 传感器。尽管动物的 miRNA 与内源的靶标基本上不是完全互补，miRNA 也可以通过 RNAi 的途径将这类人工的靶标进行有效的切割和降解（Hutvagner and Zamore，2002；Zeng *et al.*，2002）。因此，“传感器”的表达正好是 miRNA 表达模式的“阴性对照”。在 miRNA 表达水平最高的细胞中，“传感器”表达水平将最低 [图 3.3（a）]。

该策略首次用于证明果蝇 bantam miRNA 的空间表达模式（Brennecke *et al.*，2003）。在正常的翅膀成虫盘（wing imaginal disc），bantam 传感器在成虫盘的有丝分裂停滞区的表达水平是最高的，这提示 bantam miRNA 在这些细胞中的表达水平是最低的。相反，用溴化脱氧尿苷（BrdU）和 bantam 传感器双重标记，在大脑中显示具有增殖活性的（被 BrdU 标记）细胞中 bantam 传感器表达水平下调，暗示这些细胞表达高水平的 bantam miRNA [图 3.3（b～d）]（Brennecke *et al.*，2003）。由 bantam 传感器推断出的 bantam 的空间表达模式，提供了 bantam miRNA 在促进细胞增殖过程中具有功能的重要线索。

该策略进一步在脊椎动物系统中被成功应用，以揭示几个小鼠的 miRNA 空间调控表达模式（Mansfield *et al.*，2004）。例如，两个 *let-7* 突变体的表达在肢芽中受调控，而且现在可以在全组织胚胎中验证以前由 Northern 杂交分析证明的心脏特异性表达的 miR-1 的表达模式。有趣的是，Hox 基因簇中的 miRNA——miR-10a 和 miR-196a 的表达方式像 Hox 基因一样沿着前后轴受到调控，这明显提示这些 miRNA 也可能影响体节决定（segmental identity）。

正如图 3.1 所列出的那样，与 Northern 杂交和芯片分析相比，传感器策略大大提

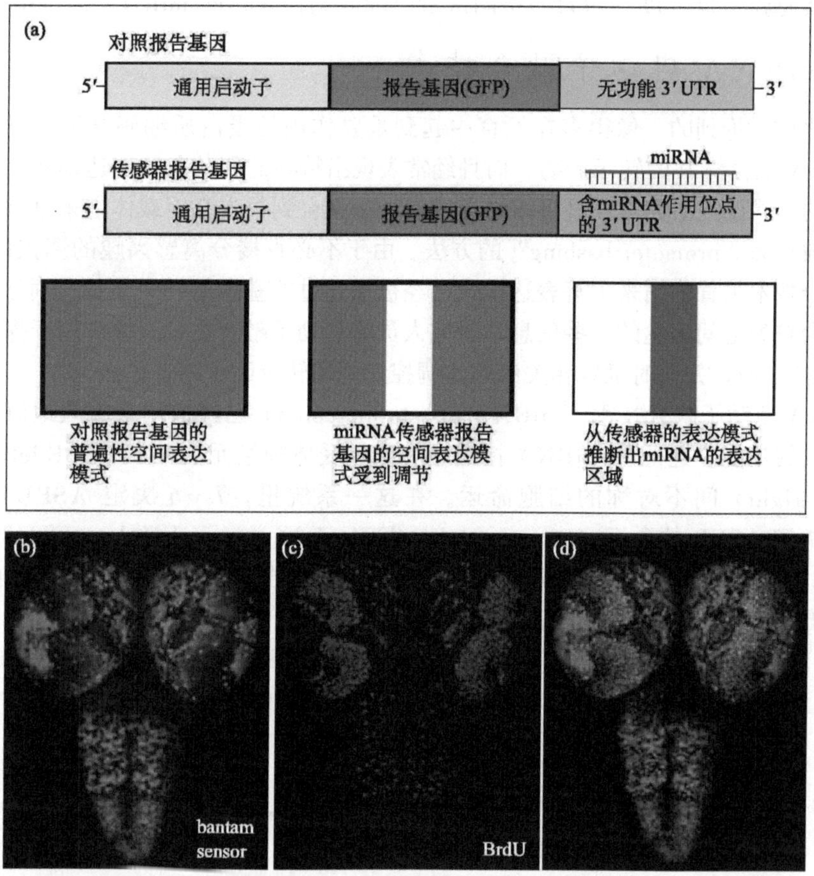

图 3.3　miRNA 传感器揭示受空间调节的 miRNA 活性。(a) 传感器设计和实验解释。对照转基因由不含 miRNA 结合位点的普遍性表达的报告基因（绿色部分表示）构成。miRNA 传感器在其 3′-UTR 包含 miRNA 的完美结合位点，这可以导致其在 miRNA 表达的细胞中低表达。因此推断出 miRNA 在传感器低表达的细胞中高表达。(b) ～ (d) 果蝇幼虫大脑被 bantam miRNA 传感器（绿色，b）和溴化脱氧尿苷（BrdU)(紫色部分）为正在增殖的细胞。(c) 进行双重标记。注意：bantam 传感器在 BrdU 阳性细胞中表达水平最低，暗示具增殖活性的细胞中的 bantam miRNA 具有最高表达水平。图片由 Julius Brennecke 和 Stephen Cohen 惠赠。(见彩图 2)

高了表达模式的空间分辨率。miRNA 传感器的另一优势是它还报告了 miRNA 活性，而不仅仅是 miRNA 本身存在与否。这可能是与 miRISC 有关的活性。然而，由于报告基因的广泛表达，传感器方法不可能使得具有高度特异性表达区域的 miRNA 被观察到。因此，更好的方法是设计能提供阳性表达图谱而不是阴性表达图谱的传感器。虽然还没有实现，但是可以设想一种双组分策略，即一个进行普遍性表达的报告基因和一个连接有 miRNA 结合位点的报告基因抑制基因。理论上，miRNA 诱导的报告基因抑制基因的失活将激活报告基因的活性，从而标记 miRNA 高表达细胞。传感器方法也受限于报告基因在细胞内存在的持久性，这是因为新的或短暂表达的 miRNA 不能有效抑制之前累积的报告基因蛋白。这个问题可以通过使报告基因在条件激活启动子的控制下表达或者是通过工程方法使得报告基因蛋白不稳定而得到部分解决。这些修改可以提高遗传编码的传感器对低丰度、短暂的空间或者时间限制性表达的 miRNA 进行检测。

3.6 miRNA 启动子融合技术

正如之前讨论到的，像很多在发育中起到重要作用的蛋白质编码基因一样，miRNA 是依赖 RNA 聚合酶 II 的转录产物，而且经常表现出特异的和动态的表达模式。复杂基因表达模式的顺式调控研究是通过将增强子或启动子融合到报告基因载体上来进行的，这也就是通常被称为“promoter-bashing”的方法。由于不必直接分离感兴趣的调控性增强子，启动子融合技术被普遍用来了解表达模式已经被描述过的基因的转录调控。对于 miRNA，由于有时会缺失空间表达的一些信息，研究人员将启动子融合技术直接应用于探索潜在的 miRNA 表达区域，并同时确定相关的顺式调控元件和转录因子结合位点。

miRNA 启动子融合技术（miRNA promoter fusion）已经被用来深入地研究两种线虫 miRNA 的功能。这两种 miRNA 指定左右味觉受体神经元 ASEL（ASE left）和 ASER（ASE right）间不对称的细胞命运。在这一系统里，*lsy-6* 决定 ASEL 的命运而 miR-273 决定 ASER 的命运（Chang *et al.*，2004；Johnston and Hobert，2003）。确实，将这些 miRNA 基因组区域的上游部分融合到 *GFP* 报告基因中，从报告基因的表达模式来推断出这些 miRNA 的特异表达模式：*lsy-6*::*GFP* 融合报告基因在 ASEL 中表达[图 3.4（b）～（d）]；而 *miR-273*::*GFP* 融合报告基因主要在 ASER 中表达。在左右 ASE 神经元中这些 miRNA 的非对称性表达，暗示它们的细胞特异性表达抑制受到那些

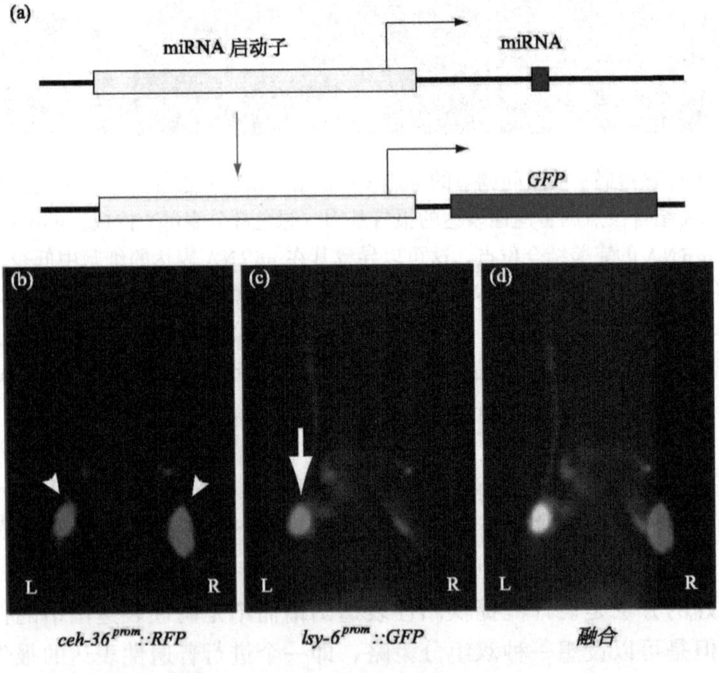

图 3.4 增强子/启动子-报告基因融合可以揭示 miRNA 的细胞特异性表达。(a) 构建报告基因融合的一般策略。(b)～(d) 与 *lsy-6* miRNA 的调控序列相融合的报告基因揭示了 *lsy-6* 在 ASE 左、右化学感受性神经元中的非对称性表达。(b) *ceh*-36 启动子-RFP 融合基因同时标记左右两种 ASE 神经元。(c) *lsy-6* miRNA 启动子-GFP 融合基因只在 ASE 神经元中有表达活性。(d) 是前两图的融合。图片使用获得 Oliver Hobert 授权。(见彩图 3)

控制左右 ASE 神经元身份的转录因子的调控。其他的研究也已经在线虫、果蝇和小鼠中确定了指导其他 miRNA 时空表达特性的启动子片段（Biemar *et al.*，2005；Johnson *et al.*，2003；Sokol and Ambros，2005；Yoo and Greenwald，2005；Zhao *et al.*，2005）。

启动子融合技术的一个优势在于它能区分由基因组不同区域编码的相关 miRNA 的表达。例如，miR-1-1 和 miR-1-2 的不同调控序列片段显示出这些同源 miRNA 的不同表达模式（Zhao *et al.*，2005）。另外，关于增强子分析的一个普遍问题是如何选择足够长的基因组序列片段融合到报告基因中，才能重复出该增强子控制的内源性基因表达模式。例如，包含 miR-48 基因启动子区 1kb 长度的最小化基因在线虫中发生时序性错误表达并且诱导形成了一种突变表型（Li *et al.*，2005），这提示这 1kb 序列片段中缺乏重要的抑制性调控序列。假如 miRNA 突变表型被确定，那么就可能使用转基因回复的办法来证明功能相关的顺式调控序列是否包含在转基因载体里面。然而只有很少几个 miRNA 突变表型被描述，因此获得完整的调控序列可能成为一大挑战，尤其是相对于那些位于大的基因间隔区的 miRNA 而言。

3.7 原位杂交直接检测 miRNA 初始转录物

由上述方法产生了有价值的 miRNA 时空表达模式的数据，但是仍达不到在原位直接观察 miRNA 的目的。虽然有在原位检测 mRNA 转录物的标准方法，但是短的 DNA 和 RNA 探针却不能有效地在原位特异地识别成熟的 miRNA 或 pre-miRNA 发夹结构。对此有多种可能的原因：21nt 长的探针的特异性可能不够；自身杂交的能力可能会使得 pre-miRNA 探针和（或）靶标失效；如此短的探针中含的标记核苷酸很少而不能很好地被探测到。然而，我们知道 miRNA 的转录物是从长的初始转录物（pri-miRNA）加工而来，这提示我们可以利用这些 pri-miRNA 作为更有效的杂交靶标。

这一策略于 2004 年首次被报道成功应用于果蝇胚胎中 miR-10 表达模式的探测（Kosman *et al.*，2004）。虽然不知道 pri-miR-10 的结构，但是却成功地制作了地高辛标记的探针。它位于基因组 miR-10 发夹结构周围约 1kb 的地方，通过连有荧光基团的抗地高辛抗体检测杂交探针，显示有很强的核斑点杂交信号。在内含子探针杂交的组织中也观察到相似的模式，因此推断这些核斑点表示从两个基因组位点传出的新生转录物。这一策略揭示 miR-10 在表达 Hox 样基因的区域中表达，在果蝇的胚胎早期中覆盖了胸部和腹部的原始细胞（Kosman *et al.*，2004）。

在这个最初的主要证据之后，另外的研究证明 pri-miRNA 的原位杂交可以有效地描述 miRNA 的空间表达模式（Bicmar *et al.*，2005；Ronshaugen *et al.*，2005；Sokol and Ambros，2005；Stark *et al.*，2005）。尤其是 Aboobaker 及其合作者使用这一方法系统地描述了果蝇胚胎发育过程中大部分 miRNA 的空间表达模式（Aboobaker *et al.*，2005）。这些研究集中反映了囊胚和接下来的所有三胚层，以及最后的各种分化的器官中 miRNA 表达谱惊人的多样性和动态性。在某些例子中，有些 miRNA 的空间表达模式在脊椎和无脊椎动物中都很保守。例如，已知哺乳动物 miR-1 在心脏和骨骼肌中特异性表达，在果蝇中与之对应的同源 miRNA 在发育中的中胚层及以后分化形成的所有肌肉中均具有相似的表达模式［图 3.5（a）］。另外，与哺乳动物中同源 miRNA 对应的果蝇 miR-124 的表达也局限于中枢神经系统和大脑中［图 3.5（b）］。在这些研究中，值得注意的是，我们不必知道新生转录物的序列，在大部分情况下，有效的探针长度为0.5～1 kb。

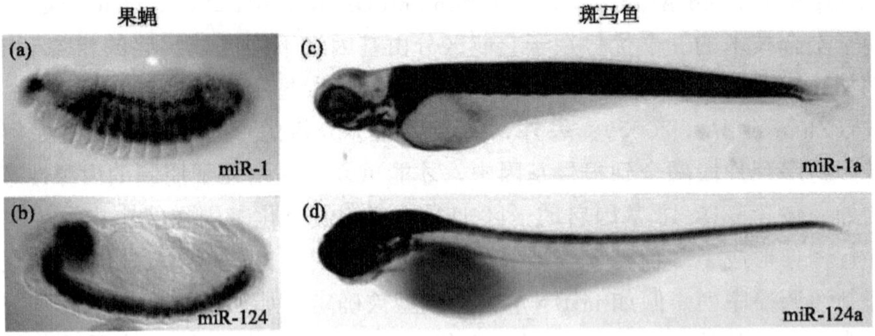

图 3.5　针对 pri-miRNA 和成熟 miRNA 的全组织原位杂交。(a)、(b) 果蝇胚胎中由 1kb 长的探针直接杂交 pri-miRNA 显示 miR-1 在肌肉中表达 (a)，miR-124 则在中枢神经系统中表达 (b)。图片由 Aziz Aboobaker 和 Eric Lai 授权使用。(c)、(d) 斑马鱼中用锁核酸（LNA）探针直接杂交检测成熟 miR-1a 和 miR-124 显示这些 miRNA 在肌肉 (c) 和中枢神经系统 (d) 中的表达模式。图片由 R. H. A. Plasterk 授权使用。

检测 pri-miRNA 的潜在优点是可以区分具有相似序列的 miRNA。一个显著的例子就是 4 个 miR-2/miR-13 位点，它们集中编码 8 个几乎一样的成熟 miRNA。这 4 个位点中有 3 个位点被报道具有不同的空间表达模式：独立转录的 miR-13b-1/13a/2c 簇局限于中枢神经系统；内含子编码的 miR-13b-2 存在于分化的肌肉和肠中；内含子编码的 miR-2a-2/2a-1/2b-2 簇存在于表皮和后肠中（Aboobaker *et al.*，2005）。因此，与普遍假设的相似 miRNA 可能具有冗余功能相反的是，这些原位杂交数据暗示这些几乎一样的 miRNA 实际上在胚胎中大部分处于不相重叠的区域。

3.8　锁核酸（LNA）探针检测成熟 miRNA

新生 miRNA 转录物的原位杂交为 miRNA 转录的空间模式提供了重要的信息。然而，成熟 miRNA 的稳定性使 miRNA 在转录停止了很长时间以后仍可以在后代细胞中存在。因此，为了全面了解它们的生物学活性，就需要检测 21～24nt 长的成熟 miRNA。正如前文提到的，过去很多年都无法用原位杂交直接探测成熟 miRNA。在小分子探针中引入锁核酸（LNA）为有效地杂交小分子 RNA 提供了突破性的进展，LNA 能够大大增强探针的亲和性。LNA 的化学性质和其在 miRNA 中的应用将由 Kauppinen 在第 17 章中详述。

LNA 修饰的 DNA 探针的第一次成功应用是在斑马鱼中采用原位杂交探测成熟 miRNA（Wienholds *et al.*，2005），它提供了清晰的 miRNA 空间表达信息［见图 3.5 (c)、(d)］。以往检测新生转录物的探针往往在细胞核内形成斑点杂交来探测 miRNA。与之相比，LNA 探针检测的主要是细胞质内的 miRNA，这表明 LNA 探针检测的是成熟 miRNA，而且这些成熟 miRNA 比新生的转录物具有更高水平的积累。用这种探针对鱼类 115 个 miRNA 进行系统地研究发现，大部分（68%）miRNA 的表达都具有组织特异性，且许多 miRNA 的表达都局限在特定的器官中。例如，miR-217 和 miR-7 分别只分布在外分泌和内分泌的胰腺中。一些 miRNA 只在侧线感官器官的单个细胞中表达，表明这些 miRNA 具有极端的细胞特异性表达模式。总体而言，大脑中 miRNA 具有最明显的多样化表达模式，有 43 种 miRNA 只在大脑的特定区域或更小的亚区域中表达（Wienholds *et al.*，2005）。理论上，大脑内 miRNA 表达模式的复杂性可能与神经元的多样性和功能复杂性相关。所以研究这些不同的大脑 miRNA 是否调节发育、分化或者神经元活性将是非常有趣的。

LNA 探针最初是在斑马鱼的原位杂交中被证明是最成功的。随后 LNA 原位杂交被成功应用于其他的报道中，包括：在果蝇中胚层和肌肉发育中分析了 miR-1，果蝇感光细胞分化过程中 miR-7 的研究，以及鼠类胚胎发育过程中几种 miRNA 的表达鉴定（Kloosterman *et al.*，2006；Li and Carthew，2005；Sokol and Ambros，2005）。后来 LNA 探针在人脑组织原位杂交中的成功应用进一步说明了其在人体病理样本中研究细胞水平 miRNA 的表达将是非常有用的（Nelson *et al.*，2006）。最近 Obernosterer 和他的同事们（2007）详细描述了在切片材料中应用 LNA 探针的实验方法，因此 LNA 探针这项技术可以在原位揭示成熟 miRNA 更详细的空间表达区域，尽管这些信息在 miRNA 被发现后就已经被观察到了。

对由 pri-miRNA 获得的果蝇 miR-1 表达谱以及由成熟 miRNA LNA 探针获得的 miR-1 表达谱进行比较具有潜在的启发性。miR-1 在早期囊胚期直到假定的中胚层中都被转录，然而成熟 miR-1 只在后者中被检测到（Sokol and Ambros，2005）。成熟 miRNA 的延迟出现是反映了 miR-1 生物生成中的一个未阐明的真正特点还是仅仅是由于技术问题而导致的，这需要更多的证据。不管怎样，在原位区别 miRNA 初始转录物和成熟转录物的能力，对于研究 miRNA 成熟过程中潜在的调控机制是必需的。miRNA 的生物合成总是被认为是组成型的，然而没有特别的理由可以怀疑这个过程中的每一步不会受到特定的调控。例如，最近的发现提示腺苷脱氨酶活性可以影响 Drosha 酶介导的 pri-miR-142 成熟过程（Yang *et al.*，2006）。pri-miRNA 和成熟 miRNA 的双重标记分析可能可以阐明 miRNA 转录物加工过程的动力学，并揭示出 miRNA 生物生成过程中的新调控步骤。

3.9 miRNA 表达谱分析的展望

在这个 miRNA “革命”时期，我们最终掌握了随手可得的不同的强大工具，使得我们可以在很多水平上检测 miRNA 的表达。现在我们非常清楚 miRNA 具有不同的时间和空间表达模式，这大大揭示了那些被很好描述了的 miRNA 可能具有的功能。我们期待着高通量的表达谱和直接的原位表达分析将会给认识 miRNA 在正常发育和生理活动中的功能提供新的视角。另外，由于已经了解了许多 miRNA 表达模式的信息，我们期望在 miRNA 顺式调控研究中做出更快的进步。通过整合调控 miRNA 表达的上游转录因子和 miRNA 的下游靶标，我们可能将最终把 miRNA 放到一个大的包含细胞分化和代谢的遗传通路和网络中。最终，我们期待着能了解 miRNA 相关网络的混乱会如何引起疾病，并希望这些知识可以提高诊断能力或为疾病治疗提供新的切入点。

参考文献

Aboobaker, A. A., Tomancak, P., Patel, N., Rubin, G. M. and Lai, E. C. (2005). *Drosophila* microRNAs exhibit diverse spatial expression patterns during embryonic development. *Proceedings of the National Academy of Sciences USA*, **102**, 18 017 – 18 022.

Babak, T., Zhang, W., Morris, Q., Blencowe, B. J. and Hughes, T. R. (2004). Probing microRNAs with microarrays: tissue specificity and functional inference. *RNA*, **10**, 1813 – 1819.

Barad, O., Meiri, E., Avniel, A. *et al*. (2004). MicroRNA expression detected by oligonucleotide microarrays: system establishment and expression profiling in human tissues. *Genome Research*, **14**, 2486 – 2494.

Bartel, D. P. (2004). MicroRNAs. Genomics, biogenesis, mechanism, and function. *Cell*, **116**, 281 – 297.

Baskerville, S. and Bartel, D. P. (2005). Microarray profiling of microRNAs reveals frequent coexpression with neighboring miRNAs and host genes. *RNA*, **11**, 241 – 247.

Biemar, F., Zinzen, R., Ronshaugen, M. *et al*. (2005). Spatial regulation of microRNA gene expression in the *Drosophila* embryo. *Proceedings of the National Academy of Sciences USA*, **102**, 15 907 – 15 911.

Brennecke, J., Hipfner, D. R., Stark, A., Russell, R. B. and Cohen, S. M. (2003). *Bantam* encodes a developmentally regulated microRNA that controls cell proliferation and regulates the proapoptotic gene *hid in Drosophila*. *Cell*, **113**, 25 – 36.

Calin, G. A., Ferracin, M., Cimmino, A. *et al*. (2005). A microRNA signature associated with prognosis and progression in chronic lymphocytic leukemia. *New England Journal of Medicine*, **353**, 1793 – 1801.

Chang, S., Johnston, R. J., Jr., Frokjaer-Jensen, C., Lockery, S. and Hobert, O. (2004). MicroRNAs act sequentially and asymmetrically to control chemosensory laterality in the nematode. *Nature*, **430**, 785 – 789.

Chen, C., Ridzon, D. A., Broomer, A. J. *et al*. (2005). Real-time quantification of microRNAs by stem-loop RT-PCR. *Nucleic Acids Research*, **33**, e179.

Griffiths-Jones, S., Grocock, R. J., van Dongen, S., Bateman, A. and Enright, A. J. (2006). miRBase: microRNAsequences, targets and gene nomenclature. *Nucleic Acids Research*, **34**, D140 – 144.

Hayashita, Y., Osada, H., Tatematsu, Y. *et al*. (2005). A polycistronic microRNA cluster, miR- 17-92, is overexpressed in human lung cancers and enhances cell proliferation. *Cancer Research*, **65**, 9628 – 9632.

He, H., Jazdzewski, K., Li, W. *et al*. (2005a). The role of microRNA genes in papillary thyroid carcinoma. *Proceedings of the National Academy of Sciences USA*, **102**, 19 075 – 19 080.

He, L., Thomson, J. M., Hemann, M. T. *et al*. (2005b). A microRNA polycistron as a potential human oncogene. *Nature*, **435**, 828 – 833.

Hutvagner, G. and Zamore, P. D. (2002). A microRNA in a multiple-turnover RNAi enzyme complex. *Science*, **297**, 2056 – 2060.

Hutvagner, G., McLachlan, J., Pasquinelli, A. *et al*. (2001). A cellular function for the RNAinterference enzyme Dicer in the maturation of the *let-7* small temporal RNA. *Science*, **293**, 834 – 838.

Johnson, S. M., Lin, S. Y. and Slack, F. J. (2003). The time of appearance of the *C. elegans* let-7 microRNA is transcriptionally controlled utilizing a temporal regulatory element in its promoter. *Developmental Biology*, **259**, 364 – 379.

Johnston, R. J. and Hobert, O. (2003). A microRNA controlling left/right neuronal asymmetry in *Caenorhabditis elegans*. *Nature*, **426**, 845 – 849.

Ketting, R., Fischer, S., Bernstein, E. *et al*. (2001). Dicer functions in RNA interference and in synthesis of small RNAs involved in developmental timing in *C. elegans*. *Genes & Development*, **15**, 2654 – 2659.

Kloosterman, W. P., Wienholds, E., de Bruijn, E., Kauppinen, S. and Plasterk, R. H. (2006). *In situ* detection of miRNAs in animal embryos using LNA-modified oligonucleotide probes. *Nature Methods*, **3**, 27 – 29.

Kosman, D., Mizutani, C. M., Lemons, D. *et al*. (2004). Multiplex detection of RNA expression in *Drosophila* embryos. *Science*, **305**, 846.

Krichevsky, A. M., King, K. S., Donahue, C. P., Khrapko, K. and Kosik, K. S. (2003). A microRNA array reveals extensive regulation of microRNAs during brain development. *RNA*, **9**, 1274-1281.

Lagos-Quintana, M., Rauhut, R., Lendeckel, W. and Tuschl, T. (2001). Identification of novel genes coding for small expressed RNAs. *Science*, **294**, 853-858.

Lagos-Quintana, M., Rauhut, R., Yalcin, A. *et al.* (2002). Identification of tissue-specific microRNAs from mouse. *Current Biology*, **12**, 735-739.

Lai, E. C. (2003). MicroRNAs: runts of the genome assert themselves. *Current Biology*, **13**, R925-936.

Lau, N., Lim, L., Weinstein, E. and Bartel, D. P. (2001). An abundant class of tiny RNAs with probable regulatory roles in *Caenorhabditis elegans*. *Science*, **294**, 858-862.

Lee, R. C. and Ambros, V. (2001). An extensive class of small RNAs in *Caenorhabditis elegans*. *Science*, **294**, 862-864.

Lee, R. C., Feinbaum, R. L. and Ambros, V. (1993). The *C. elegans* heterochronic gene *lin-4* encodes small RNAs with antisense complementarity to *lin-14*. *Cell*, 75, 843-854.

Lee, Y., Jeon, K., Lee, J. T., Kim, S. and Kim, V. N. (2002). MicroRNA maturation: stepwise processing and subcellular localization. *European Molecular Biology Organization Journal*, **21**, 4663-4670.

Lee, Y., Ahn, C., Han, J. *et al.* (2003). The nuclear RNase III Drosha initiates microRNA processing. *Nature*, **425**, 415-419.

Lee, Y., Kim, M., Han, J. *et al.* (2004). MicroRNA genes are transcribed by RNA polymerase II. *European Molecular Biology Organization Journal*, **23**, 4051-4060.

Li, M., Jones-Rhoades, M. W., Lau, N. C., Bartel, D. P. and Rougvie, A. E. (2005). Regulatory mutations of mir-48, a *C. elegans* let-7 family microRNA, cause developmental timing defects. *Developmental Cell*, **9**, 415-422.

Li, X. and Carthew, R. W. (2005). A microRNA mediates EGF receptor signaling and promotes photoreceptor differentiation in the *Drosophila* Eye. *Cell*, **123**, 1267-1277.

Lu, J., Getz, G., Miska, E. A. *et al.* (2005). MicroRNA expression profiles classify human cancers. *Nature*, **435**, 834-838.

Mansfield, J. H., Harfe, B. D., Nissen, R. *et al.* (2004). MicroRNA-responsive 'sensor' transgenes uncover Hox-like and other developmentally regulated patterns of vertebrate microRNA expression. *Nature Genetics*, **36**, 1079-1083.

Miska, E. A., Alvarez-Saavedra, E., Townsend, M. *et al.* (2004). Microarray analysis of microRNA expression in the developing mammalian brain. *Genome Biology*, **5**, R68.

Murakami, Y., Yasuda, T., Saigo, K. *et al.* (2005). Comprehensive analysis of microRNA expression patterns in hepatocellular carcinoma and non-tumorous tissues. *Oncogene*, *Dec5 e publication*.

Neely, L. A., Patel, S., Garver, J. *et al.* (2006). A single-molecule method for the quantitation of microRNA gene expression. *Nature Methods*, **3**, 41-46.

Nelson, P. T., Baldwin, D. A., Scearce, L. M. *et al.* (2004). Microarray-based, high-throughput gene expression profiling of microRNAs. *Nature Methods*, **1**, 155-161.

Nelson, P. T., Baldwin, D. A., Kloosterman, W. P. *et al.* (2006). RAKE and LNA-ISH reveal microRNA expression and localization in archival human brain. *RNA*, **12**, 187-191.

Obernosterer G., Martinez, J. and Alenius, M. (2007). Locked nucleic acid-based *in situ* detection of microRNAs in mouse tissue sections. *Nature Protocols*, **2**, 1508-1514.

Poy, M. N., Eliasson, L., Krutzfeldt, J. *et al.* (2004). A pancreatic islet-specific microRNA regulates insulin secretion. *Nature*, **432**, 226-230.

Reinhart, B. J., Slack, F., Basson, M. *et al.* (2000). The 21-nucleotide *let-7* RNA regulates developmental timing in *Caenorhabditis elegans*. *Nature*, **403**, 901-906.

Ronshaugen, M., Biemar, F., Piel, J., Levine, M. and Lai, E. C. (2005). The *Drosophila* microRNA iab-4 causes a dominant homeotic transformation of halteres to wings. *Genes and Development*, **19**, 2947 – 2952.

Schwarz, D. S., Hutvagner, G., Du, T. *et al*. (2003). Asymmetry in the assembly of the RNAi enzyme complex. *Cell*, **115**, 199 – 208.

Sempere, L. F., Freemantle, S., Pitha-Rowe, I. *et al*. (2004). Expression profiling of mammalian microRNAs uncovers a subset of brain-expressed microRNAs with possible roles in murine and human neuronal differentiation. *Genome Biology*, **5**, R13.

Shingara, J., Keiger, K., Shelton, J. *et al*. (2005). An optimized isolation and labeling platform for accurate microRNA expression profiling. *RNA*, **11**, 1461 – 1470.

Sokol, N. S. and Ambros, V. (2005). Mesodermally expressed *Drosophila* microRNA-1 is regulated by Twist and is required in muscles during larval growth. *Genes & Development*, **19**, 2343 – 2354.

Stark, A., Brennecke, J., Bushati, N., Russell, R. B. and Cohen, S. M. (2005). AnimalmicroRNAs confer robustness to gene expression and have a significant impact on 3′UTR evolution. *Cell*, **123**, 1133 – 1146.

Thomson, J. M., Parker, J., Perou, C. M. and Hammond, S. M. (2004). A custom microarray platform for analysis of microRNA gene expression. *Nature Methods*, **1**, 47 – 53.

Wienholds, E., Kloosterman, W. P., Miska, E. *et al*. (2005). MicroRNA expression in zebrafish embryonic development. *Science*, **309**, 310 – 311.

Wightman, B., Ha, I. and Ruvkun, G. (1993). Posttranscriptional regulation of the heterochronic gene *lin-14 by lin-4* mediates temporal pattern formation in *C. elegans*. *Cell*, **75**, 855 – 862.

Yang, W., Chendrimada, T. P., Wang, Q. *et al*. (2006). Modulation of microRNA processing and expression through RNA editing by ADAR deaminases. *Nature Structural Molecular Biology*, **13**, 13 – 21.

Yoo, A. S. and Greenwald, I. (2005). LIN-12/Notch activation leads to microRNA-mediated down-regulation of Vav in *C. elegans*. *Science*, **310**, 1330 – 1333.

Zeng, Y., Wagner, E. J. and Cullen, B. R. (2002). Both natural and designed micro RNAs can inhibit the expression of cognate mRNAs when expressed in human cells. *Molecular Cell*, **9**, 1327 – 1333.

Zhao, Y., Samal, E. and Srivastava, D. (2005). Serum response factor regulates a musclespecific microRNA that targets Hand2 during cardiogenesis. *Nature*, **436**, 214 – 220.

4 四肢发育中的 miRNA

Danielle M. Maatouk, Jason R. Rock and Brian D. Harfe*

4.1 引言

脊椎动物的四肢是一种高度有序的结构，在发育过程中沿三种轴线形成：前后轴、背腹轴和远近轴（Tickle，2003）。由于四肢操作起来容易，且生物体在四肢不正常或缺失的情况下仍可以存活，几十年来，四肢一直被发育生物学家作为一种较好的模式系统进行研究。虽然已有多年的深入研究，但与四肢模式形成（patterning）相关的许多分子机制仍不为人所知。

近来，一种非编码 RNA——microRNA（miRNA）被发现在四肢发育中起作用。这些小分子 RNA 的成熟形式长约 22nt，它们可以结合在 mRNA 上导致其降解或抑制蛋白质翻译（McManus and Sharp，2002）。第一个被发现的 miRNA 是 *lin-4*，它是在一次针对线虫发育时序缺陷而进行的正向遗传学筛选中被鉴定的（Lee *et al.*，1993）。线虫中 *lin-4* 被发现约十年后，第二个 miRNA——*let-7* 才被鉴定，它存在于从线虫到人的一系列生物中（Pasquinelli *et al.*，2000；Reinhart *et al.*，2000）。在那以后的数年间，至少有 326 种和 249 种 miRNA 分别在人类和小鼠中被鉴定（Griffiths-Jones，2004），其中只有少数 miRNA 的功能得到揭示（Harfe，2005）。我们实验室对于 miRNA在脊椎动物四肢的模式形成中所起的作用很感兴趣。

4.2 miRNA 加工过程

成熟的 miRNA 通过 RNaseIII 核酸酶家族成员的两次剪切而形成（Bernstein *et al.*，2001；Hutvagner *et al.*，2001；Ketting *et al.*，2001；Lee *et al.* 2003）。这些酶特异性地识别双链 RNA 底物（Bernstein *et al.*，2001；Grishok *et al.*，2001；Ketting *et al.*，2001）。miRNA 初始转录物（pri-miRNA）被 Drosha 酶切割成长约 70nt 的 RNA 发夹结构，我们称之为 miRNA 前体转录物（pre-miRNA）（Lee *et al.*，2003）。Pre-miRNA 通过 exportin-5 输出到细胞质中并在那里与第二种 RNaseIII 核酸酶家族成员 Dicer 酶结合。Dicer 酶进一步将发夹结构切割成长约 22nt 的成熟 miRNA（Bernstein *et al.*，2001；Yi *et al.*，2003；Lund *et al.*，2004）。Dicer 酶是一种多亚基蛋白质，包括两个 RNaseIII 结构域、一个带 DEXH/DEAH 盒的 RNA 解旋酶结构域、一个 PAZ 结构域、一个双链 RNA 结合基序和一个功能未知的保守结构域（Bernstein *et al.*，2001）。RNaseIII 结构域剪切双链 RNA（Murchison and Hannon，2004）。有一种猜测认为，RNA 解旋酶结构域在 miRNA 加工过程中与核糖蛋白复合体的重组装有关（Schwer，2001）。PAZ 结构域具有单链 RNA 结合特异性（Lingel *et al.*，2003；Song *et al.*，

* 通讯作者。

2003；Yan *et al.*，2003），它可能指导 Dicer 酶与之前被 Drosha 酶切割过的、在 3′端带两个核苷酸突起的 pre-miRNA 相结合（Song *et al.*，2003）。miRNA 的生物合成也将在本书中由 Scherr 和 Eder 撰写的另一章节进行详述。

4.3 Dicer 酶缺陷的小鼠模型的建立

miRNA 之间高度的序列同源性提示反向遗传学手段无法被广泛地应用于鉴定 miRNA靶基因和功能中。由于在小鼠的基因组中只存在一个 *Dicer* 基因（Nicholson and Nicholson，2002），只除去某一种或冗余 miRNA 的替代方法是敲除 *Dicer* 基因，从而使所有成熟 miRNA 被敲除。*Dicer* 缺失突变实施后，缺失了 *Dicer* 基因的小鼠在胚胎发育的 7.5 天（E7.5 天）时死亡，此时大多数器官系统尚未开始形成（Bernstein *et al.*，2003）。*Dicer* 缺失小鼠中 *Oct4* 表达量也有所降低，*Oct4* 是干细胞的一种标志分子（Bernstein *et al.*，2003）。这些资料表明 *Dicer*（和 miRNA）在脊椎动物发育和干细胞维持中具有重要的作用。然而，*Dicer* 缺失小鼠对于研究 miRNA 在四肢发育中的功能并无用处，因为四肢在胚胎发育的 9.5 天后才开始长出（Martin，1990）。

为了避免早期胚胎死亡，我们曾采用 Cre 重组酶介导的位点特异性重组法进行条件性基因失活。通过在编码第二个 RNaseIII 结构域的外显子两侧各插入一个 *loxP* 位点构建成 *Dicer* 基因的条件等位基因（图 4.1）（Harfe *et al.*，2005）。由 Cre 重组酶介导的重组可以切除两个 *loxP* 位点间的 RNaseIII 结构域外显子序列，从而导致最终的 Dicer 酶中缺失一个剪切结构域。floxed 等位基因（floxed allels，由一段 DNA 序列和其两侧的 *loxP* 位点构成的三明治式序列结构）的不可逆重组只发生在表达或者被暴露于 Cre 重组酶的细胞中。许多 Cre 重组酶表达模式不同的转基因小鼠系已经公布在该网址中（http://www.mshri.on.ca/nagy/Cre-pub.html）。因此，floxed 等位基因可以以时间、组织或种系特异性的方式进行缺失（Kos，2004）。

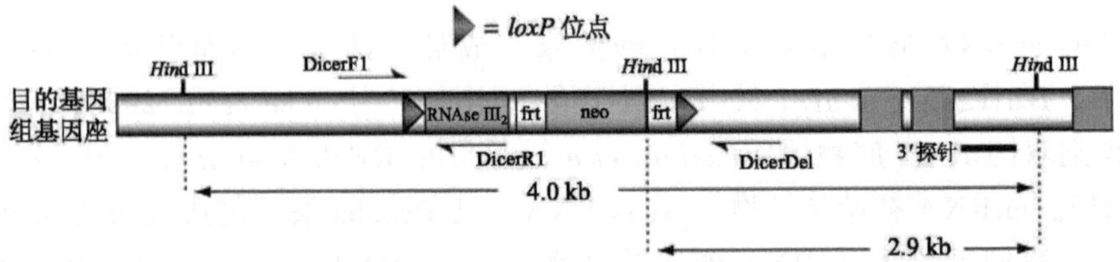

图 4.1 *Dicer* 条件等位基因小鼠的构建。为了靶向 *Dicer* 基因座，*loxP* 位点被插入到编码大部分第二个 RNase III 结构域的外显子两侧，从而使这一序列可以被 Cre 重组酶介导的重组过程缺失掉。3′端的探针用于在胚胎干细胞进行 *Hind*III 消化后区分野生型和靶标等位基因。深灰色框代表外显子，浅灰色框代表内含子。neo 序列两侧的 frt 位点可用于由 flip 重组酶介导的 neo 序列的缺失。DicerF1、DicerR1 和 DicerDel 引物用来确定 floxed Dicer 等位基因型（引自 Harfe *et al.*，2005；版权归美国国家科学院所有）。

下一部分我们将讨论目前所了解的 miRNA 在四肢发育中的作用。更具体地说，就是讨论 Hox 基因簇内所含的 miRNA 在四肢发育中的作用，以及 *Dicer* 条件等位基因的产生是如何成为研究 miRNA 在四肢和其他组织中的作用的有用工具的。

4.4 Hox 基因

同源异型基因，或者 Hox 基因，是调节发育过程中不同身体部分的空间组织和模式形成的一类高度保守的基因（Bateson，1894；McGinnis *et al.*，1984；Scott and Weiner，1984）。这些基因的突变可以导致同源异位转化，即一种器官可能生长在另一种器官应该生长的部位（Bateson，1894）。Hox 基因通常是成簇排列，在小鼠中这种基因簇被复制过两次，从而形成 4 个 Hox 基因簇（A、B、C 和 D），定位于不同的染色体中（McGinnis and Krumlauf，1992；Scott，1992）。因此，Hox 基因簇中的每个基因与其他簇中相同位置的基因序列高度保守。例如，Hox 簇中的第 9 个基因在小鼠的所有的 4 个簇（Hoxa9、Hoxb9、Hoxc9 和 Hoxd9）中都是保守的。这样的基因被定义为并系同源基因（paralog），常常表现出重叠的表达模式（Krumlauf，1994）。有趣的是，这些 Hox 簇中的基因在空间和时间上都表现出线性顺序表达，定位于基因簇 3′端的基因比 5′端的基因表达得要早些，并且在胚胎的前部分中表达；相反，5′端的基因表达晚些且更多地被限定在胚胎的后部分（Lewis，1978；Dolle and Duboule，1989；Duboule and Dolle，1989；Graham *et al.*，1989；Izpisua-Belmonte *et al.*，1991）。这些基因在 Hox 簇的位置也与基因对维甲酸（retinoic acid，RA）的反应有关，3′端的基因比定位于 5′端的基因对维甲酸更加敏感（Boncinelli *et al.*，1991）。在胚胎发育中，每个 Hox 基因的时空特异性表达形成了一种梯度，Hox 基因产物的不同组合确定了不同胚胎部位的特征。

4.5 Hox 基因簇中的 miRNA

在 Hox 簇中有两组 miRNA 已经被鉴定，即 *mir-10* 和 *mir-196*（图 4.2）（Lagos-Quintana *et al.*，2003；Lim *et al.*，2003）。*mir-10a* 定位于 *Hoxb4* 基因的上游，而 *mir-10b* 定位于 *Hoxd4* 基因的上游。与之相似的是，*mir-196a-1*、*mir-196a-2* 和 *mir-196b* 都定位于 Hox 簇的相似区域，分别在 *Hoxb9*、*Hoxc9* 和 *Hoxa9* 基因的上游。虽然已经知道 Hox 簇中的基因是以一种线性顺序方式表达，但这些簇中的 miRNA 是否也以同样的方式表达仍不清楚。探索基因的表达模式通常采用原位杂交法。可是，由于 miRNA 太小，这种方法很难使用。因此，一种起初用于果蝇中的方法被应用于小鼠中，即基于 RNA 干涉机制的 miRNA 传感器法（miRNA sensor，见第 3 章中的详细介绍），用来检测 miRNA 的表达模式（Brennecke *et al.*，2003；Mansfield *et al.*，2004）。miRNA 传感器载体中含有一个可以普遍性表达的报告基因（*lacZ*）和两个拷贝的含有 miRNA 互补位点的 3′-UTR。当 *lacZ* 报告基因表达时，细胞将产生 β-半乳糖苷酶（β-gal）；然而，只要 miRNA 表达，*lacZ* 转录物都将通过 RNAi 机制而失活。因此，对转基因胚胎进行 β-半乳糖染色后，miRNA 缺失的细胞将呈现蓝色，而表达 miRNA 的细胞仍为白色。

使用这种 miRNA 传感器方法，检测了 E10.0 天的胚胎中 *mir-10a* 和 *mir-196b* 的表达谱（Mansfield *et al.*，2004）。*mir-10a* 传感器表现出类似 Hox 基因家族的表达模式，像 *Hoxb4* 基因似的局限在前侧胚胎中表达。这提示 *mir-10a* 和 *Hoxb4* 可能被相似的因子调控。有趣的是，在后躯干的一个区域中缺乏 *Hoxb4* 基因的表达却表现出 *mir-10a*

的高表达；然而，并没有在 *Hoxb4* 的 3′-UTR 中检测到 *mir-10a* 的结合位点。

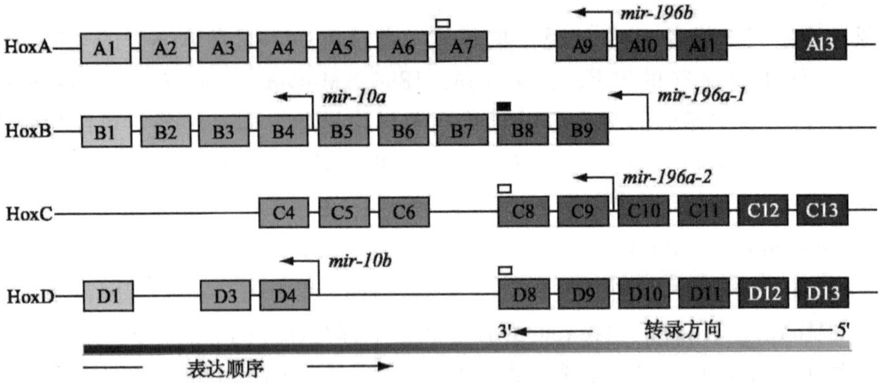

图 4.2 鼠 Hox 基因簇示意图。miRNA 转录物的定位与转录方向以箭头标出。miR-196 的靶标位点以小矩形框标出，白色矩形框表示不完美互补配对，黑色矩形框表示接近完美的互补配对。黑框代表的基因比白框代表的基因转录得要晚。表达顺序和转录方向标在图片底部。该图未按基因大小比例绘制。

还构建了 *mir-196a* 传感器（Mansfield *et al.*，2004）。与 *mir-10a* 不同的是，*mir-196a* 的表达模式与其附近的 *Hoxa9* 基因并不相同，后者更限制在胚胎的前部分中表达。*mir-196a* 限制在胚胎的前部分中表达，而 *Hoxb8* 基因则限制在胚胎的后部分中表达。发现 *Hoxb8* 3′-UTR 中包含一个与 *mir-196b* 近乎完美互补的位点，含有此 3′-UTR 的报告基因在含有 *mir-196a* 的细胞中是表达下调的（Mansfield *et al.*，2004；Yekta *et al.*，2004）。从 E11.5 天和 E17 天的胚胎中提取出的 RNA 中包含 *Hoxb8* 剪切产物，并且与 *mir-196a* 结合位点相关，暗示这种沉默是通过 RNAi 机制产生的。这提示 *Hoxb8* 基因的确是 miR-196a 的直接靶标（Mansfield *et al.*，2004；Yekta *et al.*，2004）。

4.6 Hox 基因与四肢发育

脊椎动物四肢的发育和模式形成至少需要两个信号中心。一个信号中心是顶端外胚层嵴（apical ectodermal ridge，AER），它沿着肢芽的最远端形成逐渐增厚的细胞层。AER 负责四肢向外生长；通过胚胎操作产生的异位 AER 会导致异位肢形成，而 AER 的缺失则导致四肢不再生长（Tickle，2003）。第二个信号中心是极化活性带（zone of polarizing activity，ZPA），位于肢芽后端（posterior limb bud），它使四肢沿着前后轴形成特定模式。Shh（Sonic hedgehog）由 ZPA 细胞分泌，该基因在肢芽前端的异位表达将导致指（趾）头的镜像复制。ZPA 移植到肢芽前端的拟表型提示 Shh 是 ZPA 的极化信号（Tickle，2003）。

众所周知，Hox 基因参与四肢发育的过程非常复杂。HoxA 和 HoxD 基因簇中的基因不仅确定肢芽向外生长的起始位点，还控制四肢模式形成和生长的后期阶段（Dolle *et al.*，1989；Nelson *et al.*，1996）。在 HoxB 基因簇中，*Hoxb8* 基因在 ZPA 的确定和 *Shh* 的诱导过程中起着有趣的作用（Charite *et al.*，1994）。在维甲酸受体 B2（retinoic acid receptor B2，RARB2）启动子控制下表达 *Hoxb8* 的转基因小鼠，若使

Hoxb8 也在肢芽前端表达，也会产生镜像指头复制的表型，与肢芽前端 ZPA 移植的结果类似（Charite *et al.*，1994）。

维甲酸（RA）同样也被证实是 ZPA 诱导过程所必需的（Lu *et al.*，1997）。此过程通过 RA 诱导的 *Hoxb8* 的表达来介导；然而，虽然 RA 在前后肢中 ZPA 的诱导过程中都是必需的，*Hoxb8* 基因的表达却只在前肢中被观察到（Lu *et al.*，1997；Stratford *et al.* 1997）。对于 *Hoxb8* 基因这种二态性表达的一种可能的解释是 *Hoxb8* 的抑制基因仅在后肢中表达。

为了研究 miRNA 会不会是这种抑制因子，构建了四肢中胚层中缺失 *Dicer* 基因的小鼠（Hornstein *et al.*，2005）。对照胚胎（$Dicer^{floxed}$/＋）和突变胚胎（$Dicer^{floxed}$/$Dicer^{floxed}$；*prxcre*）在含有 RA 和不含 RA 的情况下进行培养来分析 *Hoxb8* 基因的表达量。和预测的一样，在有 RA 的情况下对照胚胎的前肢表达 *Hoxb8*，而后肢不表达 *Hoxb8*。而 *Dicer* 突变的后肢在 RA 存在下表达 *Hoxb8*，这提示可能有一种 miRNA 是后肢特异的抑制因子。已知 *Hoxb8* 是 miR-196a 的一个靶标，通过芯片分析比较前肢和后肢中的 miRNA，发现 *mir-196* 在后肢中的表达量比在前肢中高 20 倍（Mansfield *et al.*，2004；Yekta *et al.*，2004；Hornstein *et al.*，2005）。而且在暴露于 RA 的前肢中异位表达 miR-196，导致 *Hoxb8* 和 *Shh* 累积量的下降（Hornstein *et al.*，2005）。因此，*Shh* 和 ZPA 的诱导是与两种不同的机制相关的（图 4.3）。在前肢中，RA 诱导 *Hoxb8* 的表达，引起 *Shh* 的表达。然而，在后肢中 *Hoxb8* 被 miR-196 靶定，并被降解，暗示 RA 直接或者通过一种未知因子诱导 *Shh*。这些发现表明 miRNA 在脊椎动物四肢的模式形成中具有重要作用。

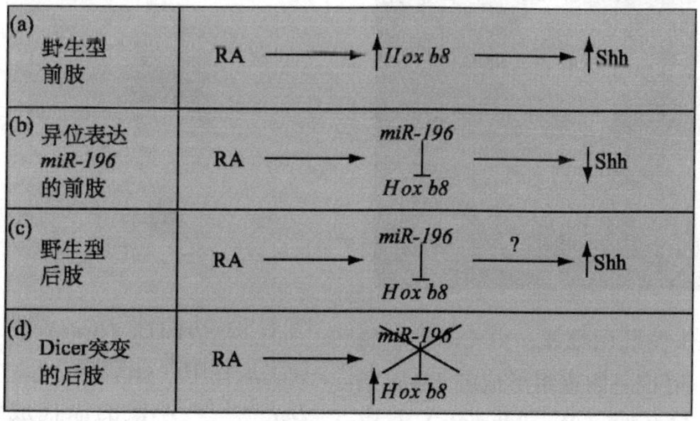

图 4.3 四肢中调控 *Shh* 诱导产生的两种不同机制。(a) 维甲酸（RA）诱导 *Hoxb8*，可能还有其他基因，导致 *Shh* 的表达。(b) 前肢中 miR-196 的异位表达导致 *Shh* 表达量减少。(c) 后肢中 *Shh* 的诱导产生不依赖于 *Hoxb8*。后肢中 miR-196 的表达抑制了 *Hoxb8* 的表达。RA 直接或通过一种未知机制间接诱导 *Shh*。(d) 在 Dicer 突变的后肢中，miRNA 不能进行加工，导致 *Hoxb8* 的异位表达。没有检测 Shh 的表达。

虽然 RA、*Hoxb8*、*mir-196* 和 *Shh* 之间的相互作用看起来对 ZPA 的正确形成是很重要的（Charite *et al.*，1994；Hornstein *et al.* 2005），但是即使三个 *Hox-8* 并系同源基因全部缺失也不会导致四肢发育的缺陷（van den Akker *et al.*，2001）。这也可能是

由于其他 *Hox* 基因的功能冗余导致的。与 *Hox8* 一样，*Hoxa7* 主要在前肢中表达（Min *et al.*，1998；Hornstein *et al.*，2005），其 3′-UTR 也含有一个与 miR-196 完全互补的位点（Lewis *et al.*，2003）。所以，可能有必要构建缺失多种 Hox 同源基因的复合突变（虽然很难构建）来研究它们之间相互作用的特点。

4.7 四肢发育中的 miRNA

为了深入了解 miRNA 在四肢发育和模式形成中的作用，我们曾采用 *Dicer* 条件等位基因将脊椎动物四肢特定区域的成熟 miRNA 敲除（Harfe *et al.*，2005）。floxed *Dicer* 等位基因的纯合胚胎（$Dicer^{floxed}/Dicer^{floxed}$）与小鼠种系 Cre（β-actin Cre）杂交产生条件性 *Dicer* 缺失小鼠。这些胚胎的发育在 E7 天时停滞，与之前报道的 *Dicer* 缺失表型相一致（图 4.4）(Bernstein *et al.*，2003；Harfe *et al.*，2005)。对从野生型原代成纤维细胞中提取的 RNA 进行 Northern 杂交，结果表明 *let-7* 和 miR-21 在野生型细胞中以加工后的成熟形式存在。然而，在通过腺病毒转染 Cre 载体引发位点特异性重组从而得到的条件 *Dicer* 缺失型成纤维细胞中，只能探测到很低水平的成熟 miRNA（图 4.5）(Harfe *et al.*，2005)。这证实了 floxed *Dicer* 等位基因确实重组产生了无功能的 Dicer 酶并使得成熟 miRNA 的丰度大大降低。为了检验 miRNA 在四肢发育中的作用，

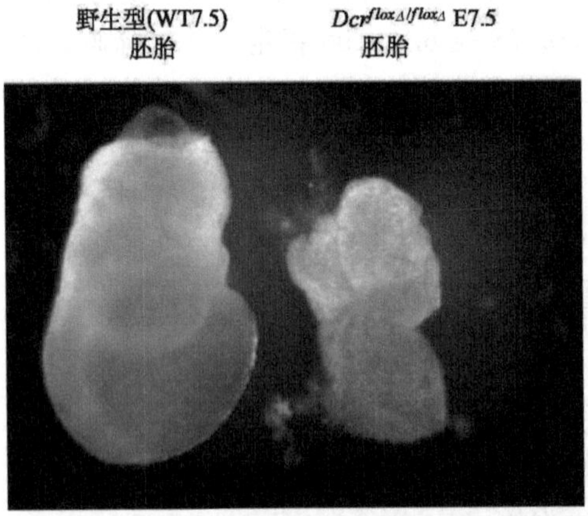

图 4.4　*Dicer* 的缺失使胚胎致死。由 Cre 重组酶介导的 floxed *Dicer* 等位基因重组形成的 *Dicer* 条件缺失的纯合子小鼠胚胎（$Dcr^{flox\Delta}/^{flox\Delta}$）与以前报道的 *Dicer* 缺失胚胎相似（Bernstein *et al.*，2003；Harfe *et al.*，2005）。这证实了 *Dicer* 条件等位基因的重组导致了无义突变（引自 Harfe *et al.*，2005；copyright of National Academy of Sciences USA）。

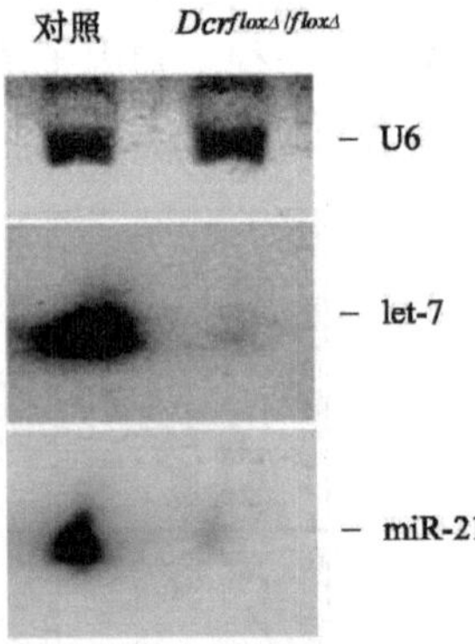

图 4.5　功能性 *Dicer* 缺失的细胞在 miRNA 加工过程中存在缺陷。RNA 分别从野生型和 $Dcr^{flox\Delta/flox\Delta}$ 小鼠的原代成纤维细胞中提取。用表达 Cre 重组酶的腺病毒感染 $Dcr^{flox\Delta/flox\Delta}$ 小鼠的原代成纤维细胞，使其 floxed 等位基因发生重组。在 *Dicer* 缺失细胞中仍存在少量成熟 *let-7* 和 miR-21，表明重组并未在所有的成纤维细胞中发生，或者有一部分 miRNA 的加工不依赖于 Dicer 酶。用 U6 作为内对照（引自 Harfe *et al.*，2005；版权归美国国家科学院所有）。

将条件 *Dicer* 等位基因（$Dicer^{floxed}/Dicer^{floxed}$）的纯合小鼠和 *prxlcre* 等位基因的转基因小鼠杂交。*prxlcre* 转基因在 E9.5 天时在前肢中胚层中表达，在 E10.5 天时在后肢中胚层中表达（Logan *et al.*，2002）。因此，在后肢中，*Dicer* 缺失发生在四肢发育的早期阶段开始之后。

从四肢中胚层中除去 *Dicer* 导致 miRNA 加工的丧失（Harfe *et al.*，2005）。从 E11.0 天开始，*Dicer* 突变的四肢就比同一窝的野生型小鼠胚胎的四肢小。四肢大小的差别在前肢中更加显著，可能是因为 *prxlcre* 转基因在后肢中的延迟表达。为了确定这种减小是否是细胞凋亡引起的，将胚胎用凋亡细胞的标记分子染色。在 E10.0 天时，野生型和突变型的前肢染色结果并无不同；而在 E10.5 天时，*Dicer* 突变体明显的染色结果表明其细胞死亡数量增加，在后肢中直到 E12.5 天时还没出现细胞死亡［图 4.6 (a)］。因此，这种四肢变小的部分原因是由于细胞死亡的增加。

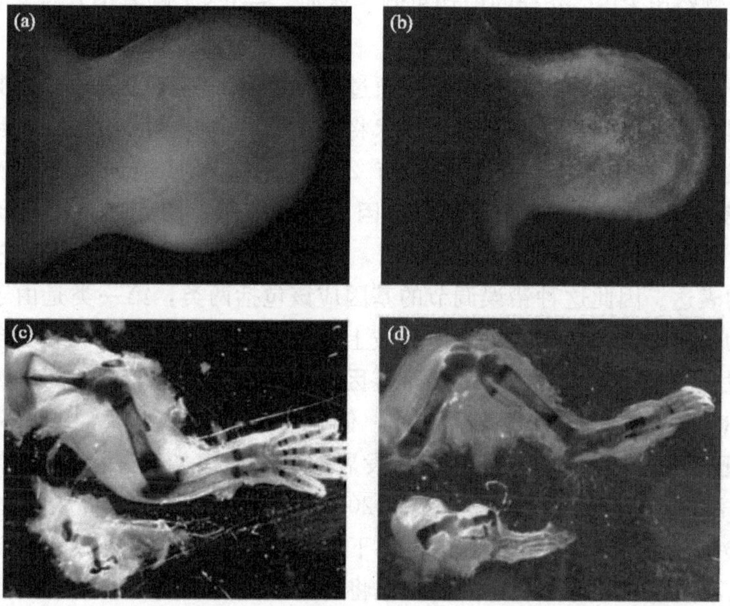

图 4.6　缺失有功能 Dicer 酶的小鼠四肢的异常形态。(a)、(b) 对 E11.5 天时的四肢进行吖啶橙染色标记。其中的死亡细胞表明突变体前肢 (b) 的细胞死亡较野生型前肢 (a) 明显增加。(c)、(d) 在 E20 天时的野生型小鼠（上）和突变型小鼠（下）前肢 (c) 及后肢 (d) 的骨骼样品。虽然看起来四肢的模式形成并不需要 Dicer，但突变体的四肢仍存在非常明显的生长缺陷（引自 Harfe *et al.*，2005；版权归美国国家科学院所有）。(见彩图 4)

显而易见，*Dicer* 缺失的四肢可以形成正常的近端四肢部分，包括前肢的骨骼（肱部、桡骨、尺骨）和后肢的骨骼（大腿骨、胫骨、腓骨）［图 4.6 (a)］（Harfe *et al.*，2005）。前肢的远端部分受到最严重的影响，导致指头数量的减少。这可能是因为细胞存活的缺陷，也可能代表了一种模式形成的缺陷。为了验证当 miRNA 从 ZPA 中敲除后四肢是否形成不正常的模式，我们将 *Dicer* 条件等位基因小鼠与 *Shhgfpcre* 等位基因小鼠杂交。在四肢中，*Shhgfpcre* 等位基因在 ZPA 中表达 Cre 重组酶（Harfe *et al.*，2004）。*Dicer* 的缺失以及由此导致的 miRNA 不能在 ZPA 中加工，并没有产生明显的模式形成缺陷，前肢的5个指头都形成了（Harfe *et al.*，2005）。另外，在 *Dicer* 突变胚胎的异常位置并没有发现表达 *Shh* 基因的细胞，这些细胞在正常情况下有助于第5个、第4个和部分第3个指头的形成，但第5个和第4个指头比对照组的要稍微小一些。因此，当 *Dicer* 在整个四肢中胚层中被敲除时所观察到的严重的指头缺少可能并非是模式形成的缺陷引起的，而可以部分地解释为由细胞死亡的增加导致的。

在发育过程中将 *Dicer* 从某一特定组织中条件性敲除，使得我们可以对 miRNA 在不同的细胞系和组织类型的起始和分化中所起的功能进行研究。虽然这些实验并没有告诉我们在某一单个组织中究竟哪些特定 miRNA 是重要的，但它们让我们有机会揭示这些 miRNA 可能的下游靶标。以前的观点认为大部分 miRNA 靶基因通过翻译抑制而被下调表达，而最近几个小组的研究工作表明 miRNA 靶基因确实可以通过 mRNA 降解而下调表达（Bagga *et al.*，2005；Jakymiw*et al.*，2005；Liu *et al.*，2005）。这种降解机制不同于转录物经历 RISC 介导的剪切机制。然而，miRNA 靶基因在 mRNA 水平的减少可以通过比较 RNA 水平的方法来探索。

利用 *prx1cre* 转基因，我们目前正在通过实验鉴定那些当 *Dicer* 从四肢中胚层中敲除后被错误调节的基因。通过基因芯片技术将野生型和突变体的四肢的基因表达谱进行比较，我们发现当 miRNA 不能加工时有250多个基因被错误调节（Maatouk and Harfe，未发表结果）。miRNA 是它们靶基因的负调节子，因此 *Dicer* 敲除后这些基因中是 miRNA 直接靶标的应该被上调。然而，一旦这些基因被异位上调，它们就可能引起其他基因的表达。因此这种错误调节的基因应该包括两类：第一类是由于 *Dicer* 的敲除而被上调的；第二类是由于次级效应而被上调或者下调的。在 *Dicer* 缺陷的四肢中胚层中我们所发现的被错误调节的250多个基因中，超过半数是上调的。虽然下调的基因被排除在 miRNA 直接靶标的候选者之外，但是鉴定那些被上调的基因中哪些是 miRNA的直接靶标将更有挑战性。可用最新发展的电脑程序如 TargetScan 来预测靶基因中的 miRNA 潜在结合位点（Lewis *et al.*，2003；Lewis *et al.*，2005）。这些结合位点可通过体外实验来验证在 miRNA 存在的条件下它们是否可以使报告基因沉默。另外，对于 miRNA 在不同组织中特异表达的认识也将有助于我们发现和证实它们的靶基因。弄清哪些基因的错误调节是由于 *Dicer* 的敲除引起的，会促使我们更深入地了解 miRNA 在发育过程中的作用。

除了 miRNA 在四肢形态发生中的数据信息之外，我们还与其他实验室合作研究 miRNA 在其他不同组织中的作用。在一项研究中，利用 *shhgfpcre* 等位基因研究了 miRNA 在哺乳动物肺的形态发生中的作用。在 *shh* 表达的细胞中缺失功能性 *Dicer* 的胚胎的肺，表现出分支形态特点的减少，但没有出现上皮细胞增值缺陷（Harris *et al.*，2006）。这导致形成了一些大的上皮细胞袋状结构代替了大量而精细的分支结构。这些胚胎的另一个缺陷是 *Fgf10* 基因的异常表达，该基因在肺的形态发生中起着重要作用。然而，*Fgf10* 基因看上去不像是 miRNA 的直接靶标，所以其表达错调的机制仍然不清楚（Harris *et al.*，2006）。

条件 *Dicer* 等位基因将是鉴定 miRNA 在许多发育过程中重要性的强大工具。研究人员可以从任何可表达 Cre 重组酶蛋白的组织中敲除 *Dicer*（和 miRNA）。这些实验将大大提高我们对于 miRNA 在哺乳动物发育中作用的认识。

参考文献

Bagga, S., Bracht, J., Hunter, S. *et al*. (2005). Regulation by let-7 and lin-4 miRNAs results in target mRNA degradation. *Cell*, **122**, 553 – 563.

Bateson, W. (1894). *Materials for the Study of Variation*. New York: Macmillan.

Bernstein, E., Caudy, A. A., Hammond, S. M. and Hannon, G. J. (2001). Role for a bidentate ribonuclease in the initiation step of RNA interference. *Nature*, **409**, 363 – 366.

Bernstein, E., Kim, S. Y., Carmell, M. A. *et al*. (2003). Dicer is essential for mouse development. *Nature Genetics*, **35**, 215 – 217.

Boncinelli, E., Simeone, A., Acampora, D. and Mavilio, F. (1991). HOX gene activation by retinoic acid. *Trends in Genetics*, **7**, 329 – 334.

Brennecke, J., Hipfner, D. R., Stark, A., Russell, R. B. and Cohen, S. M. (2003). *Bantam* encodes a developmentally regulated microRNA that controls cell proliferation and regulates the proapoptotic gene hid in *Drosophila*. *Cell*, **113**, 25 – 36.

Charite, J., de Graaff, W., Shen, S. and Deschamps, J. (1994). Ectopic expression of Hoxb-8 causes duplication of the ZPA in the forelimb and homeotic transformation of axial structures. *Cell*, **78**, 589 – 601.

Dolle, P. and Duboule, D. (1989). Two gene members of the murine HOX-5 complex show regional and cell-type specific expression in developing limbs and gonads. *European Molecular Biology Organization Journal*, **8**, 1507 – 1515.

Dolle, P., Izpisua-Belmonte, J. C., Falkenstein, H., Renucci, A. and Duboule, D. (1989). Coordinate expression of the murine Hox-5 complex homoeobox-containing genes during limb pattern formation. *Nature*, **342**, 767 – 772.

Duboule, D. and Dolle, P. (1989). The structural and functional organization of the murine HOX gene family resembles that of Drosophila homeotic genes. *European Molecular Biology Organization Journal*, **8**, 1497 – 1505.

Graham, A., Papalopulu, N. and Krumlauf, R. (1989). The murine and *Drosophila* homeobox gene complexes have common features of organization and expression. *Cell*, **57**, 367 – 378.

Griffiths-Jones, S. (2004). The microRNA registry. *Nucleic Acids Research*, **32**, D109 – D111.

Grishok, A., Pasquinelli, A. E., Conte, D. *et al*. (2001). Genes and mechanisms related to RNA interference regulate expression of the small temporal RNAs that control *C. elegans* developmental timing. *Cell*, **106**, 23 – 34.

Harfe, B. D. (2005). MicroRNAs in vertebrate development. *Current Opinion in Genetics & Development*, **15**, 410 – 415.

Harfe, B. D., Scherz, P. J., Nissim, S. *et al*. (2004). Evidence for an expansion-based temporal Shh gradient in specifying vertebrate digit identities. *Cell*, **118**, 517 – 528.

Harfe, B. D., McManus, M. T., Mansfield, J. H., Hornstein, E. and Tabin, C. J. (2005). The RNaseIII enzyme Dicer is required for morphogenesis but not patterning of the vertebrate limb. *Proceedings of the National Academy of Sciences USA*, **102**, 10 898 – 10 903.

Harris, K. S., Zhang, Z., McManus, M. T., Harfe, B. D. and Sun, X. (2006). Dicer function is essential for lung epithelium morphogenesis. *Proceedings of the National Academy of Sciences USA* (in press).

Hornstein, E., Mansfield, J. H., Yekta, S. *et al*. (2005). The microRNA miR-196 acts upstream of Hoxb8 and Shh in limb development. *Nature*, **438**, 671 – 674.

Hutvagner, G., McLachlan, J., Pasquinelli, A. E. *et al*. (2001). A cellular function for the RNAinterference enzyme Dicer in the maturation of the let-7 small temporal RNA. *Science*, 293, 834 – 838.

Izpisua-Belmonte, J. C., Falkenstein, H., Dolle, P., Renucci, A. and Duboule, D. (1991). Murine genes related to the Drosophila AbdB homeotic genes are sequentially expressed during development of the posterior part of the body. *European Molecular Biology Organization Journal*, **10**, 2279 – 2289.

Jakymiw, A., Lian, S., Eystathioy, T. *et al*. (2005). Disruption of GW-bodies impairs mammalian RNA interference. *Nature Cell Biology*, **7**, 1167 – 1174.

Ketting, R. F., Fischer, S. E., Bernstein, E. *et al.* (2001). Dicer functions in RNA interference and in synthesis of small RNA involved in developmental timing in *C. elegans*. *Genes & Development*, **15**, 2654 – 2659.

Kos, C. H. (2004). Cre/loxP system for generating tissue-specific knockout mouse models. *Nutrition Reviews*, **62**, 243 – 246.

Krumlauf, R. (1994). Hox genes in vertebrate development. *Cell*, **78**, 191 – 201.

Lagos-Quintana, M., Rauhut, R., Meyer, J., Borkhardt, A. and Tuschl, T. (2003). New microRNAs from mouse and human. *RNA*, **9**, 175 – 179.

Lee, R. C., Feinbaum, R. L. and Ambros, V. (1993). The *C. elegans* heterochronic gene lin-4 encodes small RNAs with antisense complementarity to lin-14. *Cell*, **75**, 843 – 854.

Lee, Y., Ahn, C., Han, J. *et al.* (2003). The nuclear RNase III Drosha initiates microRNA processing. *Nature*, **425**, 415 – 419.

Lewis, B. P., Shih, I. H., Jones-Rhoades, M. W., Bartel, D. P. and Burge, C. B. (2003). Prediction of mammalian microRNA targets. *Cell*, **115**, 787 – 98.

Lewis, B. P., Burge, C. B. and Bartel, D. P. (2005). Conserved seed pairing, often flanked by adenosines, indicates that thousands of human genes are microRNA targets. *Cell*, **120**, 15 – 20.

Lewis, E. B. (1978). A gene complex controlling segmentation in *Drosophila*. *Nature*, **276**, 565 – 570.

Lim, L. P., Glasner, M. E., Yekta, S., Burge, C. B. and Bartel, D. P. (2003). Vertebrate microRNA genes. *Science*, **299**, 1540.

Lingel, A., Simon, B., Izaurralde, E. and Sattler, M. (2003). Structure and nucleic-acid binding of the *Drosophila* Argonaute 2 PAZ domain. *Nature*, **426**, 465 – 469.

Liu, J., Valencia-Sanchez, M. A., Hannon, G. J. and Parker, R. (2005). MicroRNA-dependent localization of targeted mRNAs to mammalian P-bodies. *Nature Cell Biology*, **7**, 719 – 723.

Logan, M., Martin, J. F., Nagy, A. *et al.* (2002). Expression of Cre recombinase in the developing mouse limb bud driven by a Prxl enhancer. *Genesis*, **33**, 77 – 80.

Lu, H. C., Revelli, J. P., Goering, L., Thaller, C. and Eichele, G. (1997). Retinoid signaling is required for the establishment of a ZPA and for the expression of Hoxb-8, a mediator of ZPA formation. *Development*, **124**, 1643 – 1651.

Lund, E., Guttinger, S., Calado, A., Dahlberg, J. E. and Kutay, U. (2004). Nuclear export of microRNA precursors. *Science*, **303**, 95 – 98.

Mansfield, J. H., Harfe, B. D., Nissen, R. *et al.* (2004). MicroRNA-responsive 'sensor' transgenes uncover Hox-like and other developmentally regulated patterns of vertebrate microRNA expression. *Nature Genetics*, **36**, 1079 – 1083.

Martin, P. (1990). Tissue patterning in the developing mouse limb. *International Journal of Developmental Biology*, **34**, 323 – 336.

McGinnis, W. and Krumlauf, R. (1992). Homeobox genes and axial patterning. *Cell*, **68**, 283 – 302.

McGinnis, W., Levine, M. S., Hafen, E., Kuroiwa, A. and Gehring, W. J. (1984). A conserved DNA sequence in homoeotic genes of the *Drosophila* Antennapedia and bithorax complexes. *Nature*, **308**, 428 – 433.

McManus, M. T. and Sharp, P. A. (2002). Gene silencing in mammals by small interfering RNAs. *Nature Reviews Genetics*, **3**, 737 – 747.

Min, W., Woo, H. J., Lee, C. S. *et al.* (1998). 307-bp fragment in HOXA7 upstream sequence is sufficient for anterior boundary formation. *DNA and Cell Biology*, **17**, 293 – 299.

Murchison, E. P. and Hannon, G. J. (2004). miRNAs on the move: miRNA biogenesis and the RNAi machinery. *Current Opinion in Cell Biology*, **16**, 223 – 229.

Nelson, C. E., Morgan, B. A., Burke, A. C. *et al.* (1996). Analysis of Hox gene expression in the chick limb bud. *Development*, **122**, 1449 – 1466.

Nicholson, R. H. and Nicholson, A. W. (2002). Molecular characterization of a mouse cDNA encoding Dicer, a ribonuclease III ortholog involved in RNA interference. *Mammalian Genome*, **13**, 67 - 73.

Pasquinelli, A. E., Reinhart, B. J., Slack, F. *et al*. (2000). Conservation of the sequence and temporal expression of let-7 heterochronic regulatory RNA. *Nature*, **408**, 86 - 89.

Reinhart, B. J., Slack, F. J., Basson, M. *et al*. (2000). The 21-nucleotide let-7 RNA regulates developmental timing in *Caenorhabditis elegans*. *Nature*, **403**, 901 - 906.

Schwer, B. (2001). A new twist on RNA helicases: DExH/D box proteins as RNPases. *Nature Structural Biology*, **8**, 113 - 116.

Scott, M. P. (1992). Vertebrate homeobox gene nomenclature. *Cell*, **71**, 551 - 553.

Scott, M. P. and Weiner, A. J. (1984). Structural relationships among genes that control development: sequence homology between the Antennapedia, Ultrabithorax, and fushi tarazu loci of Drosophila. *Proceedings of the National Academy of Sciences USA*, **81**, 4115 - 4119.

Song, J. J., Liu, J., Tolia, N. H. *et al*. (2003). The crystal structure of the Argonaute2 PAZ domain reveals an RNA binding motif in RNAi effector complexes. *Nature Structural Biology*, **10**, 1026 - 1032.

Stratford, T. H., Kostakopoulou, K. and Maden, M. (1997). Hoxb-8 has a role in establishing early anterior - posterior polarity in chick forelimb but not hindlimb. *Development*, **124**, 4225 - 4234.

Tickle, C. (2003). Patterning systems - from one end of the limb to the other. *Developmental Cell*, **4**, 449 - 458.

van den Akker, E., Fromental-Ramain, C., de Graaff, W. *et al*. (2001). Axial skeletal patterning in mice lacking all paralogous group 8 Hox genes. *Development*, **128**, 1911 - 1921.

Yan, K. S., Yan, S., Farooq, A. *et al*. (2003). Structure and conserved RNA binding of the PAZ domain. *Nature*, **426**, 468 - 474.

Yekta, S., Shih, I. H. and Bartel, D. P. (2004). MicroRNA-directed cleavage of HOXB8 mRNA. *Science*, **304**, 594 - 596.

Yi, R., Qin, Y., Macara, I. G. and Cullen, B. R. (2003). Exportin-5 mediates the nuclear export of pre-microRNAs and short hairpin RNAs. *Genes & Development*, **17**, 3011 - 3016.

5　水稻 miRNA 的鉴定

Hui Zhou, Yue-Qin Chen, Yu-Chun Luo, Jia-Fu Wang and Liang-Hu Qu*

5.1　引言

microRNA（miRNA）为一类 22 nt 长的单链小分子 RNA，它在动植物中起转录后负调控作用（Bartel，2004；Kim，2005）。在各种不同类型的内源性小分子 RNA 中，这种小分子 RNA 最令人瞩目（Sontheimer and Carthew，2005），它们通过与靶 mRNA 3′非编码区域（UTR）序列互补（在动物中）或通过与靶 mRNA 编码区完全互补的方式来指导负调控作用（Grishok *et al.*，2001；Lai，2002；Bartel and Bartel，2003）。miRNA 基因已被证实在动物和植物基因组中普遍而广泛存在。在不同动物，如线虫、果蝇，以及包括人、小鼠和大鼠在内的哺乳动物中已经鉴定出很多 miRNA。预计多细胞生物中 miRNA 的总数能达到所有基因的 1%（Lim *et al.*，2003b；Grad*et al.*，2003；Bartel，2004）。然而，最近的研究显示，灵长类中 miRNA 的数量要超过之前所预期的（Berezikov *et al.*，2005；Bentwich *et al.*，2005）。生物信息学分析显示，脊椎动物 25%的基因都是 miRNA 的保守靶位点（Lewis *et al.*，2005）。总体来说，不同的试验和计算机方法都显示出，复杂有机体中的 miRNA 的调控程度还没有被彻底地认识。

虽然在各种动物中已经鉴定出了大量的 miRNA，但在我们研究之前，植物 miRNA 研究主要是集中在拟南芥上，并且只鉴定出很少量的 miRNA（Reinhart *et al.*，2002；Park *et al.*，2002；Llave *et al.*，2002a）。水稻是重要的经济作物，水稻基因组计划的最新研究进展揭示了水稻基因组中的 50 000～60 000 个基因（Yu *et al.*，2002），这大约是拟南芥预期基因数目的两倍（The Arabidopsis Genome Initiative，2002）。这使水稻成为基因组功能研究的热门植物，也使我们对研究作为单子叶模式植物的水稻 miRNA产生了兴趣。在该研究中，我们发展了一种根据 RNA 大小分级而建立的水稻 cDNA文库的新方法（Wang *et al.*，2004）。结果显示，水稻中含有异常丰富而多样的小分子 RNA 成员，我们从中鉴定到了 20 种 miRNA。

5.2　方法学

5.2.1　核酸提取

按照 Chomczynski 和 Sacchi（1987）描述的异硫氰酸胍/酚-氯仿抽提法，从籼稻、拟南芥及玉米的不同组织中提取出总 RNA。再根据以前描述过的方法（Park *et al.*，2002）富集小分子 RNA，即 400μl（1～2mg）的总 RNA 与 50μl 50% PEG8000 和 5mol/L NaCl 混合，冰上孵育 2h 后，15 000*g* 离心 10min。在上清中加入 1/10 体积的

* 通讯作者。

3mol/L 乙酸钠和 2 倍体积的 95%乙醇后，－20℃放置 2h，15 000*g* 离心得到小分子 RNA 沉淀，再用 75%乙醇洗沉淀，简单干燥，用不含 RNA 酶的水回溶沉淀。

5.2.2 从水稻中克隆 miRNA

cDNA 的合成、克隆和测序方法在本实验室原有方法（Chen *et al.*，2003）基础上进一步发展而来。简单地说就是通过 15%变性聚丙烯酰胺凝胶电泳分离法（8mol/L 尿素，1×TBE 缓冲液）回收 16～28nt 的小分子 RNA，然后用 poly（A）聚合酶（TaKaRa）进行多腺苷酸化反应。20μl 反应液中包含 1μg 带有 poly（A）尾的 RNA、0.1μg *Hin*dIII（dT）16 5′-CCCCAAAG CT16 -3′引物和 200U MMLV 反转录酶（Promega），42℃反应 45min。用末端脱氧核苷酸转移酶（TaKaRa）在 cDNA 3′端加上 poly（G），并使用引物 *Hin*dIII（dT）16 和 *Bam*HI（dC）16，5′-GGAATTCGGATC16-3′进行 PCR 扩增，并按已有方法（Zhou *et al.*，2002）将其克隆到 pTZ18 质粒载体。重组质粒上的插入片段用 BigDye 末端循环测序试剂盒（PE Applied Biosystems）测序，并在 ABI377 DNA 测序仪上分析。

5.2.3 预测茎环结构

通过 BLAST（http://www.ncbi.nlm.nih.gov/blast，http://btn.genomics.org.cn/rice）将克隆的小分子 RNA 序列与水稻和拟南芥基因组数据库做序列比对。只有那些与一个或更多水稻基因组序列匹配的片段被用于进一步分析。用 m-fold 程序（http://www.bioinfo.rpi.edu/applications/mfold/old/rna/form1.cgi）（Zuker，2003）来预测 RNA 前体的二级结构。RNA 序列与其 150～400bp 的上游序列和 20bp 的下游序列一起折叠，或与 150bp 的上游和 150bp 的下游序列一起折叠。

5.2.4 miRNA 靶基因预测

水稻 miRNA 的潜在靶基因是按照仅允许 miRNA 和它的靶基因间存在三个或更少的错配、不允许缺口存在的搜索算法，通过 BLAST 分析而鉴定的（Rhoades *et al.*，2002）。

5.2.5 Northern 杂交分析

将 30μg 的水稻和其他植物不同组织小分子 RNA 通过 15%聚丙烯酰胺-8mol/L 尿素变性凝胶于 300V 电泳 3h 而区分开，然后用 Trans-Blot 电转移装置（Pharmacia LKB）将其电转移至 Zeta-probe GT 膜（Bio-Rad）。在电印迹后，通过 UV 交联（1200 mJ，Stratalinker；Stratagene）和 80℃真空烤干 1h 将 RNA 固定到膜上，合成与 miRNA 序列互补的 DNA 寡聚核苷酸（Sangon，Shanghai）。按照常规实验室操作规程（Sambrook *et al.*，1989），用 T4 多核苷酸激酶对 DNA 探针的 5′端用［γ-^{32}P］ATP（Yahui Co.）进行标记，然后纯化探针。膜先在 7%SDS、0.3mol/L NaCl 和 50mmol/L 磷酸缓冲液（pH 7.2）中 42℃预杂交至少 1h，再将膜与^{32}P 末端标记核苷酸探针在低于算出的解离温度（T_d）大约 10～15℃的温度下杂交 16h。将杂交后的膜于 40℃用 2×SSPE/0.5% SDS 洗两次、0.5×SSPE/0.1% SDS 洗一次。用磷成像仪器（Typhon

8600，Amersham Bioscience）来定量 Northern 杂交。

5.3 结果

5.3.1 采用 3′端加 poly（A）的策略克隆 miRNA 是一个高效的方法

为了研究水稻中的小分子 RNA，我们发展了一种水稻编码候选 miRNA cDNA 文库构建的新方法。该方法流程见图 5.1。材料选自不同发育阶段的水稻组织。在按大小分离开的 RNA 末尾加上 poly（A）尾，然后用 *Bam*HI（dC）和 *Hind*III（dT）引物对来做 RT-PCR，再克隆和测序。从文库中随机选 236 个含有插入片段的克隆做进一步分析，并获得了 203 个不同的序列。虽然序列长度在15～30nt 间波动，但 20～25nt 的区域更加密集（图 5.2）。这与已知的 Dicer 加工方式相一致。该长度分布与拟南芥和线虫中纯化出的 miRNA 成员，以及绿色荧光蛋白（GFP）和双阻遏 GFP 沉默体系中产生的小干扰 RNA（siRNA）非常相似（Lau *et al.*，2001；Llave *et al.*，2002b）。

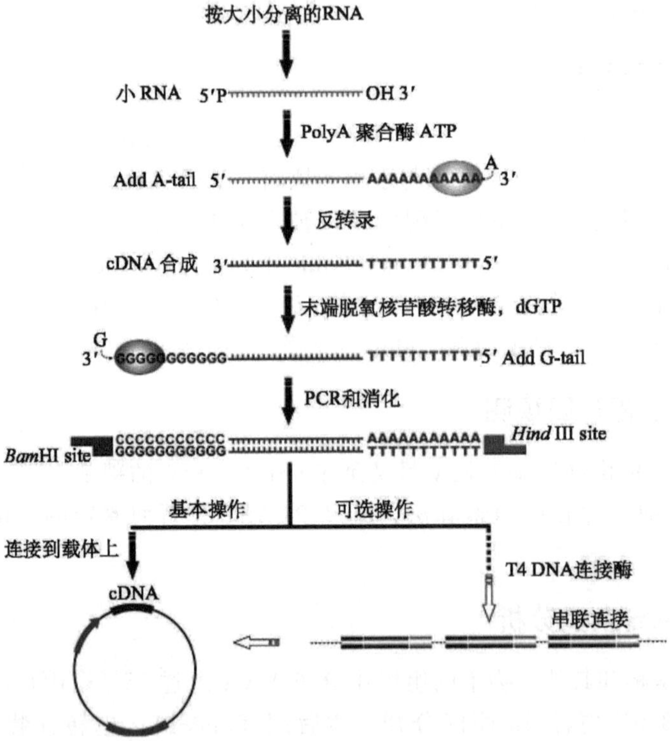

图 5.1 cDNA 文库构建图示。

5.3.2 水稻中 20 种 miRNA 的鉴定

将 203 个克隆的 RNA 序列与水稻基因组做 BLAST 分析，只有两个序列源自 tRNA 或rRNA 的碎片。总共有 122 条序列与水稻基因组有至少一个核苷酸的错配，这些序列没有被进一步分析。剩余的 79 个小分子 RNA 序列与水稻基因组完全匹配，这就确定了它们在基因组上的可能位置。在二级结构分析中，包含候选 miRNA 的 32 个基因组序列可以形成作为 miRNA 前体特征的茎环结构。随后，其中 20 个候选 miRNA 被 Northern 杂交进一步验证（图 5.3）。因此，从水稻中鉴定出了 20 个 miRNA，它们的序列见表 5.1。

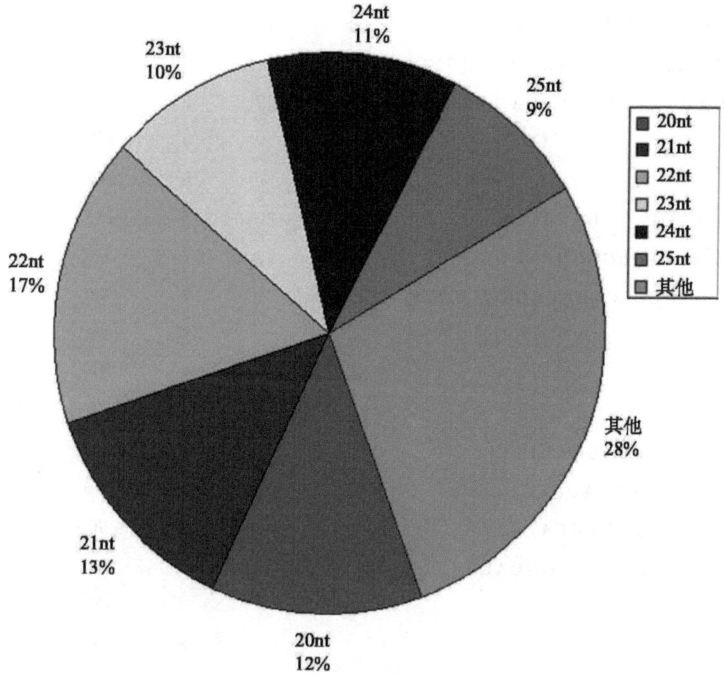

图 5.2 水稻 cDNA 文库中克隆出的小 RNA 的长度分布。

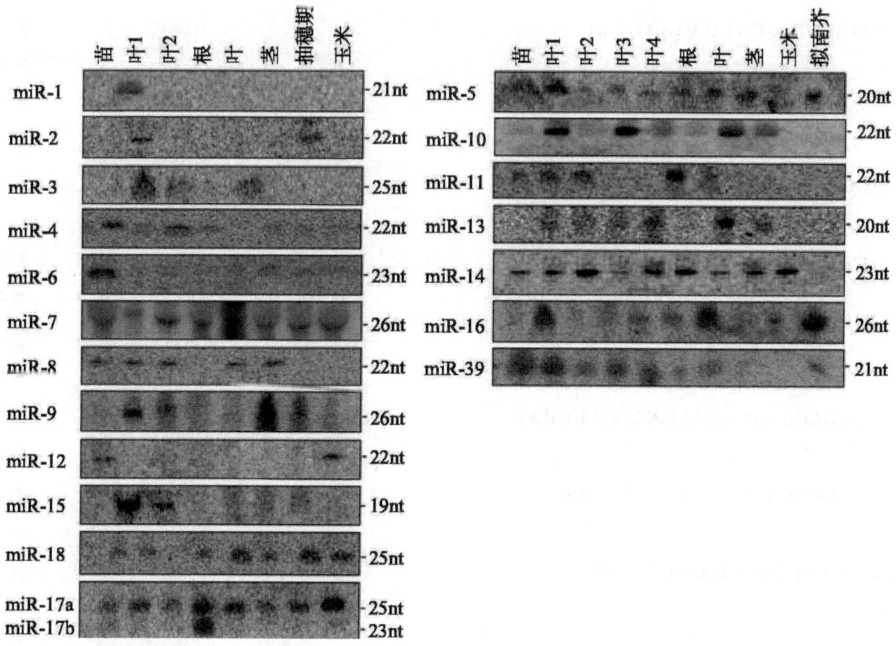

图 5.3 水稻中克隆出的 miRNA 的 Northern 杂交分析。叶 1～ 叶 4 为水稻的 1～4 叶阶段；根、叶和茎取自抽穗期。

表 5.1 克隆鉴定水稻 microRNA

miRNA	序列（5′→3′）	Northern 杂交	长度/nt	回折臂	回折长度	Chr.	染色体上的定位
miR-1	UGAAGAGUUUACCUUUUUACU	+	21	5′	102	1	基因间
miR-2	GAAGGUUUGGUGUGCUUUUGUC	+	22	3′	82	1	基因间
miR-3	UUAUAUAAGAACAACAUUUUGUGUC	+	25	5′	119	1	基因间
miR-4	UAAGCUAUUAAAUUGGCUAUAG	+	22	5′	362	1	基因间
				5′	365	3	基因间
				5′	362	4	基因间
miR-5	UUCAUUAACAAGUUACACCA	+	20	5′	160	7	基因间
miR-6	UCUAUGGAAAAUGGGUCAUUGCC	+	23	3′	68	5	外显子
miR-7	GUGUGGUGUGGCGGCAUGGGGAUGUC	+	26	3′	62	1	内含子
				3′	64	4	基因间
				3′	62	7	基因间
				3′	64	10	基因间
miR-8	UCUGUACAGUUUACAAUUCCCC	+	22	3′	180	1	基因间
miR-9	UGAGUAAAGAAUUAUACUUCCUAC	+	24	5′	170	1	基因间
miR-10	UAUCUGAAGUUCUUGCAAGAAC	+	22	3′	60	2	基因间
miR-11	UAUAGCCCUUGGUAGAGUUACU	+	22	5′	150	1	基因间
				5′	150	3	基因间
				5′	154	4	基因间
				5′	156	10	基因间
miR-12	UGAAUAAACGGCAGUUCCGUUG	+	22	3′	74	12	基因间
miR-13	AACUCUUUGAUGAAAAGAUG	+	20	5′	114	1	基因间
				5′	114	3	基因间
				5′	114	10	基因间
				5′	114	12	基因间
miR-14	UGCCACGUUAGCAAAUAUUUUGC	+	23	5′	164	12	基因间
miR-15	AUUUGAUUCGUCGAUCUUC	+	19	3′	63	2	基因间
				3′	63	4	基因间
				3′	63	6	基因间
miR-16	AAAAUGUAGUACAUACAUGUUUACUG	+	26	5′	71	7	基因间
miR-17a	AAUGCCGAAUCGACGACCUAUGUAU	+	25	5′	124	4	基因间
				5′	124	10	内含子
miR-17b	AAUGCCGAAUCGACGACCUAUGU	+	23	5′	124	4	基因间
				5′	124	10	内含子
miR-18	UUAAUCCAUUUAAAUCAAUUAAAUC	+	25	3′	87	1	基因间
				3′	87	1	外显子
				3′	87	3	基因间
				3′	87	4	基因间

续表

miRNA	序列（5′→3′）	Northern 杂交	长度 /nt	回折臂	回折长度	Chr.	染色体上的定位
				3′	76	7	基因间
				3′	87	8	基因间
				3′	87	8	基因间
				3′	76	10	内含子
				3′	76	10	基因间
				3′	76	10	基因间
				3′	87	12	基因间
				3′	87	12	基因间
miR-39	UGAUUGAGCCGUGCCAAUAUC	+	21	3′	117	10	基因间
				3′	110	3	基因间

注：该表详述了预测的茎环结构中 miRNA 的位置（5′或 3′臂）。能形成回折结构前体的多拷贝 miRNA 也包括在表格中了。在拟南芥中保守的 miRNA 及其序列在表格中用粗体表示；“＋”表示被 Northern 杂交验证过的小 RNA。

5.3.3 组织特异性和发育阶段表达的水稻 miRNA

水稻 miRNA 的表达是通过对水稻不同组织中提取的低分子质量 RNA 做 Northern 杂交来检测的。Northern 杂交验证了这 20 个 miRNA 至少在水稻一个组织的细胞中稳定表达（图 5.3）。一些 miRNA 的积累呈现出发育阶段和组织特异性。例如，miR-1、miR-6 和 miR-10 有些在幼苗期比成年期表达相对更强，有些则更弱。miR-11 和 miR-16 分别在根和叶中有更高的表达水平。miR-17 的探针可以探测到 miR-17a 和 miR-17b 的长度分别为 25nt 和 23nt。有趣的是，miR-17a 在不同组织和不同发育阶段中都有积累，但 23nt 的 miR-17b 只在根中有最高的表达水平。其他 miRNA 在所有组织中都有不均一的表达，并且表达水平有很大的不同。在一些例子中，miRNA 前体和线虫一样可以被检测到（Lau *et al.*，2001）。与水稻 miRNA 互补的探针还同时被用来检测其他植物的细胞总 RNA。在拟南芥中发现了 miR-39、miR-5 和 miR-16 的同源体，而且在玉米中也检测到了 miR-7、miR-12、miR-14、miR-16、miR-17 和 miR-18（图 5.3），说明这些 miRNA 在开花植物中是保守的。

5.3.4 水稻 miRNA 的基因组织形式

在这 20 个 miRNA 中，有 11 个分别由水稻基因组中的单个拷贝编码，而 10 个 miRNA 在基因组中有多个位点（表 5.1），这些可能是水稻基因组中存在的仍然有活性的副本（Yu *et al.*，2002）。比较基因组学分析显示，含有 miRNA 的多个基因组序列在水稻基因组中通常是完全或部分保守的，例如，miR-18 在长末端重复序列或 Osr1 反转录转座子中有 12 个基因组位点。15 个水稻 miRNA 在基因组上的 28 个位点被定位在基因间隔区。我们还发现有 2 个 miRNA 拷贝存在于编码转录物的内含子正向序列中；有 2 个 miRNA 拷贝定位于潜在蛋白质编码基因的外显子上；来自 9 个其他 miRNA 的 13 个拷贝定位于基因组上没有注释的区域。因此，miRNA 或由它们自己的启动子转录，或来源于通常编码其他基因产物的 pre-mRNA。

5.3.5 水稻 microRNA 靶基因预测

为了鉴定潜在的靶基因，我们搜索了与新鉴定的 miRNA 互补的水稻 mRNA，这运用了用于发现拟南芥 miRNA 靶基因的算法，即大部分有 3 个或以下错配的反向互补位点是 miRNA 的潜在靶基因（Rhoades *et al.*，2002）。23 个水稻基因被鉴定为 7 个水稻 miRNA 的可能靶基因，因为这些靶基因与 miRNA 之间有非常严格的匹配，只有 3 个或更少的错配（表 5.2）。在这 7 个 miRNA 中，有 3 个与蛋白质编码基因的 mRNA 完全反向互补；miR-39 靶向调控多种发育过程的 Scarecrow-like 转录因子中 4 个成员 mRNA 的编码区。这个 miRNA 与已通过 RNA 印迹预测存在于水稻中的拟南芥 miR-39（或 miR-171）是同源的（Reinhart *et al.*，2002；Llave *et al.*，2002b）。事实上，两种植物的 miR-39 在序列上的差异很小（1 个核苷酸的变化），但水稻中的一个 U/G 配对仍旧能维持 miR-39 与靶 mRNA 的完美双链。有趣的是，尽管 miRNA 之外的序列显著不同，两个水稻 miR-39 前体的二级结构与拟南芥的非常相似，这支持了该 miRNA 在开花植物进化上的保守性。miR-5 的新预测的靶基因是一个还没有注释功能的蛋白质编码基因的 mRNA。与这两个前体不同，miR-15 与 PDR-like ABC 转运蛋白第 4 个内含子完全反向互补，这暗示 miRNA 可能作用于 RNA 剪接过程。由于缺少更好的互补配对，剩下 13 个 miRNA 的靶基因需要进一步研究。

表 5.2 部分水稻 miRNA 的潜在靶基因列表

miRNA	靶基因	错配数量	靶标蛋白家族
miR-1	Os. 19366	3	未知蛋白
miR-4	Os. 27038	3	MAP3Kα 蛋白激酶
	Os. 23008	3	黏蛋白类蛋白
	AJ535074	3	MRP 类 ABC 转动蛋白
	Os. 1798	3	未知蛋白
	Os. 35458	3	未知蛋白
	Os. 38137	3	未知蛋白
	AK062268	3	未知蛋白
	AK062967	3	未知蛋白
	AK068031	3	未知蛋白
	AK100013	3	未知蛋白
	AK100599	3	未知蛋白
miR-5	Os. 25244	0	海藻糖-6-磷酸磷酸酶
miR-10	Os. 24878	3	Cf2/Cf5 抗病蛋白
	Os. 11923	3	未知蛋白
miR-13	Os. 9392	3	铝诱导蛋白类蛋白
	AK064680	3	未知蛋白
miR-15	AJ535053	0	PDR 类 ABC 转运蛋白
miR-39	Os. 2406	1	SCL 转录因子
	Os. 20826	1	SCL 转录因子
	Os. 21578	1	SCL 转录因子
	Os. 31716	1	SCL 转录因子
	Os. 46878	2	SCL 转录因子

注：水稻基因标注有 UniGene 序号或 GenBank 编号。靶基因是按照 Rhoades 等（2002）所述的方法来预测的。

5.4 讨论

5.4.1 克隆 microRNA 的策略

最初鉴定 microRNA 的策略建立于 2001 年对线虫和果蝇的研究（Lagos-Quintana *et al.*，2001；Lau *et al.*，2001；Lee and Ambros，2001）。简要的克隆步骤如下：在不同大小的 RNA 末端连接 5′和 3′接头分子，然后 RT-PCR 扩增、酶切、多联化（concatamerization）、克隆和测序（Lagos-Quintana *et al.*，2001；Lau *et al.*，2001）。该操作规程已成熟，并被许多实验室所使用。然而这个"接头操作规程"也有其局限性，它有太多步骤，包括割胶纯化、脱磷酸作用、磷酸化作用和连接，这会导致 RNA 的量降低，导致错过一些低丰度的 miRNA。这个操作规程也相对复杂，不熟练的操作可能造成过多的 rRNA、tRNA、snoRNA 碎片以及接头自连。

为了简化 miRNA 克隆操作和提高效率，我们开发了一种名为"oligo 方法"的新的 microRNA 克隆策略。在这种操作规程中，5′和 3′接头被 poly（A）和 poly（C）所替代（图 5.1）。该方法使用 poly（A）而不是 poly（G）尾，是因为 poly（A）聚合酶可以更有效地克隆低丰度的 miRNA。该操作规程还有步骤简单、易于操作的优点。虽然加 poly（A）尾的 RNA 类似于 mRNA，这可能导致 cDNA 文库中混有 mRNA 的降解碎片，但结合将 RNA 按大小分离的方法就可以有效地避免 mRNA 污染。

我们的方法还可以与"adapter 方法"的 5′连接相结合，这可以进一步优化 miRNA 克隆的步骤。该方法已被 Fu 等在鉴定人类胎儿肝脏 miRNA 的研究中所采用（Fu *et al.*，2005）。另一个克隆的替代方法是，在 RT-PCR 和用限制性内切核酸酶消化后，PCR 产物并不直接连接到载体上，而是先用 T4 DNA 连接酶多联化（concatamerized）（图 5.1），然后将大于 300～500bp 的多联化产物（concatamers）割胶纯化并克隆。在这种方法中，每个克隆包含超过 10 个小 RNA 的插入片段，这可以使随后的测序步骤更加经济并且节省劳动力。

5.4.2 水稻 microRNA 的特征

新 miRNA 需要符合的一个重要标准是其前体的二级结构是能被核酸内切酶 Dicer 识别和加工的茎环结构。在动物中，前体通常约为 60～80nt，但植物 miRNA 前体的大小更加多变（Park *et al.*，2002；Reinhart *et al.*，2002），这使植物 miRNA 的鉴定比动物的更加复杂。我们发现的水稻 miRNA 的发夹结构在大小上也很多变，这与拟南芥 miRNA 类似（Reinhart *et al.*，2002）。预测的最短的发夹结构前体（miR10）只有 60nt，而 miR4 的前体达到了 365nt（表 5.1）。我们发现成熟的 miRNA 可以从回折结构前体的 5′臂或 3′臂上加工而来。然而，如果 miRNA 与基因组上多个位点相匹配，那么该 miRNA 通常来源于所有基因家族成员上潜在前体的同一条臂（表 5.1），这说明这些位点都起源于水稻基因组上的本地或远距离的复制。我们注意到大部分克隆到的序列都倾向于在 5′端有一个尿嘧啶核苷酸（表 5.1），这在不同物种的 miRNA 中都观察到过（Lee and Ambros，2001；Lagos-Quintana *et al.*，2002；Reinhart *et al.*，2002）。这种 5′端对 U 的偏好性可能利于解开 miRNA：miRNA* 双链。

在线虫和哺乳动物中发现了许多 miRNA 簇（Lagos-Quintana *et al.*，2001；Lau *et al.*，2001；Lim *et al.*，2003a，b）。并且，大量动物的 miRNA 都位于 pre-mRNA 的内含子中，人类 25%的 miRNA 基因都是由内含子编码的（Bartel，2004）。然而，本研究鉴定到的大部分 miRNA 都是由它们自己的初级转录物所编码。47 个水稻 miRNA 位点中只有 3 个是在编码转录物的内含子中，这与之前拟南芥 miRNA 的报道相一致（Llave *et al.*，2002a；Park *et al.*，2002）。

5.4.3 植物中的 miRNA 和 siRNA

最近的研究报道了用大规模平行信号测序技术（MPSS）在拟南芥中鉴定超过 150 万个小 RNA，其中存在至少 75 000 个不重复的序列（C. Lu *et al.*，2005）。该结果显示出植物中极其丰富而又复杂的内源性小 RNA 的世界。然而，值得注意的是，miRNA 只是植物小 RNA 种类中的很少一部分，其他的是假定的内源 siRNA（Llave *et al.*，2002a；Park *et al.*，2002；Reinhart *et al.*，2002；Bartel and Bartel，2003）。我们的结果也证实了这一点。我们分析了 203 个不重复的序列，却只有 20 个被最终鉴定为 miRNA。因此，鉴定植物 miRNA 的生物化学方法必须面对一个问题，即如何将 miRNA 从大量的内源 siRNA 中区分出来。按照以前的观点（Bartel，2004），茎环结构前体、独立的起源和进化保守性是 miRNA 的三个关键特征。然而，最近报道了一种来源于独立位点的名为 trans-acting siRNA（ta-siRNA）的新 siRNA（Peragine *et al.*，2004；Vazquez *et al.*，2004；Allen *et al.*，2005）。而且，最近在水稻、拟南芥和松树中鉴定出了大量不保守的 miRNA（Wang *et al*，2004；Lindow and Krogh，2005；S. Lu *et al.*，2005；Sunkar *et al.*，2005）。这些显示到目前为止，只有茎环结构前体仍旧是区分 miRNA 和 siRNA 的特征（Chen，2005）。另外，因为 miRNA 的表达比 siRNA 更为丰富，所以 Northern 杂交的信号可以作为证明 miRNA 的直接实验证据。

5.4.4 水稻 microRNA 的调控作用

植物 miRNA 和它们的靶标有高度的互补性，这可以用在基因组上寻找互补 mRNA-miRNA 的算法来预测靶基因。让人注意的是，我们的研究中预测了 7 个 miRNA的靶基因，其中 5 个 miRNA（miR-39、miR-4、miR-10、miR-13、miR-15）靶向转录因子。在之前拟南芥的研究中（Rhoades *et al.*，2002），大量 miRNA 都靶向被认为对基因表达起重要调控作用的转录因子成员。到目前为止，microRNA 的调控作用揭示了一种在有机体进化早期就出现了的新的 RNA 调控水平。在拟南芥中，miRNA 显示出调控不同发育进程的作用，包括分生组织功能、组织极性和维管束发育、花的模式及激素应激（Kidner and Martienssen，2005）。与拟南芥相比，水稻 miRNA 的功能研究落后了，这可能是因为缺少突变体并且转基因水稻难以获得。然而，随着水稻功能基因组的进步，在不久的将来，水稻 miRNA 应该会被研究得更加透彻。

参考文献

Allen，E.，Xie，Z.，Gustafson，A. M. and Carrington，J. C.（2005）. MicroRNA-directed phasing during trans-acting siRNA biogenesis in plants. *Cell*，**121**，207－221.

Bartel, B. and Bartel, D. P. (2003). MiRNAs: at the root of plant development. *Plant Physiology*, **132**, 709 – 717.

Bartel, D. P. (2004). MiRNAs: genomics, biogenesis, mechanism, and function. *Cell*, **116**, 281 – 297.

Bentwich, I., Avniel, A., Karov, Y. *et al*. (2005). Identification of hundreds of conserved and nonconserved human miRNAs. *Nature Genetics*, **37**, 766 – 770.

Berezikov, E., Guryev, V., Belt, J. *et al*. (2005). Phylogenetic shadowing and computational identification of human microRNA genes. *Cell*, **120**, 21 – 24.

Chen, C. L., Liang, D., Zhou, H. *et al*. (2003). The high diversity of snoRNAs in plants: identification and comparative study of 120 snoRNA genes from *Oryza sativa*. *Nucleic Acids Research*, **31**, 2601 – 2613.

Chen, X. (2005). MicroRNA biogenesis and function in plants. *Federation of European Biochemical Society Letters*, **579**, 5923 – 5931.

Chomczynski, P. and Sacchi, N. (1987). Single-step method of RNA isolation by acid guanidinium thiocyanate-phenol-chloroform extraction. *Analytical Biochemistry*, **162**, 732 – 735.

Fu, H., Tie, Y., Xu, C. *et al*. (2005). Identification of human fetal liver miRNAs by a novel method. *Federation of European Biochemical Society Letters*, **579**, 3849 – 3854.

Grad, Y., Aach, J., Hayes, G. D. *et al*. (2003). Computational and experimental identification of *C. elegans* miRNAs. *Molecular Cell*, **11**, 1253 – 1263.

Grishok, A., Pasquinelli, A. E., Conte, D. *et al*. (2001). Genes and mechanisms related to RNA interference regulate expression of the small temporal RNAs that control *C. elegans* developmental timing. *Cell*, 106, 23 – 34.

Kidner, C. A. and Martienssen, R. A. (2005). The developmental role of microRNA in plants. *Current Opinion in Plant Biology*, **8**, 38 – 44.

Kim, N. V. (2005). MicroRNAbiogenesis: coordinated cropping and dicing. *Nature*, 6, 376 – 385.

Lagos-Quintana, M., Rauhut, R., Lendeckel, W. and Tuschl, T. (2001). Identification of novel genes coding for small expressed RNAs. *Science*, **294**, 853 – 858.

Lagos-Quintana, M., Rauhut, R., Yalcin, A. *et al*. (2002). Identification of tissue-specific miRNAs from mouse. *Current Biology*, **12**, 735 – 739.

Lai, E. C. (2002). MiRNAs are complementary to 3′UTR sequence motifs that mediate negative post-transcriptional regulation. *Nature Genetics*, **30**, 363 – 364.

Lau, N. C., Lim, L. P., Weinstein, E. G. and Bartel, D. P. (2001). An abundant class of tiny RNAs with probable regulatory roles in *Caenorhabditis elegans*. *Science*, **294**, 858 – 862.

Lee, R. C. and Ambros, V. (2001). An extensive class of small RNAs in *Caenorhabditis elegans*. *Science*, **294**, 863 – 864.

Lewis, B. P., Burge, C. B. and Bartel, D. P. (2005). Conserved seed pairing, often flanked by adenosins, indicates that thousands of human genes are microRNA targets. *Cell*, **120**, 15 – 20.

Lim, L. P., Lau, N. C., Weinstein, E. G. *et al*. (2003a). The miRNAs of *Caenorhabditis elegans*. *Genes & Development*, **17**, 991 – 1008.

Lim, L. P., Glasner, M. E., Yekta, S., Burge, C. B. and Bartel, D. P. (2003b). Vertebrate microRNA genes. *Science*, **299**, 1540.

Lindow, M. and Krogh, A. (2005). Computational evidence for hundreds of non-conserved plant miRNAs. BMC *Genomics*, **119**.

Llave, C., Kasschau, K. D., Rector, M. A. and Carrington, J. (2002a). Endogenous and silencing-associated small RNAs in plants. *Plant Cell*, **14**, 1605 – 1619.

Llave, C., Xie, Z., Kasschau, K. D. and Carrington, J. C. (2002b). Cleavage of scarecrow-like mRNA targets directed by a class of *Arabidopsis* miRNA. *Science*, **297**, 2053 – 2056.

Lu, C., Tej, S. S., Luo, S. *et al*. (2005). Elucidation of the small RNA component of the transcriptome. *Science*, **309**, 1567 – 1569.

Lu, S., Sun, Y., Shi, R. *et al*. (2005). Novel and mechanical stress-responsive miRNAs in *Populus trichocarpa* that are absent from *Arabidopsis*. *Plant Cell*, **17**, 2186 – 2203.

Park, W., Li, J., Song, R., Messing, J. and Chen, X. (2002). CARPEL FACTORY, a Dicer homolog and HEN1, a novel protein, act in microRNA metabolism in *Arabidopsis thaliana*. *Current Biology*, **12**, 1484 – 1495.

Peragine, A., Yoshikawa, M., Wu, G., Albrecht, H. L. and Poethig, R. S. (2004). SGS3 and SGS2/SDE1/RDR6 are required for juvenile development and the production of transacting siRNAs in *Arabidopsis*. *Genes & Development*, **18**, 2368 – 2379.

Reinhart, B. J., Weinstein, E. G., Rhoades, M. W., Bartel, B. and Bartel, D. P. (2002). miRNAs in plants. *Genes & Development*, **16**, 1616 – 1626.

Rhoades, M. W., Reinhart, B. J., Lim, L. P. *et al*. (2002). Prediction of plant microRNA targets. *Cell*, **110**, 513 – 520.

Sambrook, J., Fritsch, E. F. and Maniatis, T. (1989). *Molecular Cloning: A Laboratory Manual*. Cold Spring Harbor, NY: Cold Spring Harbor Laboratory Press.

Sontheimer, E. J. and Carthew, R. W. (2005). Silence from within: endogenous siRNAs and miRNAs. *Cell*, **122**, 9 – 12.

Sunkar, R., Grike, T., Jain, P. K. and Zhu, J. K. (2005). Cloning and characterization of miRNAs from rice. *Plant Cell*, **17**, 1397 – 1411.

The *Arabidopsis* Genome Initiative. (2000). Analysis of the genome sequence of the flowering plant *Arabidopsis thaliana*. *Nature*, **408**, 796 – 815.

Vazquez, F., Vaucheret, H., Rajagopalan, R. *et al*. (2004). Endogenous trans-acting siRNAs regulate the accumulation of *Arabidopsis mRNAs*. *Molecular Cell*, **16**, 69 – 79.

Wang, J. F., Zhou, H., Chen, Y. Q., Luo, Q. J. and Qu, L. H. (2004). Identification of 20 microRNAs from *Oryza Sativa*. *Nucleic Acids Research*, **32**, 1688 – 1695.

Yu, J., Hu, S., Wang, J. *et al*. (2002). A draft sequence of the rice genome (*Oryza sativa* L. ssp. *indica*). *Science*, **296**, 79 – 92.

Zhou, H., Chen, Y. Q., Du, Y. P. and Qu, L. H. (2002). The *Schizosaccharomyces pombe* mgU6 – 47 snoRNA is required for the methylation of U6 snRNA at 41. *Nucleic Acids Research*, **30**, 894 – 902.

Zuker, M. (2003). Mfold web server for nucleic acid folding and hybridization prediction. *Nucleic Acids Research*, **31**, 3406 – 3415.

II microRNA 功能和 RNAi 介导的通路

6 microRNA 对翻译起始的抑制

David T. Humphreys*, Belinda J. Westman,
David I. K. Martin and Thomas Preiss

6.1 引言

microRNA（miRNA）是长度为 22nt 的调控 RNA，由茎环结构的前体转录物加工而来。近几年，我们对 microRNA 进行了大量的研究，并获得了大量具有重大价值的相关信息，诸如它们的生物合成、功能及基因调节意义等。另外，microRNA 显然是一类大量存在的基因调节因子。miRBase 数据库已经列出了不同种类的复细胞动物、植物和病毒的 3424 种 miRNA 的序列。通过对不同生物体的 miRNA 序列进行深入研究，发现它们大多数都表现出 miRNA 序列的物种进化保守性（Griffiths-Jones，2004）。生物信息学的分析表明每一种 miRNA 都有多个 mRNA 靶标（Lewis *et al.*，2003；Bartel，2004；Lai，2004；Brennecke *et al.*，2005；Krek *et al.*，2005）。这就意味着，这种新型基因调节因子可以影响大部分的细胞内转录表达。通过一些实验的研究成果，miRNA 的生物学意义得到更进一步的证实，有报道称 miRNA 在不同的细胞内以及不同的发育阶段具有不同的作用（Brennecke *et al.*，2003；Johnston and Hobert，2003；Xu *et al.*，2003；Chen *et al.*，2004；Zhao *et al.*，2005）。

miRNA 与蛋白质组装成 RNA-protein 复合物，通常可以称之为 miRNP 或者 RISC（RNA-induced silencing complex）。在 miRNP/RISC 复合物中，通过不同的纯化方案，已经鉴定出大量的亚基蛋白，其中一类 Argonaute（AGO）蛋白家族在每一种纯化方案中都有发现（Mourelatos *et al.*，2002；Dostie *et al.*，2003；Jin *et al.*，2004；Chendrimada *et al.*，2005；Meister *et al.*，2005）。miRNA 引导 miRNP/RISC 复合物进入细胞质内，并与 RNA 靶标结合，弱化它们的表达（Ambros，2004；Bartel，2004；Cullen，2004；He and Hannon，2004）。通过 miRNA-mRNA 之间的碱基配对进行靶标识别。此外，配对链的碱基互补程度对于靶标识别的效率以及转录控制都具有重要意义。如果 miRNA 与靶序列是几近完美配对，那么，结合的 AGO 蛋白将降解 mRNA；如果在 miRNA-mRNA 双链体中，有错配或者漏配情况，尤其是在中心区域的第 10、11 个碱基之中出现的话，那么内源性核苷酸降解将不再发生，而是导致 miRNP 介导的 mRNA 翻译抑制（见下文）。这种调节的复杂性还表现在大多数生物体都能表达多种 AGO 蛋白亚型，并发挥特异化的功能。例如，人类有 4 种 AGO 蛋白，虽然 AGO 2 和 AGO 4 都可以导致翻译抑制，但是只有 AGO 2 可以降解靶 mRNA 基因。

有趣的是，植物 miRNA 一般都是与靶 mRNA 的编码区形成完美配对双链体，进而引发内源性核苷酸降解。然而动物 miRNA 更倾向于在靶 mRNA 的 3′端非编码区域

---

* 通讯作者。

进行部分配对，而 3′端非编码区域主要被认为调节 mRNA 翻译（Bartel，2004）。研究动物 miRNA 功能的两个最好的例子当属 *lin-4* 和 *let-7*。这两种 miRNA 在线虫中被发现调节发育时序（Pasquinelli and Ruvkun，2002；Ambros，2004）。*lin-4* 和 *let-7* 都是与靶 mRNA 的 3′-UTR 部分配对。miRNA *lin-4* 和它的靶标 mRNA *lin-14*、*lin-28* 之间的相互作用导致了蛋白表达量的极度降低，但是 mRNA 水平却没怎么减少。那么可以提出这样一种模式，即 miRNA 只影响 mRNA 翻译中的某些过程（Olsen and Ambros，1999；Seggerson *et al.*，2002）。然而不久前的研究（Bagga *et al.*，2005）表明，*lin-4* 和 *let-7* 可以大幅度降低靶 mRNA 水平，尽管对这些研究与之前线虫中的研究结果的不同之处还知之甚少。针对这些未解决的问题，一些 miRNA/mRNA 配对的动力学研究将进一步阐明这些碱基互补、mRNA 剪切及翻译抑制之间的相互关系（Doench *et al.*，2003；Zeng and Cullen，2003；Doench and Sharp，2004；Humphreys *et al.*，2005；Pillai *et al.*，2005）。

复杂的 mRNA 翻译过程通常分为起始、延伸、终止三个阶段。真核生物细胞已经进化出一系列精密的机制来引导翻译的起始过程，这种机制有赖于多种真核起始因子（eIF)，它们可以把核糖体大小亚基吸引到 mRNA 编码起始区域。根据进化论理论，尽管在延伸、终止和肽链释放阶段的调节也能影响翻译过程，但是大多数已知的控制真核生物内翻译的机制都是通过影响翻译的起始步骤而发挥作用的（Preiss and Hentze，2003；Sonenberg and Dever，2003；Gebauer and Hentze，2004）。在这里需要指出的是，即使是在蛋白质表达受 miRNA 抑制的幼虫时期，在密度梯度中，包含线虫 *lin-14* 及 *lin-28* mRNA 的复合物也沉淀在多聚核糖体中（Olsen and Ambros，1999；Seggerson *et al.*，2002）。复合物的 EDTA 敏感性以及基于复合物加入异源翻译反应中会解体的观察引发了 miRNA 翻译起始后的抑制的预期（Ambros，2004；Bartel，2004；Gebauer and Hentze，2004；He and Hannon，2004）。最近一项重要的研究表明，当 miRNA 进行翻译抑制的时候，mRNA 都集中或者毗邻于 P 小体［processing（P-）body］（Liu *et al.*，2005；Pillai *et al.*，2005；Sen and Blau，2005）。P-body 是一种细胞质内大分子的聚合体，并作为 mRNA 降解的场所。它们还包含翻译中修饰的 mRNA。而 miRNA 是怎样诱发这些 mRNA 滞留在 P-body 内的还不得而知。

尽管人们很早就意识到 miRNA 是一种翻译调节因子，但是直到一年前，我们对潜在的分子机制还知之甚少。我们摸索出了适当的条件以便直接转染 mRNA/miRNA 进入 HeLa 细胞，从而重建 miRNA 介导的翻译抑制。在这个系统中，miRNA 可以通过抑制 mRNA 帽子结构及 poly（A）尾的作用，从而影响翻译的起始过程。在起始机制中，我们确定了作为潜在靶标分子的帽子结合蛋白——真核起始因子 4E［（eIF）4E］的功能。

6.2 方法

6.2.1 质粒载体及合成的 miRNA 双链体

海肾（Renilla）萤光素酶（R-luc）质粒的 pRL-TK-4 位点 由 J. Doench 和 P. A. Sharp（MIT Cambridge，Massachusetts）赠送（Doench *et al.*，2003；Doench and Sharp，2004）。为了构建 pEMCV-RL-TK-4 位点，我们通过 PCR 扩增 EMCV IRES 序

列，并把它们连接在位于 R-luc 编码区域上游的 pRL-TK-4 位点上。为了形成新的萤火虫萤光素酶（F-luc）转染标准，我们使用 pGL3（Promega；for plasmid co-transfection）或者 pT3luc，并通过体外转录生产一种 F-luc mRNA（Iizuka *et al.*，1994；Preiss and Hentze，1998）。CXCR4 miRNA 双链体是已描述的（Doench *et al.*，2003）；siCXCR4 双链体是通过对突出部分的改变，以保证和靶标完全碱基配对。

6.2.2 mRNA 转录物的合成

所有的质粒用 *Bam*HI 进行线性化，并通过琼脂糖凝胶电泳及 Qiaex II kit（Qiagen）进行纯化。用线性化的质粒作为模板，利用 T7 或者 T3 MEGA script1kit（Ambion）进行体外转录。所有的转录物都用 m^7G（5′）PPP（5′）G（"CAP"）或者 A（5′）PPP（5′）G（"A-CAP"）进行加帽（New England Biolabs）。如果有必要的话，可以使用 Poly（A）Tailing Kit（Ambion）试剂，在转录物中加入>150 的核苷 poly（A）尾。用 MEGAclear™ kit（Ambion）提纯 mRNA，并通过 A_{260} 的读数来估计其浓度。mRNA的质量可以通过变性琼脂糖凝胶电泳或者在 Agilent 2100 Bioanalyzer 上利用 RNA 6000 Nano LabChip1 Kit 进行微流体芯片（microfluidics）来检测。

6.2.3 细胞培养、mRNA 转染及萤光素酶双报告反应

HeLa 细胞保存在含 5%小牛血清的 DMEM 中，并补充谷氨酸盐及青霉素/链霉素。细胞保种在 24 个平板上，并用 Lipofectamine™ 2000 试剂（Invitrogen）转染 20 ng R-luc 及 80 ng F-luc mRNA（unless otherwise stated），其中一部分加入 miRNA，一部分则没有。利用萤光素酶双报告试验体系（Promega）探测萤光素酶的累积并通过 FLUOstar Optima plate reader（BMG）来检测。R-luc 的活性水平随着不同的实验 mRNA 而产生系统性的改变（图 6.3），但是比背景活性水平要高，背景活性由转染混合物中仅包含 F-luc-encoding 对照 mRNA 的细胞的提取物所测定。对于质粒转染的 HeLa 细胞，用 Lipofectamine™ 2000 试剂（Invitrogen）转染 1mg 的 pTK-R-luc-4-sites 及 40 ng pGL3，包含或者不包含 miRNA。

6.2.4 报告基因的表达与翻译抑制的计算

在减去背景后，以相对应的 F-luc 转染效率作对照，对 R-luc 活性进行标准化。在缺少 miRNA 的情况下，为了比较 R-luc 的基线表达，来自不同结构的 R-luc mRNA 的标准化 R-luc 活性以"cap&tail" R-luc-4-sites mRNA 的值来划分。为了计算 miRNA 的抑制量，共转染 miRNA 的细胞的标准化 R-luc 活性以无 miRNA 的对照转染值来划分。图表的值是多组实验的平均数据，在我们实验室最近的出版物上有具体实验操作方法（Humphreys *et al.*，2005）。

6.3 结果与讨论

6.3.1 利用 mRNA 转染来研究 miRNA 功能

为了探索翻译控制机制是如何运行的，一种强有力的方法就是改变参与测试的

mRNA 进行翻译的模式，如通过插入内部核糖体进入位点（IRES；见下文）（Ostareck *et al.*，2001；Poyry *et al.*，2004）。这种方法就是如果改变通常调控机制靶向的 mRNA 翻译的部分，那么调节作用就会消失。为了实现这种方法并研究 miRNA 功能，我们决定使用一种由 Sharp 实验室发明的合成的 miRNA/mRNA 靶标配对，这个双链体可以展示出所有已知的 miRNA 介导的翻译控制过程（Doench *et al.*，2003；Doench and Sharp，2004）。在官方版本中，这个系统共转染合成的 RNA 双链体以及表达 Renilla-luciferase (R-luc) mRNA 的质粒（pRL-TK-4 sites），这种 R-luc mRNA 的 3′-UTR 包含 4 个与 CXCR4 miRNA 非完全配对位点。CXCR4 能诱导对 R-luc 蛋白表达量强有力的特异性抑制［图 6.2（d）］，但是质粒来源的靶标 mRNA 没有丢失（Doench *et al.*，2003；Doench and Sharp，2004）。

为了使报告 mRNA 的翻译模式变得更精确、更具有可预测性，我们决定转变 CXCR4/pRL-TK-4 位点系统，从利用质粒转染到直接的 mRNA 转染方法。这就需要准备通过线性化的质粒体外转录的报告 mRNA（图 6.1）。

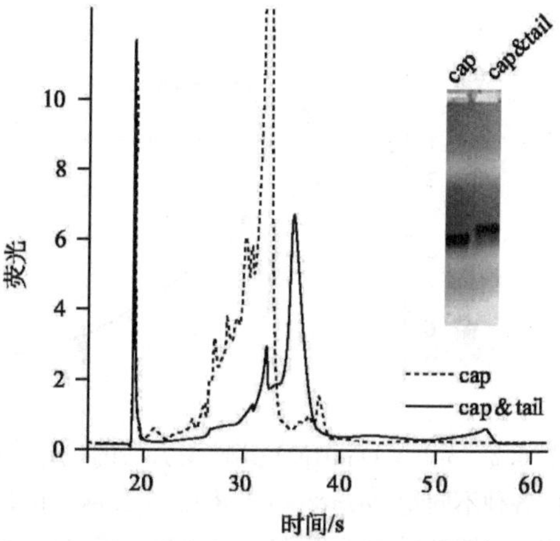

图 6.1　体外转录的 R-luc mRNA 的质量监控。“cap”和“cap&tail”R-luc-4 sites mRNA 在 Nano labChip 上通过 Agilent 2100 Bioanalyzer 分析或者通过传统的琼脂糖凝胶电泳和溴化乙锭（EB）染色分析（插图）。图中显示了两种 R-luc-4 sites mRNA 的电泳图谱。两种分析方法都显示了制备的 mRNA 是高质量的（一条主带/峰；多聚腺苷酸化之后大小发生改变）。

我们利用线性化的 pRL-TK-4 质粒作为模板制备了一种 R-luc mRNA，再准备一种通用的萤火虫萤光素酶（F-luc）mRNA（Iizuka *et al.*，1994）作为转染标准对照，然后同时把这些以及 CXCR4 miRNA 共转染进入 HeLa 细胞中。为了最大限度地模仿质粒转染细胞的情况，所有的转录物都用 m^7G（5′）PPP（5′）G（“CAP”）进行加帽以及加 3′poly（A）尾。我们系统性地改变一些 mRNA 转染方法的参数，来优化探测的敏感性，加强 miRNA 介导的抑制范围。第一，连续稀释 10 倍 R-luc-4 sites mRNA，并转染进入 HeLa 细胞［图 6.2（a）］。我们发现 R-luc 活性很容易可以探测到，即使 mRNA 的量非常之小，如果 mRNA 加到 500ng，探测的效果就会直线上升。为了维持在饱和度以下，我们决定将 20ng 的 R-luc mRNA 用于所有其他的转染研究实验。接着，我们分析了转染后的细胞孵化时间，通过收取最高为 32h 的不同时间培养的细胞［图 6.2（b）］表明，在 10～16h 的时候 R-luc 的表达达到了最高点，然后逐渐降低，但是一直都处于可探测状态。同时，对包含 2nmol/L CXCR4 miRNA 的 reporter mRNA 溶液进行转染，miRNA 在每个时间段都可以产生成倍的抑制效应。我们注意到在 R-luc mRNA 表达抑制时，有一个时间滞后，在 16h 附近时，抑制达到了最高点，降低至原来的 1/5.5 倍［图 6.2（d）］。我们进一步在转染溶液中改变 CXCR4 miRNA 的浓度［图 6.2（c）］，并记录剂量灵敏度曲线。结果表明，要达到最大的抑制效应，浓度最低为 2nmol/L。最后，我们测量在用最初的 plasmid pRL-TK-4 位点转染的细胞中 CXCR4

介导的抑制，并与 mRNA 的直接转染数据对比［图 6.2（d)］，发现质粒转染的miRNA 抑制效率要比直接转染 mRNA 的效率高出 1.5 倍。

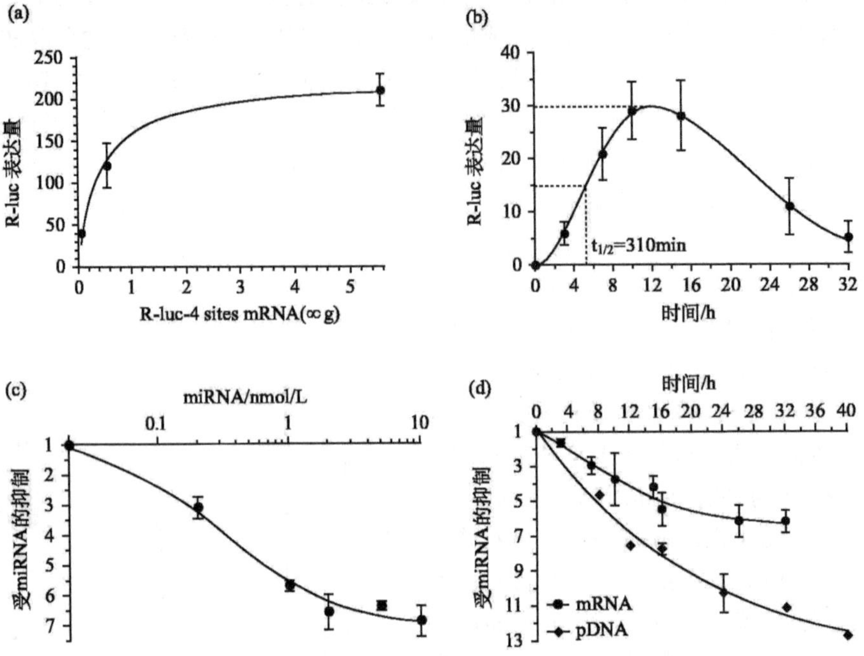

图 6.2　miRNA/mRNA 共转染方法的优化。(a)“cap&tail” R-luc-4 sites mRNA 总量的滴定。用由各种不同量“cap&tail ” R-luc-4 sites mRNA 和 80ng F-luc mRNA 组成的混合物来转染 HeLa 细胞。在转染后 5h 收集和裂解细胞。该图显示了标准化后的 R-luc 值。(b) R-luc 表达的时间过程。用 20ng 的“cap&tail” R-luc-4 sites mRNA 和 80ng F-luc mRNA 转染每个细胞培养物，并于不同时间点上收集细胞。R-luc 的表达不以 F-luc 来标准化，而以测得的 R-luc 总的活性恢复水平来衡量。(c) miRNA 介导的抑制时间的过程。用 R-luc-4 sites 报告基因或 R-luc-4 sites 报告基因加 CXCR4 miRNA，以及 F-luc 对照或 F-luc 对照加 CXCR4 miRNA，分别转染细胞，然后在不同的时间点收集。(d) CXCR4 miRNA 浓度的滴定。用 20ng “cap&tail ” R-luc-4 sites mRNA、80 ng F-luc mRNA 和各种不同浓度的 CXCR4 miRNA 共同转染细胞，然后在 16h 后收集和裂解细胞。(a) ～ (d) 中的大部分数据点表示多次实验的平均测量值，误差线表示适中的标准偏差。图中展示的数据部分为以前发表过的（Humphreys *et al.*，2005)。

从这些实验中我们可以得到一些结论。第一，R-luc 表达时间分析可以对转染 R-luc-4 sites mRNA 的半衰期做一个估计，在没有转染 miRNA 的情况下是 310min［图 6.2（b)］，在有 CXCR4 miRNA 的情况下是 270min（Humphreys *et al.*，2005)。第二，随着时间的推移，抑制效应也得到加强［图 6.2（d)］，可能反映出与 R-luc reporter mRNA 翻译过程相关的 miRNP 复合物活化的一个时间滞后。第三，包含 2nmol/L CXCR4 miRNA 的 reporter mRNA 溶液共 20ng 转染进入 HeLa 细胞，并在孵化 16h 后收取细胞能产生强有力的特异性 miRNA 抑制效应（图 6.3)。这就说明，miRNA 介导的抑制对核内靶 mRNA 的转录和加工过程要求并不严格。质粒转染细胞抑制效应的增强有可能是由于 mRNA 转录的起始与 miRNP 的形成在时间上更统一，这就大大增加了能与功能性 CXCR4-miRNP 复合物结合的 R-luc mRNA 分子的比例。

6.3.2 miCXCR4 阻断 mRNA 帽子结构和 poly（A）尾的功能

已经确定 CXCR4 miRNA 可以有效抑制加 m^7G-帽及 poly（A）尾的 R-luc-4 sites mRNA 的翻译，接下来，我们测试了一个衍生的 R-luc-4 sites 转录物，来自 Cricket Paralysis Virus（CrPV）基因间隔区域的 IRES 推动了这个转录物的翻译（Humphreys *et al.*，2005）。由 CrPV IRES 推动的翻译被发现不再被 miRNA 抑制，而这类翻译不需要任何正常起始因子（Hellen and Sarnow，2001；Pestova and Hellen，2003），这就表明翻译的起始阶段是 miRNA 介导的基因调节的主要阶段。一个经典细胞 mRNA 的常规翻译起始由帽子结构以及 poly（A）尾来启动（Gallie，1991；Preiss and Hentze，1998；Preiss and Hentze，2003；Sonenberg and Dever，2003）。因此，我们疑惑 miRNA 的抑制效应是否是通过靶向于 5′端帽子结构或者 poly（A）尾的。为了验证我们的想法，我们准备了四种不同的 R-luc mRNA：两种没有 poly（A）尾而有一个 A-cap 或者 m^7G-cap；两种有 poly（A）尾，并且具有一个 A-cap 或者 m^7G-cap［图 6.3（a）］。非正常生理性的 A-cap 可以为 RNA 转录物提供稳定性，但是对 mRNA 的翻译起始配件的招募起失活作用。这四种 R-luc-4 sites mRNA 在生理性帽子结构和 poly（A）尾之间显示出典型的功能协同性，两末端的修饰可以对 R-luc 的翻译起到一种相加效应［图 6.3（b）］。功能与稳定性分析证实，所有这四种不同的 R-luc-4 sites mRNA 在转染的细胞中稳定性相似（Humphreys *et al.*，2005）。更重要的是，这些转录物对 CXCR4 miRNA 显示出明显不同的反应［图 6.3（c）］。相比含“cap&tail”的 mRNA 的反应（抑制 5.5 倍），由单独的帽子结构（“cap”）或者单独的 poly（A）尾（“A-cap&tail”）结构起始的转录，对 CXCR4 miRNA 呈现部分反应（抑制 2 倍）。如果 mRNA 既没有帽子结构也没有 poly（A）尾，那么它的翻译对 miRNA 是完全耐受的［图 6.3（c）］。而用于对照的 miRNA［*C. elegans let-7*，图 6.3（c）］对任何一种 R-luc-4 sites mRNA 都没有影响，证实了 miRNA 的靶向特异性。我们推断，在起始过程中，帽子结构以及 poly（A）尾的存在对于 miRNA 介导的翻译抑制效应至关重要。

6.3.3 miCXCR4 靶向于 eIF4E 的相关功能

为了更进一步研究 miRNA 介导的翻译抑制的靶标，我们利用特异性的脑心肌炎病毒（encephalomyocarditis virus，EMCV）IRES（Jackson，2000；Hellen and Sarnow，2001；Poyry *et al.*，2004）起始模式。聚集 eIF4C 是帽和 poly（A）尾激发的早期翻译起始的中心步骤（Sachs，2000；Preiss and Hentze，2003；Sonenberg and Dever，2003；Gebauer and Hentze，2004）。帽子结构和帽子结合蛋白 eIF4E 相互作用，同时 poly（A）尾与其结合蛋白 PABP 相结合。eIF4E 和 PABP 同时结合 eIF4G 使其聚集到 mRNA 上。EMCV IRES 依旧可以通过对 poly（A）介导的 eIF4G-PAPBP 相互作用作出反应，但是它聚集 eIF4G 不需要通过 eIF4E（Bergamini *et al.*，2000；Hellen and Sarnow，2001；Svitkin *et al.*，2001）。这样，它保留了正常起始的大部分特征，仅仅是不需要 eIF4E 了（Jackson，2000；Hellen and Sarnow，2001；Poyry *et al.*，2004）。

我们准备了两种额外的 R-luc“4 sites”mRNA，它们在 R-luc 读框的上游含有 EM-

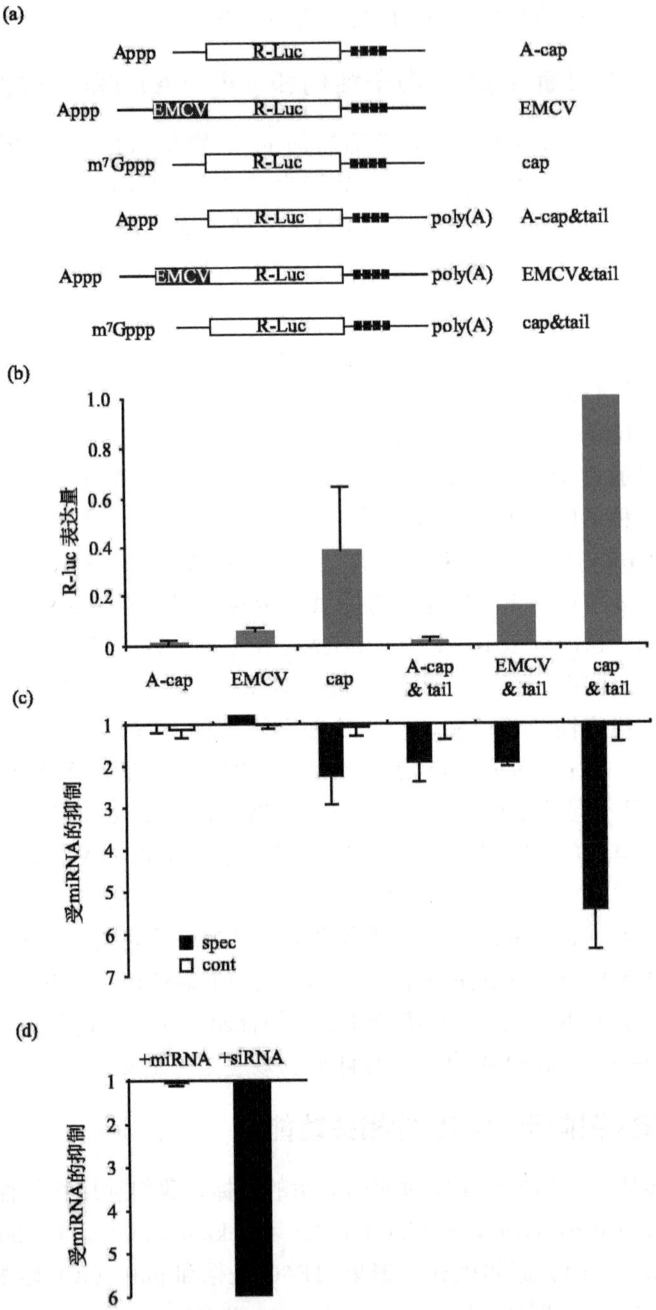

图 6.3 CXCR4 miRNA 对修饰的 R-luc mRNA 的抑制。(a) R-luc-4 sites mRNA 示意图。mRNA 的 5′端用 m^7 G-cap 或者“阻断的”A-cap 修饰。如图所示，3 个 mRNA 带有 poly (A) 尾，2 个 mRNA 的 5′-UTR 中带有 EMCV IRES 序列。(b) 缺乏 CXCR4 miRNA 的转染中，每个 mRNA 转录物标准化后的 R-luc 活性。R-luc-4 sites “cap&tail” mRNA 的表达设置为 1.0。(c) 特异 CXCR4 miRNA (实心柱) 和非特异 *let-7* miRNA (空心柱) 对不同 R-luc-sites mRNA 的抑制。标准偏差显示了 3~5 次实验的平均结果。(d) CXCR4 miRNA 或者完全匹配的 CXCR4 siRNA 对 EMCV-R-luc-4 sites 的抑制。图中显示了两次独立实验的平均结果。(b) 和 (c) 中的数据以前已发表过 (Humphreys *et al.*, 2005)。

CV IRES 序列，并且都具有 A 帽子结构，一种具有 poly（A）尾（“EMCV&tail”），而另一种没有［“EMCV”；图 6.3（a）］。这些 EMCV IRES mRNA 能强有力地表达 R-luc（大概生理条件下的 m^7G-cap mRNA 表达量的 10%），并且由于 poly（A）尾的存在，表达量也得到了提升［图 6.3（b）］。单独由 EMCV IRES 起始的翻译对 miRNA 的抑制效应是完全耐受的［图 6.3（c）］，证实了帽子结构对于 miRNA 介导的抑制效应的重要性。有可能靶标位点被 EMCV IRES 序列诱发形成了未知的二级结构，使得 miRNA 不能接近。为了阐述这种现象，我们把完全互补的短干扰 CXCR4 RNA（siCXCR4）以及 EMCV-R-luc-4 sites mRNA 进行转染。siCXCR4 导致了 EMCV-R-luc-4 sites mRNA 的大量减少［图 6.3（d）］，表明 miRNA 仍能接近 mRNA 上 CXCR4 的靶位点。相反，miRNA 介导的“EMCV” mRNA 抑制的缺少表明，由于衰退周期短，miRNA 不是间接地抑制翻译，这和之前的一些功能和生理稳定性分析研究是一致的（Humphreys *et al.*，2005）。同时研究也表明，在这个系统中不存在 miRNA 介导的 mRNA 降解。

相比“A-cap&tail” mRNA 的应答水平，“EMCV&tail” mRNA 对于 CXCR4 miRNA 只有部分应答反应［图 6.3（c）］，这为 miRNA 作用于 poly（A）尾提供了进一步的证据。总而言之，我们基于 EMCV 的研究表明，miRNA 在翻译的起始阶段作用于帽子结构以及 poly（A）尾。更深的研究表明 miRNA 靶向机制在于 eIF4E 的聚集和功能。

6.3.4 miRNA 机制与其他翻译控制机制的相似性

我们测试了不同翻译起始模式对于 miRNA 介导的抑制效应的灵敏性（canonical or IRES-driven），发现两种不同的病毒性 IRES 元件 — CrPV IRES（可以绕开所有翻译起始元件）（Humphreys *et al.*，2005）和 EMCV IRES（在起始阶段选择性的不需要 eIF4E），miRNA 不抑制这两种元件。这表明在 miRNA 靶向于正常的翻译起始机制中，帽子结合蛋白 eIF4E 的角色非常重要。与这些研究一致，我们发现当 mRNA 缺失帽子结构或者 poly（A）尾的时候，miRNA 介导的具有正常 5′-UTR 的 mRNA 的抑制减少了。如前所述，在翻译起始的早期，mRNA 的修饰物通过它们各自的结合蛋白——eIF4E 和 PABP 激发 eIF4G 的再补充（Sachs，2000；Preiss and Hentze，2003；Sonenberg and Dever，2003；Gebauer and Hentze，2004）。miRNA 的干扰效应似乎可以用这样一种阻断过程来解释［图 6.4（a）］。或许 miRNP 可以通过一种额外的剪切因子阻止 eIF4E 靠近帽子结构或者阻断它与帽子结构的结合，从而干扰其功能。完整的抑制过程同样需要 poly（A）尾结构，表明 miRNA 可能同样可以聚集 eIF4G 来作用于 poly（A）尾。此外，它们还可能靶向在起始过程 60S 结合阶段中（Kahvejian *et al.*，2005），或者多聚核糖体再循环的过程中（Preiss and Hentze，2003；Sonenberg and Dever，2003）的 poly（A）尾和 PABP。

miRNA 介导的翻译抑制使我们回忆起一些其他的 mRNA 特异性的翻译控制的例子。在爪蛙卵母细胞中，细胞质多聚腺苷酸控制元件结合蛋白（CPEB）结合在母系 mRNA 的 3′-UTR 上，并且不断吸收 eIF4E 结合蛋白 Maskin，通过 3′-UTR 结合的抑制复合物与帽子结合的 eIF4E 的相互抑制作用的建立来阻断翻译过程［图 6.4（b）］

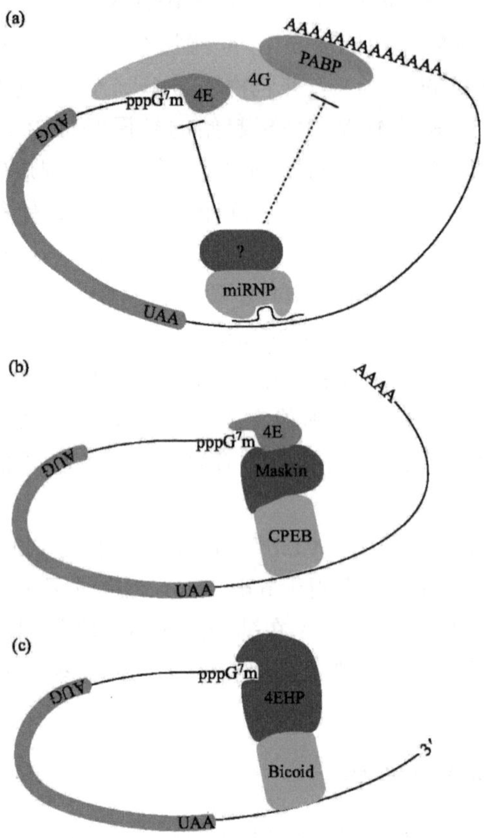

图 6.4 miRNA 介导抑制的工作模型以及跟其他翻译控制机制的相似性。(a) 一个 miRNP 结合到 3′-UTR 上通过阻断帽子结构和（或）eIF4E 的功能来抑制翻译起始。连接 miRNP 和 mRNA 5′端的一个未知因子可能会阻止 eIF4E 接近帽子结构或者阻止结合到帽子结构上的 eIF4E 和 eIF4G 的结合。miRNP 可能通过干扰 PABP 的一个功能来进一步靶向 poly（A）尾的一个功能。进一步的解释见正文。(b) Xenopus CPEB/maskin 复合物是一个 3′-UTR-tethered 因子和结合到帽子结构上的 eIF4E 形成抑制作用的例子。(c) Bicoid 在结合到 Drosophila caudal mRNA 中的 3′-UTR motif 上时，采用了一个名为 4EHP 的抑制帽子结合蛋白，它可以将 eIF4E 从帽子上解离下来。

(Gebauer and Hentze, 2004; Richter and Sonenberg, 2005)。CPEB 结合的静态 mRNA 具有短的 poly（A）尾。在果蝇的胚胎发生过程中，Bruno 介导的 oskar mRNA 翻译抑制，以及 Smaug 介导的 nanos mRNA 翻译抑制都显示了一些相似的特征。结合在 3′-UTR 的元件上，两种蛋白质都可以吸收一种称为 Cup 的抑制性 eIF4E 结合蛋白，并在 5′端阻断翻译起始 (Wilhelm *et al.*, 2003; Nakamura *et al.*, 2004; Nelson *et al.*, 2004; Zappavigna *et al.*, 2004)。Bicoid 对果蝇尾部 mRNA 的抑制是通过吸收抑制性的帽子结合蛋白 4E-HP 以代替 eIF4E 的（Cho *et al.*, 2005）[图 6.4 (c)]。未来 miRNA 的研究将被这些相似性所影响，例如，鉴定 miRNP 和 eIF4E 或者帽子结构的连接因子的特征。

6.3.5 用 mRNA 转染来评估 miRNA 机制的一般性

这里展示的研究都是通过在体外转染合成的 miRNA 双链体。尽管先前的研究已经表明 RNA 双链体和内源性 miRNA 的功能相似（Zeng *et al.*, 2002; Doench *et al.*, 2003; Doench and Sharp, 2004)，但是仍需确定我们已经发现的作用机理是否也适用于其他的 miRANA，尤其是内源性的 miRNA。这个问题可以在 Filipowicz 的研究中找到一些答案（Pillai *et al.*, 2005)。这些研究者已经独立地研究了 miRNA 机制，利用相似的 R-luc 或者 F-luc 报告结构，直接转染 mRNA。这些报告基因结构的 3′-VTR 上具有多个 *let-7* 的靶位点。内源性 *let-7* miRNA 的翻译抑制可以通过包含靶位点的 R-luc 和 F-luc 报告 mRNA 来探测。他们的研究进一步说明在翻译起始过程中，帽子结构和 eIF4E 的功能是 miRNA 作用的靶向分子，但是注意不需要 poly（A）尾。这样，其他的 miRNA/mRNA 配对牵涉到的内源性 miRNA 诱发的翻译抑制，很大程度上符合这里提到的模式。不过，这两项研究（Humphreys *et al.*, 2005; Pillai *et al.*, 2005）对于 poly（A）

尾的作用有着不同的结论。研究这个差异的起源将是十分有趣的事。应该去测试一些不同的 miRNA/target 配对，从而确定 poly（A）尾对抑制机制的贡献的普遍性或者特异性。类似于 maskin/CPEB 机制［图 6.4（b）]，需要系统性地确定靶 mRNA 的 poly（A）尾长度对 miRNA 介导的抑制效应是否具有影响。用直接的 mRNA 转染方法可以处理这些问题。

IRES 驱动的报告 mRNA 的翻译抑制与 mRNA 的剪切之间的敏感性差异可以把处于研究状态的 miRNA 行为模式进行分类。更普遍地，一系列被明显修饰、在体外转录的报告 mRNA 与这里所研究的类似，可以很方便地对不同细胞类型中（如采用不同的生物体、组织及不同的发育阶段）的 miRNA/靶 mRNA 所采用的作用机制进行检测。

6.3.6 miRNA 机制及 P-body

最近一些研究已经确定 miRNA 的功能是和 P-body 相关的（Jakymiw *et al.*，2005；Liu *et al.*，2005；Pillai *et al.*，2005；Sen and Blau，2005）。P-body 在显微镜下是离散的，存在于细胞质中，包含了非编码 RNA 以及大量的涉及 mRNA 去帽和 5′→3′核酸外切过程的蛋白质（Coller and Parker，2005；Marx，2005）。它们出现在不同来源的真核细胞中，往往有类似的蛋白质构成。值得注意的是，它们不包含核糖体或者翻译因子（see below）。已经证实 P-body 的功能是作为 mRNA 降解的场所（见 Sheth and Parker，2003）。最近 *S. cerevisiae* 的突破性研究进一步阐述了它们作为非翻译活性 mRNA 可逆的储存场所（Brengues *et al.*，2005；Coller and Parker，2005）。一系列的实验操作可以导致翻译起始的阻断及多聚核糖体的裂解，从而激发 P-body 的形成，然而阻断延伸过程却导致 P-body 的减少（Cougot *et al.*，2004；Brengues *et al.*，2005；Teixeira *et al.*，2005）。两种酵母 P-body 亚基蛋白——Dhh1p 和 Pat1p 作为普遍的翻译抑制子，在抑制性 mRNA 的形成过程中具有重要作用（Coller and Parker，2005）。这些以及其他的研究表明，当 mRNA 不能正常进行翻译时，它们的 mRNP 的组分发生变化，然后被 P-body 吸收，或者储存，或者被降解。

哺乳动物 P-body 中，同样存在类似于 Dhh1p、RCK/p54（Cougot *et al.*，2004；Andrei *et al.*，2005）的 AGO 蛋白（Jakymiw *et al.*，2005；Liu *et al.*，2005；Pillai *et al.*，2005；Sen and Blau，2005）。进一步的研究发现，P-body 中存在 miRNA 靶向的 mRNA（Liu *et al.*，2005；Pillai *et al.*，2005）。miRNA 机制是怎样诱发 mRNA 滞留在 P-body 内的目前还不得而知。一种可能的假设是 miRNP 诱导特异性的 mRNA 脱离翻译过程，导致聚合形成抑制性的 mRNP，并停留在 P-body 内。根据之前的叙述，特异性的 mRNA 事件就要牵涉到一种连接因子以阻断帽子/eIF4E 的功能。让人迷惑的是，一些报道已经证明，哺乳动物的 P-body 组分含有 eIF4E（但不含其他翻译因子），并且含有 4E 转运（4E-T）蛋白，这些与酵母不同。eIF4E 定位于 P-body 依赖于与 4E-T 的相互作用（Andrei *et al.*，2005；Ferraiuolo *et al.*，2005），而 4E-T 可以阻断 eIF4E 与 eIF4EG 的结合。如果能确定 miRNA 机制是否需要 eIF4E/4E-T 的相互作用将会非常有意思。

最后，有证据表明，就像 miRNA 机制一样，其他的特异性 mRNA 翻译控制机制可能同样形成一个类似 P-body 的抑制系统。例如，果蝇的 Dhh1p 类似物——Me31B 可以形成包含多种卵母细胞 mRNA 的颗粒状物质。至少含有两种这样的 mRNA，即 oskar 和 Bicaudal-D，Me31B 在转运的过程中需要抑制它们的翻译（Nakamura *et al.*，2001）。母系 mRNA 储存在爪蛙卵母细胞中［图 6.4（b）］，这一过程发生在细胞质颗粒物质中，这种颗粒包含青蛙的 Dhh1p 类似物——Xp54（Ladomery *et al.*，1997）。Xp54 与 CPEB 蛋白相互作用可以调节翻译抑制（Minshall and Standart，2004）。哺乳动物细胞中 CPEB 的过量表达可以促进 P-body 的形成，并且过量的蛋白质在集中点聚集（Wilczynska *et al.*，2005）。比较所有这些胞内抑制结构的构成能够评价这些结构在转录后的调节作用。

6.4 总结

过去的一年里，在破译 miRNA 可以调控部分错配的靶标 mRNA 的机制方面已经取得了很多进步。一方面，已经证明 miRNA 通过靶向 eIF4E、mRNA 帽子结构和 poly（A）尾（至少一个例子中如此）而干扰翻译的起始阶段；另一方面，已经发现 miRNA 介导的抑制导致靶标 mRNA 重新定位到 P-body 的抑制（可能降解）环境中。确定这些过程的因果关系和时间关系无疑是研究的重点。在过渡期间，我们得到了一个合理的假说：miRNA 介导的翻译起始抑制代表了最终导致抑制型 mRNA 聚集的早期阶段和它向 P-body 的转移。该机制的很多细节仍有待确定。例如，介导 3′-UTR 结合的 miRNP 到翻译起始的 5′端是什么连接因子？为什么在靶标 mRNA 的 3′-UTR 区会有多个 miRNA的结合位点？miRNA 的翻译抑制是不是可逆的？是什么决定抑制的 mRNA 在 P-body 中是储存还是降解？未来几年 miRNA 的研究主题将是这些和其他相关问题。

致谢

这项研究由 National Health and Medical Research Council 和 Australian Research Council to T. P. and D. I. K. M 以及 Victor Chang Cardiac Research Institute 共同发起，并由 The Sylvia &Charles Viertel Charitable Foundation 提供资金支持。

最新的实验证据

miRNA 介导的翻译抑制机制仍旧是当前需要集中研究的热点。

在这篇文章准备发表的时候，一些新的研究已经相继出现，并支持了 miRNA 作用于翻译起始阶段这个观点。这些研究包括：在无细胞的翻译系统中 miRNA 机制的再造（Wang *et al*.，2006；Thermann and Hentze，2007）；miRNP 的主要组成物 AGO 蛋白作为帽子结合蛋白并与 eIF4E 竞争，与图 6.4（c）的模式类似（Kiriakidou *et al.*，2007）；起始因子 eIF6 可以与 miRNP 复合物一起纯化出来，并且它还是 miRNA 介导的翻译抑制的必需因素（Chendrimada *et al*.，2007）。与这些研究相对应的是，两篇文章已经支持两种起始后模式、未成熟的核糖体脱落模式（Petersen *et al*.，2006）以及初生蛋白降解模式（Notrott *et al.*，2006）。

参考文献

Ambros，V.（2004）. The functions of animal microRNAs. *Nature*, **431**, 350－355.

Andrei, M. A., Ingelfinger, D., Heintzmann, R. *et al.* (2005). A role for eIF4E and eIF4E-transporter in targeting mRNPs to mammalian processing bodies. *RNA*, **11**, 717 – 727.

Bagga, S., Bracht, J., Hunter, S. *et al.* (2005). Regulation by let-7 and lin-4 miRNAs results in target mRNA degradation. *Cell*, **122**, 553 – 563.

Bartel, D. P. (2004). MicroRNAs: genomics, biogenesis, mechanism, and function. *Cell*, **116**, 281 – 297.

Bergamini, G., Preiss, T. and Hentze, M. W. (2000). Picornavirus IRESes and the poly (A) tail jointly promote cap-independent translation in a mammalian cell-free system. *RNA*, **6**, 1781 – 190.

Brengues, M., Teixeira, D. and Parker, R. (2005). Movement of eukaryotic mRNAs between polysomes and cytoplasmic processing bodies. *Science*, **310**, 486 – 489.

Brennecke, J., Hipfner, D. R., Stark, A., Russell, R. B. and Cohen, S. M. (2003). *Bantam* encodes a developmentally regulated microRNA that controls cell proliferation and regulates the proapoptotic gene hid in *Drosophila*. *Cell*, **113**, 25 – 36.

Brennecke, J., Stark, A., Russell, R. B. and Cohen, S. M. (2005). Principles of microRNA-target recognition. *Public Library of Science Biology*, **3**, e85.

Chen, C. Z., Li, L., Lodish, H. F. and Bartel, D. P. (2004). MicroRNAs modulate hematopoietic lineage differentiation. *Science*, **303**, 83 – 86.

Chendrimada, T. P., Gregory, R. I., Kumaraswamy, E. *et al.* (2005). TRBP recruits the Dicer complex to Ago2 for microRNA processing and gene silencing. *Nature*, **436**, 740 – 774.

Chendrimada, T. P., Finn, K. J., Ji, X. *et al.* (2007). MicroRNA silencing through RISC recruitment of eIF6. *Nature*, **447**, 823 – 829.

Cho, P. F., Poulin, F., Cho-Park, Y. A. *et al.* (2005). A new paradigm for translational control: inhibition via $5'$-$3'$ mRNA tethering by Bicoid and the eIF4E cognate 4EHP. *Cell*, **121**, 411 – 423.

Coller, J. and Parker, R. (2005). General translational repression by activators of mRNA decapping. *Cell*, **122**, 875 – 886.

Cougot, N., Babajko, S. and Seraphin, B. (2004). Cytoplasmic foci are sites of mRNA decay in human cells. *Journal of Cell Biology*, **165**, 31 – 40.

Cullen, B. R. (2004). Derivation and function of small interfering RNAs and microRNAs. *Virus Res*, **102**, 3 – 9.

Doench, J. G. and Sharp, P. A. (2004). Specificity of microRNA target selection in translational repression. *Genes & Deve-lopment*, **18**, 504 – 511.

Doench, J. G., Petersen, C. P. and Sharp, P. A. (2003). siRNAs can function as miRNAs. *Genes & Development*, **17**, 438 – 442.

Dostie, J., Mourelatos, Z., Yang, M., Sharma, A. and Dreyfuss, G. (2003). Numerous microRNPs in neuronal cells containing novel microRNAs. *RNA*, **9**, 180 – 186.

Ferraiuolo, M. A., Basak, S., Dostie, J. *et al.* (2005). A role for the eIF4E-binding protein 4E-T in P-body formation and mRNA decay. *Journal of Cell Biology*, **170**, 913 – 924.

Gallie, D. R. (1991). The cap and poly (A) tail function synergistically to regulate mRNA translational efficiency. *Genes & Development*, **5**, 2108 – 2116.

Gebauer, F. and Hentze, M. W. (2004). Molecular mechanisms of translational control. *Nature Review of Molecular and Cell Biology*, **5**, 827 – 835.

Griffiths-Jones, S. (2004). The microRNA Registry. *Nucleic Acids Research*, **32**, D109 – 111.

He, L. and Hannon, G. J. (2004). MicroRNAs: small RNAs with a big role in gene regulation. *Nature Review Genetics*, **5**, 522 – 531.

Hellen, C. U. and Sarnow, P. (2001). Internal ribosome entry sites in eukaryotic mRNA molecules. *Genes & Development*, **15**, 1593 – 1612.

Humphreys, D. T., Westman, B. J., Martin, D. I. and Preiss, T. (2005). MicroRNAs control translation initiation by inhibiting eukaryotic initiation factor 4E/cap and poly (A) tail function. *Proceedings of the National*

Academy of Sciences USA, **102**, 16 961 – 16 966.

Iizuka, N., Najita, L., Franzusoff, A. and Sarnow, P. (1994). Cap-dependent and capindependent translation by internal initiation of mRNAs in cell extracts prepared from *Saccharomyces cerevisiae*. *Molecular Cell Biology*, **14**, 7322 – 7330.

Jackson, R. J. (2000). Comparative view of initiation site selection mechanisms. In *Translational Control of Gene Expression*, Sonenberg, N. and Mathews, M. B. (eds.). Cold Spring Harbor, pp. 127 – 184.

Jakymiw, A., Lian, S., Eystathioy, T. *et al*. (2005). Disruption of GW-bodies impairs mammalian RNA interference. *Nature Cell Biology*, **7**, 1167 – 1174.

Jin, P., Zarnescu, D. C., Ceman, S. *et al*. (2004). Biochemical and genetic interaction between the fragile X mental retardation protein and the microRNA pathway. *Nature Neuroscience*, **7**, 113 – 117.

Johnston, R. J. and Hobert, O. (2003). A microRNA controlling left/right neuronal asymmetry in *Caenorhabditis elegans*. *Nature*, **426**, 845 – 849.

Kahvejian, A., Svitkin, Y. V., Sukarieh, R., M' Boutchou, M. N. and Sonenberg, N. (2005). Mammalian poly (A) -binding protein is a eukaryotic translation initiation factor, which acts via multiple mechanisms. *Genes & Development*, **19**, 104 – 113.

Kiriakidou, M., Tan, G. S., Lamprinaki, S. *et al*. (2007). An mRNA m7GCap binding-like motif within human *Ago2* represses translation. *Cell*, **129**, 1141 – 1151.

Krek, A., Grun, D., Poy, M. N. *et al*. (2005). Combinatorial microRNA target predictions. *Nature Genetics*, **37**, 495 – 500.

Ladomery, M., Wade, E. and Sommerville, J. (1997). Xp54, the *Xenopus* homologue of human RNA helicase p54, is an integral component of stored mRNP particles in oocytes. *Nucleic Acids Research*, **25**, 965 – 973.

Lai, E. C. (2004). Predicting and validating microRNA targets. *Genome Biology*, **5**, 115.

Lewis, B. P., Shih, I. H., Jones-Rhoades, M. W., Bartel, D. P. and Burge, C. B. (2003). Prediction of mammalian microRNA targets. *Cell*, **115**, 787 – 798.

Liu, J., Valencia-Sanchez, M. A., Hannon, G. J. and Parker, R. (2005). MicroRNA-dependent localization of targeted mRNAs to mammalian P-bodies. Nature *Cell Biology*, **7**, 719 – 723.

Marx, J. (2005). Molecular biology. P-bodies mark the spot for controlling protein production. *Science*, **310**, 764 – 765.

Meister, G. and Tuschl, T. (2004). Mechanisms of gene silencing by double-stranded RNA. *Nature*, **431**, 343 – 349.

Meister, G., Landthaler, M., Patkaniowska, A. *et al*. (2004). Human Argonaute 2 mediates RNA cleavage targeted by miRNAs and siRNAs. *Molecular Cell*, **15**, 185 – 197.

Meister, G., Landthaler, M., Peters, L. *et al*. (2005). Identification of novel argonauteassociated proteins. *Current Biology*, **15**, 2149 – 2155.

Minshall, N. and Standart, N. (2004). The active form of Xp54 RNA helicase in translational repression is an RNA-mediated oligomer. *Nucleic Acids Research*, **32**, 1325 – 1334.

Mourelatos, Z., Dostie, J., Paushkin, S. *et al*. (2002). miRNPs: a novel class of ribonucleoproteins containing numerous microRNAs. *Genes & Development*, **16**, 720 – 728.

Nakamura, A., Amikura, R., Hanyu, K. and Kobayashi, S. (2001). Me31B silences translation of oocyte-localizing RNAs through the formation of cytoplasmic RNP complex during *Drosophila* oogenesis. *Development*, **128**, 3233 – 3242.

Nakamura, A., Sato, K. and Hanyu-Nakamura, K. (2004). *Drosophila* cup is an eIF4E binding protein that associates with Bruno and regulates oskar mRNA translation in oogenesis. *Developmental Cell*, **6**, 69 – 78.

Nelson, M. R., Leidal, A. M. and Smibert, C. A. (2004). *Drosophila* Cup is an eIF4E-binding protein that functions in Smaug-mediated translational repression. *European Molecular Biology Organization Journal*, **23**, 150 – 159.

Nottrott, S., Simard, M. J. and Richter, J. D. (2006). Human *let-7a* miRNA blocks protein on actively translating polyribosomes. *Nature Structural & Molecular Biology*, **13**, 1108 - 1114.

Olsen, P. H. and Ambros, V. (1999). The lin-4 regulatory RNA controls developmental timing in *Caenorhabditis elegans* by blocking LIN-14 protein synthesis after the initiation of translation. *Developmental Biology*, **216**, 671 - 680.

Ostareck, D. H., Ostareck-Lederer, A., Shatsky, I. N. and Hentze, M. W. (2001). Lipoxygenase mRNA silencing in erythroid differentiation: The 3′UTR regulatory complex controls 60 S ribosomal subunit joining. *Cell*, **104**, 281 - 290.

Pasquinelli, A. E. and Ruvkun, G. (2002). Control of developmental timing by microRNAs and their targets. *Annual Review of Cell and Developmental Biology*, **18**, 495 - 513.

Pestova, T. V. and Hellen, C. U. (2003). Translation elongation after assembly of ribosomes on the Cricket paralysis virus internal ribosomal entry site without initiation factors or initiator tRNA. *Genes & Development*, **17**, 181 - 186.

Petersen, C. P., Bordeleau, M., Pelletier, J. and Sharp, P. A. (2006). Short RNAs repress translation after initiation in mammalian cells. *Molecular Cell*, **21**, 533 - 542.

Pillai, R. S., Artus, C. G. and Filipowicz, W. (2004). Tethering of human Ago proteins to mRNA mimics the miRNA-mediated repression of protein synthesis. *RNA*, **10**, 1518 - 1525.

Pillai, R. S., Bhattacharyya, S. N., Artus, C. G. *et al*. (2005). Inhibition of translational initiation by Let-7 MicroRNA in human cells. *Science*, **309**, 1573 - 1576.

Poyry, T. A., Kaminski, A. and Jackson, R. J. (2004). What determines whether mammalian ribosomes resume scanning after translation of a short upstream open reading frame? *Genes & Development*, **18**, 62 - 75.

Preiss, T. and Hentze, M. W. (1998). Dual function of the messenger RNA cap structure in poly (A) -tail-promoted translation in yeast. *Nature*, **392**, 516 - 520.

Preiss, T. and Hentze, M. W. (2003). Starting the protein synthesis machine: eukaryotic translation initiation. *Bioessays*, **25**, 1201 - 1211.

Richter, J. D. and Sonenberg, N. (2005). Regulation of cap-dependent translation by eIF4E inhibitory proteins. *Nature*, **433**, 477 - 480.

Sachs, A. (2000). Physical and functional interactions between the mRNA cap structure and the poly (A) tail. In *Translational Control of Gene Expression*, Sonenberg, N. and Mathews M. B. (eds.) Cold Spring Harbor, pp. 447 - 465.

Seggerson, K., Tang, L. and Moss, E. G. (2002). Two genetic circuits repress the *Caenorhabditis elegans* heterochronic gene lin-28 after translation initiation. *Developmental Biology*, **243**, 215 - 225.

Sen, G. L. and Blau, H. M. (2005). Argonaute 2/RISC resides in sites of mammalian mRNA decay known as cytoplasmic bodies. *Nature Cell Biology*, **7**, 633 - 636.

Sheth, U. and Parker, R. (2003). Decapping and decay of messenger RNA occur in cytoplasmic processing bodies. *Science*, **300**, 805 - 808.

Sonenberg, N. and Dever, T. E. (2003). Eukaryotic translation initiation factors and regulators. *Current Opinion in Structural Biology*, **13**, 56 - 63.

Svitkin, Y. V., Imataka, H., Khaleghpour, K. *et al*. (2001). Poly (A) -binding protein interaction with eIF4G stimulates picornavirus IRES-dependent translation. *RNA*, **7**, 1743 - 1752.

Teixeira, D., Sheth, U., Valencia-Sanchez, M. A., Brengues, M. and Parker, R. (2005). Processing bodies require RNA for assembly and contain nontranslating mRNAs. *RNA*, **11**, 371 - 382.

Thermann, R. and Hentzel, M. W. (2007). *Drosophila miR2* induces pseudo-polysomes and inhibits translation initiation. *Nature*, **447**, 875 - 979.

Wang, B., Love, T. M., Call, M. E., Doench, J. G. and Novina, C. D. (2006). Recapitulation of short RNA-directed translational gene silencing *in vitro*. *Molecular Cell*, **22**, 553 - 560.

Wilczynska, A., Aigueperse, C., Kress, M., Dautry, F. and Weil, D. (2005). The translational regulator CPEB1 provides a link between dcp1 bodies and stress granules. *Journal of Cell Science*, **118**, 981 - 992.

Wilhelm, J. E., Hilton, M., Amos, Q. and Henzel, W. J. (2003). Cup is an eIF4E binding protein required for both the translational repression of oskar and the recruitment of Barentsz. *Journal of Cell Biology*, **163**, 1197 - 1204.

Xu, P., Vernooy, S. Y., Guo, M. and Hay, B. A. (2003). The *Drosophila* microRNA Mir-14 suppresses cell death and is required for normal fat metabolism. *Current Biology*, **13**, 790 - 795.

Zappavigna, V., Piccioni, F., Villaescusa, J. C. and Verrotti, A. C. (2004). Cup is a nucleocytoplasmic shuttling protein that interacts with the eukaryotic translation initiation factor 4E to modulate *Drosophila* ovary development. *Proceedings of the National Academy of Sciences USA*, **101**, 14 800 - 14 805.

Zeng, Y. and Cullen, B. R. (2003). Sequence requirements for micro RNA processing and function in human cells. *RNA*, **9**, 112 - 123.

Zeng, Y., Wagner, E. J. and Cullen, B. R. (2002). Both natural and designed microRNAs can inhibit the expression of cognate mRNAs when expressed in human cells. *Molecular Cell*, **9**, 1327 - 1333.

Zhao, Y., Samal, E. and Srivastava, D. (2005). Serum response factor regulates a musclespecific microRNA that targets Hand2 during cardiogenesis. *Nature*, 436, 214 - 220.

7 脊椎动物发育过程中 microRNA 表达的原位分析

Diana K. Darnell, Stacey Stanislaw, Simran Kaur, Tatiana A. Yatskievych, Sean Davey, Jay H. Konieczka and Parker B. Antin*

7.1 引言

近来，一类分布广泛的非编码调控 RNA 被定性。因为它们的长度很短（21～22 个核苷酸），所以被称作 microRNA（miRNA）。目前在不同的生物（包括原核生物、真核生物、脊椎动物、无脊椎动物、植物、真菌）和病毒中（Tuschl *et al.*, 1999; Elbashir *et al.*, 2001; Griffiths-Jones, 2004; Berezikov and Plasterk, 2005; Griffiths-Jones *et al.*, 2006）都鉴定出了这些 miRNA。它们貌似古老的功能是通过跟 mRNA 3′-UTR区结合从而抑制翻译过程的第一步或引起特定 mRNA 的降解来调节特定蛋白质的表达量（He and Hannon, 2004; Pillai, 2005; Valencia-Sanchez *et al.*, 2006）。分子生物学和生物信息学都已被用于鉴定 miRNA 候选分子以及它们的靶标 mRNA。根据这些研究得到的数据可以估计脊椎动物基因组中可能含有数百种 miRNA 基因，这些基因可能调节大约 1/4 的 mRNA 的稳定性和翻译过程（Bentwich *et al.*, 2005; Berezikov and Plasterk, 2005; Legendre *et al.*, 2005; Xie *et al.*, 2005）。

miRNA 的功能失调常常会引起重要过程出现紊乱，包括器官发生、细胞分化、细胞增殖、细胞存活等（Reinhart *et al.*, 2000; Brennecke *et al.*, 2003; Dostie *et al.*, 2003; Ambros, 2004; Calin *et al.*, 2004; Alvarez-Garcia and Miska, 2005; Giraldez *et al.*, 2005）。miRNA 的功能还涉及干细胞自我更新的调节及一系列癌症的发生（Hatfield *et al.*, 2005, Lu *et al.*, 2005）。因此，miRNA 在动物发育、生理和疾病发生的重要过程中起着重要的调节作用。鉴定新的 miRNA、检测其表达谱以及确定其靶标 mRNA已经成为很多实验室的主要研究目标。我们实验室正致力于研究鸡中已知 miRNA 的时空差异性表达。

miRNA 短小的特征使得其成熟体的检测富有挑战性。经过改良，标准 Northern 杂交（Chen and Okayama, 1987; Valoczi *et al.*, 2004; Watanabe *et al.*, 2005）和微阵列分析（Barad *et al.*, 2004; Thomson *et al.*, 2004）的方法已成功用于 miRNA 的表达分析。然而，这两种技术都没有为组织提供整体原位杂交的分辨率。另外，尽管使用反义 RNA 探针的整体原位杂交已用于 miRNA 的表达分析（Hornstein *et al.*, 2005; Lancman *et al.*, 2005），但这些传统的探针对于可靠地检测小转录模板显然是不够灵敏的。然而，一种新型的核酸类似物具有较好的杂交动力学、特异性及生物稳定性（Wahlestedt *et al.*, 2000; Elmen *et al.*, 2004, 2005），能够进行可靠的鉴定。这种类似物被称为 LNA，是 Locked Nucleic Acids 的简称（Koshkin *et al.*, 1998）。LNA 是 DNA 寡核

---

* 通讯作者。

苷酸，在每个 LNA 第三个核苷酸核糖环的 2′O 和 4′C 之间引入一个亚甲基化桥梁，可以“锁住”结构，使其具备很好的结合亲和力，类似 RNA 的构造。在 Northern 杂交中，LNA 探针的灵敏度要比类似的 DNA 探针高 10 倍（Valoczi *et al.*，2004）。同样，在原位杂交的研究中，LNA 探针在与靶标 RNA 杂交的热稳定性上也优于 DNA 寡核苷酸探针（Thomsen *et al.*，2005）。LNA 探针化学性质及其在动物发育中的应用将在第 17 章由 Kauppinen 详细叙述。在对斑马鱼 miRNA 表达的原位杂交中使用 LNA 探针检测到了大部分所要分析的 miRNA，说明了它们的动态时空表达模式（Weinholds *et al.*，2005）。与此相反，在小鼠中用类似的原位杂交方法只发现了一小部分高表达的 miRNA（Kloosterman *et al.*，2006）。这样看来，即便使用 LNA，在脊椎动物胚胎中检测 miRNA 也是很不稳定的，还没能在任何一个模式脊椎生物中成功做出全面筛选。

幸运的是，鸡胚可作为小鼠胚胎的替代品来研究脊椎动物 miRNA 的原位表达分析。鸡胚容易获得且价格低廉，它们的早期发育与其他脊椎动物（包括人类）相近，并且经过优化的小鸡整体原位杂交方法具有显著的灵敏性及较低的背景（Nieto *et al.*，1996；Bell *et al.*，2004）。因此，我们做了一个综合的整体原位杂交表达分析，研究了由 134 个不同的鸡 miRNA 基因编码的 112 个成熟的 miRNA 序列。由于探针长度较短，所以对传统原位杂交方法做了更改以便增强检测。这些更改包括用 LNA 寡核苷酸替代标准反义 RNA 探针，改变标记策略使末端一体化而非内部 DIG-UTP，降低退火温度使短双链的解链降到最低。在胚胎处理上也做了改变，使得高通量筛选在同一时间能处理更多的胚胎。

7.2 方法

7.2.1 锁核酸（LNA）探针

与小鸡中已鉴定的成熟 miRNA 互补的 LNA 由 Exiqon A/S 公司（丹麦）提供。每个 LNA 的长度都是 22 个核苷酸。每个 LNA 寡核苷酸都与预测的 134 个鸡 miRNA 序列中的一个或多个 miRNA 反义互补序列一致。因为有些 miRNA 基因来源于其他 miRNA 的复制，有些 miRNA 成熟序列与其他 miRNA 相同。在这种情况下，我们的探针就与不止一个基因转录而来的 miRNA 进行了杂交。多基因转录物的杂交也是可能的，但对于只有一个核苷酸不同的 miRNA 就不确定了（Kloosterman *et al.*，2006）。所用到的 miRNA 序列都可以在 miRBase 序列数据库中找到（http://microrna.sanger.ac.uk/sequences/index.shtml）。

7.2.2 探针标记

用于检测 mRNA 的标准反义 RNA 探针是用取代进入 RNA 合成反应的地高辛标记的 UTP 来标记的。与此相反，LNA 探针的标记是将单个地高辛标记的 UTP 加在每个 LNA-改良的 DNA 寡核苷酸链的 3′端，这个标记过程使用的是 DIG-UTP 3′端标记试剂盒（Roche，2nd Generation；Cat. No. 03353575910）。标记反应除一个操作外，其余都是根据厂家的操作说明进行的。标记反应后并没有做纯化，因为用纯化的或非纯化的探针进行的胚胎杂交结果是一致的（数据没有列出）。杂交溶液中探针的量为 1μl/ml。

7.2.3 胚胎收集与准备

已受孕的鸡蛋（Hyline，Iowa）在通风且潮湿的孵化器中 37.5℃孵化 0.5～5 天，具体天数根据需要哪个阶段的胚胎而定。将清除了卵黄膜和蛋黄的胚胎收集到冰冷的小鸡盐溶液中（123mmol/L NaCl，用纳米技术处理的水）。将外胚膜和大体腔（脑泡、心房、尿囊、眼睛）打开以降低原位反应物吸收。胚胎在新鲜冷却的、含有 4%多聚甲醛的 PBS 溶液中固定，4℃过夜。需在 4℃或接近 4℃的条件下收集胚胎，因为如果在室温下收集胚胎，随着时间的拖延标记效果会急剧降低。

将胚胎在 PBS 溶液中进行漂洗，然后在 PBS 中加入 1%的 Tween-20（PBTw），然后依次在 25%、50%、75%和 100%的甲醇中进行脱水，最后将其放入－20℃冷冻过夜（或保存 10 天）。复水反应则按相反的次序进行。胚胎在 2×PBS 中漂洗，孵化时间较长的胚胎用蛋白酶 K 处理：8～13 阶段的和 14～18 阶段的用 10mg/ml 的蛋白酶 K 分别处理 10min 和 20min；19 阶段和更老的胚胎用 20mg/ml 的蛋白酶 K 处理 20min。胚胎反复在 PBTw 中漂洗以停止蛋白酶 K 的消化反应，然后移入预杂交液中（见下文）。无论是甲醇脱水步骤或者预杂交阶段，胚胎使用前在－20℃可储存的时间少于 10 天。胚胎保存超过 10 天的杂交信号会显著降低。

7.2.4 原位杂交

准备好的胚胎被转移至标准的预杂交液中，其中用 Tween-20（50%甲酰胺、5×SSC、2% 封闭物、0.1% Tween-20、0.1% CHAPS、50 mg/ml 酵母 RNA、5mmol/L EDTA、50 μg/ml 肝素、DEPC 水）代替了 Triton X-100。对标准原位方法中关于高通量筛选的其他更改见下文。杂交在 24 孔板中进行，板置于旋转杂交炉里，温度在 21～23℃之间，这个温度低于报道的 LNA 的解链温度。最近的一项研究表明，在退火温度上下 5℃范围内（低于解链温度 20～25℃）不会影响杂交结果（Kloosterman *et al.*，2006）。清洗的时候用含有 15mm 细胞筛网的 6 孔板或含有 24mm 细胞筛网的 12 孔板，同时使用 74μm 聚酯纤维网进行清洗（Corning，Inc.，Cat. No. 3477，3479）。筛网能使清洗体积达到最大，同时还能尽量减少胚胎操作和对高通量筛选的损害。在清洗前将洗涤液预热到杂交温度是很关键的。细胞筛网中的胚胎可以被很快移至装满预热的洗涤缓冲液的板中，减少高通量处理中胚胎的冷却。抗 DIG 的抗体结合在 4℃条件下章动器上的 24 孔板中进行。显色反应是在章动器上室温反应 1～6h 直到信号或背景可见，然后在 KTBT 中清洗过夜。接下来的第二轮或第三轮显色反应要等到每个探针都产生较强的信号或者负对照开始显示背景标示的时候才停止。用 KTBT 终止反应，然后在 PBS 中清洗胚胎，用一系列浓度梯度的甲醇进行脱水以去除背景、加强信号，然后将胚胎保存于含 1%叠氮钠的 PBS 中。

7.3 结果

7.3.1 鸡 miRNA 表达分析

在所分析的 112 个特有的 miRNA 序列中，有 107 个在 miRBase 8.0 版本（Griffiths-Jones *et al.*, 2006）中列出，其余 5 个是通过与其他物种进行序列同源比对发现的，没有列出。我们的筛选结果显示，大多数（76%）筛选出来的 miRNA 基因都在胚胎发生的前 4 天有表达，并且可以用单个标记的探针检测到。

极少数 miRNA 在原肠胚形成时期和神经胚形成早期表达（3～12 阶段），在形态发生及结构形成阶段表达的 miRNA 则多一些（13～16 阶段），另外有些 miRNA 的转录物在器官形成、肢体、咽弓形成阶段在多种组织中表达（17～25 阶段）。标记形式及与其相关的 miRNA 转录物可分为 5 种类别：①在一种组织或与其相关组织中表达（表 7.1，图 7.1A～C）；②在多种明显无关的细胞类型或细胞结构中表达（表 7.2，图 7.1D～H）；③近乎普遍表达（表 7.3，图 7.1 I～K）；④普遍表达；⑤无法检测到其表达（表 7.4）。这几种类型中有杂交信号的表示包含有在区域和强度上有时间表达变化的 miRNA。即便那些表达最普遍的 miRNA，在某些发育阶段的不同组织中也具有表达差异性。

表 7.1　与杂交探针结合的位于离散组织或区域的 miRNA

miRNA	组织
let-7c、-7k；miR-9、-100、-124a/b、-153、-219、-449	中枢神经系统
miR-1 和 1b，-133a	肌节和心肌层
miR-7、-23b、-126、-137、-138、-142-3p、-144	心脏/血管/血液
miR-15a、-18b、-217	肢中胚层
miR-21	羊膜
miR-34b、-222a、-455、-490	脊索
miR-183	脑神经和脊椎神经中枢
miR-204	色素网膜
miR-146、-196、-205&b、-383	外胚层表面
miR-199a	中胚层

表 7.2　与杂交探针结合的位于多个组织中的 miRNA

miRNA	组织
let-7a	背部脊髓、后脑、肢中胚层
let-7b	早期外胚层表面和内胚层，脊索、翼、后脑、脊髓
let-7f	后脑、心内膜
miR-10b	神经管/脊髓、肢芽、表皮 w/o 外胚层脊顶部
miR-20a	后脑、脊髓、前脑、面部（mes & ecto）、普遍 w/o 心脏
miR-30a-5p	脊索、中肾管、外胚层表面 w/o 外胚层脊顶部、拱门、主干中胚层
miR-30a-3p	脊索、中肾管、主动脉
miR-30e	中肾管、外胚层表面
miR-33	羊膜、胚外外胚层、心房
miR-34a	心房、中肾管
miR-99a	心房、脊髓运动角、肺
miR-106	脊髓、后脑、脑垂体雏形、肢体、拱肌和中胚层
miR-125b	外胚层表面、中枢神经系统、静脉窦、拱门、性腺、肢芽
miR-128a/b	前脑泡、咽/咽弓、心血管、肢芽
miR-130b	外胚层、咽弓、后肢芽间叶细胞
miR-135a	后脑底、中脑顶部、前脑泡、翼芽中胚层、拱门
miR-137	静脉窦、主静脉、外胚层表面

续表

miRNA	组织
miR-140	脊索、中胚层前拱、后脑背面
miR-184	水晶体、脑神经节、中胚层侧板、咽弓
miR-187	脑闭合/顶板、胸中胚层
miR-200a	外胚层表面、肢体、拱门、中脑顶部、中肾管
miR-200b	外胚层表面、肢体、中肾管
miR-206	体节肌节、前脑泡
miR-216	肢体、外胚层表面、咽弓
miR-218	脊髓运动角、后脑、心房
miR-222b	咽弓、中肾小管
miR-302	脊索、中脑底板、肠内胚层
miR-367	外胚层、主动脉、脊索
miR-375	胰腺、脑垂体雏形

在三个胚层的细胞中均发现了组织特异性表达的现象。在躯体（体节的肌节）和心脏（心脏的肌节）中，一些与 miR-1 有关的探针与肌肉特异转录物（中胚层）相结合，这些转录物包括 miR-1.1-1.2（同一序列复制而来，图 7.1A），miR-1b（带有一个中心核苷酸突变的复制），以及-133a-2，133a-1，133a-3（相邻的序列，也是由 miR-1 家族复制的顺反子）。另外，miR-206（由 miR-1 复制而来，带有 3 个突变）在体节的肌节中表达，而在心脏中不表达（图 7.1D），可能是由于在这个基因上游的 Mef-2 调节元件中有一个突变，而这个基因在心脏发生过程中是必需的（Zhao *et al.*，2005；Darnell *et al.*，2007）。神经系统（外胚层）表达的 miRNA 数量最多（41），有多组织表达和组织特异表达的方式。神经特异表达的有 let-7c（后脑，脊髓）、-7i（前脑）、-7k（后脑和前脑），以及 miR-9（所有中枢神经系统水平，图 7.1B）、miR-100（脊髓和后脑）、-124a 和 b（脊髓、后脑、中脑和脑垂体雏形）、-153（所有水平）、-183（脑神经和脊髓神经中枢）、-204（色素网膜）及-449（后脑）。内胚层特异表达的有在胰腺形成初期检测到的 miR-375（图 7.1C）。

表 7.3 与杂交探针结合的近乎普遍表达的 miRNA

miRNA	不表达的组织
miR-15b	心脏
miR-17-3p	心脏
miR-17-5p	心脏和外胚层脊顶部
miR-18	心脏
miR-19a	心脏
miR-19b	心脏
miR-20	心脏
miR-20b	心脏
miR-92	心脏
miR-107	心脏
miR-130a	心脏
miR-363	心脏

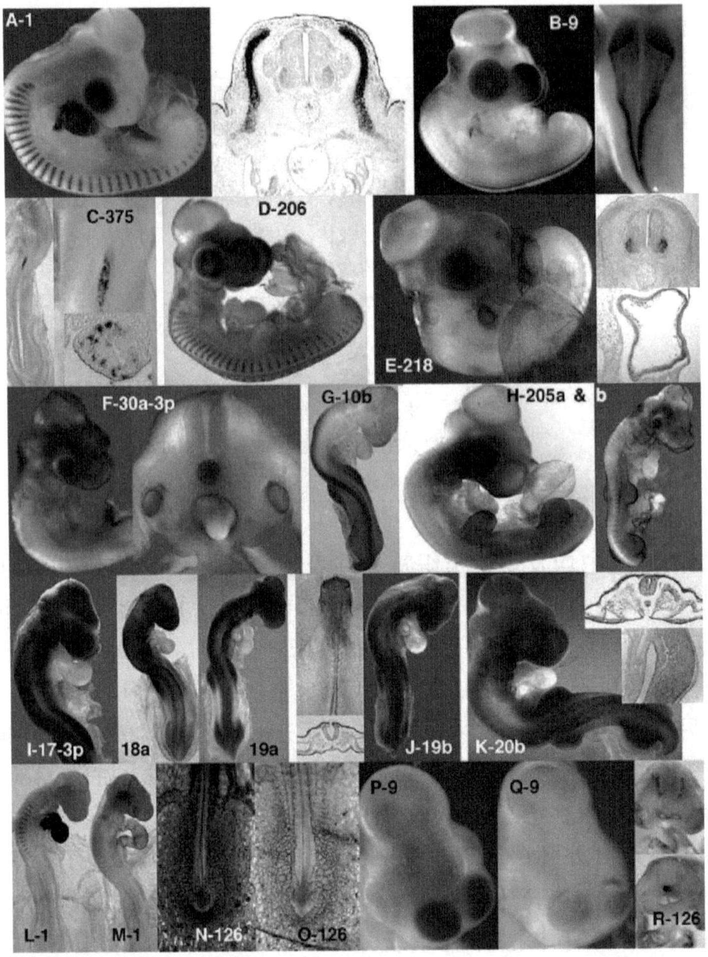

图 7.1　通过胚胎整体原位杂交检测鸡中 microRNA 的表达情况。A～C. 单一组织类型中的表达。A. miR-1 在体节肌节和心脏肌节中表达，第 23 阶段侧面观。脊髓横切面显示体节肌节。B. miR-9 在端脑小泡、中脑、后脑和脊髓中表达，第 24 阶段侧面观，背面观显示其在后脑中的 rhombomeric 可变性。C. miR-375 在内胚层细胞中表达，内胚层细胞将会在第 17 阶段的全组织标本中形成胰腺，闭合并在横截面上显示。D～H. 在多种组织类型中的表达。D. miR-206 在体节肌节（中胚层）和前脑小泡（外胚层）中表达，第 24 阶段侧面观。E. miR-218 在心房（中胚层）中表达，第 25 阶段侧面观，并在脊索运动角（外胚层；顶部）的横截面还有心房（底部）表达。F. miR-30a-3p 显示的是在第 19 阶段全组织标本中的表达，横切处显示的是脊索、中肾管及背部主动脉（轴和中间的中胚叶）。G. miR-10b 在脊髓（外胚层）的全长和肢芽（中胚层）中都有表达。H. miR-205a 和 b 在外胚层表面有表达，见第 23 和 21 阶段。I～K. 几乎普遍表达，多顺反子性的，显示在躯体发育的后期阶段大量表达，但在心脏的表达量大大减少。I. miR-17-3p、-18a 和-19a 在第 18/19 阶段表达，侧面观。J. miR-19b 在较早阶段严格按照外胚层和内胚层来表达（全组织标本包埋和横切面，第 10 阶段），但后期则在除了心脏中几乎普遍表达。K. 与 miR-20b 表达形式类似，也是不在肢体的外胚层脊顶部表达（横切面较低处）。L. 第 17 阶段的胚胎用 miR-1 双标记的探针杂交信号强。M. 第 17 阶段的胚胎用 miR-1，3′单标记的探针杂交信号较弱（与 L 中的颜色反应同时间）。N. 第 15 阶段的胚胎尾部，用 miR-126 双标记的探针杂交信号强。O. 第 15 阶段的胚胎尾部，用 miR-126 3′单标记的探针杂交信号较弱（与 N 中的颜色反应同时间）。P. 第 20 阶段的胚胎，用 miR-9 双标记的探针杂交信号强。Q. 第 20 阶段的胚胎，分别用 miR-9 3′单标记的探针杂交信号较弱（与 P 中的颜色反应同时间）。在 R 第 19 阶段的胚胎腰椎横截处，用 miR-126 3′单标记的探针（上图，脊索中没有检测到信号）和 miR-126 尾部标记探针（下图，脊索中检测到强烈信号）。（见彩图 5）

表 7.4　普遍表达以及未检测到的 miRNA

普遍表达的	未检测到的	
miR-16	let-7d	miR-34c
miR-22	let-7g	miR-101
miR-26a	miR-7b	miR-103
miR-30d	miR-9*	miR-122a
miR-194	miR-16	miR-133b
miR-203	miR-24	miR-142-5p
miR-215	miR-27b	miR-148a
miR-221	miR-29a	miR-155
miR-223	miR-29b	miR-181a
miR-365	miR-29c	miR-181b
	miR-30b	miR-190
	miR-30c	miR-213
	miR-31	miR-301
	miR-32	

检测了 36 种 miRNA 在多种组织中的表达（不包括普遍存在的和近乎普遍存在的），包括 miR-206（体节肌节和前脑，图 7.1D）、miR-218（心脏的心房和脊髓的运动角，图 7.1E），miR-30a-3p（脊索、肾小管和背大动脉，图 7.1F）、miR-10b 及 miR-205a 和 b（外胚层表面，肢体和咽弓，图 7.1H）。另外，一些 miRNA 首先只在一些组织或区域表达，然后开始普遍性表达，如 let-7b 和 miR-138、-144 、-146（Darnell *et al.*，2007）。

还有一组 miRNA（近乎普遍表达）被发现在胚胎形成早期的不相关组织中表达，而后来在几乎所有组织中表达，虽然在个别组织中仍明显不表达或限制性表达。许多这种 miRNA 都定位于两个 miRNA 多顺反子中的一个。miR-17（5p 和 3p）、-18a、-19a、-20a、-19b、-92 由 1 号染色体上的顺反子表达（Lee *et al.*，2002），它们在除心脏（图 7.1I，J）和肢体的外胚层脊顶部（AER）之外的几乎所有组织中都有表达。miR-106、-20b（图 7.1K）、-18b 和-363 由 4 号染色体上的复制型顺反子表达，并且有相似的表达形式。在较早阶段，这些相同的 miRNA 在外胚层表层和内胚层（内部）特异表达，后来在肢体间叶细胞中表达，而不在 AER 中表达（图 7.1K 中的插入图）。

许多 miRNA 在多个组织中表达，而其他 miRNA 的表达区域则比较有限（如仅仅在体节的肌节中表达）。这两组 miRNA 都属于非普遍表达的 miRNA：一组是在一个或多个位置或组织中分散表达（如只在中枢神经系统表达）；另一组是广泛表达，但在某些位置或组织中不表达（如近乎普遍表达，但在心脏和一些表层外胚层中表达量大大下降）。miRNA 在时间和空间上的差异表达暗示其在发育过程中的重要性，推测其可能具有新的调节功能。更多的图片可以在我们的网站（GEISHA URL，鸡胚原位杂交数据的在线仓库）和 Darnell 等（2007）的文章中找到。

7.3.2　灵敏度

用单个标记的探针对预测的鸡 miRNA 进行杂交，大约 1/4 的 miRNA 看不到其表达情况。另外，小鼠 miRNA 的原位杂交分析只检测到表达量最多的 miRNA 转录物（Kloosterman *et al.*，2006）。这些发现说明在原位杂交中灵敏度更高的探针可以提高 miRNA 的发现数量。在灵敏度的初步研究中，我们比较了用标记的 UTP 进行单个末端标记（3′-DIG）的标准探针、合成中预标记的探针（3′和 5′双-DIG；Exiqon，丹麦）和带尾巴的探针（多个穿插有未标记 ATP 的 3′DIG 标记的 UTP）。我们用这些不同方法标记的探针与一些表达的 miRNA 杂交，检测其灵敏度：miR-126（脉管系统）用 3′单个标记、双向标记及带尾的探针，miR-9（神经）、miR-183（脑神经中枢）和 miR-1（肌肉）用 3′单个标记和双向标记的探针，miR-124（中枢神经系统）和-206（肌肉）用单个标记和带尾的探针。这四个双向标记的探针在原位杂交反应中显然比单个标记的探针（或是 miR-126 的带尾探针）更灵敏（优化到在显色反应中用更短的时间，显示更强的信号）（图 7.1 L～Q）。在点杂交中，加尾反应的杂交在灵敏度上要高出 3.3～10 倍（数据没有列出），但全部的 3 个带尾探针在脊索中显示较强信号，与标准单个标记的探针所检测的表达形式不同（图 7.1R）。这种带尾标记试剂盒（DIG Oligonucleotide Tailing Kit，2nd generation，Roche cat ＃ 03353583910）是用来添加 ATP 的，而这种 ATP 带有 DIG 标记的 UTP。这样就可能产生一个人为的寡核苷酸链，可以与脊索中表达的不同的 RNA 杂交，从而破坏了原先 miRNA 模板的特异性。基于这个初步研究，双向标记的探针在原位杂交中最灵敏，也许可以检测到以前用单个标记的探针未检测到的 miRNA 转录物。

7.3.3 关联性

尽管 miRNA 靶标进化的信息和 miRNA 的调节策略并不是这项工作的重点，但像这样的时空表达的数据对于这两个领域的发展都是必需的。例如，通过比较鸡和鱼的表达谱显示，尽管 miRNA 的同源序列通常情况下是保守的，但它们的表达模式（进而可能导致它们可能的靶标和功能）并非总是保守的。表达模式也能阐明目前关于 microRNA 功能发展“策略”的争论。一种观点认为，在靶标的表达可以引起发育转变的组织中，这些靶标是受到 miRNA 暂时性和（或）定量调节的。在这些情况下，miRNA 通过转录后水平下调其靶标，使得在分化阶段的细胞中蛋白质从一套转变成另外一套。这个机制在 *C. elegans* 缝线细胞成熟过程中得到证实，并在发现首个 miRNA 及其靶标中起到作用（Lee *et al.*，1993；Wightman *et al.*，1993；reviewed by Rougvie，2005）。第二种策略是在不需要这些靶标蛋白的组织中，它们的表达被抑制，这被称为“互斥现象”（Stark *et al.*，2005）。还可以通过阻止邻近细胞中漏出的转录模板来帮助细胞改变命运。尽管每种表达方式都可以代表这种策略，但接近普遍表达（除了心脏）的 miRNA 似乎是互斥现象的理想候选分子。至少这个组中的一个成员有一个预测的 RNA 靶标分子编码一种只在心脏中存在的蛋白质分子。根据 miRBase 靶标预测（Griffiths-Jones *et al.*，2006），miR-20b 以在心脏中存在的基因肌球蛋白调节轻链 2 A，心肌亚型作为靶标，尽管 miR-20b 在除了心脏的其他各处都有高表达（图 7.1K）。在靶标分子被预测和证明的同时，关于 miRNA 表达方式的信息也很重要，它可以用于推测特异发育功能和大致的整体调节策略。

我们的结果为今后研究 miRNA 功能和调节作用提供了极为重要的基础。例如，许多 miRNA 被发现位于基因间隔区或已知基因的反义链。这些 miRNA 可能有自己的启动子，我们的表达数据可以将表达情况类似的基因分组，这样有利于启动子功能的生物信息学研究。例如，对两个有重叠区但表达和序列都不相同的 miRNA 基因的启动子 miR-1（肌肉和心脏，图 7.1A）和-206（只有肌肉）进行比较，我们鉴定出其启动子元件的突变可能造成其调节的差异性（Darnell *et al.*，2007）。其他的 miRNA 位于基因内部（在正链上），并且它们有可能通过其宿主基因的启动子和宿主基因共转录（Ohler *et al.*，2004；图 7.1G）。

最后，一些 miRNA 行使原癌基因的功能（Brennecke *et al.*，2003；He *et al.*，2005）或充当肿瘤抑制因子（Johnson *et al.*，2005），然而其他的可被原癌基因如 *myc* 上调（O'Donnell *et al.*，2005）。了解包括 miRNA 在内的基因的表达形式，能够加快我们对于肿瘤转化的遗传学原因的认识。例如，miR-205a（图 7.1H）在表皮中表达，存在的两个拷贝分别位于 TRPM1 和 TRPM3（ensembl）。在人体中，TRPM1 的表达缺失与皮肤转移性黑素瘤有关（Duncan *et al.*，1998）。在人类 TRPM1 中也含有一个嵌入的 miRNA。现在还不清楚是肿瘤的转化下调了基因，还是基因的下调引起肿瘤的转化。如果后者是对的，那么就很有必要考虑是否是关键基因或嵌入的 miRNA 的缺失引发了癌症。基因表达形式以及它们与疾病相关类型细胞关系的知识将会对疾病机理的研究有所帮助。当人类中相关基因的重叠表达形式被证实后，鸡同源基因表达形式也许会对人类疾病的研究提供信息。

7.4 总结

我们对于鸡胚中大多数已知 miRNA 表达模式的研究数据将会在比较基因组学、生物信息学、发育生物学、癌生物学和许多其他的学科中发挥作用。这里提到的表达方式可能只代表了鸡基因组中全部 miRNA 表达的一部分，因此我们的工作为 miRNA 调节和功能研究提供了一个起点。

参考文献

Alvarez-Garcia, I. and Miska, E. A. (2005). MicroRNA functions in animal development and human disease. *Development*, **132**, 4653-4662.

Ambros, V. (2004). The functions of animal microRNAs. *Nature*, **431**, 350-355.

Ason, B., Darnell, D. K., Wittbrodt, B. *et al.* (2007). Differences in vertebrate microRNA expression. (In press.)

Barad, O., Meiri, E., Avniel, A. *et al.* (2004). MicroRNA detection by oligonucleotide microarrays: system establishment and expression profiling of human disease. *Genome Research*, **14**, 2486-2494.

Bell, G. W., Yatskievych, T. A. and Antin, P. B. (2004). GEISHA, A whole-mount *in situ* hybridization gene expression screen in chicken embryos. *Developmenta Dynamics*, **229**, 677-687.

Bentwich, I., Avniel, A., Karov, Y. *et al.* (2005). Identification of hundreds of conserved and nonconserved microRNAs. *Nature Genetics*, **37**, 766-770.

Berezikov, E. and Plasterk, R. H. A. (2005). Camels and zebrafish, viruses and cancer: a microRNA update. *Human Molecular Genetics*, **14**, R183-R190.

Brennecke, J., Hipfner, D. R., Stark, A., Russel, R. B. and Cohen, S. M. (2003). *Bantam* encodes a developmentally regulated microRNA that controls cell proliferation and regulates the proapoptotic gene hid in *Drosophi-*

la. Cell, **113**, 25 – 36.

Calin, G. A., Sevignani, C., Dumitru, C. D. *et al*. (2004). Human micro RNA genes are frequently located at fragile sites and genomic regions involved in cancers. *Proceedings of the National Academy of Sciences USA*, **101**, 2999 – 3004.

Chen, C. and Okayama, H. (1987). High efficiency transformation of mammalian cells by plasmid DNA. *Molecular Cell Biology*, **7**, 2745 – 2752.

Darnell, D. K., Kaur, S., Stanislaw, S., Konieczka, J. K., Yatskievych, T. A. and Antin, P. B. (2007). MicroRNA expression during chick embryo development. (In press.)

Dostie, J., Mourelatos, Z., Yang, M., Sharma, A. and Dreyfus, G. (2003). Numerous microRNPs in neuronal cell containing novel microRNAs. *RNA*, **9**, 180 – 186.

Duncan, L. M., Deeds, J., Hunter, J. *et al*. (1998). Down-regulation of the novel gene melastatin correlates with potential for melanoma metastasis. *Cancer Research*, **58**, 1515 – 1520.

Elbashir, S. M., Lendeckel, W. and Tuschl, T. (2001). RNA interference is mediated by 21- and 22-nucleotide RNAs. *Genes & Development*, **15**, 188 – 200.

Elmen, J., Zhang, H. Y., Zuber, B. *et al*. (2004). Locked nucleic acid containing antisense oligonucleotides enhance inhibition of HIV-1 genome dimerization and inhibit virus replication. *Federation of the European Biochemical Society Letters*, **578**, 285 – 290.

Elmen, J., Thonberg, H., Ljungberg, K. *et al*. (2005). Locked nucleic acid (LNA) mediated improvements in siRNA stability and functionality. *Nucleic Acids Research*, **33**, 439 – 447.

Giraldez, A. J., Cinalli, R. M., Glasner, M. E. *et al*. (2005). MicroRNAs regulate brain morphogenesis in zebrafish. *Science*, **308**, 833 – 838.

Griffiths-Jones, S. (2004). The microRNA registry. *Nucleic Acids Research*, **32**, D109 – D111.

Griffiths-Jones, S., Grocock, R. J., van Dongen, S., Bateman, A. and Enright, A. J. (2006). miRBase: microRNA sequences, targets and gene nomenclature. *Nucleic Acids Research*, **34**, D140 – D144.

Hatfield, S. D., Scherbata, H. R., Fischer, K. A. *et al*. (2005). Stem cell division is regulated by the microRNA pathway. *Nature*, **435**, 974 – 978.

He, L. and Hannon, G. J. (2004). MicroRNAs: small RNAs with a big role in gene regulation. *Nature Reviews in Genetics*, **5**, 522 – 532.

He, L., Thomson, J. M., Hemann, M. T. *et al*. (2005). A microRNA polycistron as a potential human oncogene. *Nature*, **435**, 828 – 833.

Hornstein, E., Mansfield, J. H., Yekta, S. *et al*. (2005). The microRNA miR-196 acts upstream of Hoxb8 and Shh in limb development. *Nature*, **438**, 671 – 674.

Johnson, S. M., Grosshans, H., Shingara, J. *et al*. (2005). RAS is regulated by the let-7 microRNA family. *Cell*, **120**, 635 – 647.

Kloosterman, W. P., Wienholds, E., de Bruijn, E., Kauppinen, S. and Plasterk, R. H. A. (2006). *In situ* detection of miRNAs in animal embryos using LNA-modified oligonucteotide probes. *Nature Methods*, **3**, 27 – 29.

Koshkin, A. A., Singh, S. K., Nielsen, P. *et al*. (1998). LNA (Locked Nucleic Acids): synthesis of the adenine, cytosine, guanine, 5-methylcytosine, thymine, and uracil bicyclonucleoside monomers, oligomerization, and unprecedented nucleic acid recognition. *Tetrahedron*, **54**, 3607 – 3630.

Lancman, J. J., Caruccio, N. C., Harfe, B. D. *et al*. (2005). Analysis of the regulation of lin-41 during chick and mouse limb development. *Developmental Dynamics*, **234**, 948 – 960.

Lee, J. H., Koyano-Nakagawa, N., Naito, Y. *et al*. (1993). cAMP activates the IL-5 promoter synergistically with phorbol ester through the signaling pathway involving protein kinase A in mouse thyoma line El-4. *Journal of Immunity*, **151**, 6135 – 6142.

Lee, Y., Jeon, K., Lee, J. T., Kim, S. and Kim, V. N. (2002). MicroRNA maturation: stepwise processing and subcellular localization. *European Molecular Biology Organization Journal*, **21**, 4663 – 4670.

Legendre, M., Lambert, A. and Gautheret, D. (2005). Profile-based detection of microRNA precursors in animal genomes. *Bioinformatics*, **21**, 841 - 845.

Lu, J., Getz, G., Miska, E. A. *et al*. (2005). MicroRNA expression profiles classify human cancers. *Nature*, **435**, 834 - 838.

Nieto, M. A., Patel, K. and Wilkinson, D. G. (1996). *In situ* hybridization analysis of chick embryos in whole mount and tissue sections. In *Methods in Cell Biology*, vol. 51. New York: Academic Press, Inc.

O' Donnell, K. A., Wentzel, E. A., Zeller, K. I., Dang, C. V. and Mendell, J. T. (2005). c-Myc-regulated microRNAs modulate E2F1 expression. *Nature*, **435**, 839 - 843.

Ohler, U., Yekta, S., Lim, L. P., Bartel, D. P. and Burge, C. B. (2004). Patterns of flanking sequence conservation and a characteristic upstream motif for microRNA gene identification. *RNA*, **10**, 1309 - 1322.

Pillai, R. S. (2005). MicroRNA function: multiple mechanisms for a tiny RNA? *RNA*, **11**, 1753 - 1761.

Reinhart, B. J., Slack, F. J., Basson, M. *et al*. (2000). The 21-nucleotide let-7 RNA regulates developmental timing in *Caenorhabditis elegans*. *Nature*, **403**, 901 - 906.

Rougvie, A. E. (2005). Intrinsic and extrinsic regulators of developmental timing: from miRNAs to nutritional cues. *Development*, **132**, 3787 - 3798.

Stark, A., Brennecke, J., Bushati, N., Russell, R. B. and Cohen, S. M. (2005). Animal microRNAs confer robustness to gene expression and have a significant impact on 30 UTR evolution. *Cell*, **123**, 1133 - 1146.

Thomsen, R., Nielsen, P. S. and Jensen, T. H. (2005). Dramatically improved RNA *in situ* hybridization signals using LNA-modified probes. *RNA*, **11**, 1745 - 1748.

Thomson, J. M., Parker, J., Perou, C. M. and Hammond, S. M. (2004). A custom microarray platform for analysis of microRNA gene expression. *Nature Methods*, **1**, 47 - 53.

Tuschl, T., Zamore, P. D., Lehmann, R., Bartel, D. P. and Sharp, P. A. (1999). Targeted mRNAs degradation by double-stranded RNA *in vitro*. *Genes & Development*, **13**, 3191 - 3197.

Valencia-Sanchez, M. A., Liu, J. D., Hannon, G. J. and Parker, R. (2006). Control of translation and mRNA degradation by miRNAs and siRNAs. *Genes & Development*, **20**, 515 - 524.

Valoczi, A., Hornyik, C., Varga, N. *et al*. (2004). Sensitive and specific detection of microRNAs by northern blot analysis using LNA-modified oligonucleotide probes. *Nucleic Acids Research*, **32**, e175.

Wahlestedt, C., Salmi, P., Good, L. *et al*. (2000). Potent and nontoxic antisense oligonucleotides containing locked nucleic acids. *Proceedings of the National Academy of Sciences USA*, **97**, 5633 - 5638.

Watanabe, T., Takeda, A., Mise, K. *et al*. (2005). Stage specific expression of microRNAs during *Xenopus* development. *Federation of the European Biochemical Society Letter*, **579**, 318 - 324.

Weinholds, E., Kloosterman, W. P., Miska, E. *et al*. (2005). MicroRNA expression in zebrafish embryonic development. *Science*, **309**, 310 - 311.

Wightman, B., Ha, I. and Ruvkun, G. (1993). Posttranscriptional regulation of the heterochronic gene lin-14 by lin-4 mediates temporal pattern formation in *C. elegans*. *Cell*, **75**, 855 - 862.

Xie, X., Lu, J., Kulbokas, E. J. *et al*. (2005). Systematic discovery of regulatory motifs in human promoters and 3′UTRs by comparison of several mammals. *Nature*, **434**, 338 - 345.

Zhao, Y., Samal, E. and Srivastava, D. (2005). Serum response factor regulates a musclespecific microRNA that targets Hand 2 during cardiogenesis. *Nature*, **436**, 214 - 220.

8 microRNA 在神经系统中的作用

Gerhard Schratt* and Michael Greenberg

8.1 引言

神经系统是动物体最复杂的系统。在典型的哺乳动物体中，数十亿的神经细胞（神经元）形成一个高度有序、错综复杂的联系网络。神经网络的构建以及神经胶质细胞对它们的支持，是神经系统行使正常功能的先决条件。考虑到成熟神经系统及其正常发育过程的复杂性，依赖于 microRNA（miRNA）的基因表达调控在神经系统的发育和成熟过程中具有尤为重要的作用。已有研究表明神经系统的多个过程都涉及 miRNA，包括神经元细胞身份的最初特异化、发育过程中神经元之间突触连接的形成与精细化（refinement），以及成年动物中突触的持续可塑性。本文将讨论 miRNA 在神经系统发育不同阶段中的功能，并总结我们关于 miRNA 在神经元功能异常导致的疾病中的作用的认识。需要注意的是，miRNA 在神经系统中另一类主要的细胞——神经胶质细胞中的功能的讨论不包含在这一章中。这并不是因为 miRNA 不存在于神经胶质细胞中，而是因为我们自己对这种细胞类型中的 miRNA 的认识有限。

我们关于 miRNA 在神经系统中可能的作用的最初了解来自于从不同组织提取的 RNA 中克隆的小分子 RNA，包括大脑组织如大脑皮层（Lagos-Quintana *et al.*，2002）。这些最初的实验提供了一些重要线索，并影响了后来的研究。首先，数量庞大的 miRNA 被鉴定出来，这提示 miRNA 可能在神经系统的发育与成熟过程中具有广泛的作用。其次，有一些被鉴定的 miRNA 具有高度的序列保守性，从灵长类到低等生物如线虫中都存在这种保守性。例如，在线虫（*Caenorhabditis elegans*）发育时序中起作用的 *let-7* miRNA（Reinhart *et al.*，2000）在不同的大脑组织中都高度表达，这说明像 *let-7* 这样的 miRNA 也可能调控高等脊椎动物神经系统细胞的分化。而在另外的情况中，一些 miRNA 只出现在高等生物或灵长类中，暗示了 miRNA 可能也参与拥有高级认知功能的哺乳动物所特有的神经系统的功能调节（Berezikov *et al.*，2005）。有许多的 miRNA 被发现富集在培养的神经元的多聚核糖体（polyribosome）片段上（Kim *et al.*，2004）。多聚核糖体组装在高度翻译的 mRNA 链上，可以作为翻译正在进行的一个标志。因此这个发现提供了证明 miRNA 可以像在其他细胞类型中一样在神经元中参与 mRNA 翻译调节的第一个证据。

近来，人们利用 miRNA 基因芯片技术研究了 miRNA 的大规模表达谱（Krichevsky *et al.*，2003；Miska *et al.*，2004；Sempere *et al.*，2004）。这些芯片上包含了 miRNA 数据库中所有的 miRNA 寡聚核苷酸探针，因此可以从给定的组织如大脑中提取 RNA 并快速定量分析其中所有已知的 miRNA 的表达情况。然而，需要注意的是，微

---

* 通讯作者。

芯片技术只限于分析已知的 miRNA，而不能像以克隆为基础的方法一样发现新的 miRNA。不管怎样，大脑发育的不同阶段中 miRNA 的表达谱显示出许多 miRNA 的表达是相当动态的过程，例如，在早期祖细胞中高表达而在已分化的神经元中低表达，反之亦然。因此这些研究可以让我们初窥到 miRNA 在神经系统发育的不同阶段所具有的广泛而通用的作用——从胚胎中神经元的分化到成体中神经元的可塑性。在接下来的各部分，我们将从近期的文献中举例来说明 miRNA 的不同功能。

8.2 miRNA 在神经元细胞命运决定中的作用

已分化的细胞类型以特有的一套基因表达产物为特征。因此，一旦一个细胞决定采用一个特异的表型，如一个高度极性化的神经元的表型，它就会立刻通过激活该细胞类型特异的基因的表达以及抑制与相关表型不相容的基因的表达来改变它的基因表达模式。过去几十年的研究表明，这种决定大部分是在基因转录水平上实现的。在神经系统中的经典例子包括原神经细胞的（proneural）bHLH 转录因子家族（NeuroD，Neurogenin，Mash）和 REST（一种通用抑制子，帮助阻止非神经组织中神经元基因的表达）（Ballas and Mandel，2005；Lee，1997）。考虑到 miRNA 是作为发育时序中细胞命运决定的调节者而在线虫（*C. elegans*）中被发现的，从神经组织中克隆到的 miRNA 使人们提出一种假设，即神经元 miRNA 可能是神经元细胞命运决定的调节者。这个假设的实验证据首先来自于 *C. elegans* 突变体的分析，这个突变体表现出感觉神经元两侧非对称的缺陷（Johnston and Hobert，2003）。在野生型线虫中，化学感觉神经元在解剖学基础上是两侧对称的，但是在基因表达模式上却是非对称的。然而，在非对称性消失了的线虫中，通过筛选发现了生成特定感觉神经元非对称性的候选基因。

其中一个突变的等位基因 *lsy-6* 定位的基因组位置不包含蛋白质编码基因，而是一个 miRNA。野生型线虫中，*lsy-6* miRNA 特异性地抑制未来左侧感觉神经元中的一种锌指转录因子 cog-1 的翻译（ASEL，图 8.1）。当 *lsy-6* 的功能消失时，cog-1 蛋白就会被不适当地表达，导致右侧特异性基因在 ASEL 中的表达和非对称性基因表达模式的消失。因此，*lsy-6* miRNA 通过控制调节性转录因子的表达而在左-右神经元特性的特化中起指导性的作用。接着，同一个小组又鉴定出在感觉神经元左-右非对称性通路中发挥功能的另一个 miRNA——miR-273（Chang *et al.*，2004）。miR-273 抑制转录因子 *die-1* 基因的表达模式，而 die-1 又是 *lsy-6* 表达的正调节者。这个机制帮助保持 *lsy-6* 在右侧感觉神经元（ASER）的低水平表达。因此，来自线虫的遗传学证据显示 miRNA 可以作为调节性开关来抑制细胞类型特异性转录因子的表达。

miRNA 在脊椎动物神经发育中的作用最先是在斑马鱼中被发现的。当由于缺失 miRNA 加工过程中的 Dicer 酶而导致成熟 miRNA 缺乏时，斑马鱼会表现出特异的发育缺陷，包括异常的脑形态发生（Giraldez *et al.*，2005）。这些缺陷与神经元分化的缺失有关，而与胚胎中神经系统的早期模式形成或命运特异化等过程无关。与这个观察一致的是，研究发现在哺乳动物神经元中高表达的 miRNA，如 miR-124a 和 miR-9，可以通过阻止非神经元基因的不正常表达来帮助维持已经特化的神经元表型（图 8.2）。

这个机制类似于转录因子 NRSF/REST（neuronal restricted silencing factor/RE-1 silencing transcription factor）的作用机制。NRSF/REST 可以普遍抑制非神经元组织

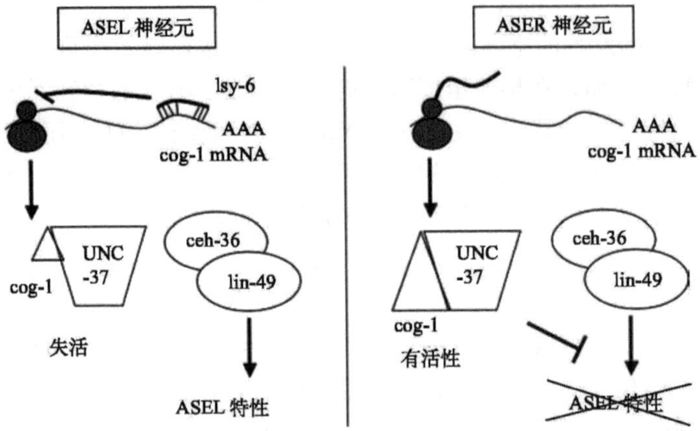

图 8.1 线虫（*C. elegans*）感觉神经元非对称特异化信号通路。左侧感觉神经元（ASEL；左）中，lsy-6 microRNA 结合在 cog-1 mRNA 上，从而抑制 cog-1 的翻译和 cog-1 蛋白的积累。这导致 cog-1/unc-37 抑制复合物的失活，从而允许 ceh-36/lin-49 促进 ASEL 特化。右侧感觉神经元（ASER：右）中，由于 *lsy-6* 的缺失使 cog-1 蛋白可以积累，从而抑制 ceh-36/lin-49 活性和 ASEL 特性。

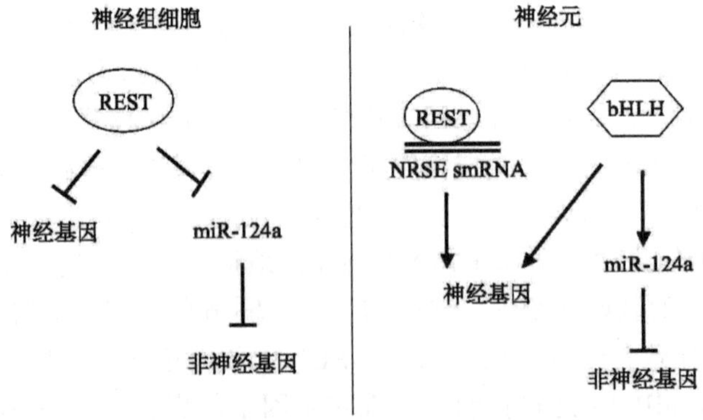

图 8.2 脊椎动物中神经元基因表达的信号通路。在神经细胞（左）中，转录因子 REST 抑制包括 miR-124a 在内的神经元基因的表达。在神经元（右）中，NRSE smRNA（small modulatory RNA，小调节性 RNA）与 REST 结合从而激活 REST，它又与前体神经细胞中的 bHLH 转录因子一起激活神经元基因的表达，包括 miR-124a。miR-124a 介导的非神经元基因表达的抑制可以帮助维持神经元表型。

中神经元基因的转录。事实上，最近的研究暗示 NRSF/REST 和 miR-124a 可能作用于同样的信号通路（Conaco *et al.*，2006）。NRSF/REST 可以抑制神经元干细胞中 miR-124a 的表达。随着神经元的分化，NRSF/REST 会被降解，从而导致 miR-124a 和非神经元基因表达的下调。*lsy-6* 通过靶向一个关键的转录因子 *cog-1* 来调节神经元分化；而与 *lsy-6* 相反，miR-124a 通过下调许多靶基因来发挥它自己的功能。当 miR-124a 在 HeLa 细胞系中表达时，通过芯片检测发现它可以下调许多非神经元转录物的表达，因此这个已转化的细胞系被赋予了与神经元相似的基因表达谱（Lim *et al.*，2005）。而

miR-124a 在线虫中作用机制却完全不同，它似乎是影响 mRNA 的水平而不是抑制稳定的 mRNA 的翻译。基于最近发现的 miRNA 可以与 P-body（processing body，加工小体）中的 mRNA 降解机器相互作用，比较容易得出的解释是 miRNA 可能是通过将靶标 mRNA 运到 P-body 中来影响 mRNA 水平，随后导致翻译的抑制（Liu *et al.*，2005）。这种机制对消除神经元或其他细胞系中错误转录的 mRNA 可能非常重要。高等生物中 miRNA 的功能是仅仅作为许可性调节因子，还是有些 miRNA 可以像线虫 *lsy-6* miRNA 一样发挥调节性开关的功能？研究这个问题将是非常有趣的。

另一个与神经元分化相关的小分子 RNA——NRSE 最近被鉴定出来，它是一种小分子双链调节性 RNA（Kuwabara *et al.*，2004）。NRSE 在神经元分化过程中被诱导表达，尽管这个 ncRNA［non-coding RNA，非（蛋白质）编码 RNA］的基因组起源还不清楚。与已知的 miRNA 或 siRNA 不同，NRSE 好像是在转录水平调节神经元分化。NRSE 可以直接与细胞核中转录抑制因子 NRSF/REST 相互作用，NRSE/REST 间相互作用通过一种未知机制将 NRSF/REST 的抑制作用转换成激活作用，其结果是神经元基因会伴随着神经祖细胞向神经元细胞分化的过程而激活。小分子 ncRNA 在染色质水平的作用在许多生物包括酵母和植物中都已被发现（Grewal and Rice，2004）。在这些例子中，RNAi 类的分子通过沉默大区域基因组（异染色质沉默）来作为一种普遍性作用形式。miRNA 和其他小分子 ncRNA 是否在高等生物神经系统中也通过类似机制来发挥作用还是个未知的问题。

8.3 miRNA 在活性依赖性突触形成与精细化过程中的作用

一旦细胞特异地分化成神经元，它们就具有与周围数百个神经元之间形成突触连接的特殊能力，导致位于神经系统功能核心的错综复杂的神经元网络的形成。突触连接不是固定的，它们可以根据细胞外信号进行剧烈的改变和精细化过程（refinement）。突触可以进行这些长期的结构和强度的改变的能力，被称为突触的可塑性，它可能在高级认知功能如学习和记忆的机制中起重要作用。此外，突触的功能异常与一些神经学上的疾病有关，包括智力迟钝、癫痫和孤独症。过去几十年的研究都突出了已存在的 mRNA 的活性依赖性翻译在突触可塑性的长期形式维持中具有重要的作用。miRNA 可能在突触发育过程中的活性依赖性翻译中具有重要作用，其第一个可能的证据来自于对脆性 X 染色体智力低下中突变的蛋白质（fragile-X mental retardation protein，FMRP）的观察，FMRP 是 RISC 蛋白复合物的一部分（Caudy *et al.*，2002；Jin *et al.*，2004）。

RISC（RNAi-induced silencing complex，RNAi 介导的沉默复合物）介导 RNAi 和 miRNA 依赖性的转录后基因沉默。FMRP 是一种 RNA 结合蛋白，可以调节树突 mRNA 的翻译。缺乏 FMRP 蛋白功能的神经元表现出突触蛋白的异常翻译和突触后树突棘的发育缺陷。综合这些观察，它暗示 FMRP 可能通过招募 miRNA 和与之相结合的 RISC 复合物到特定的靶标 mRNA 上来发挥它的功能（FMRP/miRNA 相互作用将在第 27 章被继续讨论）。最近，小分子 RNA 功能中的其他作用因子，如 RNAse-III 样的酶 Dicer 和 Argonaute 家族成员 eiF2C2，在树突棘和突触后树突（postsynaptic density，PSD）中也被检测到（Lugli *et al.*，2005）。这些发现进一步支持这个想法，即以小分子 RNA（可能包括 miRNA）为基础的某种机制，可能在局部的突触中发挥作用并参与突触的可塑性能力。

关于 miRNA 可能在突触发育过程中起作用的另一条证据来自于通过芯片和 Northern杂交分析进行的表达谱研究。有趣的是，许多 miRNA 在神经祖细胞或刚分化成的神经元中不存在，但当突触形成或发生重构时它们就高度表达。然而，关于特异的 miRNA 在有丝分裂后神经元的形态发生和突触发育中的功能才刚开始被揭示。其中一个 miRNA——miR-132，通过全基因组筛选而被鉴定出来，发现它的表达受活性依赖性转录因子 CREB（cAMP response element binding protein）的指导（Vo *et al.*，2005）。CREB 依赖性的转录在神经元的形态发生、可塑性和生存中具有广泛的作用。这些受 CREB 调控的 miRNA 的鉴定暗示了 CREB 的效应可能是通过 miRNA 的介导来达到的。事实上，miR-132 的表达会诱导神经突的形成。神经突是轴突和树突的前体，并最终促使突触连接的形成。miR-132 是通过抑制在神经突形成通路中的负调控因子 p250GAP（GTPase activating protein）的转录来介导神经突形成的。miR-132 自身的表达受神经元活性和神经营养蛋白的控制，因此这就提供了外来线索和神经元形态发生之间的一种联系。总之，这项研究提供了在神经元中活性依赖性的蛋白质合成受抑制的一种机制。目前，我们还不清楚 miR-132 介导的翻译抑制是否在其他活性调控过程如神经元存活、突触形成和可塑性中具有重要功能。

在神经元中，mRNA 不仅在普通的细胞质中被翻译成蛋白质，还可以在突触附近的树突形成过程中被翻译。这种所谓的局部翻译在过去的十年中被发展成一种渐受关注的模型，因为它提供了一种解释突触特异性改变的机制，这种改变被认为是发生在突触强度发生长期变化的单个突触中。神经元中受局部翻译控制的 mRNA 首先以高分子质量的核糖核蛋白颗粒（RNP，ribonucleoprotein particle）的形式被运送到突触树突结构中（Kiebler and DesGroseillers，2000）。

RNP 中含有马达蛋白（驱动蛋白 kinesin 和动力蛋白 dynein）和 RNA 结合蛋白，调节 mRNA 运输到树突中并防止成熟前的翻译。我们相信树突中的 mRNA 以翻译休眠状态的 RNP 形式储存在突触中，直到引入一个突触前的刺激来释放被阻止的翻译过程。最近，我们实验室的工作发现一个大脑特异性的 miRNA——miR-134，它是突触中的局部翻译机器的一部分（Schratt *et al.*，2006）。通过原位杂交，发现 miR-134 不仅遍布在细胞质中，而且也频繁出现在接近突触后的特异化区域即树突棘的位置（图 8.3）。miR-134 水平具有控制树突棘大小的功能，推测可能是通过调节重要突触蛋白的局部合成来行使该功能的。到目前为止，只有 *Limk1* 基因被真正鉴定为 miR-134 的靶标基因。*Limk1* mRNA 能编码一种调节肌动蛋白多聚化的激酶，因此可以促进树突棘的生长。*Limk1* mRNA 和 miR-134 共存于神经元树突中，并且 miR-134 可以抑制 *Limk1* mRNA 的翻译。因此，与其他神经元 miRNA 相似，miR-134 阻止对神经元功能具有重要作用的蛋白质的异常积累。然而，与经典的 miRNA 机制不同的是，突触中的 *Limk1* 翻译的抑制不是组成性的，而是可以被大脑衍生的神经营养因子（brain-derived neurotrophic factor，BDNF）调节的。BDNF 是一种受突触刺激反应而被释放的神经营养蛋白。因此，miR-134 介导的翻译抑制可以被快速地逆转。这种特点在突触可塑性过程中树突棘结构发生快速双向变化时是必需的（图 8.4）。

总之，这些例子说明 miRNA 在成熟神经系统的活性依赖性形态发生和突触发育过

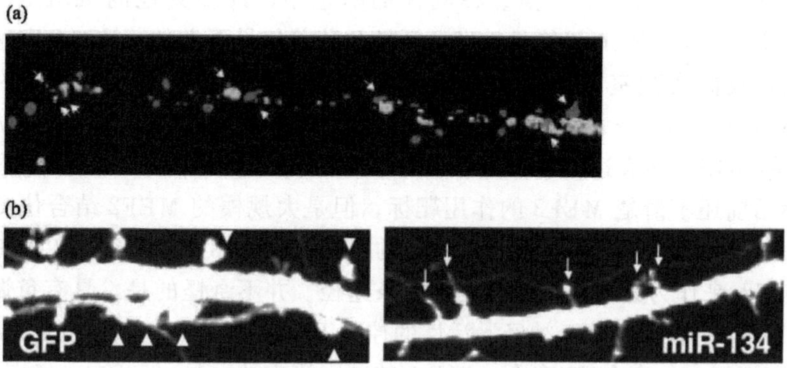

图 8.3　miR-134 在树突中的表达和它在树突棘形态发生过程中的作用。(a) miR-134 (绿色，原位杂交信号) 位于大鼠海马神经元树突中的突触后位置 (红色，PSD-95 免疫染色)。箭头表示 miR-134/PSD-95 共存的位置。(b) miR-134 和绿色荧光蛋白 GFP 在海马区神经元中共表达 (右) 导致树突棘体积比仅表达 GFP 的神经元的缩小 (如图中箭头和小箭头所示)。(见彩图 6)

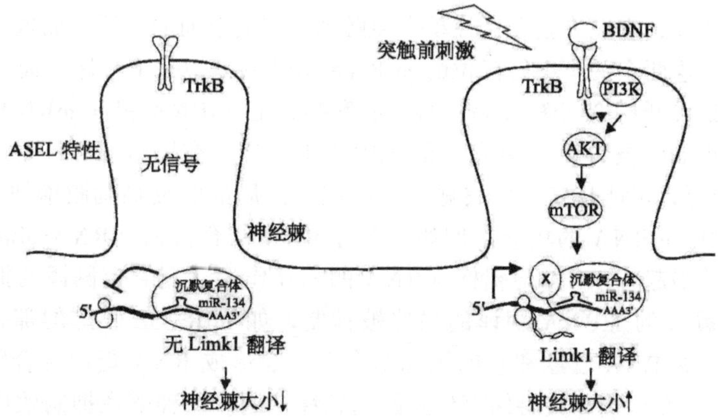

图 8.4　miR-134 在树突蛋白合成中的作用模型。(左) 缺乏 BDNF 信号时，*Limk1* mRNA 翻译被一个 miR-134 结合的沉默复合物所抑制。低水平的 Limk1 蛋白阻止了树突棘的生长。(右) 突触前的刺激导致 BDNF 的释放，从而激活 TrkB/PI3K/Akt/mTOR 信号通路以及一种未知的沉默复合物的修饰。*Limk1* mRNA 的翻译抑制被解除，导致新的 Limk1 蛋白合成和树突棘的生长。

程中具有重要功能。另外，miRNA 在活性依赖性过程中的作用也挑战了盛行的法则，即 miRNA 仅仅是保证细胞中基因表达程序稳定运行的可调变阻器。不同的是，这些发现暗示 miRNA 是受细胞外刺激如突触刺激影响的高度动态的调控通路的一部分。miRNA如何整合细胞外刺激从而影响基因表达的动态调控呢？以少数文献中描述的例子和我们自己的初步结论为基础，这里有两个具有一定说服力且并不互斥的模型来回答这一问题。

第一个模型是 miRNA 的活性可能受 miRNA 前体转录水平的调控。这个模型尤其在已被证明的 miRNA 在神经元中的活性依赖性转录中的作用中具有一定吸引力。我们已经在 miR-132 中讨论了这一点。在同样的筛选中，许多其他的 miRNA 的表达受 CREB 的调控，暗示 CREB 可能是神经元活性和营养信号下游的 miRNA 表达的通用调节者。最近，我们实验室的另一项研究发现了另一个活性调节性的转录因子 MEF2（myocyte enhancer factor 2）在突触发生过程中具有关键作用（Flavell *et al.*，2006）。RNAi 介导的 MEF2 的表达抑制导致突触形成的增加，说明 MEF2 是突触形成的负调节者。虽然目前还不清楚 MEF2 的作用靶标，但是大规模的 MEF2 结合位点的基因组定位分析发现，许多 miRNA 可能是其潜在的靶标，推测 MEF2 可能与 CREB 相似，通过利用 miRNA 来作为其调节突触功能的一条途径。并不奇怪的是，具有负调控树突棘发育的 miR-134 的表达也处于神经元活性的控制下（Schratt *et al.*，2006）。miR-134 是 Dlk1-Gtl2 印记区中一个含 50 多个 miRNA 的基因簇中的一员（Seitz *et al.*，2004）。有理由相信整个基因簇通过一个共同的增强子来调控，尽管目前还不清楚这个增强子的本质是什么。在将来，确定这个基因簇中其他 miRNA 的功能将是非常有意义的。总体来说，miRNA 的活性依赖性调控是一个强大的机制，神经元可以通过它们在整个细胞水平来动态响应神经网络活性的变化。

除此之外，miRNA 活性也可能在突触或突触附近受到局部调控。这个模型不同于转录水平上的调控，它允许独立调控单个突触来响应突触前的激活，而这正是突触可塑性的一个特点。这两个关于突触部位的 miRNA 活性的模型并不相斥，而是在最近获得流行并将在此处展开讨论（图 8.5）。两个模型都假定 miRNA 靶标 mRNA 运输到突触树突结构中，正如已被讨论的树突中的 miR-134 一样。在图 8.5（a）的模型中，miRNA 靶标被翻译，可能是基本的突触活性引起的。局部的突触刺激增加了相关的 miRNA 接近其靶标 mRNA 的机会，例如，通过 RNA 结合蛋白（RNA-binding protein，RBP）的释放等引起 miRNA 与靶标 mRNA 的相互作用从而导致翻译的抑制。其最终结果是活性依赖性的 mRNA 翻译的局部被抑制，如 miR-132 假定的那样。在图 8.5（b）的模型中，miRNA 已经和它的靶标结合在一起形成 RNA 蛋白复合物即 miRNP，保证靶标 mRNA 在运输和突触储存位置的基础性抑制。这种翻译抑制效应随后可以被突触刺激消除。

我们的结果暗示 miR-134 可能利用图 8.5（b）的模式来发挥功能。然而，一些重要的问题依然存在，包括：miRNA 结合的复合物中是哪种蛋白质整合了细胞外的信号？这些蛋白质的特异的翻译后修饰是如何改变整个复合物的翻译能力的？例如，沉默复合物的失活可能是通过活性依赖性修饰或抑制性成分的释放来达到。有趣的是，近来从果蝇中获得的结果表明 RISC 的多个组分，包括 Dicer、Armitage（一种 RNA 螺旋酶）和 Aubergine（一种 Argonaute 家族蛋白）在突触中受神经活性影响而被蛋白酶体系统降解（Ashraf *et al.*，2006）。这个精确的机制和哺乳动物的可塑性之间的关系需要进一步确定。

总之，脊椎动物神经系统中的一些 miRNA 是受突触发育和可塑性过程中神经元活性的动态调控的调节平台的一部分。将来，利用体内遗传学方法进行的关于 miRNA 在脊椎动物大脑中的功能研究，一定会提供关于这些微小的调控分子是如何影响高级认知功能的深入认识。

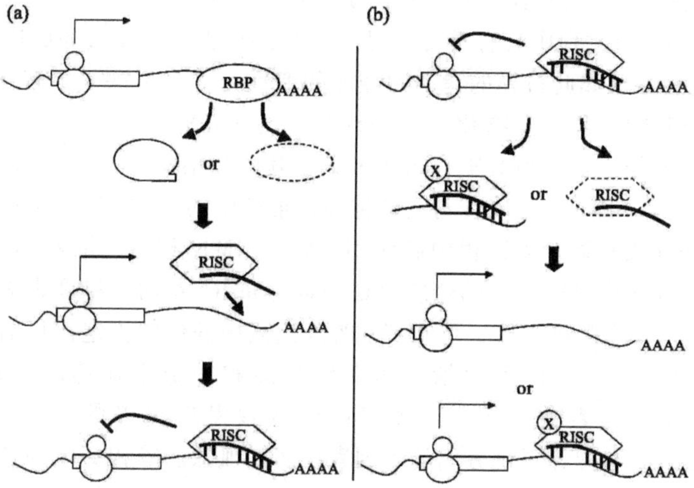

图 8.5 受神经元活性影响的局部 microRNA 功能的调控模型。(a) 神经元活性导致 RNA 结合蛋白 RBP 从树突 mRNA 上释放下来，可能是由于 RBP 的降解（虚线），也可能是由于 RBP 的翻译后修饰，microRNA 结合的 RISC 复合物此时就可以结合在靶标 mRNA 3′UTR 的相应位点上进而抑制 mRNA 的翻译。(b) 神经元活性导致 RISC 组成蛋白的翻译后修饰（X）或降解（虚线）。两种机制都可以解除翻译抑制从而允许树突 mRNA 的翻译。

8.4 miRNA 在神经疾病中的作用

由于 miRNA 在神经系统发育中具有重要作用，所以 miRNA 功能的破坏可能与许多神经病学紊乱有关。然而，miRNA 在神经疾病中的潜在作用才刚开始被研究，我们目前的关于特定 miRNA 在神经疾病中的作用的知识最多也只是揭示了一些相关性。尽管如此，在这一部分我们仍将努力总结所知道的关于 miRNA 功能和神经疾病之间的潜在联系，也将对需要深入研究的相关领域作出预测。

近期的一些观察指出了 miRNA 在一些癌症发展中的作用，包括神经系统方面的癌症（Hammond，2005）。例如，芯片分析实验鉴定了许多与神经胶质细胞瘤表型相关的 miRNA，表明这些 miRNA 可能与肿瘤状态的病因或发展过程相关（Ciafre *et al.*，2005；参见本书第 26 章）。有趣的是，研究发现不同起源的癌细胞的 miRNA 表达谱可以作为代表个人癌症病史的分子指纹（Lu *et al.*，2005）。这个发现说明 miRNA 表达谱有希望在不久的将来被用于特定形式的恶性肿瘤的诊断。

miRNA 可能在其他那些由于转录后 RNA 代谢缺陷（包括剪接、RNA 转运和翻译等缺陷）导致的疾病中具有重要作用。脆性 X 染色体智力低下是一种由 FMRP 蛋白突变导致的遗传性紊乱。FMRP 蛋白是一种 RNA 结合蛋白，调控 RNA 在神经元树突中的转运和翻译。我们已经发现 miRNA 和 X 染色体相关性智力低下综合征之间的有趣的联系。在本书第 27 章将会深入讨论最近的一些相关文献。有缺陷的 RNA 代谢也可能与另一种神经疾病——脊髓性肌萎缩（spinal muscular atrophy，SMA）有关。SMA 是一种神经退行性疾病，它可以影响初级运动神经元，是导致婴儿死亡的主要原因之一（Monani，2005）。在 SMA 中，RNA 结合蛋白 SMN（small motor neuron protein）发生突变。SMN 蛋白是一种广泛表达的蛋白质，它可能在 mRNA 剪接、轴突运输、轴突中 mRNA 局部翻译等过程中具有重要作用。目前还不清楚为什么如此广泛表达的基因如 SMN 的突变会导致如此特异的运动神经元的变性。为了更深入了解 SMA 的分子机制，Dreyfuss 及其同事利用生物化学方法纯化了与 SMN 蛋白复合物相结合的 RNA，因此鉴定出多种小分子非编码 RNA（ncRNA），其中包括 miRNA（Mourelatos *et al.*，2002）。可以推测，miRNA 可能在与运动神经元轴突中的 SMN 复合物相结合的 mRNA 的剪接、转运和（或）翻译等过程中起作用。确定 SMN 相关的活性如 mRNA 剪接和转运以及运动神经元中轴突蛋白的合成等是否需要 miRNA 功能将是非常有趣的。

由于 miRNA 具有多种功能，可知其在神经疾病中的作用肯定比目前所认识的要广泛得多。在不同的疾病条件下包括阿尔茨海默症和帕金森症等，人们正在进行的 miRNA 大规模克隆与表达分析，毫无疑问将导致发现更多的与疾病相关的候选 miRNA。除此之外，与神经系统方面的多因素疾病如孤独症等相关联的遗传位点图谱分析将揭示 miRNA 依赖性的基因表达调控在其中具有的重要作用。最后，作为 miRNA 靶标的疾病基因的鉴定也将有助于对疾病背后机制进行描述。Rett 综合征（RTT）是一种由于 *MeCP2* 基因突变引起的神经发育紊乱。*MeCP2* 编码一个与甲基化 DNA 相结合的蛋白质。近来，研究报道 *MeCP2* 的翻译受到活性调节性 miRNA——miR-132 的调控（R. Goodman，未发表结果），因此可以推测 *MeCP2* 基因在 mRNA 翻译水平上的失调可能会促进 Rett 综合征的发生。研究发现转基因小鼠中 *MeCP2* 的异常表达可以引起类似 Rett 综合征的表型，说明 *MeCP2* 的转录后调控可能更重要。另一个研究较深入的活性调控性 miRNA——miR-134 也与神经疾病具有潜在联系。唯一一个被鉴定的 miR-134 的靶标是 *Limk1*，它是 Williams 综合征（WS）的候选相关基因。Williams 综合征是一种遗传性紊乱，除了其他非神经性症状以外，还表现出认知功能和视觉空间认知的严重缺陷（Frangiskakis *et al.*，1996）。WS 中的遗传损伤相当大并且包括多种基因，目前关于在缺失区域中究竟是哪个基因与神经病学上的症状相关仍然存在争议。但是，由于 *Limk1* 突变小鼠的表型与 WS 患者的表型相似，*Limk1* 被认为是到目前为止被鉴定的最可能的疾病候选基因之一。通过推测，可以猜想具有调控 *Limk1* 基因表达的 miR-134 的改变可能会引起类似的高级认知功能的改变。这种猜想可以在不远的将来通过大脑特异性 *miR-134* 敲除小鼠而得到阐明。

最后，近来关于印记区中发现的 miRNA 可能对其他神经紊乱具有重要影响。印记是指来自双亲其中一方的染色体上的一段区域由于基因组 DNA 的甲基化而发生转录沉默的机制。有趣的是，印记基因的错误表达与一些严重的神经系统功能缺陷有关，就像在 Angelman 综合征、Prader-Willi 综合征中观察到的一样。近来的研究发现小分子非编码 RNA 在这些综合征中具有重要作用。像前文提到的一样，miR-134 基因位于小鼠 12 号染色体上的一个大的 miRNA 基因簇（其中含 50 多个 miRNA）（图 8.6）。附近的 Dlk1-Gtl2 区域是典型的印记区，一项最近的研究表明它附近的所有 miRNA 也被印记化了。在低等生物如酿酒酵母中发现了小分子 ncRNA 可以介导 DNA 甲基化和异染色质沉默，从而可以推测在小鼠 12 号染色体上的这个 miRNA 基因簇的表达可能有助于该基因组位点的印记化状态的形成。这种以 miRNA 为基础的调控机制在疾病中也具有重要作用，因为 Dlk1-Gtl2 区域的基因表达的失调与 Callipyge 表型有关，表现为肌肉肥大。这个区域的表达失调是否在神经元发育中具有意义还不清楚。

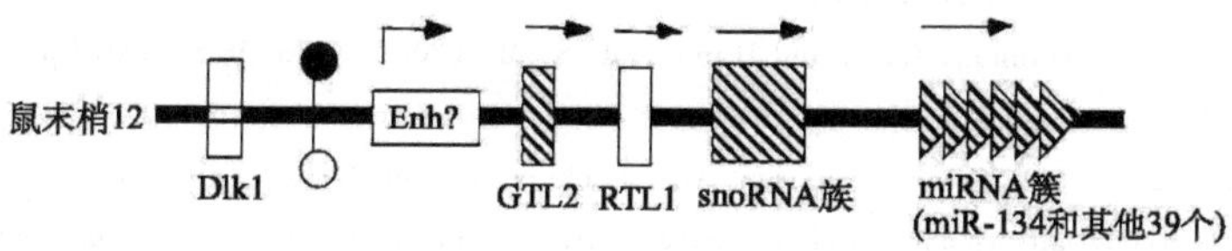

图 8.6 小鼠 12 号染色体 Dlk1-Gt12 印记区示意图。箭头表示预测的起源于 GTL2（gene trap locus 2）基因的一个未知通用增强子（enhancer，Enh）的转录物。Dlk1，Delta-like 1；RTL1，retrotransposon-like 1。实心和空心圆圈分别代表印记中心高度和低度甲基化状态。母源染色体和父源染色体表达的基因分别用带条纹的方框和空白方框表示。

总之，多条证据指出 miRNA 在不同形式的神经疾病中具有相当广泛的作用。这些疾病可能是 miRNA 调控的不同机制的结果。因此，通过导入外源性的 miRNA 或阻止内源性的 miRNA（如通过反义寡聚核苷酸或 RNAi 介导的 miRNA 前体表达沉默）来干扰 miRNA 功能，可能成为治疗神经疾病如 Rett 综合征、Williams 综合征和 Angelman 综合征等的一种方法。体内沉默 miRNA 在近期已经可以做到，但是目前这种方法还不能应用于大脑中 miRNA 功能的干扰（Krutzfeldt *et al.*，2005）。

8.5 结论及前景

神经系统中的 miRNA 研究还是一个年轻的领域，并且有许多重要的问题仍然没有得到解决。尤其是 miRNA 在高等脊椎动物体内究竟具有什么作用（如果有）到目前为止还不清楚。另外，体外研究形成了一些关于 miRNA 在细胞内的作用的重要认识，包括神经元分化、神经元表型的维持、神经元形态发生和突触发育及可塑性。在这些过程中，miRNA 采用不同的机制，涉及从 mRNA 翻译及稳定性的控制到染色体结构和转录的表观遗传调控等一系列过程。相信这些发现只是冰山一角，我们需要继续保持开放的头脑，去发现在神经系统发育与成熟过程中发挥功能的新的 miRNA 作用机制。为了了解神经系统中 miRNA 的全部功能，多个不同生物学领域的协作是必需的。这些包括利用生物信息学方法预测 miRNA 靶标、利用生物化学方法纯化大脑中组装成的 miRNA 复合物、利用细胞生物学方法探测 miRNA 及其靶标的时空表达谱，以及利用遗传学方法在生物体内环境下揭示 miRNA 的功能。此外，大规模的功能 miRNA 筛选在脊椎动物系统中也开始成为可行的方法。例如，为了了解 miRNA 在突触发育中的功能全景，我们实验室近来开展了在大鼠海马区神经元中进行大规模的功能缺失筛选的研究，即通过 2′-*O*-甲基化的反义寡聚核苷酸指导富集于突触附近的 miRNA 失活。通过这种方法以及其他类似方法所获得的结果必然会使 miRNA 研究在可预见的未来有着广泛的应用。

参考文献

Ashraf, S. I., McLoon, A. L., Sclarsic, S. M. and Kunes, S. (2006). Synaptic protein synthesis associated with memory is regulated by the RISC pathway in *Drosophila*. *Cell*, **124**, 191 – 205.

Ballas, N. and Mandel, G. (2005). The many faces of REST oversee epigenetic programming of neuronal genes. *Current Opinion in Neurobiology*, **15**, 500 – 506.

Berezikov, E., Guryev, V., van de Belt, J. *et al*. (2005). Phylogenetic shadowing and computational identification of human microRNA genes. *Cell*, **120**, 21 – 24.

Caudy, A. A., Myers, M., Hannon, G. J. and Hammond, S. M. (2002). Fragile X-related protein and VIG associate with the RNA interference machinery. *Genes & Development*, **16**, 2491 – 2496.

Chang, S., Johnston, R. J., Jr., Frokjaer-Jensen, C., Lockery, S. and Hobert, O. (2004). MicroRNAs act sequentially and asymmetrically to control chemosensory laterality in the nematode. *Nature*, **430**, 785 – 789.

Ciafrè, S. A., Galardi, S., Mangiola, A. *et al*. (2005). Extensive modulation of a set of microRNAs in primary glioblastoma. *Biochemical Biophysical Research Communications*, **334**, 1351 – 1358.

Conaco, C., Otto, S., Han, J. J. and Mandel, G. (2006). Reciprocal actions of REST and a microRNA promote neuronal identity. *Proceedings of the National Academy of Sciences USA*. (In press.)

Flavell, S. W., Cowan, C. W., Kim, T. K. *et al*. (2006). Activity-dependent regulation of MEF2 transcription factors suppresses excitatory synapse number. *Science*. (In press.)

Frangiskakis, J. M., Ewart, A. K., Morris, C. A. *etal*. (1996). LIM-kinasel hemizygosity implicated in impaired visuospatial constructive cognition. *Cell*, **86**, 59 – 69.

Giraldez, A. J., Cinalli, R. M., Glasner, M. E. *et al*. (2005). MicroRNAs regulate brain morphogenesis in zebrafish. *Science*, **308**, 833 – 838.

Grewal, S. I. and Rice, J. C. (2004). Regulation of heterochromatin by histone methylation and small RNAs. *Current Opinion in Cell Biology*, **16**, 230 – 238.

Hammond, S. M. (2005). MicroRNAs as oncogenes. *Current Opinion in Genetics Development*, **16**, 4 – 9.

Jin, P., Zarnescu, D. C., Ceman, S. *etal*. (2004). Biochemical and genetic interaction between the fragile X mental retardation protein and the microRNA pathway. *Nature Neuroscience*, **7**, 113 – 117.

Johnston, R. J. and Hobert, O. (2003). A microRNA controlling left/right neuronal asymmetry in *Caenorhabditis elegans*. *Nature*, **426**, 845 – 849.

Kiebler, M. A. and DesGroseillers, L. (2000). Molecular insights into mRNA transport and local translation in the mammalian nervous system. *Neuron*, **25**, 19 – 28.

Kim, J., Krichevsky, A., Grad, Y. *et al*. (2004). Identification of many microRNAs that copurify with polyribosomes in mammalian neurons. *Proceedings of the National Academy of Sciences USA*, **101**, 360 – 365.

Krichevsky, A. M., King, K. S., Donahue, C. P., Khrapko, K. and Kosik, K. S. (2003). A microRNA array reveals extensive regulation of microRNAs during brain development. *RNA*, **9**, 1274 – 1281.

Krutzfeldt, J., Rajewsky, N., Braich, R. *etal*. (2005). Silencing of microRNAs *in vivo* with 'antagomirs'. *Nature*, **438**, 685 – 689.

Kuwabara, T., Hsieh, J., Nakashima, K., Taira, K. and Gage, F. H. (2004). A small modulatory dsRNA specifies the fate of adult neural stem cells. *Cell*, **116**, 779 – 793.

Lagos-Quintana, M., Rauhut, R., Yalcin, A. *et al*. (2002). Identification of tissue-specific microRNAs from mouse. *Current Biology*, **12**, 735 – 739.

Lee, J. E. (1997). Basic helix-loop-helix genes in neural development. *Current Opinion in Neurobiology*, **7**, 13 – 20.

Lim, L. P., Lau, N. C., Garrett-Engele, P. *etal*. (2005). Microarray analysis shows that some microRNAs downregulate large numbers of target mRNAs. *Nature*, **433**, 769 – 773.

Liu, J., Valencia-Sanchez, M. A., Hannon, G. J. and Parker, R. (2005). MicroRNA-dependent localization of targeted mRNAs to mammalian P-bodies. *Nature Cell Biology*, **7**, 719 – 723.

Lu, J., Getz, G., Miska, E. A. *etal*. (2005). MicroRNA expression profiles classify human cancers. *Nature*, **435**, 834 – 838.

Lugli, G., Larson, J., Martone, M. E., Jones, Y. and Smalheiser, N. R. (2005). Dicer and eIF2c are enriched at postsynaptic densities in adult mouse brain and are modified by neuronal activity in a calpain-dependent manner. *Journal of Neurochemistry*, **94**, 896 – 905.

Miska, E. A., Alvarez-Saavedra, E., Townsend, M. *etal*. (2004). Microarray analysis of microRNA expression in the developing mammalian brain. *Genome Biology*, **5**, R68.

Monani, U. R. (2005). Spinal muscular atrophy: a deficiency in a ubiquitous protein; a motor neuron-specific disease. *Neuron*, **48**, 885 – 895.

Mourelatos, Z., Dostie, J., Paushkin, S. *et al*. (2002). miRNPs: a novel class of ribonucleoproteins containing numerous microRNAs. *Genes & Development*, **16**, 720 – 728.

Reinhart, B. J., Slack, F. J., Basson, M. *et al*. (2000). The 21-nucleotide let-7 RNA regulates developmental timing in *Caenorhabditis elegans*. *Nature*, **403**, 901 – 906.

Schratt, G. M., Tuebing, F., Nigh, E. A. *et al*. (2006). A brain-specific microRNA regulates dendritic spine development. *Nature*, **439**, 283 – 289.

Seitz, H., Royo, H., Bortolin, M. L., Lin, S. P., Ferguson-Smith, A. C. and Cavaille, J. (2004). A large imprinted microRNA gene cluster at the mouse Dlk1-Gtl2 domain. *Genome Research*, **14**, 1741 – 1748.

Sempere, L. F., Freemantle, S., Pitha-Rowe, I. *et al*. (2004). Expression profiling of mammalian microRNAs uncovers a subset of brain-expressed microRNAs with possible roles in murine and human neuronal differentiation. *Genome Biology*, **5**, R13.

Vo, N., Klein, M. E., Varlamova, O. *et al*. (2005). A cAMP-response element binding proteininduced microRNA regulates neuronal morphogenesis. *Proceedings of the National Academy of Sciences USA*, **102**, 16426 – 16431.

9 调控人类细胞线粒体中支链 α-酮酸脱氢酶数量的 microRNA 表达分析

Dean J. Danner*, John Barnes and Benjamin Mersey

9.1 引言

50 多年前，人们对一个家庭中多次出现孩子出生后不久便死亡的现象已开展了研究。对这些新生儿的特征进行详细的描述，发现他们的尿液中都具有类似于枫糖浆的甜气味（Menkes *et al.*，1954）。随后对这些患者的血液和尿液进行检测，发现样品中支链氨基酸（BCAA）和其转氨基作用形成的 α-酮酸含量增加。体液中 6 种化合物含量的升高，使气味类似于枫糖浆（Menkes，1959）。后续工作表明，亮氨酸、异亮氨酸、缬氨酸和它们的支链酮酸（BCKA）含量的升高是由于患者缺乏对支链酮酸脱羧的能力造成的。调查还表明，支链氨基酸分解代谢发生在所有哺乳动物细胞的线粒体中。既然这个家族中死亡的儿童没有分解代谢 BCAA 的能力，而他们的父母却是正常的，那么可以推断，这种病是由常染色体隐性遗传导致的，且每个亲代都带有一个突变基因。20 余年来人们努力去鉴定导致该疾病的基因及其突变情况，发现受影响的个体必须具备同一基因的两个突变体等位基因才可致了该疾病（Chuang and Shih，2001）。

从 20 世纪 60 年代始，大多数对现命名为枫糖尿症（MSUD）的这种疾病的研究都集中在蛋白质水平，主要是由于 DNA 和基因结构尚不清楚，所以无法在此层面展开研究。这些研究所获得的信息证实，该疾病为常染色体隐性遗传，并且伴随线粒体多酶复合物抑制反应。直到 20 世纪 70 年代末这一定义为支链 α-酮酸脱氢酶（BCKD）的复合物才分离纯化成功（Pettitt *et al.*，1978；Danner *et al.*，1979）。在 20 世纪 80 年代中期，我们成功分离出代表 BCKD 复合物核心部分的基因产物对应的 cDNA 序列（Litwer，Danner，1985）。

当编码 BCKD 复合物唯一元件的三个基因都被鉴定出来后，随即开始分析定义导致 MSUD 的等位基因的核苷酸改变（Peinemann and Danner，1994；Chuang and Shih，2001）。三个基因中每个基因的已知突变的数目均等，并且所有引发该疾病的突变的不同类型都已经鉴定（Nellis and Danner，2001）。然而，在许多患者中特异的突变仍然未知，并且在基因水平上也不确定为什么有些患者发病要比其他的人晚。图 9.1 为对 BCKD 的基本描述。

支链氨基酸（亮氨酸、异亮氨酸和缬氨酸）最重要的作用包括：①是许多蛋白质最重要的组成部分；②相对其他氨基酸能更有效地跨越血脑屏障，从而被用来形成谷氨酸；③最低量的亮氨酸就可以刺激胰腺细胞释放胰岛素。哺乳动物不能合成这些氨基酸，因此支链氨基酸是从饮食中摄入或由内源性蛋白质的分解获得。当这些支链氨基酸

* 通讯作者。

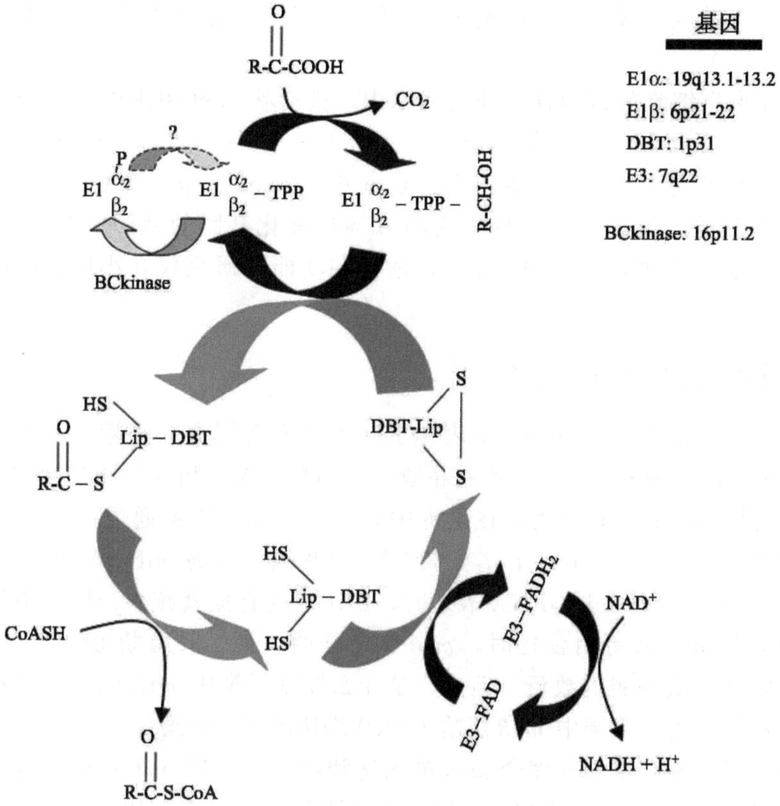

图 9.1　BCKD 反应图解。

不被用于蛋白质的合成或其他组织特异性功能时，就会以一种在所有含线粒体的细胞中都具有的途径进行代谢。氨基酸转氨基反应后，支链 α-酮酸（BCKA）通过有活性的 BCKD 的作用脱羧基。激活的 BCKD 降解支链氨基酸。支链转氨酶和 BCKD 这两个酶

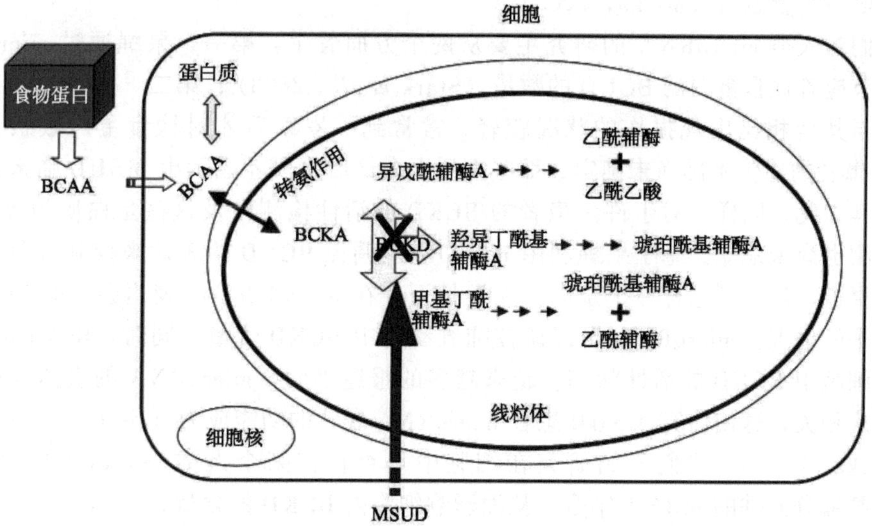

图 9.2　支链氨基酸新陈代谢作用和人类遗传缺陷阻断了该通路。

作用于所有这三个支链氨基酸，但经过脱羧作用后，每个支链脂酰基辅酶 A 进入一个单独的通路（图 9.2）。

BCKD 存在于所有细胞的线粒体。哺乳动物中，激活状态的 BCKD 受控于一个复杂的特异性激酶（BCkinase）的表达（Odessey，1982）。这种酶可以将磷酸基团加入 E1α 亚基，从而阻断了支链酮酸底物的结合位点（Ævarsson *et al.*，2000）。目前，已经在线虫、果蝇和鱼类的基因组中发现了编码 BCKD 催化基团的基因。但是，BCkinase 基因仅存在于哺乳动物基因组中。BCKD 活性和功能的研究仅在小鼠、大鼠、牛和人类中完成。

9.2 活性 BCKD 数量的控制

在过去的十年，microRNA（miR）的表达引起了研究者很大的兴趣。虽然第一个 microRNA 是在线虫中发现的，但是现在在植物、果蝇甚至人类和其他许多物种中都有 microRNA 存在的报道。最近有报道，在果蝇中有一个 microRNA 通过控制 BCKD 的活性来控制饮食蛋白的摄入（Stark *et al.*，2003）。据报道，果蝇 miR-277 与 BCKD 元件的 mRNA 互补，并且当该 microRNA 表达时，BCKD 的合成就减少。针对果蝇提出一种假说，即当它们摄入低蛋白食物时，*miR-277* 开始表达，并阻断 BCKD 的形成，进而控制果蝇所需支链氨基酸的数量。但是，是什么控制果蝇中 *miR* 的表达还没有被证实，并且也没有其他关于果蝇中 *miR* 影响 BCKD 表达的研究报道。

最近在人类中已经检测了 200 多个 *miR* 的表达和功能。许多 *miR* 可能结合于不同基因的 mRNA（Du and Zamore，2005）。目前尚不清楚 microRNA 如何选择它们的靶 mRNA，以及它们是否随着细胞的类型、发展阶段或代谢产物的不同而改变。现在已经发现 microRNA 的编码序列是一个单独的基因或者是一个编码功能蛋白的内含子序列。现有的数据表明，在人类中大多数 microRNA 阻止 mRNA 的翻译但并不破坏 mRNA（Filipowicz *et al.*，2005；Humphreys *et al.*，2005；Pillai *et al.*，2005；Smirnova *et al.*，2005）。许多报道也表明人类 microRNA 仅在特定的组织中表达，并在细胞发育阶段被大量激活（Miska，2005）。

我们对人类 microRNA 的研究主要从两个方面着手：第一，果蝇通过 microRNA 表达调节应答饮食蛋白的 BCKD 的数量（Stark *et al.*，2003）；第二，一些患有 MSUD 的患者与其他相比出现损伤的状况较轻，常常到一岁以后才对饮食蛋白敏感。许多 MSUD 患者的遗传基础尚未确定，那些直到生命最后阶段才显示出 MSUD 临床表型的患者尤其如此。同样，对于许多患者的 BCKD 的活性检测以及这些蛋白质的 Western 杂交检测也尚未建立。基于果蝇利用 microRNA 调控 BCKD 的表达来控制蛋白类食物摄取的报道，产生了这样一个疑问：人类是否存在 microRNA 的表达会影响 BCKD 的表达水平的情况。microRNA 可以调控哺乳动物中 BCKD 含量，同时，BCkinase 的表达控制细胞中 BCKD 的活性状态。越来越多的报道表明，microRNA 的表达与许多人类的疾病相关，这使研究 MSUD 患者 microRNA 表达的功能成为可能（Alvarez-Garcia and Miska，2005）。我们开始研究在细胞中是否存在某个人类 microRNA，可以与 BCKD 某部分元件的 mRNA 结合，从而影响细胞内 BCKD 的含量。

据报道，所有起催化作用的 BCKD 的存在周期为 22～26 h，尽管线粒体蛋白的周期难以确定，但其寿命长于其他大多数细胞蛋白质（Honda *et al.*，1991）。数据表明，如果 BCKD 蛋白质之间不相关，而特异地与核心二氢硫辛酰胺支链酰基转移酶（DBT）核心蛋白相关，那么它们很可能被降解。过量存在的蛋白质应该是作为 BCkinase 底物的 E1α 亚基（Yeamen *et al.*，1984；Sitler *et al.*，1998）。然而，细胞中 BCKD 的数量取决于已经生产的 DBT 数量。BCkinase 的表达水平仍控制现有的 BCKD 催化活性基团。既然人类的 microRNA 主要是与 *DBT* 的 mRNA 有关，那么确定核心 DBT 在不同细胞类型中的表达是否受细胞类型中相关 microRNA 表达水平的影响就变得尤为重要。如果 DBT 的表达下降，复合物中的其他亚基也将下降，并且 BCKD 的数量与该类细胞应有 BCKD 数量不符。我们知道 BCKD 的数量随组织的不同而有所差异，但是我们假设这是由元件蛋白的基因表达水平不同引起的。因此可以确定，如果一个细胞中 BCKD 的数量反映了控制 DBT 蛋白数量的 microRNA 的表达，那么便可以提出另外一个引起 MSUD 的方式。

两个人类 microRNA 被发现有可能与 *DBT* mRNA 外显子 11 末端结合。*DBT* 外显子 11 拥有 TGA 终止密码子和所有 3′非编码区（3′-UTR）核苷酸序列。一个 microRNA 与mRNA 序列的编码区（miR29b-2）互补而另外一个（miR192）与 3′-UTR 互补（图 9.3）。每个 microRNA 仅前 7～9 个碱基直接与 mRNA 结合，后面的序列与 mRNA 更远的上游序列结合。这个就是 microRNA 阻断 mRNA 翻译的条件（Hammond，2005）。这个结果与人们所报道的其他 microRNA 具有共同之处。在人源细胞系中转染人工合成的 miR29b 和 miR192，研究这些已经鉴定的可能与 *DBT* mRNA 结合的 microRNA 在人类中是否也像在果蝇中一样可以控制 *DBT* 的表达。正如图 9.3 所示，每个 microRNA 的前 9 个碱基已被验证与 *DBT* mRNA 互补。这一发现暗示 mRNA 的翻译将会减少。最初的研究侧重于 IIEK293 细胞中 *miR29b* 的表达（Mersey *et al.*，2005）。不同浓度的线粒体蛋白的 Western 杂交检测表明，当细胞受 microRNA 作用后，*DBT* 的蛋白质数量减少，而此时 *DBT* 的 mRNA 没有减少。同时在这段过程中 BCKD 复合物的总活性降低了。DBT 蛋白质数量减少，事实上复合物中所有组成元件同时也降低了。因此，既然 *DBT* mRNA 的数量保持不变而蛋白质数量减少，那么可以假设 mRNA 的翻译下降了。在哺乳动物中这种作用的确切机制还不明确。miR-29b 的数据已经发表，miR-192 的研究工作正在进行（Mersey *et al.*，2005）。初步研究表明，我们正在研究的两个 microRNA 有类似的功能（表 9.1 至表 9.3）。

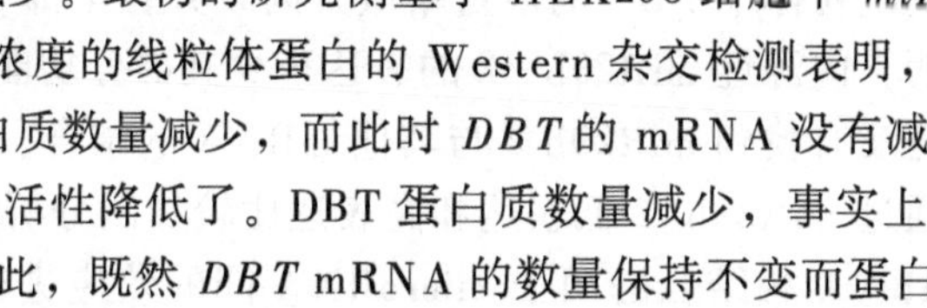

图 9.3 预测的 microRNA 与 *DBT* mRNA 结合的位点。

尽管在细胞中转染假定起作用的 microRNA 确实影响了 DBT 和 BCKD 复合物数量，但这并不能说明该细胞中内源性表达的 microRNA 分子也会起作用。miR29b 有两个不同的基因位点，一个在 1 号染色体上，另一个在 7 号染色体上。定位于 1 号染色体长臂上的 miR29b - 2 在不同的人体细胞类型中均有表达，然而位于 7 号染色体的 miR29b - 1 在对应相同的细胞类型中却检测不到其表达。有趣的是，*DBT* 基因也位于

表 9.1　特定时间随机序列 RNA 和特异的 miR29b 处理后 BCKD 的活性 [pmol CO_2/(μg 蛋白质・min)]

	24 h	48 h	96 h	144 h
随机 miR	45．33	46．03	44．96	41．26
miR29b	39．72	32．09	33．21	23．69

注：数据至少 3 次重复，每个值为至少 4 个独立检测的平均值。

表 9.2　细胞转染 O-甲基 RNA 阻断内源性 miR29b 后 BCKD 降低（实验数据处理与表 9.1 一致）

	24 h	48 h	72 h
随机 miR	63．71	42．54	69．51
O-me-29b	65．44	50．78	76．12

表 9.3　HEK293 细胞转染两个浓度 miR192 后 48h BCKD 总活性

随机 miR	50 pmol miR192	100 pmol miR192
81.21	53.00	51.48
100%	65%	63%

1 号染色体，但位于短臂上，因此它们存在于相同的染色体上是不可能有任何关系的。miR29b-2 基因表达的情况需要进一步研究。

通过在细胞中转染反义 RNA 阻断内源性 miR29b-2 的功能，来检测内源性 miR29b 的表达。这一条件引起线粒体中 DBT 的数量略微升高，并且全部 BCKD 复合物的活性也有所升高。结果表明，内源性 miR29b - 2 的表达至少其部分功能是阻断 *DBT* mRNA 的翻译。我们的研究还没有找到 miR29b-2 与其他 mRNA 的结合。BCKD 表达水平须在不同的细胞类型中，通过 miR29b -2 低表达和高表达比较加以分析。进一步的研究将对已经发现的与 *DBT* mRNA 相结合的两个 microRNA 间的效应进行比较。它们在结合位点没有重叠，但是初步研究发现，细胞同时转染这两个 microRNA 没有累加效应，因此优先结合一个 microRNA 可能改变另外一个的结合。

转染反义 RNA 阻止内源性细胞中 miR-192 的表达可以导致 DBT 蛋白数量的升高，这与我们转染反义 miR-29b 的结果相似。miR-192 基因位于 11 号染色体，在不同细胞类型中的表达可能不同。最近的一份报道表明，在 HeLa 细胞和 A549 肺癌细胞两种不同类型的细胞中，抑制 miR-192 表达会抑制细胞生长（Cheng *et al.*，2005），这意味着 miR-192 并非优先结合于 *DBT* mRNA。这就使我们回想起我们没有找到 miR29b-2 对其他 mRNA 有作用。虽然细胞转染 miR-192 确实降低了 DBT 蛋白的数量，但当细胞共转染 miR-192 和 miR-29b - 2 时，并不产生累加效应。这也许反映了每个 microRNA 对它们首选的靶 mRNA 的优先选择效应。

9.3　MSUD microRNA 表达的可能性

MSUD 患者细胞系中没有发现 miR29b-2 和 miR192 的表达。既然 BCAA 表达量很

高，人们可能设想如果 BCKD 没有功能，那么 microRNA 表达将会降低。果蝇可以利用 miR-277 的表达控制支链氨基酸的浓度，我们期望在哺乳动物中也可能有相同的功能。由于具有间歇性临床特征的 MSUD 患者的第二个突变的等位基因还没有被确定，人们对其细胞有着特殊的兴趣。在细胞中高表达一个或两个 microRNA 可降低 BCKD 的总量，这种细胞类型可能具有特异的效应来减少某些细胞中 BCKD 的数量。这可以模拟 BCKD 形成中其他元件的基因突变。这使我们想起果蝇中 BCKD 蛋白的表达是由能显著诱导 miR-277 表达的蛋白质的摄入决定的。

参考文献

Ævarsson, A., Chuang, J. L., Wynn, R. M. *et al.* (2000). Crystal structure of human branchedchain α-ketoacid dehydrogenase and the molecular basis of multienzyme complex deficiency in maple syrup urine disease. *Structure Fold. Des.*, **8**, 277 - 291.

Alvarez-Garcia, I. and Miska, E. A. (2005). MicroRNA functions in animal development and human disease. *Development*, **132**, 4653 - 4662.

Cheng, A. M., Byrom, M. W., Shelton, J. and Ford, L. P. (2005). Antisense inhibition of human miRNAs and indications for an involvement of miRNA in cell growth and apoptosis. *Nucleic Acids Research*, **33**, 1290 - 1297.

Chuang, D. T. and Shih, V. E. (2001). Maple syrup urine disease (branched chain ketoaciduria). In *The Metabolic and Molecular Basis of Inherited Disease*, 8th edn, Scriver, C. R., Beaudet, A. L., Sly, W. S. and Valle, D. (eds.), Vol. 2. New York: McGraw-Hill, pp. 1971 - 2005.

Danner, D. J., Lemmon, S. K., Besharse, J. C. and Elsas, L. J. (1979). Purification and characterization of branched chain alpha-ketoacid dehydrogenase from bovine liver mitochondria. *Journal of Biological Chemistry*, **254**, 5522 - 5526.

Du, T. and Zamore, P. D. (2005). MicroPrimer: the biogenesis and function of microRNA. *Development*, **132**, 4645 - 4652.

Filipowicz, W., Jaskiewicz, L., Kolb, F. A. and Pillai, R. S. (2005). Post-transcriptional gene silencing by siRNAs and miRNAs. *Current Opinion in Structural Biology*, **15**, 331 - 341.

Hammond, S. M. (2005). Dicing and slicing. The core machinery of the RNA interference pathway. *Federation of the European Biochemical Sciences Letters*, **579**, 5822 - 5829.

Honda, K., Ono, K., Mori, T. and Kochi, H. (1991). Both induction and activation of the branched-chain 2-oxo acid dehydrogenase complex in primary-cultured rat hepatocytes by clofibrate. *Journal of Biochemistry (Tokyo)*, **109**, 822 - 827.

Humphreys, D. T., Westman, B. J., Martin, D. I. and Preiss, T. (2005). MicroRNAs control translation initiation by inhibiting eukaryotic initiation factor 4E/cap and poly (A) tail function. *Proceedings of the National Academy of Sciences USA*, **102**, 16 961 - 16 966.

Litwer, S. and Danner, D. J. (1985). Identification of a cDNA clone in λgt11 for the transacylase component of branched chain ketoacid dehydrogenase. *Biochemical Biophysical Research Communications*, **131**, 961 - 967.

Menkes, J. H. (1959). Maple syrup disease. Isolation and identification of organic acids in the urine. *Pediatrics*, **23**, 348 - 353.

Menkes, J. H., Hurst, P. L. and Craig, J. M. (1954). A new syndrome: progressive familial infantile cerebral dysfunction associated with an unusual urinary substance. *Pediatrics*, **14**, 462 - 467.

Mersey, B. D., Jin, P. and Danner, D. J. (2005). Human microRNA (miR-29b) expression controls the amount of branched chain α-ketoacid dehydrogenase complex in a cell. *Human Molecular Genetics*, **14**, 3371 - 3377.

Miska, E. A. (2005) How microRNAs control cell division, differentiation and death. Current *Opinion in Genetics and Development*, **15**, 563 - 568.

Nellis, M. M. and Danner, D. J. (2001). Gene preference in maple syrup urine disease. *American Journal of Hu-

man Genetics, **68**, 232 – 237.

Odessey, R. (1982). Purification of rat kidney branched chain oxo acid dehydrogenase complex with endogenous kinase activity. *Biochemical Journal*, **204**, 353 – 356.

Peinemann, F. and Danner, D. J. (1994). Maple syrup urine disease 1954 to 1993. *Journal of Inheritable and Metabolic Diseases*, **17**, 3 – 15.

Pettit, F. H., Yeaman, S. J. and Reed, L. J. (1978). Purification and characterization of branched chain α-ketoacid dehydrogenase complex of bovine kidney. *Proceedings of the National Academy of Sciences USA*, **75**, 4881 – 4886.

Pillai, R. S., Bhattacharyya, S. N., Artus, C. G. *et al*. (2005). Inhibition of translational initiation by Let-7 MicroRNA in human cells. *Science*, **309**, 1573 – 1576.

Sitler, T. L., McKean, M. C., Peinemann, F., Jackson, E. and Danner, D. J. (1998). Import rate of the E1b subunit of human branched chain a-ketoacid dehydrogenase is a limiting factor in the amount of complex formed in the mitochondria. *Biochimica Biophysica Acta*, **1404**, 385 – 392.

Smirnova, L., Grafe, A., Seiler, A. *et al*. (2005). Regulation of miRNA expression during neural cell specification. *European Journal of Neuroscience*, **21**, 1469 – 1477.

Stark, A., Brennecke, J., Russell, R. B. and Cohen, S. M. (2003). Identification of *Drosophila* microRNA targets. *Public Library of Science Biology*, **1**, 1 – 13.

Yeaman, S. J., Cook, K. G., Boyd, R. W. and Lawson, R. (1984). Evidence that the mitochondrial activator of phosphorylated branched chain 2 oxoacid dehydrogenase complex is the dissociated E1 component of the complex. *Federation of the European Biochemical Sciences Letters*, **172**, 38 – 42.

10 microRNA 对叶形的调节作用

Ramiro E. Rodriguez, Carla Schommer and Javier F. Palatnik*

10.1 引言：microRNA 与植物发育

microRNA (miRNA) 作为一类很特别的 20～21nt 的小分子 RNA，首次在秀丽隐杆线虫中被发现。早在 1993 年，首个鉴定的 miRNA *lin-4* 被证明能够识别 *lin-14* 基因 mRNA 的 3′-UTR 区上与之部分互补的几个位点，从而抑制该基因的翻译 (Lee *et al.*, 1993)。然而，当时认为 miRNA 是只存在于蠕虫生物中的特例。它们对其他动物的生物学途径的影响被大大低估，而对植物发育的影响更是无所料及。

伴随着新千年的到来这种情况发生了改变，第二个蠕虫 miRNA *let-7* (Reinhart *et al.*, 2000) 被发现在许多两侧对称动物中是保守的。通过克隆技术，几十个新的 miRNA 基因很快就从果蝇、线虫和人类中得到鉴定 (Lagos-Quintana *et al.*, 2001; Lau *et al.*, 2001; Lee and Ambros, 2001)。在已完全测序的模式植物拟南芥中，到 2002 年已经有 4 个小分子 RNA 文库分别被构建，用于 miRNA 的首次系统发掘工作 (Llave *et al.*, 2002a; Mette *et al.*, 2002; Park *et al.*, 2002; Reinhart *et al.*, 2002)。

当发现 miRNA 在植物中的共抑制或在动物中的 RNA 干涉这些似乎无关的现象有联系时，关于 miRNA 的生物合成与作用机制方面的知识就开始爆炸性地增长 (Zamore and Haley, 2005)。在这个 RNA 介导的基因沉默途径中，长的双链 RNA (dsRNA) 被加工成称为短干涉 RNA (siRNA) 的小分子 RNA (Baulcombe, 2005)。切割 dsRNA 的关键酶是一种叫做 DICER 的 RNA 酶 III。该酶同样被认为通过加工折叠结构的 miRNA前体，参与了 miRNA 的生物合成 (Bartel, 2004)。尽管动物的 miRNA 与 siRNA 具有共同的生物合成及效应元件，但是它们在作用机制方面存在着重大差异：动物的 siRNA 通过与靶基因的严格配对介导其降解，而 miRNA 则是通过与靶基因有限的互补性抑制其翻译 (Bartel, 2004)。

首批植物 miRNA 被发现不久，Rhoades 等 (2002) 认识到它们与潜在的靶标 mRNA有非常好的互补性，明显优于在动物中。典型的受植物 miRNA 调节的靶基因在其翻译区只带有一个靶位点，而动物中通常是在 3′-UTR 带有多个靶位点 (Bartel, 2004)。已证明在植物中如果允许 miRNA 与靶 mRNA 间有 3 个错配，就可以鉴定某个特定 miRNA 的靶基因，尽管不是所有的 (Rhoades *et al.*, 2002)。更引人关注的是，大部分植物的 miRNA 及其靶基因在进化中都是保守的；在不同的植物 (如拟南芥和水稻) 中对预测的 miRNA 的靶基因进行比对，就能轻易发现它们在靶位点上的序列是非常保守的 (Palatnik *et al.*, 2003; Rhoades *et al.*, 2002; Sunkar and Zhu, 2004)。通过这些初步研究获得的信息，已经可以清楚地表明植物 miRNA 靶基因主要是转录因子，

* 通讯作者。

暗示着 miRNA 与植物生长发育存在直接联系（如表 10.1 所示，已验证的植物 miRNA 靶基因汇总）。

表 10.1　拟南芥 miRNA 及其靶基因

microRNA 家族	靶基因	靶基因数目[a]	靶基因功能
I. 转录因子			
miR156	SBP[1~3]	11/16	开花时间
miR159	MYB[2,4~6]	8/203	花药发育
miR319	TCP[4]	5/24	叶形
miR160	ARF[7,8]	3/23	生长素信号传导
miR164	NAC[9~11]	6/113	茎尖生长点的建立、器官界定和根发育
miR166	HD-ZIP[12]	5/94	茎尖生长点的建立和器官非对称性
miR167	ARF[2,3]	2/23	生长素信号传导
miR169	HAP2[2,13]	8/10	未知
miR171	SCR[3,14,15]	3/32	未知
miR172	AP2[1,3,16,17]	6/146	开花时间
miR396	GRF[13]	7/9	叶和子叶的生长与发育
II. RNA 代谢			
miR162	DICER-LIKE（DCL）[18]	1	miRNA 生物合成
miR168	Argonaute（AGO1）[19]	1	miRNA 作用
miR173	反式作用 siRNA1 和 2（TAS1，TAS2）[20]	4	ta-siRNA 生物合成
miR390	反式作用 siRNA3（TAS3）[20]	1	ta-siRNA 生物合成
miR403	Argonaute（AGO2）[20]	1	miRNA 作用
III. 其他			
miR161	三角状五肽重复蛋白（PPR）[2,21,22]	17	未知
miR163	S-腺苷甲硫氨酸依赖甲基转移酶（SAMT）[21]	5	代谢
miR397	漆酶/含铜氧化酶[13,23]	3	未知——氧化还原反应
miR393	TIR1/F-Box[13]	4	生长素受体
miR395	ATP 硫酸酶[13]	4	硫同化
	硫转运蛋白[20]	1	硫同化
miR398	铜/锌超氧化物歧化酶[13]	2	逆境响应
	细胞色素 c 氧化酶[13,23]	1	线粒体能量代谢
miR399	E2-泛素连接酶[20,24]	1	泛素结合——低磷响应
miR408	漆酶/多酚氧化酶[1]	3	未知——氧化还原反应
	植物蓝铜蛋白[23,25]	1	未知——氧化还原反应
miR447	二磷酸甘油酸激酶[20]	1	未知

a. 被调节的转录因子数/相应转录因子家族成员总数，参照“拟南芥转录因子数据库”[http://datf.cbi.pku.edu.cn/index, Bioinformatics 21, 2568 (2005)]。

1 Schwab, R. *et al. DevelopmentalCell*, **8**, 517-527 (2005).
2 Rhoades, M. W. *et al. Cell*, **110**, 513-520 (2002).
3 Kasschau, K. D. *et al. Developmental Cell*, **4**, 205-217 (2003).
4 Palatnik, J. F. *et al. Nature*, **425**, 257-263 (2003).
5 Millar, A. A. and Gubler, F. *Plant Cell*, **17**, 705-721 (2005).
6 Achard, P. *et al. Development*, **131**, 3357-3365 (2004).
7 Wang, J. W. *et al. Plant Cell*, **17**, 2204-2216 (2005).
8 Mallory, A. C. *et al. Plant Cell*, **17**, 1360-1375 (2005).
9 Laufs, P. *et al. Development*, **131**, 4311-4322 (2004).
10 Guo, H. S. *et al. Plant Cell*, **17**, 1376-1386 (2005).
11 Mallory, A. C. *et al. Current Biology*, **14**, 1035-1046 (2004a).
12 Bowman, J. L. *Bioessays*, **26**, 938-942 (2004).
13 Jones-Rhoades, M. W. and Bartel, D. P. *Molecular Cell*, **14**, 787-799 (2004).
14 Llave, C. *et al. Science*, **297**, 2053-2056 (2002b).
15 Parizotto, E. A. *et al. Genes and Development*, **18**, 2237-2242 (2004).
16 Aukerman, M. J. and Sakai, H. *Plant Cell*, **15**, 2730-2741 (2003).
17 Chen, X. *Science*, **303**, 2022-2025 (2004).
18 Xie, Z. *et al. Current Biology*, **13**, 784-789 (2003).
19 Vaucheret, H. *et al. Genes and Development*, **18**, 1187-1197 (2004).
20 Allen, E. *et al. Cell*, **121**, 207-221 (2005).
21 Allen, E. *et al. Nature Gentics*, **36**, 1282-1290 (2004).
22 Vazquez, F. *et al. Molecular Cell*, **16**, 69-79 (2004).
23 Sunkar, R. and Zhu, J. K. *Plant Cell*, **16**, 2001-2019 (2004).
24 Fujii, H. *et al. Current Biology*, **15**, 2038-2043 (2005).
25 Sunkar, R. *et al. Plant Cell*, **17**, 1397-1411 (2005).

通过将 miRNA 和它们的靶基因注射到烟草叶片进行瞬时表达分析，Llave 等(2002b) 证明了植物 miRNA 会对它们调节的靶基因起降解作用。他们同时证明了 miRNA 会采用与 siRNA 类似或相同的方式介导靶标第 10 位的位点发生切割作用（Elbashir *et al.*, 2001）。一种改进过的专门用于体外鉴定切割位点的 5′RACE PCR（Llave *et al.*, 2002b）现在已被用于验证潜在的靶基因的特定实验（Jones-Rhoades and Bartel, 2004; Kasschau *et al.*, 2003; Llave *et al.*, 2002b; Palatnik *et al.*, 2003; Sunkar *et al.*, 2005）。

miRNA 在植物生长发育中所起的普遍性作用同样可以通过阻断 DICER 酶活性来证明。拟南芥有 4 个 DICER 类基因（DCL），它们在小分子 RNA 途径中发挥着特定的功能（Xie *et al.*, 2004），DCL1 负责 miRNA 的加工（Park *et al.*, 2002; Reinhart *et al.*, 2002）。有趣的是，*dcl1* 的突变等位基因曾多次在拟南芥的胚胎、胚珠和花发育的缺失遗传筛选中得到分离，预示着 miRNA 调节途径在植物生长发育过程中有多种功能（Schauer *et al.*, 2002）。参与 miRNA 生物合成与功能的作用因子的突变体，如 *HEN1*（Boutet *et al.*, 2003; Park *et al.*, 2002）、*HYL1*（Han *et al.*, 2004; Vazquez *et al.*, 2004; Yu *et al.*, 2005）、*HASTY*（Park *et al.*, 2005）和 *ARGONAUTE1*（*AGO1*）（Bohmert *et al.*, 1998; Kidner and Martienssen, 2004; Kidner and Martienssen, 2005;

Vaucheret *et al.*, 2004）同样在植物生长发育中产生了多方面的效应，对花和叶发育的缺失作用尤为显著。

10.2 microRNA 调控叶形态建成

10.2.1 *jaw-D* 突变体

miRNA 对基因表达起重要调节作用的发现，引发了对过去遗传结果的重新评估（Palatnik *et al.*, 2003；Tang *et al.*, 2003），并进一步促进了 miRNA 在特定发育进程中作用的发掘。例如，*jaw-D* 的激活突变体在叶形态建成方面发生了剧变（图 10.1）（Palatnik *et al.*, 2003；Weigel *et al.*, 2000）。

叶片是陆生植物负责大部分光合作用功能的特定器官。多种多样的叶形态和形状造就了自然界的不同植物。尽管在器官命运决定方面已积累了大量信息，但对器官如何塑造，我们却知之甚少。野生型（wt）拟南芥的莲座叶是近乎平整的，然而在 *jaw-D* 突变体中会发生显著的反向皱缩（Palatnik *et al.*, 2003；Weigel *et al.*, 2000）。有趣的是，*jaw-D* 还有其他缺陷表型，包括一定程度的开花延迟、子叶偏上性、花瓣颜色和果实形状的改变（Palatnik *et al.*, 2003；Weigel *et al.*, 2000）。

对于不同物种的叶发育研究表明，边缘的细胞周期停滞是从叶尖开始逐渐向基部的叶原基蔓延。因此，当叶尖细胞停止增殖时，基部的细胞增殖仍在进行（Tsukaya, 2005）。最近，Nath 等发现让叶片保持平整绝非易事。金鱼草的叶片通常是平的，但它们缺少 CINCINNATA（CIN）蛋白时会发生皱缩（图 10.1），不通过折叠或剪裁，没法让这些突变的叶片恢复平整。一项对应的研究表明，与野生型相比，在 *cin* 基因突变体中叶边缘的细胞周期停滞受到阻碍（Nath *et al.*, 2003），结果 *cin* 基因突变体的叶缘细胞持续增殖并超越了叶片中央区域细胞，导致叶片发生皱缩（Nath *et al.*, 2003）。

CIN 基因编码一个 TCP 家族（得名于首次发现的家族成员 TEOSINTE BRANCHED1、CYCLOIDEA 和 PCF）的转录因子（Cubas *et al.*, 1999；Nath *et al.*, 2003）。TCP 转录因子参与了控制细胞分裂和各种形态建成方面的性状，诸如金鱼草花的非对称性和玉米叶腋分生组织的命运决定。尽管 TCP 转录因子是植物特有的，但它们与在动植物共同存在的 bHLH 家族转录因子有一些相似之处（Cubas *et al.*, 1999）。

jaw-D 突变体是通过一种激活标记筛选得到的，也就是在基因组中随机插入病毒来源的转录增强子从而激活旁侧基因的表达（Weigel *et al.*, 2000）。由于导致 *jaw-D* 表型的转录激活区并没有任何蛋白质编码基因，最初的推测是一种潜在的非编码 RNA 导致出现了这种表型（Weigel *et al.*, 2000）。

对 *jaw-D* 突变体进行基因芯片全局表达谱分析，发现有 5 个 *TCP* 基因处于影响最显著的基因之列（Palatnik *et al.*, 2003）。事实上，*TCP4* 作为拟南芥中与 *CIN* 亲缘关系最近的基因，在突变体中的下调程度也是最大的（图 10.2）。对呈下调调控的 5 个 TCP 转录因子基因进行测序分析，发现除了具有与 DNA 结合的 TCP 同源区外，它们还共享一小段 RNA 基序，而该基序在其他不受调控的拟南芥 *TCP* 基因中是不存在的。这段基序同样存在于 *CIN* 基因和近 20 种不同物种的特定 *TCP* 基因中，暗示其存在一个 miRNA 的靶位点（Palatnik *et al.*, 2003）。对 *jaw-D* 突变体中产生非编码 RNA 的

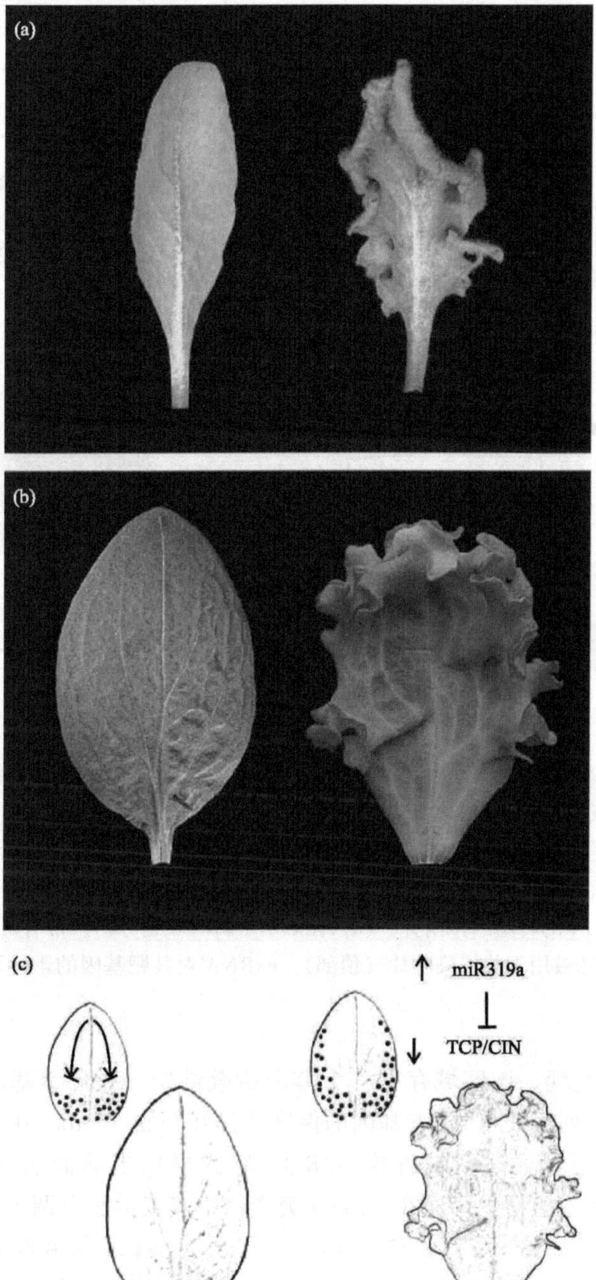

图 10.1　TCP 与 miR319 调控叶形态建成。(a) 野生型 (wt) 拟南芥 (左) 和过表达 miR319a 的 *jaw-D* 突变体的叶片。(b) 野生型金鱼草 (左) 和 *cin* 突变体，该突变体缺失了带有 miR319 靶序列的一个 *TCP* 基因。(c) 发育中的野生型叶片 (左) 和降低了 *TCP* 活性的植株的叶片，示生长停滞的前沿；黑点表示增殖区。

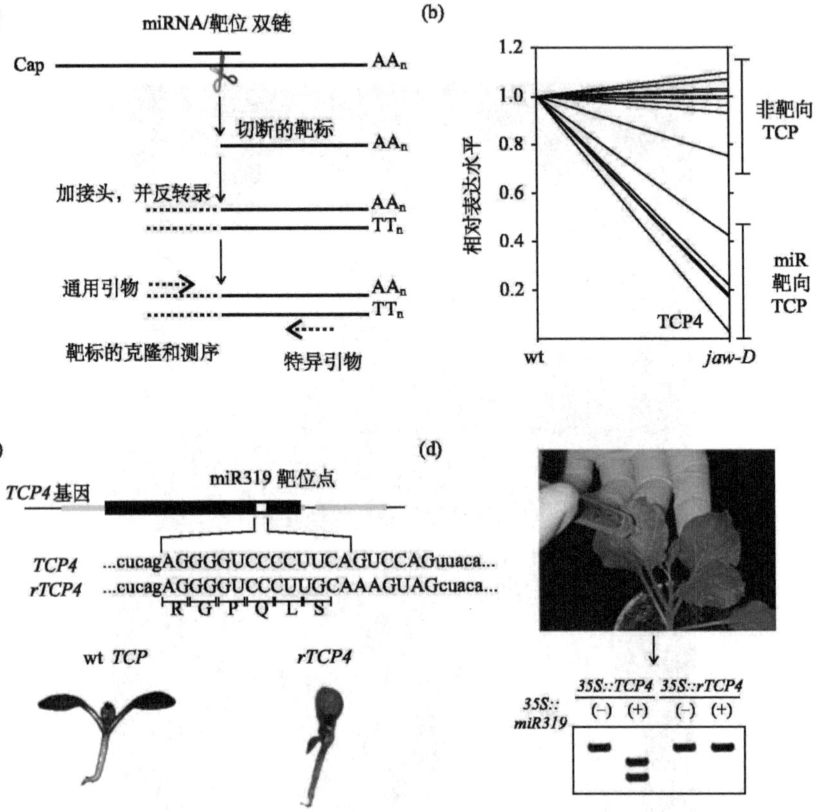

图 10.2　miRNA 调节植物生长发育的研究方法。(a) 改进的 5′RACE-PCR 技术，用于确定靶标 mRNA 切割位点。(b) 基因芯片实验展示靶标转录物。在 *jaw-D* 突变体中，TCP 家族转录因子的表达水平。仅仅带有 miRNA 靶向序列的 5 个 *TCP* 基因是受到显著影响的。(c) 在 miRNA 靶向位点引入沉默突变以消除 miRNA 介导的调控作用。底部是分别表达野生型 *TCP4* 和 miRNA 耐受型 *TCP4* 的转基因拟南芥。(d) 在烟草中瞬时表达分析。带有 miRNA 或靶基因不同载体的农杆菌菌株被用于共侵染叶片（顶部）。miRNA 对其靶基因的影响可以通过 Northern 杂交检测（底部）。

区域进行深入研究发现，该区域存在一个茎环折叠结构，并且茎基部带有一个潜在的 miRNA 序列，该序列正好与 *TCP* 基因的保守区是互补的（Palatnik *et al.*，2003）。

生化特性分析显示，这个被称作 miR-JAW 或根据当前命名法称作 miR319a 的 miRNA 存在于野生型植物中，而在 *jaw-D* 突变株中其表达量上调了 20 倍（Palatnik *et al.*，2003）。事实上 miR319a 只是最近在小分子 RNA 文库中被克隆到几次（Gustafson *et al.*，2005；Sunkar and Zhu，2004），暗示该 miRNA 通常呈低水平表达或只在特定组织中表达。在 *jaw-D* 突变体中，病毒增强子插入到位于 4 号染色体的 *At4g23710* 和 *At4g23720* 两个基因之间，从而激活了 miRNA 前体转录，进一步导致 miR319a 的过量表达以及 TCP 转录物的随之减少（Palatnik *et al.*，2003；Weigel *et al.*，2000）。

10.2.2 miRNA 耐受基因的效应

miR319a 是首个通过遗传筛选在植物中鉴定的 miRNA（Palatnik *et al.*，2003）。用类似的筛选方法在果蝇中鉴定了 miRNA *bantam*（Brennecke *et al.*，2003）。通过转录激活标记筛选同样得到了其他的植物 miRNA 突变体，如 *eat-D*、*jabba-1D* 和 *men1*，它们都过表达 miR172a-2（Aukerman and Sakai，2003）、miR166g（Williams *et al.*，2005）和 miR166a（Kim *et al.*，2005）。获得性功能筛选成为分离 miRNA 突变体的强有力的遗传分析手段。

一般而言，过表达一个 miRNA 可以提供其靶基因生物功能的信息，因为它会导致多重靶基因的敲除。在金鱼草中阻断带有 miR319 靶序列的 *CIN* 基因的表达，或将拟南芥中 miRNA 靶向的各个 *TCP* 基因的插入敲除突变体整合起来（C. Schommer *et al.*，unpublished results）就能得到与 *jaw-D* 和过表达 miR319 突变株相一致的叶形态变化（Palatnik et al.，2003；Weigel et al.，2000）。

深入探究特定 miRNA 生物学功能的首选方法是对功能缺失突变体的研究。最近报道了沉默 miR164 家族成员的研究（Baker *et al.*，2005；Guo *et al.*，2005；Mallory *et al.*，2004a）。然而要完全沉默一个特定 miRNA 的活性是项艰巨的任务，因为存在这样一个事实：miRNA 通常由拥有非冗余成员的小家族编码的，而且小小的 miRNA 前体不容易发生无义或移码突变。

一种研究 miRNA 功能缺失的替代方法是在靶基因中引入沉默突变，消除与 miRNA 的相互作用而又能保证编码正常的氨基酸序列，从而得到 miRNA 耐受的基因（图 10.2）。该研究技术被完美地用于基因组内的靶基因，以便研究 miRNA 介导的基因调控的内源作用。用耐受 miRNA 的 *TCP4*（*rTCP4*）转化拟南芥，得到了明显的胚胎形态缺陷甚至致死表型，而用野生型的 *TCP4* 转基因却对植物没有产生任何影响（图 10.2）（Palatnik *et al.*，2003）。耐受 miRNA 的 *TCP4* 或 *TCP2* 基因的表达影响了叶发育，表型较弱的转基因株系其叶片变小（图 10.3）（Palatnik *et al.*，2003）。

10.2.3 重返叶形态建成

miR319/TCP 系统只是控制叶形态建成复杂过程中的一个必要因素。叶片发育与生长分布的协调性，精确到叶片最终大小和形状，都离不开各种转录因子网络和激素信号通路的协同调控，该领域由 Piazza 等（2005）和 Tsukaya（2005）进行了最新的综述。已被鉴定的组分包括转录因子 AINTEGUMENTA、JAGGED、BLADE ON PETIOLE 和 GRF（Horiguchi *et al.*，2005；Kim *et al.*，2003；Piazza *et al.*，2005；Tsukaya，2005）。

许多证据都表明植物激素生长素在叶生长过程中的重要性。生长素耐受突变体 *axr1* 和 *axr2* 的叶片比野生型更小，而受生长素诱导的基因 *ARGOS* 被发现调节叶片细胞周期速率（Hu *et al.*，2003；Tsukaya，2005）。有趣的是，生长素通路似乎受到小分子 RNA 的反复调控。生长素受体 TIR1 受 miR393 调控，而 miR160 和 miR167 则调控多个生长素响应因子（ARF）(表 10.1)。ARF16 和 ARF17 受 miR160 调控，耐受 miRNA 的 *ARF16* 和 *ARF17* 基因的转化植株呈现不正常的叶发育表型（Mallory *et al.*，

图 10.3 miRNA 对植物发育的操纵。(a) 野生型、过表达 miR319 植株和低丰度表达 microRNA 耐受型 *TCP4* 基因的转化植株。(b)、(c) 过表达 miR164，(b) 子叶融合的幼苗（右）；(c) 茎-叶与叶-叶融合（右）。(d)、(e) 过表达 miR156，(d) 过表达植株加速叶片产生（右）；(e) 过表达 miR156 延迟开花时间导致植株丛生（右）。(f)、(g) 过表达 miR172，(f) 转化株早花（右）；(g) 过表达 miR172 导致花模式缺失（右）。(见彩图 7)

2005；Wang *et al.*，2005)。此外，根据最近发现的植物小分子 RNA 作用通路，一些其他的 ARF 受到反式作用 siRNA 的调控（Allen *et al.*，2005)。

在多个物种比对研究中发现，带有 KNOX1 家族同源结构域的转录因子参与了在自然界可见的不同的叶形态建成过程（Tsiantis and Hay，2003)。KNOX1 通过维持干细胞活性参与茎尖分生组织（SAM）的功能，拟南芥中有多个不同的抑制系统抑制了普通叶片中 KNOX1 的活性（Tsiantis and Hay，2003）。然而在像番茄这样带有浅裂叶或多裂叶的植物中，其叶原基也有 KNOX1 的表达（Tsiantis and Hay，2003）。

尽管 miR319/TCP 系统在植物界是普遍保守的，在自然界中仍未发现该系统的变异（如 miR319 表达水平的提高）会导致不同的叶形态的证据。通过比较过表达 *KNOX1* 和 *jaw-D* 的转录表达谱，发现这两种通路是相对独立的（C. Schommer *et al.*，unpublished results）。分析 miR319/TCP 系统在自然界中的变异将是非常有意思的，将有可能发现它们会导致多裂叶产生。

10.3 miRNA 控制器官极性建立与器官分支

总体来说，microRNA 在植物中调节着关键的生物过程（表 10.1），它们表达水平的改变通常带来深远的影响（图 10.3）。除了 miR319，两个已深入研究的 miRNA——miR165/166 和 miR164 已被证明参与了叶发育过程。

miR165/166 参与器官背腹面的建成，也就是远轴面和近轴面的区分（Bownman，2004）。近轴面（面向茎尖生长点）带有栅栏细胞，专门负责光吸收；而远轴面通常带有海绵细胞，专门负责气体交换。亮氨酸拉链同源结构域家族 III（HD-ZIP III）转录因子 *REVOLUTA*（*REV*）、*PHABULOSA*（*PHB*）和 *PHAVOLUTA*（*PHV*）在叶片近轴面特异性表达，负责近轴面的识别（Bownman，2004）。这些基因的多个显性功能的获得性突变引起表达区的扩大，促进了叶片近轴面和辐射状生长（Jover-Gil *et al.*，2005）。

有趣的是，首次被鉴定的突变体是在转录因子一个保守的固醇结合结构域发生了氨基酸序列的变化，所观察到的表型曾被认为是蛋白质活性改变造成的（McConnell *et al.*，2001）。当 miR165/166 被鉴定出来后，人们才意识到显性突变体的 miRNA 靶位点受到了影响（Rhoades *et al.*，2003），并且促进了对之前结果的重新评估（Tang *et al.*，2003）。事实上，*phd-1* 等位基因在麦胚提取物中能够抵抗 miRNA 的切割作用（Tang *et al.*，2003），并且 miRNA 靶位点上的突变会导致类似的获得性功能表型（Emery *et al.*，2003；Zhong and Ye，2004）。

miR164 系统参与了器官分支决定。NAC 基因家族的 5 个转录因子受到 miR164 的控制（Jones-Rhoades and Bartel，2004；Laufs *et al.*，2004；Mallory *et al.*，2004a）。miR164 的两个靶基因 *CUC1* 和 *CUC2* 的突变会导致子叶融合以及顶端分生组织的缺失（Aida *et al.*，1997）。与之吻合的是，过表达 miR164 会引起和 *cuc1* 和 *cuc2* 双突变相似的表型，此外还有茎-叶融合的表型出现（图 10.3），再次指出这些基因在器官分支建成所起的作用（Mallory *et al.*，2004a；Schwab *et al.*，2005）。通过构建抵抗 miRNA 的 *CUC1*（Mallory *et al.*，2004a）或 *CUC2*（Laufs *et al.*，2004）基因来阻断 miR164 的调节作用，会导致叶柄显著减少和叶片变宽的表型。

10.4 miRNA 是植物发育高度专一的调节因子

自从 miRNA 通过直接克隆、遗传筛选或生物信息学预测的手段鉴定出来后，紧接着的挑战就是探讨它们是如何整合到生物学过程中的。实现这一目标的关键步骤是对每个特定的 miRNA 的靶基因进行全面的鉴定。

Mallory 等（2004b）通过 miR165/166 及其靶基因 *PHABULOSA*（*PHB*），对拟南芥 miRNA 与靶基因的作用机制进行了透彻的研究。一项系统的突变筛选表明，在靶位点 3～11 位的错配至关重要，在体外会导致 miRNA 介导的切割活性至少降低 10 倍。对 miRNA 靶基因的其他副本的测序分析确证了 miRNA 与靶基因结合位点在 5′端的错配少于 3′端（Mallory *et al.*，2004b）。在这方面，植物 miRNA 与动物 miRNA 是相似的：动物 miRNA 中被称为种子区的 5′端在识别 mRNA 靶基因中起主导作用，该区域的突变不同程度地影响 miRNA 的活性（Brennecke *et al.*，2005；Doench and Sharp，2004）。

尽管动物和植物都通过 miRNA 调节基因表达，但它们的调控结果存在着重大的差异。根据预测，动物 miRNA 的靶基因有几十个甚至上百个，而且它们隶属于多种基因类别（Lewis *et al.*，2005）。所不同的是，植物 miRNA 只有为数不多的靶基因，且属于相同的基因家族（Allen *et al.*，2005；Jones-Rhoades and Bartel，2004）。

植物和动物的全局表达谱也支持它们在调控 mRNA 方面存在差异的观点。Lim 等（2005）为研究 HeLa 细胞在增加 miR1 和 miR124 的表达后的后果，利用基因芯片技术检测其转录物的变化。他们发现约上百个基因发生显著的下调，而且其中的大部分在 3′-UTR 区带有与 miRNA 5′种子序列互补的位点（Lim *et al.*，2005）。

Schwab 等（2005）分析了分别过表达 5 种 miRNA 的转基因植物的表达谱，包括 miR319、miR159、miR156、miR164 和 miR172。只有预期保守的少数靶基因会随着对应 miRNA 的变化而下调，这与计算机预测结果（Jones-Rhoades and Bartel，2004）相一致，而与动物过表达 miRNA 的效果截然不同。只有 *OPT1*（寡聚多肽转运子 1）mRNA 是个例外，它被异常的 miR159a 所降解（Schwab *et al.*，2005）。

拟南芥中保守的 miRNA 靶基因和 *OPT1* 的降解是通过 miRNA 与 AGO 的沉默子活性直接作用的，动物靶基因的下调很可能是 miRNA 与靶基因相互作用的进一步后果，如招募复合物到 P-body 中（Liu *et al.*，2005b；Sen and Blau，2005）。动植物对靶基因采用截然不同的调节方式表明动物和植物的 miRNA 在进化上是相对独立的。

miR159a 和 miR319a 的活性是植物 miRNA 具有灵敏的专一性的例子（图 10.4）。这两个 miRNA 的成熟体在 17～21 位的核苷酸是相同的，并且与 5 个 TCP 和 8 个 MYB 转录因子具有同源性（Jones-Rhoades and Bartel，2004；Palatnik *et al.*，2003）。然而，实验数据却证明这两个 miRNA 并没有重叠的靶基因。首先，过表达 miR319a，正如 *jaw-D* 突变体一样，会导致 *TCP* 基因的降解并改变叶片的形态建成（Palatnik *et al.*，2003）；而过表达 miR159a 则影响 *MYB* 基因表达，导致雄蕊发育的缺陷（Achard *et al.*，2004；Millar and Gubler，2005；Schwab *et al.*，2005）。其次，由于 miR319a 与 miR159a 有一个核苷酸位置的偏移，通过对被切割的靶片段进行测序，就能鉴定出体内 miRNA 真正作用的靶标（图 10.4）。实验结果证实了 miR319a 介导 *TCP* 基因的切割，而 miR159a 则对 *MYB* 基因作用（Palatnik *et al.*，2003）。

有意思的是，miR159a 丰度很高，曾被克隆了上千次，而 miR319a 只被克隆了仅有的几次（Gustafson *et al.* 2005），说明两者执行着不同的生物学功能。系统的突变分析表明，miR319a 和 miR159a 在序列上的每一个差异都在体内靶基因的选择方面起着

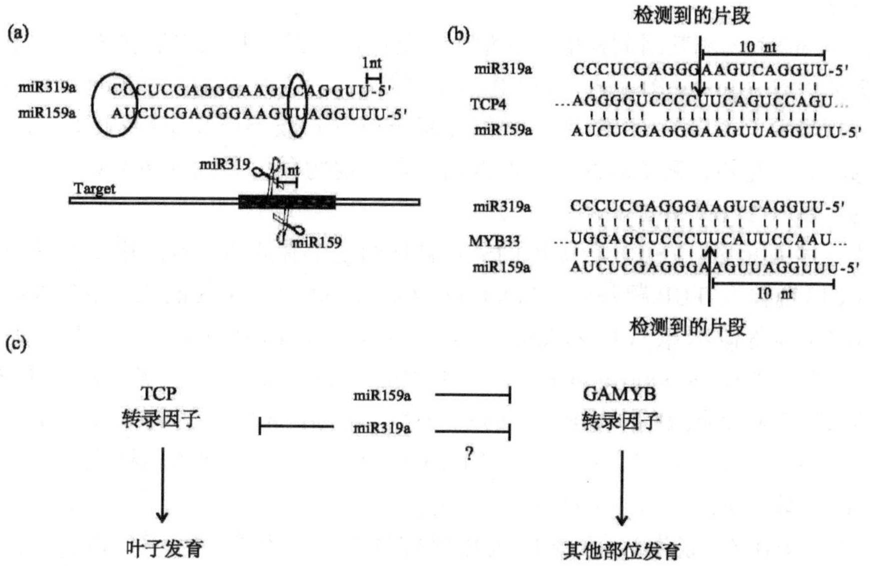

图 10.4 两个近似的植物 miRNA 的特异性作用。(a) 拟南芥 miR319a 和 miR159a 的序列。圈示不同的核苷酸。由于这两个 miRNA 有一个核苷酸的位移，它们在同一个靶向序列的不同位置发生切割（底部）。(b) miR319a 和 miR159a 与潜在的靶基因 *TCP4* 和 *MYB33* 的相互作用。箭头表示通过体内实验检测的切割位点（Palatnik *et al.*，2003）。(c) miR319a 和 miR159a 在植物中的生物学功能的假想模式。

重要作用（Palatnik *et al.*，2007）。植物 miRNA 通常由小的 RNA 家族编码，在它们的成熟序列上常存在一些差异。因此，miRNA 家族各个成员有可能对特定的靶基因有着功能专一性。

过表达 miR159 植株并没有出现叶片形态的表型，意味着它与 *TCP* 基因有限的互补性并不足以引发有效的翻译抑制。总之，目前并不清楚植物中与 mRNA 只有有限互补的 miRNA 是否会像动物 miRNA 那样，通常都能够造成翻译的抑制。目前仅有的关于植物 miRNA 能够抑制翻译的只有 miR172（Aukerman and Sakai，2003；Chen，2004），尽管同时它也会发挥对一些转录物的切割作用（Lauter *et al.*，2005；Schwab *et al.*，2005）。miR172 和靶基因 AP2 转录因子的相互作用，与其他植物 miRNA 同靶基因配对之间并没有什么差异，因此仍旧不清楚为什么 miR172 能够在翻译水平上至少起部分作用。同时，动物中一些与靶基因互补性较好的 miRNA 被报道能执行类似植物 miRNA 的切割机制（Davis *et al.*，2005；Yekta *et al.*，2004）。

10.5 miRNA 通路在植物中的保守性

多项证据表明动植物的 miRNA 是相对独立进化的，其中包括它们之间没有共同的 miRNA-靶基因作用系统（Allen *et al.*，2004）。但在植物中 miRNA 是相当保守的。在拟南芥中鉴定的大部分 miRNA 被预测存在于远缘的水稻中，该预测基于 miRNA 成熟序列的保守性和旁侧序列能形成折叠结构（Bonnet *et al.*，2004；Reinhart *et al.*，2002；Wang *et al.*，2004）。水稻的小分子 RNA 文库也证实了他们的结果（Liu *et al.*，2005a；

Sunkar *et al.*，2005）。

拟南芥 miRNA 靶基因同样能在水稻中找到同源基因，并且它们在靶位点序列上是几近完美的保守（Jones-Rhoades and Bartel，2004；Sunkar *et al.*，2005）。一项系统的表达谱分析显示，拟南芥 miRNA 同样能在裸子植物和蕨类植物中检测到（Axtell and Bartel，2005）。此外，靶基因的保守性被用作在其他物种中寻找 miRNA 调节基因的同源基因的工具（Axtell and Bartel，2005）。

对表达序列标签（EST）数据库的分析被证明是个有效的工具，用于在其他物种中鉴定 miR319 前体及 TCP 靶基因（Palatnik *et al.*，2003）。在其他几个 miRNA-靶基因系统中也得到类似结果（Dezulian *et al.*，2005；Jones-Rhoades and Bartel，2004；Sunkar *et al.*，2005；Sunkar and Zhu，2004；Zhang *et al.*，2005）。苔藓小分子 RNA 文库同样展现了多个拟南芥 miRNA 的保守性，包括 miR319、miR156、miR160 和 miR390（Arazi *et al.*，2005；Axtell and Bartel，2005）。在苔藓中同样发现了带有推测的 miR319 前体的 EST（Arazi *et al.*，2005）。

miR166/HD-Zip 家族 III 系统的进化保守性同样值得关注。HD-Zip 转录因子的 miRNA 靶位点甚至在地钱和金鱼藻中都是保守的（Floyd and Bowman，2004）。在拟南芥、玉米和烟草中已经分离到这些转录因子基因的靶位点显性突变体，这些转录因子基因与 miRNA 的相互作用已被破坏（Emery *et al.*，2003；Juarez *et al.*，2004；Kim *et al.*，2005；Mallory *et al.*，2004b；McConnell *et al.*，2001；McHale and Koning，2004；Zhong and Ye，2004）。所有的突变体都表现出器官极性改变的表型，暗示着该系统的功能保守性。此外，miR166 在拟南芥和玉米中有着相似的表达模式（Juarez *et al.*，2004；Kidner and Martienssen，2004），而且在石松中发现了 miR166 的前体（Floyd and Bowman，2004）。总之，所有数据表明了保守的 miRNA-靶基因系统可以上溯到 4 亿年前，类似于 *let-7* 在后生动物中的调控机制（Floyd and Bowman，2004）。

10.6 展望

尽管 miRNA 在生物合成与作用机制方面的知识我们已有较多的了解，但关于 miRNA 具体的调控作用仍知之甚少。其一就是 miRNA 它们自身是如何被调控的。有些 miRNA 如 miR159，通过其克隆效率可以判断有很高的丰度而且广泛地表达；而另一些通过 miRNA 报告基因可以看出是组织特异性表达的，如 miR171（Parizotto *et al.*，2004）；有些甚至会对环境刺激产生应答，如 miR395（Jones-Rhoades and Bartel，2004）。尽管当前的证据显示大部分植物 miRNA 是通过 RNA 聚合酶 II 转录的，正如通常的蛋白质编码基因一样（Aukerman and Sakai，2003；Kurihara and Watanabe，2004；Xie *et al.*，2005），而对它们的表达调控仍未阐明。

miRNA 介导基因表达的调控的作用是什么？①从机械化的观点来看至少有两个脚本，即可能在某些情况下导致靶基因的抑制状态，而在其他情况下对特定靶基因进行微调，对其表达水平进行定量控制。②从生物学方面来展望，一方面，miRNA 增加了已知通路的复杂度并带来了不可预料的扭曲；另一方面，有许多未知功能的 miRNA 调节基因，有可能通过 miRNA 来促进对其功能的了解。正如前文所述，过表达 miRNA 和 miRNA 耐受的靶基因是发现新的生物学功能的有价值的工具；③从形态发生学角度来看将是很有趣的，miRNA-靶基因系统的变异可能导致了自然界广泛的多样性。

致谢

感谢 Utpal Nath 和 Rebecca Schwab 提供金鱼草叶片和过表达 miRNA 植株的图片。感谢霍华德·休斯医学研究所 Fundacion Antorchas，ANCYP/PICT2004（国际奖学金）和人类前沿科学项目 CDA007/2005-C 对 J. P. 的支持。

参 考 文 献

Achard, P., Herr, A., Baulcombe, D. C. and Harberd, N. P. (2004). Modulation of floral development by a gibberellin-regulated microRNA. *Development*, **131**, 3357 - 3365.

Aida, M., Ishida, T., Fukaki, H., Fujisawa, H. and Tasaka, M. (1997). Genes involved in organ separation in *Arabidopsis*: an analysis of the cup-shaped cotyledon mutant. *Plant Cell*, **9**, 841 - 857.

Allen, E., Xie, Z., Gustafson, A. M. *et al*. (2004). Evolution of microRNA genes by inverted duplication of target gene sequences in *Arabidopsis thaliana*. *Nature Genetics*, **36**, 1282 - 1290.

Allen, E., Xie, Z., Gustafson, A. M. and Carrington, J. C. (2005). MicroRNA-directed phasing during trans-acting siRNA biogenesis in plants. *Cell*, **121**, 207 - 221.

Arazi, T., Talmor-Neiman, M., Stav, R. *et al*. (2005). Cloning and characterization of micro- RNAs from moss. *Plant Journal*, **43**, 837 - 848.

Aukerman, M. J. and Sakai, H. (2003). Regulation of flowering time and floral organ identity by a microRNA and its APETALA2-like target genes. *Plant Cell*, **15**, 2730 - 2741.

Axtell, M. J. and Bartel, D. P. (2005). Antiquity of microRNAs and their targets in land plants. *Plant Cell*, **17**, 1658 - 1673.

Baker, C. C., Sieber, P., Wellmer, F. and Meyerowitz, E. M. (2005). The early extra petals1 mutant uncovers a role for microRNA miR164c in regulating petal number in *Arabidopsis*. *Current Biology*, **15**, 303 - 315.

Bartel, D. P. (2004). MicroRNAs: genomics, biogenesis, mechanism, and function. *Cell*, **116**, 281 - 297.

Baulcombe, D. (2005). RNA silencing. *Trends Biochemical Sciences*, **30**, 290 - 293.

Bharathan, G., Goliber, T. E., Moore, C. *et al*. (2002). Homologies in leaf form inferred from KNOXI gene expression during development. *Science*, **296**, 1858 - 1860.

Bohmert, K., Camus, I., Bellini, C. *et al*. (1998). AGO1 defines a novel locus of Arabidopsis controlling leaf development. *European Molecular Biology Organization Journal*, **17**, 170 - 180.

Bonnet, E., Wuyts, J., Rouze, P. and Van de PeerY. (2004). Detection of 91 potential conserved plant microRNAs in *Arabidopsis thaliana* and *Oryza sativa* identifies important target genes. *Proceedings of the National Academy of Sciences USA*, **101**, 11511 - 11516.

Boutet, S., Vazquez, F., Liu, J. *et al*. (2003). *Arabidopsis* HEN1: a genetic link between endogenous miRNA controlling development and siRNA controlling transgene silencing and virus resistance. *Current Biology*, **13**, 843 - 848.

Bowman, J. L. (2004). Class III HD-Zip gene regulation, the golden fleece of ARGONAUTE activity? *Bioessays*, **26**, 938 - 942.

Brennecke, J., Hipfner, D. R., Stark, A., Russell, R. B. and Cohen, S. M. (2003). bantam encodes a developmentally regulated microRNA that controls cell proliferation and regulates the proapoptotic gene hid in *Drosophila*. *Cell*, **113**, 25 - 36.

Brennecke, J., Stark, A., Russell, R. B. and Cohen, S. M. (2005). Principles of microRNA-target recognition. *Public Library of Science-Biology*, **3**, e85.

Chen, X. (2004). A microRNA as a translational repressor of APETALA2 in *Arabidopsis* flower development. *Science*, **303**, 2022 - 2025.

Cubas, P., Lauter, N., Doebley, J. and Coen, E. (1999). The TCP domain: a motif found in proteins regulating plant growth and development. *Plant Journal*, **18**, 215 - 222.

Davis, E., Caiment, F., Tordoir, X. *et al*. (2005). RNAi-mediated allelic trans-interaction at the imprinted Rtl1/Peg11 locus. *Current Biology*, **15**, 743 - 749.

Dezulian, T., Remmert, M., Palatnik, J. F., Weigel, D. and Huson, D. H. (2005). Identification of plant microRNA homologs. *Bioinformatics*. (In press.)

Doench, J. G. and Sharp, P. A. (2004). Specificity of microRNA target selection in translational repression. *Genes & Development*, **18**, 504 - 511.

Elbashir, S. M., Lendeckel, W. and Tuschl, T. (2001). RNA interference is mediated by 21- and 22-nucleotide RNAs. *Genes & Development*, **15**, 188 - 200.

Emery, J. F., Floyd, S. K., Alvarez, J. *et al*. (2003). Radial patterning of *Arabidopsis* shoots by class III HD-ZIP and KANADI genes. *Current Biology*, **13**, 1768 - 1774.

Floyd, S. K. and Bowman, J. L. (2004). Gene regulation: ancient microRNA target sequences in plants. *Nature*, **428**, 485 - 486.

Fujii, H., Chiou, T. -J., Lin, S. -I., Aung, K. and Zhou, J. K. (2005). A miRNA involved in phosphate-starvation response in *Arabidopsis*. *Current Biology*, **15**, 2038 - 2043.

Guo, H. S., Xie, Q., Fei, J. F. and Chua, N. H. (2005). MicroRNA directs mRNA cleavage of the transcription factor NAC1 to down-regulate auxin signals for arabidopsis lateral root development. *Plant Cell*, **17**, 1376 - 1386.

Gustafson, A. M., Allen, E., Givan, S. *et al*. (2005). ASRP: the *Arabidopsis* Small RNA Project Database. *Nucleic Acids Research*, **33**, D637 - D640.

Han, M. H., Goud, S., Song, L. and Fedoroff, N. (2004). The *Arabidopsis* double-stranded RNA binding protein HYL1 plays a role in microRNA-mediated gene regulation. *Proceedings of the National Academy of Sciences USA*, **101**, 1093 - 1098.

Hareven, D., Gutfinger, T., Parnis, A., Eshed, Y. and Lifschitz, E. (1996). The making of a compound leaf: genetic manipulation of leaf architecture in tomato. *Cell*, **84**, 735 - 744.

Horiguchi, G., Kim, G. T. and Tsukaya, H. (2005). The transcription factor AtGRF5 and the transcription coactivator AN3 regulate cell proliferation in leaf primordia of *Arabidopsis thaliana*. *Plant Journal*, **43**, 68 - 78.

Hu, Y., Xie, Q. and Chua, N. H. (2003). The *Arabidopsis* auxin-inducible gene ARGOS controls lateral organ size. *Plant Cell*, **15**, 1951 - 1961.

Jones-Rhoades, M. W. and Bartel, D. P. (2004). Computational identification of plant microRNAs and their targets, including a stress-induced miRNA. *Molecular Cell*, **14**, 787 - 799.

Jover-Gil, S., Candela, H. and Ponce, M. R. (2005). Plant microRNAs and development. *International Journal of Developmental Biology*, **49**, 733 - 744.

Juarez, M. T., Kui, J. S., Thomas, J., Heller, B. A. and Timmermans, M. C. (2004). MicroRNA-mediated repression of rolled leaf1 specifies maize leaf polarity. *Nature*, **428**, 84 - 88.

Kasschau, K. D., Xie, Z., Allen, E. *et al*. (2003). P1/HC-Pro, a viral suppressor of RNA silencing, interferes with *Arabidopsis* development and miRNA unction. *Developmental Cell*, **4**, 205 - 217.

Kidner, C. A. and Martienssen, R. A. (2004). Spatially restricted microRNA directs leaf polarity through ARGONAUTE1. *Nature*, **428**, 81 - 84.

Kidner, C. A. and Martienssen, R. A. (2005). The role of ARGONAUTE1 (AGO1) in meristem formation and identity. *Developmental Biology*, **280**, 504 - 517.

Kim, J., Jung, J. H., Reyes, J. L. *et al*. (2005). MicroRNA-directed cleavage of ATHB15 mRNA regulates vascular development in *Arabidopsis* inflorescence stems. *Plant Journal*, **42**, 84 - 94.

Kim, J. H., Choi, D. and Kende, H. (2003). The AtGRF family of putative transcription factors is involved in leaf and cotyledon growth in *Arabidopsis*. *Plant Journal*, **36**, 94 - 104.

Kurihara, Y. and Watanabe, Y. (2004). *Arabidopsis* micro-RNA biogenesis through Dicer-like 1 protein functions. *Proceedings of the National Academy of Sciences USA*, **101**, 12 753 – 12 758.

Lagos-Quintana, M., Rauhut, R., Lendeckel, W. and Tuschl, T. (2001). Identification of novel genes coding for small expressed RNAs. *Science*, **294**, 853 – 858.

Lau, N. C., Lim, L. P., Weinstein, E. G. and Bartel, D. P. (2001). An abundant class of tiny RNAs with probable regulatory roles in *Caenorhabditis elegans*. *Science*, **294**, 858 – 862.

Laufs, P., Peaucelle, A., Morin, H. and Traas, J. (2004). MicroRNA regulation of the CUC genes is required for boundary size control in *Arabidopsis* meristems. *Development*, **131**, 4311 – 4322.

Lauter, N., Kampani, A., Carlson, S., Goebel, M. and Moose, S. P. (2005). MicroRNA172 down-regulates glossy15 to promote vegetative phase change in maize. *Proceedings of the National Academy of Sciences USA*, **102**, 9412 – 9417.

Lee, R. C. and Ambros, V. (2001). An extensive class of small RNAs in *Caenorhabditis elegans*. *Science*, **294**, 862 – 864.

Lee, R. C., Feinbaum, R. L. and Ambros, V. (1993). The *C. elegans* heterochronic gene lin-4 encodes small RNAs with antisense complementarity to lin-14. *Cell*, **75**, 843 – 854.

Lewis, B. P., Burge, C. B. and Bartel, D. P. (2005). Conserved seed pairing, often flanked by adenosines, indicates that thousands of human genes are microRNA targets. *Cell*, **120**, 15 – 20.

Lim, L. P., Lau, N. C., Garrett-Engele, P. *et al*. (2005). Microarray analysis shows that some microRNAs downregulate large numbers of target mRNAs. *Nature*, **433**, 769 – 773.

Liu, B., Li, P., Li, X. *et al*. (2005a). Loss of function of OsDCL1 affects microRNA accumulation and causes developmental defects in rice. *Plant Physiology*, **139**, 296 – 305.

Liu, J., Valencia-Sanchez, M. A., Hannon, G. J. and Parker, R. (2005b). MicroRNA-dependent localization of targeted mRNAs to mammalian P-bodies. *Nature Cell Biology*, **7**, 719 – 723.

Llave, C., Kasschau, K. D., Rector, M. A. and Carrington, J. C. (2002a). Endogenous and silencing-associated small RNAs in plants. *Plant Cell*, **14**, 1605 – 1619.

Llave, C., Xie, Z., Kasschau, K. D. and Carrington, J. C. (2002b). Cleavage of Scarecrow-like mRNA targets directed by a class of *Arabidopsis* miRNA. *Science*, **297**, 2053 – 2056.

Mallory, A. C., Dugas, D. V., Bartel, D. P. and Bartel, B. (2004a). MicroRNA regulation of NAC-domain targets is required for proper formation and separation of adjacent embryonic, vegetative, and floral organs. *Current Biology*, **14**, 1035 – 1046.

Mallory, A. C., Reinhart, B. J., Jones-Rhoades, M. W. *et al*. (2004b). MicroRNA control of PHABULOSA in leaf development: importance of pairing to the microRNA 5′ region. *EMBO Journal*, **23**, 3356 – 3364.

Mallory, A. C., Bartel, D. P. and Bartel, B. (2005). MicroRNA-directed regulation of *Arabidopsis* AUXIN RESPONSE FACTOR17 is essential for proper development and modulates expression of early auxin response genes. *Plant Cell*, **17**, 1360 – 1375.

McConnell, J. R., Emery, J., Eshed, Y. *et al*. (2001). Role of PHABULOSA and PHAVOLUTA in determining radial patterning in shoots. *Nature*, **411**, 709 – 713.

McHale, N. A. and Koning, R. E. (2004). MicroRNA-directed cleavage of *Nicotiana sylvestris* PHAVOLUTA mRNA regulates the vascular cambium and structure of apical meristems. *Plant Cell*, **16**, 1730 – 1740.

Mette, M. F., van der Widen, J., Matzke, M. and Matzke, A. J. (2002). Short RNAs can identify new candidate transposable element families in *Arabidopsis*. *Plant Physiology*, **130**, 6 – 9.

Millar, A. A. and Gubler, F. (2005). The *Arabidopsis* GAMYB-like genes, MYB33 and MYB65, are microRNA-regulated genes that redundantly facilitate anther development. *Plant Cell*, **17**, 705 – 721.

Nath, U., Crawford, B. C., Carpenter, R. and Coen, E. (2003). Genetic control of surface curvature. *Science*, **299**, 1404 – 1407.

Palatnik, J. F., Allen, E., Wu, X. *et al*. (2003). Control of leaf morphogenesis by microRNAs. *Nature*, **425**,

257 – 263.

Palatnik, J. F., Wollmann, H., Schommer, C. *et al*. (2007). Differential targeting of *MYB* and *TCP* transcription factor genes by two related microRNAs in *Arabidopsis*. *Developmental Cell*, (in press).

Parizotto, E. A., Dunoyer, P., Rahm, N., Himber, C. and Voinnet, O. (2004). *In vivo* investigation of the transcription, processing, endonucleolytic activity, and functional relevance of the spatial distribution of a plant miRNA. *Genes & Development*, **18**, 2237 – 2242.

Park, M. Y., Wu, G., Gonzalez-Sulser, A., Vaucheret, H. and Poethig, R. S. (2005). Nuclear processing and export of microRNAs in *Arabidopsis*. *Proceedings of the National Academy of Sciences USA*, **102**, 3691 – 3696.

Park, W., Li, J., Song, R., Messing, J. and Chen, X. (2002). CARPEL FACTORY, a Dicer homolog, and HEN1, a novel protein, act in microRNA metabolism in *Arabidopsis thaliana*. *Current Biology*, **12**, 1484 – 1495.

Pasquinelli, A. E., Reinhart, B. J., Slack, F. *et al*. (2000). Conservation of the sequence and temporal expression of let-7 heterochronic regulatory RNA. *Nature*, **408**, 86 – 89.

Piazza, P., Jasinski, S. and Tsiantis, M. (2005). Evolution of leaf developmental mechanisms. *New Phytologist*, **167**, 693 – 710.

Reinhart, B. J., Slack, F. J., Basson, M. *et al*. (2000). The 21-nucleotide let-7 RNA regulates developmental timing in *Caenorhabditis elegans*. *Nature*, **403**, 901 – 906.

Reinhart, B. J., Weinstein, E. G., Rhoades, M. W., Bartel, B. and Bartel, D. P. (2002). MicroRNAs in plants. *Genes & Development*, **16**, 1616 – 1626.

Rhoades, M. W., Reinhart, B. J., Lim, L. P. *et al*. (2002). Prediction of plant microRNA targets. *Cell*, **110**, 513 – 520.

Schauer, S. E., Jacobsen, S. E., Meinke, D. W. and Ray, A. (2002). DICER-LIKE1: blind men and elephants in *Arabidopsis* development. *Trends in Plant Science*, **7**, 487 – 491.

Schwab, R., Palatnik, J. F., Riester, M. *et al*. (2005). Specific effects of microRNAs on the plant transcriptome. *Developmental Cell*, **8**, 517 – 527.

Sen, G. L. and Blau, H. M. (2005). Argonaute 2/RISC resides in sites of mammalian mRNA decay known as cytoplasmic bodies. *Nature Cell Biology*, **7**, 633 – 636.

Sunkar, R. and Zhu, J. K. (2004). Novel and stress-regulated microRNAs and other small RNAs from *Arabidopsis*. *Plant Cell*, **16**, 2001 – 2019.

Sunkar, R., Girke, T., Jain, P. K. and Zhu, J. K. (2005). Cloning and characterization of microRNAs from rice. *Plant Cell*, **17**, 1397 – 1411.

Tang, G., Reinhart, B. J., Bartel, D. P. and Zamore, P. D. (2003). A biochemical framework for RNA silencing in plants. *Genes & Development*, **17**, 49 – 63.

Tsiantis, M. and Hay, A. (2003). Comparative plant development: the time of the leaf? *Nature Reviews Genetics*, **4**, 169 – 180.

Tsukaya, H. (2005). Leaf shape: genetic controls and environmental factors. *International Journal of Developmental Biology*, **49**, 547 – 555.

Vaucheret, H., Vazquez, F., Crete, P. and Bartel, D. P. (2004). The action of ARGONAUTE1 in the miRNA pathway and its regulation by the miRNA pathway are crucial for plant development. *Genes & Development*, **18**, 1187 – 1197.

Vazquez, F., Gasciolli, V., Crete, P. and Vaucheret, H. (2004). The nuclear dsRNA binding protein HYL1 is required for microRNA accumulation and plant development, but not posttranscriptional transgene silencing. *Current Biology*, **14**, 346 – 351.

Wang, J. W., Wang, L. J., Mao, Y. B. *et al*. (2005). Control of root cap formation by microRNA-targeted auxin response factors in *Arabidopsis*. *Plant Cell*, **17**, 2204 – 2216.

Wang, X. J., Reyes, J. L., Chua, N. H. and Gaasterland, T. (2004). Prediction and identification of *Arabidopsis thaliana* microRNAs and their mRNA targets. *Genome Biology*, **5**, R65.

Weigel, D., Ahn, J. H., Blazquez, M. A. *et al*. (2000). Activation tagging in *Arabidopsis*. *Plant Physiology*, **122**, 1003 - 1013.

Williams, L., Grigg, S. P., Xie, M., Christensen, S. and Fletcher, J. C. (2005). Regulation of *Arabidopsis* shoot apical meristem and lateral organ formation by microRNA miR166g and its AtHD-ZIP target genes. *Development*, **132**, 3657 - 3668.

Xie, Z., Kasschau, K. D. and Carrington, J. C. (2003). Negative feedback regulation of Dicer- *Like 1* in *Arabidopsis* by microRNA-guided mRNA degradation. *Current Biology*, **13**, 784 - 789.

Xie, Z., Johansen, L. K., Gustafson, A. M. *et al*. (2004). Genetic and functional diversification of small RNA pathways in plants. *Public Library of Science-Biology*, **2**, E104.

Xie, Z., Allen, E., Fahlgren, N. *et al*. (2005). Expression of *Arabidopsis* MIRNA genes. *Plant Physiology*, **138**, 2145 - 2154.

Yekta, S., Shih, I. H. and Bartel, D. P. (2004). MicroRNA-directed cleavage of HOXB8 mRNA. *Science*, **304**, 594 - 596.

Yu, L., Yu, X., Shen, R. and He, Y. (2005). HYL1 gene maintains venation and polarity of leaves. *Planta*, **221**, 231 - 242.

Zamore, P. D. and Haley, B. (2005). Ribo-gnome: the big world of small RNAs. *Science*, **309**, 1519 - 1524.

Zhang, B. H., Pan, X. P., Wang, Q. L., Cobb, G. P. and Anderson, T. A. (2005). Identification and characterization of new plant microRNAs using EST analysis. *Cell Research*, **15**, 336 - 360.

Zhong, R. and Ye, Z. H. (2004). Amphivasal vascular bundle 1, a gain-of-function mutation of the IFL1/REV gene, is associated with alterations in the polarity of leaves, stems and carpels. *Plant & Cell Physiology*, **45**, 369 - 385.

III　microRNA 的计算生物学

11　miRBase：microRNA的序列、靶基因及系统命名数据库

Anton J. Enright* and Sam Griffiths-Jones

11.1　引言

miRBase数据库（以前被称为microRNA Registry）是microRNA（miRNA）序列和注释的主要在线储存库（Griffiths-Jones，2004；Griffiths-Jones *et al.*，2006）。当实验人员首次开始对数目日益增多的microRNA进行克隆和测序后，建立一个对已公布microRNA进行命名、注释和分类的专用数据库变得日益迫切（Lagos-Quintana *et al.*，2002）。如果不对microRNA进行预先的系统命名，不设立一个专用的miRNA序列中心储存库，一个很明显的问题就是，这些序列很可能在期刊中以不同的名字出现。此外，如果microRNA由多个不同的实验室独立进行鉴定并给予多种模棱两可的命名，这会阻碍我们对microRNA的进一步分析。在此之前，Wellcome Trust Sanger研究所的RFAM计划（Griffiths-Jones *et al.*，2003）一直致力于RNA及其进化关系的分类和鉴定研究，因此已经具备丰富的相关知识技能。很多从事miRNA研究的实验室已经对上述问题进行了讨论，并在microRNA的系统命名方面达成并公布了一致性意见，宣布将miRNA Registry作为microRNA研究的主要储存库（Ambros *et al.*，2003）。

最近，该资源库已将其功能扩展到miRNA的注释和自动预测动物microRNA靶基因，并将该库的名称重新命名为miRBase（Griffiths-Jones *et al.*，2006）。该资源库目前已吸引了大批访问人员，仅在2006年7月份这段时间内就有超过150万次的页面点击率，表明人们对这个重要调控分子的研究兴趣仍在日趋高涨。miRBase具有三项基本功能：首先，在有关新miRNA的文章公开发表之前为研究人员提供统一的基因命名；其次，为研究人员提供一个可对所有已公布miRNA的序列和注释信息进行查询的数据平台；最后，miRBase还为miRNA靶基因的预测提供途径，使研究人员可进行最新的、高质量的miRNA靶基因预测。

microRNA Registry中序列保存和基因系统命名的功能在miRBase中分别称为miRBase序列数据库和miRBase Registry。目前这些序列及注释信息的数据还与一个miRNA靶基因预测系统结合在一起。该靶基因预测系统目前采用miRanda算法（Enright *et al.*，2003）在Ensembl数据库（Birney *et al.*，2006）的基因组序列中对已知miRNA进行靶基因预测。将来我们希望能够在此靶基因预测系统的框架之上，整合其他计算机算法预测的靶标和实验验证的靶标，形成一个整合资源，这样可以更好地有助于研究人员确定他们所感兴趣的基因或者miRNA是否真的具有有效的生物学结合位点。

* 通讯作者。

miRBase可在网上进行登录查询，网址为：http://microrna.sanger.ac.uk/。网页上所有数据包括 FASTA 格式序列及关系数据库转储格式数据都可以在 FTP 站点下载(ftp://ftp.sanger.ac.uk/pub/mirbase/)，方便研究人员进行本地安装和查询（见下文“如何从 miRBase 中获取数据”）。在本章中，我们将从几个不同的方面对 miRBase 数据库进行描述，并向对 miRNA 生物学感兴趣的研究者介绍如何使用该数据库。

11.2 miRBase Registry

miRBase最初的目的是为研究者提供一个可对已公布及尚未公布的 microRNA 序列进行统一系统命名的主要储存库。未公开发表的 miRNA 序列通常都处在文章发表的最后阶段，因此它们是高度保密的，直至文章最终发表。所以，该数据库的功能意味着，所有的 miRNA，从它们第一次在文章中被提及那刻起，都将会有一个与其他miRNA相统一的命名。当新的 miRNA 被发现时，它们会被提交到 miRBase Registry 中心进行官方命名。这可以是单个的 miRNA，也可以是通过高通量途径发现的、整套的、成千上万的 miRNA。miRBase Registry 与“人和小鼠基因命名委员会”保持着密切的交流，以确保 miRNA 的命名是一致且合理的。

为了避免该过程中不必要的麻烦并充分利用同行评议来对 miRNA 序列进行确证，对于新发现的 miRNA，只有当其文章被同意接收之后，miRBase 才会给予最终的命名。该官方命名会被整合进已同意接收的文章中作为最终版进行发表并出现在各学术团体中。对于先前已得到证实的 miRNA 同源序列，则不需要公开发表在文章中就可以直接被收录进数据库中。对于那些只通过计算机方法预测而未经过实验方法在相关物种中进行验证的 miRNA，miRBase 目前不会给予其官方命名。该机构还在 miRNA 实验验证的准则及最低标准方面达成了一致性意见（Ambros *et al.*，2003)。

被授予的 miRNA 基因名称的格式为：XXXX-mir-YYYY。其中，“XXXX”代表由 3 个或 4 个字母组成的物种代码；“YYYY”是顺序的数字识别号。任何物种中新发现的 miRNA 都会被给予下一个数字识别号。因此，假如最新发现的 miRNA 是 *hsa-mir-663*，那么下一个新发现的 miRNA，无论它是在何种物种中，都将被命名为 *mir-664*. 那些被认为编码相同 miRNA 但位于不同位点的 miRNA 基因会被给予一个后缀数字以将他们进行区分，比如 *hsa-mir-521-1* 和 *hsa-mir-521-2*。

传统上，在 miRBase 数据库和文献中，通常都将 miRNA 的基因座和前体称为“*mir*”，而将成熟的 miRNA 产物称为“miR”。如果成熟的 miRNA 在序列上密切相关，会被给予额外的后缀字母以对其进行区分，比如 hsa-miR-520a 和 hsa-miR-520d。当然，这两种分类方法有时会结合使用，比如 hsa-miR-519a-1 和 hsa-miR-519a-2。

除了上述顺序命名法之外，还存在小部分例外情况。这主要是由于这些来源于突变筛选的 miRNA 的发现是先于 miRBase 建立的，它们的命名已经被广泛使用了（如线虫中的 *let-7* 和 *lin-4*）。这种非顺序标识的命名方法在新发现 miRNA 中并不被提倡。另外需要特别注意的一点是，植物和病毒的命名方法稍有差别，这仍然是由于历史性的原因。植物中 miRNA 前体的名称格式为：MIR169a，其后缀字母是代表相同和不同的成熟 microRNA 序列。

最近发现，在一些哺乳动物 miRNA 中，同一个前体 miRNA（pre-miRNA）可以高频率地产生两种成熟的 miRNA 产物。在多数情况下，通常都是其中一种成熟 miRNA 产物的丰度要远远高于另外一种成熟产物（该产物有可能是生物发生过程中一种无功能的副产品）。对于这些 miRNA，其可变序列（通常称为 star 序列）通常采用 miRBase 中的星号进行标识（如 has-miR-520d 与 has-miR-520d*）。当克隆频率或其他信息不足以确定哪个成熟序列是功能性序列时，或者如果两种 miRNA 都似乎呈现出功能时，这时就要采用后缀标注其起源的发夹臂端。例如，hsa-miR-30a-5p 代表起源于 *hsa-mir-30a* 发夹结构的 5′端，而 hsa-miR-30a-3p 代表来源于 3′端（图 11.1）。

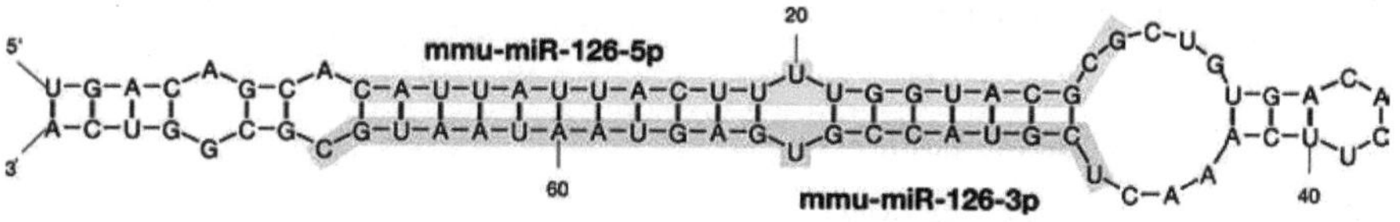

图 11.1　预测鼠 miRNA pre-mir-126 的配对结构。两段成熟的 miRNA 序列被加阴影突出标示。miR-126-5p 来自 5′臂端，miR-126-3p 来自 3′臂端。

提交 miRNA 序列到数据库是一个很容易操作且直接的过程。网页上 miRBase Sequence 部分包含有 miRNA 的提交表格。该表格列举了提交 miRNA 所需要资料的详细信息，包括：已被接收的文稿、文稿的作者、所研究的物种及一个包含有所提交 miRNA核苷酸序列的 FASTA 格式文档。提交的序列经过审核后会被给予一个识别名称，然后将此识别名称用于已接收的文稿中。此时该序列是严格保密的，不能以任何形式泄露给外界，直至文章最终公开发表才能将其在网上公布。

11.3　miRBase 序列数据库

miRBase 的目的并非仅仅为 miRNA 提供系统命名，它还发挥着储存 miRNA 及其序列和注释的功能。到目前为止，miRBase 的序列数据库提供了广泛的途径，可对所有已公开发表的 miRNA 信息进行查询。目前该数据库（2006 年 7 月发布的 8.2 版）收录了来自灵长类、鼠类、鸟类、鱼类、线虫、果蝇、植物及病毒的 4039 个成员（miRNA 的发夹状前体），编码 3834 个成熟的 miRNA 产物（表 11.1）。自 2002 年首次开放以来，miRBase 的序列个数已经急剧上升（图 11.2）。

表 11.1　miRBase 数据库中 miRNA 数目的统计分析表

分类学上的分类	种	miRNA 的数目
节肢动物门	*Drosophila melanogaster*	78
	Drosophila pseudoobscura	73
	Anopheles gambiae	38
	Apis mellifera	25
线虫纲	*Caenorhabditis elegans*	114
	Caenorhabditis briggsae	79
脊椎动物门	*Homo sapiens*	462
	Mus musculus	358
	Danio rerio	337

续表

分类学上的分类	种	miRNA 的数目
	Rattus norvegicus	234
	Xenopus tropicalis	177
	Gallus gallus	152
	Tetraodon nigroviridis	132
	Fugu rubripes	131
	Bos taurus	98
	Pan paniscus	89
	Gorilla gorilla	86
	Pongo pygmaeus	84
	Pan troglodytes	83
	Macaca nemestrina	75
	Macaca mulatta	71
	Sus scrofa	54
	Lagothrix lagotricha	48
	Ateles geoffroyi	45
	Saguinus labiatus	42
	Lemur catta	16
	Xenopus laevis	7
	Canis familiaris	6
	Ovis aries	4
被子植物门	*Populus trichocarpa*	213
	Oryza sativa	182
	Arabidopsis thaliana	118
	Zea mays	96
	Sorghum bicolor	72
	Medicago truncatula	30
	Glycine max	22
	Physcomitrella patens	18
	Saccharum officinarum	16
病毒	Epstein Barr virus	23
	Rhesus lymphocryptovirus	16
	Kaposi sarcoma-associated herpesvirus	13
	Human cytomegalovirus	11
	Mouse gammaherpesvirus68	9
	Herpes Simplex Virus1	1
	Simian virus40	1

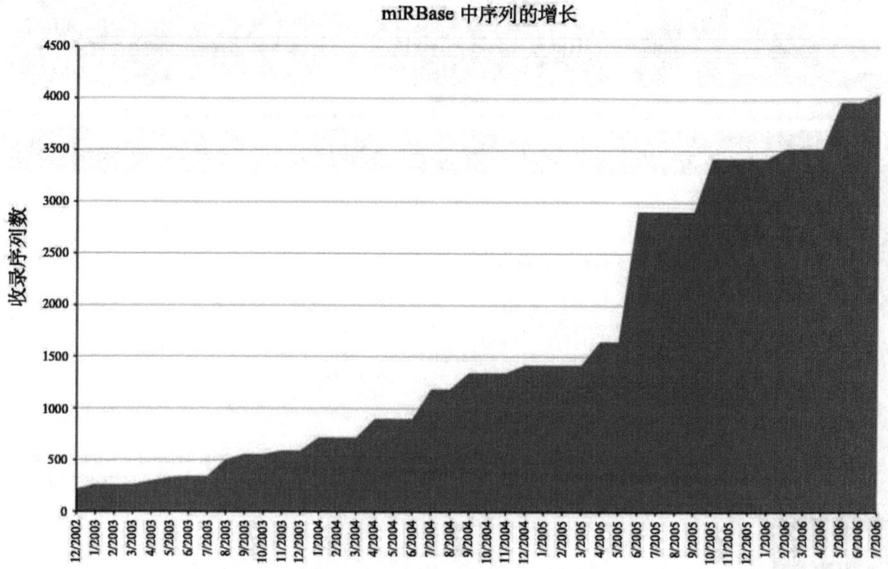

图 11.2 miRBase 数据库中 miRNA 数目的增长趋势。统计从 2006 年 12 月的第一发布版本到当前发布版本。

miRBase 收录序列的结构

典型的 miRNA 序列收录页面截图见图 11.3。这些页面旨在帮助用户快速、简洁地浏览他们所感兴趣的某个特定 miRNA 的所有信息。有关 miRBase 收录序列各信息段请见表 11.3 的描述。

miRBase 入选成员的基本单位是特定 miRNA 初级转录物（pri-miRNA）的茎环结构部分，因此，它应该还包括 Drosha 酶切割之后的前体产物。

对于前面所述的每一个茎环序列结构，系统都会给予一个独特的标识符，同时还有一个登录号（如 *cel-mir-1* 的登录号是 MI0000001）。采用登录号的最主要原因是因为 miRNA 的标识符在数据库发布中可能会发生一些改变，但登录号是独一无二的，而且是固定的。这对于 miRNA 尤其重要，因为总会不断有新的实验信息出现，在已有 miRNA 之间发现新的进化关系，有可能会对已收录 miRNA 的标识符带来一些变化。

如上所述，miRBase 的 miRNA 条目的核心结构是 pri-miRNA 的茎环结构。目前人们对 miRNA 的初级转录物的自然和生物特性的了解很少。正因为如此，目前数据库中还没有显示这些转录物的相关信息。与茎环结构绑定在一起的是来源于这些茎环结构的成熟 miRNA 序列。每一个这样的 miRNA 条目都同样包括一个标识符（如前所述）和一个固定的、独特的登录号（如 cel-miR-1 的登录号是 MIMAT0000003）。

miRBase Sequence 入选条目的序列间还存在更进一步的划分。划分的主要原因是由于尽管绝大部分的成熟 miRNA 序列已经通过实验的方法在生物体中得到证实，还有一大部分 miRNA 可以通过直接同源比对的方法在相近的相关物种中鉴定出来。绝大多

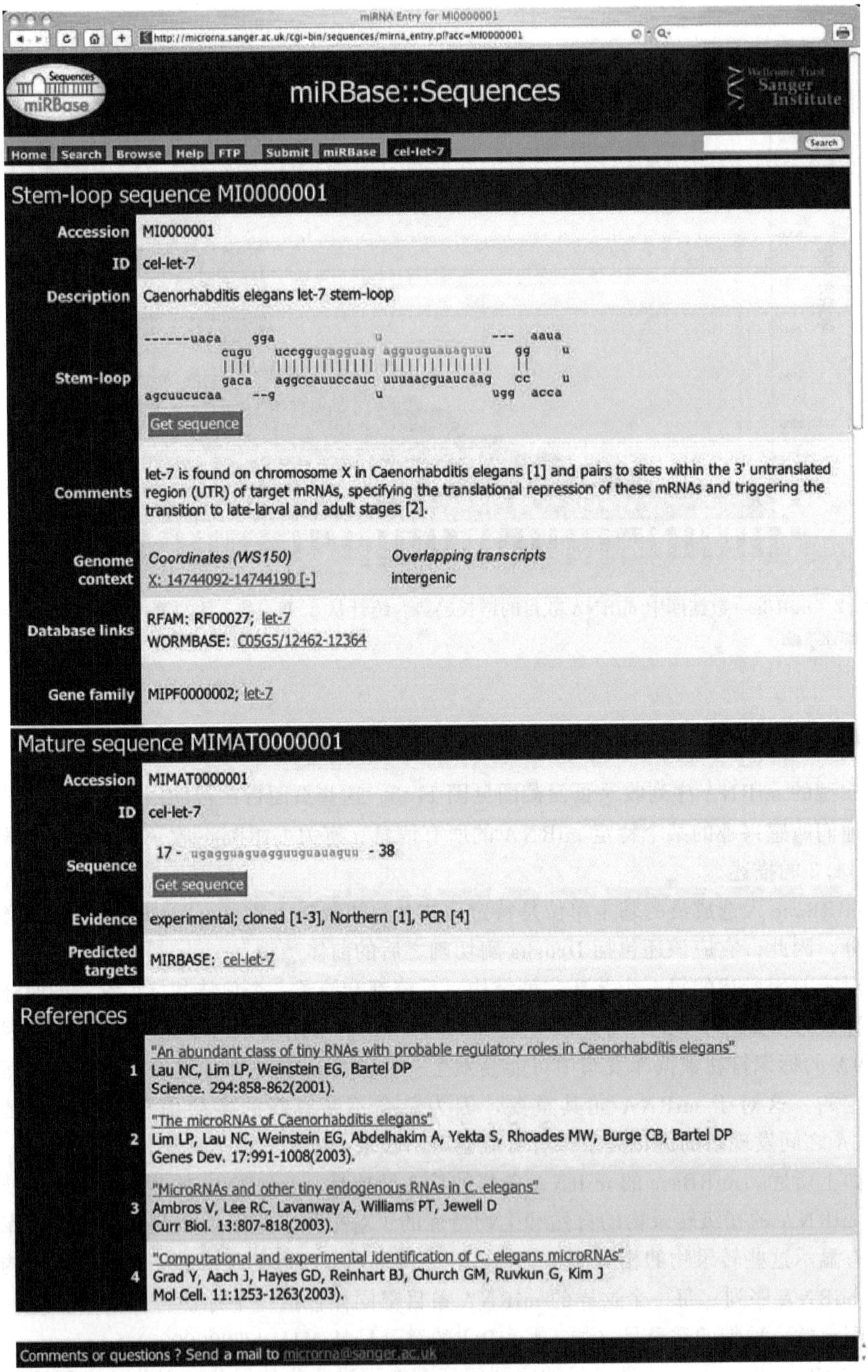

图 11.3　miRBase序列数据库中 *let-7* miRNA 注释条目（登录号：MI0000001）。

数 miRNA 高度保守的特性已经表明，假如某个 miRNA 在一个物种中得到证实，例如，在人类中，它将很可能也会出现在其他物种（如小鼠和大鼠）中，特别是当 BLAST 和 RNA 折叠算法能够证明这些相近物种中存在与 miRNA 基因座序列高度同源的序列时。例如，人类 454 个 miRNA 中有 370 个是通过实验的方法来进行注释的，剩余的 84 个在小鼠、大鼠和鱼类基因组中已得到证实。数据库目前对于那些只通过计算机预测而没有得到实验证实的 miRNA 不进行收录。所收录的已通过实验证实的 miRNA（图 11.3），其相关参考文献及实验验证所采用方法的标识词（表 11.2）将一起被写在注释中。

表 11.2 证实 miRBase 数据库中的 miRNA 的实验技术

实验标签	描述
Cloned	克隆和测序
In situ	原位杂交
Northern	印迹
PCR	PCR 扩增
MPSS	高通量平行信号测序
Array	通过微阵列确认
5′RACE	通过 5′RACE 确认
RT-PCR	实时 PCR

miRNA 的基因组定位对于其生物学功能和实验设计方面可能具有重要的意义，如试图缺失某个特定的 miRNA。正是由于这个原因，对每一个入选的前体 miRNA 条目，都要尽可能地提供其基因座。显然，对于那些基因组还没有得到公开发布或者有效整合的生物，这是不可能的。但是对于 miRBase 收录大多数的生物体和条目来讲，提供其 miRNA 的基因座及与 Ensembl 数据库的链接，这完全是有可能的。

miRNA 前体的基因组织形式也需要特别关注。有些 miRNA 是来源于基因间隔区，或单独出现，或成簇出现；有些是来源于蛋白质编码或者非蛋白质编码转录物的内含子区；还有一小部分是重叠已注释转录物的外显子区（Rodriguez *et al.*，2004；Weber，2005）。注释基因结构的 Ensembl 数据库（Birney *et al.*，2006）是确定前体 miRNA 基因组内容的主要资源库，因此，miRBase 中所显示的入选条目的基因组织信息（图 11.3）都是由 Ensembl 的坐标定位系统提供的。这些数据信息表明，有多达 35%的哺乳动物 miRNA 重叠于注释基因，绝大多数这样的 miRNA 都位于蛋白质编码基因的内含子区。在果蝇和线虫中，大约只有 14%的 miRNA 位于内含子区。

miRBase 序列页面还提供了与其他网页（包括内部和外部）的链接（如 Ensembl），这样可以提供更多的相关信息。有一点需要说明的是，入选条目页面上的所有信息都可以从 miRBase 的 FTP 站点或以其他形式获得以进行大规模的自动分析（见下面“miRBase 数据获取”部分）。除此之外，对浏览和查询该数据库的机制也有相关的描述（见下述“浏览和查询”部分）。

11.4 miRBase 靶标数据库

绝大多数 miRNA 的生物学功能目前还不是非常清楚。但是，更多的研究发现

miRNA 在越来越多的领域发挥着重要功能，包括（并非仅限于这几个领域）发育、细胞凋亡、细胞分化、大肠癌、白血病、脆性 X 综合征和病毒感染（Calin *et al.*, 2002; Caudy *et al.*, 2002; Brennecke *et al.*, 2003; Enright *et al.*, 2003; McManus, 2003; Michael *et al.*, 2003; Calin *et al.*, 2004; Pfeffer *et al.*, 2004; Calin *et al.*, 2005; Hornstein *et al.*, 2005; Leaman *et al.*, 2005; Giraldez *et al.*, 2006; Shcherbata *et al.*, 2006）。目前发现 miRNA 发挥作用的机制是通过直接与靶基因转录物结合（由 miRNA 与靶位点的互补配对介导），从而引起靶基因的翻译抑制（也可能是降解）（Du and Zamore, 2005）。因此，可以很清楚地看到，任何一个给定的 miRNA 的生物学功能都可认为是其靶基因的功能。

目前，由于实验技术本身所需的高额成本、高强度的劳动及过高的时间成本，对 miRNA 靶标进行大规模的实验验证变得不太实际。基于这个原因，最近出现的计算机方法（Lai, 2004）在预测 miRNA 可能的靶标方面为人们带来了更多的希望（Enright *et al.*, 2003; Lewis *et al.*, 2003; Stark *et al.*, 2003; Rajewsky and Socci, 2004; Rehmsmeier *et al.*, 2004）。绝大多数这样的方法是利用 miRNA 和 3′-UTR 靶位点的互补信号作为最初筛选的关键参考指标。然后，再采用其他信息，如所预测双链结构的热力学稳定性、miRNA/靶基因配对在相关物种中的保守性，来对这些经过初步筛选预测的位点进行进一步的过滤。更详细的计算机筛选方法的描述见本书其他作者描述的第 III 部分。

尽管计算机方法进行 miRNA 靶基因预测还远不够完美，但是它们代表了我们 miRNA 潜在生物学功能的初步探索。基于这个原因，我们致力于为用户提供一个既能自身系统地预测绝大部分动物 miRNA 的靶基因，同时又能借助外部其他计算机方法或者实验技术对 miNRA 靶基因进行预测的 miRBase 数据库。在 miRBase 中，对 miRNA 靶标进行系统性的预测是一项高强度的计算机任务，目前它将在 17 个物种中的 400 000 多个 3′-UTR 区寻找 2500 多个动物 miRNA 的潜在靶标。正是由于这个原因，尽管 miRBase 中 miRBase Sequences 数据库已经存在与外部靶标预测信息的链接，但在 miRBase 核心靶基因预测方面，我们目前只采用一种计算机算法（miRanda v3.0）。我们希望将来能够在这个系统中囊括进其他的预测方法、算法，并能有所改进。

采用计算机的方法进行大规模的计算机分析需要相应的超性能计算机集群。采用计算机方法进行分析的流程如下。首先，程序从 miRBase Sequences 库中调取成熟的 miRNA 序列，从 Ensembl 数据库中调取所有可获取的基因组序列的 3′-UTR 序列，在每一个物种的每一个的 3′-UTR 序列中预测每个 miRNA 序列的靶标。目前所采用的 miRanda 3.0 算法是基于 Rehmsmeier 及其同事工作的一个统计模型（Rehmsmeier *et al.*, 2004）。程序先采用 miRanda 算法在 3′-UTR 序列对照集中预测每一个 miRNA 的靶标，并拟合一个极值分布函数（EVD）给这些对照预测结果。然后，用 miRanda 将每一个 miRNA 与来自相同（或相近）物种的所有 3′-UTR 序列进行靶标预测，利用前面得出的极值分布函数参数，可以从每一个潜在位点的分值中推导出一个 *P* 值。将分值进行标准化，以纠正 3′-UTR 和 miRNA 的长度差异。对于给定的 miRNA 在一个 3′-UTR 有多个位点的情况，采用泊松（Poisson）分布的统计学方法将其整合进运算程序中。最后，对于那些看起来在直系同源 3′-UTR 间保守的 miRNA 位点，会根据这些 3′-UTR 全长序列中共有此重要保守区域的可能性大小分配其一个修正后的 *P* 值。该方法的优点之一就是，虽然靶基因的位点保守性可能会使其 P 值上升，但这不是本质因素。对于那些 P 值有显著性差异的靶位点，即便不保守，仍然可以被显示出来。这对于那些近期在特定物种中进化起源的 miRNA 来说尤其重要（Giraldez *et al.*，2005）。

最终分析的结果是将 miRBase 库中所有成熟的 miRNA 在 Ensembl 数据库的任何一个物种基因组序列中预测出的靶位点有序地罗列出来。所有靶位点排列顺序是依据 P 值进行的，$P<0.05$ 的结果才会被显示在页面上。对于每一个预测出的靶基因，我们都可以对它的描述、注释及 GO 术语（terms）信息进行查询（Harris *et al.*，2004）。miRBase Target 的核心数据显示是一个点击-列表（hit-list）页面（图 11.4），该页面对靶基因预测结果做了一个小结，说明这些靶基因可能会是某个或某群 miRNA 的靶向

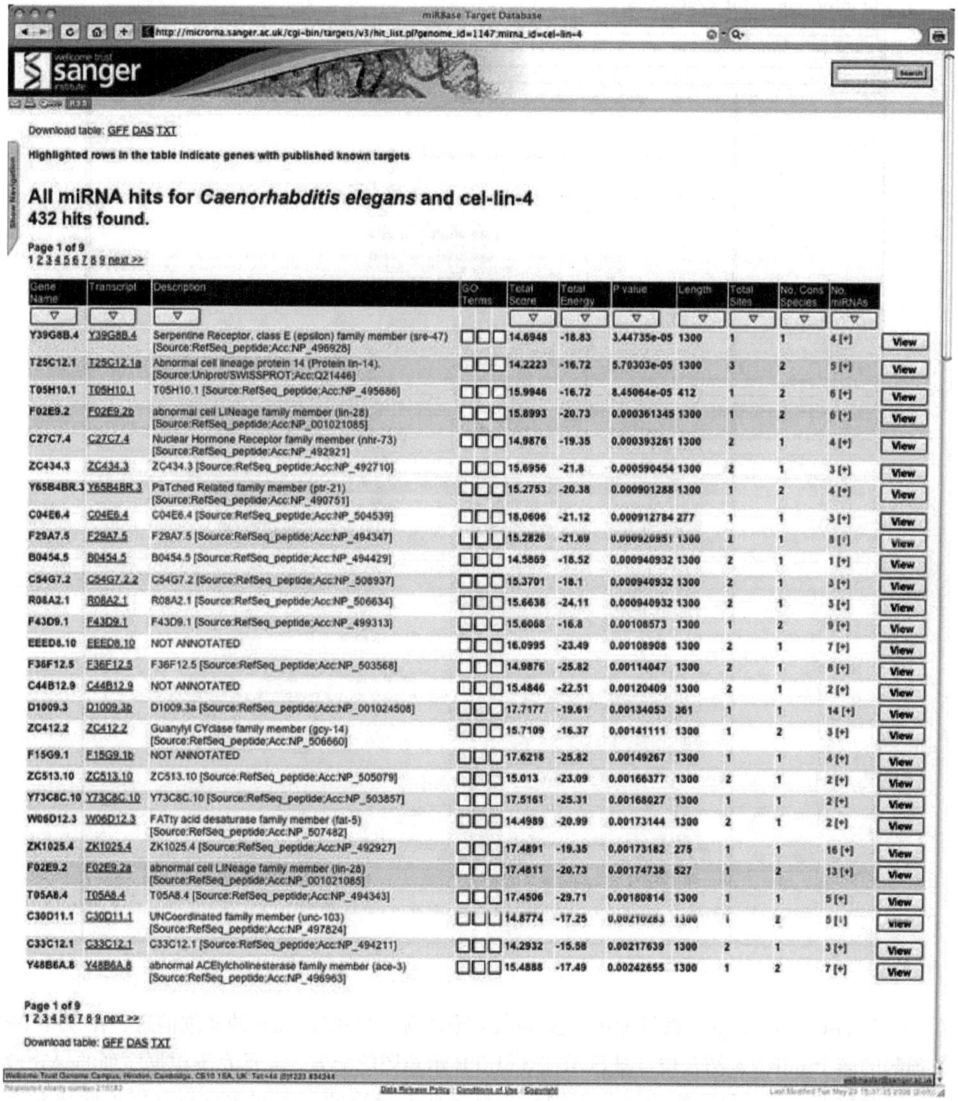
miRBase Target Database

http://microrna.sanger.ac.uk/cgi-bin/targets/v3/hit_list.pl?genome_id=1147;mirna_id=cel-lin-4

Download table: GFF DAS TXT

Highlighted rows in the table indicate genes with published known targets

All miRNA hits for *Caenorhabditis elegans* and cel-lin-4

432 hits found.

Page 1 of 9

1 2 3 4 5 6 7 8 9 next >>

Gene Name	Transcript	Description	GO Terms	Total Score	Total Energy	P value	Length	Total Sites	No. Cons Species	No. miRNAs	
Y39G8B.4	Y39G8B.4	Serpentine Receptor, class E (epsilon) family member (sre-47) [Source:RefSeq_peptide;Acc:NP_496928]		14.6948	-18.83	3.44735e-05	1300	1	1	4 [+]	View
T25C12.1	T25C12.1a	Abnormal cell lineage protein 14 (Protein lin-14). [Source:Uniprot/SWISSPROT;Acc:Q21446]		14.2223	-16.72	5.70303e-05	1300	3	2	5 [+]	View
T05H10.1	T05H10.1	T05H10.1 [Source:RefSeq_peptide;Acc:NP_495686]		15.9946	-16.72	8.45064e-05	412	1	2	6 [+]	View
F02E9.2	F02E9.2b	abnormal cell LINeage family member (lin-28) [Source:RefSeq_peptide;Acc:NP_001021085]		15.8993	-20.73	0.000361345	1300	1	2	6 [+]	View
C27C7.4	C27C7.4	Nuclear Hormone Receptor family member (nhr-73) [Source:RefSeq_peptide;Acc:NP_492921]		14.9876	-19.35	0.000393261	1300	2	1	4 [+]	View
ZC434.3	ZC434.3	ZC434.3 [Source:RefSeq_peptide;Acc:NP_492710]		15.6956	-21.8	0.000590454	1300	2	1	3 [+]	View
Y65B4BR.3	Y65B4BR.3	PaTched Related family member (ptr-21) [Source:RefSeq_peptide;Acc:NP_490751]		15.2753	-20.38	0.000901288	1300	1	2	4 [+]	View
C04E6.4	C04E6.4	C04E6.4 [Source:RefSeq_peptide;Acc:NP_504539]		18.0606	-21.12	0.000912784	277	1	1	3 [+]	View
F29A7.5	F29A7.5	F29A7.5 [Source:RefSeq_peptide;Acc:NP_494347]		15.2826	-21.69	0.000920951	1300	2	1	8 [+]	View
B0454.5	B0454.5	B0454.5 [Source:RefSeq_peptide;Acc:NP_494429]		14.5869	-18.52	0.000940932	1300	2	1	1 [+]	View
C54G7.2	C54G7.2.2	C54G7.2 [Source:RefSeq_peptide;Acc:NP_508937]		15.3701	-18.1	0.000940932	1300	2	1	3 [+]	View
R08A2.1	R08A2.1	R08A2.1 [Source:RefSeq_peptide;Acc:NP_506634]		15.6638	-24.11	0.000940932	1300	2	1	3 [+]	View
F43D9.1	F43D9.1	F43D9.1 [Source:RefSeq_peptide;Acc:NP_499313]		15.6068	-16.8	0.00108573	1300	1	2	9 [+]	View
EEED8.10	EEED8.10	NOT ANNOTATED		16.0995	-23.49	0.00108908	1300	2	1	7 [+]	View
F36F12.5	F36F12.5	F36F12.5 [Source:RefSeq_peptide;Acc:NP_503568]		14.9876	-25.82	0.00114047	1300	2	1	8 [+]	View
C44B12.9	C44B12.9	NOT ANNOTATED		15.4846	-22.51	0.00120409	1300	2	1	2 [+]	View
D1009.3	D1009.3b	D1009.3a [Source:RefSeq_peptide;Acc:NP_001024508]		17.7177	-19.61	0.00134053	361	1	1	14 [+]	View
ZC412.2	ZC412.2	Guanylyl CYclase family member (gcy-14) [Source:RefSeq_peptide;Acc:NP_506660]		15.7109	-16.37	0.00141111	1300	1	2	3 [+]	View
F15G9.1	F15G9.1b	NOT ANNOTATED		17.6218	-25.82	0.00149267	1300	1	1	4 [+]	View
ZC513.10	ZC513.10	ZC513.10 [Source:RefSeq_peptide;Acc:NP_505079]		15.013	-23.09	0.00166377	1300	2	1	2 [+]	View
Y73C8C.10	Y73C8C.10	Y73C8C.10 [Source:RefSeq_peptide;Acc:NP_503857]		17.5161	-25.31	0.00168027	1300	1	1	2 [+]	View
W06D12.3	W06D12.3	FATty acid desaturase family member (fat-5) [Source:RefSeq_peptide;Acc:NP_507482]		14.4989	-20.99	0.00173144	1300	2	1	2 [+]	View
ZK1025.4	ZK1025.4	ZK1025.4 [Source:RefSeq_peptide;Acc:NP_492927]		17.4891	-19.35	0.00173182	275	1	1	16 [+]	View
F02E9.2	F02E9.2a	abnormal cell LINeage family member (lin-28) [Source:RefSeq_peptide;Acc:NP_001021085]		17.4811	-20.73	0.00174738	527	1	2	13 [+]	View
T05A8.4	T05A8.4	T05A8.4 [Source:RefSeq_peptide;Acc:NP_494343]		17.4506	-29.71	0.00180814	1300	1	1	5 [+]	View
C30D11.1	C30D11.1	UNCoordinated family member (unc-103) [Source:RefSeq_peptide;Acc:NP_497824]		14.8774	-17.25	0.00210283	1300	1	2	5 [+]	View
C33C12.1	C33C12.1	C33C12.1 [Source:RefSeq_peptide;Acc:NP_494211]		14.2932	-15.58	0.00217639	1300	2	1	3 [+]	View
Y48B6A.8	Y48B6A.8	abnormal ACEtylcholinesterase family member (ace-3) [Source:RefSeq_peptide;Acc:NP_496963]		15.4888	-17.49	0.00242655	1300	1	2	7 [+]	View

Page 1 of 9

1 2 3 4 5 6 7 8 9 next >>

Download table: GFF DAS TXT

Data Release Policy | Conditions of Use | Copyright

图 11.4　miRBase 靶标数据库中线虫 miRNA cel-lin-4 的点击-列表（hit-list）总结页面。每列包含 miRNA 和预测靶标基因的信息及每个条目的分值、自由能和 P 值的概括信息。加阴影的为实验验证的靶标。

位点。同时该页面（图 11.4）还显示了所预测靶基因的功能和 GO 术语（terms）信息，这样使用者可以迅速地鉴别出自己感兴趣的基因或功能。

关于任何预测基因的更加详细的信息，用户可以点击进入转录物详细信息（transcript detail）页面。该页面（图 11.5）显示了所预测出的靶基因的 3′-UTR 序列，其中已发现的结合位点区域被特别显示出来。如果认为某个 3′-UTR 与其他物种间存在着直系同源区域，页面中还会显示它们的多序列比对图（图 11.5），从图中可以看到它们

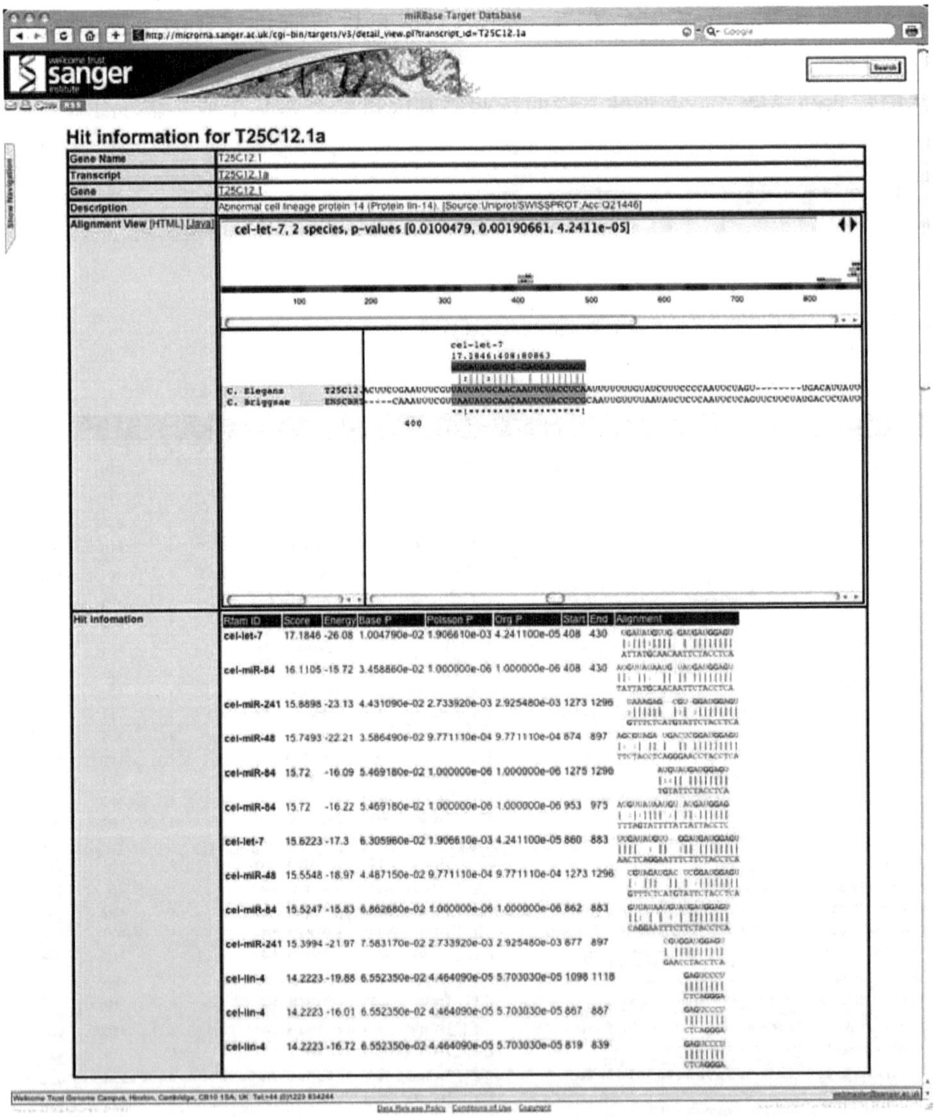

图 11.5　miRBase Targets 数据库中线虫 lin-14 转录物（T25C12.1a）的详细信息。在 3′-UTR 区预测的多个 miRNA 结合位点被显示在 3′-UTR 示意图的上方，此示意图根据序列的保守性着色结合位点。下一显示窗口（位于中间）显示此转录物的直系同源比对（如果此比对存在）。本例中，预测的 cel-let-7 的一个靶标位点被突出显示，靶标在 *C. elegans* 和 *C. briggsae* 之间保守的部分被标示为橙色。最终，在页面底部显示每个结合位点的详细信息，包括所有的 *P* 值、结合位点在 3′-UTR 的相对位置及预测此结合位点的配对双螺旋结构。（见彩图 8）

的保守位点。3′-UTR 的景观图，提供了一个参考示意图，显示 miRNA 结合位点的相对位置和根据序列保守的程度以不同的颜色标注结合位点。最后，我们都可以看到每一个预测出的 miRNA：target 双链结构的详细碱基配对图，同时还可以看到与这些结合位点有关的 *P* 值。在每个例子中，将单位点、多位点和跨物种的 *P* 值与原始 miRanda 分值、热力学稳定性（ΔG）一起进行总结。关于使用该库对自己感兴趣 miRNA 或基因的查询机制及如何获取数据的详细信息，我们将在下面进行描述。

11.5 miRBase 的浏览和搜索功能

miRBase 网页上，用户可以生物、miRNA 或者基因的名字进行浏览及搜索获得所需要的信息。miRBase Sequences 和 miRBase Targets 有彼此独立的搜索机制让用户查询数据。

11.5.1 miRBase Sequences 中的搜索

miRBase Sequences 主要提供了三种查询入口来对所收录的 miRNA 序列进行查询。

1. 关键词法

用户可以在主页（子页）搜索框中输入关键词来对任何一个或所有 miRNA 的标识、登录号、参考文献信息和文本注释信息进行查询。

2. 基因组定位法

该搜索法使用户可以在多个物种中搜寻那些位于特定基因组位点的 miRNA。比如，使用者可以搜寻所有位于 1 号染色体第 1 000 000 至 1 200 000 碱基之间的人类 miRNA。

3. 序列法

最终，它可以方便、直接地搜索到任何一个与 miRBase 序列库同源的核苷酸序列。前体和成熟序列都会被扫描，同时还有可供选择的方法搜索已知 miRNA 同源的长序列或者短序列元件在 miRBase 数据库中出现次数（表 11.3）。关于一个查询序列与 miRNA的同源性的实例的结果输出见图 11.6。

表 11.3 miRBase 数据库中描述 miRNA 前体和成熟体序列的不同字段域

记录类型	内容
miRNA 前体	登录号（Accession number）
	标识（Identifier）
	描述（Description）
	二级茎环结构前体（由 Vienna RNA 预测）
	注释（Comments）
	基因组定位与组织形式（Genome location & context）
	外部数据库（External database）链接
	基因家族（Gene family）
成熟 miRNA	登录号（Accession number）
	标识（Identifier）
	成熟 miRNA 序列（Mature miRNA sequence）
	实验证据标识（Experimental evidence tags）
	靶标链接（至 miRBase Targets 以及外部站点）
miRNA 前体与成熟 miRNA	文献参考（Literature reference）

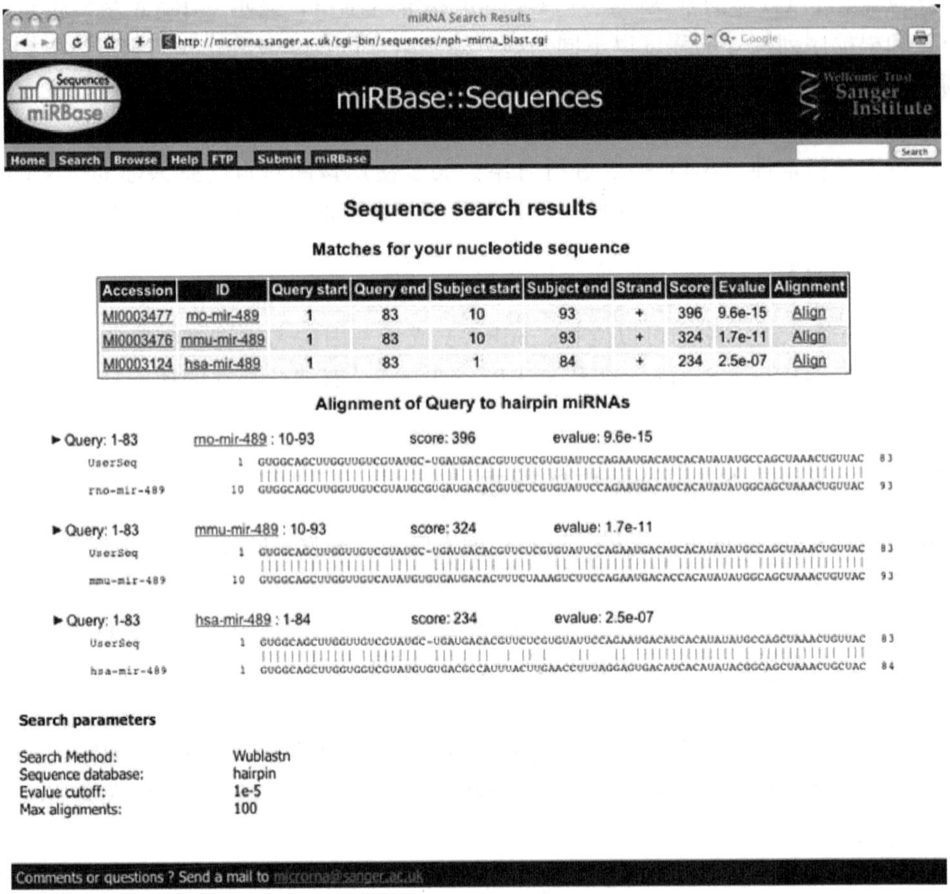

图 11.6 在 miRBase 序列数据库中查询已知 miRNA 前体同源序列的输出页面示例。每个查询结果被总结在表中，紧随的是查询序列和其同源序列的比对图。

11.5.2 在 miRBase Targets 中的搜索

关于如何系统性地对 miRNA 靶标预测结果进行查询，miRBase Targets 页面中有一个详细的搜索页面。利用该搜索页面，用户可以根据目标 miRNA 或者基因、关键词、基因名称以及基因描述中的 GO 术语（terms），搜索到所有预测出的 miRNA 靶位点。基因名称及基因描述的 GO 术语可查询所有预测的 miRNA 靶基因。搜索中发现的 miRNA 靶位点以更详细的方式列举在点击-列表（hit-list）页面上（图 11.4）。

11.6 如何从 miRBase 中获取数据

miRBase 中的所有数据都是免费获取的。数据库界面（http://microrna. sanger. ac. uk）是主要的数据获取点，但同时还存在一个 FTP 下载站点（ftp. sanger. ac. uk）。该站点还提供了下载原初格式的平面文件（flat-file ）转储数据或关系数据库转储格式数据链接。它同时还提供了分布式注释系统（DAS）资源，用户可以方便地获取 miRNA 基因组定位信息，这些数据可以通过 DAS 途径分别在 Ensembl 和 UCSC 基因组浏览器中进行获取（Birney *et al.*, 2006；Hinrichs *et al.*, 2006）。

11.7 总结

miRBase 数据库为 miRNA 基因注释、系统命名和系统的靶基因预测提供了全面综合的资源，这些资源对于日益庞大的 miRNA 研究团体来讲是非常重要的。我们希望 miRBase 能够继续给这个研究团体提供有用的信息，并能促进我们对 miRNA 生物学特性的进一步了解。我们欢迎您就 miRNA 的系统命名和 miRBase 数据库的任何方面提出反馈或问题，请发邮件至 microrna@sanger.ac.uk。

致谢

这项工作得到 Wellcome Trust 的支持和帮助。

参考文献

Ambros, V., Bartel, B., Bartel, D. P. *et al.* (2003). A uniform system for microRNA annotation. *RNA*, **9**, 277–279.

Birney, E., Andrews, D., Caccamo, M. *et al.* (2006). Ensembl 2006. *Nucleic Acids Research*, **34** (Database issue), D556–D561.

Brennecke, J., Hipfner, D. R., Stark, A., Russell, R. B. and Cohen, S. M. (2003). *Bantam* encodes a developmentally regulated microRNA that controls cell proliferation and regulates the proapoptotic gene hid in *Drosophila*. *Cell*, **113**, 25–36.

Calin, G. A., Dumitru, C. D., Shimizu, M. *et al.* (2002). Frequent deletions and down-regulation of micro-RNA genes miR15 and miR16 at 13q14 in chronic lymphocytic leukemia. *Proceedings of the National Academy of Sciences USA*, **99**, 15 524–15 529.

Calin, G. A., Sevignani, C., Dumitru, C. D. *et al.* (2004). Human microRNA genes are frequently located at fragile sites and genomic regions involved in cancers. *Proceedings of the National Academy of Sciences USA*, **101**, 2999–3004.

Calin, G. A., Ferracin, M., Cimmino, A. *et al.* (2005). A microRNA signature associated with prognosis and progression in chronic lymphocytic leukemia. *New England Journal of Medicine*, **353**, 1793–1801.

Caudy, A. A., Myers, M., Hannon, G. J. and Hammond, S. M. (2002). Fragile X-related protein and VIG associate with the RNA interference machinery. *Genes & Development*, **16**, 2491–2496.

Du, T. and Zamore, P. D. (2005). MicroPrimer: the biogenesis and function of microRNA. *Development*, **132**, 4645–4652.

Enright, A. J., John, B., Gaul, U. *et al.* (2003). MicroRNA targets in *Drosophila*. *Genome Biology*, **5**, R1.

Giraldez, A. J., Cinalli, R. M., Glasner, M. E. *et al.* (2005). MicroRNAs regulate brain morphogenesis in zebrafish. *Science*, **308**, 833–838.

Giraldez, A. J., Mishima, Y., Rihel, J. *et al.* (2006). Zebrafish miR-430 promotes deadenylation and clearance of maternal mRNAs. *Science*, **312**, 75–79.

Griffiths-Jones, S. (2004). The microRNA Registry. *Nucleic Acids Research*, **32**, D109–111.

Griffiths-Jones, S., Bateman, A., Marshall, M., Khanna, A. and Eddy, S. R. (2003). Rfam: an RNA family database. *Nucleic Acids Research*, **31**, 439–441.

Griffiths-Jones, S., Grocock, R. J., van Dongen, S., Bateman, A. and Enright, A. J. (2006). miRBase: microRNA sequences, targets and gene nomenclature. *Nucleic Acids Research*, **34** (Database issue), D140–144.

Harris, M. A., Clark, J., Ireland, A. *et al.* (2004). The Gene Ontology (GO) database and informatics resource. *Nucleic Acids Research*, **32** (Database issue), D258–261.

Hinrichs, A. S., Karolchik, D., Baertsch, R. *et al*. (2006). The UCSC Genome Browser Database: update. *Nucleic Acids Research*, **34** (Database issue), D590 - 598.

Hornstein, E., Mansfield, J. H., Yekta, S. *et al*. (2005). The microRNA miR-196 acts upstream of Hoxb8 and Shh in limb development. *Nature*, 438, 671 - 674.

Lagos-Quintana, M., Rauhut, R., Yalcin, A. *et al*. (2002). Identification of tissue-specific microRNAs from mouse. *Current Biology*, **12**, 735 - 739.

Lai, E. C. (2004). Predicting and validating microRNA targets. *Genome Biology*, **5**, 115.

Leaman, D., Chen, P. Y., Fak, J. *et al*. (2005). Antisense-mediated depletion reveals essential and specific functions of micro-RNAs in *Drosophila development*. *Cell*, **121**, 1097 - 1108.

Lewis, B. P., Shih, I. H., Jones-Rhoades, M. W., Bartel, D. P. and Burge, C. B. (2003). Prediction of mammalian microRNA targets. *Cell*, **115**, 787 - 798.

McManus, M. T. (2003). MicroRNAs and cancer. *Seminars in Cancer Biology*, **13**, 253 - 258.

Michael, M. Z., O' Connor, S. M., van Holst Pellekaan, N. G., Young, G. P. and James, R. J. (2003). Reduced accumulation of specific microRNAs in colorectal neoplasia. *Molecular Cancer Research*, **1**, 882 - 891.

Pfeffer, S., Zavolan, M., Grasser, F. A. *et al*. (2004). Identification of virus-encoded microRNAs. *Science*, **304**, 734 - 736.

Rajewsky, N. and Socci, N. D. (2004). Computational identification of microRNA targets. *Developmental Biology*, **267**, 529 - 535.

Rehmsmeier, M., Steffen, P., Hochsmann, M. and Giegerich, R. (2004). Fast and effective prediction of microRNA/target duplexes. *RNA*, **10**, 1507 - 1517.

Rodriguez, A., Griffiths-Jones, S., Ashurst, J. L., and Bradley, A. (2004). Identification of mammalian microRNA host genes and transcription units. *Genome Research*, **14**, 1902 - 1910.

Shcherbata, H. R., Hatfield, S., Ward, E. J. *et al*. (2006). The microRNA pathway plays a regulatory role in stem cell division. *Cell Cycle*, **5**, 172 - 175.

Stark, A., Brennecke, J., Russell, R. B. and Cohen, S. M. (2003). Identification of *Drosophila* microRNA targets. *Public Library of Science Biology*, **1**, E60.

Weber, M. J. (2005). New human and mouse microRNA genes found by homology search. *Federation of European Biochemical Society Letters*, **272**, 59 - 73.

12 计算机预测脊椎动物、果蝇和线虫中 microRNA 的靶标

Dominic Grün and Nikolaus Rajewsky*

12.1 引言

microRNA 是一类新的内源性小分子非编码 RNA，其成熟体长度为 21～23nt。它们通过与其靶基因 mRNA 的结合抑制蛋白质的生成。microRNA 在线虫生长发育中的重要作用，加上对 *let-7* 生物保守性的深入理解，促使人们在不同物种中大规模寻找 microRNA。在线虫、果蝇、斑马鱼、小鼠、人类等物种中，每个物种目前至少已有 100～200 种 microRNA 用实验的方法被鉴定出来，其中许多 microRNA 在进化关系较远的物种中仍然保守。近年来采用计算机方法在人类基因组中寻找 microRNA 基因，结果揭示每种哺乳动物的真实数目可能超过 500 个，包括了一大类物种或者谱系特异性的 microRNA（Berezikov *et al.*，2005）。人们在不同的动物和植物中鉴定了成百上千的 microRNA 之后发现，原来这类小的非编码 RNA 在转录后基因调控中起着重要作用。成熟的 microRNA 在生长发育和成体组织中有着复杂的表达形式，有些是特异性的高丰度表达，有些则几乎在每个组织中都表达（Barad *et al.*，2004；Baskerville 和 Bartel，2005），这一结果提示大量的 microRNA 参与了不同生理学过程的调控。microRNA 的发现及其生物合成已在本书的其他章节中讲解。尽管有研究证明 microRNA 和它的靶位点不完全配对可以强烈地抑制其靶标的翻译，但它们显然也可以降解其靶标[综述文章见 Rajewsky（2006）]。这两种作用有可能是同时发生的，但也有可能仅仅是起翻译抑制作用（或者是 mRNA 降解）。

尽管 microRNA 的第一个靶基因是通过遗传筛选技术发现的，但实验技术仍过于昂贵和费时，因而不适合在大规模水平上去寻找 microRNA 的靶标。因此，基于 microRNA 和 mRNA 所形成的互补结构序列特征的计算机预测方法就成为 microRNA 靶基因预测与筛选的关键的第一步。一大部分已经确认的 microRNA 的靶基因在实验验证前都是经过计算机预测的。但是，目前使用的预测靶基因的计算机方法仍依赖于数量非常有限的信息，而这些信息是从少数经实验验证的 microRNA 靶位点的共有特征推论获得的，甚至通过参与不同的靶基因预测模型检测这些例子。因此，现有的靶标预测算法可能只预测到某类靶位点或者可能具有较高的假阳性率。尤为糟糕的是“训练过度”，比如，从仅有的少数例子中获得过多的参数。因此，就现阶段而言，使用 microRNA 靶位点结构的简单特征来预测靶位点的算法则更需要有一个较为复杂的方法。

在总结了经过验证的 microRNA 靶位点的共有特征和介绍一种靶位点识别的基本模式后，本章将会讨论靶标预测算法的一些典型例子。

---

* 通讯作者。

12.2 如何预测一个 microRNA 的靶位点

12.2.1 关于 microRNA 靶位点的识别该了解些什么？

计算机预测 microRNA 基因方法的选择策略是基于机器学习的，其想法就是用一个由已知的 microRNA 所组成的“训练数据集”去训练一个算法，这样就可以为新的候选序列赋予一个分值来评价其作为真正 microRNA 的可能性。显然，这项计算机技术要求有足够的经过验证并具有一些共同特征的 microRNA 基因以提供充分的训练数据作为例子。由于有大量的已知 microRNA 基因，基于机器学习的算法成为预测 microRNA基因的方法。与预测 microRNA 本身不同，预测其靶标由于过小的可训练数据集而相当棘手，已有的训练数据只包括仅有的数个经验证的靶位点。目前大多数靶基因预测算法的使用是基于实验证据和从训练集所获取的统计学特征的经验模型来识别靶位点。几乎所有已经验证的靶位点最显著的共同特征是都有结合核心区（Rajewsky and Socci，2004），也称种子序列（Lewis *et al.*，2003），大多数情况下位于 microRNA 的 5′端 6～8 个核苷酸处，它可与其靶基因转录物的 3′端 UTR 区形成一段连续的 Watson-Crick 碱基配对。“结合核心区”起初不是仅限制在 microRNA 的 5′端，在发现 *lin-4* 可与 *lin-14* 形成部分互补位点的 3′端 UTR 区处存在完美互补的核心区（Wightman *et al.*，1993）之后，该“结合核心区”的想法曾遭受质疑。该靶位点特征的最有力的证据来自 Eric Lai 所观察到的在 3′端 UTR 区已知的转录后元件能跟少数 microRNA 的 5′端完美地配对（Lai，2002）。在通过大量可能的方式把 microRNA 和其已知的靶位点比对后进行打分，以最大限度地将 microRNA 与已知的靶位点和与随机背景序列间区分开来后，科学家推导出一个更确切的识别结合位点的模型（Rajewsky and Socci，2004）。到目前为止最好的方法就是为 microRNA 和其靶基因的连续的碱基配对简单地打分，每个碱基对单项分值的总和即为核心区的分值。

用于区分与 microRNA 结合的是已知位点还是背景序列的最优核心区分值可获得单个碱基对分值，这与已知的 AU 和 CG 配对的相对自由能计算原理是一致的。有趣的是，G∶U 配对原来并不适宜采用。因此，种子区可看成是一个具有最佳自由能的区域，在这里 microRNA 和 mRNA 能完全互补以保证它们之间能快速配对。这种快速配对有助于克服热力学扩散，让结构稳定，但 microRNA 其余的 3′端序列则可能与靶位点不具特异性地结合。对大多数靶位点来说，microRNA 和靶位点的全部自由能并不是一个好的评判标准。众所周知，microRNA 区和靶位点的完全匹配能导致靶基因的切割。因此，很低自由能的靶位点复合体仍可以用来发现功能位点。

Doench 和 Sharp(2004)采用体外实验方法加深了我们对靶基因调控机制的认识，即 microRNA 对靶基因的抑制效果依赖于 microRNA 上的一个最小的核心区。作者假设存在多位点增效效应（Doench *et al.*，2003），针对某特定的 microRNA 的两个靶位点进行单核苷酸突变后，插入到报告 mRNA 上原有的两个靶位点附近，并将构建的报告载体转染 HeLa 细胞后检测其抑制效率。首先，只突变其核心区以检测没有明显失去抑制效果的序列突变。结果表明抑制水平依赖于 miRNA 核心区与其靶 mRNA 配对的自由能，由此，只有当核心区自由能没有显著地增加时才允许在核心区发生单个核苷酸的突变。结果还表明，核心区的 G：U 配对也妨碍抑制作用。突变与 microRNA 的 3′端结合的靶位点区后发现，在具有 7-mer 的完美配对的结合区的其他地方进行单点突变仅仅轻微地影响抑制效率。此外，作者检测了不同靶位点之间所允许的距离，并观察到只要有两个位点的核心区不重叠就不会影响其完好的抑制效率。

除了这些例子，最近一项研究还基于在果蝇翅成虫盘进行体内检测而区分不同类别的 microRNA 靶位点（Brennecke *et al.*，2005）。将单一的靶位点插入荧光报告基因的 3′-UTR 区并在成虫盘中表达，将抑制效果与表达 microRNA 的和相邻的无表达 microRNA 细胞进行比较。作者检测了不同类型的突变进而提出至少有两种不同类型的靶位点。一种是其 5′端支配位点就足够与 microRNA 核心区进行互补而几乎无需借助 microRNA 的 3′端。对于具有较弱结合核心区的靶位点，也就是核心区短于 7 个碱基配对的或者是核心区包含有不误配的，则除了本来的核心区配对外，还需要借助 microRNA 的 3′端与靶位点互补进行补偿。和 5′端支配位点不同的是，3′端的补偿位点所形成的 microRNA 与 mRNA 双链结构的自由能比 microRNA 的 3′端与随机挑选的背景序列形成的结构自由能低。由于这个特征普遍具备，所以当预测靶位点的算法整入最低自由能计算时，对于第二类靶位点的预测就获得更高的特异性。

举个 3′端补偿结合的典型例子，线虫 *let-7* 在体内使其核心区通过与 *lin-41* 基因的 3′端 UTR 区两个相邻位点形成不完全的匹配结合（Vella *et al.*，2004a，b，并参见该文献的参考文献）。和以前的实验结果（Doench *et al.*，2003）一致，随着 microRNA 或者 siRNA 靶位点数量的增加，靶基因的抑制作用也增加，并且作者观察到仅有单个 *let-7* 结合位点不足以调控靶基因的抑制作用。两个靶位点的协同作用被证实是抑制靶标 *lin-41* 的翻译所必需的。在弱的 3′端补偿性结合位点的情况下，协同效应可能甚至比含有多个完美结合位点更加关键。然而，仅仅多几个相同的 miRNA 结合位点并不一定能达到增加抑制的效果。对两个 *lin-41* 靶位点来说，作者指出两个位点之间的间隔序列也起到重要作用。如果间隔序列发生突变，或者是将间隔序列切短，抑制效应也会显著削弱。这表明了存在一个更为复杂的多位点作用机制，因此也可料想到不同靶位点也受到额外蛋白质的相互作用，这如同基因调控模式存在着多个转录因子结合位点一样。似乎这些情况对单一转录物上具有多个位点的例子是特异，因此就难以整合到靶位点识别的普适模型中。除了这一例子，microRNA 靶位点甚至还可能划分为更多亚类，每个类型的结构都有其特征，如环的大小。

在人和鼠的细胞系中通过突变 *let-7* 的单一位点以获取 microRNA 和 mRNA 配对区更精细的特征尝试不乏其例（Kiriakidou *et al.*，2004；本书第 13 章）。从这些实验中也推导出一系列的规律，并随后被用来预测任意 microRNA 的靶位点。然而，从某个特别的 microRNA 所推导出来的规律究竟能在多大程度上适用于其他的 microRNA 或是不同类型靶标的寻找，对此我们仍不清楚。而且，这样也会冒着丢失那些并不遵循这些规则的真正靶标的风险。基于多位点可以相互协同的发现，靶标预测算法可以通过寻找在同一个转录物中的某一 microRNA 的多个靶位点或者是不同的 microRNA 共同存在的结合位点以提高其特异性（Enright *et al.*，2003；John *et al.*，2004；Krek *et al.*，2005；Grün *et al.*，2005）。特别是，搜索共表达的 microRNA 的共同结合位点促使小鼠 miR-375、miR-124 和 *let-7b* 共同调控胰岛素分泌调节基因 *MTPN* 的发现，也为哺乳动物 microRNA 协同调控提供了证据。

关于究竟多长的 mRNA 折叠结构会影响与 microRNA 靶位点的可接近度，这个问题尚未解决。已有两个实验尝试着将潜在的靶位点的二级结构整合进靶位点预测算法中（Robins *et al.*，2005；Zhao *et al.*，2005）。这两项工作都假设靶 mRNA 的 3′-UTR 区所存在的能结合 microRNA 的部分核心序列需要与单链上折叠转录物的部分序列有最小的重叠，如发夹-环或者是自由的末端，因为 microRNA 和双链元件形成配对的可能性比起 microRNA 和该单链元件形成配对的可能性要小很多。

一方面，为了整合结构特征，要么折叠可能的靶 mRNA 的 3′-UTR 区（Robins *et al.*，2005），要么折叠预选 microRNA 结合位点附近的一小段序列（Zhao *et al.*，2005）。因为考虑到折叠软件在要折叠的序列长度和该物种的基因 3′-UTR 区平均长度接近的情况下并不可靠（线虫可能是个例外），对于预测是否应当基于整个 3′-UTR 区的折叠则存在疑问。另一方面，只对 mRNA 做局部折叠又不知道是否反映真实的局部二级结构，因为混入旁翼序列或者更糟糕的是 RNA 结合蛋白，可能会完全改变该处元件的折叠结构。事实上，microRNA 的靶位点甚至能够活跃地与 RNA 结合蛋白竞争，或者是有助于 RNA 结合蛋白的结合。然而，这两种方法都加入额外的过滤条件来选取候选靶基因。特别是，两种算法都需要 7 个核苷酸长的核心结合位点，这个区域是大部分靶位点都有的特征。

目前可从已验证的靶位点所获得的信息量实在太少，不足以在单一物种基因组序列中寻找 microRNA 的靶位点。有少数例外的就是存在几个与单一 microRNA 结合位点的 3′-UTR（如果蝇 *hid* 基因的 3′-UTR），或 3′-UTR 能形成超低自由能的 microRNA/mRNA 结构。对目前很多靶标预测算法来说，第一步在于搜索的具有 microRNA 核心结合区的所有基因 3′-UTR，即长度特定 7 个的核苷酸。因为大约每 16 000 个核苷酸碰巧能出现一个给定的 7 个核苷酸长度的序列，这种算法也许包括很多假阳性。在“进化上保守的靶位点可能是有功能的”这一被大家普遍认可的假设下，多物种比较能显著地降低假阳性的数量。多物种比较假定，由于选择压力而增加了真正的靶位点物种间的保守性，而随机的 3′-UTR 背景序列则可能突变率较高。

因此，随机选择的 7 个核苷酸的保守水平平均比能与 microRNA 核心区互补的 7 个核苷酸要低得多。关于脊椎动物、果蝇和线虫的几个实验从基因组水平上各自证实了这一预测。然而，物种间比较只能预测在所要的物种中保守的 microRNA 靶位点。此外，这种技术会遗留物种或谱系特有的甚至是物种间保守的 microRNA 的靶标。但是，许多近源后生动物基因组序列的测定，比如最近完成的 12 个果蝇物种的测序，将允许我们去寻找谱系特有的靶标（N. Rajewsky，未发表的数据）。

12.2.2 不同靶标预测方法概述

这一部分将介绍多种靶标预测算法以举例说明用于解决 microRNA 靶标预测的不同方法。

预测软件 miRanda 是一种基于采用数个启发式决定参数的 Smith-Waterman 类型的方法，最初用于预测果蝇 microRNA 的靶标，而后用于预测人类（Enright *et al.*，2003；John *et al.*，2004）。作者根据分值的不同罗列了靶基因，该算法得到几近之前所有已知的靶位点的验证，但是还没有实验证据验证它预测的新靶标。既然靶标的检测规则和阈值来自于已知的靶位点，那么这些预测结果是可预料的。将不同 microRNA 掺杂在一起后对比真实的 microRNA 靶标数量与预测的数量，得到单一结合位点假阳性率为 35% 。以这个假阳性率，作者预测了果蝇中 73 个 microRNA 作用的 535 个靶基因和大约 150 个在哺乳动物中保守的 microRNA 的约 4400 个靶基因。

Stark 等（2003）提出了一种预测黑腹果蝇靶标的算法，这种方法仍然基于与拟暗果蝇（*D. psudoobscura*）进行多物种比较。在允许 GU 配对的情况下对所有的 3′-UTR 与 miRNA 的前 8 个序列作配对扫描。保守位点的 microRNA 和 mRNA 复合体的自由能被计算，并赋予一个 *Z* 值，通过和随机序列自由能分布比较，*Z* 值被界定在只有 0.3% 的随机配对可以超过此阈值。程序去除所有已知的靶标。这种预测效力体现在通过比较给定分值的靶标数量和能达到这个分值的、与 microRNA 结合的随机序列的数量。单个靶位点具有较低的统计意义，多个则具有较大的统计意义。果蝇的体外基因改造在成虫中快速表达 microRNA 实验中验证的 MIR-7 和 MIR-2 两个家族的三个靶标，给这一结论提供了证据。

依据他们的实验分析 microRNA 靶位点的结构需求(Brennecke*et al.*，2005)，Stark 等(2005) 提出了预测黑腹果蝇（*D. melanogaster*）和拟暗果蝇（*D. pseudoobscura*）之间保守靶标。本质上来讲，要么需要一个至少有 7 个完全匹配碱基的保守核心序列，要么需要一个依赖于 microRNA 3′端互补结合区最低自由能的核心长度序列。作者预测了每个 microRNA 平均有 179 个靶位点，而且通过比较 microRNA 保守的靶位点数量，估算出信噪比值大约是 2.4∶1。8/9 的测试靶标被预测受 microRNA 抑制。

在基因组水平预测哺乳动物的靶标程序最早是 Lewis 等发表的，第一个版本 TargetScan 是基于不同物种包括人、大鼠、小鼠、河豚等物种间比较及 microRNA-靶标二聚体热力学特征开发的。要求 microRNA 种子序列从第 2 位开始至少 7 个核苷酸与 mRNA 3′-UTR 完全互补，允许 GU 配对，microRNA 依次和非编码区的每个靶位点结合计算出自由能，这些产生的自由能用来产生对应非编码区 *Z* 分值，并且形成一个 microRNA 的靶标的非编码区集合，这个过程在每个物种中重复进行，直到形成一个最小的自由能和一个最小的靶标的非编码区集合才认为是一个靶标，假阳性率为 22% ～ 31% ，这种假阳性的信噪比定义为原始 microRNA 及随机产生(保持二核苷酸组成不变)的 microRNA 分别对目标 UTR 作预测，所预测得到的靶标数目的比值。利用 HeLa 细胞的报告基因检测试验，提供了 15 个中 11 个的测试靶标。

两年后发表的第二个版本 TargetScanS，扩大了物种间的比较范围，要求在人、小鼠、大鼠、狗和鸡中有保守的结合核心序列。最小的长度减少到 6 个核苷酸，并且只允许 Watson-Crick 的配对。通常在 mRNA 核心序列的 3′端旁要有保守的腺嘌呤，或者在所有物种中都有 7 个增长长度的核心序列，来获取更高的特异性。利用这些条件设定，信噪比在保守的哺乳动物中达到 2.2，对应的假阳性为 29% 。作者报道了人类基因与 148 个人类 microRNA 之间的 13 044 种调控关系，平均每个 microRNA 对应了 200 个靶标。在 17 850 个人类同源基因中共预测出 microRNA 的 5300 个靶标(30%)。

由 Kiriakidou 等开发的计算机预测方法 DIANA-microT 采用一种不同的方法来预测人类 microRNA 靶标。正如我们之前的部分所讨论的那样，该方法基于一些规律，即除了存在结合核心序列外，还要满足整个 microRNA：mRNA 复合体的结构要求。这些规则来源于 let-7 的一个靶位点的突变试验。另外，所有的复合体必须通过自由能过滤。总共有 94 个 microRNA 的 5031 个人类靶标被发现。通过在鼠类中保守把这个数量减少到 222，信噪比为 2：1；试验证实了预测的 7 个靶标，并且成功发现已知线虫的靶标。

Rehmsmeier 等（2004）开发的快速折叠结构软件 RNAhybrid 发现了在一条长 RNA 中短 RNA 的能量最适结合位点。为了计算结合核心，该算法能计算与 mRNA 进行碱基配对的、从 microRNA 位点 2 开始往后的 6 个核苷酸。统计显著性根据标准化后的长度最小自由能的统计极值来评估，对多位点和多个物种直系同源的靶标来说近似于泊松分布。RNAhybrid 被用来预测果蝇的靶标并且发现了一些已知的靶位点。78 个 microRNA 中作者提供了 227 个具有较好 E 值的靶标，估算信噪比为 2.9：1。

Moving Target 算法是由 Burgler 和 Macdonald(2005）编写的预测易受生物约束影响的靶标。他们从靶标验证实验中获得了一套可调参数，如非编码区的靶位点数目、自由能、mRNA 到 microRNA 的 5′端连续的碱基数目、microRNA 的 5′端参与配对的碱基总数以及 microRNA 的 5′端的 GU 配对的数目。作者选择比较严格的参数预测果蝇中保守的靶标。要求这些靶位点必须在非编码区，并且至少在黑腹果蝇和拟暗果蝇之间有 80% 的保守性。他们预测了 78 个 microRNA 的 83 个高度保守的靶位点，为了验证这个程序，对 3 个预测结果进行了实验验证，并且实验证实发现了基于 microRNA 下调的靶标，但没有测试其假阳性。

我们自己的靶标预测软件 Pictar(Krek *et al.*，2005；Grün *et al.*，2005）和它的改进版本 Pictar2.0（Lall *et al.*，2006）也是充分地依据物种间的保守性。第一步是对给定的一系列物种中的 microRNA 在 mRNA 的 3′端非编码区序列进行排比，寻找所有可能的、在相同物种系列中保守的结合位点。这些结合位点既包含了起始于 microRNA 第一个或第二个碱基的完整配对的 7 个核苷酸，也包含了允许有一个错配的序列，即在靶 mRNA 序列中出现碱基的缺失或插入的情况。然而，只有保守性分值不为零的靶位点才保留。保守分值的计算是用某个特定物种中一个核苷酸序列不同的数目和与这个核苷酸序列相同的数目的比值，保守性分值反映了某个核苷酸序列在选择压力下的进化保守性。几乎所有 microRNA 的靶位点结合区都具有较高的保守性分值，只有少数的不完全匹配的靶位点的结合区具有非零分值。比如，通过物种秀丽隐杆线虫（*C. elegans*）、*C. briggsae* 和 *C. remanei* 的交叉比较，预测了 *let-7* 只有 4 个不完美匹配的靶位点，保守性分值不为零。值得注意的是，其中的 3 个位于保守的 *lin-41* 的靶位点。如果一个结合序列被检测到，使用 RNAhybird 就可以发现相应的 microRNA 能在该位点上杂交到 mRNA 上。如果该结构的自由能超过某一个阈值，这个预测靶位点就可以保留，否则就要删除。这个特定 microRNA 的阈值是由 microRNA 和 mRNA 完美配对的复合体所产生的自由能。完全配对的核心序列目前不用进行自由能值过滤，而不完全配对的核心序列 66% 需要额外的结合位点来补偿。如果同一个 microRNA 的任意一个核酸在所有物种靶标的非编码区的重合位置出现，那么该结合位点就被认为是保守的，并称之为锚定位点。出于对某一特殊 UTR 的考虑，一个由用户定义的锚定位点的最小自由能不得不进行鉴定。

使用隐马尔可夫模型（HMM）先后对每个 UTR 序列（即对每个物种）给定一个

分值，该模型之前是用于寻找在非编码 DNA 中的转录因子结合位点。首先，对每个物种单独处理，物种各自得分后依据其进化关系给出进化分值，避免了在进化理论上联系不紧的关系冗余，给出一个能反映靶标的转录物在物种间的保守性分值。隐马尔可夫模型的状态，不是一个和单个字母出现概率相同的干扰核苷酸，也不是 microRNA 的结合核苷酸。在后面的情况中，保守分值定义了出现概率，这个概率模型考虑到了长度的影响。比如，它会给一个较高的分值，如果这个核苷酸在短 UTR 中出现，而且如果发生在多个位点，会对位点是否真实有较大影响。这个概率模型也涉及 microRNA 与靶位点的竞争。我们相信这种方法在预测靶标被几个共表达的 microRNA 调控时是很有用的。另外一个长处就是这个程序是概率模型，例如，它可能相对简单地体现在 microRNA 和 mRNA 的表达水平上。这个程序用在脊椎动物、果蝇、线虫的 microRNA 靶标的查找中，其信噪比定义为用原始 microRNA 及随机产生的 microRNA 分别对目标 UTR 作预测，所预测得到的靶标数目的比值。程序的信噪比相对依赖阈值的设定，例如，在哺乳动物中保守的靶标预测没有阈值信噪比是 2∶1，如果增加阈值到 6，信噪比上升到 4∶1，同时每个 microRNA 的靶标预测的平均数值降低到了原来的 1/3，从 330 降到了 100。在没有阈值的情况下，8000 个人类基因被预测是 164 个 microRNA 基因的靶标，并且这些基因在哺乳动物中是保守的。在果蝇中，PicTar 在信噪比是 2.5∶1 情况下的预测结果是平均每个 microRNA 有多于 100 个靶标。将近 3300 个果蝇基因被预测为 79 个果蝇 microRNA 的靶标。在线虫中，73 个 microRNA 预测出 2000 个靶标，平均每个 microRNA 有 55 个靶标，其信噪比为 2.7∶1。

PicTar2.0 发现线虫和果蝇中几乎所有已知的、经过实验验证的结合位点依赖调节靶标，PicTar 预测靶标引导实验验证了哺乳动物中的 7 个新的 microRNA 和靶标作用、线虫中 12 个新的 let 7 靶标，同时也是第一次在哺乳动物中验证了 3 个 microRNA 协同调控一个靶标。虽然所讨论的不同计算机预测靶标的算法具备靶标预测中一些相同的本质特征，如寻找靶基因结合核心区，但不同预测方法在许多预测的例子中重叠性出奇得少。对大部分算法的两两比较来说，最高的重叠性能达到 50% 或者少于 50%，有些例外的是，比如 PicTar 和 TargetScanS 结果的重叠率可达 70% 以上。Stark 等（2005）做了一个关于预测 microRNA 靶标的测试实验，收集了 133 个经实验验证的靶标和它们的 microRNA 复合体[见参考文献 Stark 等(2005)和 Rajewsky(2006)]。在所有测试的数据对中，71 个被观察到有功能作用，而另外的 62 个则没有显示任何有 microRNA 依赖的下调作用。对这 133 个相互作用，准确预测的靶标数目与单独在各种果蝇基因组水平上预测靶标所得到的假阳性的数目相当。只有他们自己的程序、PicTar 以及 MovingTarget 三种程序的预测准确性能接近达到 90%（有功能的预测的比例）。Enright 等(2003)、Rehmsmeier 等(2004)（见本书第 14 章）和 Robins(2005)等其余的预测方法的准确性只有70% 左右。每个程序的敏感性用每个程序预测的功能位点的百分比来评估。预测敏感性最高的 Stark 等（2005)高达 81%，紧接着是 PicTar(69%)和 miRanda(69%)。然而通过预测重叠或测试 microRNA 和靶标的作用来评估敏感性是很复杂的，最后他们分别计算所有的靶标预测方法和他们自己的靶标预测方法预测结果的重叠。PicTar 和他们的新方法 71% 有重叠，其他的方法和他们的新方法重叠的相对较少(Stark，2005)。然而，应该强调的是，并不是预测方法的收敛性越好就证明这种预测方法优越于其他方法，通过 microRNA 超表达不一定能发现真正的内源性调节关系。因此，能正确并穷尽地发现内源性和功能性 microRNA 靶标的预测方法还没有解决。

12.3 基因组水平上研究靶标预测

虽然大规模采用试验的方法验证计算机预测的 microRNA 的靶基因还没有实现，但是通过特定的实验分析预测数据能使我们更深入地了解 microRNA 的生物过程，并且给靶基因的预测增加了可信度。比较近缘物种 microRNA 和靶基因的结合序列及随机结合序列的保守性，揭示在脊椎动物、昆虫、线虫中至少有 10%～40% 的基因被 microRNA 调控(Lewis*et al.*，2005；John*et al.*，2004；Krek *et al.*，2005；Grün *et al.*，2005；Xie *et al.*，2005；Lall *et al.*，2006)。而且，许多基因是通过与 microRNA 共表达而受 microRNA 调控的(Krek *et al.*，2005；Grün *et al.*，2005；Enright *et al.*，2003；John*et al.*，2004)，这一特点也说明了特定细胞的 microRNA 表达信号也能被细胞组分的 mRNA 表现出来(Hobert，2004)。

12.4 microRNA 中的计算生物学

实验和显著性统计推测完整的 7bp 的绑定区，即成熟 microRNA 的 2～7 位，是 micorRNA 行使调节功能必需的，而且这种调节机制在 microRNA 中是大量存在的。也有可能是其他种类的靶位点没有找到，原因是它们缺乏目前的只推断特异性调控位点的调控机制，不考虑这些因素，很显然，microRNA 调控了相当多基因。

Lim 等的观察结果给 microRNA 普遍下调的转录物水平提供了证据。一旦在 HeLa 细胞中转染 miR-124 和 miR-1，在 3′非编码区富含与相应 microRNA 的 5′端互补元件的 mRNA 的表达水平就被下调。发现在这些实验中下调的 mRNA 通常是在具有内源性 microRNA 表达的组织中表达，只是比 C. 80 细胞中的不同组织中表达水平要显著下调，表明 microRNA 发挥功能具有组织特异性。结合靶标预测数据和 microRNA 及 mRNA 的表达谱数据，不难看出要上调某个组织特异性基因，就等同于敲除这个基因 3′非编码区和特定 microRNA 结合位点。但是在基因的 3′非编码区和组织特异性的不同 microRNA 结合位点是多样的，这就导致了有可能在转录水平上对基因表达水平的下调(Krützfeld *et al.*，2005；Farh *et al.*，2005；Stark *et al.*，2005；Sood *et al.*，2005)。如果这个基因在时间和空间上是共表达的，那么造成这种相互关系的原因既不是 microRNA 直接对转录物的调控，也不是特异性 microRNA 的靶位点的进化性规避。那些被选择性敲除了某些 microRNA 靶位点的基因被称为反义靶标 (Bartel，2004；Bartel and Chen，2004)。很显然，在 Krützfeldt 等的实验中展示了这一点。通过体内敲除鼠肝脏特异性 microRNA——miR-122 的靶位点，并用微陈列分析敲除前后反义靶标的表达变化，发现敲除后反义靶标的表达显著增加，同时也引起生物体的一个功能 (胆固醇的合成)。事实上，这个能观察到的敲除现象让体内胆固醇的水平降低了 40%，这恐怕是反义靶标的潜在重要性的一个底线了。一个特定基因的 3′非编码区用计算机预测其反义靶标是很困难的，不过功能相关基因可以用来看它们是否大大减少了 microRNA 的靶位点 (Krützfeld *et al.*，2005；Farh *et al.*，2005；Stark *et al.*，2005；Sood *et al.*，2005)。估算反义靶标的数量达到数千个基因。

通过 GO 聚类来分析预测的靶标(The Gene Ontology Consortium，2000)能更清楚地了解 microRNA 所参与的特定生物过程。举个例子，Stark 等 (2003) 观察到果蝇几个 microRNA 功能相关靶标，预测 miR-7 调控 Notch 信号通路 (正如 Lai 所预测的，2002)，miR-2 家族的可能靶标至少包含 3 个前凋亡基因，miR-277 可能调节缬氨酸、亮氨酸、异亮氨酸的代谢通路。最后一个例子是我们自己在果蝇中做的 GO 分析(Grün *et al.*，2005)。通过在果蝇中 GO 聚类分析，我们确认了 microRNA 参与的几个代谢过程、转录调控、形态发生、器官形成和生长发育。

在线虫中，GO 词项的分布同样包括了数种新陈代谢专业分类，但另一大类群包括转运调控不同种类，这一大类与在果蝇中预测的聚类结果并不吻合。此外，在形态发生和生长发育聚类中词项没有果蝇中高，而这些发现揭示了在后生动物不同分支中 microRNA 调控功能的显著进化。为了更具体地阐明这个问题，我们将在果蝇和其他脊椎动物中预测的靶标加以比较(Grün *et al.*，2005)。对存在于两者中的每个 microRNA 及其旁系同源基因，我们计算预测 microRNA/mRNA 调控关系重叠性。这种重叠接近于我们随机选择所期待的那样，因而和许多调控子 (microRNA) 在进化上保守而其靶标却发生显著改变的现象是吻合的，表明进化过程中 microRNA 所介导的转录后调控发生了大幅度的改变。通过比较果蝇、线虫、脊椎动物的 microRNA，对它们的靶标和 3′端非编码进行更详细的分析发现和上面的分析结果是一致的(K. Chen and N. Rajewsky，未发表结果)。对果蝇和脊椎动物，我们也检验了在果蝇和脊椎动物里有同源的 microRNA 的靶标的数目。此外我们还发现果蝇中平均每个 microRNA 的靶标数目与每个 microRNA 在脊椎动物中的平均靶标数目有关系。这也揭示特有的 microRNA 和 mRNA 调节关系在两个分类物种上的分化。一些全局性的 microRNA 靶标的调控网络已被提出。然而，对于某些 microRNA 来讲，其靶标的数目似乎已经以一种物种特异性的方式进化了。在这些情况中，我们观察到在同一个进化分枝中，其靶标的增加和 microRNA 的普遍表达之间存在相关性，但这种同源性的 microRNA 在其他进化分枝中的总体表达水平却很低。有 1/3 的 microRNA 在果蝇中的靶标数目比脊椎动物中有实质性的增加。在三个果蝇与脊椎动物相比靶位点有明显增加的 microRNA 中，miR-210 被观察到含有一批有丰富 GO 术语“雌性配子产生”的基因，雌性配子产生可能是进化分支特有的一个过程。鉴于不断增加的基因组测序技术和基因组注释工作及随之而来的利用这些物种数据进行的 microRNA 靶标预测，microRNA 与其靶标的共进化问题讨论将日益具体，或许能成为这个新领域中最让人兴奋的一个方向。

12.5 结论

虽然在预测大量 microRNA 靶标和理解 microRNA 功能方面取得了很大进步，但依然遗留很多有待证实或未解决的问题。首先，我们没有发现 microRNA 所有类型的靶标。举个例子，PicTar 也只是预测了某些 microRNA 的一小部分靶标。这些 microRNA的靶标序列完全有可能不全然是 3′端 UTR (如是基因组 DNA，或是 5′端 UTR，或是编码序列)，而且 microRNA 有可能以一种暂时不知道的机制识别它们的靶标。其次，许多已经发表的结果本质上是统计学的趋势 (如在对应的 microRNA 的靶标的表达是相对下调了)，虽然这些趋势具有统计学的显著性，但不能据此意义推断通用的预测原则，因为意义本身是不可靠的。再次，microRNA 的靶标具有语法规则中的上下文相关性，例如，一个 microRNA 的靶标只有当其他调节因子如 RNA 结合蛋白出现时才行使其功能作用。值得提醒的是，人类基因组编码了数以万计的 RNA 结合蛋白。第四，至少 30% 或者可以多达 70% 的人类基因至少有两个不同的 3′-UTR（被不同的多聚位点调节），因此多数 microRNA 靶标预测看来是否落在选择性异型体上，并且 microRNA 参与了 mRNA 的脱腺苷化，在 microRNA 和 3′-UTR 异型体的结合可能有复杂的机制[见 Rajewsky(2006)及其文献]。第五，现有的 microRNA 靶标预测程序不能预测这些抑制翻译或诱导退化或两者兼而有之的 microRNA 的靶标的。这些在基因调控中的差异和靶标序列差异有关，也和目前已知的特定 Argonaut 蛋白有关，这些 Argonaut 蛋白是在沉默复合体中引导 microRNA 和它们的靶位点结合的蛋白质。第六，目前还没有靶标预测方法能涵盖到 mRNA 和 microRNA 的表达水平上来。一个 microRNA 可能有成百上千的靶标（所有的具有不同的 mRNA 表达水平），这是一个具有很大挑战性的计算机问题，尤其是多数 mRNA 的表达数据是通过 microRNA 的表达来测量的。第七，在无物种比较或较少物种比较的情况时发展比较好的预测功能位点方法是很有必要的。在 microRNA 表达水平变动前后测量 mRNA 的表达对这点很有帮助（Krützfeld *et al.*，2005，Sood *et al.*，2005），在有些情况下也可以使用单核苷酸多态性和遗传学方法(K. Chen and N. Rajewsky，未发表的结果)。综上所述，预测 microRNA的靶标依然是一个快速发展和令人兴奋的领域，有很多惊喜有待于发现。

参考文献

Barad，O.，Meiri，E.，Avniel，A. *et al.* (2004). MicroRNA expression detected by oligonucleotide microarrays: system establishment and expression profiling in human tissues. *Genome Research*，**14**，2486-2494.

Bartel，D. P. (2004). MicroRNA: genomics，biogenesis，mechanism，and function. *Cell*，**116**，281-297.

Bartel，D. P. and Chen，C. Z. (2004). Micromanagers of gene expression: the potentially widespread influence of metazoan microRNA. *Nature Review Genetics*，**5**，396-400.

Baskerville，S. and Bartel，D. P. (2005). Microarray profiling of microRNA reveals frequent coexpression with neighboring miRNA and host genes. *RNA*，**11**，241-247.

Berezikov，E.，Guryev，V.，van de Belt，J. *et al.* (2005). Phylogenetic shadowing and computational identification of human microRNA genes. *Cell*，**120**，21-24.

Brennecke，J.，Stark，A.，Russell，R. B. and Cohen，S. M. (2005). Principles of microRNA-target recognition. *Public Library of Science Biology*，**3**，e85.

Burgler，C. and Macdonald，P. M. (2005). Prediction and verification of microRNA targets by MovingTargets，a highly adaptable prediction method. *BMC Genomics*，**6**，88.

Doench，J. G. and Sharp P. A. (2004). Specificity of microRNA target selection in translational repression. *Genes & Development*，**18**，504-511.

Doench，J. G.，Petersen，C. P. and Sharp，P. A. (2003). siRNA can function as miRNA. *Genes & Development*，**17**，438-442.

Enright，A. J.，John，B.，Gaul，U. *et al.* (2003). MicroRNA targets in *Drosophila*. *Genome Biology*，**5**，R1.

Farh，K. K.，Grimson，A.，Jan，C. *et al.* (2005). The widespread impact of mammalian microRNA on mRNA repression and evolution. *Science*，**310**，1817-1821.

Grün，D.，Wang，Y. L.，Langenberger，D.，Gunsalus，K. C. and Rajewsky，N. (2005). MicroRNA target predictions across seven *Drosophila* species and comparison to mammalian targets. *Public Library of Science*

Computational Biology, **1**, e13.

Hobert, O. (2004). Common logic of transcription factor and microRNA action. *Trendsin Biochemical Sciences*, **29**, 462-468.

John, B., Enright, A. J., Aravin, A. *et al*. (2004). Human microRNA targets. *Public Library of Science Biology*, **2**, e363.

Kiriakidou, M., Nelson, P. T., Kouranov, A. *et al*. (2004). A combined computational experimental approach predicts human microRNA targets. *Genes & Development*, **18**, 1165-1178.

Krek, A., Grün, D., Poy, M. N. *et al*. (2005). Combinatorial microRNA target predictions. *Nature Genetics*, **37**, 495-500.

Krützfeld J., Rajewsky, N., Braich, R. *et al*. (2005). Silencing of microRNA *in vivo* with "antago mirs". *Nature*, **438**, 685-689.

Lai, E. C. (2002). MicroRNA are complementary to 30 UTR sequence motifs that mediate negative post-transcriptional regulation. *Nature Genetics*, **30**, 363-364.

Lall, S., Grün, D., Krek, A. *et al*. (2006). A genome wide map of conserved microRNA targets in *C. elegans*. *Current Biology*, **16**, 460-471.

Lewis, B. P., Shih, I. H., Jones-Rhoades, M. W., Bartel, D. P. and Burge, C. B. (2003). Prediction of mammalian microRNA targets. *Cell*, **115**, 787-798.

Lewis, B. P., Burge, C. B., Bartel, D. P. (2005). Conserved seed pairing, often flanked by adenosines, indicates that thousands of human genes are microRNA targets. *Cell*, **120**, 15-20.

Lim, L. P., Lau, N. C., Garrett-Engele, P., Grimson, A. and Schelter, J. M. (2005). Microarray analysis shows that some microRNA downregulate large numbers of target mRNAs. *Nature*, **433**, 769-773.

Rajewsky, N. (2006). Computational microRNA target predictions in animals. *Nature Genetics*, **38**, S8-13.

Rajewsky, N. and Socci, N. D. (2004). Computational identification of microRNA targets. *Developmental Biology*, **267**, 529-535.

Rehmsmeier, M., Steffen, P., Hochsmann, M. and Giegerich, R. (2004). Fast and effective prediction of microRNA/target duplexes. *RNA*, **10**, 1507-1517.

Robins, H., Li, Y. and Padgett, R. W. (2005). Incorporating structure to predict microRNA targets. *Proceedings of the National Academy of Sciences USA*, **102**, 4006-4009.

Sood, P., Krek, A., Zavolan, M., Macino, G. and Rajewsky, N. (2005). Cell-type specific signatures of microRNA on target mRNA expression. *Proceedings of the National Academy of Sciences USA*, **103**, 2746-2751.

Stark, A., Brennecke, J., Russell, R. B. and Cohen, S. M. (2003). Identification of *Drosophila* microRNA targets. *Public Library of Science Biology*, **1**, 397-409.

Stark, A., Brennecke, J., Bushati, N., Russell, R. B. and Cohen, S. M. (2005). Animal microRNA confer robustness to gene expression and have a significant impact on3'UTR evolution. *Cell*, **123**, 1133-1146.

The Gene ontology Consortium (2000). Gene ontology: tool for the unification of biology. *Nature Genetics*, **25**, 25-29.

Vella, M. C., Choi, E. Y., Lin, S. Y., Reinert, K. and Slack F. J. (2004a). The *C. elegans* microRNA let-7 binds to imperfect complementary sites from the lin-41 30UTR. *Genes &Development*, **18**, 132-137.

Vella, M. C., Reinert, K. and Slack F. J. (2004b). Architecture of a validated microRNA:: target interaction. *Chemistry & Biology*, **11**, 1619-1623.

Wightman, B., Ha, I. and Ruvkun, G. (1993). Posttranscriptional regulation of the heterochronic gene lin-14 by lin-4 mediates temporal pattern formation in *C. elegans*. *Cell*, **75**, 855-862.

Xie, X., Kulbokas, E. J., Golub T. R. *et al*. (2005). Systematic discovery of regulatory motifs in human promoters and 30 UTRs by comparison of several mammals. *Nature*, **434**, 338-345.

Zhao, Y., Samal, E. and Srivastava, D. (2005). Serum response factor regulates a musclespecific microRNA that targets Hand2 during cardiogenesis. *Nature*, **436**, 214-220.

13 研究 miRNA 生物学的计算机方法

Praveen Sethupathy, Molly Megraw and
Artemis G. Hatzigeorgiou*

13.1 引言

过去十年的研究表明，miRNA 是广泛存在的，它们极有可能参与了更多的我们所不知道的疾病过程。第一个 miRNA 的发现及其功能作用是通过经典遗传学方法确定的。不久之后，通过实验方法发现了大量的 miRNA（Lagos-Quintana *et al.*，2001）。然而，由于低通量的实验和往往不确定的结果，miRNA 功能的阐述仍然不甚清楚，尤其是那些在多种组织中具有多种功能的 miRNA。高通量的 miRNA 靶基因鉴定实验方法是一个理想的解决方案，不幸的是，这样的方法现在并不存在。因此，计算方法应运而生，并仍经常被用来识别 miRNA 靶标。

绝大部分已有的靶基因预测程序需要已知 miRNA 的序列。目前，在人类基因组中有 322 个已知的 miRNA。对于 miRNA 基因总数的估计，不同的文献有所不同（Lim *et al.*，2003；Bentwich *et al.*，2005）。在近期的一篇文章中，Bentwich 等认为至少还有 500 种 miRNA 有待确定（Bentwich *et al.*，2005）。不论待确定的 miRNA 的具体数目有多少，基于已知 miRNA 特征的计算方法已用于在基因组中挖掘新的 miRNA。过去几年，关于 miRNA 的基因组织形式、生物合成、靶标作用机制及 miRNA 参与的调控网络等方面的信息的爆炸性增长是有目共睹的。要想有效存储和检索这些信息，计算方法已成为关键。

在这一章，我们将描述一些已被用于研究 miRNA 生物学的计算方法。更具体地说，我们将讨论生物信息学在 miRNA 及其靶标预测、数据库的设计和构建中的运用，以及 miRNA 生物学相关的一些网络资源。

13.2 miRNA 靶标预测

13.2.1 背景

最初用于人类（Lewis et al.，2003；Kiriakidou *et al.*，2004）以及果蝇（Enright *et al.*，2003；Stark *et al.*，2003；Rajewsky and Socci，2004）的靶基因预测程序发表于 2003 年年底到 2004 年年初。不久之后，至少另有 4 个用于人类（John *et al.*，2004；Lewis *et al.*，2005；Krek *et al.*，2005；Rusinov *et al.*，2005）以及 5 个用于果蝇（Rehmsmeier *et al.*，2004；Burgler and Macdonald，2005；Grun *et al.*，2005；Robins *et al.*，2005；Saetrom *et al.*，2005）的预测程序也被发表。这 14 个程序中大多数可供公开使用（Sethupathy *et al.*，2006）。简单来说，大部分这类程序通过扫描

* 通讯作者。

基因组中具有与实验验证的 miRNA 靶标特征类似的短片段来寻找可能的 miRNA 靶标。在这里，我们描述其中一个最早发表的预测程序——DIANA-microT（Kiriakidou *et al.*，2004）的基本理念。

13.2.2 miRNA 靶标预测程序 DIANA-microT

最初鉴定 miRNA 识别元件（MRE）的计算方法是基于当时少量的已知 miRNA 识别元件。这些方法遵从这样的一个假设：功能性的 miRNA：MRE 相互作用是由给定的 miRNA 和与之有关的 MRE 之间基于结合能量的高亲和力所引导的。DIANA-microT 是最早出现的方法之一，它利用一个改进的动态规划算法来鉴定可能的 miRNA：MRE。这一算法能计算两个非完美互补 RNA 分子间的结合能量。简单地说，这个算法可以描述为一个允许两个 RNA 片段之间出现标准（Watson-Crick）以及 G：U 摇摆碱基配对的改良的全局比对算法。一个比对的能量评分是通过将比对中每一个连续二核苷酸对的结合能求和而计算出来的（Tinoco *et al.*，1973）。凸起、环和不匹配虽然允许在比对中出现，但会被赋予一定的罚分。

为了在人类基因组中鉴定可能的 MRE，动态规划算法用于产生“滑过”所有人类基因 3′-UTR 的一个 38nt 核苷酸移动窗口与所有已知 miRNA 之间的比对。之所以选择 38nt 长的窗口是因为一个 miRNA 的平均长度为 19～24nt，加上允许在比对中出现环和凸起所需的额外碱基。

接下来，根据能量分值对每一个 miRNA 在前一步找到的所有 MRE 进行排序。在高分值的 MRE 中，那些在人类和小鼠间保守的 MRE 将进一步考虑进行实验验证。一个 MRE 的实验验证是将 MRE 克隆到海肾萤光素酶的 3′-UTR 区域，然后测定在对应 miRNA 存在和不存在的情况下海肾萤光素酶的活性。对 12 个预测的 MRE 进行萤光素酶实验，发现了 3 个新的 MRE，其中包括了 *let-7b* 的一个位于 *LIN-28* 基因 3′-UTR 的 MRE。*LIN-28* 为人类同源的线虫基因，在线虫中已知 *LIN-28* 作用于 *let-7b* 的同一通路中。为了鉴定一个 miRNA 及其 MRE 之间的关键结构元件，构建了一系列不同的 *let-7b*miRNA 和 *LIN-28*MRE 的突变，并在萤光素酶报告基因沉默检测中测试。这一分析可以说明 miRNA：MRE 之间互相作用遵循一组特定结合规则。

（1）miRNA 的 5′端必须与靶位点形成至少 7 个碱基配对，侧翼有 2 个标准结合的情况下至多出现 2 个 G：U 摇摆碱基配对，并且至多允许有一个核苷酸凸起中断碱基配对。

（2）必须存在一个位于中央的包含 2～3 个核苷酸的环，或者一个位于 miRNA 上的包含 2～5 个核苷酸的中央凸起，或者一个位于靶 mRNA 上的包含 6～9 个核苷酸的中央凸起。

（3）miRNA 的 3′端必须与靶标形成 5 个碱基以上的配对，允许有 G：U 摇摆碱基配对和包含 1 到 2 个核苷酸的凸起存在（Kiriakidou *et al.*，2004）。

这些新的规则被整合进原始算法中，产生最终的 DIANA-microT 算法（图 13.1）。简言之，程序的基本要素如下。对于每一个 miRNA：①找到 miRNA 能结合的位于所有已知基因 3′-UTR 上的所有位点，并且其能量分值要超过用户指定的阈值；②对所预测到的靶位点利用如前所述的特定规则进行过滤；③对保留的预测靶位点进行基于人类和小鼠间序列及位置保守性的最后过滤。

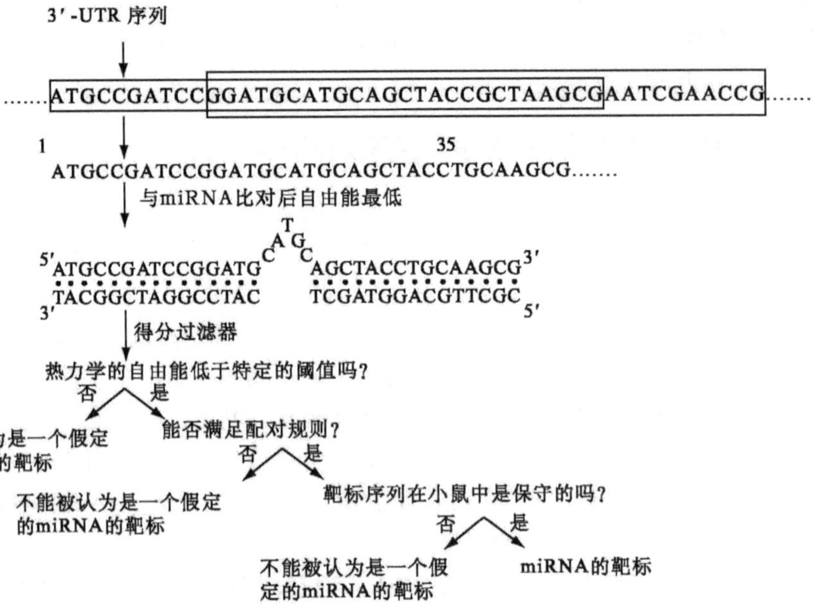

图 13.1　预测 miRNA 靶标的 DIANA-microT 方法的概述。

13.2.3　靶基因预测程序的验证

靶标预测程序的性能可以通过以下三种途径的任何一种得到检验：体外实验、体内实验以及经由电脑模拟。前面所提到的报告基因(如萤光素酶)实验是一种通用的体外检测方法。根据生物体的不同，采用报告基因在体内系统中验证也是较普遍的。其他的体内技术囊括了 MRE 或 miRNA 突变体的传统的表型分析以及 miRNA 下调/过表达实验。对于想要了解更为全面的各种靶标验证实验技术的读者，我们推荐阅读 Sethupathy 等(2006)的文章。

目前经由电脑模拟的验证是通过计算真实的 miRNA 的预测靶标数目与随机变异的 miRNA 的预测靶标数目之间的比率而实现的。存在以下几种不同的方法来产生随机排序的 miRNA。

(1) 通过对真实的 miRNA 序列进行简单的随机变异。所得到的序列将具有和真实的 miRNA 一样的长度和碱基构成 (Enright *et al.*，2003)。

(2) 通过选择方法 (1) 所产生的那些具有和真实 miRNA 相同的人类靶基因 3′-UTR结合能力的变异的序列。结合能力的计算基于 3′-UTR 上的二核苷酸分布。

(3) 通过选择方法 (1) 所产生的那些在单个基因组中具有和真实 miRNA 相同预测靶标数目的变异序列，然后再检测真实的 miRNA 的预测位点是否在一组物种中具有保守优势 (Lewis et al.，2003；Lewis *et al.*，2005)。

13.2.4　靶基因预测的现状

由于目前只有很少量的 miRNA 靶标有实验支持，因此很难辨别哪些程序的性能更好。最好由面临的问题的特定性质来选择使用哪个程序。例如，如果想要尽量减少实验测试的数目，选择 miRNA 靶标预测数目少的程序将是最有利的；而如果想要知道大量的信号通路是否受 miRNA 影响，选择一个具有高灵敏度的程序将更好。表 13.1 概述了当前靶标预测程序的一个抽样对于 TarBase 收录的实验验证的 miRNA 靶标的执行性能 (Sethupathy *et al.*，2006)。有证据表明 miRNA 的靶标存在着不同的类型 (Brennecke *et al.*，2005)。目前实验验证的靶标数据集还比较小，而且可能偏向某些程序预测的靶标类型。因为 TarBase 所收录的靶标可能没有囊括所有的靶标类型，因此建议读者不要将表 13.1 的结果理解为预测程序间的直接比较，而将之理解为了解每个程序相对优势的一种方式。

表 13.1 基于 TarBase 数据的 5 个最新的靶标预测程序的比较

	预测靶标被试验支持的百分率/%	其他预测靶标的数目
TargetScan(MIT)	0	～280
DIANA-microT(UPenn)	3	～480
miRanda(Sloan-Kettering)	51	～13 600
TargetScanS(MIT)	60	～9 200
PicTar(NYU)	55	～11 100

注：2006 年的结果。此表的目的是表明不同程序所做的预测差异悬殊以及每个程序的相对优势（敏感性与特异性）。

13.3 microRNA 基因预测

13.3.1 背景

最初 miRNA 基因鉴定的计算方法用于线虫和果蝇出现于 2003 年 (Ambros *et al.*，2003；Grad *et al.*，2003；Lai *et al.*，2003；Lim *et al.*，2003)。随后出现了运用于如植物、人类和各种病毒的其他生物的计算方法 (Adai *et al.*，2005；Lindow and Krogh，2005；Pfeffer *et al.*，2005；Sewer *et al.*，2005；Zhang *et al.*，2005)。所有的方法都利用 miRNA 的发夹结构来计算识别。成熟体 miRNA 位于发夹结构的一个或两个臂上（一侧或两侧）。计算识别方法确定一套能刻画 miRNA 发夹结构的特征，然后用不同的方法根据发夹结构的不同的特定特征值来识别可能的 miRNA 发夹。对于每一个 RNA 发夹，这组特定的特征值往往被称为特征“向量”。这里我们描述区别 RNA 发夹特征向量的最新计算方法，它衍生于机器学习领域，称为“支持向量机”(SVM)。

13.3.2 特征提取

哪些特征能描述 miRNA，这些特征又是如何组合在一起的呢？一个 miRNA 是否被加工和发挥功能，取决于以下数个生物因素：在胞质中 miRNA 发夹的热力学稳定性；将成熟 miRNA 从发夹中切割出来的酶在结构上的可亲和性；成熟 miRNA 装载进引导它到靶标的蛋白复合体的能力。大部分基因预测程序为了记录这些生物因素而使用的特征包括：miRNA 发夹的自由能；发夹茎端配对碱基的数目；发夹中环和泡的大小；发夹序列在其他物种中的保守性。组合这些特征的一个最好方法就是利用这些特征的一个加权线性组合对一个预测打分。加权值可以根据每一特征假定的生物学重要性或者每个特征区分真正的 miRNA 和对照序列的能力来确定。

13.3.3 miRNA 预测的机器学习技术

目前一个较少研究的特征组合方法是利用机器学习技术。利用机器学习的基本思想是：如果收集到的已知 miRNA 能真实代表尚未发现的 miRNA，那么从已知 miRNA 数据集中学习得来的特征分值组合将使得真实 miRNA 和对照序列间的总区分能力最大化。这些分值组合不一定是特征值的线性加权，它取决于所选择的具体技术。例如，假设 miRNA 发夹的整体稳定性的需求随着发夹末端环的变小而急剧增加。可以通过能反映自由能要求和末端环大小之间的一个非线性关系的技术来利用这一趋势。同样的原理，即使在有些特征相互依赖的情况下，某些机器学习方法仍能挑选出有效的特征组合，如凸起和环的数目与整个发夹的自由能并不是互斥的特征。但是，这两类特征在体内对于酶的识别作用和切割作用都是非常重要的。

13.3.4 用于 miRNA 预测的支持向量机

支持向量机（SVM）分类器是一种适用于依赖性特征和非线性关系特征的机器学习技术。为了理解一个 SVM 分类器是如何工作的，我们首先考虑如何分离空间中的两类点。如果这两类点是可线性分类的，我们可以通过定义分类超平面来分类(图 13.2)。分类超平面可以想象成在一个多维空间中将两类点分离的一个平面。存在着很多的方法去选择一个分类平面，就 SVM 方法来说，它特异地选择一个能最大化分

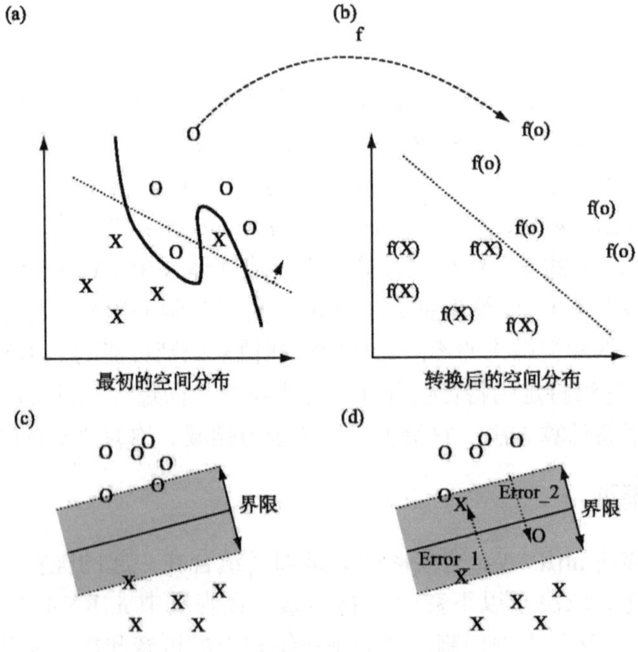

图 13.2 描述了 SVM 的两个重要方面：核函数和边缘距离。(a)和(b)展示了一个特征映射如何利用核函数简化分类任务。(c)展示了一个最大化的边缘距离分离了两类点，边缘界线上有 3 个“支持点”。(d)展示了一个带有错误的分类边界，在这种情况下，这两类点在所示空间中是不可分离的。

类平面和最靠近平面的两类点之间距离的分类平面[图 13.2 (c)]。即使数据集是相互交叠的，我们仍能使用相似的原理挑选分类平面。在这种情况下，分类平面最大限度地减少了位于分类平面错误一面的点的总误差[图 13.2 (d)]。错误分类点的总误差通过加和这些点与分类片面边界的距离而得到。如果类别交叠，如 miRNA 基因的特征，我们需要产生一个非线性的边界去分离它们。SVM 通过在一个更高维的转换了的特征空间中构造一个线性分界来实现这一目的[图 13.2 (a)、(b)]。空间的转换是通过称为核函数的特征映射来实现的。关于 SVM 学习技术完整说明的资料有 Cortes 和 Vapnik (1995)，如果想获得进一步的资料，我们推荐 Hastie 等 (2001) 的著作。

当使用 SVM 分类器进行 miRNA 基因预测时，你必须首先使用一套阳性实例(典型的例子就是已知 miRNA 的发夹）和一套阴性实例去训练分类器。阴性实例的选择不是确定的，通常它们可以是基因间隔区的随机序列片段、tRNA、rRNA 或者 mRNA。阳性/阴性发夹数据集选择好后，将计算每一个发夹的特征值向量。如果要更好地了解分类器在未知数据集上的执行性能，我们可以首先将它运用在一套非训练数据的测试数据集中。最后，分类器将可以运用到你感兴趣的发夹数据集上，例如，整个基因组中超过某一特定折叠能量的所有发夹。图 13.3 展示了一个 SVM 分类器的预测流程图。SVM 已经被成功地用于预测病毒的 miRNA (Pfeffer *et al.*, 2005)、哺乳动物成簇 miRNA (Sewer*et al.*, 2005)，以及哺乳动物和病毒的非成簇 miRNA (DIANA 研究组，未发表结果)。

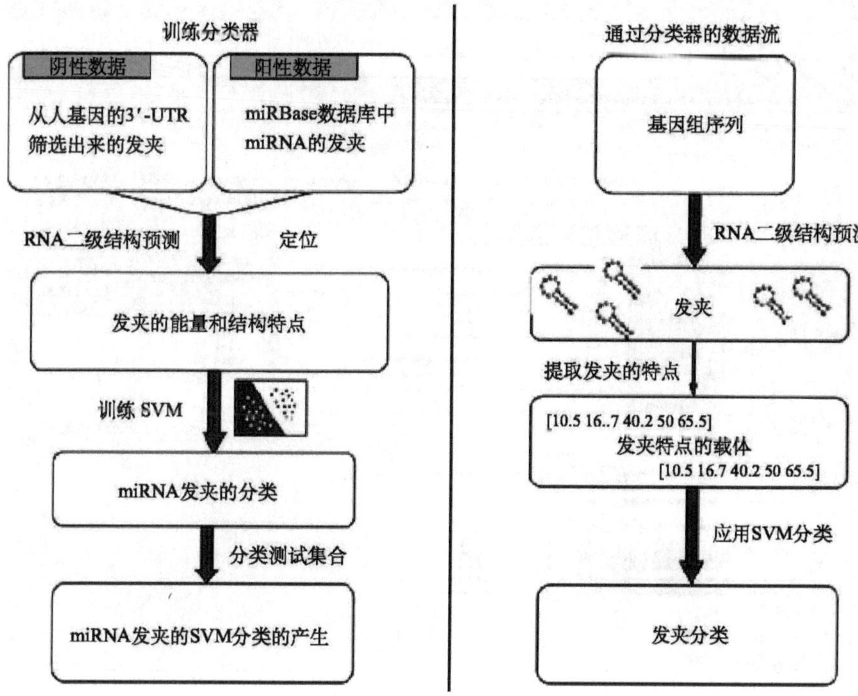

图 13.3 miRNA 发夹分类流程示意图。

在精确度上，所有的 miRNA 基因预测方法都存在一定的局限性。在这种情况下，阈值可以被用来调整 miRNA 基因预测程序的敏感性和特异性。一个强的阈值可以产生一个含有较少假阳性的预测结果，但同时会预测到较少的真实 miRNA 基因；而一个较低的阈值则可得到一个敏感性极高的结果，但往往包含大量的假阳性结果。一旦阈值选择好后，可以用类似蛋白基因芯片的 miRNA 基因表达芯片高通量地检测所预测的 miRNA 在植物或动物组织中的表达情况（Bentwich *et al.*，2005）。

13.4 数据库和网络资源

13.4.1 TarBase

我们这里讨论最近发表的一个叫做 TarBase 的数据库（Sethupathy *et al.*，2006）。TarBase 收录了至少 50 个人/鼠基因、30 个果蝇基因、10 个线虫基因和 1 个斑马鱼基因，这些基因都是经实验验证的 miRNA 靶基因（图 13.4）。TarBase 收录的关于人/鼠、果蝇、线虫和斑马鱼的靶位点总数大约为 550 个，这为下一代靶预测程序提供了一个更大的数据集。此外，TarBase 记录了每一个靶位点的相关信息，包括：哪些 miRNA与之结合；该位点位于哪个基因上；该位点在靶基因 3′-UTR 上的具体位置；用于验证该位点所使用的实验的特征以及该位点抑制靶基因翻译的效率。这样一个对每个靶位点如此全面的描述将有助于生物信息学和实验的研究，以进一步了解 miRNA 的靶作用特性、miRNA 诱导的翻译抑制的机制及 miRNA 在各种生物网络中的作用。读者可以通过 http://www.diana.pcbi.upenn.edu/tarbase 访问 TarBase。

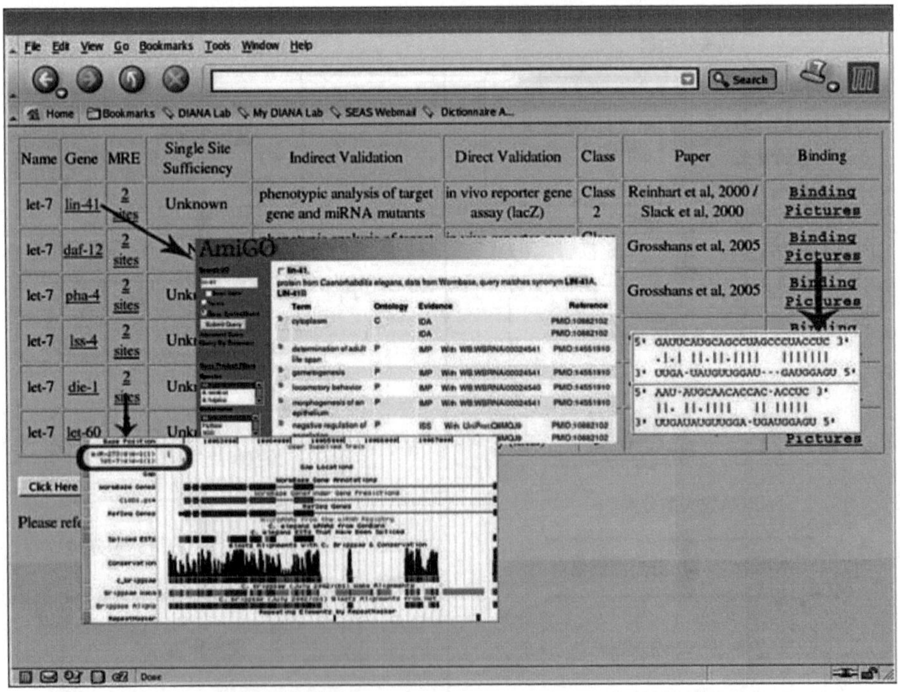

图 13.4　图中展示的是数据库各种功能的一个网页快照。靶基因链接到基因语义(GO)，miRNA 识别元件通过自定义条目被链接到 UCSC 基因组浏览器，而配对结构图则通过一个新窗口展示。

TarBase同时提供链接到其他的数据库，如基因语义(GO)(Ashburner *et al.*，2000)和UCSC基因组浏览器(Kent *et al.*，2002)。将一个实验验证了的靶基因链接到GO可以更清楚地了解以之为靶标的miRNA可能参与了哪些类型的生物信号通路。靶基因上特定的靶位点通过自定义通道链接到UCSC基因组浏览器上，这样可以方便地看到它们的基因位置以及序列组成。另外，每一个靶位点还链接到了一个自主构建的含有所有已知miRNA：靶位点碱基配对图数据库上。所有这些中心数据，无论对于查询某一特定的基因/miRNA/靶位点/实验技术，还是提取miRNA靶标，或者基于miRNA的翻译抑制的一般特征都是非常有价值的。

为了保证最新时效，TarBase还提供了两个半自动化的提交通道。读者可以通过访问http://www.diana.pcbi.upenn.edu/tarbase获得提交指导。

13.4.2 microRNA基因组资源和聚类分析服务器

miRNA可能位于蛋白质基因的内含子中，也可能完全位于蛋白质基因之外，在极少数的情况下，甚至可能位于一个基因的外显子或者UTR区。部分证据表明，位于蛋白质基因内含子中的miRNA是从这些mRNA宿主基因加工而来的(Baskerville and Bartel，2005)。Sanger研究院的miRBase记录了植物、动物和病毒所有已知miRNA的位置及其他相关说明。目前已知的330个人类miRNA中，大约1/3位于已知蛋白质基因的内含子中，其他的miRNA基因大部分则位于蛋白基因间隔区。DIANA microRNA基因组资源和聚类分析服务器(http://www.diana.pcbi.upenn.edu/mirGen/)整合了miRBase的miRNA数据及UCSC基因组注释数据，为分析多个物种miRNA在基因组的位置提供了详尽的最新资源。

基因组资源使得用户可以探索整个基因组中的miRNA相对于UCSC已知基因、Refseq基因，以及类似CpG岛和假基因等其他UCSC基因组注释数据的相对位置。这一资源包含了所有生物的UCSC基因组浏览器数据库(Hinrichs *et al.*，2006)和miRBase数据，这些数据包括了目前可用的脊椎动物、昆虫和线虫类基因组。而利用miRBase中的任何一个真核生物miRNA集合，聚类分析服务器使得用户可以发现哪些miRNA在用户指定的miRNA间距离的情况下是成簇的。同时，簇分析服务器还将miRNA链接到DIANA-microT预测的靶标、TarBase收录的实验支持靶标以及靶标的GO功能。

总之，DIANA microRNA基因组资源和聚类分析服务器提供的工具使得用户可以利用最新的可用数据去研究自己独特的miRNA基因组学相关的问题。

13.5 讨论

在理解miRNA基因组织形式、miRNA靶作用以及它们在各类生物网络中的作用等方面，生物信息学已经扮演了一个非常重要的角色。另外，通过设计和构建数据库，生物信息在有效存取miRNA生物学相关信息方面也已发挥了作用。然而，尽管在了解miRNA功能方面取得了一定的进展，但仍存在着许多的未解决问题。

• 在靶基因预测程序中，我们是否已经考虑到了miRNA靶标的所有特征？例如，最近的研究表明，在线虫中，至少存在一个靶基因，当两个不同的miRNA靶向它的时候，两个靶位点必须具有一定的距离才能引起翻译抑制。如果这一现象在 miRNA 靶作用中是普遍的，那么将需要更多的实验研究以提供把这一特征以及其他相关特征整合到新的靶基因预测程序所需要的数据。

• 为什么在人类基因组中，miRNA 趋于成簇？它们以这一方式进化，是否为了维护功能性的 miRNA 单位？这一成簇偏向性又如何被用来预测尚未被发现的 miRNA 呢？

• 在转录和转录后水平上，miRNA 自身又是如何被调节的？对于这一领域的深入了解将更好地了解 miRNA 是如何整合进生物网络的。

计算和实验领域之间的不断交叉将更加迅速和有效地发现为什么 miRNA 对于生命是至关重要的，以及如何将它们用于疾病治疗。

参考文献

Adai, A., Johnson, C., Mlothshwa, S. *et al*. (2005). Computational prediction of miRNAs in *Arabidopsis thaliana*. *Genome Research*, **15**, 78–91.

Ambros, V., Lee, R. C., Lavanway, A., Williams, P. T. and Jewell, D. (2003). MicroRNAs and other tiny endogenous RNAs in *C. elegans*. *Current Biology*, **13**, 807–818.

Ashburner, M., Ball, C. A., Blake, J. A. *et al*. (2000). Gene Ontology: tool for the unification of biology. *Nature Genetics*, 25, 25–29.

Baskerville, S. and Bartel, D. P. (2005). Microarray profiling of microRNAs reveals frequent coexpression with neighboring miRNAs and host genes. *RNA*, **11**, 241–247.

Bentwich, I., Avniel, A., Karov, Y. *et al*. (2005). Identification of hundreds of conserved and nonconserved human microRNAs. *Nature Genetics*, **37**, 766–770.

Brennecke, J., Stark, A., Russell, R. B., and Cohen, S. M. (2005). Principles of microRNA-target recognition. *Public Library of Science Biology*, **3**, 404–418.

Burgler, C. and Macdonald, P. M. (2005). Prediction and verification of microRNA targets by MovingTargets, a highly adaptable prediction method. *BMC Genomics*, **6**, 88.

Cortes, C. and Vapnik, V. (1995). Support vector networks. *Machine Learning*, **20**, 1–25.

Enright, A. J., John, B., Gaul, U. *et al*. (2003). MicroRNA targets in *Drosophila*. *Genome Biology*, **5**, R1.

Grad, Y., Aach, J., Hayes, G. D. *et al*. (2003). Computational and experimental identification of *C. elegans* microRNAs. *Molecular Cell*, **11**, 1253–1263.

Gruün, D., Wang, Y., Langenberger, D., Gunsalus, K. C. and Rajewsky, N. (2005). MicroRNA target predictions across seven Drosophila species and comparison to mammalian targets. *Public Library of Science Computational Biology*, **1**, 51–66.

Hastie, T., Tibshirani, R. and Friedman, J. (2001). *The Elements of Statistical Learning*. New York: Springer-Verlag.

Hinrichs, A. S., Karolchik, D., Baertsch, R. *et al*. (2006). The UCSC Genome Browser Database: update 2006. *Nucleic Acids Research*, **34**, D590–598.

John, B., Enright, A. J., Aravin, A. *et al*. (2004). Human microRNA targets. *Public Library of Science Biology*, **2**, 1862–1879.

Kent, W. J., Sugnet, C. W., Furey, T. S. *et al*. (2002). The Human Genome Browser at UCSC. *Genome Research*, **12**, 996–1006.

Kiriakidou, M., Nelson, P., Kouranov, A. *et al*. (2004). A combined computational-experimental approach predicts human miRNA targets. *Genes & Development*, **18**, 1165–1178.

Krek, A., Grun, D., Poy, M. N. *et al*. (2005). Combinatorial microRNA target predictions. *Nature Genetics*, **37**, 495–500.

Lagos-Quintana, M., Rauhut, R., Lendeckel, W. and Tuschl, T. (2001). Identification of novel genes coding for small expressed RNAs. *Science*, **194**, 797 – 799.

Lai, E. C., Tomancak, P., Williams, R. W. and Rubin, G. M. (2003). Computational identification of *Drosophila* microRNA genes. *Genome Biology*, **4**, **R42**, 1 – 20.

Lewis, B. P., Shih, I., Jones-Rhoades, M. W., Bartel, D. P. and Burge, C. B. (2003). Prediction of mammalian microRNA targets. *Cell*, **115**, 787 – 798.

Lewis, B. P., Burge, C. B. and Bartel, D. P. (2005). Conserved seed pairing, often flanked by adenosines, indicates that thousands of human genes are microRNA targets. *Cell*, **120**, 15 – 20.

Lim, L. P., Lau, N. C., Weinstein, E. G. *et al*. (2003). The microRNAs of *Caenorhabditis elegans*. *Genes & Development*, **17**, 991 – 1008.

Lindow, M. and Krogh, A. (2005). Computational evidence for hundreds of non-conserved plant microRNAs. *BMC Genomics*, **6**, 119.

Pfeffer, S., Sewer, A., Lagos-Quintana, M. *et al*. (2005). Identification of microRNAs of the herpesvirus family. *Nature Methods*, **2**, 269 – 276.

Rajewsky, N. and Socci, N. D. (2004). Computational identification of microRNA targets. *Developmental Biology*, **267**, 529 – 535.

Rehmsmeier, M., Steffen, P., Hochsmann, M. and Giegerich, R. (2004). Fast and effective prediction of microRNA/target duplexes. *RNA*, **10**, 1507 – 1517.

Robins, H., Li, Y. and Padgett, R. W. (2005). Incorporating structure to predict microRNA targets. *Proceedings of the National Academy of Sciences USA*, **102**, 4006 – 4009.

Rusinov, V., Baev, V., Minkov, I. N. and Tabler, M. (2005). MicroInspector: a web tool for detection of miRNA binding sites in an RNA sequence. *Nucleic Acids Research*, **33**, 696 – 700.

Saetrom, O., Snove Jr., O. and Saetrom, P. (2005). Weighted sequence motifs as an improved seeding step in microRNA target prediction algorithms. *RNA*, **11**, 995 – 1003.

Sethupathy, P., Corda, B. and Hatzigeorgiou, A. G. (2006). TarBase: a comprehensive database of experimentally supported animal microRNA targets. *RNA*, **12**, 192 – 197.

Sewer, A., Paul, N., Landgraf, P. *et al*. (2005). Identification of clustered microRNAs using an ab initio prediction method. *BMC Bioinformatics*, **6**, 267.

Stark, A., Brennecke, J., Russell, R. B. and Cohen, S. M. (2003). Identification of *Drosophila* microRNA targets. *Public Library of Science Biology*, **1**, 1 – 13.

Tinoco Jr., I., Borer, P. N., Dengler, B. *et al*. (1973). Improved estimation of secondary structure in ribonucleic acids. *Nature New Biology*, **246**, 40 – 41.

Zhang, B. H., Pan, X. P., Wang, Q. L., Cobb, G. P. and Anderson, T. A. (2005). Identification and characterization of new plant microRNAs using EST analysis. *Cell Research*, **15**, 336 – 360.

14 RNAhybrid 预测 microRNA 靶标

Marc Rehmsmeier

14.1 引言

microRNA（miRNA）是一类长为 19～24nt 的小分子 RNA，它们通过对相应的靶基因进行转录后调控。RISC 包裹的 miRNA 通过与靶标 mRNA 杂交配对来实现这一调控。近乎完美的杂交配对将导致靶标 mRNA 裂解，不太完全的杂交配对会抑制 mRNA 翻译或导致其降解。对于 miRNA 的研究，除了阐明其调控机制之外，建立 miRNA 调控网络也是十分重要的。而了解 miRNA 靶标是重现调控过程的基础。由于反向遗传方法受时间和高成本限制，我们对 miRNA 靶标进行可靠预测是非常必要的。实际上，已有推测表明 miRNA 靶标基因的数量占整个人类基因集 10 000 个基因（Lewis *et al.*，2005）的 1/3，然而根据 Diana TarBase（Sethupathy *et al.*，2006；参见本书第 13 章）可知目前实验验证的靶标只有 55 个（本文写作时）。在许多预测方法的有力推动下，产生了许多很有意思的有关动物 miRNA/靶标关系的假说（John *et al.*，2004；Kiriakidou *et al.*，2004；Rehmsmeier *et al.*，2004；Brennecke *et al.*，2005；Lall *et al.*，2006）。

RNAhybrid 这一方法提供了预测的靶标数据库、一个可下载的预测软件和简单易用的在线靶标预测界面。同时，RNAhybrid 允许用户对靶标查找进行广泛地控制。一方面是一些对 miRNA/靶标相互作用的结构控制，其中有一个结构控制是关于 miRNA“种子”区域的，该区的第 2～7（或第 8）个核苷酸与靶标形成完美的 Watson-Crick 配对（Lewis *et al.*，2005）。可能大部分的功能性 miRNA/靶标互作确实满足这一要求，但是例外情况也完全有可能存在。例如，在秀丽杆线虫中，经实验验证的 *let-7* 和 *lin-4* 靶标的种子区域或靶标配对部分似乎都存在不配对的核苷酸（Grosshans and Slack，2002）。Brennecke 等（2005）表明，只要 miRNA 的 5′部分与靶标形成互补配对，更短的、仅有 4nt 的种子区也可发挥功能。所以，我们的预测只保留了那些包含与种子区匹配的 miRNA 相互作用的靶标，很可能会遗漏一些非种子位点。在植物中，情况则完全不同，通常假定只有整个 miRNA 与靶标近乎完美的配对才能发挥功能。RNAhybrid 包含了各种各样的结构控制选项，用户可根据其应用领域来选择使用。

用户搜索的另一方面控制是统计重要性评估。仅仅依靠得分对预测进行排序是不充分的，因为分数缺乏表明预测可靠性所必备的统计学解释。在蛋白质数据库搜索领域，已有的方法，如 BLAST（Altschul *et al.*，1990）使用 P 值或 E 值来注释搜索结果，用以评估错误发现率，即假阳性预测在所有已报道的阳性预测中的期望值。在 miRNA 靶标的大规模预测中，那种偶然的貌似靶位点的假位点可能会比较频繁地发生，所以统计学向导显得尤为重要。这种 miRNA 靶标预测是一个逐步的过程，从识别个别靶位点，到一个靶标候选中存在着同一种 miRNA 的多个靶位点，再到几个物种同源靶标的比较分析，这其中的每一步都有各自的统计复杂性。

本章接下来的内容分为两部分：一是综述 RNAhybrid 方法；二是演示一些具备不同复杂性的应用实例。

14.2 方法

14.2.1 RNAhybrid 使用方式

使用 RNAhybrid 有三种方式：第一，使用 miRNA 靶标在线预测的网页界面；第二，使用本地安装的下载版本；第三，使用 miRNA 预测靶标的数据库 RNAhybridDB。下载版本可以作为命令行工具使用，也可以形成图形用户界面(GUI)。所有 RNAhybrid 版本都可以在以下网址获得：http://bibiserv.techfak.uni-bielefeld.de/rnahybrid。

14.2.2 RNAhybrid 简介

下面几段是对 RNAhybrid 方法的简短综述。若需要更详细的描述，请参见 Rehmsmeier 等(2004)。图 14.1 给出了 RNAhybrid 的可视化工作流程图。

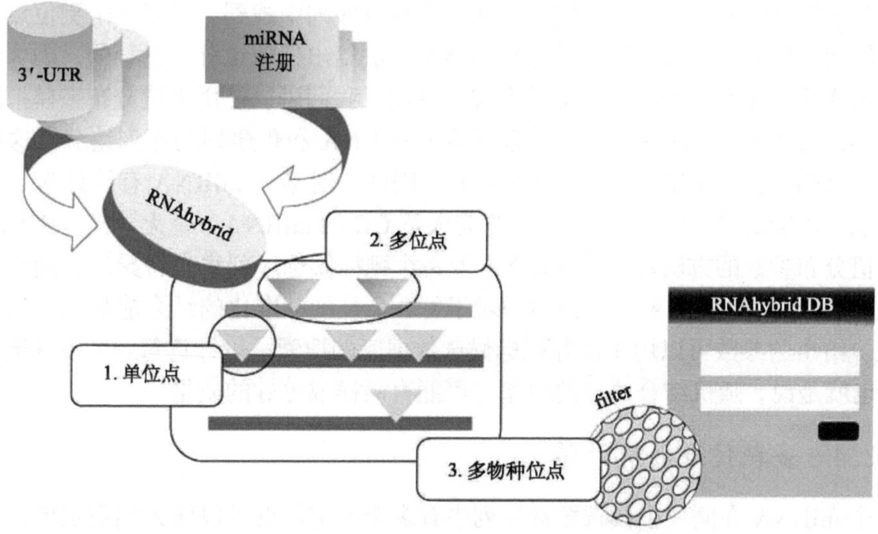

图 14.1 RNAhybrid 工作流程。RNAhybrid 获取一些候选靶序列(如 5′-UTR)和一个 miRNA 集，然后从中搜查能量上有利的靶位点（三角形)。统计学意义的评估是分步式的，从单个位点到多个位点再到多物种位点。结果根据 P 值阈值过滤并储存在一个 miRNA 预测靶标数据库 RNAhybridDB 中。这一数据库可通过网页界面访问。

14.2.2.1 能量最小化 (energy minimization)

RNAhybrid 的核心算法可以在候选靶标序列中找出某一短 RNA （通常是 miRNA）的能量最佳靶位点。这可以看作是对 RNA 二级结构预测经典算法的扩充（Zuker and Stiegler，1981)。然而，从算法上看，二级结构预测先于 inside-out 算法，RNAhybrid 将靶标候选与 miRNA 从左向右“拉链”到一起，并且允许拉链的一些齿没有互锁。虽然这类似于序列比对算法的配对，但是联配的建构模块有所不同。前者包括匹配、错配、插入和删除；后者包括碱基对堆叠（stack）、凸出、内环、末环。所以除了所有动态规划最优化算法的共性之外，RNA 二级结构预测、序列比对和 RNAhybrid 中的 RNA 杂交配对是相当不同的。RNAhybrid 作为专门的 miRNA 靶标预测算法的优势如下：①有效，它通过直接计算得到需要的结果而无需借助现存算法；②快速，像分支结构这种不需要的计算，它都没有执行。

14.2.2.2 长度标准化（length normalization）

miRNA 很短，通常只有 4 个核苷酸在自由能方面对预测有所帮助，但也是随机的，而且可能存在无功能的杂交配对。一个靶标候选序列越长，这种靶位点偶然发生的概率就越高。对于一个短的候选序列，预测的靶位点可能是可信的；但是对于一个长的候选序列，预测在统计学上可能是毫无意义的。RNAhybrid 通过相应的标准化结合自由能，排除了结合自由能对靶标长度的依赖。

14.2.2.3 单靶位点的统计学

一些中等品质的靶位点几乎能在任何一个候选序列中找到，对于某个靶位点有多大可能是偶然事件，我们仅仅依赖结合自由能是无法给出任何统计学指导的。因为结合自由能是最优化程序产生的结果，即动态规划算法，我们可以使用极值分布来模拟随机能量（Gumbel，1958）。这一分布的参数依赖于 miRNA 和靶序列的序列组分。这些组分可能有巨大的变化，特别是在 miRNA 之间。因此，对某一 miRNA 有统计学意义的结合自由能，可能对另一个 miRNA（如含有大量 GC 的 miRNA）毫无意义。RNAhybrid 决定极值分布参数的方法对每个 miRNA 及每个靶标候选序列集是特异的。随机靶标序列产生之后，再用 miRNA 进行搜索。对于每一个长度标准化的结合能量，给出一个分布极值。给出的参数可以用于实际靶标候选数据库的搜索，以计算每一个被观测位点的 P 值。也就是说，随机结合位点的概率将可能有同样或更好的质量。

14.2.2.4 多靶位点的统计学

一个 miRNA 在同一个候选靶标序列中有多个绑定位点可以使人们更加确信该靶标受这一 miRNA 的调控。这不只是一个生物学问题，同时也是一个统计学问题，因为多个独立发生的偶然事件比单独事件发生的可能性要小。RNAhybrid 利用单独的 P 值，计算多个结合位点的 P 值来考虑这一问题。P 值较大的结合位点归为较好的，也就是说，P 值较小的预测靶标位点更有可能具备生物学功能。

14.2.2.5 同源靶标的比较分析

功能靶位点的另一证据来自它们在多物种同源靶标序列中的进化保守性。虽然这一保守性不是靶位点发挥功能所必备的，但是它提供了靶位点存在的额外支持。然而，我们必须谨慎考虑在什么程度上结合位点保守性是稳定自然选择的结果，还是仅仅是总的序列保守性的矫作物。如果来自不同物种的两个序列由于进化时间短而十分相似，那么这两个序列中存在靶位点并不比只在一个序列中存在让人觉得惊奇。这一惊奇的程度仍旧是指统计学意义，RNAhybrid 根据总体序列保守性来确定这一点。该序列保守性由靶标有效数值来测定。当手头的靶标非常相似时，它们的有效数值很小；如果靶标变化很大，仅在结合位点保守，那么它们的有效数值接近于它们的实际数值。忽略同源序列之间的统计依赖性，可能导致统计学意义极大地高估，进而产生大量的假阳性预测。

14.3 应用实例

接下来，我们描述几个复杂性递增的应用实例。每一个应用实例都包含步骤方案。

14.3.1 基于单个基因的靶标预测

通常，热衷于 RNAhybrid 的用户手头只有很小数量的自己感兴趣的基因。问题在于这些基因是否可能被 miRNA 调控。快速检查优良的潜在靶位点，最简单的方法是使用 RNAhybrid 在线靶标预测的网页界面。

（1）访问 RNAhybrid 的“submission”页面，网址是 http://bibiserv.techfak.unibielefeld.de/rnahybrid/submission.html，网页界面实例的截图见图 14.2。

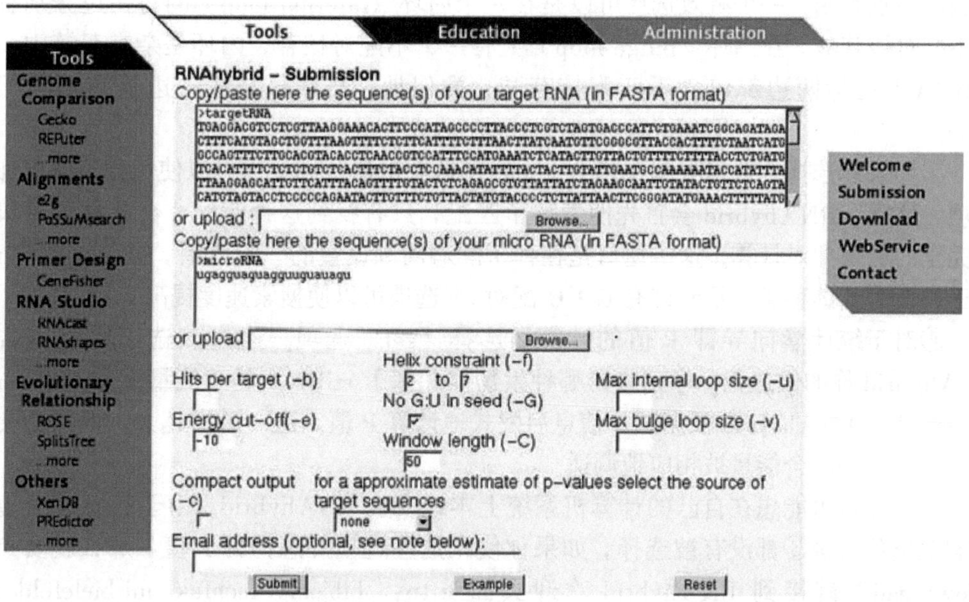

图 14.2 RNAhybrid 在线网页界面截图。左边面板显示了 Bielefeld 生物信息服务器上的其他可用工具。

（2）在 miRNA 序列区域粘贴 Fasta 格式的 miRNA 序列。另一种选择是上载包含这些序列的文件。在 Fasta 格式中，每一序列记录包含：第一行以“>”符号起始（描述行），后面给出序列标识符和相关描述；另外的一行或多行给出序列。一个 Fasta 文件可能包含多条这样的记录，通常叫做复合 Fasta 文件。这种文件中的记录彼此紧挨着，每一条记录都从新的一行开始。对于 RNAhybrid，每条记录的标识符必须是唯一的，并且“>”和标识符之间不能有空格。

（3）在靶标序列区域粘贴 Fasta 格式的潜在靶标序列。同样，你也可以上载包含这些序列的文件。

（4）如果你想计算刚完成就收到一份电子邮件通知，那就在相应的栏目中填写你的电子邮件地址。

(5) 点击“Submit”按钮提交，稍等一会儿，网站服务器就会给出结果。

(6) 如果你不确定需要粘贴什么数据到表单中，你可以点击“Example”按钮，相应的区域会填入实例的靶标和 miRNA 序列。然后点击“Submit”等待结果。

(7) 在你提交之前，可以选择下列选项（点击浏览器的返回按钮就可以从结果界面回到主页面）。

①你可以强制 RNAhybrid 只考虑满足“种子”标准的靶位点（Lewis *et al.*, 2005），也就是说，在 miRNA 的种子区域或靶标相应的种子配对区域没有不配对的核苷酸。一种有效选择是强制种子区从位置 2 到 7。如果你想限制得更加严格，可以不允许种子区包含任何的非 Watson-Crick 基配对(G∶U 配对)。这些选项会降低虚假靶位点的数量，但是也有错过不包含种子区域的“*bona fide*”位点的风险。对于植物 miRNA靶标预测，种子区域必须设为从 8 到 12，从而覆盖预期的断裂位点。

②植物的 miRNA 与靶标只有很少核苷酸不配对，所以限制环大小的选项在其靶标预测中特别有用。一个有效选择可以是在一个内环（internal loop）的每一边分别有一个不配对核苷酸，在凸环（bulge loop）上有一个不配对核苷。内环是杂交双链中，在 miRNA 和靶标两边都包含不匹配核苷酸。类似地，凸环只是在一边具有不匹配核苷酸。

③如果你选择把搜索限制在包含一个种子匹配的靶位点，你可以使用种子匹配加速选项。这样，RNAhybrid 会首先搜索种子匹配，只有找到这种匹配才会在种子窗口执行完全的最优配对计算。这一窗口是在种子配对周围设置的一定范围，推荐设为 50nt。对于长度为 6 的种子，不允许有 G∶U 配对，本选项可以使搜索速度提高 8 倍。

④对于统计学向导即 P 值的计算，选择“set”选项。通过该选项你可以告诉 RNAhybrid 你的候选靶标序列来自哪种生物体。基于 miRNA 的“能量潜力”（energy potential），RNAhybrid 根据这一信息启发式地计算 P 值。这一潜力越大，偶然杂交就越多，实际的结合能量被相应地调适。

(8) 你也可能想在自己的计算机系统上本地安装 RNAhybrid。由于启发式 P 值计算假定选项①至③都没有被选择，如果你使用这些选项并想得到 P 值，那么就要点击“download”链接到 RNAhybrid 欢迎页面 http://bibiserv.techfak.uni-bielefeld.de/rnahubrid。这一本地 RNAhybrid 版本可以作为命令行工具使用，也可以与图形用户界面（GUI）组合。若要运行 GUI，你的电脑上必须安装 Java 运行时环境（见 http://java.sun.com）。关于选项，可参见手册页面和以下两个应用实 0 例。

14.3.2 基于单个 miRNA 的靶标预测

如果你有一些新的 miRNA，可能来自之前的 miRNA 预测或克隆策略，这些 miRNA通常可能靶向其所在生物体的任何基因。与上面描述的“基于单个基因”的应用实例相比，这种情况进行比较的次数通常多一两个数量级，因此，统计学向导对于结果的解释很有必要。以下的（2）～（8）几个步骤描述了 RNAhybrid 命令行版本的使用。图形用户界面中的所有选项都用相应的命令行参数进行了标记。

(1)“seed-free”分析可依照上文描述的应用实例，包含 P 值启发式选项(7)的 4。

注意上载数据量是受到限制的。

(2) 受结构限制的分析（包括任何一类种子或限制环大小），下载 RNAhybrid 并在本地计算机系统安装［见前例（8)］。

(3) 将你的 miRNA 保存为 Fasta 格式（见前例）。我们假定文件名是“mirnas. fasta”。

(4) 将候选靶标序列保存为 Fasta 格式。这种候选序列可以从 Ensembl 数据库(http://www. ensembl. org)下载，获得你感兴趣的基因或者一个生物体中所有的基因。获取基因最简单的方法是使用 Ensembl 的 BioMart 工具，可参见 Ensembl 首页上相应的链接。我们假定你的潜在靶标文件的名字是 targets. fasta。

(5) 使用下列选项开始 RNAhybrid：

RNAhybrid-F-b 5-r-o 1-p 0.01-t targets. fasta-q mirnas. fasta

对于每一次 miRNA/靶标比较，RNAhybrid 会查找 5 个靶位点（-b 5），计算多位点 P 值（-r，参见上文“多靶位点的统计学”），根据 P 值排列输出（-o 1），且只报告 P 值不大于 0.01 的位点（-0.01）。P 值通过极值分布参数来计算，这些参数依次由数据库搜索结果来评估（选项-F）。

(6) 使用选项-F，RNAhybrid 依据实际数据库搜索结果计算 P 值。然而，只有当数据库包含至少 200 条序列时，这样才可以给出统计学意义的精确评估。如果不是这样，你可以告诉 RNAhybrid 产生随机序列并计算它们的 P 值。例如：

RNAhybrid-S 1000 -b 5 -r -o1-p 0.01 -t targets. fasta-qmirnas. fasta

给出选项-S 1000，RNAhybrid 会为每个 miRNA 产生 1000 个随机序列。这一标度在一开始执行并在输出中形成协议。

(7) 你也可以使用上文描述的 P 值启发式，但是不要和结构限制结合使用（种子或环大小限制）。相应的选项是-s，例如：

RNAhybrid-s 3utr _ human-b 5-r-o 1-p 0.01-t targets. fasta-q mirnas. fasta

了解-s 选项的更多细节，请参见 RNAhybrid 帮助(RNAhybrid-h)或者 RNAhybrid 手册。

(8) 如果你不是用启发式选项-s，你可以给 RNAhybrid 任何一个结构选项，如同上文应用实例中(1)～(3)步所描述的那样。

14.3.3 多物种的全基因组靶标预测

在多物种之间执行全基因组靶标预测是最令人兴奋的，同时也是计算和统计最需要的一个应用实例。一个 miRNA 调控网络的保守性导致 miRNA/靶标关系的保守性。另外，与单个转录物相比，在多个同源转录物中偶然产生好的靶位点的可能性更小。所以，在多物种同源基因中存在的靶位点，可以提高被预测 miRNA/靶标关系的真实性，也增强了我们对预测的信心。然而，如同 RNAhybrid 简述中指出的那样，同源转录物之间的总体相似性也必须考虑在内，这样才不会高估一个保守的 miRNA/靶标关系的统计惊奇度。下面我们假定想要预测人类和小鼠的 miRNA 靶标。

(1) 以 Fasta 格式保存你的 miRNA 序列（如上文所述）。所有人类 miRNA 存放到一个文件，所有小鼠 miRNA 放在另一个文件，我们假定两个文件名字分别是 hsa-mi-

RNA. fasta 和 mmu-miRNA. fasta。miRNA 必须根据其同源序列进行特定注释，miRNA 通常称作 hsa-miR-18 或 mmu-miR-18 或类似的形势。然后你必须告诉 RNAhybrid 怎样识别 miRNA 的同源序列，这一点通过关注 miRNA 名字的非物种部分就可以知道，如例子中的 miR-18。人类和小鼠 miRNA 在这一部分相同的就被认为是同源序列。

(2) 将候选靶标序列保存为 Fasta 格式。同样，这些序列可能来源于 Ensembl 数据库（见上文)。靶标序列的注释也必须考虑同源序列。一种方法是可以这样命名基因：

>100 _ my _ human _ gene

CTCACCATGGATGATGATACTGCCGTGCTCGTCATTGACAACGGCTCTGG

CATGTGCAAGGCCGGCTTTGCAGGTGACGA ...

>100 _ my _ mouse _ gene

AGGAAAGAAGACTCTCAGTTGTACAGTGCTGGAAGCACACACGCTTCTCT

GCACCCGACTGTGTCGTAGAGCTTGATTTC...

注释中的相同数字 100 可告诉我们这两条转录物属于同源序列。我们假定候选靶标序列的文件名分别是：human _ 3utr. fasta 和 mouse _ 3utr. fasta。

(3) 按照以下命令开始 RNAhybrid：

RNAhybrid-F-b5-o1-p0. 01-t human _ 3utr. fasta，mouse _ 3utr. fasta-q hsa-miRNAs. fasta，mmu-miRNAs. fasta-a′ [0-9] [0-9]* _ ′,′-. * ′

(没有换行) 注意逗号隔开的文件列表，不要附加空格。选项-a 给出了靶标和 miRNA的键值。这些键值以正则表达式来表示，靶标键值′ [0-9] [0-9]* _ ′表示“一个数字，后面紧跟一个随意的数字（可能没有），在后面是一条下划线。” miRNA 键值′-. * ′表示“一条短横线后面紧跟随意多个字符（可能没有），这些字符可以是任何类型，包括数字和其他符号。” RNAhybrid 会分别对比分析所有的人类 miRNA 与人类5′-UTR、所有小鼠 miRNA 与小鼠 5′-UTR，然后根据序列注释提供的同源信息与结果相结合。

(4) 如果你只有一个 miRNA 集想用于搜索多物种基因组，你可以只用以下命令(然而，你仍需要提供一个 miRNA 键值)：

RNAhybrid-F-b 5-o1-p0. 01-t human _ 3utr. fasta，mouse _ 3utr. fasta-q miRNA. fasta-a′ [0-9] [0-9]* _ ′,′-. * ′

这是从 miRNA. fasta 中获得 miRNA，然后用于分析人类和小鼠 5′-UTR 序列。

(5) 我们推荐不要忽略了对同源靶标序列统计学的信任度，特别是对关系密切的物种。RNAhybrid 通过处理这一信任度来计算每一组同源候选靶标序列的有效数量（见上文 RNAhybrid 综述)。这可以通过选项-k 来实现：

RNAhybrid -k 1000 -F -b 5 -o1 -p 0. 01 -t human _ 3utr. fasta，mouse _ 3utr. fasta-q has-miRNA. fasta，mmu-miRNA. fasta-a′ [0-9] [0-9]* _ ′,′-. * ′

选项-k 设置为 1000，表示对于每一个同源靶标序列集，被考察的 miRNA 要“洗牌” 1000 次。通过“洗牌”，靶标序列被其相应的统计信任度来检测。-k 设置为较大值可能会得到更精确的结果，但是计算上会更费力。

14. 3. 4 RNAhybrid 靶标预测数据库

撰写本章的时候，我们正在开发一个 miRNA 靶标预计算预测的数据库界面。

RNAhybridDB 将可以从 RNAhybrid 首页链接到这个数据库。用户可以选择自己感兴趣的同源范围，如人类/小鼠/大鼠/狗；也可以选择自己感兴趣的结构要求种类，如允许存在没有 G：U 配对的种子区；还可以选择和输入 miRNA 及基因的名字，然后得到这些组合的有用预测并显示出来。

14.3.5 选择候选靶标

RNAhybrid 核心工作的结果是在给定 miRNA 和候选靶标序列中，识别能量上有优势的靶位点。至于判断哪些预测是可靠的，RNAhybrid 并不能自己去引导用户。在一个小范围分析，如基于基因的靶标预测中，用户可以根据结合能量和“可信的”预测形状来判断；但是对于大范围的分析，这种判断是不可能的。这不是一个易处理的原因，而是一个统计学上的因素。无穷猴子理论（infinite-monkey theorem）指出，如果给一个猴子足够的时间，它最终能够在打字机上打出一篇莎士比亚的剧本；如果时间少一些，可能会打出一个购物清单。这个理论中打字的猴子代表一种随机过程。对于 miRNA 靶标预测，这一过程是对一些酷似靶位点的潜在靶标进行分析。我们处理的数据越多，潜在靶位点偶然发生的概率就越小。在猴子打字的情景中，中等时间过后人们并不会期待猴子写了一个购物清单，当然也不期待一部莎士比亚的剧本。很长一段时间后，出现了莎士比亚的一部剧本并不稀奇，所以在统计学上是无意义的。无论什么时候，我们偶然看到一个购物清单，绝对不会相信这个清单是一个猴子随机打出来的。一个预测的可信性是一个搜索空间问题。RNAhybrid 输出的 P 值总是指单个 miRNA/靶标结合。E 值给出了更简单的解释，即某一质量的假阳性预期数量。将基因数量和 miRNA 数量与 P 值相乘，可以从 RNAhybrid 的 P 值获得 E 值。如果 miRNA 属于一些数量较少且包含许多相似序列的家族，使用家族的数量，而不是 miRNA 的数量。这一计算允许用户控制假阳性预测的总体数量。例如，使用 100miRNA 在 10 000 条5′-UTR 序列里搜索靶标，设置 miRNA/靶标的 P 值界限是 1.0e-5 会产生预期的 10 个假阳性预测（1.0e-5 乘以 10 000 再乘以 100）。这里的 10 是整个搜索的 E 值。

14.4 结论

RNAhybrid 是一个预测 miRNA 靶标的通用工具。它可以在许多不同的场合使用，例如，基于单个基因的小规模分析或者基因组水平的多物种靶标预测。RNAhybrid 可以在线使用，也可以本地安装使用。一个预先计算得到的预测靶标数据库 RNAhybrid-DB 将补充现有的应用。RNAhybrid 的主要功效体现在用户对程序行为控制的广度上，包括选择许多结构要求选项和计算 P 值作为选择可信预测的统计学向导。

感谢

作者感谢 Leonie Ringrose 对本章语言上的建议和提供的“购物清单”这一想法。

参考文献

Altschul, S. F., Gish, W., Miller, W., Myers, E. W. and Lipman, D. J. (1990). Basic local alignment search tool. *Journal of Molecular Biology*, **215**, 403–410.

Brennecke, J., Stark, A., Russell, R. B. and Cohen, S. M. (2005). Principles of microRNA - target recognition. *Public Library of Science Biology*, **3**, e85.

Grosshans, H. and Slack, F. J. (2002). MicroRNAs: small is plentiful. *Journal of Cell Biology*, **156**, 17 - 21.

Gumbel, E. J. (1958). *Statistics of Extremes*. New York: Columbia University Press.

John, B., Enright, A. J., Aravin, A. *et al*. (2004). Human microRNA targets. *Public Library of Science Biology*, **2**, e363.

Kiriakidou, M., Nelson, P. T., Kouranov, A. *et al*. (2004). A combined computationalexperimental approach predicts human microRNA targets. *Genes & Development*, **18**, 1165 - 1178.

Lall, S., Grün, D., Krek, A. *et al*. (2006). A genome-wide map of conserved microRNA targets in C. *elegans*. *Current Biology*. (In press.)

Lewis, B. P., Burge, C. B. and Bartel, D. P. (2005). Conserved seed pairing, often flanked by adenosines, indicates that thousands of human genes are microRNA targets. *Cell*, **120**, 15 - 20.

Rehmsmeier, M., Steffen, P., Höchsmann, M. and Giegerich, R. (2004). Fast and effective prediction of micro RNA/target duplexes. *RNA*, **10**, 1507 - 1517.

Sethupathy, P., Corda, B. and Hatzigeorgiou, A. G. (2006). TarBase: a comprehensive database of experimentally supported animal microRNA targets. *RNA*, **12**, 192 - 197.

Zuker, M. and Stiegler, P. (1981). Optimal computer folding of large RNA sequences using thermodynamics and auxiliary information. *Nucleic Acids Research*, **9**, 133 - 148.

15 机器学习法预测 microRNA 靶位点

Pål Sætrom* and Ola Snøve Jr.

15.1 引言

20 世纪 90 年代秀丽隐杆线虫（*Ceanorhabditis elegans*）中 *lin-4* 和 *let-7* 的发现相隔了 7 年（Lee *et al.*，1993；Wightman *et al.*，1993；Reinhart *et al.*，2000）。由于它们在蠕虫胚胎后幼虫发育期时间调控中的重要性，这些非蛋白质编码分子最初被称为小时序 RNA（small temporal RNA）。但是随着大量具有相似特征 RNA 的发现（Lau *et al.*，2001；Lee and Ambros，2001；Lagos-Quintana *et al.*，2001），*lin-4* 和 *let-7* 现在已被认为是 microRNA（miRNA）家族的基础成员。有关 microRNA 的发现的具体细节及它们在多种传导通路中的作用已经在本书第 I 部分的前面章节有所介绍。

要对 miRNA 进行功能推测，很重要的一点就是要对 miRNA 的靶标进行鉴定，在过去几年里人们为解决这一难题已经付出了大量努力。众所周知，microRNA 以两种方式对基因表达进行调控，即翻译抑制（Olsen and Ambros，1999）和 mRNA 剪接（Yekta *et al.*，2004）。然而，尽管人们已经在该问题上投入了大量资源，我们至今仍然没有找到一个具有特定靶标和功能的人类 miRNA（Hornstein *et al.*，2005）。大量的证据支持 miRNA 在信息的精确和时空调控上扮演了重要角色，这意味着我们必须发展新的方法来鉴定它们的遗传靶标。

目前的 microRNA 靶标预测算法都是采用一种能够基于 miRNA 与潜在靶位点之间的序列相似性而对 microRNA 候选靶位点进行识别的一个相对粗糙的种子步骤来进行过滤。这些候选靶位点必须要通过更多的筛选步骤才能最终被确定为 miRNA 靶标。例如，一个具有功能意义的 miRNA 靶标一般在物种间是保守的，因此，对于那些在一组物种间缺乏预定义保守性的候选靶标，我们都可以把它过滤掉。

我们认为应该在种子步骤之后将靶标预测算法进行比较，因为随后的筛选步骤，如靶位点保守性，在不同种子算法间都是一样的。因此，最初种子步骤的质量也将会决定最终结果的质量(Sætrom *et al.*，2005a)。此外，我们展示了机器学习方法能够运用于那些只有有限可用数据的复杂分类问题中，如短链干扰 RNA 的功能预测(Sætrom，2004；Sætrom and Snøve Jr.，2004)和非蛋白质编码基因的寻找(Sætrom *et al.*，2005b)。

本章将会向大家介绍如何利用我们的机器学习方法(Sætrom *et al.*，2005a) 来进行 miRNA 靶标的预测。我们的研究结果表明，我们的方法(TargetBoost) 能够可靠地对 miRNA 靶位点进行预测。事实上我们还发现，与另外两种基于序列属性和热力学稳定性计算的种子步骤相比，TargetBoost 具有更加优越的性能。接下来我们会阐述和讨论

* 通讯作者。

靶位点在相关物种中保守的作用。最后，我们对 miRNA 靶基因预测未来发展中面临的挑战进行了总结和概括。

15.2 方法

miRNA 靶位点预测面临的基本问题是如何自动确定某个给定 miRNA 的靶位点。为了解决该问题，研究人员需要创建一个能可靠地预测某个给定 miRNA 是否靶向于特定 RNA 序列的函数或算法。我们的办法是采用机器学习法来创建一个靶位点预测器，该预测器能够对实验证实 miRNA 靶位点的共同特征进行描述。接下来的部分我们会向大家介绍机器学习法、采用何种方法来分析它的预测准确性以及我们训练预测器时所采用的数据集。

15.2.1 microRNA 靶位点元件

我们方法的基本观点是，miRNA 某些特定位点的核苷酸具有更大的可能性与其靶位点形成碱基配对。换句话说，如果 miRNA 特定位置的核苷酸能够与 mRNA 的其中一个位点配对，我们就认为该 miRNA 靶向于这个位点。几项实验研究的结果也支持我们的观点，例如，miRNA 5′端的前 8 个核苷酸对靶位点的识别特别重要（Kiriakidou *et al.*，2004；Brennecke *et al.*，2005；Doench and Sharp，2004；见本书第 13 章）。

上述这种靶位点识别所必需的碱基对被称为序列元件(motif)。为了说明这个问题，图 15.1 显示了秀丽隐杆线虫（*C. elegans*）中 *lin-4*miRNA 在 *lin-14* 基因中的其中一个靶位点。*lin-4* 5′端和靶位点的结合区被称为序列元件 CUCAGGGA，该序列元件代表与 miRNA 5′端 8 个核苷酸配对的 mRNA 核苷酸序列。

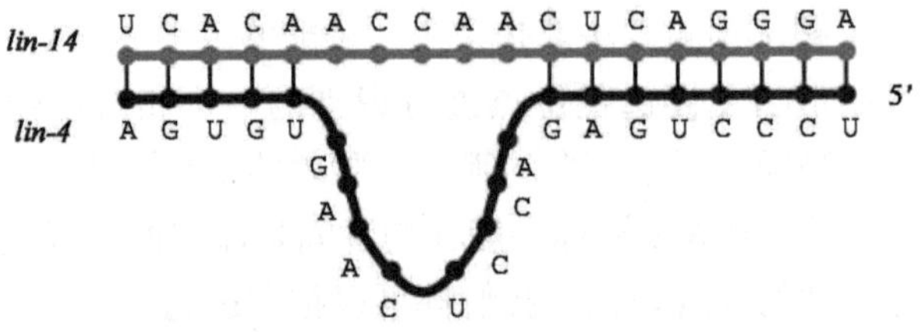

图 15.1　*lin-4* 在 *lin-14* 中的其中一个靶位点。

虽然该靶位点元件能够被用于寻找 *lin-4* 在其他基因中的靶位点，但它存在几个缺点：①为了识别某个靶位点，靶位点元件中的所有核苷酸都必须被匹配，但 *lin-4* 的某些靶位点并不需要所有 8 个核苷酸都完全匹配；②即使靶位点识别需要所有这 8 个核苷酸，所鉴定出的靶位点并非都是研究者所感兴趣的，其中一些靶位点比其他靶位点更加重要（Lewis *et al.*，2005)；③该靶位点元件只能被用于寻找 *lin-4* 的靶位点，因为它只包含 *lin-4* 5′端特异的核苷酸。这是一个主要的缺点，因为我们希望靶位点元件能够描述 miRNA 靶位点的一般属性并能适用于所有 miRNA。

为了克服这个主要缺点，在 miRNA 的靶位点元件中，我们采用核苷酸位置来代替核苷酸。在 miRNA 中，每个互补核苷酸的位置用 P_1、P_2、P_3；…(依此类推)等特殊字符来代替。字符的下标表示从 miRNA 5′端算起的核苷酸位置。上述 *lin-4/lin14* 靶位点的元件就可以写为 $P_8P_7P_6P_5P_4P_3P_2P_1$。现在这个元件能够被用于寻找任意 miRNA 的靶位点，只要简单地用合适的核苷酸来替代特殊字符就可以了。

然后我们就可以通过扩展这个基本的靶位点元件来允许核苷酸之间的不完全匹配。其中一个方法是在靶位点元件和潜在靶位点的无间隙比对中允许一定数量的错配，如采用与前面一样的例子，我们可以把靶位点元件写成 $\{P_8P_7P_6P_5P_4P_3P_2P_1 : P \geq \chi\}$，这就变成了在 8 个核苷酸中至少 x 个在无间隙比对中匹配的靶位点元件。

15.2.2 遗传规划创建靶位点元件

假设前面所述的元件模型能够从总体上描述靶位点，我们现在需要一个能自动从训练集中创建这样靶位点元件的方法。遗传规划就是能够帮我们实现这个目的的一种方法。遗传规划是进化计算这个优化方法家族的一个成员，它采用模拟进化的方法在一群候选解决方案中试图寻找某个特定问题的最优解决方案(Foster，2001)。在遗传规划中，候选解决方案是一种符号表达式(Koza，1992)。在这里，候选解决方案就是靶位点元件，也就是说，我们将采用遗传规划来寻找能够从随机序列中区分出真实靶位点的元件。

值得注意的是，在我们的方案中，我们并没有对遗传规划应该包含哪些核苷酸位点进入元件中进行预先限制，也就是说，所有核苷酸位点在最初元件中出现的概率是相同的。尽管如此，我们还是希望最终的元件能够包含对靶位点识别最重要的核苷酸位点。

15.2.3 Boosting 算法提高靶位点元件的预测能力

正如前面介绍的，给定一个已知靶位点的训练集，遗传规划能自动从中寻找出那些能够描述靶位点共同属性的靶位点元件。然而，该方法存在两个问题：①由遗传规划所产生的解决方案可能并不是最优的 (Sætrom，2004)，例如，一个单独的元件可能描述不了所有靶位点的属性；②元件本身对于某个特定的 mRNA 序列是否为潜在靶位点只能给出“是”或“否”的回答。但是，实验证据表明不同靶位点对蛋白质的下调作用是不同的，例如，会随着 5′区碱基配对数目的不同而不同 (Brennecke *et al.*，2005)。因此，当创建一个元件时我们面对着一个进退两难的抉择，即元件是应该高度特异、只能找出最有可能的靶位点，还是应该很灵敏、在有许多假阳性预测结果的代价下找出所有潜在的靶位点。或者说，靶位点模型应该提供一个更加动态的分值，来对一个位点的强度或者该位点是真正靶位点的可能性进行评判。

不过，上述两个问题都可以得到解决。Boosting 是一种能将多个单一次优解决方案结合起来形成联合优化模型的方法(Meir and Ratsch，2003)。该联合模型是单个元件预测结果的加权和，并给出一个 [-1，1] 范围内的动态分值。要建立联合模型，boosting 要不断为难解决的案例赋以更高的权重来对单解决方案进行反复训练(Freund and Schapire，1997)，我们的 boosting 算法将 boosting 与遗传规划结合起来，创建一个加权序列元件模型；Sætrom (2004) 大致地描述了这个算法，并特别描述如何用它来建立 miRNA 靶位点模型 (Sætrom *et al.*，2005a)。

15.2.4 ROC 曲线描述靶位点预测器的整体性能

绝大多数算法都输出一个能让使用者判断一个给定的预测结果可信度的分数。因此，设定一个阈值来确定一个给定序列是否为 miRNA 的靶标通常是必要的。我们应该不断调整预测器的性能来最大限度地满足我们的需要：在转录组中推断有多少个 miRNA靶标和确定哪个靶标是最有可能的靶标，这两者之间是有巨大差别的。

受试者工作特性（receiver operating characteristic，ROC）是一个用来比较不同算法性能特征的方法。它是一种表示某种算法找出真正靶标与在不同分数阈值下鉴定出所有靶标的能力比值的曲线。在数值范围的一端，我们将阈值降低到一个点使得算法能够找出最多的真实靶位点，但是这样做也会使算法输出一些额外的错误靶位点(敏感性预测)。在数值范围的另一端，我们获得的大部分靶位点都是真的位点，但是算法也可能会丢失许多真的靶位点(特异性预测)。

最理想的性能可能是算法的敏感性和特异性的折中，因此 ROC 曲线是很有价值的，因为它包含了某种算法在所有阈值下的性能信息。曲线下的面积被认为是 ROC 分数，该分数显示了算法的稳定性，因为更高的分数意味着不同阈值下更高的平均性能。

如果要寻找所有的靶标，我们应该选择在高灵敏度区域能更好发挥性能的算法，而如果想为特定 miRNA 寻找靶标，我们应该选择那种能在高特异性区域更好发挥性能的算法。ROC 曲线在后者当中的实际应用，主要是用来衡量某个算法在预先设定的假的预测基因数目出现之前，到底能鉴定出多少个真实的靶基因。也就是说，我们想要确保在出现假的预测靶标之前，绝大多数的真实靶标都已经被包括进来了。

15.2.5 正负训练集

为了训练和测试分类器，我们使用一组包含 36 个已被实验验证的靶位点来作为正数据集，用一组较大的随机序列作为负数据集。正数据集是线虫(*C. elegans*)和果蝇(*D. melanogaster*) miRNA *let-7*、*lin-4*、miR-13a 和 bantam 的靶位点（Boutla *et al.*，2003；Brennecke *et al.*，2003；Rajewsky and Socci，2004）。我们用靶位点周围的序列来填补每个位点使得每个正位点都为 30nt 长；更长的位点会被抛弃掉。负数据集是 3000 条具有和果蝇 3′-UTR 相同核苷酸分布的 30nt 长的随机序列。

15.3 结果与讨论

15.3.1 miRNA 5′端接近完美的配对是最重要的靶位点元件

对少数几个已知靶位点的任何一项手工研究都显示，miRNA 更倾向于在 5′端与其靶标形成几近完美的匹配(Lee *et al.*，1993)。在一项试图在不同物种 3′-UTR 中寻找最保守元件的研究中，研究人员（Xie *et al.*，2005）报道说几个 8 碱基序列(octamers)比随机序列明显保守一些。Lewis 等（2005）发现 3′-UTR 区的保守元件与 miRNA 的 5′端互补。特别的是，他们提出 6 碱基序列(hexamers)是高度保守的，但是承认 8 碱基序列的假阳性率比较低。随后，这些结果被 Xie 等（2005）在不同物种 3′-UTR 区寻找高保守元件时证实。

我们的机器学习法证实了 miRNA-5′端和它们靶基因之间的接近完美匹配的倾向性(Sætrom *et al.*，2005a)。在首次 boosting 反复训练中，对同一数据集的几项独立重复分析都得出了相同的靶位点元件(图 15.2)。该靶位点元件显示 miRNA 5′端 8 个碱基中的 6 个必须和某条序列匹配，然后这条序列才能被认为是一个潜在的靶位点。这就意味着训练集中的绝大多数靶位点都需要和 miRNA 5′端有着接近完美的匹配。事实上，该元件鉴定出了训练集中的 36 个靶位点中的 34 个(数据没有显示)。因此，该元件可能代表了 miRNA 靶位点识别的最低条件。作为比较，采用种子元件，5′端的 2～7 个碱基都完全匹配，只鉴定出了训练集中 36 个中的 19 个位点（Lewis *et al.*，2005）。

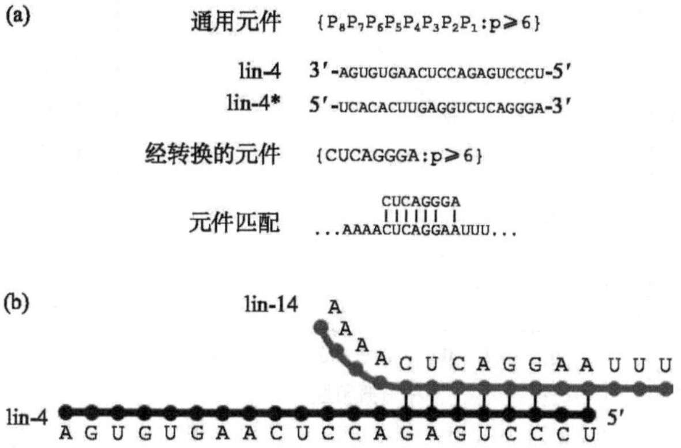

图 15.2 在 miRNA 5′端中接近完美结合的元件。(a) 通用元件，如何将一个通用元件转换成 *lin-4* 的专用元件，该专用元件又如何与它的其中一个靶位点 *lin-14* 匹配；(b) *lin-4* 和 *lin-14* 之间的结合。

15.3.2 权重序列元件提供优质的靶位点预测

绝大多数分类问题都很复杂，用单个特征不足以获得满意的归类。在我们的例子中，只包含有一个元件的预测器不可能捕捉到所有 miRNA 靶位点的结合特征。因此，我们采用了前面提到的 boosting 技术来创建一个预测器，该预测器是一组差异加权序列元件，我们称这个算法为 TargetBoost（Sætrom *et al.*，2005a）。

为了对该算法预测新的靶位点（那些没有被用来训练预测器的靶位点）的能力进行良好评估，我们使用了两种形式的交叉验证。第一种是 10-折交叉验证，通常能够对预测器的预测精确性进行良好的评估(Stone，1974；Kohavi，1995)。尽管如此，在这里它可能具有偏向性，因为 4 个 miRNA 的已得到证实的靶位点数目差别很大，并且拥有最多靶位点数目的 miRNA（*let-7*）在许多 10-折交叉验证中可能既存在于训练集又存在于测试集中。因此我们还用了第二种叫做“留一 miRNA”交叉验证的方法，这个方法没有这种潜在的偏向性。在该方法中，训练集包括除一个 miRNA 外所有 miRNA 的所有靶基因，剩下那个 miRNA 的靶位点作为测试集。这给出了 4 个训练集和测试集。

图 15.3 比较了 TargetBoost 的 10-折和留一 miRNA 交叉验证 ROC 曲线与随机预测器的 ROC 曲线。虽然 ROC 曲线间的差异表明 TargetBoost 在不同的测试集中性能不同，但它们至少有两点是共同的：第一，ROC 曲线显示 TargetBoost 的预测结果远远不是随机的；第二，TargetBoost 给出非常特异的预测结果，在最高分数的靶位点预测结果中返回很少的假阳性预测结果。举例来说，当 TargetBoost 鉴定出 50% 真实靶位点的时候，10-折、*let-7*、*lin-4*、miR-13a 和 bantam 测试集的假阳性位点的相对数目分别为 0.04%、0.1%、3%、0.5%、0.3%。而且，在所有的测试集中，最高分数的靶位点都是真实的靶位点。

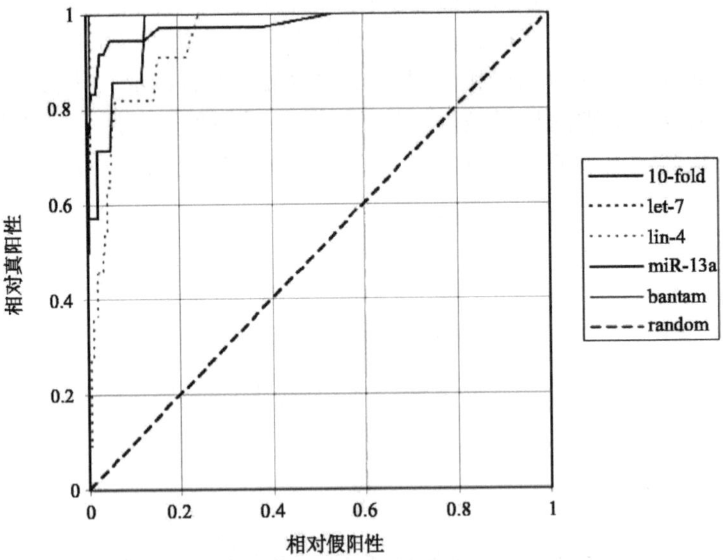

图 15.3　TargetBoost 能做出全面并且高度特异的靶位点预测。

15.3.3　权重序列元件能提供比仅基于序列和热力学特性更特异的预测结果

我们的机器学习产生的加权序列元件比起其他方法来怎么样呢？我们（Sætrom *et al.*，2005a）建议筛选方法应该在种子水平进行比较，因为任何算法都可以加进额外的筛选方法（例如，在相关物种中靶位点的保守程度）来改善算法的性能。正如之前所述，其他人使用了结合位点序列特征或者热力学结合稳定性来在种子步骤计算分数。Rajewsky 和 Socci(2004)推荐了一种在种子步骤使用位置权重序列属性的算法，Rehmsmeier 等（2004)计算了当强制 miRNA 5′端接近完全互补配对时的最小自由能。我们将我们的算法与这两个被称为 Nucleus 和 RNAhybrid 的方法作了比较，因为它们分别代表了序列属性和热力学稳定性的方法。

表 15.1 比较了三种算法的总体性能。表格显示 TargetBoost 有着最高的总体性能，并且对所有 miRNA 都能给出最稳定的预测结果。也就是说，Nucleus 和 RNAhybrid 在至少一个 miRNA 上比最好的算法有明显要差的性能，但 TargetBoost 在所有 miRNA 上是性能最好的算法，要么也是和最好的算法有着差不多的性能。

表 15.1　TargetBoost 是最稳定的算法：在一个特定的 miRNA 上，那些与最高分数无明显差异的 ROC 分数用黑体字表示（90% 置信水平）

算法	*let-7*	*lin-4*	*miR-13a*	*bantam*	全部
TargetBoost	**0.997**	**0.944**	**0.972**	**0.998**	0.979
RNAhybrid	**0.989**	0.931	**0.979**	**0.991**	0.967
Nucleus	0.988	**0.962**	0.928	**0.998**	0.973

即使总体性能很重要，当在转录组中寻找靶位点时，假的位点数目也将远远超过真位点的数目。因此，我们想要靶位点预测程序在结果集中的位点数目变得太大之前能返回尽可能多的真位点。如图 15.4 所示，在整个数据集的最高分数预测结果中，TargetBoost 比 RNAhybrid 和 Nucleus 列出了更多真的靶位点。对“留一 miRNA”的交叉验证结果的统计检验结果也确证了这一结果(Sætrom *et al.*，2005a)。

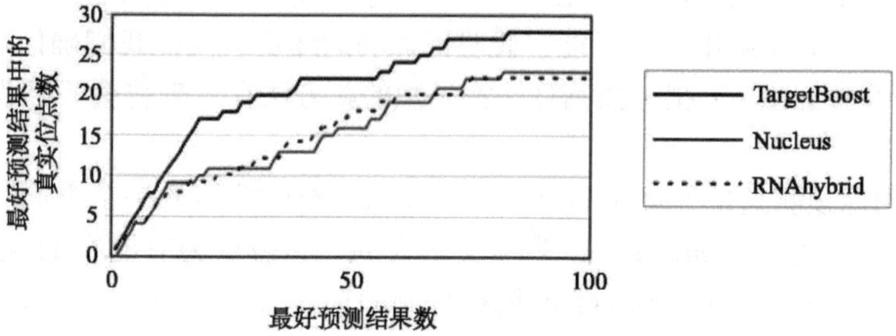

图 15.4 TargetBoost 比 RNAhybrid 和 Nucleus 鉴定出更多真的靶位点。本图显示了 TargetBoost、RNAhybrid 和 Nucleus 在完整数据集上鉴定出的前 100 个预测结果中真实靶位点的数目和发生。

15.3.4 靶位点保守性改善算法特异性

使用最广泛的一个筛选条件是靶位点保守性，miRNA 的功能靶位点倾向于在进化过程中保守，因此，毫无疑问，这能改善算法的特异性 (Lewis *et al.*，2005)。但是如果想寻找 siRNA (人工合成的 miRNA 对应物) 最可能的脱靶位点，我们就不能依赖于序列保守性。这就证明了为什么在算法的种子步骤上下工夫对于改善 miRNA 靶位点预测很重要。

为了说明增加靶标保守性筛选条件的作用，我们用 TargetBoost 和 RNAhybrid 来预测 32 个 miRNA 在人 RefSeq 基因 3′-UTR 中的靶位点。我们用 0 来作为 TargetBoost 预测的临界值，用-25ΔG^0_{37} 作为 RNAhybrid 预测的临界值来获得预测靶位点的初始列表。然后我们要求靶位点在人、黑猩猩、小鼠和大鼠中保守。这个保守性筛选条件使 TargetBoost 的预测靶位点数从 37 844 个降低到了 1466 个，使 RNAhybrid 的预测靶位点数从 38 681 个降低到了 1213 个。因此，这个筛选条件筛掉了两种算法产生的约 96% 的初始预测结果。

即使保守性筛选条件改善了靶位点预测的特异性，依靠靶位点保守性还有一些缺点。第一，我们将只能鉴定到在不同物种间共同的调控位点，因此，我们会漏掉那些使人类的区别于其他动物(如鼠)的靶位点。第二，许多 miRNA 似乎是人特有的 (Bentwich *et al.*，2005)，我们很难期望这些 miRNA 的靶位点也在其他物种中保守。因此，如果我们正在研究 miRNA 的保守调控位点，我们就能够使用保守性筛选条件来改善靶位点预测的特异性。否则，我们就不能简单地忽略不保守的靶位点。

15.4 结束

总体上，本章节概述下列三个内容：①描述了我们机器学习算法预测 miRNA 靶位点的基本原理；②显示了该算法如何鉴定出一个基本元件用于 miRNA 靶位点的识别；③比较我们的算法与另外两种用序列特征和热力学稳定性计算来预测靶位点算法的优点。

我们认为，miRNA 靶标预测仍处于初期阶段。目前的方法大多集中在第一个问题上，即在不同物种中到底有或者可能有多少个靶标（Lewis *et al.*，2003；2005），但是到目前为止只鉴定出了很少的真正靶标。生物信息学研究的工作重点之一是减少做实验的风险，这就是说，要给出最有可能实验验证成功的建议。因此我们确信，能够组合各种数据资源来改善 miRNA 靶标预测算法特异性的新方法在未来将会不断发展并会相当成功。

miRNA 靶标预测只是了解 microRNA 在基因调控中功能的一个方面。为了说明这项工作的复杂性，我们以 *mir-17-92* 多顺反子为例，它被认为有潜在的致瘤性（He *et al.*，2005），但同时又有报道认为它有肿瘤抑制的功能（O'Donnell *et al.*，2005；还有本书的第 22 章）。因此，癌症表型可能是依靠多种相互作用的不稳定调控网络的作用结果。除了开发更高效的 miRNA 靶位点预测算法外，我们还认为开发能解决调控网络复杂性的新系统生物学方法也是必要的。

参考文献

Bentwich, I., Avniel, A., Karov, Y. *et al*. (2005). Identification of hundreds of conserved and nonconserved human microRNAs. *Nature Genetics*, **37**, 766–770.

Boutla, A., Delidakis, C. and Tabler, M. (2003). Developmental defects by antisense-mediated inactivation of micro-RNAs 2 and 13 in *Drosophila* and the identification of putative target genes. *Nucleic Acids Research*, **31**, 4973–4980.

Brennecke, J., Hipfner, D. R., Stark, A., Russell, R. B. and Cohen, S. M. (2003). *Bantam* encodes a developmentally regulated miRNA that controls cell proliferation and regulates the proapoptotic gene *hid* in *Drosophila*. *Cell*, **113**, 25–36.

Brennecke, J., Stark, A., Russell, R. B. and Cohen, S. M. (2005). Principles of microRNA-target recognition. *Public Library of Science Biology*, **3**, e85.

Doench, J. G. and Sharp, P. A. (2004). Specificity of microRNA target selection in translational repression. *Genes & Development*, **18**, 504–511.

Foster, J. A. (2001). Evolutionary computation. *Nature Reviews Genetics*, **2**, 428–436.

Freund, Y. and Schapire, R. E. (1997). A decision-theoretic generalization of on-line learning and an application to boosting. *Journal of Computer and System Sciences*, **55**, 119–139.

He, L., Thomson, M., Hemann, M. T. *et al*. (2005). A microRNA polycistron as a potential human oncogene. *Nature*, **435**, 828–833.

Hornstein, E., Mansfield, J., Yekta, S. *et al*. (2005). The microRNA miR-196 acts upstream of Hoxb8 and Shh in limb development. *Nature*, **438**, 671–674.

Kiriakidou, M., Nelson, P. T., Kouranov, A. *et al*. (2004). A combined computationalexperimental approach predicts human microRNA targets. *Genes & Development*, **18**, 1165–1178.

Kohavi, R. (1995). A study of cross-validation and bootstrap for accuracy estimation and model selection. In *Proceedings of the 14th IJCAI*, pp. 1137–1143.

Koza, J. R. (1992). *Genetic Programming: On the Programming of Computers by Natural Selection*. Cambridge, Massachusetts: MIT Press.

Lagos-Quintana, M., Rauhut, R., Lendeckel, W. and Tuschl, T. (2001). Identification of novel genes coding for small expressed RNAs. *Science*, **294**, 853–858.

Lau, N. C., Lim, L. P., Weinstein, E. G. and Bartel, D. P. (2001). An abundant class of tiny RNAs with probable regulatory roles in *Caenorhabditis elegans*. *Science*, **294**, 858–862.

Lee, R. C. and Ambros, V. (2001). An extensive class of small RNAs in *Caenorhabditis elegans*. *Science*, **294**, 862–864.

Lee, R. C., Feinbaum, R. and Ambros, V. (1993). The *C. elegans* heterochronic gene *lin-4* encodes small RNAs with antisense complementarity to *lin-14*. *Cell*, **75**, 843–854.

Lewis, B. P., Hung, Shih, I., Jones-Rhoades, M. W., Bartel, D. P. and Burge, C. B. (2003). Prediction of mammalian microRNA targets. *Cell*, **115**, 787–798.

Lewis, B. P., Burge, C. B. and Bartel, D. P. (2005). Conserved seed pairing, often flanked by adenosines, indicates that thousands of human genes are microRNA targets. *Cell*, **120**, 15–20.

Meir, R. and Rätsch, G. (2003). An introduction to boosting and leveraging. In *Advanced Lectures on Machine Learning*, Mendelson, S. and Smola, A., eds., volume 2600, pp. 118–183. Springer-Verlag.

O'Donnell, K. A., Wentzel, E. A., Zeller, K. I., Dang, C. V. and Mendell, J. T. (2005). c-Myc-regulated microRNAs modulate E2F1 expression. *Nature*, **435**, 839–843.

Olsen, P. H. and Ambros, V. (1999). The *lin-4* regulatory RNA controls developmental timing in *Caenorhabditis elegans* by blocking LIN-14 protein synthesis after the initiation of translation. *Developmental Biology*, **216**, 671–680.

Rajewsky, N. and Socci, N. D. (2004). Computational identification of microRNA targets. *Developmental Biology*, **267**, 529–535.

Rehmsmeier, M., Steffen, P., Höchsmann, M. and Giegerich, R. (2004). Fast and effective prediction of microRNA/target duplexes. *RNA*, **10**, 1507–1517.

Reinhart, B. J., Slack, F. J., Basson, M. *et al*. (2000). The 21-nucleotide *let-7* RNA regulates developmental timing in *Caenorhabditis elegans*. *Nature*, **403**, 901–906.

Sætrom, P. (2004). Predicting the efficacy of short oligonucleotides in antisense and RNAi experiments with boosted genetic programming. *Bioinformatics*, **20**, 3055–3063.

Sætrom, P. and Snøve, Jr., O. (2004). A comparison of siRNA efficacy predictors. *Biochemical and Biophysical Research Communications*, **321**, 247–253.

Sætrom, O., Snøve, Jr., O. and Sætrom, P. (2005a). Weighted sequence motifs as an improved seeding step in microRNA target prediction algorithms. *RNA*, **11**, 995–1003.

Sætrom, P., Sneve, R., Kristiansen, K. I. *et al*. (2005b). Predicting non-coding RNA genes in *Escherichia coli* with boosted genetic programming. *Nucleic Acids Research*, **33**, 3263–3270.

Stone, M. (1974). Cross-validatory choice and assessment of statistical predictions. *Journal of the Royal Statistical Society, Series B (Methodological)*, **36**, 111–147.

Wightman, B., Ha, I. and Ruvkun, G. (1993). Posttranscriptional regulation of the heterochronic gene *lin-14* by *lin-4* mediates temporal pattern formation in *C. elegans*. *Cell*, **75**, 855–862.

Xie, X., Lu, J., Kulbokas, E. *et al*. (2005). Systematic discovery of regulatory motifs in human promoters and 3′ UTRs by comparison of several mammals. *Nature*, **434**, 338–345.

Yekta, S., Shih, I. and Bartel, D. P. (2004). MicroRNA-directed cleavage of *HOXB*8 mRNA. *Science*, **304**, 594–596.

16　microRNA 与靶基因协同作用模型

Neil R. Smalheiser* and Vetle I. Torvik

16.1　引言

小分子 RNA 测序工作的深入开展揭示了大量低丰度，或组织特异性，或发育阶段特异性表达的小分子 RNA，microRNA 的数量也随之日益增加。计算机方法在哺乳动物基因组中也预测了数以千计的具有发夹结构的 microRNA 前体候选序列(文献综述见 Bentwich，2005)。microRNA 的 5′端种子区 7 个碱基的结合，或许足以调控靶 mRNA 的功能这一结论已取得共识，每个预测的 microRNA 的可能靶基因数目也在稳步增加(Doench and Sharp，2004；Farh *et al.*，2005；Lim *et al.*，2005；Stark *et al.*，2005；Sood *et al.*，2006)。如果 microRNA 与其靶标基因真的存在相互作用的话，那么它们之间究竟如何协同作用呢?

16.2　一个随机模型

最近的一篇论文提出，microRNA 产生于一个具有发夹结构的 RNA 的随机转录，而这个转录物又恰好可以被 Drosha 和 Dicer 加工(Svoboda and Cara，2006)。这些 microRNA 中的大部分根本没有功能，至少在产生的初期如此。它们将随机地与数量相对较多的可能的靶位点相结合(一个 7-mer 的种子序列平均在每 $4^7=16\ 384$ 个碱基随机就有一个结合位点)，那些恰好与有利性状反应相关的靶标区域在进化的过程中将趋于保留，而那些表现出有害性状反应的靶 mRNA 会在靶序列处被废弃(Svoboda and Cara，2006)。这个随机模型预测 microRNA 与其靶标之间最初毫无协同关系可言，它们的协同关系是随着时间的推移，通过自然选择所建立的。

16.3　microRNA 与其靶标存在内在关系的例子

目前已发现至少有 4 种 microRNA 前体与其靶序列存在紧密的内在联系的情形。①在植物中，个别 microRNA 前体来自反向复制的重复序列，故这些 microRNA 自然就靶向那些来源于相同基因座的 mRNA (Allen *et al.*，2004)。②个别哺乳动物 microRNA 由它们的靶 mRNA 的无义链编码，因此它们与其靶标形成一个完美的反义配对 (Smalheiser，2003；Royo *et al.*，2006)。③个别人类的 microRNA 被认为源自加工而来的假基因，例如，其中一个 microRNA 产生于 beta-5 微管蛋白基因的无义链，因此可以预料该 microRNA可以靶向正常的同源 beta-5 微管蛋白 mRNA (Devor，2006)。④有文章报道 4 个人类 microRNA 前体完全起源于 *MIR*/*LINE*2 基因重复序列 (Smalheiser and Torvik，2005)。在这些例子中，MIR 重复序列的两个不同区域在同一条染色体上沿相反方向并列分布，

---

* 通讯作者。

形成了一个可被转录和加工成 microRNA 的发夹结构（图 16.1）。预测这些 microRNA 可靶向那些以正确的方向（反向）插入 mRNA 3′-UTR 区的 MIR/LINE2 重复序列。

值得强调的是，相当一部分基因组重复序列位于被预测为具有发夹结构的理想的 microRNA 前体候选序列（Sewer *et al.*，2005）。的确，在小分子 RNA 克隆操作中经常发现重复序列，但其中的绝大多数被当做是来源于 dsRNA 的 rasiRNA（Aravin *et al.*，2003；Chen *et al.*，2005）。而任何源于具有发夹结构前体的基因组重复序列的 microRNA，由于不能明确地定位到基因组中的某一或者若干个明确的位点而往往不被 miRBase 或者其他的数据库收录。因此，基因组重复序列对于 microRNA 基因的进化所起的作用就可能被低估。还有一种可能的情况是一些“传统的” microRNA 前体来源于基因组重复序列所形成的大量发夹结构前体，但是其序列在进化过程中不断地积累突变，从而使其起源难以琢磨。另外，可移动元件还可以提供启动子序列而影响其附近的元件（Nigumann *et al.*，2002；Jordan *et al.*，2003），可能也包括 microRNA 前体（Smalheiser，2003；Borchert *et al.*，2006）在内的基因转录。因此，即使重复序列本身并未整合到 microRNA 基因前体中，但基因组重复序列仍然可以影响 microRNA 前体发夹转录的可能性。

16.4 microRNA 定位到基因组重复序列或者 3′-UTR 调控元件中的例子

microRNA 可能与多个 mRNA 靶标协同作用的另一种方式是通过与 3′-UTR 区域的特异序列发生相互作用，这些特异序列调控 mRNA 转运、稳定性及多腺苷酸化。①例如，最近的一篇报道认为 miR-15 通过结合 AU 富集元件（ARE，AU-rich element）来介导翻译的功能性抑制（Jing *et al.*，2005）。具有 ARE 元件的信使 RNA 包含了不同的功能类群，它们受到一系列 RNA 结合蛋白的调控（Barreau *et al.*，2006），因而它们在结构和功能上都密切相关。最近的研究结果认为 3′-UTR 区域的 AU 富集元件最初由 Alu 元件的插入而产生（An *et al.*，2004）。②另外，我们最近预测了 3′-UTR 区 Alu 元件很可能是一组包含有 28 个人类 microRNA 基因的靶标，这些 micro RNA基因的 5′端种子区都包含有一段 AAGUGC 序列（Smalheiser and Torvik，2006）。有实验证据表明，在 3′-UTR 区表达 Alu 元件的 mRNA 往往参与细胞的生长与分化过程，并作为一个整体受到翻译水平上的调控（Krichevsky *et al.*，1999；Vidal *et al.*，1993；Stuart *et al.*，2000；Vila *et al.*，2003；Spence *et al.*，2006），因而，micro RNA的靶向过程有可能提供一种方式以实现翻译水平上的调控。③我们之前的分析表明某些人类的 microRNA 可能靶向 3′-UTR 区的 MIR/LINE2 重复序列（Smalheiser and Torvik，2005），这就是人类 microRNA 靶向基因组重复序列的又一个例证。从进化的观点来看，那些恰巧靶向到基因组中重复序列或者广泛散布元件的 microRNA 理应是特别具有优势的(若不是受到选择被保留下来，就是快速地消亡)，因为它们将作用于一整个可能已经具有某些功能或者受到协同调控的庞大 mRNA 家族。

16.5 讨论

大部分情况下，microRNA 基因的起源问题尚未明晰。有研究表明，microRNA 基

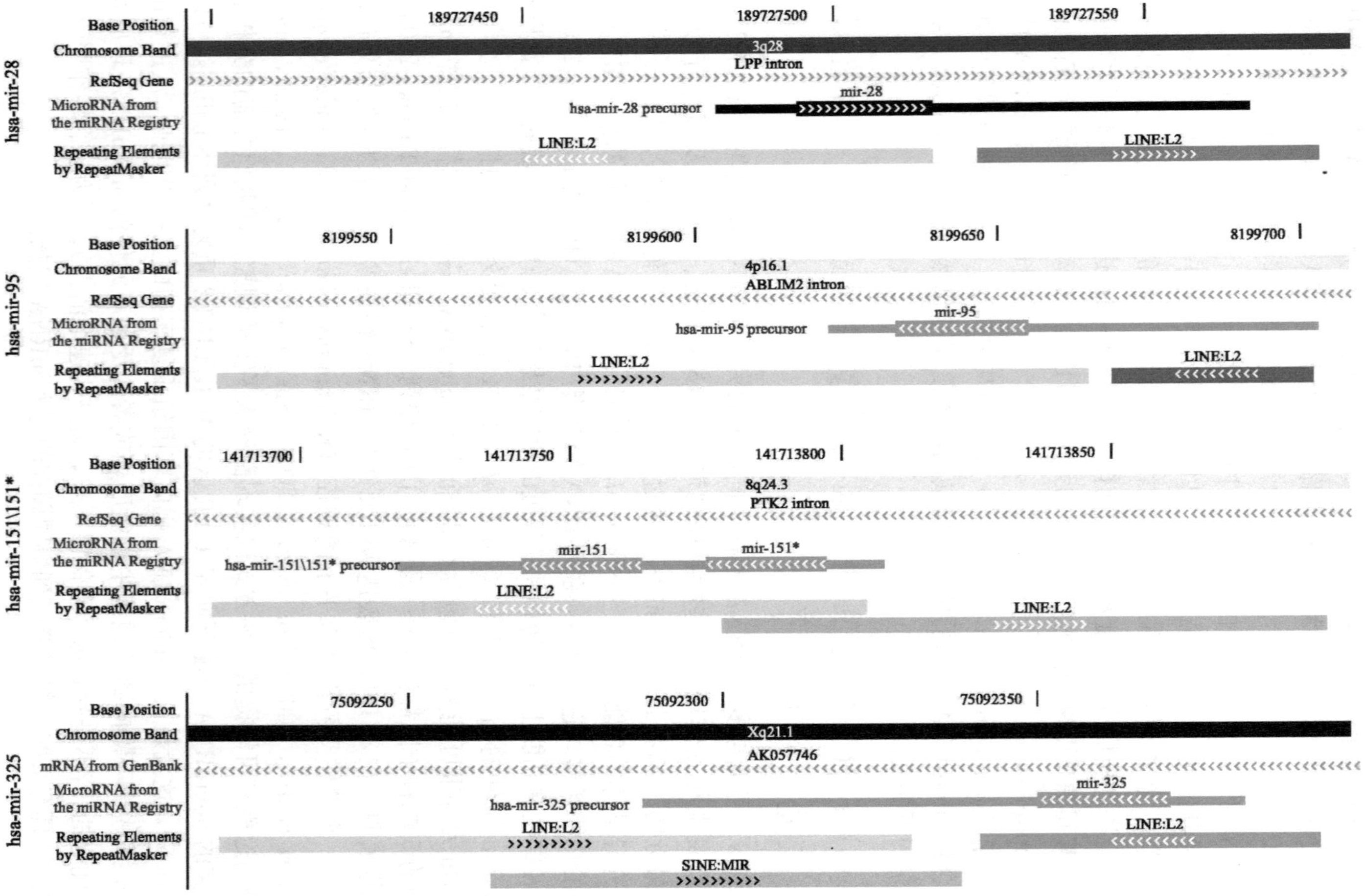

图 16.1　人类 LINE-2 元件产生 microRNA 前体的基因组结构。数据从 UCSU 基因组浏览器下载并加以编辑。microRNA 前体都位于 mRNA 内含子中，两侧为两个反向重叠的 L2 重复元件的联结点附近（较深色的阴影表示与 L2 一致序列的相似度较高）。经 Smalheiser 和 Torvik 许可引用。

因并不是在基因组中随机分布的，约有一半的 microRNA 基因分布在染色体的脆性位点（Calin *et al.*，2004）。另一项研究指出线虫（*C. elegans*）的 microRNA 基因及其（部分的）mRNA 靶基因往往位于同一个染色体编码区互相邻近的基因座（Inaoka *et al.*，2006）。然而，我们仍很难从 microRNA 基因生物发生的角度上就这些线索去阐明其生物学意义。我们的研究已经证明可转座元件与 microRNA 前体基因序列及其靶基因的 3′-UTR 区序列有密切的关系。这些元件究竟是在影响 microRNA 进化，以及在协调 microRNA 与其靶标间的相互作用中扮演了重要角色，或者这仅仅是一种次要的现象？现在下结论还为时尚早。我们希望这一简短的章节将促进这一研究领域的深入开展。

参 考 文 献

Allen, E., Xie, Z., Gustafson, A. M. *et al*. (2004). Evolution of microRNA genes by inverted duplication of target gene sequences in *Arabidopsis thaliana*. *Nature Genetics*, **36**, 1282–1290.

An, H. J., Lee, D., Lee, K. H. and Bhak, J. (2004). The association of Alu repeats with the generation of potential AU-rich elements (ARE) at 3′ untranslated regions. *BMC Genomics*, **5**, 97.

Aravin, A. A., Lagos-Quintana, M., Yalcin, A. *et al*. (2003). The small RNA profile during *Drosophila melanogaster development*. *Developmental Cell*, **5**, 337–350.

Barreau, C., Paillard, L. and Osborne, H. B. (2006). AU-rich elements and associated factors: are there unifying principles? *Nucleic Acids Research*, **33**, 7138–7150.

Bentwich, I. (2005). Prediction and validation of microRNAs and their targets. *Federation of the European Biochemical Society Letters*, **579**, 5904–5910.

Borchert, G. M., Lanier, W. and Davidson, B. L. (2006). RNA polymerase III transcribes human microRNAs. *Nature Structural and Molecular Biology*, **13**, 1097–1101.

Calin, G. A., Sevignani, C., Dumitru, C. D. *et al*. (2004). Human microRNA genes are frequently located at fragile sites and genomic regions involved in cancers. *Proceedings of the National Academy of Sciences USA*, **101**, 2999–3004.

Chen, P. Y., Manninga, H., Slanchev, K. *et al*. (2005). The developmental miRNA profiles of zebrafish as determined by small RNA cloning. *Genes & Development*, **19**, 1288–1293.

Devor, E. J. (2006). Primate microRNAs miR-220 and miR-492 lie within processed pseudogenes. *Journal of Heredity*, **97**, 186–190.

Doench, J. G. and Sharp, P. A. (2004). Specificity of microRNA target selection in translational repression. *Genes & Development*, **18**, 504–511.

Farh, K. K., Grimson, A., Jan, C. *et al*. (2005). The widespread impact of mammalian microRNAs on mRNA repression and evolution. *Science*, **310**, 1817–1821.

Inaoka, H., Fukuoka, Y. and Kohane, I. S. (2006). Lower expression of genes near microRNA in *C. elegans* germline. *BMC Bioinformatics*, **7**, 112.

Jing, Q., Huang, S., Guth, S. *et al*. (2005). Involvement of microRNA in AU-rich element-mediated mRNA instability. *Cell*, **120**, 623–634.

Jordan, I. K., Rogozin, I. B., Glazko, G. V. and Koonin, E. V. (2003). Origin of a substantial fraction of human regulatory sequences from transposable elements. *Trends in Genetics*, **19**, 68–72.

Krichevsky, A. M., Metzer, E. and Rosen, H. (1999). Translational control of specific genes during differentiation of HL-60 cells. *Journal of Biological Chemistry*, **274**, 14295–14305.

Lim, L. P., Lau, N. C., Garrett-Engele, P. *et al*. (2005). Microarray analysis shows that some microRNAs downregulate large numbers of target mRNAs. *Nature*, **433**, 769–773.

Nigumann, P., Redik, K., Matlik, K. and Speek, M. (2002). Many human genes are transcribed from the antisense promoter of L1 retrotransposon. *Genomics*, **79**, 628–634.

Royo, H., Bortolin, M. L., Seitz, H. and Cavaille, J. (2006). Small non-coding RNAs and genomic imprinting. *Genome Research*, **113**, 99–108.

Sewer, A., Paul, N., Landgraf, P. *et al*. (2005). Identification of clustered microRNAs using an ab initio prediction method. *BMC Bioinformatics*, **6**, 267.

Smalheiser, N. R. (2003). EST analyses predict the existence of a population of chimeric microRNA precursor-mRNA transcripts expressed in normal human and mouse tissues. *Genome Biology*, **4**, 403.

Smalheiser, N. R. and Torvik, V. I. (2005). Mammalian microRNAs derived from genomic repeats. *Trends in Genetics*, **21**, 322–326.

Smalheiser, N. R. and Torvik, V. I. (2006). Alu elements within human mRNAs are probable microRNA targets. *Trends in Genetics*, **22**, 532–536.

Sood, P., Krek, A., Zavolan, M., Macino, G. and Rajewsky, N. (2006). Cell-type-specific signatures of microRNAs on target mRNA expression. *Proceedings of the National Academy of Sciences USA*, **103**, 2746–2751.

Spence, J., Duggan, B. M., Eckhardt, C., McClelland, M. and Mercola, D. (2006). Messenger RNAs under differential translational control in Ki-ras-transformed cells. *Molecular Cancer Research*, **4**, 47–60.

Stark, A., Brennecke, J., Bushati, N., Russell, R. B. and Cohen, S. M. (2005). Animal microRNAs confer robustness to gene expression and have a significant impact on 3′UTR evolution. *Cell*, **123**, 1133–1146.

Stuart, J. J., Egry, L. A., Wong, G. H. and Kaspar, R. L. (2000). The 30 UTR of human MnSOD mRNA hybridizes to a small cytoplasmic RNA and inhibits gene expression. Biochemical *Biophysical Research Communications*, **274**, 641–648.

Svoboda, P. and Cara, A. D. (2006). Hairpin RNA: a secondary structure of primary importance. *Cell Molecular Life Sciences*, **63**, 901–908.

Vidal, F., Mougneau, E., Glaichenhaus, N. *et al*. (1993). Coordinated posttranscriptional control of gene expression by modular elements including Alu-like repetitive sequences. *Proceedings of the National Academy of Sciences USA*, **90**, 208–212.

Vila, M. R., Gelpi, C., Nicolas, A. *et al*. (2003). Higher processing rates of Alu-containing sequences in kidney tumors and cell lines with overexpressed Alu-mRNAs. *Oncology Reports*, **10**, 1903–1909.

IV microRNA 的检测和定量

17 利用锁核酸(LNA)探针检测和分析 miRNA 的表达

Sakari Kauppinen

17.1 引言

miRNA 是一大类内源性的小分子 RNA，它们通过碱基互补的方式与其靶标 mRNA 结合，起到基因表达的转录后调节因子的作用。截至 2006 年 2 月，miRBase 数据库 8.0 中已收录了超过 3500 个脊椎动物、非脊椎动物和植物的 miRNA，而且很多 miRNA 与预测靶标的关系已被证实（Griffiths-Jones，2004；Griffiths-Jones *et al.*，2006）。目前所知的 miRNA 很可能只是冰山一角，miRNA 的数量将会非常巨大。近年来，通过生物信息学预测，并结合芯片技术、小分子 RNA 克隆和 Northern 杂交等方法验证，结果表明，脊椎动物基因组中蕴藏的 miRNA 总数远远超出之前的估计，可能会有 1000 种之多（Bentwich *et al.*，2005；Berezikov *et al.*，2005；Xie *et al.*，2005）。越来越多的研究证实动物 miRNA 在细胞生长与凋亡（Brennecke *et al.*，2003）、造血干细胞分化（Chen *et al.*，2004）、生命周期调控（Boehm and Slack，2005）、光感受器分化（Li and Carthew，2005）、同源基因调节（Yekta *et al.*，2004；Hornstein *et al.*，2005）、神经元不对称性（Johnston and Hobert，2003）、胰岛素分泌（Poy *et al.*，2004）、脑形态发生（Giraldez *et al.*，2005）、肌肉细胞的增殖与分化（Chan *et al.*，2005；Kwon *et al.*，2005；Sokol and Ambros，2005）、心脏发生（Zhao *et al.*，2005）和脊椎动物晚期胚胎发育（Wienholds *et al.*，2005）的过程中发挥了非常重要的生物学功能。最近有报道表明 miRNA 或许不是起发育开关的作用，而是通过精确控制基因表达程序以维持组织同一性（Giraldez *et al.*，2005；Lim *et al.*，2005；Stark *et al.*，2005；Farh *et al.*，2005；Wienholds *et al.*，2005）。

日益剧增的人类 miRNA 以及它们多样的表达模式和海量的潜在靶标，暗示 miRNA 与各种各样的疾病相关，其中包括癌症。本书第Ⅴ部分中的几个章节与此主题相关。很显然，人类 miRNA 不仅将成为未来癌症诊断的有效生物标志，而且将迅速成为备受青睐的疾病治疗的靶标。

miRNA 代表着隐藏于基因表达调控中的未知领域，当前这一观点也促使世界上许多研究人员对发现 miRNA 以及 miRNA 靶标基因产生了浓厚的兴趣。然而，检测和分析 miRNA 并非易事，其序列较短，且许多 miRNA 表达量很低，这要求我们采用灵敏、特异的研究工具。本章节将集中介绍一种高效的检测和分析 miRNA 的工具——锁核酸（locked nucleic acid，LNA）探针法。

17.2 LNA——一种人工合成的对 miRNA 有高亲和性的 RNA 模拟物

LNA 由一类新的二环高亲和性 RNA 类似物组成，其中通过引入 2′-O，4′-C 亚甲基桥，使糖-磷酸骨架的呋喃糖环被化学锁定而形成 N 型（内部 C3′）结构的 RNA 模拟物（图 17.1；Koshkin *et al.*，1998）。一些研究证实 LNA 修饰的寡核苷酸链在与其靶标 RNA 分子杂交时具有前所未有的热稳定性（Koshkin *et al.*，1998；Braasch and Corey，2001；Kurreck *et al.*，2002）。因此，有报道表示，与未修饰的 RNA 双链相比，LNA 修饰的 RNA 双链解链温度 T_m 值可以增加 2～10℃/单体。表 17.1 列举了 LNA 修饰双链 RNA 的解链温度。有一点很重要，那就是相对于没有修饰的寡核苷酸链，LNA 的掺入通常可以改善错配识别。另外值得强调的是，LNA 介导的高亲和性杂交符合标准 Watson-Crick 碱基互补配对原则而不会出现碱基配对差错。

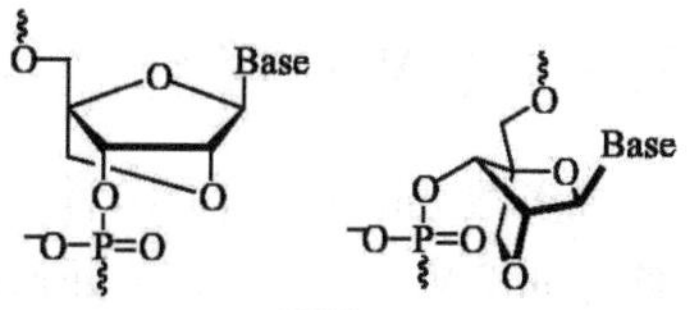

图 17.1　LNA 单体结构。

表 17.1　举例说明 LNA 和 DNA 寡核苷酸与互补 RNA 杂交时的解链温度（T_m 值）

探针序列（5′→3′）[a]	T_m/℃	RNA 靶标序列（5′→3′）[a]
tttttt	<10	aaaaaa
TTTTTt	40	aaaaaa
gtgatatgc	28	gcauaucac
gTGaTaTgc	58	gcauaucac
GTGATATG^{m}C	74	gcauaucac
tttttttttttttttttt	40	aaaaaaaaaaaaaaaaaaaa
TtTtTtTtTtTtTtTtTtTt	71	aaaaaaaaaaaaaaaaaaaa
TTTTTTTTTTTTTTTTTTTT	>95	aaaaaaaaaaaaaaaaaaaa

a. 大写字母表示 LNA 核苷酸，小写字母表示 RNA 或 DNA 核苷酸。^{m}C 指甲基胞嘧啶的 LNA。引自 Singh 等（1998）、Jacobsen 等（2004）。

核磁共振和 X 射线晶体学分析 LNA 与 RNA 或 DNA 结合形成的异源双链结构的结果显示，LNA 是 RNA 模拟物，它可以与 RNA 无缝结合形成类似于双链 RNA 复合物的 A 型 Watson-Crick 双链结构（Petersen *et al.*，2000；Petersen *et al.*，2002；Nielsen *et al.*，2004）。此外，有报道表明 LNA 与互补 DNA 结合而成的异源双链全部由 B 型结构转变为 A 型结构，结果使异源双链的热稳定性增加。另外一个研究结果表明，在 LNA 修饰的 DNA 寡核苷酸链中，LNA 单体可以促使侧翼 DNA 寡核苷酸的核糖空间构象由 S 型（内部 C2′）向 N 型转变（Petersen *et al.*，2002；Nielsen *et al.*，2004）。

基于短 LNA 寡核苷酸链具有高热稳定性和低错配的特性，应用等位基因特异性 LNA 探针可以高度精确性地分析单核苷酸多态性（single nucleotide polymorphism，SNP）（Jacobsen *et al.*，2002a；Jacobsen *et al.*，2002b；Mouritzen *et al.*，2003）。LNA 修饰的寡核苷酸探针已被用于研究基因表达谱以增强寡核苷酸芯片技术的灵敏度和特异性。最近还有报道利用 LNA oligo（T）亲和捕获作用从细胞裂解液和组织提取物中成功分离出完整的具有 Poly（A）尾的 RNA（Jacobsen *et al.*，2004）。此外，由于 LNA 修饰的寡核苷酸易于通过标准方法转染细胞、具有序列特异性、无毒害和核酸酶耐受性强，使得它在高效的和选择性的反义基因沉默技术中有很高的应用价值（Wahlestedt *et al.*，2000；Braasch *et al.*，2002；Fluiter *et al.*，2003）。因此，LNA 修饰的探针在模拟 miRNA 结构，以及体内或体外抑制 miRNA 的作用等方面独具优点。

17.3 LNA 探针在 miRNA Northern 杂交分析中的应用

大多数 miRNA 研究学者运用 Northern 杂交结合聚丙烯酰胺凝胶电泳技术来检测成熟及前体 miRNA 表达，并验证预测 miRNA 的真伪，因为它不仅可以定量检测 miRNA 的表达，而且可以确定 miRNA 的大小（Reinhart *et al.*，2000；Lagos-Quintana *et al.*，2001；Lee and Ambros，2001）。但是，该技术的主要缺点是灵敏度不高，尤其难以用于检测低丰度表达的 miRNA。因此，该 Northern 杂交技术对样品总 RNA 的需求量非常大，这在某种细胞或组织资源有限的情况下显然是行不通的。

Válóczi 等于 2004 年发表的文章中报道，在小鼠、拟南芥和烟草中利用 LNA 修饰的寡核苷酸探针做 Northern 杂交可高效检测出 miRNA，并且在检测不同的 miRNA 时表现出很高的灵敏性。在检测成熟 miRNA 时，利用 LNA 修饰的探针做 Northern 杂交时灵敏度比末端标记的同序列 DNA 探针至少高出 10 倍（图 17.2），这可使研究者们在做 Northern 杂交时节省总 RNA 用量。

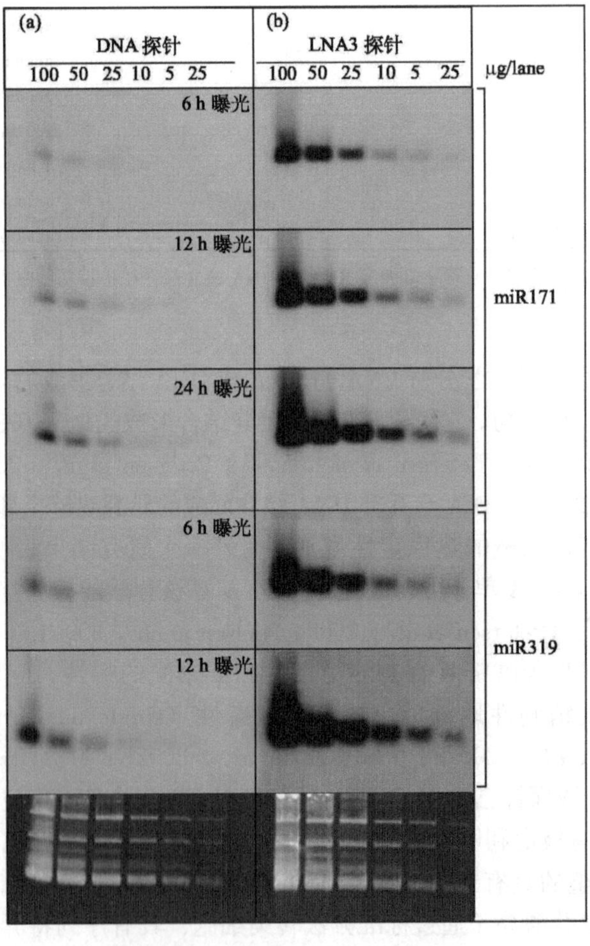

图 17.2 总拟南芥 RNA 作一系列的双份稀释后，利用 ^{32}P 标记的 DNA（a）和 LNA 探针（b）分别做 Northern 杂交以检测 miR171 和 miR319。凝胶中的上样对照采用 EB 染色的 rRNA（底部图片所示）。引自 Válóczi 等于 2004 发表的文献，经牛津大学出版社许可引用。

LNA 修饰探针的识别能力可通过比较修饰的全配的、3 个单错配的和 1 个双错配的拟南芥 mir-171 探针来显示。Northern 杂交实验结果显示：三个单错配探针检测到成熟 mir-171 的信号比全配探针显著减弱，而双错配探针则检测不到任何信号（图 17.3）。这与先前报道的 LNA 探针具备较高的错配区分能力非常吻合（Jacobsen *et al.*，2002a；2002b；Mouritzen *et al.*，2003），也表明 LNA 探针在 Northern 杂交实验中既保持或提高了特异性的，又提高了其灵敏性（Válóczi et al.，2004）。近年来，通过 Northern 杂交方法在拟南芥中证实候选 miRNA 用到了 LNA 探针（Xie *et al.*，2005），通过非放射性 Northern 杂交在斑马鱼中检测 miRNA 也用到了地高辛（DIG，digoxigenin）标记的 LNA 探针（Wienholds *et al.*，2005）。

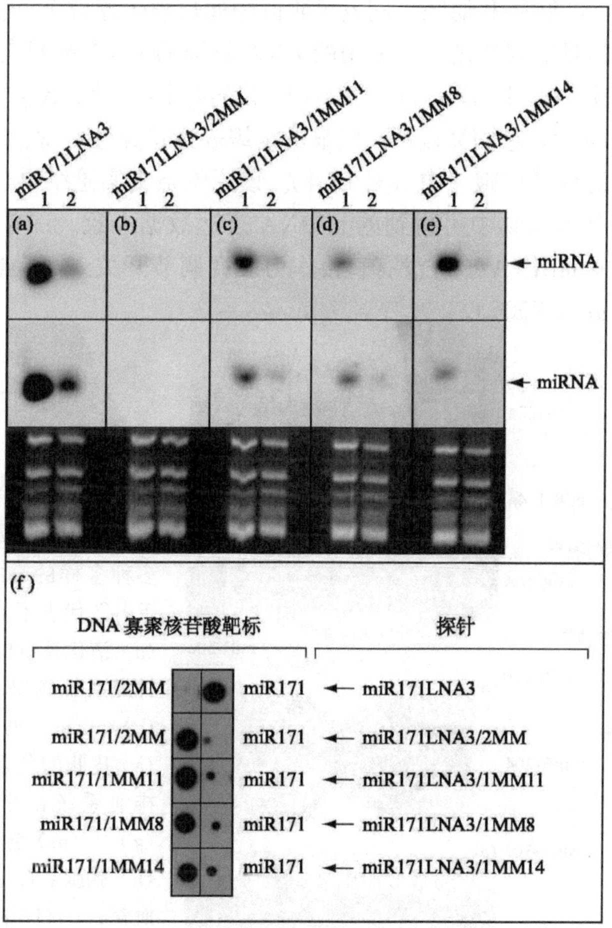

图 17.3　以检测拟南芥花（1）和叶子（2）中 miR171 为例评价 LNA 探针的特异性，(a)^{32}P 标记的完全互补探针（miR171LNA3）；(b) 双碱基错配探针（miR171LNA3/2MM）；(c)～(e) 三个单碱基错配探针（miR171LNA3/MM11、miR171 LNA3/MM8、miR171LNA3/MM14）。印迹膜分别在低严谨条件（图上部分）和高严谨条件（图中部分）下洗涤。(f) 完全互补或带有错配碱基的 LNA 探针与其本身对应完全互补 DNA 寡核苷酸链杂交得到证实，再与成熟 miR171 序列杂交。引自 Álóczi 等于 2004 发表的文献，经牛津大学出版社许可引用。

17.4 利用LNA修饰的寡核苷酸探针在动植物中原位检测miRNA

由于成熟miRNA较短，用原位杂交法检测成熟miRNA存在技术上的挑战，利用植物切片技术获得的效果甚微（Chen *et al.*，2004；Juarez *et al.*，2004）。而在小鼠和果蝇中可利用miRNA应答传感器载体间接检测miRNA表达模式（Brennecke *et al.*，2003；Mansfield *et al.*，2004）。每一个应答传感器都在靶标3′UTR位点融合一个报告基因［如β-半乳糖苷酶基因（*lac-Z*）或绿色荧光蛋白（green fluorescent protein，GFP）基因］。该方法虽灵敏，但它需要为每个miRNA制备表达系统和转基因动物，非常耗时。前不久，在胚胎和幼胚不同发育阶段中通过整体原位杂交法检测到了115个脊椎动物miRNA的时空表达谱，其采用的LNA修饰的DNA探针与Northern杂交中所用的探针相差无几（Válóczi et al.，2004）。发育早期阶段，大多数miRNA是检测不到的；而在晚期阶段，它们又显示出明显的组织表达特异性，常常只出现在某一个器官甚至同一个器官的特异细胞层中（图17.4）。该原位杂交实验结果与斑马鱼中miRNA芯片检测结果以及哺乳动物中可得到的miRNA表达数据一致。miRNA时间表达谱的检测结果提示我们，miRNA或许没有直接作为发育调节开关，而是参与维持组织特异性（Wienholds *et al.*，2005）。

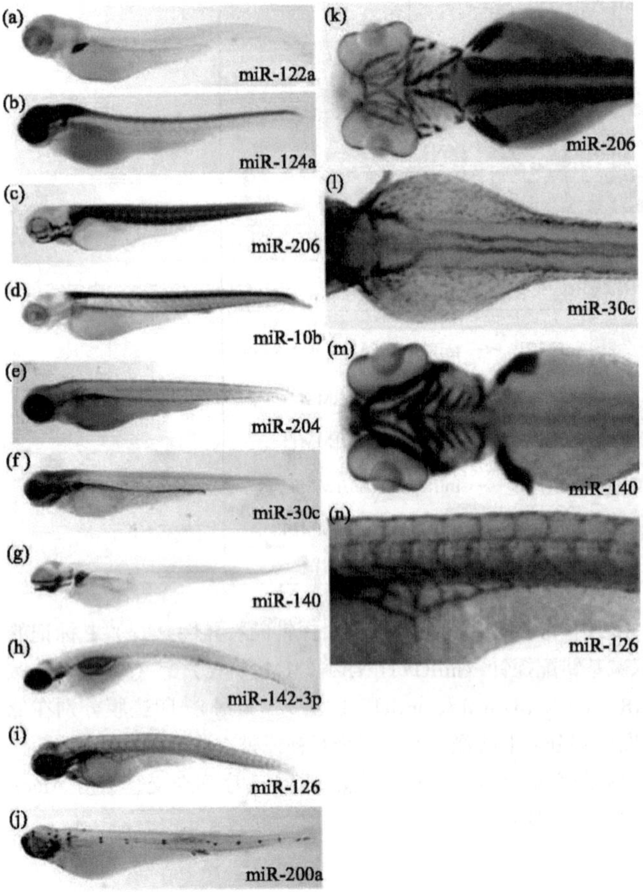

图17.4 利用LNA探针做斑马鱼胚胎整体原位杂交检测到多种多样的miRNA表达谱。以下各图代表了miRNA表达情况：(a)消化系统的肝脏；(b)中央神经系统的脑、脊髓和神经节；(c)、(m)肌肉；(d)脊髓；(e)皮肤的色素细胞；(f)、(l)排泄系统的前肾和黏液细胞；(g)、(m)骨骼系统中的软骨；(h)胸腺；(i)、(n)循环系统的血管；(j)感觉器的侧线系。(k)、(l)、(m)中的胚胎是(c)、(d)、(g)中相应胚胎放大后效果。(a)～(j)、(n)是侧视图；(k)～(m)是背视图。(h)为5天的幼虫，除此之外图均为受精后72h的胚胎。引自Wienhold等2005年发表的文章，经美国科学促进学会许可引用。(见彩图9)

在2006年的一项研究中，Kloosterman等首先详细描述了在斑马鱼中利用基于LNA探针的原位杂交技术检测miRNA的方法，并证实了该技术在爪蟾和小鼠胚胎中同样适用(Kloosterman *et al.*，2006)。在一项LNA修饰探针和DNA探针对照实验中，以发育72h的斑马鱼胚胎为材料，检测miR-206、miR-124a和miR-122a的表达谱，结果利用LNA修饰探针检测到的miRNA表达谱与预期结果一致，而利用相应DNA探针则检测不到任何原位信号，该结果同LNA修饰探针与互补RNA分子具有更高亲和力的结论是一致的。miRNA原位检测的优化条件如下：杂交温度等于LNA探针本身计算温度数值减去20～25℃；杂交1h后的信号强度相当于标准原位杂交过夜后的染色强度。以miR-206和miR-122a为例，若LNA探针中心区有1个错配，则原位染色将会失败，而miR-124a则需要中心区有2个错配（才能完全检测不到信号）［图17.5（a）］。有一点很重要，用能与miRNA 5′端的一个14nt区域互补的短LNA探针也可以特异性检测miR-206和miR-124a［图17.5（b）］，这提高了它们的特异性（Kloosterman *et al.*，2006）。解链温度介于体温范围内的短链探针的成功开发有利于我们向其治疗应用的方向迈进，比如利用LNA修饰的antago-mirs抑制疾病相关miRNA的表达。

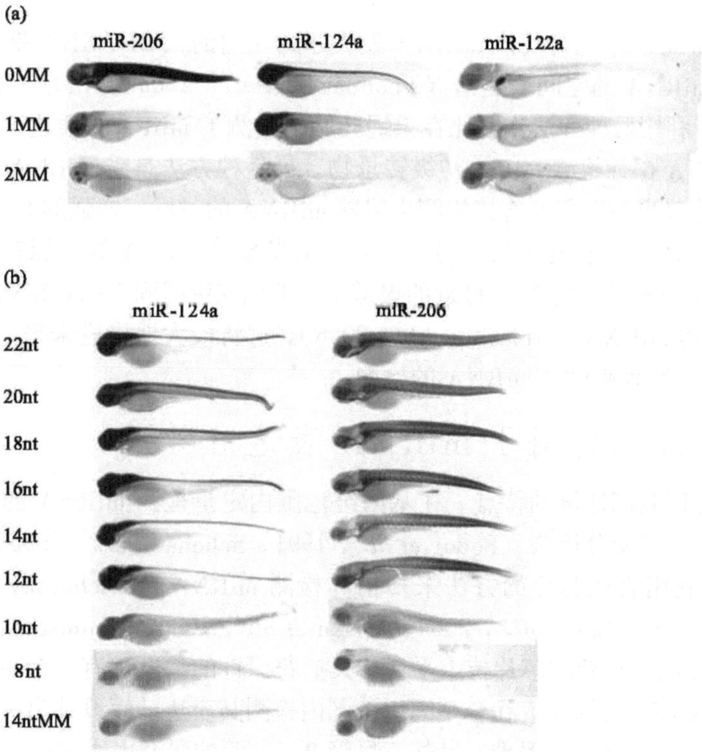

图17.5　利用LNA修饰的DNA探针法在斑马鱼胚胎中测定原位杂交的最优条件。(a)评估LNA修饰探针的特异性，采用完全匹配、单个碱基错配和双碱基错配的LNA修饰探针检测miR-124a、miR-122a和miR-206。(b)使用比原始22nt探针少2、4、6、8、10、12和14nt的探针做原位杂交检测miR-124a和miR-206。检测miR-124a和miR-206的长14nt探针中心区若有一个错配，则不能用于原位杂交。MM，mismatch，错配。引自Kloosterman等2006年发表的文章，经《自然》出版集团许可引用。

LNA 修饰的寡核苷酸探针在植物组织原位杂交中识别成熟 miRNA 也具有很高的敏感性和特异性（Válóczi *et al.*，结果尚未发表）。从烟草中获得的结果表明 miR160、miR164 和 miR167 会以高度保守的方式在时间和空间上积累（图 17.6）。这些 miRNA 集中出现在分裂和分化较为活跃的细胞和组织中，支持了植物 miRNA 在细胞决定和分化过程中起关键性作用这一观点。

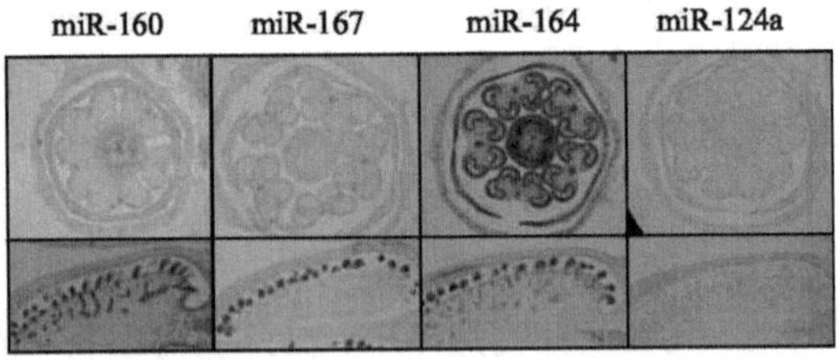

图 17.6　使用 LNA 修饰探针在检测烟草的花（图上部分）和子房（图下部分）发育过程中原位杂交检测 miR-160、miR-167 和 miR-164 表达谱。利用小鼠 miR-124a 作阴性对照。引自 Válóczi、Burgyán 和 Havelda 等未发表的结果。

Aboobaker 等利用包含前体 miRNA 发夹序列在内的长 SP6-RNA 探针检测了果蝇胚胎中 38 个 miRNA 的空间表达谱（Aboobaker *et al.*，2005）。在另一项报道中，Sokol 和 Ambros 利用两种方法作对比在果蝇胚胎中检测了 miR-1 的表达谱，一种方法是采用全长的 RNA 探针检测 miR-1 初级转录物，另一种方法是采用 LNA 探针检测成熟 miR-1。这意味着当我们需要直接检测出成熟 miRNA 的时候，增强的 LNA 原位杂交检测可以作为一种有用的补充方法。另一个重要的发现是，LNA 修饰探针作原位杂交检测方法适用于永久保存的组织。最近的报道中，他们在甲醛固定的石蜡切片中检测到一些脑特异性表达 miRNA（Nelson *et al.*，2006），这将极大地推进未来 miRNA 在人类疾病中的研究，包括肿瘤中 miRNA 的检测。

17.5　LNA 探针用于 miRNA 表达谱研究

DNA 芯片因其高通量的特点，在基因组范围内定量检测 miRNA 的时候可以很好地替代 Northern 杂交分析法（Fodor *et al.*，1991；Schena *et al.*，1995）。在很多报道中也都叙述了利用表达芯片的方法来扫描和检测 miRNA（Krichevsky *et al.*，2003；Barad *et al.*，2004；Liu *et al.*，2004；Miska *et al.*，2004；Thomson *et al.*，2004）。所有基于 DNA 的寡核苷酸芯片技术平台，其捕获探针的长度都有一个主要的障碍，就是因为 miRNA 较短的缘故，在全基因组范围内检测其表达谱而设计出一个有标准解链温度 T_m 的探针集变得十分困难。另外，尽管 Barad 等的研究表明 60mer 芯片已表现出足够的特异性，但是，至少在许多芯片平台中尚难鉴别仅仅相差一两个核苷酸的同源性较高的 miRNA（Barad *et al.*，2004）。鉴于 Northern 杂交和原位杂交检测 miRNA 的灵敏性和特异性的显著提高，LNA 修饰的 DNA 寡核苷酸探针将是当前使用的 DNA 芯片的另一种极具吸引力的选择。在前不久的一项研究中，Castoldi 等报道了一种新开发的基于 LNA 的芯片，它由一个适用于 miRBase6.0 数据库中所有的人和小鼠 miRNA 的标准解链温度 T_m 的 LNA 探针集组成（Griffiths-Jones，2004；Griffiths-Jones *et al*., 2006)。由 LNA 修饰之后的 DNA 探针使得他们能够设计出一个解链温度为 72℃ 的标准探针集合。LNA 芯片的结果比基于 DNA 的 miRNA 芯片的灵敏性有了显著的提高，同时，其较高的特异性也有效地鉴别出同一 miRNA 家族的成员，至少可以鉴别那些接近中心序列处存在碱基差异的成员。该研究还报道了另外一项重要的发现，即 LNA 芯片高度的探测灵敏性排除了它对 RNA 的长度和(或)扩增倍数的需要，因此，可以将标记的总 RNA 用于 miRNA 表达谱分析（Castoldi *et al*., 2006)。最近开发出新的利用荧光标记、LNA 修饰的 DNA 探针特异性地定量检测感兴趣的 miRNA 表达的单分子法，该方法已有文献报道（Neely *et al*., 2006；见本书第 19 章)。

17.6 LNA 修饰的 antimiR 用于 miRNA 的功能分析

鉴于 miRNA 序列短小，因此很难用缺失突变的方法对其进行功能分析。另一个问题是，许多 miRNA 在基因组中往往有若干个拷贝，它们分散在不同基因座上，所以使获得突变型更加困难了。Hutvágner 等于 2004 年、Leaman 等于 2005 年分别报道了另外一种 miRNA 基因敲除方法，利用 2′-O-甲基化的反义寡核苷酸作为 siRNA 和 miRNA 的有效不可逆抑制子，分别在果蝇和秀丽隐杆线虫的体内和体外诱导得到了功能缺失表型（Hutvágner *et al*., 2004；Leaman *et al*., 2005)。近来，该方法也应用到了小鼠体内研究中，他们先将与四种不同 miRNA 互补的 2′-O-甲基化的反义寡核苷酸分别与胆固醇偶联成复合物（即所谓的 antigo-mirs)，再用于体内沉默相应 miRNA（Krützfeldt *et al*., 2005)。还有一些新的报道称利用 LNA 修饰的寡核苷酸同样可以介导 miRNA 功能的特异性抑制（Chan *et al*., 2005；Lecellier *et al*., 2005；Ørom *et al*., 2006)。为了明确基于 LNA 的基因沉默的有效性和特异性，Ørom 等于 2006 年以黑腹果蝇的 bantam miRNA 及其靶标基因为研究对象进行了研究，而在此之前，该 miRNA 及其靶标的作用机理是已研究透彻的（Ørom *et al*., 2006)。LNA-antimiR 不仅能够稳定且高度特异地抑制外源 miRNA，还可以抑制黑腹果蝇细胞中的内源 bantam，引起同源靶标蛋白的表达量上升。该技术可以在化学计量水平有效地抑制靶标 miRNA，因此，它也可以用于 miRNA 功能分析和预测靶标基因的验证实验中（Ørom *et al*., 2006)。LNA 反义寡核苷酸有如下几个特点：与其互补的单链 RNA 保持特异性的同时具有高度杂交亲和性（Koshkin，1998；Wahlestedt *et al*., 2000；Braasch and Corey，2001)；与相应 2′-O-甲基化的寡核苷酸序列相比，它具有更高的反义效应和 T_m 值（Kurreck *et al*., 2002)。因此，LNA 可代替 2′-O-甲基化 antimiR 以提高体内作用的效率。

17.7 结论

LNA 在亲和性和特异性方面都有显著杂交特性，已成为用于 miRNA 研究的有用分子。事实上，LNA 探针可以像 miRCURY 探针和芯片一样商业化应用，而且在寡核苷酸探针中，LNA 核苷酸可以与 DNA 核苷酸以任意比掺和，这使得 LNA 成为一种更具灵活性的应用工具。值得注意的是，LNA 寡核苷酸的价格要比 DNA 探针高，然而，前者序列较短且灵敏性和特异性较高的特点可以弥补其价格高的劣势。进一步讲，越来越多的实验室在其研究中使用 LNA 寡核苷酸，相信随着 LNA 探针高通量地在基因组研究中应用的增加，LNA 的使用成本有望下降。

致谢

感谢Z. Havelda、W. Kloosterman 和 R. Plasterk 对本稿的精彩评论，感谢 A. Válóczi、J. Burgyán 和 Z. Havelda 分享其未发表的成果。

参考文献

Aboobaker, A. A., Tomancak, P., Patel, N., Rubin, G. M. and Lai, E. C. (2005). *Drosophila* microRNAs exhibit diverse spatial expression patterns during embryonic development. *Proceedings of the National Academy of Sciences USA*, **102**, 18 017–18 022.

Barad, O., Meiri, E., Avniel, A. *et al*. (2004). MicroRNA expression detected microarrays: system establishment profiling in human tissues. *Genome Research*, **14**, 2486–2494.

Bentwich, I., Avniel, A., Karov, Y. *et al*. (2005). Identification of hundreds of conserved and nonconserved human microRNAs. *Nature Genetics*, **37**, 766–770.

Berezikov, E., Guryev, V., van de Belt, J. *et al*. (2005). Phylogenetic shadowing and computational identification of human microRNA genes. *Cell*, **120**, 21–24.

Boehm, M. and Slack, F. (2005). A developmental timing microRNA and its target regulate life span in *C. elegans*. *Science*, **310**, 1954–1957.

Braasch, D. A. and Corey, D. R. (2001). Locked nucleic acid (LNA): fine-tuning the recognition of DNA and RNA. *Chemistry and Biology*, **8**, 1–7.

Braasch, D. A., Liu, Y. and Corey, D. R. (2002). Antisense inhibition of gene expression in cells by oligonucleotides incorporating locked nucleic acids: effect of mRNA target sequence and chimera design. *Nucleic Acids Research*, **30**, e 5160–5167.

Brennecke, J., Hipfner, D. R., Stark, A., Russel, R. B. and Cohen S. (2003). *Bantam* encodes a developmentally regulated microRNA that controls cell proliferation and regulates the proapoptotic gene hid in *Drosophila*. *Cell*, **113**, 25–36.

Castoldi, M., Schmidt, S., Benes, V. *et al*. (2006). A sensitive array for microRNA expression profiling (mi-Chip) based on locked nucleic acids (LNA). *RNA*. (In press.)

Chan, J. A., Krichevsky, A. M. and Kosik, K. S. (2005). MicroRNA-21 is an antiapoptotic factor in human glioblastoma cells. *Cancer Research*, **65**, 6029–6033.

Chen, C. Z., Li, L., Lodish, H. F. and Bartel, D. P. (2004). MicroRNAs modulate hematopoietic lineage differentiation. *Science*, **303**, 83–86.

Farh, K. K., Grimson, A., Jan, C. *et al*. (2005). The widespread impact of mammalian microRNAs on mRNA repression and evolution. *Science*, **310**, 1817–1821.

Fluiter, K., ten Asbroek, A. L. M., de Wissel, M. B. *et al*. (2003). *In vivo* tumor growth inhibition and biodistribution studies of locked nucleic acid (LNA) antisense oligonucleotides. *Nucleic Acids Research*, **31**, 953–962.

Fodor, S. P., Read, J. L., Pirrung, M. C. *et al*. (1991). Light-directed, spatially addressable parallel chemical synthesis. *Science*, **251**, 767–773.

Giraldez, A. J., Cinalli, R. M., Glasner, M. E. *et al*. (2005). MicroRNAs regulate brain morphogenesis in zebrafish. *Science*, **308**, 833–838.

Griffiths-Jones, S. (2004). The microRNA Registry. *Nucleic Acids Research*, **32**, D109–D111.

Griffiths-Jones, S., Grocock, R. J., van Dongen, S., Bateman, A. and Enright, A. J. (2006). miRBase: microRNA sequences, targets and gene nomenclature. *Nucleic Acids Research* **34**, D140–D144.

Hornstein, E., Mansfield, J. H., Yekta, S. *et al*. (2005). The microRNA miR-196 acts upstream of Hoxb8 and Shh in limb development. *Nature*, **438**, 671–674.

Hutvágner, G., Simard, M. J., Mello, C. C. and Zamore, P. D. (2004). Sequence-specific inhibition of small RNA function. Public Library of *Science Biology*, **2**, 1 – 11.

Jacobsen, N., Fenger, M., Bentzen, J. *et al*. (2002a). Genotyping of the apolipoprotein B R3500Q mutation using immobilized locked nucleic acid capture probes. *Clinical Chemistry*, **48** (4), 657 – 660.

Jacobsen, N., Bentzen, J. Meldgaard, M. *et al*. (2002b). LNA-enhanced detection of single nucleotide polymorphisms in the apoli-poprotein E. *Nucleic Acids Research*, **30**, e100.

Jacobsen, N., Nielsen, P. S., Jeffares, D. C. *et al*. (2004). Direct isolation of poly (A) +RNA from 4 M guanidine thiocyanate-lysed cell extracts using locked nucleic acid-oligo (T) capture. *Nucleic Acids Research*, **32**, e64.

Johnston, R. J. and Hobert, O. (2003). A microRNA controlling left/right neuronal asymmetry in *Caenorhabditis elegans*. *Nature*, **426**, 845 – 849.

Juarez, M. T., Kui, J. S., Thomas, J., Heller, B. A. and Timmermans, M. C. (2004). MicroRNA-mediated repression of rolled leaf 1 specifies maize leaf polarity. *Nature*, **428**, 84 – 88.

Kloosterman, W. P., Wienholds, E., de Bruijn, E., Kauppinen, S. and Plasterk, R. H. (2006). *In situ* detection of miRNAs in animal embryos using LNA-modified oligonucleotide probes. *Nature Methods*, **3**, 27 – 29.

Koshkin, A. A., Singh, S. K., Nielsen, P. *et al*. (1998). LNA (locked nucleic acids): synthesis of the adenine, cytosine, guanine, 5-methylcytosine, thymine and uracil bicyclonucleoside monomers, oligomerisation, and unprecedented nucleic acid recognition. *Tetrahedron*, **54**, 3607 – 3630.

Krichevsky, A. M., King, K. S., Donahue, C. P., Khrapko, K. and Kosik, K. S. (2003). A microRNA array reveals extensive regulation of microRNAs during brain development. *RNA*, **9**, 1274 – 1281.

Krützfeldt, J., Rajewsky, N., Braich, R. *et al*. (2005). Silencing of microRNAs *in vivo* with 'antagomirs'. *Nature*, **438**, 685 – 689.

Kurreck, J., Wyszko, E., Gillen, C. and Erdmann, V. A. (2002). Design of antisense oligonucleotides stabilized by locked nucleic acids. *Nucleic Acids Research*, **30**, 1911 – 1918.

Kwon, C., Han, Z., Olson, E. N. and Srivastava, D. (2005). MicroRNA 1 influences cardiac differentiation in *Drosophila* and regulates Notch signaling. *Proceedings of the National Academy of Sciences USA*, **102**, 18 986 – 18 991.

Lagos-Quintana, M., Rauhut, R., Lendeckel, W. and Tuschl, T. (2001). Identification of novel genes coding for small expressed RNAs. *Science*, **294**, 853 – 858.

Leaman, D., Chen, P, Y., Fak, J. *et al*. (2005). Antisense-mediated depletion reveals essential and specific functions of microRNAs in Drosophila development. *Cell*, **121**, 1097 – 1108.

Lecellier, C. H., Dunoyer, P., Arar, K. *et al*. (2005). A cellular microRNA mediates antiviral defense in human cells. *Science*, **308**, 557 – 560.

Lee, R. C. and Ambros, V. (2001). An extensive class of small RNAs in *Caenorhabditis elegans*. *Science*, **294**, 862 – 864.

Li, X. and Carthew, R. W. (2005). A microRNA mediates EGF receptor signaling and promotes photoreceptor differentiation in the *Drosophila eye*. *Cell*, **123**, 1267 – 1277.

Lim, L. P., Lau, N. C., Garrett-Engele, P. *et al*. (2005). Microarray analysis shows that some microRNAs downregulate large numbers of target mRNAs. *Nature*, **433**, 769 – 773.

Liu, C. G., Calin, G. A., Meloon, B. *et al*. (2004). An oligonucleotide microchip for genome-wide microRNA profiling in human and mouse tissues. *Proceedings of the National Academy of Sciences USA*, **101**, 9740 – 9744.

Mansfield, J. H., Harfe, B. D., Nissen, R. *et al*. (2004). MicroRNA-responsive 'sensor' transgenes uncover Hox-like and other developmentally regulated patterns of vertebrate microRNA expression. *Nature Genetics*, **36**, 1079 – 1083.

Miska, E. A., Alvarez-Saavedra, E., Townsend, M. *et al*. (2004). Microarray analysis of microRNA expression in the developing mammalian brain. *Genome Biology*, **5**, R68.

Mouritzen, P., Nielsen, A. T., Pfundheller, H. M., *et al*. (2003). Single nucleotide polymorphism genotyping using locked nucleic acid (LNA). *Expert Review of Molecular Diagnostics*, **3**, 27 – 38.

Neely, L. A., Patel, S., Garver, J. *et al*. (2006). A single-molecule method for the quantitation of microRNA gene expression. *Nature Methods*, **3**, 41–46.

Nelson, P. T., Baldwin, D. A., Kloosterman, W. P. *et al*. (2006). RAKE and LNA-ISH reveal microRNA expression and localization in archival human brain. *RNA*, **12**, 187–191.

Nielsen, K. E., Rasmussen, J., Kumar, R. *et al*. (2004). NMR studies of fully modified locked nucleic acid (LNA) hybrids: Solution structure of an LNA:RNA hybrid and characterization of an LNA:DNA hybrid. *Bioconjugate Chemistry*, **15**, 449–457.

Ørom, U. A., Kauppinen, S. and Lund, A. (2006). LNA-modified oligonucleotides mediate specific inhibition of microRNA function. *Gene*. (In press.)

Petersen, M., Nielsen, C. B., Nielsen, K. E. *et al*. (2000). The conformations of locked nucleic acids (LNA). *Journal* of *Molecular Recognition*, **13**, 44–53.

Petersen, M., Bondensgaard, K., Wengel, J. and Jacobsen, J. P. (2002). Locked nucleic acid (LNA) recognition of RNA: NMR solution structures of LNA: RNA hybrids. *Journal of American Chemical Society*, **124**, 5974–5982.

Poy, M. N., Eliasson, L., Krutzfeldt, J. *et al*. (2004) A pancreatic islet-specific microRNA regulates insulin secretion. *Nature*, **432**, 226–230.

Reinhart, B. J., Slack, F. J., Basson, M. *et al*. (2000). The 21 nucleotide let-7 RNA regulates developmental timing in *Caenorhabditis elegans*. *Nature*, 403, 901–906.

Schena, M., Shalon, D., Davis, R. W. and Brown, P. O. (1995). Quantitative monitoring of gene expression patterns with a complementary DNA microarray. *Science*, **270**, 467–470.

Singh, S. K., Nielsen, P., Koshkin, A., Olsen, C. E. and Wengel, J. (1998). LNA (locked nucleic acids): synthesis and high-affinity nucleic acid recognition. *Chemical Communications*, **4**, 455–456.

Sokol, N. S. and Ambros, V. (2005). Mesodermally expressed *Drosophila* microRNA-1 is regulated by Twist and is required in muscles during larval growth. *Genes and Development*, **19**, 2343–2354.

Stark, A., Brennecke, J., Bushati, N., Russell, R. B. and Cohen, S. M. (2005). Animal microRNAs confer robustness to gene expression and have a significant impact on 3′UTR evolution. *Cell*, **123**, 1133–1146.

Thomson, J. M., Parker, J., Perou, C. M. and Hammond, S. M. (2004). A custom microarray platform for analysis of microRNA gene expression. *Nature Methods*, **1**, 1–6.

Tolstrup, N., Nielsen, P. S., Kolberg, J. *et al*. (2003). OligoDesign: optimal design of LNA (locked nucleic acid) oligonucleotide capture probes for gene expression profiling. *Nucleic Acids Research*, **31**, 3758–3762.

Va′lo′czi, A., Hornyik, C., Varga, N. *et al*. (2004). Sensitive and specific detection of microRNAs by Northern blot analysis using LNA-modified oligonucleotide probes. *Nucleic Acids Research*, **32**, e175.

Wahlestedt, C., Salmi, P., Good, L. *et al*. (2000). Potent and nontoxic antisense oligonucleotides containing locked nucleic acids. *Proceedings of the National Academy of Sciences USA*, **97**, 5633–5638.

Wienholds, E., Kloosterman, W. P., Miska, E. *et al*. (2005). MicroRNA expression in zebrafish embryonic development. *Science*, **309**, 310–311.

Xie, X., Lu, J., Kulbokas, E. J. *et al*. (2005). Systematic discovery of regulatory motifs in human promoters and 30 UTRs by comparison of several mammals. *Nature*, **434**, 338–345.

Yekta, S., Shih, I. -S. and Bartel, D. (2004). MicroRNA-directed cleavage of HOXB8 mRNA. *Science*, **304**, 594–596.

Zhao, Y., Samal, E. and Srivastava, D. (2005). Serum response factor regulates a musclespecific microRNA that targets Hand2 during cardiogenesis. *Nature*, **436**, 214–220.

18 用 RNA Invader®法来检测和定量 microRNA

Hatim T. Allawi* and Victor I. Lyamichev

18.1 引言

microRNA（miRNA）是一种大小为 17～24 个核苷酸的单链小分子 RNA。近年来，虽然已在动物、植物和一些病毒中发现了数以百计的 miRNA，但是人们并不完全清楚它们的生物学功能（Lagos-Quintana *et al.*，2001；Lagos-Quintana *et al.*，2002；Reinhart *et al.*，2002；Hunter and Poethig，2003；Lagos-Quintana *et al.*，2003；Pfeffer *et al.*，2004；Dunn *et al.*，2005；Pasquinelli *et al.*，2005；Wienholds and Plasterk，2005；Wienholds *et al.*，2005）。已有结果显示 miRNA 通过与靶 mRNA 的特定位点相结合，从而介导 RNA 的切割或翻译的抑制（Bartel，2004）。并且，miRNA 在肿瘤细胞中具有独特的表达方式，从而可能成为有用的癌细胞分子标记物（Michael *et al.*，2003；Calin *et al.*，2004；Croce and Calin，2005；Eis *et al.*，2005）。此外，miRNA 还参与调控细胞和组织的发育以及一系列的生命过程，包括细胞的增殖与死亡、细胞凋亡、神经元发育、DNA 甲基化和染色体修饰以及脂肪代谢（Reinhart *et al.*，2000；Pasquinelli and Ruvkun，2002；Ambros，2003；Brennecke *et al.*，2003；Johnston and Hobert，2003；Xu *et al.*，2003；Bao *et al.*，2004；Alvarez-Garcia and Miska，2005；Croce and Calin，2005；Miska，2005）。

目前已经发展了一些方法来检测和定量 miRNA。由于一些 miRNA 的大小和序列很相似，用传统的 RT-PCR 或标准芯片杂交技术来定量和区分它们变得非常困难。Northern 杂交是第一个用于定量检测 miRNA 的可靠方法，但是工作强度大、灵敏度低、要求微克级的总 RNA 且通量低（Lim *et al.*，2003）。核酶保护分析法也能可靠地检测 miRNA，但同样也是工作量大、通量低、灵敏度低。另外还有一些方法成功地用于 miRNA 的检测和定量，包括 TaqMan miRNA 检测法（Chen *et al.*，2005）、miRNA 芯片（Krichevsky *et al.*，2003；Liu *et al.*，2004）和荧光标记杂交 miRNA 探针法。这些方法比以基于凝胶的 miRNA 检测方法更为简单，且具有更好的特异性和灵敏度。然而，这些方法成本较高，检测不同的 miRNA 序列需要合成不同的探针，使得这些方法比较适合一次检测一个 miRNA，不大适合一次高通量地检测多个 miRNA。

在这里我们介绍了 microRNA Invader® 检测法，它可以灵敏、特异地检测和定量 microRNA。该方法可以一次检测多达 20 000 个 miRNA 分子，而且可以把 miRNA 和它的前体以及 miRNA 的异形体区分开；该方法快速并且能在有磷酸盐环境的细胞中使用而不需要总 RNA 的分离；最后，这种方法不需要单个标记的探针和昂贵的仪器，因此该方法是一个很好的低价高效的检测和定量 miRNA 的选择。

* 通讯作者。

18.2 方法

18.2.1 侵染探针检测法

Invader 法使用一系列结构特异的 5′核酸酶，称 Cleavase，它可以识别单链探针的 5′端和侵染寡核苷酸的 3′端与靶核酸杂交所形成的具有一个碱基的侧翼重叠结构［图 18.1（a)］（Kaiser *et al.*，1999；Lyamichev *et al.*，1999；Hall *et al.*，2000）。一旦形成了重叠结构，Cleavase 就切割单链探针的 5′端，使其释放开来，可用于检测或者参与第二轮的信号扩增反应。在由第二轮反应模板（secondary reaction template，SRT）和第二轮单链探针所组成的第二轮反应底物中，第二轮信号扩增反应用第一轮反应释放的单链探针的 5′端作为侵染寡核苷酸。第二轮单链探针两端分别有荧光基团（F）和猝灭基团（Q），一旦被切割，就会形成荧光共振能量转移对（fluorescence resonance energy transfer，FRET）（de Arruda *et al.*，2002；Eis *et al.*，2001）［图 18.1（b)］。另一个寡核苷酸探针，也称为捕获探针，加入到第二轮反应中去捕获在第一轮反应中未被切割的单链探针并阻止它与 SRT 杂交。荧光基团与猝灭基团相分离，产生荧光信号，从而表明在第一轮反应中存在靶核酸。Invader 法中荧光信号的强度是与靶核酸成比例的，因此可以计算未知样品中靶核酸的浓度（Lyamichev *et al.*，2000）。在较高的温度条件下，多个与靶核酸结合的第一轮反应的单链探针被切割，导致多个第二轮反应的 FRET 探针被切割，荧光信号从而得以增强（Lyamichev *et al.*，2000）。

18.2.2 寡聚核苷酸的合成

根据标准的亚磷酰胺法用 Expedite 8909 合成仪（PerSeptive Biosystems）合成 DNA 寡核苷酸。所有的磷酸酰胺，包括 2-*O*-甲基亚磷酰胺都购自 Glen Research (Sterling，VA)。严格按照 Glen Research 的步骤合成和去甲基化。RNA 寡核苷酸是从 Dharmacon Inc.（Lafayette，CO）购买的，按照该公司提供的操作步骤去盐和去甲基化。本研究中所有的探针和 RNA 寡核苷酸是用 20% 的变性聚丙烯酰胺凝胶电泳来纯化的。FRET 和第二轮反应模板（SRT）寡核苷酸通过离子交换 HPLC 纯化。核苷的消光系数和二核苷的单磷酸盐用来计算 260nm 处的消光系数和寡核苷酸的浓度（Cantor *et al.*，1970）。

18.2.3 寡核苷酸的设计

在 miRNA 侵染检测法中，探针和侵染寡核苷酸的设计使得它们各自可以和一半的目的 miRNA 杂交。当 miRNA 的长度是奇数时，miRNA 与探针互补区的长度比与侵染寡核苷酸互补区要多一个核苷酸。这时，加入的 2-*O*-甲基茎环结构就分别修饰探针和侵染寡核苷酸的 3′端和 5′端，所形成的发夹茎环结构分别促进了杂交的 miRNA、侵染寡核苷酸的 5′端和探针的 3′端的碱基堆积。这就使得探针和侵染寡核苷酸与 miRNA 杂交更容易，本身的结构也更稳定（Walter and Turner，1994；Walter *et al.*，1994；Allawi *et al.*，2004）。本方法也适用于高温下反应，在高温下会更严格，而且会有更多的切割反应发生（Lyamichev *et al.*，2000）。

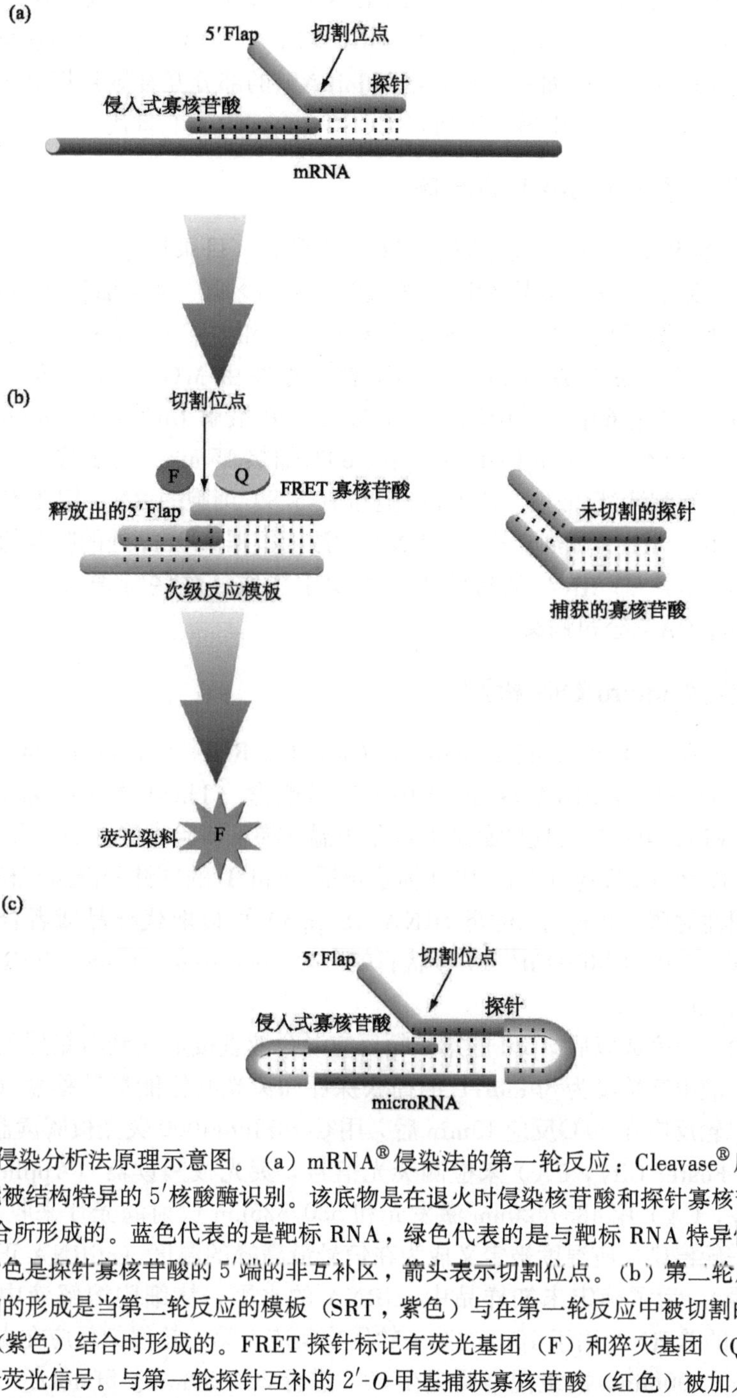

图 18.1 RNA 侵染分析法原理示意图。(a) mRNA® 侵染法的第一轮反应：Cleavase® 底物具有侧翼重叠结构，能被结构特异的 5′核酸酶识别。该底物是在退火时侵染核苷酸和探针寡核苷酸分别与靶标 mRNA 结合所形成的。蓝色代表的是靶标 RNA，绿色代表的是与靶标 RNA 特异性结合的探针寡核苷酸，紫色是探针寡核苷酸的 5′端的非互补区，箭头表示切割位点。(b) 第二轮反应：第二轮重叠片段结构的形成是当第二轮反应的模板（SRT，紫色）与在第一轮反应中被切割的 5′端片段和 FRET 探针（紫色）结合时形成的。FRET 探针标记有荧光基团（F）和猝灭基团（Q），当被切割时将产生一个荧光信号。与第一轮探针互补的 2′-*O*-甲基捕获寡核苷酸（红色）被加入到第二轮反应中，去螯合未被切割的探针并阻止其与 SRT 的结合。(c) miRNA 侵染法的第一轮反应：底物的总体结构和（a）中的相似，但是靶标 miRNA 的体积较小，因而要求侵染寡核苷酸和探针的 5′和 3′端分别有额外的茎环结构。miRNA 的靶标用蓝色表示，靶特异的探针和寡核苷酸用绿色表示，2′-*O*-甲基茎环发夹区用红色表示。非互补的 5′重叠结构用紫色表示，箭头代表切割位点，该位点释放 5′重叠结构。(见彩图 10)

侵染寡核苷酸的3′端核苷酸并不与miRNA互补，碱基配对的优先次序是T=C>A>G.。探针寡核苷酸的5′侧翼区5′-AACGAGGCGCAC，在第一轮反应被切割下来时用于第二轮反应［图18.1（b）］。如果5′侧翼区与miRNA的部分互补导致探针miRNA异源双核酸分子长度的增加，可用另一序列5′-CCGTCGCTGCGT替代。

18.2.4 细胞裂解和RNA的准备

HeLa细胞和Hs578T细胞是从ATCC获得的（目录编号分别是CCL-2和HTB-126），细胞大致生长条件参考Allawi等（2004）。1×10^6悬浮细胞在1000*g*离心3min使之成颗粒状，然后用1ml的PBS（不含$MgCl_2$和$CaCl_2$）（Invitrogen，Rockville，MD）洗一次，1000*g*涡旋3min。细胞颗粒悬浮在由MOP（pH7.5）和100mmol/L KCl组成的100μl溶液中，从中取出2μl加入98μl裂解Buffer（20mmol/L Tris-HCl，pH8.5，0.5% NP40，20g/ml tRNA）中，80℃加热15min。为了移去细胞碎片，然后在1000*g*离心细胞溶液3min。HeLa细胞和Hs578T细胞的RNA用TRIZOL（Invitrogen，Rockville，MD）试剂盒提取，RNA的浓度根据260nm处的吸收值来计算（假定$1A_{260}=40\mu g/ml$）。总RNA从特殊人体组织中提取，这些特殊人体组织从Clontech（Palo，Alto，CA）公司购买。

18.2.5 侵染microRNA检测

侵染反应在96孔板［MJ research，（now Bio-Rad）Waltham，MA］中进行，一式三份，用Invader miRNA assay通用反应试剂盒（Third Wave Technologies，Inc. Madison，WI），第一轮反应的最适温度是由温度梯度实验来确定的。合成的50pmol/L miRNA在40～60℃反应0.5h。10μl体系包括1mol/L的探针和侵染寡核苷酸。对于不加靶标的阳性对照，10ng/μl酵母tRNA（Sigma）可以取代样品或者合成的miRNA。反应用10μl干净的Chill-Out™ 14液状石蜡［MJ research，（now Bio-Rad）Waltham，MA］封层防止蒸发。

第一轮反应完成以后，5μl的第二轮反应混合液直接加入到石蜡层的下方。第二轮反应的混合液由终浓度为8μmol/L的捕获探针和荧光共振能量转移盒（1×FRET盒）组成。第二轮反应在60℃反应15min后，用CytoFluor4000荧光板阅读器（Applied Biosystems，Foster City，CA）来检测荧光信号，荧光板阅读器（Applied Biosystems，Foster City，CA）用485/420nm激发光和530/525nm放射滤光片来收集FAM染料。最佳的第一轮侵染反应温度被定义成为在信号最高峰的温度（miRNA正信号减去没有靶标的信号）。为了确定未知样品中miRNA的水平，从细胞溶解液中取出5μl或者50～100ng的总RNA用于10μl的第一轮侵染反应。第一轮侵染反应在先前确定的最适温度进行60～90min，次级侵染反应在60℃进行60～90min。5fmol/L～5pmol/L合成的已知浓度的miRNA（5μl）样品用于获得标准的定量曲线。

对于Biplex格式的侵染miRNA检测法，我们可以使用Invader GAPDH mRNA和U6RNA试剂盒（Third Wave Technologies，Inc. Madison，WI；#94-002）。GAPDH和U6 Invader法将它们产生的荧光信号报告给Redmond Red^M染料（Epoch Biosciences，Bothell WA），这种染料用560/520nm的激发光和620/640nm的放射滤光片检测。

18.3 结果和讨论

18.3.1 microRNA 侵染法的特异性

let-7 在本研究中作为一个模型来检测 miRNA 侵染法的特异性。设计了两个以 *let-7* 的变体 *a* 和 *c* 作为靶标的侵染 microRNA [图 18.2 (a)，(c)]，检测它们对 *let-7* 变体 *a*、*c*、*e*、*f* 的特异性。这些 *let-7* miRNA 的变体在不同的位置有一个核苷酸的不同。*let-7a* 和 *let-7c* microRNA 在 miRNA 片段中第 19 个核苷酸不同，因此，可以设计同样的寡核苷酸探针，但用不同的侵染寡核苷酸 [图 18.2 (a)，(c)]。在不同的温度下分析了 miRNA 侵染法的特异性。在以 *let-7a* 为靶标的实验中，加入 *let-7a* RNA 所产生的信号要比加入 *c*、*e*、*f* 变体 miRNA 产生的信号强 [图 18.2 (b)]。同样的，*let-7c* 在 *let-7c* RNA 存在的情况下产生的信号比其他变体产生的信号要明显 [图 18.2 (d)]。对于 *let-7a* 和 *let-7c*，最佳信号产生的温度是 53℃。结果表明，非目标 miRNA 会产生更低的信号和最适温度（例如，在 *let-7a* 特异侵染实验中的 *let-7c*、*e* 和 *f*；*let-7c* 特异侵染实验中的 *let-7a*、*e* 和 *f*）。这表明侵染 microRNA 法可以分辨出 miRNA 一个核苷酸的差异。当 *let-7* 变体的碱基差异在序列中部、靠近探针和侵染寡核苷酸所形成的重叠区域的时候，这些变体最容易被区分。*let-7c* 侵染分析比 *let-7a* 侵染分析具有更高的分辨率是由于侵染的寡核苷酸错配碱基（A-C 对 G-T）的稳定性造成的（Allawi and SantaLucia，1997；Allawi and SantaLucia，1998）。这就表明 microRNA 侵染法的特异性根本在于酶的特异性、探针和侵染核苷酸杂交的稳定性，酶的特异性需要在切开位点精

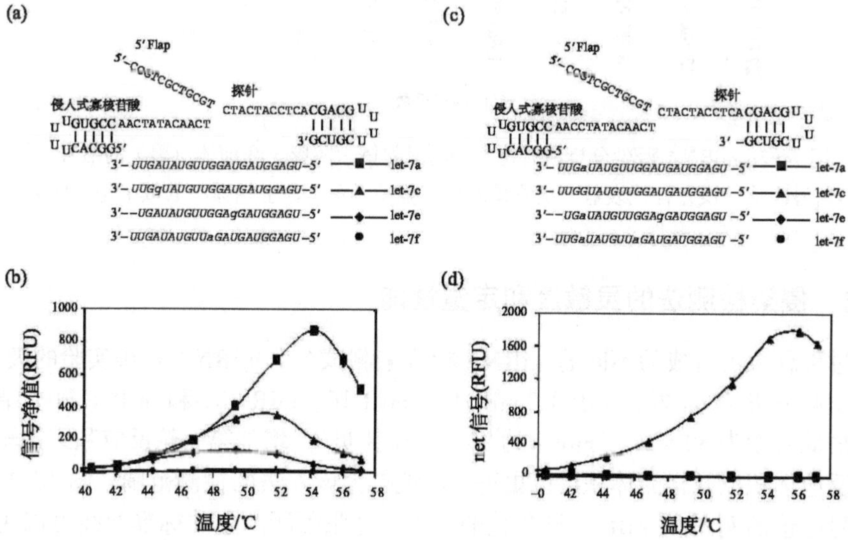

图 18.2 microRNA 侵染分析法的区分能力。(a) 检测 *let-7a* 的侵染寡核苷酸和探针的序列、*let-7a* 序列及与其相似的 *let-7* 变体的序列（斜体所示），与 *let-7a* RNA 核苷酸的差异用小写或破折号表示，2′-O-甲基所形成发夹结构的核苷酸区用粗体表示。(b) 依赖温度所产生的荧光信号可用作 *let-7* 的变体的靶，如 (a) 所示。(c) 设计侵染寡核苷酸和探针来检测 *let-7c* RNA，与 *let-7c* 序列不同的 *let-7* 变体核苷酸用小写或破折号突出显示。(d) *let-7a*、*let-7e* 和 *let-7f* 变体产生很低的荧光信号，它们的温度曲线是叠加的。

确的碱基配对。探针和侵染核苷酸各自杂交时形成错配是侵染反应最适温度发生变化的原因。

miRNA 前体和成熟体的区分是准确检测和定量 miRNA 的关键。以 *let-7* miRNA 作为模型来评估侵染法特异性检测成熟 miRNA 的能力。图 18.3 显示了 *let-7a* 侵染法在 *let-7* miRNA 成熟体或前体存在时产生的信号。数据表明很多 *let-7a* 前体存在时（>6.75 百万复制数），*let-7a* 侵染法产生的信号还不到成熟体存在时的 5%。这多数可能是由于前体 miRNA 的退火温度和发夹结构的稳定性比侵染 miRNA 法所采用的一般在 50～60℃的温度要高。在这些温度下，前体几乎都处于发夹形式而不能与探针和侵染寡核苷酸进行配对。

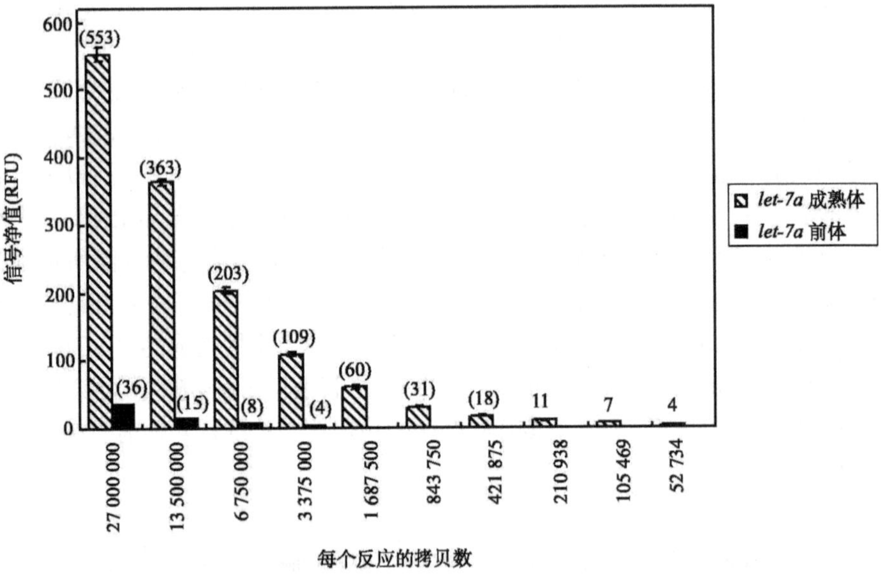

图 18.3 用 *let-7a* miRNA 侵染分析法所检测到的成熟体（阴影）和前体（黑）的信号。经三次测量获得平均信号净值，误差柱代表这三次测量的标准偏差。每个柱上括弧中的数字是平均信号净值。

18.3.2 侵染检测法的灵敏度和定量性能

通过稀释人工合成的不同的 miRNA 梯度来测试 6 个 miRNA 侵染实验的极限范围。该方法检测分析了 *let-7a*、miR-1、miR-15、miR-16、miR-135 和 miR-125b，结果显示检测的最低限度为 30×10^{-21} mol（约 20 000 个拷贝）。增加第一轮反应和第二轮反应的次数、反应体积以及样品体积可以更进一步地扩大该方法的检测范围。图 18.4（a）显示了信号净值的例图和 miR-15 摩尔数的比较。这张图所产生的标准曲线可以用来计算未知样品中 miRNA 的水平。这就说明了 microRNA 侵染法可以准确地检测和定量未知样品的 miRNA。

18.3.3 使用总 RNA 的侵染检测法

用 4 组侵染 miRNA 实验来分析 *let-7*、miR-15、miR-16 和 miR-125b，以检测该方法的有效性，使用的是来自不同组织的总 RNA。图 18.4（b）表明这些侵染检测法可

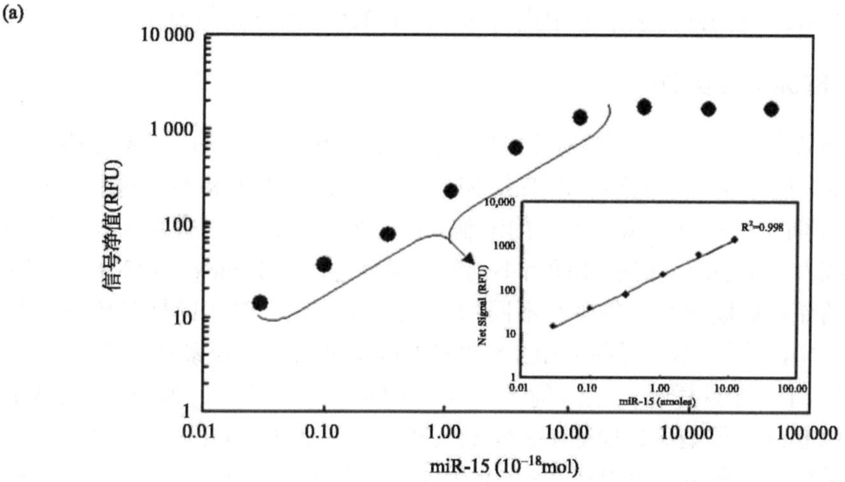

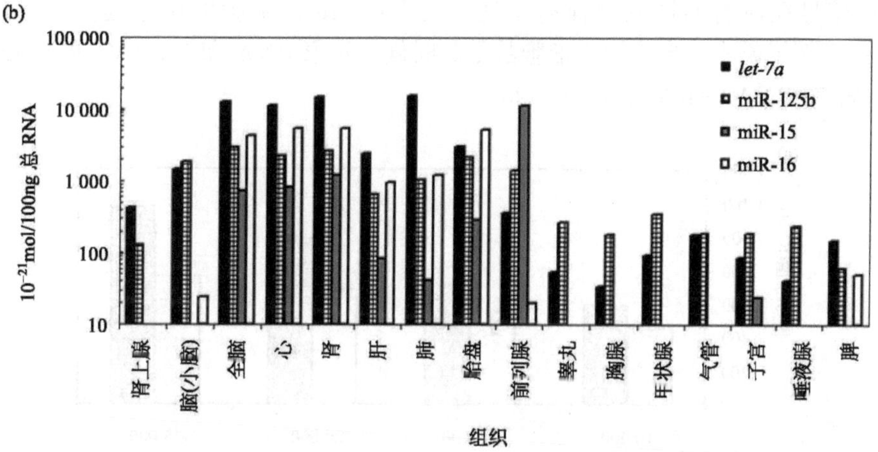

图 18.4 (a) 用 miR-15 侵染法获得的对 miR-15 水平（摩尔）信号净值的对数-对数图（RFU）（剂量反应曲线）。曲线的线性比例的指数所产生的标准曲线可用来计算未知样品的 miR-15 的水平。(b) 来自不同人组织的 *let-7a*（黑）、miR-125b（交叉）、miR-15（灰）和 miR-16（空白）的 100ng 总 RNA 的表达谱。每个 miRNA 所产生的标准曲线的线性比例的指数可计算出其对应组织中 100ng 总 RNA 的 miRNA 的水平。

以用组织特异和剂量依赖的方法来检测靶标 miRNA。用人工合成的 miRNA 所产生的标准曲线可以计算总 RNA 样品中 4 个 miRNA 的浓度。

18.3.4 使用细胞裂解液和总 RNA 的侵染检测法

分离总 RNA 的方法能明显导致短的 miRNA 的丢失。因此，在细胞裂解液中检测和定量 miRNA 而不需要分离总 RNA，这种方法要优于容易导致可变结果的传统准备样品的方法。侵染 miRNA 检测法可以在细胞裂解液中定量 miRNA，因此避免了总 RNA 的分离。为了评估该方法在细胞裂解液中检测 miRNA 的能力，把果蝇 miR-1 的 RNA 加入到 HeLa 或 Hs578T 细胞中，分别在用 NP-40、80℃处理细胞后的细胞裂解液中或用酚氯仿分离后的总 RNA 中都可以检测到大约 70% 的信号。这就说明 miRNA

侵染法能在 NP-40 的细胞裂解液中进行而不需要 RNA 的分离与纯化。

18.3.5 Biplex 侵染法

不同样品中 miRNA 水平的对比可以用两种样品中都存在的 RNA 作内参。这种内参一般指的是管家基因，能够校正来自不同样品的 miRNA 的检测。这些不同的样品可能有不同总量的总 RNA，或是不同的细胞，或在发育的过程中会由于相互作用的影响而变化，或由于生理环境的变化而有不同的应激反应。在 Biplex miRNA 侵染法中，用两种不同的探针寡核苷酸，各自有不同的 5′端片段，允许在相同样品中同时检测和定量不同的 RNA。影响不同样品 miRNA 水平的因素可以从其管家基因的水平推测出来。图 18.5 显示了一个这样经校正的例子。四个不同水平的 HeLa 细胞样品被溶解，各个溶解产物用 Biplex 侵染法来检测 *let-7*a（FAM 荧光）和 U6（Redmond Red）的特殊信号。这两种信号的水平是和 HeLa 细胞的水平成比例的［图 18.5（a)］。因此经校正后的 *let-7*a 信号在所有的样品中保持不变，而不论 HeLa 细胞的用量是多少［图 18.5（b)］。这个例子说明，当不知道细胞数量的时候，管家 RNA 和 U6 RNA 的信号可以作为校正 *let-7*a RNA 特异信号的一个标准。

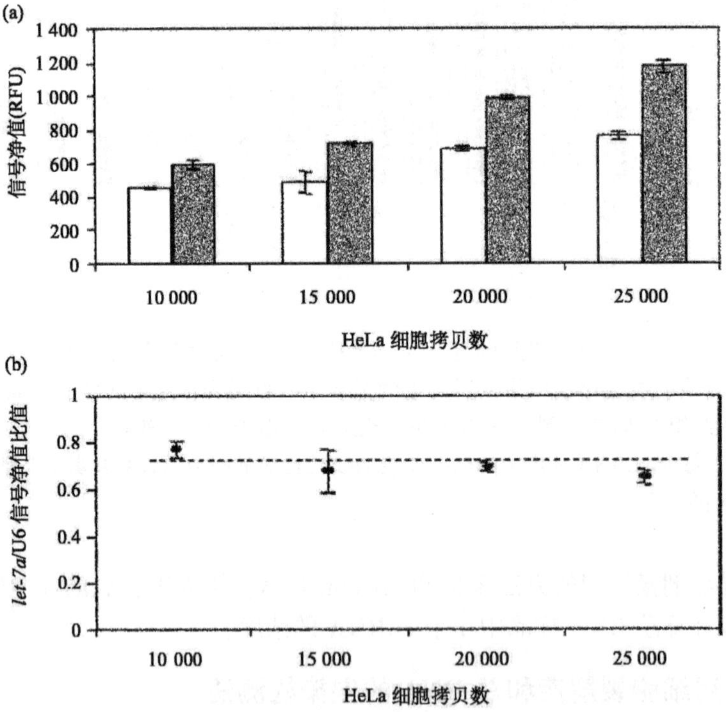

图 18.5　HeLa 细胞中 *let-7a* RNA 的检测，用 U6 RNA 侵染法进行校正。(a) *let-7*a RNA（空心）和 U6 RNA（灰色）的信号净值，通过用 biplex 法检测用 NP-40 裂解不同数目的 HeLa 细胞的裂解液而得到。miRNA 和 U6 RNA 信号分别来自 FAM 荧光和 Redmond Red™ 荧光。(b) *let-7*a 信号净值是被相对应的 U6 RNA 信号值校正过后的信号。四个经校正过的 *let-7*a 的信号的平均值用阴影线表示。

18.4 结论

最近与疾病和癌症发生相关的 miRNA 的应用和研究主要集中在用 miRNA 作为一种生物标记，从而使敏感和特异的 miRNA 检测方法的发展得以保证。一些检测和定量 miRNA 的方法主要依赖于以凝胶为基础的分析，如 Northern 杂交（LagosQuintana *et al.*，2001）和引物延伸（Zeng and Cullen，2003）。这些以凝胶为基础的方法需要很大的工作量，要求微克级别的总 RNA，而且不够灵敏，因而结果不佳（Lim *et al.*，2003）。改进的 RNA 检测方法如 TaqMan（Chen *et al.*，2005）和 miRNA 芯片（Krichevsky *et al.*，2003；Liu *et al.*，2004）更适合于 miRNA 的检测和定量。TaqMan 具有低敏感性和更宽的线性范围。然而，它需要为检测的每个 miRNA 设计探针，而合成探针价格昂贵；而且区分碱基组成相似的 miRNA 具有相对较低的特异性（Burczynski *et al.*，2001；Busten，2002；Wagner *et al.*，2003；Mills *et al.*，2004）。miRNA 芯片具有优于其他方法的高通量检测的能力。然而，miRNA 芯片仅仅依赖于探针与 miRNA 杂交的特异性，其特异性比结合杂交和酶识别碱基的方法低。并且，miRNA 芯片相对其他几种方法来说要昂贵很多，只比较适合大规模样品的筛选。

这里所介绍的侵染 miRNA 法具有目前的一些方法所没有的优点：它简单、快速（只需 2～3h）、恒温、非放射性，并且可以直接在细胞裂解液中进行。此外，它也能适合高通量的筛选。通过凝胶电泳纯化寡核苷酸探针，这样就减少了费用；因为第二轮反应是通用的，所以 FRET 寡核苷酸对可以用于所有的反应。并且，该方法还具有定量、特异性高和灵敏度佳的特点（至少可以检测 20 000 个 miRNA）。

致谢

感谢 James Dahlberg 和 Elsebet 丰富的讨论和建议；感谢 Dan Knauss 的严格审稿。

参考文献

Allawi, H. T. and SantaLucia, J., Jr. (1997). Thermodynamics and NMR of internal G.T mismatches in DNA. *Biochemistry*, **36**, 10581–10594.

Allawi, H. T. and SantaLucia, J., Jr. (1998). Nearest-neighbor thermodynamics of internal A.C mismatches in DNA: sequence dependence and pH effects. *Biochemistry*, **37**, 9435–9444.

Allawi, H. T., Dahlberg, J. E., Olson, S. *et al*. (2004). Quantitation of microRNAs using a modified Invader assay. *RNA*, **10**, 1153–1161.

Alvarez-Garcia, I. and Miska, E. A. (2005). MicroRNA functions in animal development and human disease. *Development*, **132**, 4653–4662.

Ambros, V. (2003). MicroRNA pathways in flies and worms: growth, death, fat, stress, and timing. *Cell*, **113**, 673–676.

Bao, N., Lye, K. W. and Barton, M. K. (2004). MicroRNA binding sites in *Arabidopsis* class III HD-ZIP mRNAs are required for methylation of the template chromosome. *Developmental Cell*, 7, 653–662.

Bartel, D. P. (2004). MicroRNAs: genomics, biogenesis, mechanism, and function. *Cell*, **116**, 281–297.

Brennecke, J., Hipfner, D. R., Stark, A., Russell, R. B. and Cohen, S. M. (2003). *bantam* encodes a developmentally regulated microRNA that controls cell proliferation and regulates the proapoptotic gene hid in *Drosophila*. *Cell*, **113**, 25–36.

Burczynski, M. E., McMillian, M., Parker, J. B. *et al*. (2001). Cytochrome P450 induction in rat hepatocytes assessed by quantitative real-time reverse-transcription polymerase chain reaction and the RNA invasive cleavage assay. *Drug Metabolism Disposition*, **29**, 1243 - 1250.

Busten, S. A. (2002). Quantification of mRNA using real-time reverse transcription PCR (RTPCR): trends and problems. *Journal of Molecular Endocrinology*, **29**, 23 - 29.

Calin, G. A., Sevignani, C., Dumitru, C. D. *et al*. (2004). Human microRNA genes are frequently located at fragile sites and genomic regions involved in cancers. *Proceedings of the National Academy of Sciences USA*, **101**, 2999 - 3004.

Cantor, C. R., Warshaw, M. M. and Shapiro, H. (1970). *Biopolymers*, **9**, 1059 - 1077.

Chen, C., Ridzon, D. A., Broomer, A. J. *et al*. (2005). Real-time quantification of microRNAs by stem-loop RT-PCR. *Nucleic Acids Research*, **33**, e179.

Croce, C. M. and Calin, G. A. (2005). miRNAs, cancer, and stem cell division. Cell, **122**, 6 - 7. de Arruda, M., Lyamichev, V. I., Eis, P. S. *et al*. (2002). Invader technology for DNA and RNA analysis: principles and applications. *Expert Reviews in Molecular Diagnostics*, **2**, 487 - 496.

Dunn, W., Trang, P., Zhong, Q. *et al*. (2005). Human cytomegalovirus expresses novel microRNAs during productive viral infection. *Cell Microbiology*, **7**, 1684 - 1695.

Eis, P. S., Olson, M. C., Takova, T. *et al*. (2001). An invasive cleavage assay for direct quantitation of specific RNAs. *Nature Biotechnology*, **19**, 673 - 676.

Eis, P. S., Tam, W., Sun, L. *et al*. (2005). Accumulation of miR-155 and BIC RNA in human B cell lymphomas. *Proceedings of the National Academy of Sciences USA*, **102**, 3627 - 3632.

Hall, J. G., Eis, P. S., Law, S. M. *et al*. (2000). Sensitive detection of DNA polymorphisms by the serial invasive signal amplification reaction. *Proceedings of the National Academy of Sciences USA* **97**, 8272 - 8277.

Hunter, C. and Poethig, R. S. (2003). miSSING LINKS: miRNAs and plant development. *Current Opinion in Genetics & Development*, **13**, 372 - 378.

Johnston, R. J. and Hobert, O. (2003). A microRNA controlling left/right neuronal asymmetry in *Caenorhabditis elegans*. *Nature*, **426**, 845 - 849.

Kaiser, M. W., Lyamicheva, N., Ma, W. *et al*. (1999). A comparison of eubacterial and archaeal structure-specific 5′-exonucleases. *Journal of Biological Chemistry*, **274**, 21387 - 21394.

Krichevsky, A. M., King, K. S., Donahue, C. P., Khrapko, K. and Kosik, K. S. (2003). A microRNA array reveals extensive regulation of microRNAs during brain development. *RNA*, **9**, 1274 - 1281.

Lagos-Quintana, M., Rauhut, R., Lendeckel, W. and Tuschl, T. (2001). Identification of novel genes coding for small expressed RNAs. *Science*, **294**, 853 - 858.

Lagos-Quintana, M., Rauhut, R., Yalcin, A. *et al*. (2002). Identification of tissue-specific microRNAs from mouse. *Current Biology*, **12**, 735 - 739.

Lagos-Quintana, M., Rauhut, R., Meyer, J., Borkhardt, A. and Tuschl, T. (2003). New microRNAs from mouse and human. *RNA*, **9**, 175 - 179.

Lim, L. P., Glasner, M. E., Yekta, S., Burge, C. B. and Bartel, D. P. (2003). Vertebrate microRNA genes. *Science*, **299**, 1540.

Liu, C. G., Calin, G. A., Meloon, B. *et al*. (2004). An oligonucleotide microchip for genome-wide microRNA profiling in human and mouse tissues. *Proceedings of the National Academy of Sciences USA*, **101**, 9740 - 9744.

Lyamichev, V., Mast, A. L., Hall, J. G. *et al*. (1999). Polymorphism identification and quantitative detection of genomic DNA by invasive cleavage of oligonucleotide probes. *Nature Biotechnology*, **17**, 292 - 296.

Lyamichev, V. I., Kaiser, M. W., Lyamicheva, N. E. *et al*. (2000). Experimental and theoretical analysis of the invasive signal amplification reaction. *Biochemistry*, **39**, 9523 - 9532.

Michael, M. Z., O' Connor, S. M., van Holst Pellekaan, N. G., Young, G. P. and James, R. J. (2003). Reduced accumulation of specific microRNAs in colorectal neoplasia. *Molecular Cancer Research*, **1**, 882 - 891.

Mills, J. B., Rose, K. A., Sadagopan, N., Sahi, J. and de Morais, S. M. (2004). Induction of drug metabolism enzymes and MDR1 using a novel human hepatocyte cell line. *Journal of Pharmacology and Experimental Therapy*, **309**, 303–309.

Miska, E. A. (2005). How microRNAs control cell division, differentiation and death. *Current Opinion in Genetics & Development*, **15**, 563–568.

Pasquinelli, A. E. and Ruvkun, G. (2002). Control of developmental timing by microRNAs and their targets. *Annual Reviews of Cell Developmental Biology*, **18**, 495–513.

Pasquinelli, A. E., Hunter, S. and Bracht, J. (2005). MicroRNAs: a developing story. *Current Opinion in Genetics & Development*, **15**, 200–205.

Pfeffer, S., Zavolan, M., Grasser, F. A. *et al*. (2004). Identification of virus-encoded microRNAs. *Science*, **304**, 734–736.

Reinhart, B. J., Slack, F. J., Basson, M. *et al*. (2000). The 21-nucleotide let-7 RNA regulates developmental timing in *Caenorhabditis elegans*. *Nature*, **403**, 901–906.

Reinhart, B. J., Weinstein, E. G., Rhoades, M. W., Bartel, B. and Bartel, D. P. (2002). MicroRNAs in plants. *Genes & Development*, **16**, 1616–1626.

Wagner, E. J., Curtis, M. L., Robson, N. D. *et al*. (2003). Quantification of alternatively spliced FGFR2 RNAs using the RNA invasive cleavage assay. *RNA*, **9**, 1552–1561.

Walter, A. E. and Turner, D. H. (1994). Sequence dependence of stability for coaxial stacking of RNA helixes with Watson-Crick base paired interfaces. *Biochemistry*, **33**, 12715–12719.

Walter, A. E., Turner, D. H., Kim, J. *et al*. (1994). Coaxial stacking of helixes enhances binding of oligoribonucleotides and improves predictions of RNA folding. *Proceedings of the National Academy of Sciences USA*, **91**, 9218–9222.

Wienholds, E. and Plasterk, R. H. (2005). MicroRNA function in animal development, *Federation of the European Biochemical Society Letters*, **579**, 5911–5922.

Wienholds, E., Kloosterman, W. P., Miska, E. *et al*. (2005). MicroRNA expression in zebrafish embryonic development. *Science*, **309**, 310–311.

Xu, P., Vernooy, S. Y., Guo, M. and Hay, B. A. (2003). The *Drosophila* microRNA Mir-14 suppresses cell death and is required for normal fat metabolism. *Current Biology*, **13**, 790–795.

Zeng, Y. and Cullen, B. R. (2003). Sequence requirements for micro RNA processing and function in human cells. *RNA*, **9**, 112–123.

19　一种检测 miRNA 表达的单分子方法

Sonal Patel，Joanne Garver，Michael Gallo，Maria Hackett，Stephen McLaughlin，Steven R. Gullans，Mark Nadel，John Harris，Duncan Whitney and Lori A. Neely*

19.1　引言

在 2002 年，关于小分子 RNA 调控作用的生物学研究呈指数增长，这一年因此被 *Science* 杂志称作是小分子 RNA 研究的“突破性的一年”；然而，从探究不同生物物种中的 miRNA 以及这些 miRNA 在不同物种中的特征而言，这一领域的研究才刚刚起步。根据 miRNA 注册数据库（Release 6.0，www.sanger.ac.uk/Software/Rfam/mirna/index.shtml），我们发现在人类的基因组中预测的 miRNA 有 319 个，然而只有 234 个 miRNA 的表达已经通过 Northern 杂交、基因克隆或微阵列分析的方法得到了验证。此外，一个基因组中的总 miRNA 数量是未知的。因此，为了使 miRNA 的研究更进一步发展，就需要灵敏、特异、快速而且高效的检测 miRNA 表达的方法。

miRNA 分子仅 21nt 长的特性使得它们很难被常规的检测方法检测到，比如微阵列分析和荧光定量 PCR，因为用这些方法很难扩增 miRNA 序列。尽管存在这些问题，一些研究团队仍旧采用 miRNA 微阵列分析的方法来检测 miRNA 的表达。他们的方法和传统的方法类似，首先需要富集小分子 RNA，然后经过反转录、PCR 扩增、标记以及最后的清洗步骤。然而这些分析方法只能大规模地鉴定 miRNA 的存在，而不能区分它们表达量的高低，因此只能算是半定量。从理论上讲，检测 miRNA 表达的最灵敏的方法应该是反转录 RT-PCR（荧光定量 RT-PCR），然而这个方法在探针的设计以及程序的实施方面都存在很大困难。被检测的组织样品必须排除酶抑制剂的污染才能进行有效的反转录和扩增（Tichopad *et al.*，2004），并且在反应的早期阶段，热循环的条件、反应成分以及探针的非特异性结合等的微弱的变化都能对最后的被扩增对象的总量产生重大影响。在实际操作中，因为存在相对定量，所以需要一个内参而且必须尽可能地保证内参和目的基因的扩增效率是一样的。Northern 杂交被称作是鉴定 miRNA 基因的表达以及对 miRNA 基因的表达进行定量的“黄金标准”，但这个方法很繁琐而且灵敏度不高。除此之外，Northern 杂交的处理量也有限，每个孔只能上样 10～30μg 总 RNA。

单分子检测、激光诱导的荧光法以及荧光相关光谱学方法的一些改进为在生理条件下研究单个的生物大分子提供了更为高效、灵敏的途径（Chirico *et al.*，2001；Hesse *et al.*，2002；Jett *et al.*，1989；Goodwin *et al.*，1996；Yanagida *et al.*，2000；Schwille *et al.*，1997；Ambrose *et al.*，1998）。这些单荧光基团和单分子技术通常被用

* 通讯作者。

来定量检测动态系统中的分子的特性，如蛋白质折叠、DNA 转录和在流动液态系统中的 DNA 结合蛋白及分子（Schwille *et al.*，1997；Ambrose *et al.*，1998；Haab and Mathies，1995；Anazawa *et al.*，2002；Dundr *et al.*，2002；Bennink *et al.*，1999；Yamasaki *et al.*，1999）。这些方法能够通过不同分子独特的光谱性质来区分溶液中的分子（Schwille *et al.*，1997；Soper *et al.*，1992）。典型地，每一个分子都被锚定上一个荧光基团然后通过共聚焦显微镜来检测，显微镜上带有激光照明以及光子激发检测系统以增强信噪比（Chiroco *et al.*，2001；Haab and Mathies，1995；Novikov *et al.*，2001；Schwille and Kettling，2001；Soini *et al.*，2000）。在双色荧光相关光谱学实验中，不同的分子被分散在特定的讯问室，然后用一个时间依赖性的横向相关程序去分析单个分子，这种灵敏度能达到 10～100nm（Schwille *et al.*，1997）。近来，人们发现双色重合荧光检测系统能够超敏定量检测非流动系统中的单个合成的 40bp 的 DNA 分子，这种灵敏度达到 50fmol/L（Li *et al.*，2003）。然而，荧光相关光谱学检测方法需要将不同的检测分子分散开，而且还需要一个复杂的实验平台。总之，这些研究证实单分子技术能够检测和定量单个生物分子的生化性质。然而，到目前为止，并没有人用这种方法去快速定量检测在复杂生物样品中的 miRNA 水平。

我们致力于开发一种单分子方法，这种方法能够高灵敏且特异地检测和定量 miRNA。为了达到这个目标，我们创建了一个微流控多色激光系统，这个系统在单分子高速通过时就能计算分子的数量。另外，我们还开发了一种快速的基于溶液的杂交分析检测，它使用荧光素标记的嵌合 DNA 探针，能够检测飞摩尔（femtomolar）水平的 miRNA。这种方法是自然均质的，不需要任何的捕获目标、富集和清洗步骤，而且也不需要反转录和扩增。在这一章节里，我们将概述这种用于 miRNA 定量的单分子方法以及该方法的灵敏性和特异性。然后我们将该方法用于人类正常组织及癌症组织中的 miRNA 基因表达的检测。

19.2 方法

19.2.1 单分子检测平台

该方法单分子计数所使用的仪器为一台来自美国基因组学公司的 Ttilogy™ 2020 共聚焦激光诱导荧光检测仪。这个设备如先前所描述的，具有在一个微流控的流动相里允许三色荧光检测（Chan *et al.*，2004）的功能，并且这个设备通过工程师的改进可以自动地进行样品的处理和传递［图 19.1（a)］。很明显，这个系统和其他人描述的很类似（Widengren and Kask，1993；Eigen and Rigler，1994；Nie *et al.*，1995；Widengren，1995）。这个系统有四个激光器（一个 488nm 和一个 532nm 的半导体泵固相激光器，以及两个 638nm 的固相二极管激光器）。在我们这个特定的研究中，我们用 532nm 的激光去激发 556 荧光团，用 638nm 的激光去激发 656 荧光团。发出的激光形成一个高离心率的激光束，反射到一个多波镜上，然后聚焦到一个高数值模拟的油浸透镜，最后到达一个定制的硅土丝微流控毛细管。在激光束的腰部，聚焦的条纹大约长 10μm（与液体流的方向一致)，宽 1μm（与液体流的方向平行)。图 19.1（b）展示了不同的激光条纹在毛细管上的分布定位。正是因为这些条纹高度的聚集性，才使得在毛细管里一个

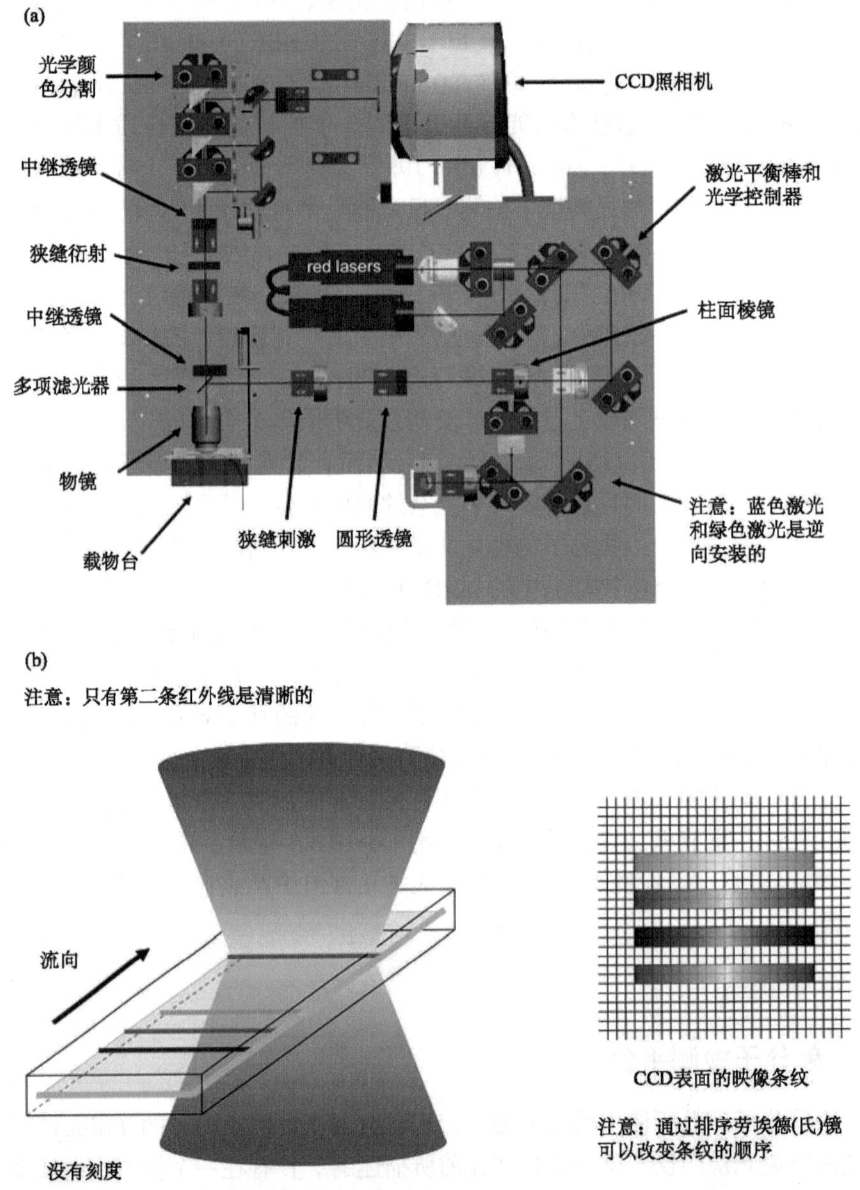

图 19.1 (a) 我们 4 个激光单分子检测平台的光学概要图。(b) 在一个微流控的通道内，激光聚焦的容积被聚焦成"条纹"并且排列好。更为清晰地说，我们只展示了第二个红条纹。532nm 的激光讯问室在第一个 633nm 激光讯问室的下面 2μm，第二个 633nm 的聚焦室在第一个红色聚焦室的下面 8μm。数据分析软件使用一个标准的交叉相关算法来检测在 2 个红色激光讯问室之间流过的速度。我们这个算法允许 Red1 和 Green 激光器之间有 2μm 的偏移并且使数据轨迹同步，这样单个的双色荧光标记分子在荧光发射的时候就能达到一个重合高峰。

体积很小的样品都能够激发荧光。这样产生的噪声也比较小，相比之下由拉曼和瑞利散射以及生物样品的背景荧光产生的噪声就比较大。由荧光标记的分子发出的荧光通过多棱镜，然后通过光圈聚集，最后到达检测仪，光圈的作用是为了减少杂散的荧光。这些荧光然后被二色镜分成每个荧光基团特异性的波段，接下来这些波段通过过滤器，目的是过滤掉杂散的荧光和任何拉曼或瑞利散射荧光。每一个通道的过滤光其后被聚焦到一个电子多乘 CCD 照相机的活性表面。CCD 自身包含一个 128×128 的像素，每一个 $24\mu m^2$。这些透镜和目标对大约能够放大 50 倍，然后每一个条纹的图像通过可调整的镜子排列到像素的一个特定的波段，$20\mu m$ 宽、$2\mu m$ 高。照相机中使用了能高速获取数据的电子仪，用来计算在 $110\mu s$（9kHz 的取样速度）的综合时间内由每个像素聚集的光子数。这个照相机的电子仪和固件还能将每一个 2×2 的像素自动化分成一个“超像素”。需要说明的是，这个系统对于有 3 个不同光谱的荧光基团而言，只能检测到单个的荧光基团。

我们修改了一下我们的实验平台，它包括一个与样品传递系统协调的自动化 96 孔板。样品由真空通过一个 15cm 长的定制硅土丝微流控毛细管牵引下来，毛细管的一端包覆有一个针，这个针用来戳穿覆盖在 96 孔板上的热密封条。

自动传递系统使得样品的注入和毛细管的清洗工作在进行程序之前就完成了。我们用工作液［US Genomics（USG），Woburn，MA］冲洗毛细管 10min，然后又用 1×反应缓冲液冲洗了 20min。在完成清洗步骤之后，样品列队等候进入讯问室，所有样品的信息在 36s 内就可以收集到。当每一个样品被汲取完之后，系统会自动地用 1×反应缓冲液冲洗管子 10s。这个设备还包括一个机架，它能放置 8 个 $200\mu l$ 的管子。每 3 个装有 $100\mu l$ 工作液的管子被放到机架上，并且每隔 3 个样品毛细管都要先用工作液浸泡 10s，然后再用反应液浸泡 10s。

19.2.2　实验设计

锁核酸是一种合成的核苷酸类似物，结构中包括一个呋喃核糖，呋喃核糖的 2′ O，4′-C 位之间有一个氧亚甲基桥，这个桥将呋喃糖的结构锁定在 C3′内型的 N 构型，形成了刚性的缩合结构，使得它能和一个互补的核酸链进行杂交。这种 DNA 探针中锁定的碱基对的引入增加了 LNA/DNA 双链的热稳定性（Christensen *et al.*，2001）。在我们的实验中，我们用 2 个 10-mer 的不同荧光光谱的 LNA/DNA 探针去杂交感兴趣的一些小分子 RNA（图 19.2）。这种探针中锁定的碱基对的引入增加了 LNA/DNA 双链的热稳定性，从而使得我们可以在更高的温度（55℃）进行杂交反应，将非特异性扩增降到最低。这些短探针的应用能够将杂交的特异性最大化，因为单个碱基的错配就会对双链的稳定性产生很大的影响。在我们之前的研究中，我们其中一个 LNA 探针使用了四甲基若丹明、Alexa 546 或 Oyster 556，另外一个 LNA 探针使用了 Alexa 633、Cy5 或 Oyster 656。杂交反应结束之后，温度降到 40℃而且用猝灭分子标记的合成核苷酸探针又用来杂交剩余的 LNA 探针。猝灭反应减少了本底的荧光，因此增加了检测的灵敏度。猝灭反应液稀释 2～10 倍（取决于 LNA 探针的浓度）后用于单分子讯问。

19.2.3　双色重合事件的计数

为了检测和定量我们感兴趣的分子，我们采用了一个双色重合事件检测策略。如图 19.2 所示，靶分子带有两个荧光探针，一个是用 Oyster 556 标记的，我们把它称为“绿色探针”；另一个是用 Oyster 656 标记的，我们称之为“红色探针”，靶分子通过激光激发检测室（Red1，Green，Red2），从而发射光子。我们以 1ms 的时间间隔记录下从激光讯问室发射出的猝发光子数。这个激光焦体在微流控通道被检测［图 19.1(b)］。采用别人前面描述的方法（Brinkmeier *et al.*，1999），我们利用这两个红色通道之间的交叉相关性去检测流过的荧光标记分子的容积。我们重点放在 532nm 激光器上游的 633nm 激光器。两个激光焦体的偏移量排除了光谱交叉串扰的可能。我们的数据分析软件占据了这个偏移距并且使这些数据同步，目的是使双荧光标记分子作为一个重合事件被计数（图 19.2）。数据分析系统计算在我们制定的一个临界点之上的重合事件的数目。更具体一点，我们计算时间间隔的数目，在这些时间间隔里，从每一个荧光通道发出的信号超过了相应通道的一些固定的量值。这些临界点是为了排除本底信号而采用的，这些本底信号来自环境周围的荧光。双色或多色的重合是为了减弱自由探针和残留的本底荧光的影响。一个检测临界点代表了光子猝发的最低水平，而光子猝发被看做来自一个荧光标记探针的信号。针对每一个颜色，我们都设定了一个临界点，这些临界点是根据平均的信号强度外加 5 次从模拟的杂交反应所得到的信号的标准偏差而设定的。模拟的杂交反应中包含在 1×反应缓冲液中稀释了 2～10 倍的 1μg 总 RNA。

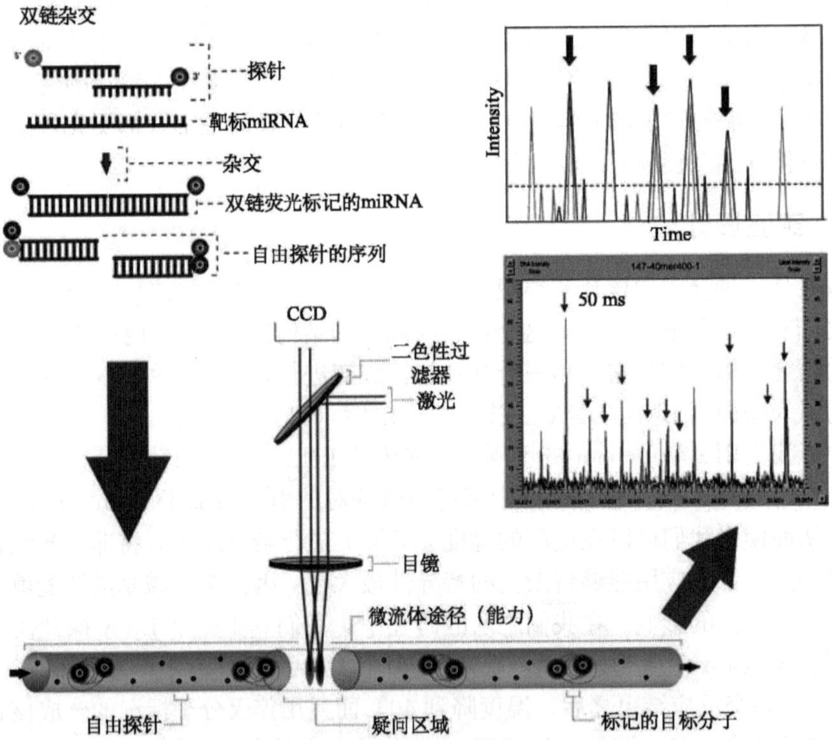

图 19.2　一个单分子双色重合检测系统被用来定量 miRNA。miRNA 在从两个不同的荧光染料发射出光子的时候作为重合爆发事件被检测和计数。检测步骤如下：miRNA 在溶液中与两个不同光谱的荧光探针进行杂交（Oyster 556 和 Oyster 656），然后通过一个包含一系列毫微微米激光聚焦室的毛细管进行真空加压。荧光发射在超时的信号强度中作为尖峰信号被记录下来。箭头突出了光子发射中的重合高峰。带有猝灭分子的互补 DNA 探针然后与剩余的非结合荧光探针杂交以使重合事件最小化，这些重合事件往往是由随机进入激光讯问室的自由探针产生的。

我们数据分析方法的一个新的特征就是在原始数据的基础上估算随机重合事件的数目。这种估算减去了原始重合事件数，为的是估算由双标记分子和由分析物的浓度推理产生的重合事件的数目。这个相关方法的详细描述可以参考 D'Antoni（2006）的文献。

19.2.4 RNA、DNA 和 LNA 核苷酸的合成

我们根据 DNA/LNA 探针能与已知的靶 miRNA 序列互补配对的原理来设计 DNA/LNA 探针，公开的 LNA 探针设计工具可以在 www.exiqon.com 上找到。我们反复调整锁核酸的数目和布局，为的是使 LNA 探针与本地 RNA 的熔解温度相近，并使同型二聚体和异源二聚体的形成程度以及杂交反应的程度最小。荧光修饰的嵌合 DNA/LNA 探针（Proligo，Boulder，CO or Exiqon，Vedbaek，Denmark）、带有 A-猝灭剂的 DNA 猝灭探针（Exiqon）和合成 miRNA 模板（Integrated DNA Technologies，Coralville，IA）都是人工合成并且纯化的。核苷酸的浓度和染料标记的化学计量法是通过用紫外分光光度计（Palo Alto，CA）来检测 650～230nm 的核苷酸光吸收值来确定的。染料的消光系数和相关的因素是由 Molecular Probes（Eugene，OR）或者 Denovo（Munster，Germany）提供的。猝灭探针的化学计量法标记是由反相高效液相色谱方法确定的。

19.2.5 miRNA 与探针配对杂交的验证

为了验证我们的锁核酸探针能否有效地与它们的靶 miRNA 相结合，并确定完成杂交反应需要的最低探针浓度，我们使用了一个电泳转移移动分析系统去检测 1pmol/L 放射性标记的合成 miRNA 与不同浓度的锁核酸探针（100pmol/L～5nmol/L）的结合情况。如前所述，靶 miRNA 是用 T4 PNK 催化的^{32}P 标记（Sambrook *et al.*，1989）。杂交反应是在 1×USG 杂交缓冲液中进行的，在热循环仪（MJ Research）上 80℃温育 5min，然后 55℃温育 1h。在一些情况下还会添加猝灭探针，添加与否取决于它们的添加是否会因为它们与锁核酸探针竞争靶 miRNA 而使杂交产物的总量减少。反应液在 4℃冷却，然后在 20% 的非变性 PAGE 胶上 100V 电泳 3h。电泳胶在 Whatman 印迹纸上真空干燥然后展露在一个荧光屏上，最后用 ImageQuant program 来定量杂交到的靶 miRNA 的百分含量。

19.2.6 miRNA 绝对定量

为了定量 miRNA 基因的表达，我们采用了标准曲线，这个标准曲线包括了一个范围的合成 miRNA 的不同浓度，形成了一系列不同浓度的 miRNA 的本底。我们为了研究人类 miRNA 的表达谱，准备了 2～3 个独立的标准曲线，这些标准曲线包括了 0.25、0.5、1、2、5、10、25 和 50pmol/L 的合成的 miRNA，把它们加到人组织的总 RNA 中、大肠杆菌的总 RNA 或者人普通的 RNA 中。当检测一些组织的 miRNA 表达时，我们所采用的本底 RNA 最好跟正在研究的组织相一致。我们建议每个 miRNA 使用6～20 个无靶标的对照（探针和本底 RNA）。组织总 RNA 的杂交反应体系在 1×USG 杂交缓冲液中包括 50～100ng 的组织总 RNA、200～500pmol/L 的锁核酸探针和 0.5μl 的 RNA 酶抑制剂（US Biologicals，Swampscott，MA）。我们将 96 孔板用微密封盖（MJ

Research，Waltham，MA）密封起来，80℃温育 5min，然后 55℃温育 1h。接下来要冷却这个板并且加入 DNA 猝灭剂探针（探针的浓度是 2×的，而且要依据锁核酸探针的浓度来添加）。猝灭反应要在 40℃反应 30min。在进行单分子检测之前我们要稀释样品，使锁核酸探针的终浓度为 100pmol/L，然后计算标准曲线的负对照及每个数据点的 95% 的置信区间，置信区间建立在假定不等变化的单尾 T 测试的基础上。定量的最低限度定义在标准曲线的第一个数据点，这个标准曲线要在无靶标对照的 95% 的置信区间上边而且变化系数（平均标准偏差，$n=3$）不超过 20% 。这个数据适合用普通的最小平方估算法进行标准线性回归分析。

如果 3 个独立实验的组织总 RNA 中重合事件的数目中有一个变化系数小于 20% ，并且也在无靶标对照的 95% 的置信区间上边，我们就认为这个 miRNA（或者是非常相近的家族的成员）是表达的，并计算其在组织中的浓度。为了避免总 RNA 的平均重合数目小于或等于 20% 但不在无靶标对照的 95% 的置信区间上的情况发生，我们建议使用不同浓度的总 RNA 数量，通常用 50～100ng 总 RNA 去定量单个 miRNA的表达。

19.3 结果和讨论

19.3.1 检测的灵敏性和动态区域

该方法可检测小到 100fmol 的 miRNA 量，其下限浓度在 250fmol 左右（对应于杂交反应的 500fmol）。图 19.3 展现了一个合成的 miRNA 的标准曲线，浓度介于 250fmol～200pmol。在用于单分子检测之前所有的样品都稀释了 2 倍。每一个数值代表了在 3 个独立的实验中每秒检测到的平均的重合事件，这 3 个实验的置信区间为±95% 。这个检测的线性动态区域跨度了 3 个级别（从 200fmol 到 200pmol）。

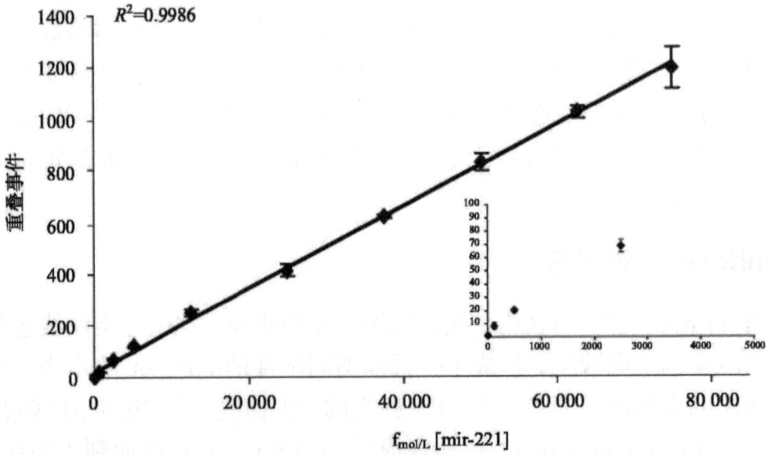

图 19.3 直接的 miRNA 检测系统的灵敏度为 500fmol，并且有一个跨度 3-logs（250fmol/L～200pmol/L）的线性动力范围。与 *mir*-187 序列完全相同的一个合成的 RNA 寡核苷酸被稀释成一系列的浓度，为 200pmol/L～250fmol/L，然后跟与它互补的 Oyster 556 和 Oyster 656 LNA 探针进行杂交，杂交反应还包括一个复合的本底 RNA（250ng 的大肠杆菌总 RNA）。30min 的猝灭反应之后，杂交反应液稀释 2 倍之后用于单分子检测平台检测。散布图是由每个 miRNA 运行浓度在每秒钟的重合事件数组成的。这些数据适用于一个简单的线性回归分析模型。

为了进一步验证这种方法的灵敏性，我们又测试了重量分别为 50ng 和 100ng 的组织中 miRNA 表达水平的定量测定。我们选定了 *mir-16*、*mir-9*、*mir-22*、*mir-126*、*mir-143*、*mir-145*、*mir-191* 和 *mir-205* 作为检测对象，它们分别代表了 miRNA 一定范围的表达水平，其在相应组织中的表达量已从我们的实验或者别人的实验中获得验证，这些 miRNA 在组织中的表达代表了低、中、高 3 种表达方式。我们分别用了 3 种不同的组织 RNA 浓度去做杂交反应，分别为 50、100 和 500ng，为了数据比较的方便，我们采用了平均值，单位是 fg/μg 总 RNA（表 19.1）。我们发现在 3 种不同浓度总 RNA 中检测到的每个目的 miRNA 的量与相应的变化系数间有很好的一致性，在 14 个实验中，有 12 个实验的变化系数小于 20%，并且所有实验的变化系数小于 22%。这个数据表明对大多数 miRNA 而言，50ng 组织总 RNA 用于准确又精确的定量检测已经足够。

表 19.1　直接的 miRNA 检测系统用 50ng 组织总 RNA 能够精确定量特异性地检测靶 miRNA

miRNA	组织	平均 fg/μg±标准偏差			CV
		50ng	100ng	500ng	
mir 9	脑	13 556±536	13 053±267	12 216±17.6	5%
mir-16	胸腺	5 884±831	7 558±648	5 007±157	21%
mir-22	脑	1 649±102	2 095±622	2 578±193	22%
	前列腺	6 129±526	6 518±510	5 698±84	6%
mir-126	肺	7 927±655	8 666±1 765	6 906±182	11%
mir 143	宫颈	53 682±5 308	52 912±3 791	53 166±4 043	1%
mir-145	结肠	13 056±969	14 811±1 175	13 742±545	6%
	肝	1 050±304	991±233	1 306±87.3	19%
	胎盘	13 418±697	13 912±68	13 282±666	2%
	脑	1 563±24	1 812±125	1 957±82	11%
	宫颈	77 157±2 974	81 084±2 522	94 676±1 888	11%
mir-191	脾	816±36	ND	845±127	3%
mir 205	前列腺	5 556±41	4 500±186	6 305±980	17%
	宫颈	1 600±42	1 433±9	1 703±348	9%

注：*mir-9*、*mir-16*、*mir-22*、*mir-126*、*mir-143*、*mir-145*、*mir-191* 和 *mir-205* 的表达水平在 50ng、100ng 和 500ng 组织总 RNA 中定量。所有数据根据每微克组织总 RNA 所含的目标 miRNA 的飞克数来归一化，并且以三次实验的平均值±标准偏差来表示。ND：没有检测到。

19.3.2　检测的特异性

为了测定该检测方法是否能区分同一个 miRNA 家族的不同成员，我们用 *let-7a* 的特异性探针去杂交 *let-7a*、*let-7b*、*let-7c* 和 *let-7d*。这些反应包括 *let-7* 家族的不同成员，总共设有 4 个浓度，分别为 5、10、50 和 100pmol/L，然后去杂交与 *let-7a* 高度相似的 LNA 探针。这些反应用于单分子检测之前稀释了 5 倍，结果见图 19.4。结果表明这些探针能够区分 *let-7* 家族的 4 个不同成员。数据显示每秒钟每个 *let-7* 家族成员的浓度和相应的反应液浓度是相重合的。在我们检测的 4 个不同的浓度中，我们观察到 *let-7a*、*let-7* 和 *let-7d* 之间的重合点至少下调 10 倍。

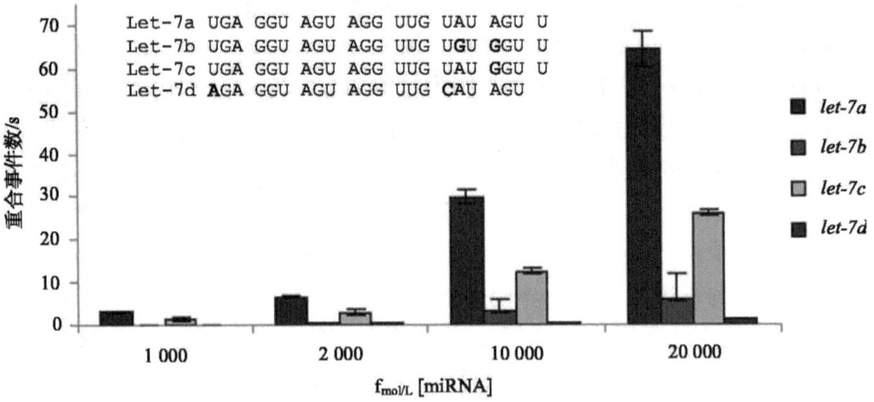

图 19.4　直接的 miRNA 检测系统特异性地检测靶 miRNA。我们用与 *let-7a* 高度相似的 LNA/DNA 探针去杂交 *let-7* 家族的 4 个不同成员（*let-7a*、*let-7b*、*let-7c* 和 *let-7d*），总共设有 4 个浓度，分别为 5、10、50 和 100pmol/L。继杂交和猝灭反应之后，所有的样品稀释 5 倍用于单分子检测。不同家族成员的序列我们也注释出来了。柱状图展示了 3 个独立实验每秒中重合事件的平均数，正负表示标准偏差。柱状图中标识的 miRNA 浓度代表样品的运行浓度。

19.3.3　癌组织中 miRNA 表达的定量检测

之前报道的一篇研究中，我们用该检测方法定量了 16 个不同组织中 45 个不同的 miRNA 的表达（Neely *et al.*，2006）。我们将该研究方法用来进一步检测 miRNA 在人类不同癌组织及对应的正常组织中的表达水平。所选材料为乳腺、卵巢、前列腺的正常组织和腺癌、宫颈正常组织和鳞状细胞癌以及皮肤正常组织和黑色素瘤组织，总 RNA 购自 Ambion 公司，是从没有混杂正常组织和肿瘤样品的单个肿瘤中分离的。我们分别检测了 11 种 miRNA 在上述组织中的表达。对于每一个不同的 miRNA，我们准备了 3 个独立的标准曲线。由于空间有限我们在这里就不罗列每一个不同的标准曲线，但它们都被证实检测到的重合事件的次数和 miRNA 浓度之间存在强相关性，这种认定的系数很高，其中 11 个 miRNA 中的 10 个为 0.99，1 个为 0.97。线性数据的优劣不仅要通过计算认定系数来衡量，而且还要通过计算回归系数的置信区间来衡量。图 19.5 展示了 1μg 组织总 RNA 中 miRNA 的飞克级表达量，验证了之前报道的一些结果（Michael *et al.*，2003；Iorio *et al.*，2005），我们发现 *mir-143* 和 *mir-145* 的表达在所有癌组织中有显著的下调（大于 2 倍）。我们还发现 *mir126* 在乳腺癌中的表达量比正常乳腺组织高出了 2 倍之多，*mir-16*、*mir-22*、*mir-24*、*mir-100*、*mir-126*、*mir-191* 和 *mir-195* 在宫颈癌中的表达要低于正常组织。我们在宫颈癌中发现 *mir-181a* 的表达没有出现下调。与正常组织相比，*mir-16*、*mir-22*、*mir-24*、*mir-100*、*mir-126* 和 *mir-195* 在卵巢癌中的表达量下调了至少 3 倍，而 *mir-181a* 的表达没有多大变化。*mir-205* 在正常皮肤组织中的表达量为 13pg/μg，而在黑色素瘤中却检测不到，*mir-181a* 在黑色素瘤中的表达比正常组织提高了 3 倍。然而还有一点需要说明的是，正常的总 RNA 均来自异质细胞样品或组织，如 *mir-181a* 在黑色素瘤中的表达提高了 3 倍，这仅仅能表示 *mir-181a* 表达量的升高是黑色素细胞特异的。

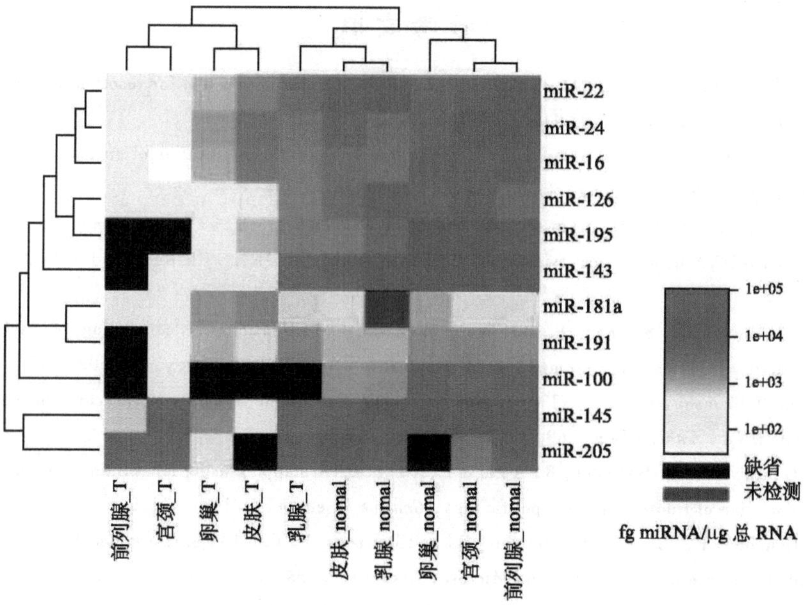

图 19.5 不同癌组织 miRNA 表达谱，miRNA 的基因表达异常。11 种不同的 miRNA 在皮肤、乳腺、卵巢、宫颈和前列腺正常组织中的组织特异性表达与它们在癌组织中的表达进行比较。原始重合事件的变化系数都少于 20%。结果是 3 个独立实验的平均数，单位是 fg/μg 组织总 RNA。表达数据在检测临界点（15fg）成层，然后再对数变换。使用沃兹算法和欧几里得间距度量法得到了分级集群，并且在 R 数据环境（R Development Core Team，2005）中创建了一个热力图。（见彩图 11）

19.4 结束语

该章节阐述了一种检测 miRNA 的单分子方法。尽管单分子双色重合检测系统如前所述已经用于 mRNA 的定量以及检测非扩增的基因组 DNA（Castro and Williamson，1997；Korn *et al.*，2003），本文是第一次报道单分子检测方法在 miRNA 定量上的应用。我们的方法极其简单而且 2h 之内就可产生再生数据；不需要前期准备，如富集、连接、扩增，也不需要清洗步骤。该方法的缺点是，由于无需对样品进行前期处理，因此就会将样品的差异性带入到最后的分析检测从而影响定量的精确度。我们的检测用的是 96 孔板和 384 孔板，一天之内可以定量数以百计的 miRNA 基因的表达。

用该方法可精确地定量检测组织总 RNA 中 miRNA 的数量。这种定量对一个特定组织中特定 miRNA 而言是高效可重复的，因为我们通过跨度几个月的多次实验能够精确地再次定量所选定 miRNA 基因的表达。其准确性由检测到的 miRNA 水平和 Northern 杂交数据的强相关性所证实（Neely *et al.*，2006）。更重要的是，该方法能够精确地检测一个特定 miRNA 的表达量的微弱变化，而这种变化是其他方法检测不到的，如 Northern 杂交、微阵列分析和 RT-PCR，这些方法都是通过检测信号的大小来确定 miRNA 量的多寡。

参考文献

Ambrose, W. P., Semin, D. J., Robbins, D. L. *et al*. (1998). Detection system for reactionrate analysis in a low-volume proteinase-inhibition assay. *Anal. Biochem.*, **263**, 150–157.

Anazawa, T., Matsunaga, H. and Young, E. S. (2002). Electrophoretic quantitation of nucleic acids without amplification by single-molecule imaging. *Anal. Chem.*, **74**, 5033–5038.

Bennink, M. L., Schaerer, O. D., Kanaar, R. and Sakata-Sogawa K. (1999). Single-molecule manipulation of double-stranded DNA using optical tweezers: interaction studies of DNA with RecA and YOYO-1. *Cytometry*, **36**, 200–208.

Brinkmeier, M., Dorre, K., Stephan, J. and Eigen, M. (1999). Two beam cross correlation: A method to characterize transport phenomena in micrometer-sized structures. *Analytical Chemistry*, **71**, 609–616.

Castro, A., and Williamson, J. G. K. (1997). Single molecule detection of specific nucleic acid sequences in unamplified genomic DNA. *Anal. Chem.*, **69**, 3915–3920.

Chan E. Y., Goncalves, N., Haeusler, R. A. *et al*. (2004). DNA mapping using microfluidic stretching and single-molecule detection of fluorescent site-specific tags. *Genome Research*, **6**, 1137–1146.

Chirico, G., Cannone, F., Beretta, S., Baldini, G. and Diaspro, A. (2001). Single molecule studies by means of the two-photon fluorescence distribution. Microsc. *Res. Tech.*, **55**, 359–364.

Christensen, U., Jacobsen, N., Rajwanshi, V. K., Wengel, J. and Koch, T. (2001). Stopped-flow kinetics of locked nucleic acid (LNA) -oligonucleotide duplex formation: studies of LNA-DNA and DNA-DNA interactions. *Biochem. J.*, **354**, 481–484.

D' Antoni, C. M., Fuchs, M., Harris, J. L. *et al*. (2006). Rapid quantitative analysis using a single molecule counting method. Anal. Biochem. (In press.) Dundr, M., McNally, J. G., Cohen, J. and Misteli, T. (2002). Quantitation of GFP-fusion proteins in single living cells. *J. Struct. Biol.*, **140**, 92–99.

Eigen, M. and Rigler, R. (1994). Sorting single molecules: applications to diagnostics and evolutionary biotechnology. Proc. Natl. *Acad. Sci. USA*, **91**, 5740–5747.

Goodwin, P. M., Ambrose, W. P. and Keller, R. A. (1996). Single molecule detection in liquids by laser induced fluorescence. *Acc. Chem. Res.*, **29**, 603–613.

Haab, B. B. and Mathies, R. A. (1995). Single molecule fluorescence burst detection of DNA fragments separated by capillary electrophoresis. *Anal. Chem.*, **67**, 3253–3260.

Hesse, J., Wechselberger, C., Sonnleitner, M., Schindler, H., and Schutz, G. J. (2002). Single molecule reader for proteomics and genomics. J. Chromatogr. B. Analyt. Technol. Biomed. *Life. Sci.*, **782**, 127–135.

Iorio, M. V., Ferracin, M., Liu, C. G. *et al*. (2005). MicroRNA gene expression deregulation in human breast cancer. *Cancer Research*, **65** (16), 7065–7070.

Jett, J. H., Keller, R. A., Martin, J. C. *et al*. (1989). High-speed DNA sequencing: an approach based upon fluorescence detection of single molecules. *J. Biomol. Struct. Dyn.*, **7**, 301–309.

Korn, K., Gardellin, P., Liao, B. *et al*. (2003). Gene expression analysis using single molecule detection. *Nucleic Acids Res.*, **31** (16), 1–8.

Li, H., Ying, L., Green, J. J., Balasubramanian, S. and Klenerman, D. (2003). Ultrasensitive coincidence fluorescence detection of single DNA molecules. *Anal. Chem.*, **75**, 1664–1670.

Michael, M. Z., O' Connor, S. M., van Holst Pellekaan, N. G., Young, G. P., and James, R. J. (2003). Reduced accumulation of specific microRNAs in colorectal neoplasia. *Mol. Cancer. Res.*, **12**, 882–891.

Neely, L. A., Patel, S., Garver, J. *et al*. (2006). A single-molecule method for the quantitation of microRNA gene expression. *Nature Methods*, **3**, 41–46.

Nie, S., Chiu, D. T. and Zare, R. N. (1995). Real time detection of single molecules in solution by confocal fluorescence microscpy. *Anal. Chem.*, **67**, 2849–2857.

Novikov, E., Hofkens, J., Cotlet, M. *et al*. (2001). A new analysis method of single molecule fluorescence using series of photon arrival times: theory and experiment. *Spectrochim. ActaA. Mol. Biomol. Spectrosc.*, **57**, 2109–2133.

R Development Core Team (2005). R: A language and environment for statistical computing. Vienna, Austria: R Foundation for Computing.

Sambrook, J., Fritsch, E. and Maniatis, T. (1989). *Molecular Cloning: A Laboratory Manual*. Cold Spring Harbor, NY: Cold Spring Harbor Laboratory Press.

Schwille, P. and Kettling, U. (2001). Analyzing single protein molecules using optical methods. *Curr. Opin. Biotechnol.*, **12**, 382–386.

Schwille, P., Bieschke, J. and Oehlenschlager, F. (1997). Kinetic investigations by fluorescence correlation spectroscopy: the analytical and diagnostic potential of diffusion studies. *Biophys. Chem.*, **66**, 211–228.

Soini, E., Meltola, N. J., Soini, A. E. *et al*. (2000). Two-photon fluorescence excitation in detection of biomolecules. Biochem. *Soc. Trans.*, **28**, 70–74.

Soper, S. A., Davis, L. M. and Shera, E. B. (1992). Similtaneous detection of two colors by two collinear laser beams at different wavelengths. *J. Opt. Soc. Am. B.*, **9**, 1761–1769.

Tichopad, A., Didier, A. and Pfaffl, M. W. (2004). Inhibition of real-time RT-PCR quantification due to tissue-specific contaminants. *Mol. Cell Probes*, **18**, 45–50.

Widengren, J. (1995). Fluorescence correlation spectroscopy of triplet states in solution: a theoretical and experimental study. *J. Phys. Chem.*, **99**, 13 368–13 379.

Widengren, J., and Kask, P. (1993). Fluorescence correlation spectroscopy with high count rate and low background: analysis of translational diffusion. *Eur. Biophysics* **22**, 169–175.

Yamasaki, R., Hoshino, M., Wazawa, T. *et al*. (1999). Single molecular observation of the interaction of GroEL with substrate proteins. *J. Mol. Biol.*, **292**, 965–972.

Yanagida, T., Kitamura, K., Tanaka, H., Hikikoshi Iwane, A. and Esaki, S. (2000). Single molecule analysis of the actomyosin motor. *Curr. Opin. Cell. Biol.*, **12**, 20–25.

20 用 TaqMan®法来实时定量检测 microRNA

Yu Liang, Linda Wong, Ruoying Tan and Caifu Chen*

20.1 引言

microRNA 是一类新的小分子非编码 RNA，在转录后水平控制基因的表达（Ambros，2004；Bartel，2004）。初级 microRNA 转录体（也叫 pri-miRNA 前体）经由 Drosha 和 Dicer 两类核糖核酸酶 III 顺序加工，从而分别产生约 80 nt 的 pre-miRNA 前体和约 21nt 的成熟 microRNA。microRNA 与 RNA 介导的沉默复合体（RISC）结合，从而识别并通过翻译阻遏或直接切割来沉默靶 mRNA（Wightman *et al.*，1993；Olsen 和 Ambros，1999；Hutvagner and Zamore，2002；Doench and Sharp，2004；Zhang *et al.*，2004）。

克隆技术和计算机预测表明在人类中有约 800 个 miRNA 基因，能调控超过 5300 个在不同生命过程中起作用的人类基因，包括细胞增殖和代谢、发育时序、细胞凋亡、红细胞生成、神经元发育、肿瘤发生，甚至 DNA 甲基化和染色质修饰（Ambros，2003；Baehrecke，2003；Michael *et al.*，2003；Bao *et al.*，2004；Bartel，2004；Chen *et al.*，2004；Chen and Lodish，2005；Johnston *et al.*，2005）。一些 miRNA 的表达是泛在性的，而其余的 miRNA 的表达却具有高度的组织特异性。它们的表达水平因不同的物种和组织而差异很大，在单个细胞中的变化范围可从少于 10 个到超过 50 000 个拷贝（Kim *et al.*，2004）。低丰度的 microRNA 通常能逃避一些技术如克隆、Northern 杂交和 Microarray 分析的检测（Krichevsky *et al.*，2003；Lim *et al.*，2003；Liu *et al.*，2004）。在这一章中，我们叙述了一种实时定量方法，具有高度准确性和灵敏度，叫做 TaqMan® miRNA 检测法。

20.2 用 TaqMan® microRNA 检测法来检测和定量 microRNA

20.2.1 TaqMan® 实时定量 PCR 的基本原理

实时定量 PCR 使研究人员能够利用 PCR 反应来检测低丰度的 RNA，PCR 每一循环的产物数量直接与 PCR 起始时的模板数量成正比。PCR 的化学原理及仪器平台的发展使得可靠地实时检测 PCR 产物成为可能，已广泛应用于定量基因表达的变化（Higuchi *et al.*，1993）。

TaqMan® PCR 反应利用了金牌 *Taq* DNA 聚合酶的 5′端核酸酶活性，能够在 PCR 每一循环过程中切割探针（Livak *et al.*，1995）。TaqMan® 探针的 5′端标有荧光报告基

---

* 通讯作者。

团，3′端标有荧光猝灭基团，利用PCR过程中荧光报告基团信号的累积来检测PCR产物。当探针完整时，荧光报告基团与荧光猝灭基团的空间距离足够近，报告基团的荧光因荧光共振能量转移而被猝灭基团所阻遏。在PCR退火过程中，当存在目的序列时，探针会特异性地结合在上下游引物之间的序列区段上。在PCR延伸过程中，金牌*Taq* DNA聚合酶利用5′→3′外切酶活性切割探针，解除了猝灭基团对报告基团荧光的抑制作用，使其荧光信号得以增加。

探针片段随即与目的序列分离，双链继续延伸。探针的3′端因为标记了荧光基团，在PCR过程中不能延伸。这一过程在每一循环中都发生，并且没有影响产物的指数扩增。非特异性的扩增不会被检测，因为只有当探针与序列完全互补且序列被扩增时其荧光信号才会增加。

20.2.2 TaqMan® microRNA检测法的化学原理

常规的基于TaqMan技术的实时定量PCR需要上游引物、下游引物和荧光标记的探针。成熟miRNA的长度太短，这使得对它们的定量成为一个技术挑战。在这里我们介绍一种新的能够解决这一挑战的microRNA定量方法，叫做TaqMan® microRNA检测法（Chen *et al.*，2005）。与常规的TaqMan检测法相同，这种方法也包括两个简单步骤：反转录反应（RT）和实时PCR。但是，主要的不同在于在RT反应中使用了一种新的茎环结构引物（图20.1）。每个茎环结构的引物包含一个3′突出端和一个茎环。3′突出端长5～8碱基，与miRNA序列的3′端互补。在反转录酶的作用下，RT引物沿着miRNA模板特异性延伸。RT产物不单包括miRNA序列，也包括茎环结构引物的序列。RT产物与miRNA的特异上游引物、TaqMan探针和通用下游引物一起，用来设计常规的实时PCR反应。

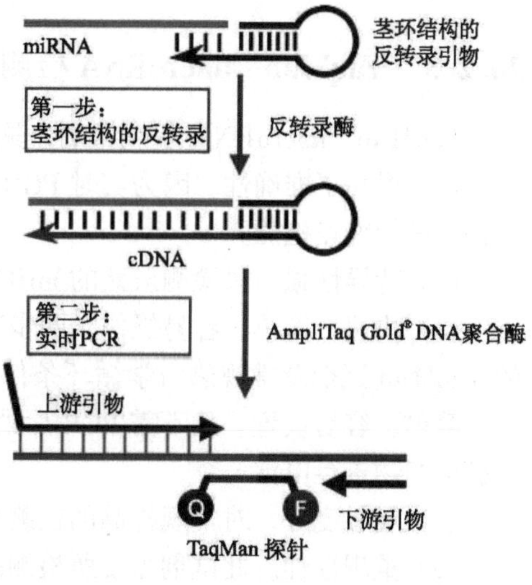

图20.1 TaqMan® miRNA检测法的基本原理示意图。（见彩图12）

茎环结构的RT引物有几大优点。首先，RT延伸起始位点提高反应的特异性，能够区分相似miRNA的3′端。第二，加长了cDNA的长度，方便设计常规的TaqMan检测试剂盒，大大增加了设计小RNA检测试剂盒的可行性。第三，TaqMan® microRNA检测法继承了传统TaqMan®检测法特异性好、灵敏度高、动力学范围广的性能。第四，我们观察到，茎环结构的RT引物比常规线性引物具有更好的特异性和灵敏度，这很可能是由于茎环结构的碱基堆积造成的（图20.2）。例如，碱基堆积能提高RT引物/RNA双链的热力学稳定性，并且使相对较短的RT引物在反转录反应时能更好地延伸。第五，RT引物由于具有独特的茎环结构，更有利于提高多重RT反应的效率及灵敏度，且有利于小RNA的克隆。最后，茎环结构的空间位阻作用能防止引物与双链基因组DNA分子结合，因此在使用TaqMan® microRNA检测试剂盒时无需对RNA先进行纯化。

		合成miRNA寡核苷酸					
		let-7a	let-7b	let-7c	let-7d	let-7e	
miRNA检测	let-7a	0	0.3	3.7	0.0	0.0	非特异性检测/%*
	let-7b	0.0	0	0.3	0.0	0.0	
	let-7c	0.0	2.5	0	0.1	0.0	
	let-7d	0.1	0.0	0.0	0	0.0	
	let-7e	0.0	0.0	0.0	0.0	0	

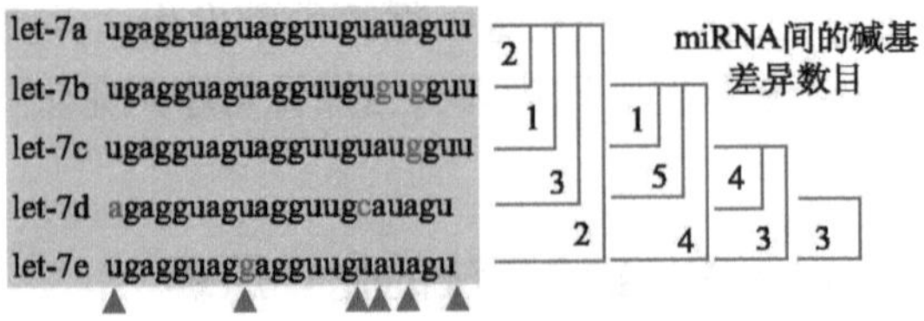

图 20.2 TaqMan® miRNA 检测法的区分。非特异性检测百分比（标*）的计算是根据完全匹配和错误匹配的 CT 值差异而得。

20.2.3 TaqMan® microRNA 检测试剂盒的性能

TaqMan® microRNA 检测试剂盒具有以下优点。

(1) 提高了准确性。因为实时 PCR 在指数增长期搜集数据，而普通的 PCR 只能在平台期进行终点检测。

(2) 特异性强。只检测成熟的 miRNA，而不检测其前体及基因组 DNA。

(3) 快速、简单、容易操作。两步法不用 3h 就能得出高质量结果。借助于金标准的 TaqMan 试剂及常规热力学循环条件，TaqMan® microRNA 检测试剂盒操作界面友好、简单、容易设置，且不需 PCR 后处理，因为其是一个封闭的系统（也就是说不需对扩增产物进行电泳）。

(4) 灵敏度好。对常规样品的检测只需 1～10ng 的总 RNA。

(5) 重现性佳。此试剂盒使所检测的 miRNA 具有高度的准确性和重现性。

(6) 宽广的动力学范围。同其他的实时 PCR 试剂盒一样，TaqMan® microRNA 检测试剂盒具有长达 7 个数量级的线性动力学范围，可检测几拷贝到几百万拷贝的人工合成 miRNA 或几皮克到几十纳克的总 RNA。

20.2.4 TaqMan® microRNA 检测试剂盒内参的发展

在基因表达研究中有不同的因素能导致样品偏差，比如 RNA 的数量和质量，但是表达数据能通过内参基因的校正来修正这种偏差。内参的选择非常重要，因为不恰当的对照会错误地影响实验结果。一个理想的内参应该含量相对丰富且稳定地表达，但通常而言一个设定的对照常常受样品类型、实验方法和实验条件的影响而变化。所以，在我们的 TaqMan® microRNA 检测试剂盒中，评估所选择内参的有效性非常重要。

管家 mRNA 基因或者 rRNA 基因如 β-*actin*、*GAPDH*、β2-*microglobulin* 和 18S rRNA 广泛用于校正基因表达的数据，但是这些基因也经常存在明显的偏差（Schmittgen and Zakrajsek, 2000; Suzuki *et al.*, 2000; Gorzelniak *et al.*, 2001; de Kok *et al.*, 2005)。另外，常规的用于定量这些管家基因的 TaqMan® 试剂盒的设计不同于 miRNA，所以，用它们来校正 miRNA 数据并不理想。另外一种选择就是用在不同组织中表达偏差最小的 miRNA 来做内参，但是 TaqMan® microRNA 检测试剂盒的内参最好不参与 miRNA 的作用途径。相反，一些像 miRNA 一样普遍存在和广泛表达的小 RNA，且大小和 RNA 分离方法与 miRNA 也类似（Finnegan and Matzke，2003），比管家基因和 miRNA 更适合当内参。所以我们根据 TaqMan miRNA 检测法的化学原理用小核仁 RNA（snoRNA）和转运 RNA（tRNA）来设计了一系列的内参试剂盒。

我们在 40 种正常人类组织和 59 种 NCI-60 癌细胞系中测试了 15 种 snoRNA 和 8 种 tRNA，结果显示这些基因都能广泛和稳定地表达。这些基因在正常人类组织（图 20.3）和 NCI-60 癌细胞系（数据没显示）中的表达偏差与所选择的 miRNA 对照（在组织中表达偏差最小的 miRNA）及 18S rRNA 相当，但比 β-*actin* 更为稳定。我们的数据显示，我们开发的小 RNA 内参优于管家基因和 miRNA 内参。

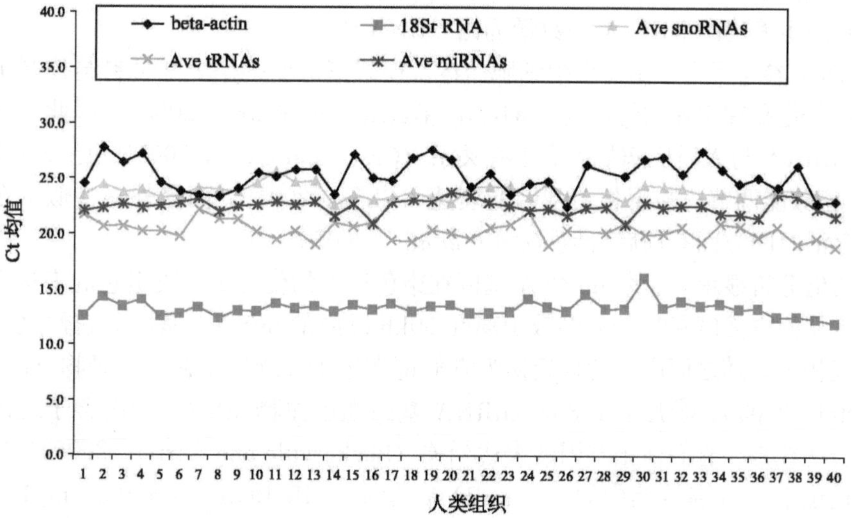

在40个组织间		
检测类型	Ave.	StDev
Ave snoRNAs	23.7	0.6
Ave miRNAs	22.4	0.6
Ave tRNAs	20.2	0.8
18SrRNA	13.2	0.7
beta-actin	25.2	1.5

图 20.3　各种类型的内参在 40 个人类组织中的表达差异比较。

20.3　TaqMan® microRNA 检测法的应用

20.3.1　miRNA 的表达谱研究

在过去的 20 年里，高通量的 mRNA 表达谱研究在生物医学研究中占中心地位，因为它能直接检测成千上万的效应分子。这些效应分子可以是细胞活动所产生的，或者是受外界环境刺激而产生的（Clarke *et al.*，2004）。虽然 mRNA 表达谱分析能成功鉴定众多潜在的诊断和预后标志物、基因表达机制的特征因子和药物治疗的靶标，但它还是存在固有的限制。

例如，mRNA 的表达水平并不一定与其所编码的蛋白质丰度一致，考虑到 mRNA 翻译成蛋白质是一个高度调控的过程，这个过程对所产生蛋白质的数量有影响。尽管大多数 miRNA 的功能仍需要研究，可以肯定的是 miRNA 通过降解靶 mRNA 或者阻抑 mRNA 的翻译而不改变其浓度来调节靶基因的表达（Pillai，2005）。在有 miRNA 参与的基因调控路径中，miRNA 被认为是更优于 mRNA 水平的研究功能蛋白最后数量的指示物。

研究 mRNA 表达谱的另一个挑战是很难对一些正常组织类型或还没分化的肿瘤细胞的组织来源做出诊断（Ramaswamy *et al.*，2001）。用分级聚类分析方法能检测到上皮细胞样品中超过 16 000 种 mRNA 的表达谱，但肠胃系统样品的分析结果却没有体现出相关性（Lu *et al.*，2005）。相反，所有的肠衍生组织都能用 miRNA 表达谱来分类。人们怀疑可能是由于在细胞中 mRNA 的高度复杂性导致噪声增加而干扰了聚类分析。然而，不能指望 miRNA 会比 mRNA 更适合于用来鉴定组织的来源，因为到目前为止已知由基因组编码的 miRNA 的数量远比 mRNA 少。

miRNA 参与了在胚胎发育中细胞命运及模式形成的确定，并且参与控制了细胞增殖、细胞分化和细胞死亡的调控（Alvarez-Garcia and Miska，2005）。因此，自然而然地猜测 miRNA 与人类疾病如癌症也有关系（Croce and Calin，2005）。已经证实有几个 miRNA 家族能调节与肿瘤相关基因的表达（Chen，2005），而另外一些似乎在预测癌症患者存活时间方面有预后价值（Calin *et al.*，2005）。

表达谱分析显示，一个 miRNA 基因在染色体上的位置对于决定它的表达类型很重要。这可从两方面解释：①大多数距离在 50kb 以内的 miRNA 基因，它们之间的表达类型高度相关，随之而产生的理论认为它们都产生于多顺反子初级转录物（Baskerville and Bartel，2005）；②几乎 1/3 的 miRNA 基因在已注释 mRNA 的内含子之内，并且它们的表达经常与它们宿主基因的表达相关（Baskerville and Bartel，2005）。最好的例子可能是位于 Hox 基因簇中的 4 个 miRNA 基因（miR-196b、miR-10a、miR-196a-2 和 miR-10b，分别对应于 *HoxA*、*HoxB*、*HoxC* 和 *HoxD* 基因）。组织化学染色和原位杂交分析表明，miR-10a 的表达类型与 Hoxb4 mRNA 非常类似，意味着它们受相同的转录调控（Mansfield *et al.*，2004）。我们在 NCI-60 癌细胞系的 miRNA 表达谱中也发现了一致的结果，miR-196b 和 *Hoxa4* 的表达有显著相关性（图 20.4）。

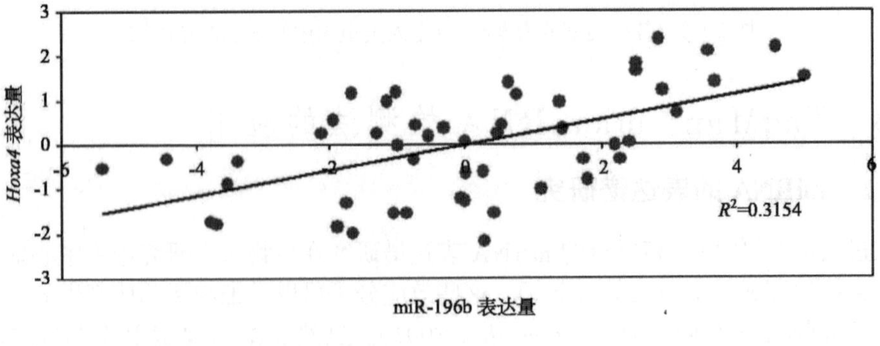

图 20.4　*Hoxa4* 和 miR-196b 在 NCI-60 癌细胞系中的表达分散标度图（Pearson 分布 P=0.000 02）。

miRNA 基因在染色体中的位置已开始被看做新的肿瘤 miRNA 标志。考虑到 miRNA 基因与其邻近的基因可能受到相同的调控，肿瘤相关基因的下调会干扰这些共表达 miRNA基因的水平，这包括基因组水平上的基因复制或缺失。miRNA 基因的表达受其附近区域染色质异常的影响，肿瘤细胞的特征也直接受其影响。有趣的是，miRNA 基因经常定位于染色体脆性位点、杂合子丢失区域、复制区域或是常见的断裂位点区域（Calin *et al.*，2004），这意味着基因组水平的改变可能是 miRNA 与肿瘤发生产生联系的一种途径。例如，在大多数 B 细胞慢性淋巴细胞白血病患者中，miR-15a 和 miR-16-1 位于一个经常性缺失位点，它们在一个白血病细胞系模型中有介导细胞凋亡的功能。

因为肿瘤细胞在发育时往往也包含有正常细胞的特征，我们推测，胎儿脑部特异性的 miRNA 不仅在正常的大脑发育中起作用，并且可能参与胚胎脑部肿瘤的发生，如成神经管细胞瘤。我们分别做了人类胎儿脑部和正常成人大脑不同区域的 miRNA 表达谱来寻找胎儿脑部特异性的 miRNA。成神经管细胞瘤是儿童中最为常见的恶性脑瘤，占所有小儿脑瘤的 25%，目前还不清楚信号转导异常对中枢神经系统（CNS）发育成为这种肿瘤类型的重要性有多大（Marino，2005）。所以，我们选择成神经管细胞瘤作为实验对象。

我们采用了两步聚类分析来筛选 miRNA。第一步，筛选胎儿脑部和成人脑部不同区域的表达有差异的 miRNA（图 20.5）。在第二步中，筛选出更小系列的在胎儿脑部和不同的正常人类组织中表达有差异的 miRNA（图 20.6）。对所筛选的 miRNA 进行染色体定位显示，存在三个 miRNA 基因类群，其所在的区域中包含正常大脑发育和形成成神经管细胞瘤的重要基因。

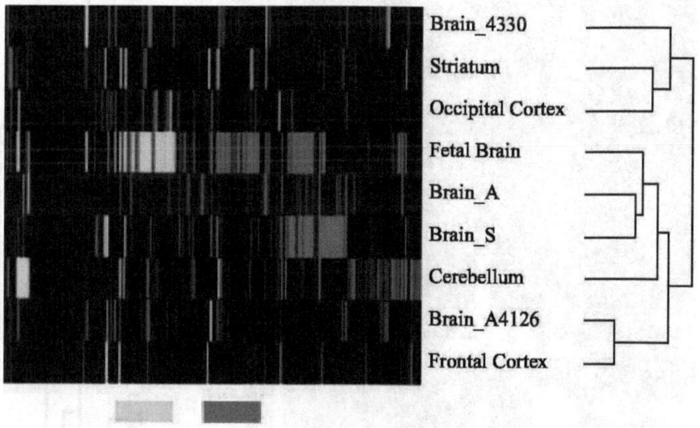

图 20.5　用分级群聚分析方法比较胎儿脑部和成人脑部不同部位的 236 个 miRNA 的表达谱。选择出了在胎儿脑部中比其他脑部标本上调表达（红条）和下调表达（绿条）的 miRNA。为了确证这两类 miRNA 的表达类型只特异性地存在于胎儿脑部中，我们进一步检测了它们在其他组织类型的标本中的表达谱。（见彩图 13）

这三个类群包括 miR-23b/24/27b、miR-29a/29b 和 miR-127/299/319，分别定位于染色体 9q22.32、7q32.2 和 14q32.31 三处，*ptch*、*smo* 和 *dlk1* 基因也在这些位置。人们已经知道，这三个基因对小脑的发育和成神经管细胞瘤的形成起着非常重要的作用（Marino，2005）。这三个基因分别距离 miR-23b/24/27b、miR-29a/29b 和 miR-127/

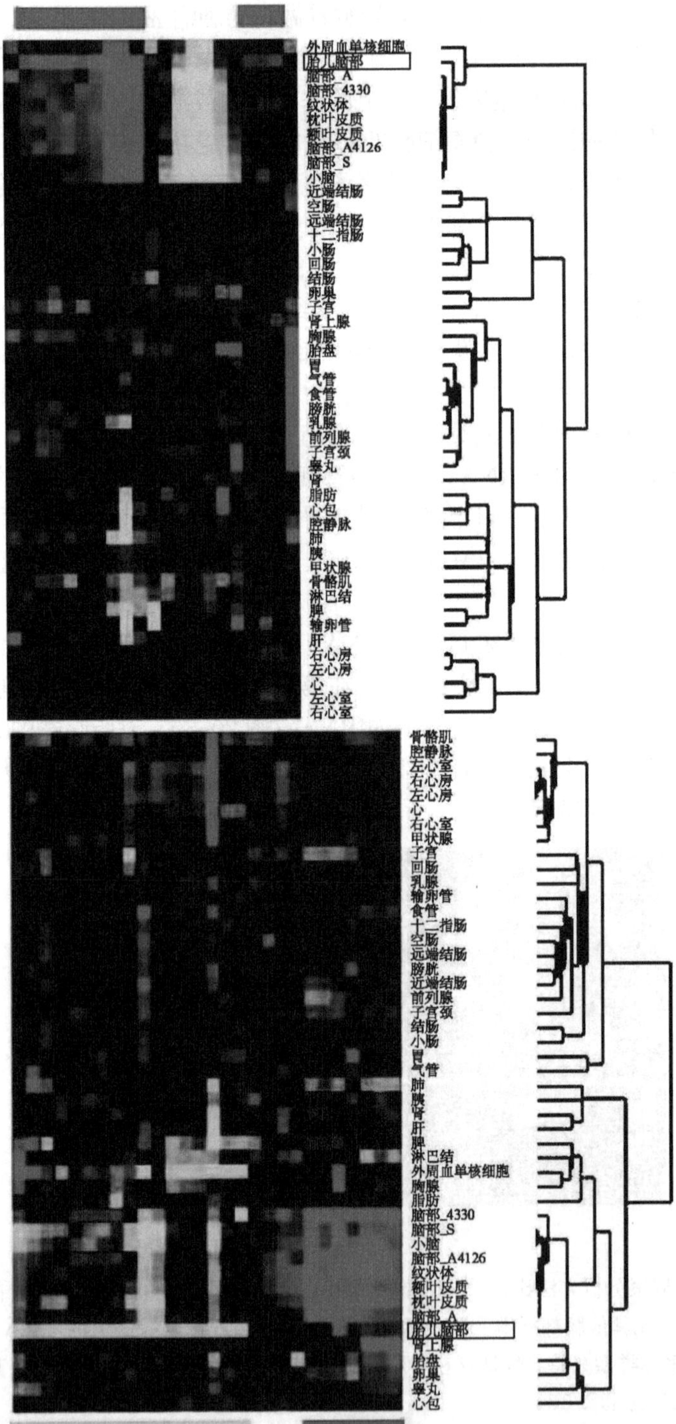

图 20.6　上图：在胎儿脑部中比其他 38 个正常组织高表达的 miRNA（图 20.5 中的红条）和在胎儿脑部中的表达高于其余组织（红条）的 miRNA（蓝方框）。下图：在胎儿脑部中比其他 38 个正常组织低表达的 miRNA（图 20.5 中的绿条），或者表达比其他脑部标本低但仍旧高于大部分非脑部组织的 miRNA。(见彩图 14)

299/319 有 350kb、750～1750kb 和 200～300kb。所以三个 miRNA 基因类群的表达可能通过两种机制与这三个基因相联系：①在转录水平共同表达；②肿瘤的染色体异常，特别是前面两个 miRNA 基因类群，因为在成神经管细胞瘤中经常出现 9q 染色体缺失和 7 号染色体复制的基因组变异（Russo *et al.*，1999）。

我们用 TaqMan® miRNA 检测试剂盒对多个样品进行了表达谱分析，结果与芯片技术所得的结果相似，但更为特异和灵敏。通过结合多种渠道信息，如感兴趣的样品的 mRNA 表达谱、miRNA 的染色体基因座信息、样品基因组和表观遗传的变化，miRNA 表达谱分析在基础研究和临床研究上会成为一个更为有力的、鉴定新的标志物的工具。

20.3.2 miRNA 长度多态性的检测

当双链 RNA（dsRNA）被转导进真核细胞后，细胞质中的 Dicer 酶把 dsRNA 切割成序列特异的短干扰双链 RNA（siRNA）。siRNA 整合进入多蛋白的 RNA 介导沉默复合物（RISC）中，未形成双链的 siRNA 的反义链指导 RISC 与靶 mRNA 结合，并且在结合成双链的中心位置进行单个位点的切割，这一过程称之为 RNA 干扰（RNAi）（Dykxhoorn *et al.*，2003；Bartel，2004；Dorsett and Tuschl，2004）。有人提出 Dicer 对载体表达的短发夹 RNA（shRNA）的模糊加工会导致 siRNA 的长度多态性（Dykxhoorn *et al.*，2003；Dorsett and Tuschl，2004），但它们是否真的存在以及对 RNAi 有何影响仍有待研究。我们有理由认为，每个 siRNA 多态性的成功鉴定都需要特异的和灵敏的定量。用我们的 TaqMan® miRNA 检测试剂盒检测时发现不能区分在 3′端有差异的长度多态小 RNA（siRNA 或 miRNA）（Tan and Chen，未发表数据）。

为了解决这一问题，我们仍采用两步法的 RT-PCR，但在 RT 反应之前增加了一个连接反应，把一个茎环结构的接头与小 RNA 的 3′端连接起来（图 20.7）。接头的 3′端突起保证了与特异的小 RNA 连接但不用区分不同的突变体。但是茎环结构的接头的 3′端带了一个 NH_2 基团，可以阻止接下来从这里开始的 RT 延伸反应。接头 3′端的双链区域有几个脱氧尿嘧啶残基，在连接反应后用尿嘧啶 N-糖苷酶来消化脱氧尿嘧啶残基以打开茎环结构，从而可以用一个 PCR 下游引物作为 RT 引物来开始 RT 反应。结果，从不同的多态性小 RNA 得来的 cDNA 成为特异的模板来进行接下来的 PCR 反应。通过采用这种改进的连接反应 TaqMan® miRNA 检测试剂盒，我们能容易区分 siRNA 的多态性，这些 siRNA 可以是人工合成的模板，也可以是用 shRNA 表达载体转化进细胞经提取纯化出来的总 RNA（Tan and Chen，未发表数据）。

由于 Dicer 酶像加工 shRNA 一样加工 miRNA，很容易联想到体内的 miRNA 也存在长度多态性。所以，我们用改进后的试剂盒检测了 miR-100 和 miR-137 在不含肿瘤细胞的人脑（A4126 和 4330）和恶性脑部肿瘤组织（38N 和 2H）中的长度多态性。我们对这两个 miRNA 可能的突变株设计了特异的试剂盒，结果发现在这些标本中主要表达两种突变体，一个 miR-137 的突变体比正常分子少了两个碱基，而另一个 miR-100 的突变体比正常分子少了一个碱基（以 Sanger 数据库中成熟的 miRNA 为参照）。我们的连接反应 TaqMan miRNA 检测试剂盒不但能提供一个强有力的工具来准确检测特异 miRNA 的多态性突变株，并且可以为以后具有多态性的 miRNA 的生物学研究作出贡献。

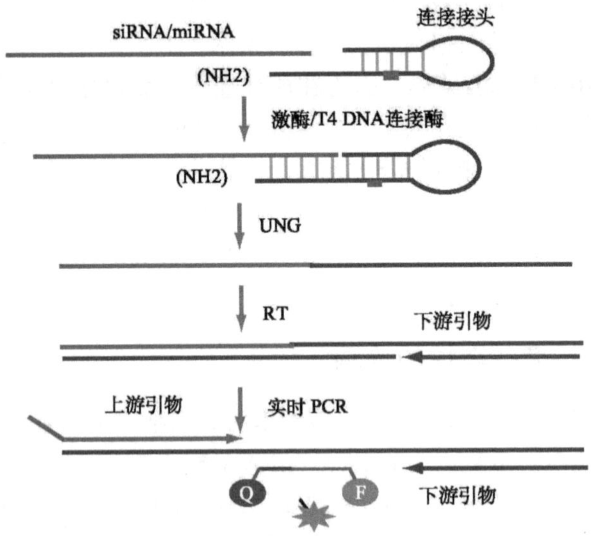

图 20.7 基于连接反应的 TaqMan® siRNA 检测法的示意图。这个检测法包括 4 步：①一个茎环结构的引物被 T4 多核苷酸激酶在 5′端磷酸化，然后与 RNA 分子的 3′端连接；②尿嘧啶 *N*-糖苷酶消化降解在接头茎端的含 U 残基；③进行反转录反应（RT）；④序列特异的实时 PCR 检测 RT 产物的拷贝数。

20.4 结论

miRNA 是一类新的非编码小 RNA，在转录后水平上控制基因的表达；由于长度短和序列相似，使得对它们的鉴定和定量成为一个难题。我们研制了一种新的方法，叫做 TaqMan® miRNA 检测法来解决这一难题。这种实时定量 PCR 法使科研人员能够检测这些低丰度的 miRNA。我们改进了 TaqMan® miRNA 检测法，在 RT 反应之前增加了一步连接反应，来特异性地鉴定和定量具有多态性的小 RNA 突变体。

像其他的定量方法一样，内参的选择对我们的 TaqMan® miRNA 检测法来说非常重要。但是常规的管家基因并不适合当做 miRNA 检测法的内参，因为它们的长度与 miRNA 不同，其 TaqMan®检测法化学原理也与 miRNA 不同。在大量样品中有类似表达的 miRNA 也不一定适合作为内参，因为它们可能参与了 miRNA 的作用途径。我们的结果显示，snoRNA 和 tRNA 是可靠的内参，因为它们与 miRNA 大小相似、能稳定且高丰度地表达，另外试剂盒的设计也类似。

与 mRNA 相比，miRNA 在预测细胞蛋白质水平和鉴定组织来源方面显示了极大的潜力，更适合作为标志物。我们的结果显示，实时 TaqMan® miRNA 检测法对 miRNA 令人兴奋的应用前景来说非常有价值。另外，我们已经利用 TaqMan® miRNA 检测试剂盒鉴定了可能参与正常脑部发育和脑部肿瘤发生的胎儿脑部特异性的 miRNA。最后，我们采用这些试剂盒来鉴定在正常和脑部肿瘤组织中的 miRNA 的多态性。

参 考 文 献

Alvarez-Garcia, I. and Miska, E. A. (2005). MicroRNA functions in animal development and human disease. *Deve-*

lopment, **132**, 4653 – 4662.

Ambros, V. (2003). MicroRNA pathways in flies and worms: growth, death, fat, stress, and timing. *Cell*, **113**, 673 – 676.

Ambros, V. (2004). The functions of animal microRNAs. Nature, **431**, 350 – 355.

Baehrecke, E. H. (2003). miRNAs: micro managers of programmed cell death. *Current Biology*, **13**, R473 – 475.

Bao, N., Lye, K. W. and Barton, M. K. (2004). MicroRNA binding sites in Arabidopsis class III HD-ZIP mRNAs are required for methylation of the template chromosome. *Developmental Cell*, **7**, 653 – 662.

Bartel, D. P. (2004). MicroRNAs: genomics, biogenesis, mechanism, and function. *Cell*, **116**, 281 – 297.

Baskerville, S. and Bartel, D. P. (2005). Microarray profiling of microRNAs reveals frequent coexpression with neighboring miRNAs and host genes. *RNA*, **11**, 241 – 247.

Calin, G. A., Dumitru, C. D., Shimizu, M. *et al*. (2002). Frequent deletions and downregulation of microRNA genes miR15 and miR16 at 13q14 in chronic lymphocytic leukemia. *Proceedings of the National Academy of Sciences USA*, **99**, 15 524 – 15 529.

Calin, G. A., Sevignani, C., Dumitru, C. D. *et al*. (2004). Human microRNA genes are frequently located at fragile sites and genomic regions involved in cancers. *Proceedings of the National Academy of Sciences USA*, **101**, 2999 – 3004.

Calin, G. A., Ferracin, M., Cimmino, A. *et al*. (2005). A microRNA signature associated with prognosis and progression in chronic lymphocytic leukemia. *New England Journal of Medicine*, **353**, 1793 – 1801.

Chen, C. Z. (2005). MicroRNAs as oncogenes and tumor suppressors. *New England Journal of Medicine*, **353**, 1768 – 1771.

Chen, C. Z. and Lodish, H. F. (2005). MicroRNAs as regulators of mammalian hematopoiesis. *Seminars in Immunology*, **17**, 155 – 165.

Chen, C. Z., Li, L., Lodish, H. F. and Bartel, D. P. (2004). MicroRNAs modulate hematopoietic lineage differentiation. *Science*, **303**, 83 – 86.

Chen, C., Ridzon, D. A., Broomer, A. J. *et al*. (2005). Real-time quantification of microRNAs by stem-loop RT-PCR. *Nucleic Acids Research*, **33**, e179.

Cimmino, A., Calin, G. A., Fabbri, M. *et al*. (2005). miR-15 and miR-16 induce apoptosis by targeting BCL2. *Proceedings of the National Academy of Sciences USA*, **102**, 13 944 – 13 949.

Clarke, P. A., te Poele, R. and Workman, P. (2004). Gene expression microarray technologies in the development of new therapeutic agents. *European Journal of Cancer*, **40**, 2560 – 2591.

Croce, C. M. and Calin, G. A. (2005). miRNAs, cancer, and stem cell division. *Cell*, **122**, 6 – 7.

de Kok, J. B., Roelofs, R. W., Giesendorf, B. A. *et al*. (2005). Normalization of gene expression measurements in tumor tissues: comparison of 13 endogenous control genes. *Laboratory Investigation*, **85**, 154 – 159.

Doench, J. G. and Sharp, P. A. (2004). Specificity of microRNA target selection in translational repression. *Genes & Development*, **18**, 504 – 511.

Dorsett, Y. and Tuschl, T. (2004). siRNAs: applications in functional genomics and potential as therapeutics. *Nature Reviews Drug Discovery*, **3**, 318 – 329.

Dykxhoorn, D. M., Novina, C. D. and Sharp, P. A. (2003). Killing the messenger: short RNAs that silence gene expression. Nature Reviews Molecular *Cell Biology*, **4**, 457 – 467.

Finnegan, E. J. and Matzke, M. A. (2003). The small RNA world. Journal of *Cell Science*, **116**, 4689 – 4693.

Gorzelniak, K., Janke, J., Engeli, S. and Sharma, A. M. (2001). Validation of endogenous controls for gene expression studies in human adipocytes and preadipocytes. *Hormone and Metabolic Research*, **33**, 625 – 627.

Higuchi, R., Fockler, C., Dollinger, G. and Watson, R. (1993). Kinetic PCR analysis: real-time monitoring of DNA amplification reactions. *Biotechnology*, **11**, 1026 – 1030.

Hutvagner, G. and Zamore, P. D. (2002). A microRNA in a multiple-turnover RNAi enzyme complex. *Science*, **297**, 2056 – 2060.

Johnston, R. J., Jr., Chang, S., Etchberger, J. F., Ortiz, C. O. and Hobert, O. (2005). MicroRNAs acting in a double-negative feedback loop to control a neuronal cell fate decision. *Proceedings of the National Academy of Sciences USA*, **102**, 12 449 - 12 454.

Kim, J., Krichevsky, A., Grad, Y. *et al*. (2004). Identification of many microRNAs that copurify with polyribosomes in mammalian neurons. *Proceedings of the National Academy of Sciences USA*, **101**, 360 - 365.

Krichevsky, A. M., King, K. S., Donahue, C. P., Khrapko, K. and Kosik, K. S. (2003). A microRNA array reveals extensive regulation of microRNAs during brain development. *RNA*, **9**, 1274 - 1281.

Lim, L. P., Glasner, M. E., Yekta, S., Burge, C. B. and Bartel, D. P. (2003). Vertebrate microRNA genes. *Science*, **299**, 1540.

Liu, C. G., Calin, G. A., Meloon, B. *et al*. (2004). An oligonucleotide microchip for genome-wide microRNA profiling in human and mouse tissues. *Proceedings of the National Academy of Sciences USA*, **101**, 9740 - 9744.

Livak, K. J., Flood, S. J., Marmaro, J., Giusti, W. and Deetz, K. (1995). Oligonucleotides with fluorescent dyes at opposite ends provide a quenched probe system useful for detecting PCR product and nucleic acid hybridization. *PCR Methods & Application*, **4**, 357 - 362.

Lu, J., Getz, G., Miska, E. A. *et al*. (2005). MicroRNA expression profiles classify human cancers. *Nature*, **435**, 834 - 838.

Mansfield, J. H., Harfe, B. D., Nissen, R. *et al*. (2004). MicroRNA-responsive 'sensor' transgenes uncover Hox-like and other developmentally regulated patterns of vertebrate microRNA expression. *Nature Genetics*, **36**, 1079 - 1083.

Marino, S. (2005). Medulloblastoma: developmental mechanisms out of control. *Trends in Molecular Medicine*, **11**, 17 - 22.

Michael, M. Z., O' Connor, S. M., van Holst Pellekaan, N. G., Young, G. P. and James, R. J. (2003). Reduced accumulation of specific microRNAs in colorectal neoplasia. *Molecular Cancer Research*, **1**, 882 - 891.

Olsen, P. H. and Ambros, V. (1999). The lin-4 regulatory RNA controls developmental timing in *Caenorhabditis elegans* by blocking LIN-14 protein synthesis after the initiation of translation. *Developmental Biology*, **216**, 671 -680.

Pillai, R. S. (2005). MicroRNA function: multiple mechanisms for a tiny RNA? *RNA*, **11**, 1753 - 1761.

Ramaswamy, S., Tamayo, P., Rifkin, R. *et al*. (2001). Multiclass cancer diagnosis using tumor gene expression signatures. *Proceedings of the National Academy of Sciences USA*, **98**, 15 149 - 15 154.

Russo, C., Pellarin, M., Tingby, O. *et al*. (1999). Comparative genomic hybridization in patients with supratentorial and infratentorial primitive neuroectodermal tumors. *Cancer*, **86**, 331 - 339.

Schmittgen, T. D. and Zakrajsek, B. A. (2000). Effect of experimental treatment on housekeeping gene expression: validation by real-time, quantitative RT-PCR. *Journal of Biochemical & Biophysical Methods*, **46**, 69 - 81.

Suzuki, T., Higgins, P. J. and Crawford, D. R. (2000). Control selection for RNA quantitation. *Biotechniques*, **29**, 332 - 337.

Wightman, B., Ha, I. and Ruvkun, G. (1993). Posttranscriptional regulation of the heterochronic gene lin-14 by lin-4 mediates temporal pattern formation in C. *elegans*. *Cell*, **75**, 855 - 862.

Zhang, H., Kolb, F. A., Jaskiewicz, L., Westhof, E. and Filipowicz, W. (2004). Single processing center models for human Dicer and bacterial RNase III. *Cell*, **118**, 57 - 68.

21 采用通用的反转录方法实时定量检测 miRNA 及 mRNA

Gregory J. Hurteau, Simon D. Spivack and Graham J. Brock*

21.1 引言

microRNA 是一类新的真核生物基因表达调控分子。这些内源性的约 22nt 的 microRNA在不同的细胞类型、发育阶段及疾病（如癌症）中的表达具有特异性。由于 miRNA 长度较短且表达水平有差异，鉴定并定量 miRNA 就成为一个技术上的难题。近年来，已经发展了各种技术去解决这个难题。我们设计了一个实时定量 miRNA 的实验，该技术由特异性扩增 mRNA 的实验方法改进而来，与此同时避免了假基因的共扩增。这项技术包括在 RNA 上加 poly（A）尾，与通用的 RT-primer 杂交，随后反转录。接下来可以用转录产物特异性的正向引物同时扩增样品中的多个 miRNA 以及 mRNA。我们曾使用这项技术来定量 miRNA 的相对表达水平，以 GAPDH mRNA 为内参。由于样品中所有的 miRNA 都被反转录，该技术可以根据一个或多个广泛表达的 miRNA 来相对定量。除此之外，该技术也可用来相对定量同一样品中的 miRNA 及其预测的 mRNA靶分子，从而确定 miRNA 与 mRNA 之间的作用模式——miRNA 介导靶分子的切割或降解。实验过程中不需要割胶纯化 RNA 片段，仅涉及常规的酶学反应，因此是一种更为简易的实验方法。

microRNA 的鉴定及作用机制的研究首先是在线虫中进行的（Lee *et al.*，1993）。由于 miRNA 极其保守，随后也在多种生物包括脊椎动物中发现。miRNA 的生物发生机制及生物功能的阐明使人们在一个新的水平上去理解真核生物的基因调控（Ambros，2001；Lagos-Quintana *et al.*，2001）。几百个内源性约 22nt 的 miRNA 呈不同的表达水平及组织特异性表达。在真核生物中，miRNA 最初表达形式是形成 pri-miRNA 转录物，它来源于 PolII 并有帽子结构和多聚腺苷酸尾（Cai *et al.*，2004），然后由 Drosha RNaseIII 内切酶加工成约 70nt 的 pre-miRNA（Lee *et al.*，2003），并且由 Ran-GTP/Exportin-5 转运出核（Ti *et al.*，2003）。在细胞质中，pre-miRNA 由 Dicer 加工成终长度约为 22nt 的非编码单链 miRNA 成熟体，参与基因表达的调控（Lee *et al.*，2003）。成熟的 miRNA 被组装到 RNA 诱导沉默复合物中（RNA induced silencing complex，RISC），并且与靶 mRNA 分子完全（或近乎完全）互补配对，最终导致靶分子的切割或转录抑制（Doench and Sharp，2004；Hammond *et al.*，2000；Olsen and Ambros，1999）。miRNA 注册系统中目前收录了 3424 条 miRNA 的信息，其中 326 条是预测的人类 miRNA（Griffiths-Jones，2004）。进一步的预测结果表明，真核生物基因组中估计有 500～1000 条 miRNA（Berezikov and Plasterk，2005）。

* 通讯作者。

鉴定 microRNA 的方法既包括 RNA 片段割胶纯化后的 cDNA 克隆技术（Lagos-Quintana *et al.*，2003），还有根据显著的结构特征确认 pri-miRNA（Berezikov *et al.*，2005；Ohler *et al.*，2004）或其靶分子的计算机预测算法（Xie *et al.*，2005）。然而，到目前为止，大多数 miRNA 的功能还未知，而且 miRNA 的靶分子（mRNA）通常是通过计算机手段来预测的（Lewis *et al.*，2003）。这些计算机算法必须说明动物 miRNA 与靶分子不完全匹配（与植物 miRNA 不同）的原因，并且预测的结果也许会影响随后的实验研究（Kiriakidou *et al.*，2004；Lewis *et al.*，2003）。

实验验证预测的 miRNA 以及它们的表达模式可以采用 PCR 和基于芯片的技术。这些研究表明 miRNA 的表达水平有很大的差异：从几千个拷贝到极少拷贝。通过研究迄今为止鉴定的 miRNA 序列，可以发现每个 miRNA 家族的成熟体通常具有非常相似的序列，仅有 1～2 个碱基的不同。这增加了基于聚合酶扩增的技术（Chen *et al.*，2005；Raymond *et al.*，2005）及 miRNA 芯片杂交技术（Liu *et al.*，2004）的难度。

21.2 方法

本章所介绍的定量方法是由已报道的方法改进而来的。该方法可以根据管家 mRNA基因或遍在表达的 miRNA 来相对定量某些 miRNA 的表达水平，也可同时定量某一样品中 miRNA 与预测（降解）靶分子的表达水平。

这项技术（图 21.1）是由特异性扩增 mRNA 的实验方法改进而来的（Hurteau and Spivack，2002）。类似的技术最近被用于植物 miRNA 的定量分析（Shi and Chiang，2005）。

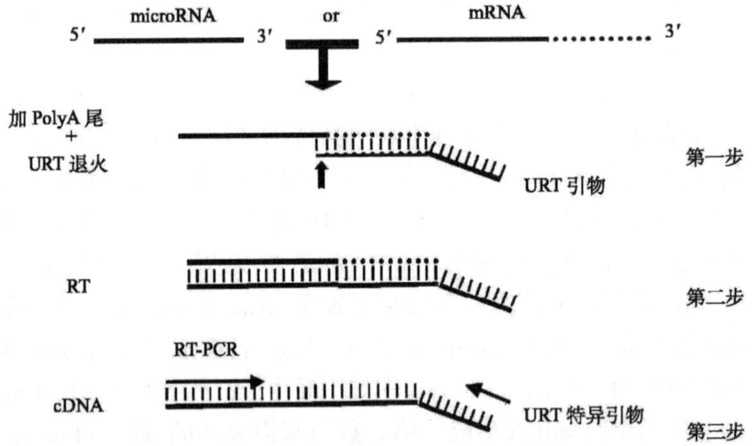

图 21.1 URT 方法的示意图。如图所示，miRNA 成熟体首先被加上 polyA 尾。有 1bp 可变箭头的通用 RT-引物，polyT 及唯一通用 RT 引物序列退火并反转录。cDNA 产物使用 miRNA 的特异引物及 URT 序列进行扩增。

21.2.1 细胞裂解及总 RNA 的提取

本章使用的细胞系为 MCF7（乳腺癌）、HT1080（纤维肉瘤）、A549（肺癌）、MALME（黑色素瘤）及 NHBE（正常人类支气管上皮），除 NHBE 外均来自 ATCC，按推荐的培养条件培养。1000g离心 5min，PBS 洗涤两次收集细胞，根据推荐的操作步骤用 Trizol（Invitrogen）提取总 RNA。主要操作流程如下：细胞沉淀中加入 1ml Trizol 试剂，室温静置 5min；加入 200μl 氯仿，充分混匀后室温静置 2～3min，4℃条件下 12 000g离心 15min；转移上清至新离心管，加入 500μl 异丙醇，室温静置 10min；4℃条件下 12 000g离心 10min，弃上清；沉淀用 1ml 75% 乙醇洗涤，7500g离心 5min；彻底去除乙醇，室温晾干 10min；用 DNase/RNase-free 水回溶沉淀，用紫外分光光度计（Nanodrop Technologies）测量 OD_{260}/OD_{280}值，从而确定 RNA 的数量和质量。

21.2.2 加 poly（A）尾

成熟的 miRNA 末端均具有 poly（A）尾［mRNA 初级转录产物也具有 poly（A）尾见图 21.1，步骤 1］。取 12.2μl DNase/RNase-free 水回溶的上述细胞总 RNA（1μg），加入 4μl 5×E-PAP Buffer，1.5μl 25nmol/L $MnCl_2$，1.5μl 10mmol/L ATP 溶液，随后加入 0.8μl 大肠杆菌 poly（A）聚合酶 I（E-PAP）（Ambion Inc. Austin，TX），充分混匀后 37℃孵育 1h。

21.2.3 反转录

反转录反应的模板为上述 10μl（500ng）经 E-PAP 处理的总 RNA，反转录酶为 Superscript III 反转录酶（Invitrogen Carlsbad，CA）。RNA 模板中加入 1μl 100μmol/L Universal RT 引物、1μl dNTP 混合物（每种为 10 μ mol/L）和 1μl DNase/RNase-free 水。总体积用 DNase/RNase-free 水调整为 13 μl。65℃孵育 5min 后冷却到 4℃。准备含有 4μl 5×first-strand Buffer、1μl 0.1mmol/L DTT、1μl DNase/RNase-free 水和 1μl SuperScript III 的混合液，加入每个样中。25℃孵育 5min，50℃孵育 60min，70℃孵育 15min（图 21.1，步骤 3）。通常，反转录反应产物稀释 20 倍后取 2μl，再加入转录物特异的正向 PCR 引物（表 21.1）和通用反向引物（与 RT 阶段的 18bp tag 序列相同）。

表 21.1 miRNA 及其相应的引物序列

名字	获取号	序列 5′-3′
ath-miR163	MIMAT0000184	UUGAAGAGGACUUGGAACUUCGAU
mir-163		TTGAAGAGGACTTGGAACTTC
hsa-miR-200c	MIMAT0000617	UAAUACUGCCGGGUAAUGAUGG
mir-200c		ATACTGCCGGGTAATGATGG
hsa-miR-154	MIMAT0000452	UAGGUUAUCCGUGUUGCCUUCG
mir-154		AGGTTATCCGTGTTGCCTTC
hsa-miR-99b	MIMAT0000689	CACCCGUAGAACCGACCUUGCG
mir-99b		CACCCGTAGAACCGACCTT
hsa-miR-181a	MIMAT0000256	AACAUUCAACGCUGUCGGUGAGU
mir-181a		ATTCAACGCTGTCGGTGAG
hsa-miR-502	MIMAT0002873	AUCCUUGCUAUCUGGGUGCUA
mir-502		ATCCTTGCTATCTGGGTGCT
hsa-miR-409-3p	MIMAT0001639	CGAAUGUUGCUCGGUGAACCCCU
mir-409-3p		CGAATGTTGCTCGGTGAAC
hsa-miR-518b	MIMAT0002844	CAAAGCGCUCCCCUUUAGAGGU

名字	获取号	序列 5′-3′
mir-518b		AAAGCGCTCCCCTTTAGA
hsa-miR-193b	MIMAT0002819	AACUGGCCCUCAAAGUCCCGCUUU
mir-193b		AACTGGCCCTCAAAGTCC
hsa-miR-205	MIMAT0000266	UCCUUCAUUCCACCGGAGUCUG
mir-205		CCTTCATTCCACCGGAGT
URT-primer	N/A	AACGAGACGACGACAGACTTTTTTTTTTTTTTV
Universal PCR primer	N/A	AACGAGACGACGACAGACTTT

21.2.4 microRNA 和 mRNA 引物设计

microRNA 序列均来自 Sanger Institute 维护的 miRNA 数据库：http：//microrna.sanger. ac. uk/sequences/index. shtml（序列的登录号见表 21.1），引物购自 Integrated DNA technologies（IDT Skokie，IL）。miRNA 及 mRNA 的引物使用麻省理工开发的 primer3 程序（http：//frodo. wi. mit. edu/cgi-bin/primer3/primer3 _ www. cgi）。

21.2.5 方法的灵敏度

合成与拟南芥 miR163 序列相同的 24nt 寡核苷酸 RNA 及其引物（表 21.1），可以检测上述方法的灵敏度。合成的寡核苷酸与人总 RNA 混匀，接下来加或不加 poly（A）尾。PCR 结束后，用琼脂糖凝胶检测 miR-163 引物的反应（图 21.2）。不加 poly（A）尾的对照组（NPA）没有特异性扩增产物，而加 poly（A）尾的实验组可以检测到扩增产物（图 21.2，第 4 泳道）。由于 GAPDH 本身具有 poly（A）尾，除了含有合成的引物外，有明显的 GAPDH 扩增产物。miR-163 引物的动态范围可以通过图 21.3（a）所示的合成寡核苷酸连续稀释法来检测。从绘制标准曲线［图 21.3（b）］中可以看出，线性范围在 $1.5\times10^{-3}\sim1.5\times10^{3}$ f mol/L（即 $10\sim10^{6}$ 个拷贝）之间。

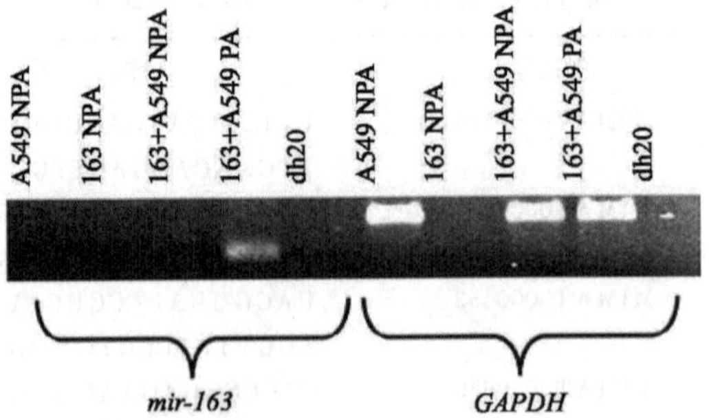

图 21.2 *mir-163* 引物的特异性。第 1 泳道：反应体系中只有总 RNA（A549 NPA）；第 2 泳道：反应体系中只有引物（163 NPA）；第 3 泳道：反应体系中 A549 RNA 加 *mir-163* 引物但没加 poly（A）尾（163＋A549 RNAPA）；泳道 1～3 均没有扩增产物。第 4 泳道：只有当 *mir-163* 引物加入到已经加上 poly（A）尾的 RNA 时，才有产物生成（163＋A549 RNAPA）。由于 *GAPDH* 转录物本身含有 poly（A）尾，除了负对照（第 7 泳道，只有 163 引物模版，即 163 NPA），在所有 A549 细胞的 RNA 中均可检测到 *GAPDH* 的表达，见第 6、8、9 泳道。

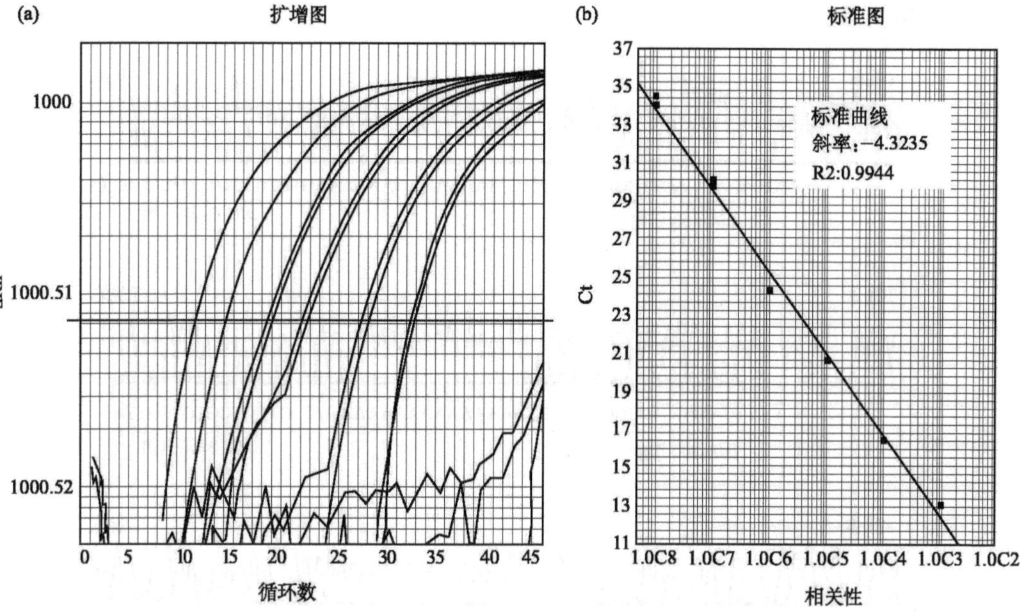

图 21.3　合成寡核苷酸的动态曲线。(a) 合成的 miR-163 寡核苷酸引物用于 URT miRNA 扩增实验的动态范围。从 10^3～10^{-3} fmol/L 范围内逐步稀释（相当于 10～10^6 个拷贝）。(b) 用 miR-163 合成寡核苷酸的扩增曲线。

21.2.6　miRNA 扩增产物的克隆及测序

上述 miR-163 特异性引物扩增的 RT-PCR 产物按操作手册用 T-A 克隆试剂盒（Invitorgen）克隆。连接产物转化至 DH5α 感受态细胞中，蓝/白斑筛选含有插入片段的克隆。用 ABI 3700 DNA analyzer（ABI，Foster City，CA）测序。图 21.4（a）显示的测序结果表明，当加 poly（A）尾后，相应正确的序列被扩增出来。序列分析表明，克隆到的插入序列含有合成的 oligomer（下划线表示引物序列）以及 poly（A）尾和 URT-引物。

21.2.7　内源性 miRNA 的扩增

由于 miRNA 和 mRNA 同时被反转录成 cDNA、*GAPDH* 或类似的泛在表达基因均可以用于测定细胞系中 RNA 的相对表达水平。根据 Sanger 公共数据库中的 miRNA 序列设计相应的内源性 miRNA 引物。在某些情况下，引物并不包含整条 miRNA 的序列（表 21.1），并且 URT 引物仅有单个可变的铆定碱基对。因此，扩增产物序列应该含有 1 或 2 对独特的碱基序列，既不在引物中也不在接头中。除此之外，URT 系统在 miRNA 真正的 3′端加 poly（A）尾，而计算机程序只能大概预测 3′端的位置。测序结果应该表明，它们来自成熟的 miRNA，而不是 PCR 所造成的假象。图 21.4（b）表示使用 miRNA-205 和 409-3p 的引物扩增的序列波形图。与 miR-163 类似，测序结果表明扩增产物包含了 miRNA 的序列（下划线）及 URT 特异引物序列。斜体表示的碱基不是两引物的序列，因此为 miRNA 序列。

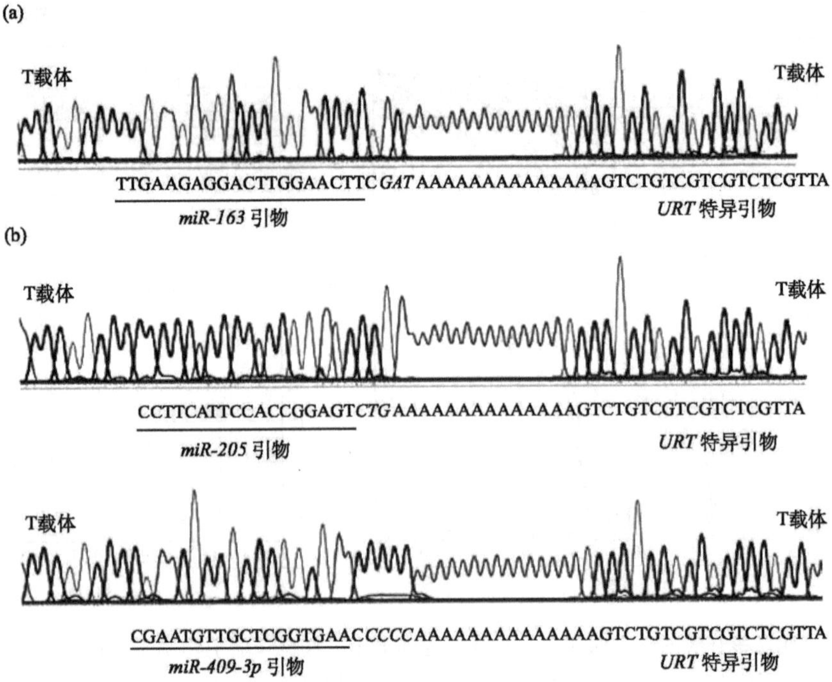

图 21.4　插入片段的序列。(a) 扩增产物（图 21.2，第 4 泳道）克隆并测序。克隆到的插入片段 (5′→3′) 如图所示。pCRII T 载体的两端序列在每张图上方表示。下划线表示 miR-163 引物序列、poly (A) 序列及 URT 特异引物序列。(b) *mir-205* 和 *mir409-3p* 引物扩增的序列。同样，不属于两端引物的序列用斜体表示，这些序列与内源性 pri-miRNA 序列匹配。登录号分别为 MI0000285（位于 1 号染色体）和 MIMAT0001639（位于 14 号染色体）。

21.2.8　miRNA 和 mRNA 的相对定量

图 21.5 (a) 为在 5 种细胞总 RNA 中 6 个 microRNA 相对于 *GAPDH* 的表达水平。双扩增曲线表示每种 miRNA 和 *GAPDH*，图中同时标明 Ct 值。图 21.5 (b) 中扩增图表示 5 种细胞系中每种 miRNA 相对 *GAPDH* 表达的平均 ΔCt 值。*mir91*、*99b* 及 *193b* 在每个样品中均检测到。其中，*mir-99b* 在 MCF7 细胞中呈显著高表达水平。相反，*mir-200c* 和 *205* 仅在 NHBE 和 MCF7 或 NHBE 中表达，*mir-409-3p* 在 5 种细胞中 (NHBE、A549、MCF、HT1080 和 MALME) 均不表达。然而，正常血液中提取的 RNA 扩增产物测序结果表明，*mir-409-3p* 引物可以扩增正确的序列（图 21.3）。所有定量 RT-PCR 分析均使用 ABI-7900 实时检测系统及 SYBER Green Dye (ABI，Foster City，CA)。

21.3　结论

该方法同时反转录所有的 miRNA 和 mRNA 为 cDNA，同时以内源看家基因转录物作为内参来定量 miRNA 的表达水平。此外，也可以使用内源的 miRNA 作为参照标准，因此可以检测普遍表达的 miRNA。实验结果表明，该方法可以检测 microRNA 相

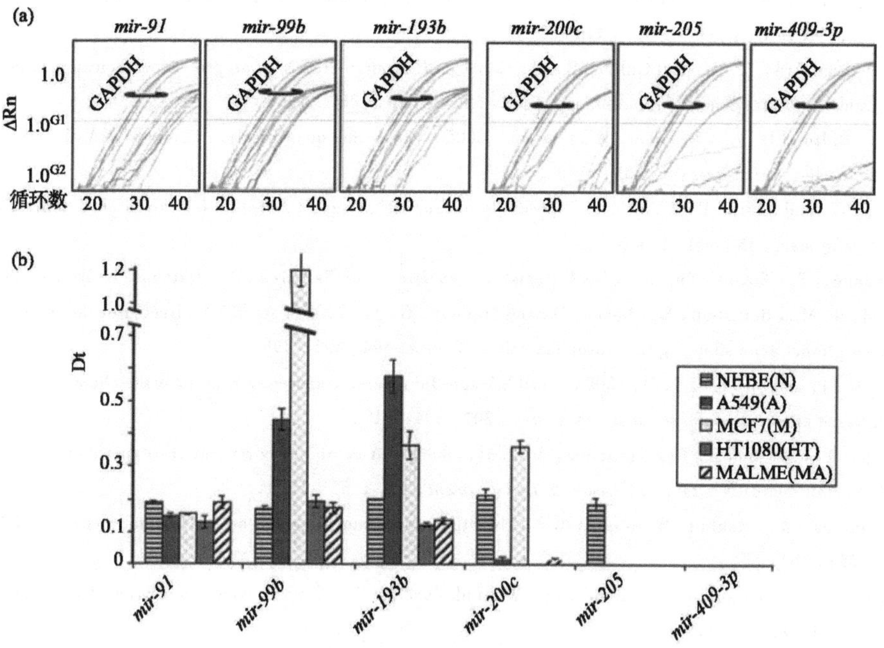

图 21.5 miRNA 的扩增。(a) 从 5 种细胞中提取的 RNA 中，6 个 microRNA 及 GAPDH 的双向扩增图。循环数如图，横坐标代表 Ct threshold，ΔRn 代表相对的荧光强度。(b) 表示在 5 种细胞中，5 个 microRNA 相对于 *GAPDH* 的平均 ΔCt 值。方框中为柱状图对应的细胞株名。

对 *GAPDH* 的表达水平变化。为了更大规模地分析多种 miRNA、样品或细胞系，需要确定用这种有限的分析方法检测表达差异的意义。表 21.1 所列出的引物可用于扩增相应的 miRNA，并且有较高的特异性和灵敏性。然而，当分析某些序列高度相似的 microRNA家族时，一条引物能够扩增出许多相似的 microRNA，因此使用该项技术有一定的局限性。Raymond 等曾报道使用锁核酸（locked nucleic acid，LNA）正向引物以提高 PCR 反应的特异性，这一技术可以用来特异性扩增高度相似的 miRNA。

本章描述了一种相对简单并高度灵敏的 miRNA 扩增方法，可以检测到飞摩尔级水平的 miRNA。然而，该方法最大的优点是能够根据样品中的内参同时定量 miRNA 及其靶 mRNA（通用引物可以把 miRNA 和 mRNA 反转录为 cDNA）。目前，计算机预测每个 miRNA 有几百个甚至上千个靶 mRNA 分子。在哺乳动物中，miRNA 主要在翻译水平上调控大多数靶分子。然而，有可能使用 Affymetrix 表达数据来确定预测 mRNA 在各种细胞中靶分子的水平，并且这可能与 miRNA 的表达相关。由于 miRNA 介导靶 mRNA 的降解，这项技术可以确定 miRNA 及 mRNA 的表达水平，从而有助于解释这种基因调控的机制。

参考文献

Ambros, V. (2001). MicroRNAs: tiny regulators with great potential. *Cell*, **107**, 823–826.

Berezikov, E. and Plasterk, R. H. (2005). Camels and zebrafish, viruses and cancer: a microRNA update. *Human Molecular Genetics*, **14** (Suppl. 2), R183–190.

Berezikov, E., Guryev, V., van de Belt, J. *et al*. (2005). Phylogenetic shadowing and computational identification of human microRNA genes. *Cell*, **120**, 21–24.

Cai, X., Hagedorn, C. H. and Cullen, B. R. (2004). Human microRNAs areprocessedfromcapped, polyadenylated transcripts that can also function as mRNAs. *RNA*, **10**, 1957–1966.

Chen, C., Ridzon, D. A., Broomer, A. J. *et al*. (2005). Real-time quantification of microRNAs by stem-loop RT-PCR. Nucleic *Acids Research*, **33**, e179.

Doench, J. G. and Sharp, P. A. (2004). Specificity of microRNA target selection in translational repression. *Genes & Development*, **18**, 504–511.

Griffiths-Jones, S. (2004). The microRNA Registry. *Nucleic Acids Research*, **32** (Database issue), D109–111.

Hammond, S. M., Bernstein, E., Beach, D. and Hannon, G. J. (2000). An RNA-directed nuclease mediates post-transcriptional gene silencing in Drosophila cells. *Nature*, **404**, 293–296.

Hurteau, G. J. and Spivack, S. D. (2002). mRNA-specific reverse transcription-polymerase chain reaction from human tissue extracts. *Analytical Biochemistry*, **307**, 304–315.

Kiriakidou, M., Nelson, P. T., Kouranov, A. *et al*. (2004). A combined computationalexperimental approach predicts human microRNA targets. *Genes & Development*, **18**, 1165–1178.

Lagos-Quintana, M., Rauhut, R. *et al*. (2001). Identification of novel genes coding for small expressed RNAs. *Science*, **294**, 853–858.

Lagos-Quintana, M., Rauhut, R., Lendeckel, W. and Tuschl, T. (2003). New microRNAs from mouse and human. *RNA*, **9**, 175–179.

Lee, R. C., Feinbaum, R. L. and Ambros, V. (1993). The *C. elegans* heterochronic gene lin-4 encodes small RNAs with antisense complementarity to lin-14. *Cell*, **75**, 843–854.

Lee, Y., Ahn, C., Han, J. *et al*. (2003). The nuclear RNase III Drosha initiates microRNA processing. *Nature*, **425**, 415–419.

Lewis, B. P., Shih, I. H., Jones-Rhoades, M. W., Bartel, D. P. and Burge, C. B. (2003). Prediction of mammalian microRNA targets. *Cell*, **115**, 787–798.

Liu, C. G., Calin, G. A., Meloon, B. *et al*. (2004). An oligonucleotide microchip for genomewide microRNA profiling in human and mouse tissues. *Proceedings of the National Academy of Sciences USA*, **101**, 9740–9744.

Ohler, U., Yekta, S., Lim, L. P., Bartel, D. P. and Burge, C. B. (2004). Patterns of flanking sequence conservation and a characteristic upstream motif for microRNA gene identification. *RNA*, **10**, 1309–1322.

Olsen, P. H. and Ambros, V. (1999). The lin-4 regulatory RNA controls developmental timing in *Caenorhabditis elegans* by blocking LIN-14 protein synthesis after the initiation of translation. *Developmental Biology*, **216**, 671–680.

Raymond, C. K., Roberts, B. S., Garrett-Engele, P., Lim, L. P. and Johnson, J. M. (2005). Simple, quantitative primer-extension PCR assay for direct monitoring of microRNAs and short-interfering RNAs. *RNA*, **11**, 1737–1744.

Shi, R. and Chiang, V. L. (2005). Facile means for quantifying microRNA expression by realtime PCR. *Biotechniques*, **39**, 519–525.

Xie, X., Lu, J., Kulbokas, E. J. *et al*. (2005). Systematic discovery of regulatory motifs in human promoters and 30 UTRs by comparison of several mammals. *Nature*, **434**, 338–345.

Yi, R., Qin, Y., Macara, I. G. and Cullen, B. R. (2003). Exportin-5 mediates the nuclear export of pre-microRNAs and short hairpin RNAs. *Genes & Development*, **17**, 3011–3016.

V 疾病生物学

22　人类恶性肿瘤中 microRNA 功能失调

Kathryn A. O'Donnell and Joshua T. Mendell*

22.1　引言

过去二十年，肿瘤遗传学家揭示了许多与肿瘤多步骤发生及进展相关的基因（Vogelstein and Kinzler，2004）。这些研究都集中于传统的蛋白质编码基因，包括癌基因、抑癌基因以及维持基因组稳定的基因。而在过去五年里，越来越多的证据显示，一类新发现的小分子非编码 RNA-microRNA（miRNA 或 miR），其功能失调与肿瘤发生密切相关。

1993 年，Ambros 和 Ruvkun 实验室发现了一种 21nt 的 RNA 分子——*lin-4*。*lin-4* 通过与其靶基因 *lin-14* 的 3′非编码区碱基配对方式来调节 *lin-14* 的翻译（Lee *et al.*，1993；Wightman *et al.*，1993）。随后几个研究组迅速构建了小 RNA 的文库并对其进行测序。通过生物信息学分析基因组序列，研究者在果蝇、线虫及哺乳动物中鉴定了数百个 miRNA 分子（Lagos-Quintana *et al.*，2001；Lau *et al.*，2001；Lee and Ambros，2001）。目前在人类基因组中已经鉴定出 450 多个 miRNA 分子，而且计算机预测人类基因组中可能编码 1000 个 miRNA（Bentwich *et al.*，2005；Berezikov *et al.*，2005）。microRNA 的生物起源和功能已在本书的第 II 部分相关章节中详细介绍。总而言之，分析更多的 miRNA 与其靶基因之间相互作用关系有助于更清楚地了解 miRNA 的作用机制。分析 miRNA 功能必须严格地验证其调控的 mRNA。miRNA 5′端碱基序列是寻找其 mRNA 靶标最重要的指标。miRNA 第 2～8 个核苷酸序列被称为“miRNA 种子序列”。许多靶基因预测算法主要就是查找 3′-UTR 与该序列相匹配的转录子（John *et al.*，2004；Lewis *et al.*，2003）。然而，这种方法有一种潜在的缺陷，即某些真正 miRNA 靶基因并不与种子序列完全匹配。因此，如果单一用种子序列匹配方法寻找靶基因，可能漏掉很多哺乳动物 mRNA 靶基因。例如，Brennecke 等证实，当 miRNA 3′端与其 mRNA 靶基因有很好的互补性时，miRNA 种子序列就不需要完全匹配（Brennecke *et al.*，2005）。Vella 等也证实 miRNA 3′端序列能影响其靶基因的选择（Vella *et al.*，2004）。这些观察数据必须和预测算法整合到一起，才能综合鉴定 miRNA 靶基因。

虽然 miRNA 鉴定工作取得了很大进展，但关于 miRNA 功能研究尚处于非常早期的阶段。目前最富有挑战性的工作之一就是阐明 miRNA 在生理及病理生理状态下的作用。最近的研究工作已经表明 miRNA 功能失调是人类恶性肿瘤常见特征，而且 miRNA 调控通路能直接影响恶性肿瘤发展。本章将讨论 miRNA 在恶性肿瘤中的作用以及癌基因如何调控 miRNA 表达。

* 通讯作者。

22.2 microRNA 调控生理过程

microRNA 具有严格的发育和组织特异性表达方式。虽然目前功能已知的 miRNA 为数不多，但它们的生物学功能表明，miRNA 在调控细胞分化、增殖和凋亡过程中起着关键作用。例如，利用线虫突变体鉴定 *lin-4* 和 *let-7* 时发现，具有这些突变基因型的线虫往往处于异常的细胞分化状态（Lee *et al.*，1993；Reinhart *et al.*，2000；Wightman *et al.*，1993）。果蝇中 bantam 编码的一个 microRNA 能够调控细胞增殖，同时抑制前凋亡基因 *hid*（Brennecke *et al.*，2003；Hipfner *et al.*，2002）。还有研究显示果蝇中 miR-14 和 miR-2/6/11/13/308 家族负责调控凋亡（Leaman *et al.*，2005；Xu *et al.*，2003）。

另外，microRNA 在器官和免疫系统发育中也具有重要功能。这些功能包括：miR-1 参与哺乳动物心脏发育（Zhao *et al.*，2005）、miR-375 调控胰腺分泌胰岛素（Poy *et al.*，2004）、miR-181 影响造血干细胞向 B 细胞分化（Chen *et al.*，2004）、miR-430 在斑马鱼大脑发育中起着不可或缺作用（Giraldez *et al.*，2005）。这些研究凸显了 miRNA 参与了多种细胞进程。因此，miRNA 功能异常将导致多种人类疾病，如糖尿病、神经功能失调以及癌症。

22.3 microRNA 在恶性肿瘤中的异常表达及其功能

传统上有三种不同类型的基因牵涉到恶性肿瘤中：癌基因、抑癌基因以及基因组稳定基因。直到最近，研究者都认为这些基因家族仅仅由蛋白编码基因组成。而越来越多明显的证据表明，miRNA 在疾病生物学中发挥重要作用，并可以作为促癌基因或抑癌基因参与癌的发生、发展。最早的关于 miRNA 在癌症中异常的研究是关于人染色体 13q14。超过 50% 的慢性淋巴细胞性白血病患者（CLL，这是一种常见的成人白血病类型）染色体该位置均出现缺失（Dohner *et al.*，2000）。13q14 缺失通常也见于套细胞性淋巴瘤、前列腺癌、多发性骨髓瘤等疾病（Dong *et al.*，2001）。尽管研究者一直猜测这个区域存在抑癌基因参与了这些肿瘤的病理发生，但并没有找到任何参与抑癌作用的蛋白编码基因。有趣的是，Calin 等鉴定出两个 microRNA，即 miR-15a 和 miR-16-1，就定位于该区域，而且在 68% 的 CLL 患者中两者都有缺失或者表达下调（Calin *et al.*，2002）。随后，Cimmino 和其同事证实了这些 miRNA 通过抑制抗凋亡基因 *BCL-2* 来诱导凋亡。这意味着这些 miRNA 缺失导致 BCL2 表达增加，从而促进细胞生存并最终导致肿瘤发生（Cimmino *et al.*，2005）。最近，Croce 实验室发现 miR-15a 和 miR-16-1 是 13 个 miRNA 系列中的成员，这 13 个 miRNA 在 CLL 中呈一致性表达，并与患者预后和疾病进展密切相关（Calin *et al.*，2005）。

数个不同实验室的研究结果表明，miRNA 表达水平的变化与细胞转化过程和疾病进展程度相关。例如，Iorio 等利用 miRNA 表达分析证实乳腺癌中的 miRNA 的功能显著失常。他们对比分析了 10 例正常乳腺组织和 76 例乳腺癌组织，最终找到了 15 个可以准确区分正常和癌变组织的 miRNA。其中 miR-21 和 miR-155 在乳腺癌中显著上调，而 miR-10b、miR-145 及 miR-125b 则下调（Iorio *et al.*，2005）。另外一个研究组发现 miR-143 和 miR-145 表达水平在癌前病变的结肠腺瘤和进展期结肠癌中呈一致性降低（Michael *et al.*，2003）。

Lu 等的一项最新研究表明，miRNA 表达谱分析可以运用于肿瘤诊断（Lu *et al.*，2005）。他们设计了一种新型的基于磁珠的流式表达谱分析技术，该技术可以同时在一个板上检测 334 种组织或肿瘤样品中的 miRNA。应用这种技术，研究者发现大约 200 种 miRNA 的表达谱分析信息就能准确分类人类恶性肿瘤。相反，同样的肿瘤作 16 000 种 mRNA 表达谱分析却不能区分肿瘤来源和分化程度。而用 miRNA 表达谱对这些肿瘤标本做聚类等级分析可以确定肿瘤的组织来源。作者断言 miRNA 的表达模式反映了人类恶性肿瘤的发展历史。有趣的是，无论是哪种细胞类型，有超过一半的 miRNA（217 个中的 129 个）在肿瘤组织中比正常组织中表达下调。作者推测 miRNA 的全局水平可以反应肿瘤的分化程度。作为支持这个假设的证据，Lu 等观察到在多种细胞类型中，诱导 miRNA 表达与分化程度一致。这些观察结果与 miRNA 主要生理功能一致，即 miRNA 驱使细胞终末分化。作者最后得出结论：少量的 miRNA 可以提供大量的诊断信息。

数个研究工作都聚焦于特异性 miRNA 及其调控肿瘤的信号转导通路。例如，Kosik 及其同事最近证实 miR-21 在人胶质母细胞瘤组织和细胞系中显著上调。用 2′-*O*-甲基化反义寡核苷酸（AS）抑制 miR-21 表达可以激活 Caspase 活性（Chan *et al.*，2005）。这些结果表明 miR-21 通过抑制主要的凋亡因子使细胞避免死亡，从而有助于恶性胶质母细胞瘤生长。

有研究证实 miR-125b-1（人中 *lin*-4 同源物）参与白血病的发病机制，特别是早期白血病发生过程（Sonoki *et al.*，2005）。同样，miR-125b-1 也定位于基因组脆性位点，通常在卵巢癌、宫颈癌、肺癌和乳腺癌患者中缺失（Calin *et al.*，2004）。鉴于 *lin*-4 在线虫时序性发育和生命周期中的作用（Boehm and Slack *et al.*，2005），识别其哺乳动物同源体的真正靶基因是一项非常有趣的工作。

第一个作为癌基因功能的 miRNA 也许是 miR-155，它是由非编码 BIC（B-cell integration cluster，B 细胞整合簇）RNA 加工而来。BIC 是第一个鉴定出的家禽造血细胞组织增生病毒（ALV）诱导淋巴瘤发生的共同整合位点（Clurman and Hayward *et al.*，1989；McManus *et al.*，2003；Tam *et al.*，1997）。在 miRNA 发现之前，Tam 等推测 BIC 也许是通过其 RNA 发挥功能，因为它缺少明显的可读框（Tam *et al.*，1997）。尽管研究者已经检测到了 RNA 有序的高级结构，但在当时并不明白这种结构的重要性（Tam *et al.*，2001）。基于该区是普遍的插入位点并和 c-Myc 激活相关，研究者认为 BIC 区包含一个能与 c-Myc 协同促进淋巴瘤发生的基因。共表达 BIC RNA 最后一个外显子和 c-Myc 导致病毒诱导鸡淋巴瘤模型产生淋巴瘤的概率增加（Tam *et al.*，2002）。这些结果表明 BIC 与 c-Myc 促进淋巴瘤发生有协同作用，同时也证实非翻译的 RNA 可以影响癌发生。直到近几年，Metzler 等才发现 miR-155 就是 BIC mRNA 最后一个外显子的加工产物（Metzler *et al.*，2004）。最近的研究表明 miR-155 表达水平在霍奇金淋巴瘤组织和细胞系、弥漫大 B 细胞性淋巴瘤及儿童 Burkitt 淋巴瘤中显著增加（Eis *et al.*，2005；Kluiver *et al.*，2005；van den Berg *et al.*，2003）。但是也有一些与上述结果不一致的文献报道。与 Metzler 研究相反，Kluiver 等报道在原发性 Burkitt淋巴瘤中，BIC 和 miR-155 表达缺失（Kluiver *et al.*，2006；van den Berg *et al.*，2003）。然而这些作者在迟发性 III 型 EB 病毒阳性的 Burkitt 淋巴瘤和移植术后淋巴细胞增殖障碍（post-transplantation lymphoproliferative disorder，PTLD）患者中的确检测到 BIC 和 miR-155 表达水平升高。作者认为 EB 病毒迟发性 III 型特异性蛋白也许可以影响 BIC 表达。尚需进一步的研究来确认 miR-155 在 Burkitt 淋巴瘤和其他恶性肿瘤发病中的作用。

let-7 家族抑制肿瘤功能已经有很深入的研究。在成年蠕虫中 *let-7* 通常可以抑制增殖并促进分化。前人的研究表明 *let-7* 突变的蠕虫不能脱离细胞周期，因此不断分裂而不能终末分化（Reinhart *et al.*，2000）。这些研究提出一个假说：哺乳细胞如丧失 *let-7* 可导致细胞增殖加速和（或）分化减少。几年后，两个研究小组发表文章支持这个假说。*Let-7* 基因位于通常在肺癌样品中基因组缺失区域（Calin *et al.*，2004）。Takamizawa 等更进一步的研究表明，*let-7* 体外过度表达可抑制肺癌细胞系生长（Takamizawa *et al.*，2004）。这些研究提示 *let-7* 可能是肿瘤抑制基因。Slack 实验室用一系列的实验巧妙地证实了线虫中 *let-7* 家族负调控 *let-60*，而 *let-60* 是线虫中 RAS 蛋白家族同源基因（HRAS、KRAS 和 NRAS），*RAS* 基因通常在恶性肿瘤中发生突变。他们还发现人类 *RAS* 基因 3′UTR 区有多个 *let-7* 家族成员的作用位点。这些作用位点在多种哺乳动物中序列保守，意味着它们具有功能相关性。在 HepG2 细胞中过表达 *let-7* 能大量减少 RAS 蛋白表达。相反的，如果在 HeLa 细胞中用反义寡核苷酸抑制 *let-7*，将导致 RAS 蛋白的积累（Johnson *et al.*，2005）。作者进一步研究表明肺癌中 *let-7* 表达减少，并与 RAS 蛋白（而非 mRNA）表达呈负相关。这一研究提出了一种肺癌中 RAS 过度表达的可能机制，并且再次证实 miRNA 也许具有抑癌基因功能。

最近，有研究发现 5 个 microRNA 在甲状腺乳头状癌（PTC）中转录水平上调（H. He *et al.*，2005）。这些 miRNA 上调的肿瘤丧失了一种常见的调控细胞生长的酪氨酸激酶受体-KIT mRNA 和蛋白质的表达。10 例肿瘤中有 5 例在 KIT 区域有两个单核苷酸多态性位点，而这正是 miR-221、miR-222 和 miR-146 结合位点。作者认为这些 miRNA 及其 mRNA 靶基因的失调是甲状腺乳头状癌发生和发展的重要因素。有必要进行进一步的研究证实这些在 PTC 患者中过度表达的 miRNA 的重要性。

表 22.1 总结了目前已知的参与调控人类恶性肿瘤的 miRNA。但还有很多重要的问题存在：是 miRNA 导致肿瘤还是它们的表达变化与疾病进展相关？分析人 13 号染色体上 6 个 microRNA，即 mir-17 簇，有助于解答该问题（在下一节中讨论）。为了完整地了解 miRNA 在恶性肿瘤的作用，进行更多功能获得和功能缺失研究是十分必要的。

表 22.1 参与调控人类恶性肿瘤的 microRNA

microRNA	表达模式	参考文献
miR-15a 和 miR-16-1	在慢性淋巴细胞白血病患者体内缺失或下调	Calin *et al.*，2002
miR-26a 和 miR-99a	在肺癌细胞系中下调	Calin *et al.*，2004
miR-143 和 miR-145	在结直肠癌中表达减少	Michael *et al.*，2003
	在乳腺、前列腺、子宫颈和淋巴瘤细胞系中下调	Iorio *et al.*，2005
miR-155	在 Burkitt 淋巴瘤中上调	Metzler *et al.*，2004
	在霍奇金淋巴瘤、原发性纵隔淋巴瘤和弥漫性大 B 细胞淋巴瘤中上调	van den Berg *et al.*，2003；Eis *et al.*，2005；Kluiver *et al.*，2005

续表

microRNA	表达模式	参考文献
	在乳腺癌中上调	Iorio *et al.*, 2005
let-7	定位于乳腺、肺、尿路上皮和宫颈癌中的脆性位点	Calin *et al.*, 2004
	在人类肺癌中下调	Takamizawa *et al.*, 2004
	调节原癌基因 RAS 的表达	Johnson *et al.*, 2005
miR-17-5p 和 miR-18a	肝细胞癌中含有 mir-17基因簇的杂合性缺失区域	Lin *et al.*, 1999
miR-19a 和 miR-20a	mir-17基因簇所在染色体位点的扩增	Ota *et al.*, 2004
miR-19b-1 和 miR 92-1	在 B-CLL 患者细胞中上调 miR-19a 和 miR92-1	Calin *et al.*, 2004
	在65%的 B 细胞淋巴瘤样品中上调 mir-17基因簇的 pri-miRNA	L. He *et al.*, 2005
	在 B 细胞淋巴瘤的小鼠模型中与 C-Myc 协同作用	L. He *et al.*, 2005
	直接被 C-Myc 原癌基因调控	O'Donnell *et al.*, 2005
	在肺癌中过表达	Hayashita *et al.*, 2005
miR-21	在乳腺癌组织中上调	Iorio *et al.*, 2005
	在成胶质细胞瘤的组织和细胞系中过表达	Chan *et al.*, 2005
miR-125b-1(lin 4 homolog)	在少数乳腺癌、卵巢癌、肺癌和子宫颈癌中缺失	Calin *et al.*, 2004
	在 B 细胞 ALL 患者前体中插入 Ig 重链基因重排位点	Sonoki *et al.*, 2005
miR-221、miR-222 和 miR-146	在乳头甲状腺癌中转录水平上调	H. He *et al.*, 2005

22.4 c-Myc 调控的 microRNA

目前学界普遍认为：为了恰当地行使其功能，miRNA 必须表达在特定组织、特定时期（Ambros，2004）。研究者很早就开始寻找调控 miRNA 基因转录的机制。实际上，目前能确定地调控 miRNA 表达的哺乳动物转录因子只有很少几种。为了探索 miRNA 转录调控机制，我们实验室重点研究受 *c-Myc* 原癌基因调控的 miRNA。*c-Myc* 编码一种碱性螺旋-环-螺旋转录因子，它可以调控不同的靶基因，包括调控细胞增殖、生长和凋亡（Dang *et al.*，1999）。c-Myc 表达调控紊乱是人类恶性肿瘤最常见的异常之一（Cole and McMahon *et al.*，1999）。最新的观点认为 c-Myc 调控人类和果蝇基因组中 10%～15% 的基因（Fernandez *et al.*，2003；Li *et al.*，2003；Orian *et al.*，2003）。由于 miRNA 也可以控制增殖和凋亡，我们假设 c-Myc 也能直接调控 miRNA 表达。

为了鉴定受 c-Myc 调控的 miRNA，我们利用了由本实验室建立起来的点芯片技术，该技术能同时检测 235 种人、小鼠或大鼠 miRNA 表达水平。我们在一种人 B 细胞系（P493-6）里分析了 miRNA 表达模式，这种细胞系可由四环素控制 c-Myc 表达（Pajic *et al.*，2000）。6 个 miRNA（mir-17-5p、miR-18、miR-19a、miR-19b、miR-20 和 miR-92）在 c-Myc 高表达组中显著上调，这 6 个 miRNA 位于人 13 号染色体同一个簇中，称为 mir-17 簇。与我们在 P493-6 细胞中获得数据一致，我们也观察到在一种 c-Myc 纯合性缺失大鼠成纤维细胞系中，这些 miRNA 的表达减少了 50%（Mateyak *et al.*，1997）。这些数据证实 c-Myc 对于 miRNA 生理性表达是必需的，同时进一步表明由 c-Myc 调控 miRNA 不仅仅只是存在于 B 细胞谱系发育。为了进一步研究 c-Myc 是否直接调控 mir-17 簇，我们在 P493-6 细胞和原代人成纤维细胞中进行了染色质免疫共沉淀实验（chromatin immunoprecipitation，ChIP）。ChIP 分析表明 c-Myc 可直接结合到基因组中编码 mir-17 簇的位点，这提供了有力的证据证实 miRNA 确实是这个转录因子的直接作用靶点（O'Donnell *et al.*，2005）。上述发现表明控制 miRNA 基因与蛋白编码基因的表达受同一种机制调控。

mir-17 簇受 c-Myc 直接调控，这提示激活这些 miRNA 也许将导致 Myc 介导的肿瘤发生。几个研究小组运用生物信息预测算法，已经确定了 mir-17 簇可能的靶基因（John *et al.*，2004；Lewis *et al.*，2003）。有趣的是，经预测几个可以促进生长的 mRNA，如 N-Myc 和 E2F1，以及抑制生长的 mRNA 包括 Rb2/p130 及 PTEN 等抑癌因子同样受这些 miRNA 调控。我们假设 mir-17 簇通过两种途径参与肿瘤发生。增加或过表达 mir-17 簇可以下调其下游的肿瘤抑制蛋白，从而导致恶性肿瘤（图 22.1 左侧一列）。相反的，缺失或者杂合性缺失 mir-17 簇也可通过提高促癌蛋白表达来加速恶性肿瘤生长（图 22.1 右侧一列）。

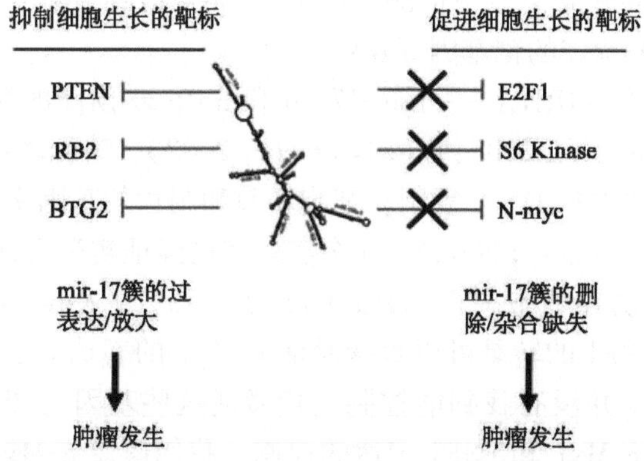

图 22.1　mir-17 簇功能获得或功能缺失导致恶性肿瘤发生可能的机制。左侧一列表示过度表达或扩增 mir-17 簇使抑制细胞生长的靶基因表达减少从而导致肿瘤发生；右侧一列表示 mir-17 簇缺失或杂合性失活可激活原本受抑制的促进细胞生长基因结果导致肿瘤发生。

实际上越来越多的证据显示，mir-17 簇通过两种机制促进肿瘤形成。包含有 mir-17 簇的 13q31-q32 区域在实体瘤和造血系统恶性肿瘤里都有扩增（Gordon *et al.*，2000；Schmidt *et al.*，2005）。用比较基因组杂交的方法，Ota 等证实 mir-17 簇转录物的宿主基因 *C13orf25* 是多种淋巴瘤细胞和患者的扩增靶点（Ota *et al.*，2004）。因为 *C13orf25* 预测的可读框编码的小肽段并不保守，这个转录物并不能编码一种蛋白质。*C13orf25* 最有可能的唯一功能是作为包括 mir-17 簇的 6 个 miRNA 的前体分子。Hammond 和 Hannon 实验室最近直接证实，mir-17 簇具有癌基因活性（L. He *et al.*，2005）。首先，他们证实这些 miRNA 在 B 细胞淋巴瘤中显著上调。随后，作者们用一种 Myc 激活 B 细胞淋巴瘤模型，Eμ-Myc 转基因小鼠检测 mir-17 簇是否有助于肿瘤的发展。把来源于这些小鼠胚肝造血干细胞（HSC）移植给致死剂量放射线照射野生型小鼠，它们在生命晚期（4～6 个月）产生淋巴瘤。Eμ-Myc 造血干细胞过度表达 mir-17

簇截短片段（包含 6 个 miRNA 中的 5 个）小鼠发生肿瘤潜伏期明显变短（少于 2 个月），这表明 mir-17 簇与 c-Myc 协同促进淋巴瘤的产生。此外，来源于过量表达 mir-17 簇淋巴瘤最初显示凋亡减少。有趣的是，重组 Eμ-Myc 造血干细胞表达 96 个单独的 miRNA 并不能加速肿瘤形成，这表明了这些发现的特异性。这些数据共同显示了 mir-17 簇具有癌基因活性。Hayashita 等最近也证实过度表达 mir-17 簇能加速一种肺癌细胞系增殖（Hayashita *et al.*，2005）。这些发现与图 22.1 左侧一列中推测的一致，而过度表达 mir-17 簇减少了一种抑制细胞生长基因的表达。

也有其他的研究报道 13q31-q32 在数种肿瘤中杂合性缺失，包括乳腺癌、膀胱癌、肝细胞癌、鼻咽癌和垂体腺瘤（Eiriksdottir *et al.*，1998；Honda *et al.*，2003；Koo *et al.*，2003；Richter *et al.*，1999；Tsang *et al.*，1999）。提示在 mir-17 簇附近存在一种肿瘤抑制基因，这也与图 22.1 中右侧一列中推测的一致。按照这种假说，缺失或降低 mir-17 簇的表达可能将导致一种促进细胞生长基因上调。这非常重要地强调了某个 miRNA 的功能依赖于其靶基因 mRNA 在特定组织或发育的特定阶段是否表达。此外，一个靶基因 mRNA 在一种肿瘤中促进增殖也有可能提示某个 miRNA 是癌基因还是抑癌基因。因此，在不同肿瘤模型中检测 mir-17 簇表达的结果就十分重要了。而且，有必要确定这些 miRNA 调控的靶基因 mRNA。

mir-17 簇里的两个 miRNA——mir-17-5p 和 miR-20 预测的靶基因是 E2F1（John *et al.*，2004；Lewis *et al.*，2005；Lewis *et al.*，2003）。哺乳动物细胞中，E2F1 转录因子家族通过直接促进调控 DNA 复制、细胞增殖和凋亡的基因来控制细胞周期 G_1 向 S 期转化（Trimarchi and Lees，2002）。几个实验室已经证实过表达 E2F1 在不同的实验条件下可促进增殖或诱导细胞凋亡（Hunt *et al.*，1997；Kowalik *et al.* 1995；Qin *et al.*，1994）。而且，E2F1 的转录可以直接激活 c-Myc 的表达，从而形成一个假定的正反馈模型。尽管如此，并没有找到能控制互相激活这些基因的产物，因此提出一个问题：细胞怎样维持对 c-Myc 和 E2F1 表达的控制。我们假设 c-Myc 诱导 mir-17 簇可以阻止这些因子的激活。为了确认 E2F1 是否是 mir-17 簇真正的靶基因，我们在表达这些 miRNA 的 HeLa 细胞中用 2′-O-甲基化反义寡核苷酸来抑制 mir-17-5p 和 miR-20 的表达，结果发现在不影响 E2F1mRNA 水平情况下可增加 E2F1 蛋白表达（O'Donnell *et al.*，2005）。相反的，过表达 mir-17 簇可增加 E2F1 蛋白水平而不影响其 mRNA 的丰度。报告基因的方法显示 E2F1 的 3′-UTR 区有这些 miRNA 的两个结合位点。这些结果共同表明 c-Myc 控制 E2F1 活性是通过直接促进其转录并同时激活 mir-17 簇来负性调控其翻译实现的。这些数据支持一个调控模式：mir-17-5p 和 miR-20 抑制了 c-Myc 介导的 E2F1 表达（图 22.2）。这将使 c-Myc 和 E2F1 之间的相互激活失控。而且，这种调控环路预计可维持 E2F1 的水平低于激活的临界水平，从而促进细胞增殖并避免凋亡。尽管与在这个模型中预测的一致，这些 miRNA 在 Eμ-Myc 模型中的显著效应是减少凋亡，进一步的实验必须证实这种调控环路有助于 mir-17 的癌基因功能。而且，更有趣的工作是确定在淋巴瘤中共表达 c-Myc 和 mir-17 簇 E2F1 含量是否减少。

通过不断努力证实这些 miRNA 的靶基因将有助于更完整地了解 miRNA 在癌发生中的作用。除 E2F1 之外，还有其他 c-Myc 的靶基因也是 mir-17 簇预测的靶基因，包括 *RPS6KA5*、*BCL11B*、*PTEN* 和 *HCFC2*。有可能的是许多哺乳动物转录因子通过

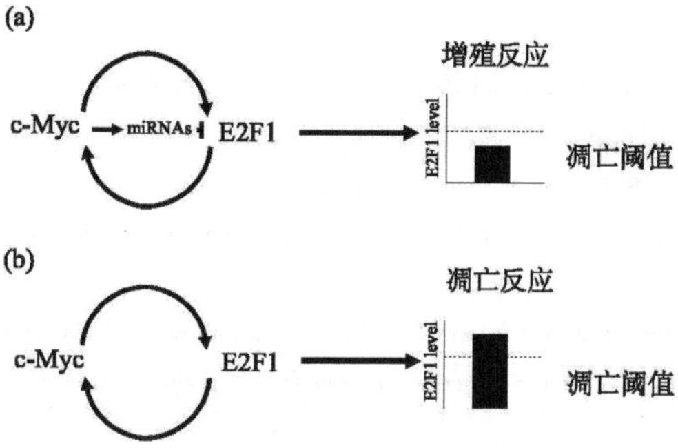

图 22.2 (a) 推测 mir-17 簇可抑制 c-Myc 和 E2F1 的相互激活。这有助于在凋亡阈值的临界状态下保持 E2F1 的活性，同时还允许在缺少凋亡时也可有增殖反应。(b) 当缺少 mir-17 簇表达时，c-Myc 和 E2F1 以不受控制的方式共同激活。这将使 E2F1 过度活化并处于阈值之上，最终导致凋亡。

miRNA 激活其转录活性并抑制其翻译，从而对靶基因的表达进行精细调控。

22.5 结束语

目前已经清楚 miRNA 对于正常细胞生理功能非常重要，miRNA 表达失调参与了人类疾病。尽管如此，关于 miRNA 的机制研究工作才刚刚起步。本章讨论了 miRNA 作为抑癌基因和癌基因的几个特殊的例子。为了拓展我们对于 miRNA 在癌发生中作用的知识，必须进行更多功能获得和功能缺失的研究。为了达到这个目的，一个 miRNA 联合研究小组目前在加州大学成立。Michael McManus 和他的同事计划系统地敲除小鼠中 350 个已知的 miRNA。毋庸置疑，这类研究将有助于整个 miRNA 和癌症研究团队。就 miRNA 功能而论，尚存在许多重要问题有待阐明。例如，miRNA 除了行使抑癌基因和癌基因的功能外，是否可能作为基因组稳定基因来调控如 DNA 修复这样的细胞过程？表达水平的不同可以决定一个特定的 miRNA 作为抑癌基因或作为癌基因吗？miRNA 可以确切地调控多少 mRNA 靶基因？寻找这些和其他问题的答案对于我们阐明 miRNA 在肿瘤和其他疾病中的功能是非常必要的。

致谢

感谢 Dr. Krishnarao Appasani 帮助编辑本章节。

参考文献

Ambros, V. (2004). The functions of animal microRNAs. *Nature*, **431**, 350–355.

Bentwich, I., Avniel, A., Karov, Y. *et al*. (2005). Identification of hundreds of conserved and nonconserved human miRNAs. *Nature Genetics*, **37**, 766–770.

Berezikov, E., Guryev, V., Belt, J. *et al*. (2005). Phylogenetic shadowing and computational identification of human microRNA genes. *Cell*, **120**, 21–24.

Boehm, M. and Slack, F. (2005). A developmental timing microRNA and its target regulate life span in *C. elegans*. *Science*, **310**, 1954–1957.

Brennecke, J., Hipfner, D. R., Stark, A., Russell, R. B. and Cohen, S. M. (2003). *Bantam* encodes a developmentally regulated microRNA that controls cell proliferation and regulates the proapoptotic gene hid in *Drosophila*. *Cell*, **113**, 25–36.

Brennecke, J., Stark, A., Russell, R. B. and Cohen, S. M. (2005). Principles of microRNA–target recognition. *Public Library of Science Biology*, **3**, e85.

Calin, G. A., Dumitru, C. D., Shimizu, M. *et al*. (2002). Frequent deletions and downregulation of micro-RNA genes miR15 and miR16 at 13q14 in chronic lymphocytic leukemia. *Proceedings of the National Academy of Sciences USA*, **99**, 15 524–15 529.

Calin, G. A., Sevignani, C., Dumitru, C. D. *et al*. (2004). Human microRNA genes are frequently located at fragile sites and genomic regions involved in cancers. *Proceedings of the National Academy of Sciences USA*, **101**, 2999–3004.

Calin, G. A., Ferracin, M., Cimmino, A. *et al*. (2005). A microRNA signature associated with prognosis and progression in chronic lymphocytic leukemia. *The New England Journal of Medicine*, **353**, 1793–1801.

Chan, J. A., Krichevsky, A. M. and Kosik, K. S. (2005). MicroRNA-21 is an antiapoptotic factor in human glioblastoma cells. *Cancer Research*, **65**, 6029–6033.

Chen, C. Z., Li, L., Lodish, H. F. and Bartel, D. P. (2004). MicroRNAs modulate hematopoietic lineage differentiation. *Science*, **303**, 83–86.

Cimmino, A., Calin, G. A., Fabbri, M. *et al*. (2005). miR-15 and miR-16 induce apoptosis by targeting BCL2. *Proceedings of the National Academy of Sciences USA*, **102**, 13944–13949.

Clurman, B. E. and Hayward, W. S. (1989). Multiple proto-oncogene activations in avian leukosis virus-induced lymphomas: evidence for stage-specific events. *Molecular and Cellular Biology*, **9**, 2657–2664.

Cole, M. D. and McMahon, S. B. (1999). The Myc oncoprotein: a critical evaluation of transactivation and target gene regulation. *Oncogene*, **18**, 2916–2924.

Dang, C. V. (1999). c-Myc target genes involved in cell growth, apoptosis, and metabolism. *Molecular and Cellular Biology*, **19**, 1–11.

Dohner, H., Stilgenbauer, S., Benner, A. *et al*. (2000). Genomic aberrations and survival in chronic lymphocytic leukemia. *The New England Journal of Medicine*, **343**, 1910–1916.

Dong, J. T., Boyd, J. C. and Frierson, H. F., Jr. (2001). Loss of heterozygosity at 13q14 and 13q21 in high grade, high stage prostate cancer. *Prostate*, **49**, 166–171.

Eiriksdottir, G., Johannesdottir, G., Ingvarsson, S. *et al*. (1998). Mapping loss of heterozygosity at chromosome 13q: loss at 13q12-q13 is associated with breast tumour progression and poor prognosis. *The European Journal of Cancer*, **34**, 2076–2081.

Eis, P. S., Tam, W., Sun, L. *et al*. (2005). Accumulation of miR-155 and BIC RNA in human B cell lymphomas. Proceedings *of the National Academy of Sciences USA*, **102**, 3627–3632.

Fernandez, P. C., Frank, S. R., Wang, L. *et al*. (2003). Genomic targets of the human c-Myc protein. *Genes and Development*, **17**, 1115–1129.

Giraldez, A. J., Cinalli, R. M., Glasner, M. E. *et al*. (2005). MicroRNAs regulate brain morphogenesis in zebrafish. *Science*, **308**, 833–838.

Gordon, A. T., Brinkschmidt, C., Anderson, J. *et al*. (2000). A novel and consistent amplicon at 13q31 associated with alveolar rhabdomyosarcoma. *Genes, Chromosomes, and Cancer*, **28**, 220–226.

Hayashita, Y., Osada, H., Tatematsu, Y. *et al*. (2005). A polycistronic microRNA cluster, miR- 17-92, is overexpressed in human lung cancers and enhances cell proliferation. *Cancer Research*, **65**, 9628–9632.

He, H., Jazdzewski, K., Li, W. *et al*. (2005). The role of microRNA genes in papillary thyroid carcinoma. *Proceedings of the National Academy of Sciences USA*, **102**, 19 075–19 080.

He, L., Thomson, J. M., Hemann, M. T. *et al*. (2005). A microRNA polycistron as a potential human oncogene. *Nature*, **435**, 828–833.

Hipfner, D. R., Weigmann, K. and Cohen, S. M. (2002). The *bantam* gene regulates *Drosophila* growth. *Genetics*,

161, 1527 - 1537.

Honda, S., Tanaka-Kosugi, C., Yamada, S. *et al*. (2003). Human pituitary adenomas infrequently contain inactivation of retinoblastoma 1 gene and activation of cyclin dependent kinase 4 gene. *Endocrine Journal*, **50**, 309 - 318.

Hunt, K. K., Deng, J., Liu, T. J. *et al*. (1997). Adenovirus-mediated overexpression of the transcription factor E2F-1 induces apoptosis in human breast and ovarian carcinoma cell lines and does not require p53. *Cancer Research*, **57**, 4722 - 4726.

Iorio, M. V., Ferracin, M., Liu, C. G. *et al*. (2005). MicroRNA gene expression deregulation in human breast cancer. *Cancer Research*, **65**, 7065 - 7070.

John, B., Enright, A. J., Aravin, A. *et al*. (2004). Human microRNA targets. *Public Library of Science Biology*, **2**, e363.

Johnson, S. M., Grosshans, H., Shingara, J. *et al*. (2005). RAS is regulated by the let-7 microRNA family. *Cell*, **120**, 635 - 647.

Kluiver, J., Poppema, S., de Jong, D. *et al*. (2005). BIC and miR-155 are highly expressed in Hodgkin, primary mediastinal and diffuse large B cell lymphomas. *Journal of Pathology*, **207**, 243 - 249.

Kluiver, J., Haralambieva, E., de Jong, D. *et al*. (2006). Lack of BIC and microRNA miR-155 expression in primary cases of Burkitt lymphoma. *Genes, Chromosomes, and Cancer*, **45**, 147 - 153.

Koo, S. H., Ihm, C. H., Kwon, K. C. *et al*. (2003). Microsatellite alterations in hepatocellular carcinoma and intrahepatic cholangiocarcinoma. *Cancer Genetics and Cytogenetics*, **146**, 139 - 144.

Kowalik, T. F., DeGregori, J., Schwarz, J. K. and Nevins, J. R. (1995). E2F1 overexpression in quiescent fibroblasts leads to induction of cellular DNA synthesis and apoptosis. *Journal of Virology*, **69**, 2491 - 2500.

Lagos-Quintana, M., Rauhut, R., Lendeckel, W. and Tuschl, T. (2001). Identification of novel genes coding for small expressed RNAs. *Science*, **294**, 853 - 858.

Lau, N. C., Lim, L. P., Weinstein, E. G. and Bartel, D. P. (2001). An abundant class of tiny RNAs with probable regulatory roles in *Caenorhabditis elegans*. *Science*, **294**, 858 - 862.

Leaman, D., Chen, P. Y., Fak, J. *et al*. (2005). Antisense-mediated depletion reveals essential and specific functions of microRNAs in *Drosophila* development. *Cell*, **121**, 1097 - 1108.

Lee, R. C. and Ambros, V. (2001). An extensive class of small RNAs in *Caenorhabditis elegans*. *Science*, **294**, 862 -864.

Lee, R. C., Feinbaum, R. L. and Ambros, V. (1993). The *C. elegans* heterochronic gene lin-4 encodes small RNAs with antisense complementarity to lin-14. *Cell*, **75**, 843 - 854.

Leone, G., DeGregori, J., Sears, R., Jakoi, L. and Nevins, J. R. (1997). Myc and Ras collaborate in inducing accumulation of active cyclin E/Cdk2 and E2F. *Nature*, **387**, 422 - 426.

Lewis, B. P., Shih, I. H., Jones-Rhoades, M. W., Bartel, D. P. and Burge, C. B. (2003). Prediction of mammalian microRNA targets. *Cell*, **115**, 787 - 798.

Lewis, B. P., Burge, C. B. and Bartel, D. P. (2005). Conserved seed pairing, often flanked by adenosines, indicates that thousands of human genes are microRNA targets. *Cell*, **120**, 15 - 20.

Li, Z., Van Calcar, S., Qu, C. *et al*. (2003). A global transcriptional regulatory role for c-Myc in Burkitt's lymphoma cells. *Proceedings of the National Academy of Sciences USA*, **100**, 8164 - 8169.

Lin, Y. W., Sheu, J. C., Liu, L. Y. *et al*. (1999). Loss of heterozygosity at chromosome 13q in hepatocellular carcinoma: identification of three independent regions. *European Journal of Cancer*, **35** (12), 1730 - 1734.

Lu, J., Getz, G., Miska, E. A. *et al*. (2005). MicroRNA expression profiles classify human cancers. *Nature*, **435**, 834 - 838.

Mateyak, M. K., Obaya, A. J., Adachi, S. and Sedivy, J. M. (1997). Phenotypes of c-Myc-deficient rat fibroblasts isolated by targeted homologous recombination. *Cell Growth and Differentiation*, **8**, 1039 - 1048.

McManus, M. T. (2003). MicroRNAs and cancer. *Seminars in Cancer Biology*, **13**, 253 - 258.

Metzler, M., Wilda, M., Busch, K., Viehmann, S. and Borkhardt, A. (2004). High expression of precursor mi-

croRNA-155/BIC RNA in children with Burkitt lymphoma. *Genes, Chromosomes, and Cancer*, **39**, 167–169.

Michael, M. Z., O' Connor, S. M., van Holst Pellekaan, N. G., Young, G. P. and James, R. J. (2003). Reduced accumulation of specific microRNAs in colorectal neoplasia. *Molecular Cancer Research*, **1**, 882–891.

O' Donnell, K. A., Wentzel, E. A., Zeller, K. I., Dang, C. V. and Mendell, J. T. (2005). c-Myc-regulated microRNAs modulate E2F1 expression. *Nature*, **435**, 839–843.

Orian, A., van Steensel, B., Delrow, J. *et al*. (2003). Genomic binding by the *Drosophila* Myc, Max, Mad/Mnt transcription factor network. *Genes & Development*, **17**, 1101–1114.

Ota, A., Tagawa, H., Karnan, S. *et al*. (2004). Identification and characterization of a novel gene, C13orf25, as a target for 13q31-q32 amplification in malignant lymphoma. *Cancer Research*, 64, 3087–3095.

Pajic, A., Spitkovsky, D., Christoph, B. *et al*. (2000). Cell cycle activation by c-myc in a burkitt lymphoma model cell line. *The International Journal of Cancer*, **87**, 787–793.

Poy, M. N., Eliasson, L., Krutzfeldt, J. *et al*. (2004). A pancreatic islet-specific microRNA regulates insulin secretion. *Nature*, **432**, 226–230.

Qin, X. Q., Livingston, D. M., Kaelin, W. G., Jr. and Adams, P. D. (1994). Deregulated transcription factor E2F-1 expression leads to S-phase entry and p53-mediated apoptosis. *Proceedings of the National Academy of Sciences USA*, **91**, 10 918–10 922.

Reinhart, B. J., Slack, F. J., Basson, M. *et al*. (2000). The 21-nucleotide let-7 RNA regulates developmental timing in *Caenorhabditis elegans*. *Nature*, **403**, 901–906.

Richter, J., Wagner, U., Schraml, P. *et al*. (1999). Chromosomal imbalances are associated with a high risk of progression in early invasive (pT1) urinary bladder cancer. *Cancer Research*, **59**, 5687–5691.

Schmidt, H., Bartel, F., Kappler, M. *et al*. (2005). Gains of 13q are correlated with a poor prognosis in liposarcoma. *Modern Pathology*, **18**, 638–644.

Sonoki, T., Iwanaga, E., Mitsuya, H. and Asou, N. (2005). Insertion of microRNA-125b-1, a human homologue of lin-4, into a rearranged immunoglobulin heavy chain gene locus in a patient with precursor B-cell acute lymphoblastic leukemia. *Leukemia*, **19**, 2009–2010.

Takamizawa, J., Konishi, H., Yanagisawa, K. *et al*. (2004). Reduced expression of the let-7 microRNAs in human lung cancers in association with shortened postoperative survival. *Cancer Research*, **64**, 3753–3756.

Tam, W. (2001). Identification and characterization of human BIC, a gene on chromosome 21 that encodes a noncoding RNA. *Gene*, **274**, 157–167.

Tam, W., Ben-Yehuda, D. and Hayward, W. S. (1997). *bic*, a novel gene activated by proviral insertions in avian leukosis virus-induced lymphomas, is likely to function through its noncoding RNA. *Molecular and Cellular Biology*, **17**, 1490–1502.

Tam, W., Hughes, S. H., Hayward, W. S. and Besmer, P. (2002). Avian *bic*, a gene isolated from a common retroviral site in avian leukosis virus-induced lymphomas that encodes a noncoding RNA, cooperates with c-myc in lymphomagenesis and erythroleukemogenesis. *Journal of Virology*, **76**, 4275–4286.

Trimarchi, J. M. and Lees, J. A. (2002). Sibling rivalry in the E2F family. *Nature Reviews Molecular and Cell Biology*, **3**, 11–20.

Tsang, Y. S., Lo, K. W., Leung, S. F. *et al*. (1999). Two distinct regions of deletion on chromosome 13q in primary nasopharyngeal carcinoma. *The International Journal of Cancer*, **83**, 305–308.

van den Berg, A., Kroesen, B. J., Kooistra, K. *et al*. (2003). High expression of B-cell receptor inducible gene BIC in all subtypes of Hodgkin lymphoma. *Genes, Chromosomes, and Cancer*, **37**, 20–28.

Vella, M. C., Reinert, K. and Slack, F. J. (2004). Architecture of a validated microRNA: target interaction. *Chemical Biology*, **11**, 1619–1623.

Vogelstein, B. and Kinzler, K. W. (2004). Cancer genes and the pathways they control. *Nature Medicine*, **10**, 789–799.

Wightman, B., Ha, I. and Ruvkun, G. (1993). Posttranscriptional regulation of the heterochronic gene lin-14 by lin-4 mediates temporal pattern formation in *C. elegans*. *Cell*, **75**, 855–862.

Xu, P., Vernooy, S. Y., Guo, M. and Hay, B. A. (2003). The *Drosophila* microRNA miR-14 suppresses cell death and is required for normal fat metabolism. *Current Biology*, **13**, 790–795.

Zhao, Y., Samal, E. and Srivastava, D. (2005). Serum response factor regulates a musclespecific microRNA that targets Hand2 during cardiogenesis. *Nature*, **436**, 214–220.

23 肿瘤中 miRNA 表达谱的高通量检测

Muller Fabbri, Ramiro Garzon, Amelia Cimmino,
George Adrian Calin and Carlo Maria Croce*

23.1 引言

miRNA 是一类长度为 18～24 个核苷酸的小分子非编码 RNA，从线虫到人类的多种生物中均有发现（Bartel，2004；He and Hannon，2004）。近年来，miRNA 的功能和作用机制越来越清晰，它们通过完全的（在植物中）或不完全的（在动物中）结合于(但并非全部）靶 mRNA 非翻译区（UTR）内的互补位点，从而调控 mRNA 的翻译和降解（Lagos-Quintana *et al.*，2001；Lau *et al.*，2001；Lee and Ambros，2001）。miRNA 基因首先由 RNA 聚合酶 II（polII）转录成一种长的初级转录产物，称为初级 miRNA（pri-miRNA）。一种双链 RNA 特异的核酸酶 Drosha 负责把 pri-miRNA 加工成 70～100 个核苷酸长的发夹 RNA，称为前体 miRNA（pre-miRNA），其 3′端具有 RNA 酶 III 剪切产物特有的 2 个核苷酸突起（Cullen，2004）。pre-miRNA 由出核转运蛋白 Exportin-5 转运到细胞质中。在细胞质中，pre-miRNA 被另一种双链 RNA 特异的 III 型核酸酶 Dicer 加工成 18～24 个核苷酸长的双链 RNA。Dicer 剪切产物被包装进一个大的蛋白复合体 RISC（RNA-induced silencing complex，RNA 诱导沉默复合体），Argonaute 蛋白是其中的核心组分（人类中有 Ago1～4）。miRNA 双链中一条链在 RISC 中维持稳定而成为成熟 miRNA，另一条反义链则称为随从链或 miRNA* 的，它通过两种不同的机制最终降解。当 miRNA 双链装入含有 Ago2 的 RISC 复合体时，随从链可能会被切割降解。而当 miRNA 双链被装入含有其他 Ago 蛋白的 RISC 复合体时，随从链则可能通过另一种非剪切的旁路作用被去除，据推测这种作用是基于双链解链（Gregory *et al.*，2005；Matranga *et al.*，2005；Rand *et al.*，2005）。成熟 miRNA 引导 RISC 复合体靶向 mRNA 并将其切割降解或在翻译水平上抑制。当 miRNA 与 mRNA 碱基完全互补配对时，靶 mRNA 被切割降解（此机制在植物中占主导地位）。当 miRNA 与 mRNA 不完全互补配对时，往往导致靶标的翻译沉默（主要出现在线虫、果蝇和哺乳动物中），尽管也曾有过不完全配对导致靶 mRNA 表达水平下降的报道(He and Hannon，2004)。因此，miRNA 负调控靶 mRNA 的表达。miRNA 调控着细胞的多种生理功能，比如分化、增殖、发育和凋亡。众多研究人员正广泛地研究 miRNA 在人类疾病中（癌症、糖尿病、免疫紊乱或神经退行性疾病）的异常情况（Sevignani *et al.*，2006）。

包括我们在内的多个研究小组研究了 miRNA 组（定义为基因组中所有 miRNA 的整体）在正常组织分化和肿瘤转化的过程中是如何差异表达的。miRNA 在血液恶性肿

* 通讯作者。

瘤和实体瘤中的表达谱征也因此得到鉴定，这使我们能够区别肿瘤细胞和正常细胞，而且在某些情况下 miRNA 的表达谱征还与肿瘤的预后和进展相关。

23.2　miRNA 表达的组织特异模式

随着检测 miRNA 表达手段的发展，人们已逐渐明确了各种正常组织中存在着独特的和特异的 miRNA 表达谱征。寡核苷酸 miRNA 微阵列芯片包含上百个人类前体miRNA和成熟 miRNA 探针，可以鉴定人类和小鼠组织中不同的以及组织特异的 miRNA 表达模式（Liu *et al.*，2004；Esquela-Kerscher and Slack，2004）。微阵列具有许多优点。首先，能在很短的时间内完成一个样品中几百个基因的表达水平的全面鉴定。其次，通过对寡核苷酸探针的精心设计，能同时检测 miRNA 的前体和成熟体。第三，与 Northern 杂交相比只需要很少量的 RNA，而且无需放射性同位素。图 23.1 显示了一组 miRNA 在 7 种血液样品、11 种组织样品以及 2 种胚胎来源的样品（胎肝和胎脑）中的差异表达。微阵列芯片数据证实了不同组织具有独特的和特异的 miRNA 组表达模式，而且这种模式的特异性在不同个体中得以保持。有趣的是，造血组织可分成两个不同的群体、一个包括 CD5 阳性细胞、T 淋巴细胞和白细胞；另一个包括骨髓、胎肝和 B 淋巴细胞。在胚胎和成人来源的同一组织（如脑）中，miRNA 表达模式具有差异。利用这种方法已经鉴定出仅在某一组织或某些组织中高度表达的 miRNA：miR-1b-2、miR-99b、miR-125 和 miR-128（脑）；miR-133a 和 miR-133b（骨骼肌、心脏和前列腺）；miR-223（脾）以及 miR-16-a（CD5 阳性细胞）。在小鼠组织表达的所有 miRNA 中，往往有某种 miRNA 表达水平特别显著，暗示了它在组织分化中具有重要的作用。miR-143 是在脾中表达量最高的 miRNA，miR-142 则在结肠中丰度最高，而 miR-122a、miR-122b 在克隆到的小鼠肝脏 miRNA 库中占据了 72%（Lagos-Quintana *et al.*，2002；Seitz *et al.*，2004）。目前，人们还建立了另一种检测 miRNA 表达水平的方法，这是一种新型的基于圆珠的流式细胞技术（Lu *et al.*，2005）。在 334 个样品（包括多种人类癌症）中对 217 个哺乳动物 miRNA 的表达进行分析，证实了组织特异的 miRNA 表达谱征是存在的。微阵列和流

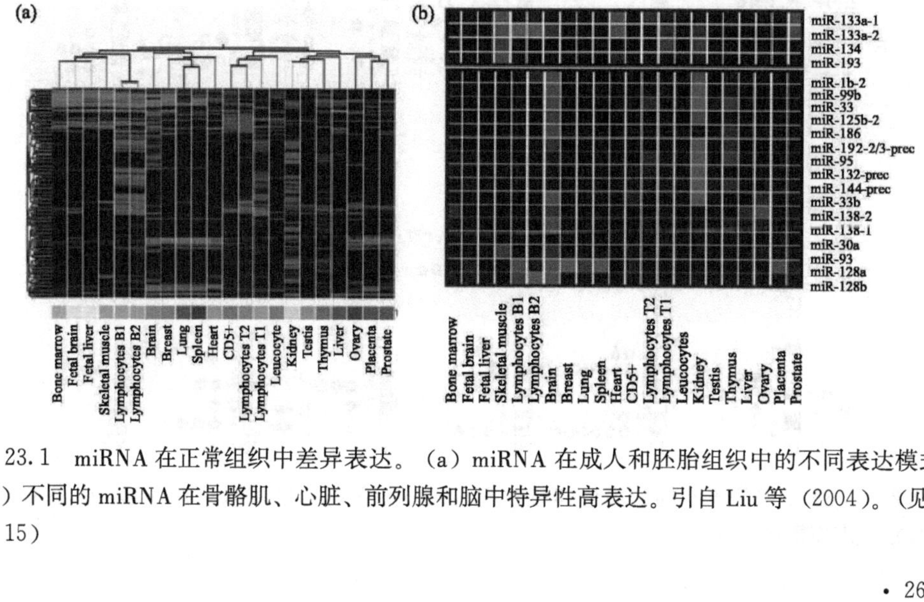

图 23.1　miRNA 在正常组织中差异表达。(a) miRNA 在成人和胚胎组织中的不同表达模式。(b) 不同的 miRNA 在骨骼肌、心脏、前列腺和脑中特异性高表达。引自 Liu 等（2004）。（见彩图 15）

式细胞术的检测结果都已被各种技术所验证，包括 Northern 杂交和定量 RT-PCR。

23.3 miRNA 多位于癌症相关基因区域（CAGR）

为了研究 miRNA 在癌症中可能起到的作用，我们研究小组在全基因组范围进行了系统地搜索，寻找 miRNA 的基因组定位与癌症相关基因组区域的联系（Calin *et al.*，2004）。当把 186 个 miRNA 进行了基因组定位，并且将它们的位点与之前发表的非随机遗传变异的位点进行比较后，发现超过半数的 miRNA 位于癌症相关基因组区域（图 23.2）。总的说来，19% 的 miRNA 位于染色体脆性位点（FRA）内或其附近，其中某些 miRNA 所处的脆性位点内并无已知的抑癌基因（如 FRA7H 与 miR-29a 和 miR-29b-1）。大约一半的 miRNA 位于杂合性缺失区域（LOH）和基因扩增区。miR-142 的基因位点距离 t(8；17) 的染色体易位断裂点 50 个核苷酸，另外，t(8；17) 易与 17 号染色体和 *MYC* 基因有关。基因易位使 *MYC* 基因靠近 miR-142 的启动子，造成了 *MYC* 的异常过表达。miR-180 的基因组位点距离 *MN*1 基因 1kb，与脑膜瘤中的 t(4；22) 易位

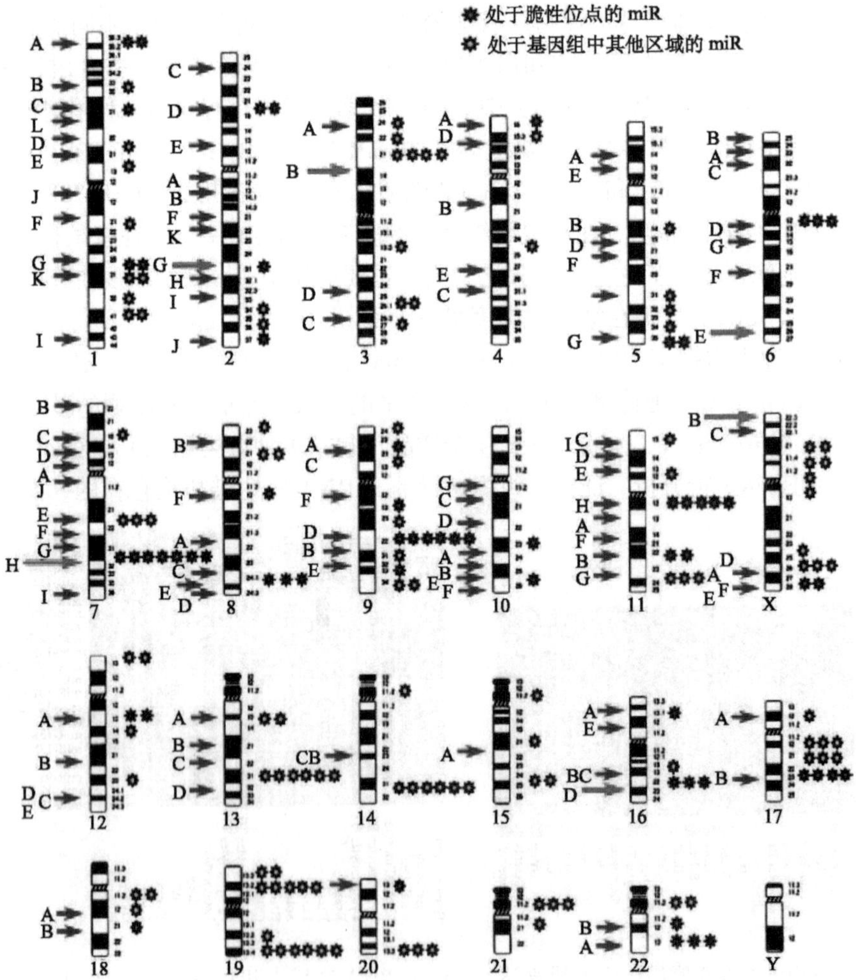

图 23.2　miRNA 定位于不同的染色体且常常与癌症相关基因区域联系在一起。引自 Calin 等 (2004)。(见彩图 16)

有关。t(4；22）易位使位于同一位点的 *MN*1 和 miRNA 基因失活。在恶性边缘区淋巴瘤中 miR-122a 位于 *MALT*1 基因周围的最小扩增子内，而在黏膜相关淋巴组织淋巴瘤中 miR-122a 距离 t(11；18）易位断裂点大约 160kb（Sanchez-Izquierdo *et al.*，2003）。其他 miRNA 位于病毒整合的靶标区（例如，miR-142 位于脆性位点 FRA17B，在宫颈瘤中正是 HPV16 病毒整合的一个靶标）。研究还发现 miRNA 与 *HOX* 基因的基因组定位具有很强的相关性，*HOX* 基因是一个编码转录因子的基因家族，其编码的转录因子在正常发育和肿瘤发生的过程中都起着重要作用（Calin *et al.*，2004）。这一联系凸显了 miRNA 在分化过程中的作用，并与癌症相关基因组区域作图一起强调了 miRNA 在癌症中的作用。

23.4 miRNA 在血液恶性肿瘤中的表达谱征

miRNA 与肿瘤的关系首先是在慢性淋巴性白血病（CLL）中得到证明的，在西方这是一种最常见的成人白血病（Calin *et al.*，2002）。由于一半以上的 CLL 病例中 13q14 位点发生杂合性和（或）纯合性缺失，而且在 CLL 中这是一种最常见的染色体变异，因此科学家开始在 13q14 广泛寻找抑癌基因（TSG）。在大约 50% 的套细胞淋巴瘤（Stilgenbauer *et al.*，1998）、30%～40% 的多发性骨髓瘤（Elnenaei *et al.*，2003）和大约 70% 的前列腺癌（Dong *et al.*，2001）中也发生 13q14 缺失，说明了13q14 抑癌基因在人类癌症中具有广泛作用。尽管深入地研究了跨度超过 1Mb 的区域并且在这个基因区域内鉴定了 8 个基因（*LEU1*、*LEU2*、*LEU5*、*CLLD6*、*KPNA3*、*CLLD7*、*LOC51131* 和 *CLLD8*），但是经过详细的遗传学分析，仍然无法证明位于基因缺失区的任何一个基因与肿瘤发生具有如上所述的相关性。将 60 个 B-CLL 患者和 30 种人类肿瘤细胞系与一系列正常组织（包括从正常个体的扁桃体分离出的 CD5 阳性 B 细胞，代表与 CLL 恶性肿瘤相应的正常细胞）进行比较，我们发现一簇 miRNA（miR-15a 和 miR-16-1）位于最小基因缺失区内（大约 30kb），这两个 miRNA 在 68% 的 B-CLL 患者中缺失或下调。虽然另一个相似的 miRNA 基因簇（miR-15b 和 miR-16-2）位于染色体 3q25-26.1（Lagos Quintana *et al.*，2002），但它们在淋巴细胞中的表达量非常低。这提示 miR-15a 和 miR-16-1 的表达下调在 CLL 的发生过程中起着关键作用（Calin and Croce，2006b）。CLL 中最稳定的生物学标志之一就是 BCL2（B-cell lymphoma 2）原癌蛋白的过表达。在多种类型的人类癌症中（包括实体瘤和血液肿瘤）都有 Bcl2 异常过量表达的报道（Sanchez-Beato *et al.*，2003）。在滤泡性淋巴瘤和一部分弥漫性 B 细胞淋巴瘤中 t（14；18）(q32；q21）易位将 *BCL2* 基因置于免疫球蛋白重链增强子的调控下，造成了 *BCL2* 基因的过表达（Tsujimoto *et al.*，1984）。我们证实了 Bcl2 是 miR-15a 和 miR-16-1 的直接靶基因，而且将 miR-15a 和 miR-16-1 在 MEG-01 细胞中恢复表达后，能在裸鼠体内诱导细胞凋亡和肿瘤生长阻滞（MEG-01 细胞是一种白血病来源的细胞系，其基因组中一个 miR-15a/16-1 等位基因缺失，另一个位点也发生改变，因此不表达 miR-15a 和 miR-16-1 基因），这给 Bcl2 高表达的肿瘤的临床治疗带来了极大的启示（Cimmino *et al.*，2005）。人们已经发现了多个可预测 CLL 临床病程的因子，主要是 70kDa 的 ζ 链结合蛋白（ZAP-70）的表达水平以及重排的免疫球蛋白重链可变区（IgVH）的变异情况。在一组 94 个 CLL 病例样品中，我们发现了由 13 个 miRNA

组成（总共分析了 190 个 miRNA）的独特的 miRNA 表达谱征，它们与疾病的进展和预后相关（Calin *et al.*，2005）。依据这种 miRNA 表达特征，我们可以把 CLL 病例分为发展缓慢的且预后良好的（ZAP-70 低水平表达，IgVH 有突变）和诊断后立即开始治疗但仍更加恶化的（ZAP-70 高水平表达，IgV_H 无突变）。我们还在 11/75 的 CLL 患者中发现 5/42 的 miRNA 在生殖细胞或体细胞中发生突变，而在 160 个正常个体中是没有突变的（$P<0.001$）。有趣的是，miR-16-1/15a 初始转录物在生殖细胞的一个点突变，造成了成熟体体内和体外的表达水平降低，这与正常的等位基因缺失有关（Calin *et al.*，2005）。再加上 CLL 病例中 miR-15a 和 miR-16-1 表达水平普遍下调，有力地证明了它们起到肿瘤抑制因子的作用。

miRNA 的异常表达可导致 miRNA 表达水平降低（如缺失、突变、甲基化等不同的机制），例如，CLL 中 miR-15a 和 miR-16-1 也可导致其表达水平升高（主要通过扩增和易位）。在血液恶性肿瘤中，人们发现 miR-155 和它的宿主基因 *BIC* 在多种 B 细胞淋巴瘤中异常高表达，包括弥漫性大 B 细胞淋巴瘤（DLBCL）（特别是在活化型 B 细胞中，其预后较差，而在生发中心 B 细胞中预后较好）（Eis *et al.*，2005）、原发纵隔 B 细胞淋巴瘤（PMBL）和霍奇金淋巴瘤（HL）（Kluiver *et al.*，2005）。为了证实 miR-155 起到癌基因的作用，我们于近期培养了一种 EμmiR-155 转基因小鼠（能在 B 淋巴细胞中选择性表达 miR-155），并在脾和骨髓中发现了白血病发病前期的原 B 细胞明显增殖以及随后 B 细胞明显恶性的证据（Costinean *et al.*，2006）。据报道，在小儿伯基特淋巴瘤（BL）中，miR-155 发夹前体的表达上调了 100 倍（Metzler *et al.*，2004），而最近另一个研究小组发现在原发性伯基特淋巴瘤病例中没有 BIC 和 miR-155 表达（Kluiver *et al.*，2006），说明随着发病年龄不同可能导致基因表达的差异。

MYC 癌基因在伯基特淋巴瘤的发展中起着关键作用。染色体易位是 *MYC* 癌基因过表达的主要原因，它使 *MYC* 易位到免疫球蛋白的增强子附近（Joos *et al.*，1992）。*MYC* 癌基因直接结合到 13 号染色体上 6 个成簇的 miRNA（*mir-17-92*）上，并激活这些 miRNA 的表达（O'Donnell *et al.*，2005）。mir-17-92 负调控 *E2F1* 转录因子的表达，而 *E2F1* 则是受 *MYC* 调控的一个靶基因，这些结果暗示了 miRNA 在这一复杂的调控网络中对细胞增殖起着精细调节的作用。另一研究小组也证实了在小鼠中 miR-17-92 基因簇与 *MYC* 共同促进了 B 细胞淋巴瘤的生成（L. He *et al.*，2005）。以 *MYC* 和 *mir-17-92* 基因簇中的某些成员（miR-17-5p 和 miR-20）上调为特征的肿瘤往往不发生凋亡，这在 *MYC* 诱导的淋巴瘤中是一种普遍现象（L. He *et al.*，2005）。

miRNA 还参与红细胞和巨核细胞生成过程。据报道，在人类 CD34 阳性脐血祖细胞进行红细胞生成培养过程中，miR-221 和 miR-222 表达水平下调（Felli *et al.*，2005）。这两个 miRNA 都是以癌基因 *c-KIT* 为靶基因。结果也表明，这两个 miRNA 的表达可通过下调 Kit 受体，抑制正常的红细胞生成和 Kit 阳性的 TF-1 红白血病细胞系的生长。目前我们研究小组也鉴定了人类巨核细胞生成过程中的 miRNA 表达谱征（Garzon *et al.*，2006）。CD34 阳性造血干细胞体外分化的巨核细胞的 miRNA 表达谱显示有 6 个 miRNA 表达下调（miR-10a、miR-126、miR-106、miR-10b、miR-17 和 miR-20），这可以作为巨核细胞分化的标志。有趣的是，miR-130a（down regulate itself）靶向转录因子 MAFB，后者参与了血小板生理学中一种重要蛋白 GPIIB 的启动子的活化。有结果表明，相对于巨核细胞的体外分化，巨核白血病细胞系中 miR-101、miR-126、miR-99a、miR-135 和 miR-20 表达上调，这揭示了 miRNA 在巨核细胞生成中具有调控作用，而且它们的异常表达在巨核细胞恶性发展过程中也是十分重要的。

最近报道了 miRNA 在粒细胞生成中的调控作用（Fazi *et al.*，2005）。一方面，作者证实了人类粒细胞分化是受一个涉及 miR-223 以及转录因子 NFI-A 和 C/EBPα 的调节环路控制的。NFI-A 因子使 miR-223 保持低水平表达，而在维甲酸诱导的分化过程中 NFI-A 被 C/EBPα 替换，从而上调 miR-223 的表达。另一方面，miR-223 抑制 NFI-A 的翻译，形成了一个小的调节环路，其中 miR-223 作为粒细胞对生成这个重要途径中的调控子起着核心作用。

23.5 miRNA 在实体瘤中的表达特征

miRNA 与实体瘤的联系首先是在结直肠癌中发现的（Michael *et al.*，2003）。作者研究了在结直肠癌的发生过程中 miRNA 表达水平的变化，发现了结直肠肿瘤与正常组织相比在腺瘤和肿瘤阶段成熟 miR-143 和 miR-145 的表达水平持续下调，但是对于未加工的发夹前体则不然。这些发现与这些 miRNA 在结直肠癌发生的早期所起的作用相一致。

Northern 杂交的结果显示，与正常肺组织相比，60% 的肺癌细胞系和 44% （7/16）的肺肿瘤样品中 *let-7* 的表达水平降低超过 80% （Takamizawa *et al.*，2004）。这一研究首次表明了 *let-7* 低水平表达与术后较短的存活期之间有着显著的统计学相关性（这一研究包括了 143 个肺癌病例，在手术切除后对他们进行 5 年以上的观察）。*let-7* 表达水平对预后的影响是与疾病进展阶段无关的。此外，已证实在 A549 肺癌细胞系过表达 *let-7* 可以抑制肿瘤细胞的体外生长，说明了 *let-7* 在肺癌中起着肿瘤抑制基因的作用。*let-7* 家族的几个成员（有 *let-7-a-2*、*let-7c* 和 *let-7g*）在基因组上位于肺癌的基因最小缺失区中（Calin *et al.*，2004）。目前已证实在人类和线虫的细胞中 *let-7* 负调控 *RAS* 基因的表达，而当 *let-7* 的表达下调时，可引起 *RAS* 表达升高，引发人类肺癌（Johnson *et al.*，2005）。一项 miRNA 微阵列分析检测了 104 对原发性肺癌和相应的非肿瘤组织，发现了可将肿瘤从正常肺组织中区分出来的独特的 miRNA 表达谱，以及在肿瘤组织学上具有差异的分子标记（Yanaihara *et al.*，2006）。此研究结果显示有 43 个 miRNA 在正常肺组织和肺癌中差异表达，其中一些 miRNA 位于脆性位点（miR-21 位于 FRA17B，miR-27b 位于 FRA9D，miR-32 位于 FRA9E）、已证明的基因扩增区（miR-21 位于 17q23.2，miR-205 位于 1q32.2）或缺失区（miR-126* 和 miR-126 位于 9q34.3）。这 43 个差异表达的 miRNA 使我们能够将肺癌和正常肺组织区分开来。这一研究还发现 17 个 miRNA 在肺腺癌与正常肺组织中差异表达，16 个 miRNA 在鳞状细胞癌中与在非肿瘤组织相比表达水平异常。肿瘤特异或组织学上特异的 miRNA 表达特征在临床上具有重要的意义，而且暗示 miRNA 对原发部位不明的癌症的鉴别诊断将起到一定的作用。在以上两种组织分型的肿瘤中发现 6 个 miRNA 的表达与正常组织不同（miR-21、miR-191、miR-155、miR-210、miR-126* 和 miR-224），而另外 6 个 miRNA 的表达在这两种组织分型的肿瘤之间存在差异（miR-205、miR-99b、miR-203、miR-202、miR-102 和 miR-204prec.）。有趣的是，这项研究发现在 32 个肺腺癌患者中 miR-155 前体高表达以及 *let-7-a-2* 前体低表达与低存活率之间存在着显著的统计学相关性。

这些数据证明了 miR-155 起着癌基因的作用，而 *let-7* 家族成员起着抑癌基因的作用。据报道，在肺癌中发现 miR-17-92 基因簇过表达（Hayashita *et al.*，2005），特别是在小细胞肺癌中，说明这一基因簇在血液和实体恶性肿瘤的发生过程中起着一致的作用。

本研究小组发现在乳腺癌中存在 miRNA 表达谱征（Iorio *et al.*，2005）。对 76 个乳腺癌样品和 10 个正常乳腺组织进行检测，发现 29 个 miRNA 有显著的异常表达，而且其中一组 miRNA（15 个）可 100% 正确地预测被检样品的属性（是肿瘤组织还是正常组织）。在这 29 个 miRNA 中，差异最大的是 miR-125b、miR-145、miR-21 和 miR-155。在病理生物学不同的人类乳腺癌中 miRNA 的表达也是不同的。在雌激素和黄体酮双阴性的肿瘤中 miR-30a、miR-30b、miR-30c、miR-30d 和 miR-30e 的表达水平均下调。与在肺癌中相似，乳腺癌中 *let-7* 表达水平的下降往往与预后不良（淋巴结转移和高增殖指数）相关。miR-9-3 在具有高度的血管浸润或出现淋巴结转移的乳腺癌中表达下调，说明了它的表达下调是在癌症的进展过程（尤其是获得转移能力的过程）中引发的。

在乳头状甲状腺癌（PTC）中，一组 miRNA（5 个，包括 miR-221、miR-222 和 miR-146b）表达上调，且能够将乳头状甲状腺癌从正常甲状腺组织中区分出来（H. He *et al.*，2005）。miR-221 在癌旁的组织和正常组织中的表达水平也上调，说明它的异常表达是乳头状甲状腺癌发生过程中的一个早期事件。在这一肿瘤形成过程中还发现了 miR-21 和 miR-155 表达上调。在 PTC 中异常表达的 miRNA 表达谱征包括了 23 个 miRNA（17 个高表达，6 个低表达），但是只需要 5 个上调的 miRNA（miR-221、miR-222、miR-146、miR-21 和 miR-181a）就足以成功预测肿瘤的恶性程度。在这项研究中，还发现了 *KIT* 基因 3′-UTR 区 miRNA 靶向作用位点的多态性。

最近报道 miR-21 在人类胶质母细胞瘤中很可能通过影响凋亡相关基因的表达而起作用（Chan *et al.*，2005）。在原发性胶质母细胞瘤中对 245 个 miRNA 的表达进行了深入的分析，发现 9 个 miRNA 在肿瘤组织中比在正常癌旁组织中显著上调，而 4 个 miRNA 则在肿瘤组织中下调（Ciafre *et al.*，2005）。特别的是，miR-221 被认为是人类胶质母细胞瘤中肿瘤特异标志物的候选分子。

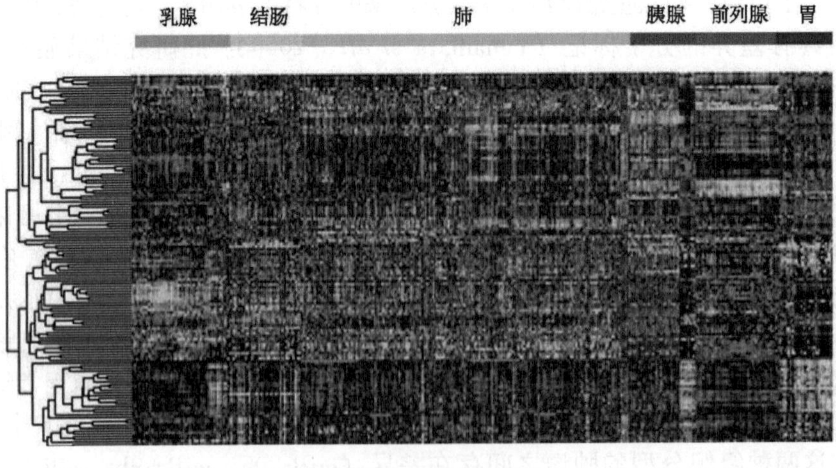

图 23.3　6 种实体瘤的 540 个样品以及相应正常组织的聚类分析。miRNA 组以肿瘤特异的方式差异表达。引自 Volinia 等（2005）。（见彩图 17）

目前，本研究小组对包括肺癌、乳腺癌、胃癌、前列腺癌、肠癌和胰腺癌的540个样品进行大规模的miRNA组研究（Volinia *et al.*，2005）。对6种实体瘤的540个样品以及其各自的正常组织进行聚类分析，得到了非常明显的肿瘤特异的miRNA表达谱征（图23.3）。将肿瘤样品与正常组织进行比较，发现共有43个miRNA呈现异常表达（26个表达上调，17个表达下调）。表23.1显示了这项研究中6种实体瘤共有的异常表达的miRNA。总的来看，miR-21在6种实体瘤中显著上调，而且我们发现了一批miRNA在6种实体瘤中广泛地上调，其中某些已经被研究证明是与癌症相关的（miR-17-5p、miR-20a、miR-21、miR-92、miR-106a和miR-155）。

表23.1　在三种（或更多）实体瘤中最普遍上调的miRNA

MiR	染色体位置	乳腺	结肠	肺	胰腺	前列腺	胃
21	17q23.2	×	×	×	×	×	×
17-5p	13q31.3	×	×	×	×	×	
191	3p21.31		×	×	×	×	×
29b-2	1q32.2	×	×		×	×	
223	×q12		×		×	×	×
128b	3p22.3		×	×	×		
199a-1	19p13.2			×	×	×	
24-1	9q22.32		×		×		×
24-2	19p13.12		×		×		×
146	5q33.3	×			×	×	
155	21q21.3	×	×	×			
181b-1	1q31.3	×			×	×	
20a	13q31.3		×		×	×	
107	10q23.31		×		×		×
32	9q31.3		×		×	×	
92-2	×q26.2				×	×	×
214	1q24.3				×	×	×
30c	1p34.2		×		×	×	
25	7q22.1				×	×	×
221	×p11.3		×		×		×
106a	×q26.2		×		×	×	

23.6　总结

总之，我们和其他研究小组的研究结果证明了组织特异和肿瘤特异的miRNA表达谱征的存在。综合血液肿瘤和实体瘤已有的研究数据，我们已经明确了某些miRNA主要具有肿瘤抑制作用且几乎在所有癌症中都是下调的（如miR-15a、miR-16-1、*let*-7、miR-145），而有些miRNA则起着癌基因的作用（如miR-155、miR-21、17-92簇）（Calin and Croce，2006a；Croce and Calin，2006）。对上述miRNA和其他异常表达的miRNA的靶mRNA的鉴定，将阐明单个miRNA的异常表达究竟在多大程度上影响到恶性肿瘤表型的获得，以及在癌症发生过程中究竟是何种程度的肿瘤转移需要miRNA的异常表达。对异常表达miRNA的模式的定义可能在临床和治疗上具有非常大的价值，有助于鉴定来源不明确或分型不明的肿瘤，使本来可能由于误诊而被耽误病情的患者得到更好的治疗。某些病例中（慢性淋巴性白血病、肺癌）已经证实某些 miRNA 的表达变化具有一定的预后价值，而且与疾病的进展具有相关性。对某些 miRNA 的重要靶基因的鉴定（例如，miR-15a/16-1 对 *BCL2*、miR-221/222 对 *KIT*、*let-7* 对 *RAS*、miR-130a 对 *MAFB* 和 miR-17-92 基因簇对 *E2F1*）表明，miRNA 或许可作为治疗手段，以修复在癌症中发生异常的生物学通路。这种生物学通路的异常在人类肿瘤的发生过程中发挥着关键作用。

致谢

Croce 博士的研究是由国际癌症研究所授权的项目，Calin 博士的研究由 a Kimmel Foundation Scholar award 和 the CLL Global Research Foundation 支持。由于空间有限，许多同事的工作没有引用，对此我们深感歉意。

参考文献

Bartel, D. P. (2004). MicroRNAs: genomics, biogenesis, mechanism, and function. *Cell*, **23**, 281–297.

Calin, G. A. and Croce, C. M. (2006a). MicroRNA–cancer connection: the beginning of a new tale. *Cancer Research*. (In press.)

Calin, G. A. and Croce, C. M. (2006b). Genomics of CLL: MicroRNAs as new players with clinical significance. *Seminars in Oncology*, **33**, 167–173.

Calin, G. A., Dumitru, C. D., Shimizu, M. *et al*. (2002). Frequent deletions and downregulation of micro-RNA genes miR15 and miR16 at 13q14 in chronic lymphocytic leukemia. *Proceedings of the National Academy of Sciences USA*, **99**, 15 524–15 529.

Calin, G. A., Sevignani, C., Dumitru, C. D. *et al*. (2004). Human microRNA genes are frequently located at fragile sites and genomic regions involved in cancers. *Proceedings of the National Academy of Sciences USA*, **101**, 2999–3004.

Calin, G. A., Ferracin, M., Cimmino, A. *et al*. (2005). A microRNA signature associated with prognosis and progression in chronic lymphocytic leukemia. *New England Journal of Medicine*, **353**, 1793–1801.

Chan, J. A., Krichevsky, A. M. and Kosik, K. S. (2005). MicroRNA-21 is an antiapoptotic factor in human glioblastoma cells. *Cancer Research*, **65**, 6029–6033.

Ciafrè, S. A., Galardi, S., Mangiola, A. *et al*. (2005). Extensive modulation of a set of microRNAs in primary glioblastoma. *Biochemical Biophysical Research Communications*, **334**, 1351–1358.

Cimmino, A., Calin, G. A., Fabbri, M. *et al*. (2005). MiR-15 and miR-16 induce apoptosis by targeting BCL2. *Proceedings of the National Academy of Sciences USA*, **102**, 13944–13949.

Costinean, S., Zanesi, N., Pekarsky, Y. *et al*. (2006). Pre-B cell proliferation and lymphoblastic leucemia/high grade lymphoma in Em miR155 transgenic mice. *Proceedings of the National Academy of Sciences* USA, 2006 Apr 25 [Epub ahead of print].

Croce, C. M. and Calin, G. A. (2006). miRNAs, cancer, and stem cell division. *Cell*, **15**, 122, 6–7.

Cullen, B. R. (2004). Transcription and processing of human microRNA precursors. *Molecular Cell*, **16**, 861–865.

Dong, J. T., Boyd, J. C. and Frierson, H. F., Jr. (2001). Loss of heterozygosity at 13q14 and 13q21 in high grade, high stage prostate cancer. *Prostate*, **49**, 166–171.

Eis, P. S., Tam, W., Sun, L. *et al*. (2005). Accumulation of miR-155 and BIC RNA in human B cell lymphomas. *Proceedings of the National Academy of Sciences USA*, **102**, 3627–3632.

Elnenaei, M. O., Hamoudi, R. A., Swansbury, J. *et al*. (2003). Delineation of the minimal region of loss at 13q14 in multiple myeloma. *Genes Chromosomes Cancer*, **36**, 99–106.

Esquela-Kerscher, A. and Slack, F. J. (2004). The age of high-throughput microRNA profiling. *Nature Methods*, **1**, 106 - 107.

Fazi, F., Rosa, A., Fatica, A. *et al*. (2005). A minicircuitry comprised of microRNA-223 and transcription factors NFI-A and C/EBPalpha regulates human granulopoiesis. *Cell*, **123**, 819 - 831.

Felli, N., Fontana, L., Pelosi, E. *et al*. (2005). MicroRNAs 221 and 222 inhibit normal erythropoiesis and erythroleukemic cell growth via kit receptor down-modulation. *Proceedings of the National Academy of Sciences USA*, **102**, 18 081 - 18 086.

Garzon, R., Pichiorri, F., Palumbo, T. *et al*. (2006). MicroRNA fingerprints during human megakaryocytopoiesis. *Proceedings of the National Academy of Sciences USA*, **103**, 5078 - 5083.

Gregory, R. I., Chendrimada, T. P., Cooch, N. and Shiekhattar, R. (2005). Human RISC couples microRNA biogenesis and posttranscriptional gene silencing. *Cell*, **123**, 631 - 640.

Hayashita, Y., Osada, H., Tatematsu, Y. *et al*. (2005). A polycistronic microRNA cluster, miR- 17-92, is overexpressed in human lung cancers and enhances cell proliferation. *Cancer Research*, **65**, 9628 - 9632.

He, H., Jazdzewski, K., Li, W. *et al*. (2005). The role of microRNA genes in papillary thyroid carcinoma. *Proceedings of the National Academy of Sciences USA*, **102**, 19 075 - 19 080.

He, L. and Hannon, G. J. (2004). MicroRNAs: small RNAs with a big role in gene regulation. *Nature Reviews Genetics*, **5**, 522 - 531.

He, L., Thomson, J. M., Hemann, M. T. *et al*. (2005). A microRNA polycistron as a potential human oncogene. *Nature*, **435**, 828 - 833.

Iorio, M. V., Ferracin, M., Liu, C. G. *et al*. (2005). MicroRNA gene expression deregulation in human breast cancer. *Cancer Research*, **65**, 7065 - 7070.

Johnson, S. M., Grosshans, H., Shingara, J. *et al*. (2005). RAS is regulated by the let-7 microRNA family. *Cell*, **120**, 635 - 647.

Joos, S., Haluska, F. G., Falk, M. H. *et al*. (1992). Mapping chromosomal breakpoints of Burkitt's t (8; 14) translocations far upstream of c-myc. *Cancer Res*, **52**, 6547 - 6552.

Kluiver, J., Poppema, S., de Jong, D. *et al*. (2005). BIC and miR-155 are highly expressed in Hodgkin, primary mediastinal and diffuse large B cell lymphomas. *Journal of Pathology*, **207**, 243 - 249.

Kluiver, J., Haralambieva, E., de Jong, D. *et al*. (2006). Lack of BIC and microRNA miR-155 expression in primary cases of Burkitt lymphoma. *Genes Chromosomes Cancer*, **45**, 147 - 153.

Lagos-Quintana, M., Rauhut, R., Lendeckel, W. and Tuschl, T. (2001). Identification of novel genes coding for small expressed RNAs. *Science*, **294**, 853 - 858.

Lagos-Quintana, M., Rauhut, R., Yalcin, A. *et al*. (2002). Identification of tissue-specific microRNAs from mouse. *Current Biology*, **12**, 735 - 739.

Lau, N. C., Lim, L. P., Weinstein, E. G. and Bartel, D. P. (2001). An abundant class of tiny RNAs with probable regulatory roles in *Caenorhabditis elegans*. *Science*, **294**, 858 - 862.

Lee, R. C. and Ambros, V. (2001). An extensive class of small RNAs in *Caenorhabditis elegans*. *Science*, **294**, 862 - 864.

Liu, C. G., Calin, G. A., Meloon, B. *et al*. (2004). An oligonucleotide microchip for genome-wide microRNA profiling in human and mouse tissues. *Proceedings of the National Academy of Sciences USA*, **101**, 9740 - 9744.

Lu, J., Getz, G., Miska, E. A. *et al*. (2005). MicroRNA expression profiles classify human cancers. *Nature*, **435**, 834 - 838.

Matranga, C., Tomari, Y., Shin, C., Bartel, D. P. and Zamore, P. D. (2005). Passenger-strand cleavage facilitates assembly of siRNA into Ago2-containing RNAi enzyme complexes. *Cell*, **123**, 607 - 620.

Metzler, M., Wilda, M., Busch, K., Viehmann, S. and Borkhardt, A. (2004). High expression of precursor microRNA-155/BIC RNA in children with Burkitt lymphoma. *Genes Chromosomes Cancer*, **39**, 167 - 169.

Michael, M. Z., O' Connor, S. M., van Holst Pellekaan, N. G., Young, G. P. and James, R. J. (2003). Reduced accumulation of specific microRNAs in colorectal neoplasia. *Molecular Cancer Research*, **1**, 882 - 891.

O' Donnell, K. A., Wentzel, E. A., Zeller, K. I., Dang, C. V. and Mendell, J. T. (2005). c-Myc-regulated microRNAs modulate E2F1 expression. *Nature*, **435**, 839–843.

Rand, T. A., Petersen, S., Du, F. and Wang, X. (2005). Argonaute 2 cleaves the anti-guide strand of siRNA during RISC activation. Cell, **123**, 621–629.

Sanchez-Beato, M., Sanchez-Aguilera, A. and Piris, M. A. (2003). Cell cycle deregulation in B-cell lymphomas. *Blood*, **101**, 1220–1235.

Sanchez-Izquierdo, D., Buchonnet, G., Siebert, R. *et al*. (2003). MALT1 is deregulated by both chromosomal translocation and amplification in B-cell non-Hodgkin lymphoma. *Blood*, **101**, 4539–4546.

Seitz, H., Royo, H., Bortolin, M. L. *et al*. (2004). A large imprinted microRNA gene cluster at the mouse Dlk1-Gtl2 domain. Genome *Research*, **14**, 1741–1748.

Sevignani, C., Calin, G. A., Siracusa, L. and Croce, C. M. (2006). Mammalian microRNAs: a small world for fine-tuning gene expression. *Mammalian Genome*, **17**, 189–202.

Stilgenbauer, S., Nickolenko, J., Wilhelm, J. *et al*. (1998). Expressed sequences as candidates for a novel tumor suppressor gene at band 13q14 in B-cell chronic lymphocytic leukemia and mantle cell lymphoma. *Oncogene*, **16**, 1891–1897.

Takamizawa, J., Konishi, H., Yanagisawa, K. *et al*. (2004). Reduced expression of the let-7 microRNAs in human lung cancers in association with shortened postoperative survival. *Cancer Research*, **64**, 3753–3756.

Tsujimoto, Y., Finger, L. R., Yunis, J., Nowell, P. C. and Croce, C. M. (1984). Cloning of the chromosome breakpoint of neoplastic B cells with the t (14; 18) chromosome translocation. *Science*, **226**, 1097–1099.

Volinia, S., Calin, G. A., Liu, C. G. *et al*. (2005). A microRNA expression signature of human solid tumors defines cancer gene targets. *Proceedings of the National Academy of Sciences USA*, **103**, 2257–2261.

Yanaihara, N., Caplen, N., Bowman, E. *et al*. (2006). Unique microRNA molecular profiles in lung cancer diagnosis and prognosis. *Cancer Cell*, **9**, 189–198.

24 癌症和发育中的 microRNA

Andrea Ventura，Madhu S. Kumar and Tyler Jacks*

24.1 引言

microRNA（miRNA）及与其合成和功能相关分子的最新发现，揭示了基因调控中意想不到的新机制（Ambros，2004；Bartel，2004；Bagga *et al.*，2005）。miRNA 参与细胞增殖、凋亡和分化等生物过程已有不少报道，人们推测其功能异常可能与癌症的发生发展相关（McManus，2003；Chen，2005；Couzin，2005；Croce and Calin，2005；Eder and Scherr，2005；Gregory and Shiekhattar，2005；Hammond，2006）。这种推测目前已得到了众多实验证据的支持，其中包括人类和小鼠癌症中的 miRNA 表达谱分析、人类肿瘤中的基因突变分析，以及对 miRNA 合成相关等位基因条件性或组成性功能缺失的小鼠和细胞所进行的表征鉴定等。尽管仍需进行大量的后续研究，这些初步结果显示无论是整体或个别 miRNA 的表达变化都可能导致肿瘤的发生。

本文中，我们首先回顾 miRNA 表达变化与肿瘤发生相关的证据，以及检测这些变化所使用的方法，然后讨论对 miRNA 生物发生起关键作用的 Dicer 1 酶进行功能缺失突变后的表型现象。最后，我们将探讨某些对肿瘤发生相关基因起调控作用的 miRNA。

24.2 miRNA 的克隆和表达谱分析

在认识到 microRNA（miRNA）对非脊椎动物发育过程中细胞命运起重要作用，尤其是对细胞分化、增殖和凋亡调控的重要性后，几个研究小组对不同哺乳动物细胞和发育阶段的小分子 RNA 进行了克隆，其中也包括了 miRNA（Houbaviy *et al.*，2003；Lagos-Quintana *et al.*，2002；Poy *et al.*，2004）。其中在小鼠和人类组织中鉴定了超过 300 种 miRNA（最新情况请浏览 http：//microrna.sanger.ac.uk/sequences/index.shtml）。因为个别 miRNA 被克隆的频率与其丰度密切相关，这些克隆的方法也就可以对特定细胞株、发育阶段或疾病状态下 miRNA 表达水平进行粗略的评估。然而，这种 miRNA 的表达分析方法有几个缺陷。首先，大规模克隆在实验和运算上都需要巨大的工作量。再者，小分子 RNA 的克隆没有标准化的流程，而是大量依赖于实践经验作决定，这将减少了数据的输出量。此外，有限的细胞来源，如成体的前体细胞或干细胞以及人体组织样品，限制了一般克隆策略的使用，因为这些方法通常使用大量组织或细胞系为材料。最后，虽然克隆策略具备鉴定新的 miRNA 的作用，但同时又不可避免地会分离到其他 RNA，如内源 siRNA、核糖体或转运 RNA 产物以及其他未被定义的小分子 RNA。这种复杂性降低了在特定组织中检测低丰度的已知 miRNA 的可能性。

为了快速和低成本地在特定组织或细胞类群中检测大量已知 miRNA 的表达水平，

* 通讯作者。

多个实验室已建立起 miRNA 表达谱的分析体系。早期的芯片使用玻片为载体并结合对应于已知 miRNA 集合的寡核苷酸探针，miRNA 的标记则通过合成生物素标记的cDNA或直接与结合有荧光基团的 RNA 进行连接来实现（Liu *et al.*，2004；Thomson *et al.*，2004）。这些早期的研究表明基因芯片可以灵敏并特异地检测到 miRNA 表达水平的变化。他们还证明许多 miRNA 的表达具有高度的组织特异性，而近期在斑马鱼和小鼠胚胎中使用 LNA（locked nucleic acids）进行的 RNA 原位杂交研究也验证了这一发现（Kloosterman *et al.*，2006；Wienholds *et al.*，2005）。最近，Golub 小组建立起一种基于微珠技术的高灵敏方法，可同时检测数百种 miRNA 的相对表达水平（Lu *et al.*，2005）。在这种方法中，与人或小鼠 miRNA 互补的寡核苷酸俘获探针被结合到聚苯乙烯微珠上，而这些微珠则已掺入了多种不同的荧光染料，因此任何单一 miRNA 都能被一种颜色所指示。在接头连接后，经反转录的 miRNA 以通用引物进行扩增，随后杂交到吸附微珠上并着色。最后，微珠经可辨别其色彩及强度的高速流式细胞仪进行分析。这些数据能被用来判定个别 miRNA 的丰度。在一项精度测试实验中，这种微珠的方法能有效分辨出 11 种高度相关序列间一个碱基的差异。该方法的主要局限是目前仅有大约 100 种荧光基团可供使用，从而限制了一次实验中可同时分析的 miRNA 的数量。

该方法被应用到了人类肿瘤和正常组织间 217 种 miRNA 的表达谱比较，并促使了肿瘤细胞中整体 miRNA 发生下调（Lu *et al.*，2005）。类似的现象也在正常小鼠与 K-Ras 突变小鼠肺部组织的比较中被发现。虽然这一发现不能证明 miRNA 在肿瘤发生中起重要功能，但是 miRNA 的表达水平在分化后的细胞中要比在未分化或低分化细胞中高，提示了 miRNA 可能决定并维持着细胞的分化状态。有待验证的是 miRNA 在肿瘤中的这种整体表达特征是否反映了这些基因在肿瘤发生过程中出现下调和（或）肿瘤中某一类型细胞的数量较之在正常组织中显著增加。鉴于目前干细胞和肿瘤之间的种种联系，这点就显得特别有意思，尤其是因为有些 miRNA 对干细胞的命运起调控作用（Bartel，2004；Houbaviy *et al.*，2003；Kuwabara *et al.*，2004；Suh *et al.*，2004）。再者，miRNA 表达谱被证明是分化状态和肿瘤发育起源的准确预测指标。此外，基于 miRNA 表达谱进行的分类相对 mRNA 表达谱而言对低分化肿瘤的分类更加翔实。总之，这些结果表明 miRNA 表达谱用于研究特定细胞类群、不同分化阶段或疾病状态是有效方法。

24.3 小鼠发育中的 microRNA

尽管表达谱分析对明确不同 miRNA 表达的时空特征非常重要，但对于确定个别 miRNA 或整体 miRNA 在特定生物过程中的功能却只能提供有限的信息。研究 miRNA 功能的另一种方法是在模式生物中进行等位基因突变并鉴定其引起的表征变化。在非脊椎动物如秀丽线虫和黑腹果蝇中，多个 miRNA 位点的功能缺失或获得所引起的表征变化已得到了鉴定，并明确地证明 miRNA 参与了发育时序调控（Reinhart *et al.*，2000；Sulston and Horvitz，1981）、细胞凋亡（Brennecke *et al.*，2003）、神经元分化（Chang *et al.*，2004；Johnston and Hobert，2003）、肌肉分化（Sokol and Ambros，2005）和脂肪代谢（Xu *et al.*，2003）等生物过程。

尽管在哺乳动物中尚未有 miRNA 基因缺失的报道，Dicer 1 缺失小鼠的表征鉴定则已有研究（Bernstein *et al.*，2003）。由于 Dicer 1 在 miRNA 生物合成中起重要作用，这些研究证明了 miRNA 在小鼠胚胎发育过程中扮演着重要的角色。Dicer $1^{-/-}$ 小鼠在胚胎期 7.5d 出现致命特征而不能存活（Bernstein *et al.*，2003）。对 Dicer $1^{-/-}$ 早期胚胎的研究发现，对胚胎干细胞的全能性起重要调控作用的 *Oct-4* 的表达量下调，提示 Dicer 1 的缺失妨碍了早期胚胎中干细胞的维持。与 Dicer 参与维持胚胎干细胞相符的是，研究者未能成功地从 Dicer $1^{-/-}$ 胚胎中获得活的胚胎干细胞（ES cell）。Dicer 缺失的胚胎干细胞后来成功地通过条件性等位基因缺失获得（Kanellopoulou *et al.*，2005；Murchison *et al.*，2005）。这种胚胎干细胞的形态特征正常，但维持着 *Oct-4* 的表达，这与 Dicer 缺失胚胎不同。然而，Dicer 缺失胚胎干细胞的增殖能力受到了限制，并且不能形成胚体、畸胎瘤以及嵌合体，这都证明了 Dicer 1 在早期胚胎发育中发挥着重要的作用。研究还报道在正常异染色质形成过程中沉默的主要和次要卫星重复的转录水平也出现了上调。Kanellopoulou 和同事发现这种卫星转录物的增加伴随着异染色质中 DNA 和组蛋白甲基化的减少，而 Murchison 小组则没有发现这一现象。然而造成这一现象差异的原因并不很清楚，可能是不同的靶向策略和遗传背景造成的。但是两个研究小组的报道均显示 Dicer 的缺失确实对胚胎干细胞造成重要的影响，并且不仅仅局限在染色质结构的变化。

Dicer 1 的条件性等位基因失活的应用使人们对 Dicer 1 功能的认识从早期胚胎扩展到了更后期的阶段。一个例子是对肢体发育过程中 Dicer 功能缺失的研究，在此过程中 miR-196a 已被证明调控着 *Hox*（homeobox）基因簇（Hornstein *et al.*，2005；Yekta *et al.*，2004）。当 Cre 在 Dicer 1 条件性纯合子的肢体中胚层内表达时，肢体同时出现了变小和发育受到阻滞的现象（Harfe *et al.*，2005；见第 4 章）。造成肢体变小的原因并非增殖速度变慢而是细胞程序性死亡增加。有趣的是，伴随着细胞凋亡的增加，所有由肢体中胚层分化而来的细胞类群都存在，并且没有出现明显的发育模式缺陷和已知发育模式基因的表达变化。一点需要补充的是，在 Dicer 缺失的小鼠胚胎成纤维细胞（MEF）中发现染色体分离存在缺陷，并导致有丝分裂后期桥的出现。因此，有待明确的是，造成细胞凋亡增加的原因是染色体分离缺陷造成的检测点启动还是在 Dicer 缺失肢体中存在其他未明的变化引起的。明确 Dicer 在肢体发育中的作用仍需要进一步的研究。

Dicer 功能缺失对小鼠的造血过程，尤其是 T 细胞发育的影响也已有所研究（Cobb *et al.*，2005；Muljo *et al.*，2005）。Cobb 等以只在 T 细胞早期发育表达的 Lck-Cre 转基因实现了 T 细胞特异的 Dicer 1 缺失，而 Muljo 等则用 CD4-Cre 转基因小鼠实现了在 T 细胞发育稍后期阶段中对 Dicer 1 的特异性缺失。缺失引起的效果并不显著，但两个小组发现在伴随着细胞凋亡增加的同时，Dicer 失活的前体细胞的谱系选择发生了显著的变化。与胚胎干细胞不同的是，在 Dicer 缺失 T 细胞中没有发现主要或次要卫星重复转录物的变化，暗示这些异染色质结构的变化可能是细胞类型特异的。

小鼠肺部发育过程中 Dicer 功能的缺失也已得到研究（Harris *et al.*，2006）。通过 Shh-Cre 转基因，Harris 和同事在发育中的肺部上皮细胞缺失了 Dicer 1 并发现肺部支气管分支形态发生受到了即时的抑制。值得注意的是，受损的支气管分支出现在肺部上皮细胞程序性死亡增加以前，提示 Dicer 在肺部上皮性支气管分支中的功能并不通过影响细胞存活起作用。有趣的是，Dicer 缺失的肺部上皮细胞对肺部间质中 Fgf10 的表达存在影响，提示 Dicer 在分支形态发生中存在非细胞自治的功能。总的来说，这些研究强调了 Dicer 在细胞谱系决定中的作用，以及在发育过程和成体中使用条件性等位基因失活针对性地研究生物功能的必要性。

虽然 Dicer 1 等位基因功能缺失为研究哺乳动物发育过程中 miRNA 的整体作用提供了可能，但是单一 miRNA 或 miRNA 家族的功能却未能得到阐明。因此，多个研究小组开始对某些细胞或组织特异（或高度表达）的哺乳动物 miRNA 的功能展开了研究（表 24.1）。这些研究表明，部分 miRNA 参与了造血细胞谱系选择（miR-181 和 miR-223）（Chen *et al.*，2004；Fazi *et al.*，2005）、骨骼肌分化（miR-1 和 miR-133）（Chen *et al.*，2006；Yang *et al.*，2005）、胰岛（pancreatic islet）的胰岛素分泌（miR-375）（Poy *et al.*，2004）、肢体发育（miR-196）（Harfe *et al.*，2005）和神经元的分化及其活动（miR-124 和 miR-134）（Conaco *et al.*，2006；Schratt *et al.*，2006）。尽管引人注目，所有这些研究都是基于某些 miRNA 的过表达或使用合成的抑制物在细胞水平对其进行抑制。显然，在动物体内建立于构成性或条件性无效等位基因的功能研究是必要的，而且将可能极大地促进我们对哺乳动物 miRNA 生物学功能的认识。

表 24.1 哺乳动物 microRNA 的已知生理功能

miRNA	细胞/组织类型	参考文献
miR-181	造血细胞	Chen *et al.*，2004
miR-223	造血细胞	Fazi *et al.*，2005；Chen *et al.*，2006
miR-1/miR-133	骨骼肌	Zhao *et al.*，2005
miR-375	胰岛	Poy *et al.*，2004
miR-196	肢体发育	Hornstein *et al.*，2005
miR-134	树突状细胞	Schratt *et al.*，2006
miR-124	神经元前体	Conaco *et al.*，2006

24.4 miRNA 癌基因和抗癌基因

miRNA 可能通过负调控抑癌基因或促进癌基因表达的方式直接引起肿瘤的发生。如此说来，可以想象 miRNA 基因或其作用位点上的突变都可能造成这一后果（表 24.2）。例如，靶向抑癌基因的 miRNA 的复制或过量表达将导致抑癌基因的表达下调，而靶向癌基因的 miRNA 的缺失或沉默则产生相反的效果。这两种情况最终产生的结果是促进了细胞的转化。其实个别 miRNA 或 miRNA 簇的复制或过表达，以及缺失或下调最近已有报道（如下）。至少在理论上，miRNA 及其作用位点分子水平上的轻微变化也是可能的。miRNA 的一个碱基突变可能会增强其对抑癌基因的结合能力（甚至是引起 mRNA 的切割而非翻译的抑制）或者降低其对癌基因的结合能力。大体上说，这种突变还将可能引起脱靶效应或引起 miRNA 非生理靶向的抑癌基因的下调。最后，突变还可能直接涉及癌基因或抑癌基因，导致与其共表达的 miRNA 所作用位点的缺失或增加。尽管到目前为止，在人类癌症中只报道了 miRNA 的缺失或复制，但是尚不充分的研究可能忽略了 miRNA 的点突变以及癌基因或抑癌基因 3′-UTR 上的突变。

表 24.2 miRNA 引起细胞转化可能的直接或间接机制

受突变/表达变化影响的基因	突变/表达变化的本质	后果
miRNA 癌基因	复制，表达或稳定性增强	抑癌基因的下调
miRNA 癌基因	点突变引起的特异性变化或结合能力增强	抑癌基因的下调
miRNA 抑癌基因	缺失，下调或稳定性减弱	癌基因的上调
miRNA 抑癌基因	点突变引起的结合能力减弱	癌基因的上调
癌基因	miRNA 结合位点的缺失	癌基因的上调
抑癌基因	新的 miRNA 结合位点的获得或突变引起的已有结合位点结合能力的增强	抑癌基因的下调

无论突变的分子性质是什么，认为 miRNA 只通过影响一个靶向基因从而行使癌基因作用的想法都显得过于简单。计算机和实验的方法表明 miRNA 是生物体内调控网络的一部分，个别 miRNA 同时调控着数百种不同基因的表达（Lewis *et al.*，2003；John *et al.*，2004；Bentwich，2005；Farh *et al.*，2005；Grun *et al.*，2005；Krek *et al.*，2005；Lim *et al.*，2005）。更为复杂的是，许多 3′-UTR 上有多个 miRNA 的结合位点（Stark *et al.*，2005），从而导致了多个 miRNA 协同调控一个 mRNA 的情况（Bartel and Chen，2004）。最后，众多 miRNA 属于一些拥有高度相关序列（某些情况下相似的 miRNA 由多个基因座编码）的小分子 RNA 家族，提示其功能上具有高度的冗余和互补性。因此，特定 miRNA 的缺失或过表达所造成的影响很大程度上取决于特定的细胞背景，即发生突变的 microRNA 微环境以及共表达并可供调控的潜在靶标基因。

24.5 miR-15-16 基因簇与白血病的联系

Calin 和同事在 2004 年（Calin *et al.*，2004b）注意到尽管 miRNA 只占整个人类基因组的 1%，但超过 50% 的 miRNA 位于癌症相关的基因组区域内，包括脆性位点、经常发生缺失或复制的区域以及染色体易位的断裂点。其中，miR-15-16 基因簇引起了特别的注意，因为其所在的 Ch13q14 区域在超过 65% 的 B 细胞淋巴白血病（B-CLL）病例中发生缺失。尽管经过多年的细致研究，在该区域中仍未找到明确的抑癌基因（Pekarsky *et al.*，2005）。对 Ch13q14 区域的半合子缺失会引起 miR-15-16 的下调以及抗凋亡基因 *Bcl*-2 是 miR-15-16 作用靶标基因（图 24.1）（Calin *et al.*，2002；Cimmino *et al.*，2005）等证据增强了 miR-15-16 与 B-CLL 之间的联系。这提示一种可能的情况是当 miR-15-16 缺失或表达下调时，*Bcl*-2 的表达上调并抑制了细胞的凋亡，因此导致了 B-CLL 的发生。Croce 小组则在一组 B-CLL 患者中鉴定到与预后和疾病发展相关的 microRNA 表达谱特征（Calin *et al.*，2004a）。

在这个由 13 个 miRNA 所组成的表达谱特征中，miR-15 和 miR-16 的低表达与预后不良以及较短的病程有关，这与此前 13q14 区域的缺失（因此 miR-15-16 表达水平降低）与预后良好相关的发现一致。

此外，突变分析发现两位患者的 miR-15-16 的初级转录物中存在一个胚系碱基突变，该突变导致了体外和体内 miR-15-16 表达的下调。有趣的是，一位患者拥有 CLL 和乳腺癌的家族病史，并且该突变在 160 个对照个体中并未被发现，提示这可能是胚系突变或者是很罕见的多态性。

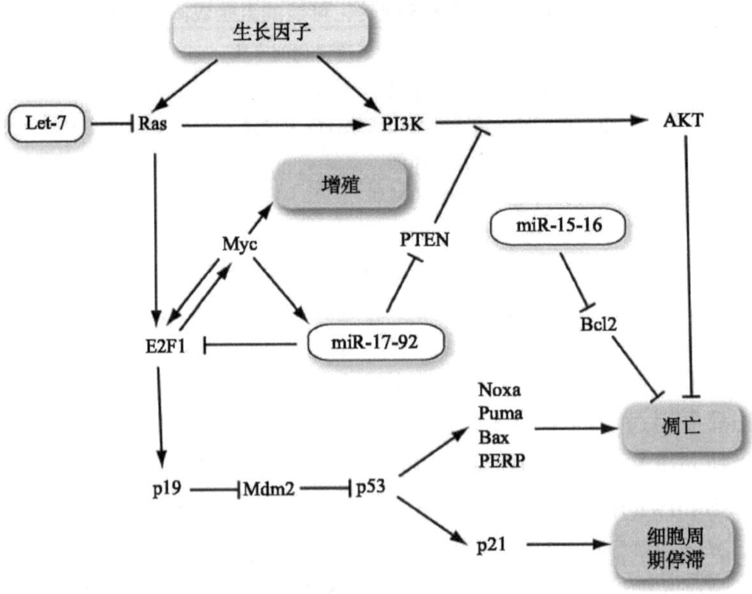

图 24.1 受哺乳动物 microRNA 影响的促癌和抑癌通路。

同一研究中，在 11 位（共 75 位）患者中发现另有 7 种 miRNA 初级转录物或前体（共 42 种）中有单一碱基的突变。然而，除了 miR-15-16 发生变化以外，没有突变直接影响 miRNA 的表达水平。尽管不存在成熟 miRNA 序列的突变，这些结果指出 miR-15-16 和其他 miRNA 在 B-CLL 疾病发生中的重要作用并有待进一步的研究。

24.6 miR-17-92

有关 miR-17-92 基因簇的研究可能是证明 microRNA 与人类癌症直接相关最有说服力的证据。自首次报道 miR-17-92 基因簇在 B 细胞淋巴瘤中发生复制以来（Ota *et al.*，2004），该基因簇已被发现在结肠癌和小细胞肺癌中也存在过表达或拷贝数的增加（Hammond，2006；L. He *et al.*，2005）。He 和同事的研究有力证明了 miR-17-92 基因簇与癌症的直接关系。他们通过表达一段截短了的 miR-17-92 基因簇（miR-17-19b），发现 *c-Myc* 的过表达与其在 B 细胞淋巴瘤小鼠模型中存在协同作用（L. He *et al.*，2005）。一个重要的疑问是 miR-17-92 如何影响肿瘤的生成？哪一系列基因的调控与其促癌作用有关？

He 等所用的动物模型——Eμ-Myc 转基因小鼠可能提示了答案所在。因为 *c-Myc* 能引起细胞的增殖和凋亡，抑制细胞死亡的协同突变似乎是这类小鼠形成 B 细胞淋巴瘤必需的（Schmitt *et al.*，1999；Soengas *et al.*，1999；Schmitt *et al.*，2000；Schmitt *et al.*，2002）。这些突变通常涉及 p19Arf-p53 通路，但是抗凋亡蛋白 Bcl-2 或者 caspase-9 的显性失活也能促进肿瘤的发生。因此，可以推测 miR-17-92 的过表达导致了一个或多个促凋亡基因的下调，miR-17-19b 过表达的淋巴瘤中自发凋亡的发生率较低的现象支持了这种推测的可能性（He *et al.*，2005）。如果这种猜测成立，miR-17-92 的过表达可以减轻 Eμ-Myc 模型中 *p53* 的突变压力的推断应很容易被验证。通过搜索 miRNA 预测目标基因数据库（http：//microrna. sanger. ac. uk/targets/v2/）可以发现，一些促凋亡基因和抑癌基因，包括 PTEN，是 miR-17-92 基因簇的潜在靶标（Lewis *et al.*，2005）（图 24.1）。在这些基因中确定 miR-17-92 促癌作用的相关者，是目前深入研究的课题。有趣的是，miR-17-92 不仅与 c-Myc 协同促进淋巴瘤的发生，另一研究发现其作用也与靶标基因相关（O'Donnell *et al.*，2005）。作者描述了一条把 c-Myc、miR-17-92 和转录因子 *E2F1* 联系起来的分子回路（见图 24.1）。根据这个模型，c-Myc 能直接激活 miR-17-92 基因簇的转录，并通过 miR-17/miR-20 引起 E2F1 的翻译抑制（通过结合到其 3′-UTR 上的保守位点）。这些发现对于 miR-17-92 的促癌作用有什么重要意义呢？*E2F1* 是一已被深入研究的转录因子，和 *c-Myc* 类似，能激活细胞的增殖和凋亡。其促凋亡的作用似乎很大程度上取决于其激活 p19-Arf/p53 通路的能力，因此人们很自然会推测由 miR-17-92 引起的 E2F1 蛋白下调或许能解释 He 等发现的细胞凋亡减少的现象。尽管 E2F1 的失活并不促进 Eμ-Myc 引起的淋巴瘤发生（实际上是起抑制作用）（Baudino *et al.*，2003），但不排除 miR-17-92 对 E2F1 的微妙调节所引起的对细胞凋亡的调控可能优先于对细胞增殖的调控。因此，在基于细胞的实验模型中研究 miR-17-92 过表达对 c-Myc 引起的细胞凋亡的影响将可能提供有用的信息。

正如大多数内容翔实的实验，相比起其回答的问题，He 和 O'Donnell 的工作引出了更多的疑问。例如，miR-17-92 和其他癌基因或抑癌基因有协同作用吗？其自身能起到癌基因的作用吗？这个基因簇里的单一成员，或者某几个成员的组合也能起到促癌的作用吗？

最后，需要指出的是 miR-17-92 存在两个基因座，一个位于 X 染色体，另一个位于 5 号染色体（图 24.2）。对这两个基因簇是否在人类癌症中也存在复制或过表达，以及是否都具有 miR-17-92 的促癌功能的研究是十分重要的。在动物体内进行的功能获得和功能缺失研究或许可以回答这里面的许多问题。

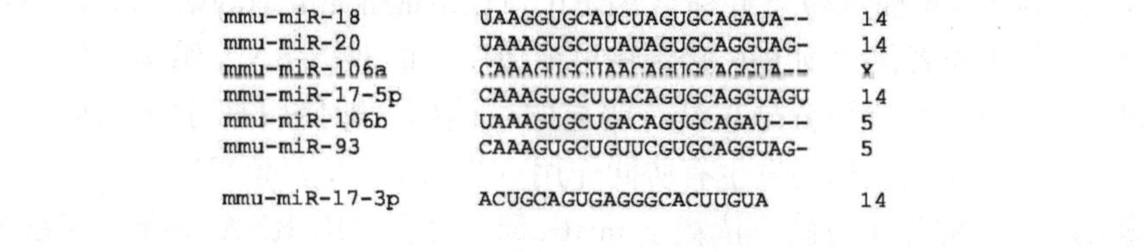

miRNA	序列	染色体序号(Mm)
mmu-miR-18	UAAGGUGCAUCUAGUGCAGAUA--	14
mmu-miR-20	UAAAGUGCUUAUAGUGCAGGUAG-	14
mmu-miR-106a	CAAAGUGCUAACAGUGCAGGUA--	X
mmu-miR-17-5p	CAAAGUGCUUACAGUGCAGGUAGU	14
mmu-miR-106b	UAAAGUGCUGACAGUGCAGAU---	5
mmu-miR-93	CAAAGUGCUGUUCGUGCAGGUAG-	5
mmu-miR-17-3p	ACUGCAGUGAGGGCACUUGUA	14
mmu-miR-19b-1	UGUGCAAAUCCAUGCAAAACUGA	14
mmu-miR-19b-2	UGUGCAAAUCCAUGCAAAACUGA	X
mmu-miR-19a	UGUGCAAAUCUAUGCAAAACUGA	14
mmu-miR-92-1	UAUUGCACUUGUCCCGGCCUG-	14
mmu-miR-92-2	UAUUGCACUUGUCCCGGCCUG-	X
mmu-miR-25	CAUUGCACUUGUCUCGGUCUGA	5

图 24.2　小鼠 miR-17-92 基因簇及其同源基因座的基因组结构和序列比对。

24.7 *let-7* 与 Ras 的联系

作为最早在秀丽线虫中被发现并且直到现在仍然是研究得最详细的 miRNA 之一，*lethal-7*（*let-7*）家族成员中的 miRNA 最近成为深入研究 miRNA 抑癌作用的目标。在秀丽隐杆线虫中，*let-7* 的表达出现在某一特定细胞类型（缝线细胞，seam cell）正要进入最终分化并脱离细胞周期的时候。*let-7* 的失活突变妨碍了这一转变，细胞转而如癌症细胞一样继续分裂（Pasquinelli *et al.*，2000；Reinhart *et al.*，2000）。Croce 和同事（Calin *et al.*，2004b）报道在人类肺癌和其他一些肿瘤中存在 *let-7* miRNA 家族基因位点的缺失。另外，Takamizawa 等（2004）的研究显示 *let-7* 的低表达与人类肺癌预后差有关，*let-7* 的过表达能抑制人类肺癌细胞系生长的现象证实了这一发现。

Slack 小组（Johnson *et al.*，2005）的研究解释了 *let-7* 抑制肿瘤的一种可能机制，他们证明在秀丽线虫中，*let-7* 家族成员负调控参与外阴发育的 *let-60* 的表达，该基因是人 Ras 家族癌基因的同源基因。重要的是，人类 *let-7* 也结合并抑制人 Ras 蛋白的表达，在人肺癌中 *let-7* 和 Ras 的蛋白水平显示出惊人的负相关性（Johnson *et al.*，2005）。与前面提到的例子一样，许多问题仍有待回答。尽管现有证据证明在哺乳动物细胞中 Ras 蛋白确实是 *let-7* 的靶标，但目前仍没有研究证实 *let-7* 的下调与肺癌之间存在直接的关系。另外，人们对 *let-7* 表达下调的分子机制一无所知。从这个角度出发，*let-7* 条件性突变小鼠的建立以及在人类肺部组织中进行 *let-7* 失活突变的鉴定将提供重要的依据。不幸的是，这些研究的复杂性在于小鼠和人类基因组中 *let-7* 家族至少有 12 个成员，并且它们在正常肺部和肺癌中的表达情况并不清楚。

24.8 更多例子

上述例子中所讨论的 miRNA 与人类癌症的相关性是得到较多实验证据支持的。然而，在过去的 3 年时间里，其他一些 microRNA 也被认为参与了肿瘤的发生，多数情况下是因为其在特定肿瘤类型中存在复制或缺失的现象（表 24.3）。miR-155 是其中典型的例子（Tam and Dahlberg，2006）。miR-155 在大细胞性淋巴瘤和小儿 Burkitt 淋巴瘤中存在复制或过表达的现象（Metzler *et al.*，2004；Eis *et al.*，2005；Kluiver *et al.*，2005）。实际上 miR-155 初级转录物起初被鉴定为一个在淋巴瘤中被禽白血病病毒所诱发的前病毒 DNA 插入位点并命名为 BIC（Clurman and Hayward，1989；Tam *et al.*，1997）。尽管作者留意到 BIC 转录物可形成广泛的双链 RNA 结构，但是这个可能的癌基因有一个奇怪的特征就是其没有明显的可读框，即使后来分析发现 BIC 与 Myc 对鸡淋巴瘤和红细胞白血病的发生有协同作用（Tam *et al.*，2002）。

尽管 BIC 的促癌作用可能不依赖于 miR-155，然而 BIC RNA 中唯一在系统发生中保守的区域就是编码这一 miRNA 的事实提示这一假设并不成立。值得探讨的是，miR-155 是否与 miR-17-92 类似，在小鼠淋巴瘤动物模型的成瘤过程中与 Eμ-Myc 起协同作用。

表 24.3 已知与人类癌症相关的 microRNA 和 microRNA 基因簇

microRNA 或 microRNA 基因簇	肿瘤类型	变化	参考文献
Let-7	肺癌	表达下调	Johnson *et al.*, 2005; Takamizawa *et al.*, 2004
miR-15-16	B-CLL	缺失或下调	Calin *et al.*, 2002
miR-17-92	B 细胞淋巴瘤、结肠癌	表达上调	L. He *et al.*, 2005; Ota *et al.*, 2004
miR-155/BIC	Burkitt、Hodgkin 和大 B 细胞淋巴瘤	表达上调	Metzler *et al.*, 2004; Tam *et al.*, 1997; Tam and Dahlberg, 2006
miR-143、miR-145	大肠癌	表达下调	Iorio *et al.*, 2005
miR-21	胶质母细胞瘤和乳腺癌	表达上调	Ciafre' *et al.*, 2005; Iorio *et al.*, 2005

24.9 结论

1993 年，当在秀丽线虫中发现第一个 miRNA 时，很少有人能想象得到这一类新的小分子非编码 RNA 会给发育和癌症研究带来如此巨大的影响。尽管经过至今逾十年的探索，数以千计的 miRNA 在从线虫到人类的模式生物中被发现，但未来依然很难预测。在关于人类癌症的研究中，miRNA 究竟是起最重要的作用，抑或我们会发现除了一些例子以外，它们只是起到次要的作用？如果哪些 miRNA 被证明确实与肿瘤发生直接相关，它们也可能成为潜在的极佳的药物靶标。在生物体内系统下调 miRNA 表达的技术（Krutzfeldt *et al.*, 2005）正在发展，并且将可能成为强大的治疗工具（Calin *et al.*, 2004a; H. He *et al.*, 2005; Lu *et al.*, 2005; Volinia *et al.*, 2006）。同时，容易想象到的是可通过向体内注入合成的 miRNA 以取代体内丧失功能的 miRNA。可能新一代的经过合理设计、基因特异并且高效的药物将会很快面世。即使这些假设不能实现，比起传统的基因表达谱，miRNA 已被证明是更强大的预后和诊断工具。可能更重要的是，这些小分子 RNA 的发现已经改变了我们对基因调控方式的理解，并吸引和激励着新一代的研究人员参与其中。可以预见，未来还有很长的一段路要走。

参考文献

Ambros, V. (2004). The functions of animal microRNAs. *Nature*, **431**, 350–355.

Bagga, S., Bracht, J., Hunter, S. *et al*. (2005). Regulation by let-7 and lin-4 miRNAs results in target mRNA degradation. *Cell*, **122**, 553–563.

Bartel, D. P. (2004). MicroRNAs: genomics, biogenesis, mechanism, and function. *Cell*, **116**, 281–297.

Bartel, D. P. and Chen, C. Z. (2004). Micromanagers of gene expression: the potentially widespread influence of metazoan microRNAs. *Nature Reviews Genetics*, **5**, 396–400.

Baudino, T. A., Maclean, K. H., Brennan, J. *et al*. (2003). Myc-mediated proliferation and lymphomagenesis, but not apoptosis, are compromised by E2f1 loss. *Molecular Cell*, **11**, 905–914.

Bentwich, I. (2005). Prediction and validation of microRNAs and their targets. *Federation of European Biochemical Society Letters*, **579**, 5904–5910.

Bernstein, E., Kim, S. Y., Carmell, M. A. *et al*. (2003). Dicer is essential for mouse development. *Nature Genetics*, **35**, 215–217.

Brennecke, J., Hipfner, D. R., Stark, A., Russell, R. B. and Cohen, S. M. (2003). *Bantam* encodes a developmentally regulated microRNA that controls cell proliferation and regulates the proapoptotic gene hid in *Drosophila*. *Cell*, **113**, 25–36.

Calin, G. A., Dumitru, C. D., Shimizu, M. *et al*. (2002). Frequent deletions and down-regulation of micro-RNA genes miR15 and miR16 at 13q14 in chronic lymphocytic leukemia. *Proceedings of the National Academy of Sciences USA*, **99**, 15 524–15 529.

Calin, G. A., Liu, C. G., Sevignani, C. *et al*. (2004a). MicroRNA profiling reveals distinct signatures in B cell chronic lymphocytic leukemias. *Proceedings of the National Academy of Sciences USA*, **101**, 11 755–11 760.

Calin, G. A., Sevignani, C., Dumitru, C. D. *et al*. (2004b). Human microRNA genes are frequently located at fragile sites and genomic regions involved in cancers. *Proceedings of the National Academy of Sciences USA*, **101**, 2999–3004.

Chang, S., Johnston, R. J., Jr., Frokjaer-Jensen, C., Lockery, S. and Hobert, O. (2004). MicroRNAs act sequentially and asymmetrically to control chemosensory laterality in the nematode. *Nature*, **430**, 785–789.

Chen, C. Z. (2005). MicroRNAs as oncogenes and tumor suppressors. *New England Journal of Medicine*, **353**, 1768–1771.

Chen, C. Z., Li, L., Lodish, H. F. and Bartel, D. P. (2004). MicroRNAs modulate hematopoietic lineage differentiation. *Science*, **303**, 83–86.

Chen, J. F., Mandel, E. M., Thomson, J. M. *et al*. (2006). The role of microRNA-1 and microRNA-133 in skeletal muscle proliferation and differentiation. *Nature Genetics*, **38**, 228–233.

Ciafrè, S. A., Galardi, S., Mangiola, A. *et al*. (2005). Extensive modulation of a set of microRNAs in primary glioblastoma. *Biochemical Biophysical Research Communications*, **334**, 1351–1358.

Cimmino, A., Calin, G. A., Fabbri, M. *et al*. (2005). miR-15 and miR-16 induce apoptosis by targeting BCL2. *Proceedings of the National Academy of Sciences USA*, **102**, 13 944–13 949.

Clurman, B. E. and Hayward, W. S. (1989). Multiple proto-oncogene activations in avian leukosis virus-induced lymphomas: evidence for stage-specific events. *Molecular Cell Biology*, **9**, 2657–2664.

Cobb, B. S., Nesterova, T. B., Thompson, E. *et al*. (2005). T cell lineage choice and differentiation in the absence of the RNase Ⅲ enzyme Dicer. *Journal of Experimental Medicine*, **201**, 1367–1373.

Conaco, C., Otto, S., Han, J. J. and Mandel, G. (2006). Reciprocal actions of REST and a microRNA promote neuronal identity. *Proceedings of the National Academy of Sciences USA*, **103**, 2422–2427.

Couzin, J. (2005). Cancer biology. A new cancer player takes the stage. *Science*, **310**, 766–767.

Croce, C. M. and Calin, G. A. (2005). miRNAs, cancer, and stem cell division. *Cell*, **122**, 6–7.

Eder, M. and Scherr, M. (2005). MicroRNA and lung cancer. *New England Journal of Medicine*, **352**, 2446–2448.

Eis, P. S., Tam, W., Sun, L. *et al*. (2005). Accumulation of miR-155 and BIC RNA in human B cell lymphomas. *Proceedings of the National Academy of Sciences USA*, **102**, 3627–3632.

Farh, K. K., Grimson, A., Jan, C. *et al*. (2005). The widespread impact of mammalian microRNAs on mRNA repression and evolution. *Science*, **310**, 1817–1821.

Fazi, F., Rosa, A., Fatica, A. *et al*. (2005). A minicircuitry comprised of microRNA-223 and transcription factors NFI-A and C/EBPalpha regulates human granulopoiesis. *Cell*, **123**, 819–831.

Gregory, R. I. and Shiekhattar, R. (2005). MicroRNA biogenesis and cancer. *Cancer Research*, **65**, 3509–3512.

Grun, D., Wang, Y. L., Langenberger, D., Gunsalus, K. C. and Rajewsky, N. (2005). MicroRNA target predictions across seven *Drosophila* species and comparison to mammalian targets. *Public Library of Science Computational Biology*, **1**, e13.

Hammond, S. M. (2006). MicroRNAs as oncogenes. *Current Opinions in Genetics and Development*, **16**, 4–9.

Harfe, B. D., McManus, M. T., Mansfield, J. H., Hornstein, E. and Tabin, C. J. (2005). The RNaseⅢ enzyme Dicer is required for morphogenesis but not patterning of the vertebrate limb. *Proceedings of the National Academy of Sciences USA*, **102**, 10 898–10 903.

Harris, K. S., Zhang, Z., McManus, M. T., Harfe, B. D. and Sun, X. (2006). Dicer function is essential for lung epithelium morphogenesis. *Proceedings of the National Academy of Sciences USA*, **103**, 2208 - 2213.

He, H., Jazdzewski, K., Li, W. *et al*. (2005). The role of microRNA genes in papillary thyroid carcinoma. *Proceedings of the National Academy of Sciences USA*, **102**, 19 075 - 19 080.

He, L., Thomson, J. M., Hemann, M. T. *et al*. (2005). A microRNA polycistron as a potential human oncogene. *Nature*, **432**, 828 - 833.

Hornstein, E., Mansfield, J. H., Yekta, S. *et al*. (2005). The microRNA miR-196 acts upstream of Hoxb8 and Shh in limb development. *Nature*, **438**, 671 - 674.

Houbaviy, H. B., Murray, M. F. and Sharp, P. A. (2003). Embryonic stem cell-specific microRNAs. Developmental *Cell*, **5**, 351 - 358.

Iorio, M. V., Ferracin, M., Liu, C. G. *et al*. (2005). MicroRNA gene expression deregulation in human breast cancer. *Cancer Research*, **65**, 7065 - 7070.

John, B., Enright, A. J., Aravin, A. *et al*. (2004). Human microRNA targets. *Public Library of Science Biology*, **2**, e363.

Johnson, S. M., Grosshans, H., Shingara, J. *et al*. (2005). RAS is regulated by the let-7 microRNA family. *Cell*, **120**, 635 - 647.

Johnston, R. J. and Hobert, O. (2003). A microRNA controlling left/right neuronal asymmetry in *Caenorhabditis elegans*. *Nature*, **426**, 845 - 849.

Kanellopoulou, C., Muljo, S. A., Kung, A. L. *et al*. (2005). Dicer-deficient mouse embryonic stem cells are defective in differentiation and centromeric silencing. *Genes & Development*, **19**, 489 - 501.

Kloosterman, W. P., Wienholds, E., de Bruijn, E., Kauppinen, S. and Plasterk, R. H. (2006). *In situ* detection of miRNAs in animal embryos using LNA-modified oligonucleotide probes. *Nature Methods*, **3**, 27 - 29.

Kluiver, J., Poppema, S., de Jong, D. *et al*. (2005). BIC and miR-155 are highly expressed in Hodgkin, primary mediastinal and diffuse large B cell lymphomas. *Journal of Pathology*, **207**, 243 - 249.

Krek, A., Grun, D., Poy, M. N. *et al*. (2005). Combinatorial microRNA target predictions. *Nature Genetics*, **37**, 495 - 500.

Krutzfeldt, J., Rajewsky, N., Braich, R. *et al*. (2005). Silencing of microRNAs in vivo with "antagomirs". *Nature*, **438**, 685 - 689.

Kuwabara, T., Hsieh, J., Nakashima, K., Taira, K. and Gage, F. H. (2004). A small modulatory dsRNA specifies the fate of adult neural stem cells. *Cell*, **116**, 779 - 793.

Lagos-Quintana, M., Rauhut, R., Yalcin, A. *et al*. (2002). Identification of tissue-specific microRNAs from mouse. *Current Biology*, **12**, 735 - 739.

Lee, R. C., Feinbaum, R. L. and Ambros, V. (1993). The *C. elegans* heterochronic gene lin-4 encodes small RNAs with antisense complementarity to *lin-14*. *Cell*, **75**, 843 - 854.

Lewis, B. P., Shih, I. H., Jones-Rhoades, M. W., Bartel, D. P. and Burge, C. B. (2003). Prediction of mammalian microRNA targets. *Cell*, **115**, 787 - 798.

Lewis, B. P., Burge, C. B. and Bartel, D. P. (2005). Conserved seed pairing, often flanked by adenosines, indicates that thousands of human genes are microRNA targets. *Cell*, **120**, 15 - 20.

Lim, L. P., Lau, N. C., Garrett-Engele, P. *et al*. (2005). Microarray analysis shows that some microRNAs downregulate large numbers of target mRNAs. *Nature*, **433**, 769 - 773.

Liu, C. G., Calin, G. A., Meloon, B. *et al*. (2004). An oligonucleotide microchip for genomewide microRNA profiling in human and mouse tissues. *Proceedings of the National Academy of Sciences USA*, **101**, 9740 - 9744.

Lu, J., Getz, G., Miska, E. A. *et al*. (2005). MicroRNA expression profiles classify human cancers. *Nature*, **435**, 834 - 838.

McManus, M. T. (2003). MicroRNAs and cancer. *Seminars in Cancer Biology*, **13**, 253 - 258.

Metzler, M., Wilda, M., Busch, K., Viehmann, S. and Borkhardt, A. (2004). High expression of precursor mi-

croRNA-155/BIC RNA in children with Burkitt lymphoma. *Genes Chromosomes Cancer*, **39**, 167–169.

Muljo, S. A., Ansel, K. M., Kanellopoulou, C. *et al*. (2005). Aberrant T cell differentiation in the absence of Dicer. *Journal of Experimental Medicine*, **202**, 261–269.

Murchison, E. P., Partridge, J. F., Tam, O. H., Cheloufi, S. and Hannon, G. J. (2005). Characterization of Dicer-deficient murine embryonic stem cells. *Proceedings of the National Academy of Sciences USA*, **102**, 12 135–12 140.

O' Donnell, K. A., Wentzel, E. A., Zeller, K. I., Dang, C. V. and Mendell, J. T. (2005). c-Myc-regulated microRNAs modulate E2F1 expression. *Nature*, **435**, 839–843.

Ota, A., Tagawa, H., Karnan, S. *et al*. (2004). Identification and characterization of a novel gene, C13orf25, as a target for 13q31-q32 amplification in malignant lymphoma. *Cancer Research*, **64**, 3087–3095.

Pasquinelli, A. E., Reinhart, B. J., Slack, F. *et al*. (2000). Conservation of the sequence and temporal expression of let-7 heterochronic regulatory RNA. *Native*, **408**, 86–89.

Pekarsky, Y., Calin, G. A. and Aqeilan, R. (2005). Chronic lymphocytic leukemia: molecular genetics and animalmodels. *Current Topics inMicrobiology and Immunology*, **294**, 51–70.

Poy, M. N., Eliasson, L., Krutzfeldt, J. *et al*. (2004). A pancreatic islet-specific microRNA regulates insulin secretion. *Nature*, **432**, 226–230.

Reinhart, B. J., Slack, F. J., Basson, M. *et al*. (2000). The 21-nucleotide let-7 RNA regulates developmental timing in *Caenorhabditis elegans*. *Nature*, **403**, 901–906.

Schmitt, C. A., McCurrach, M. E., de Stanchina, E., Wallace-Brodeur, R. R. and Lowe, S. W. (1999). INK4a/ARF mutations accelerate lymphomagenesis and promote chemoresistance by disabling p53. *Genes & Development*, **13**, 2670–2677.

Schmitt, C. A., Rosenthal, C. T. and Lowe, S. W. (2000). Genetic analysis of chemoresistance in primary murine lymphomas. Nature Medicine, 6, 1029–1035.

Schmitt, C. A., Fridman, J. S., Yang, M. *et al*. (2002). Dissecting p53 tumor suppressor functions *in vivo*. *Cancer Cell*, **1**, 289–298.

Schratt, G. M., Tuebing, F., Nigh, E. A. *et al*. (2006). A brain-specific microRNA regulates dendritic spine development. Nature, 439, 283–289.

Soengas, M. S., Alarcon, R. M., Yoshida, H. *et al*. (1999). Apaf-1 and caspase-9 in p53-dependent apoptosis and tumor inhibition. *Science*, **284**, 156–159.

Sokol, N. S. and Ambros, V. (2005). Mesodermally expressed *Drosophila* microRNA-1 is regulated by Twist and is required inmuscles during larval growth. *Genes & Development*, **19**, 2343–2354.

Stark, A., Brennecke, J., Bushati, N., Russell, R. B. and Cohen, S. M. (2005). Animal microRNAs confer robustness to gene expression and have a significant impact on 3′UTR evolution. *Cell*, **123**, 1133–1146.

Suh, M. R., Lee, Y., Kim, J. Y. *et al*. (2004). Human embryonic stem cells express a unique set of microRNAs. *Developmental Biology*, **270**, 488–498.

Sulston, J. E. and Horvitz, H. R. (1981). Abnormal cell lineages in mutants of the nematode *Caenorhabditis elegans*. *Developmental Biology*, **82**, 41–55.

Takamizawa, J., Konishi, H., Yanagisawa, K. *et al*. (2004). Reduced expression of the let-7 microRNAs in human lung cancers in association with shortened postoperative survival. *Cancer Research*, **64**, 3753–3756.

Tam, W. and Dahlberg, J. E. (2006). miR-155/BIC as an oncogenic microRNA. *Genes Chromosomes Cancer*, **45**, 211–212.

Tam, W., Ben-Yehuda, D. and Hayward, W. S. (1997). *bic*, a novel gene activated by proviral insertions in avian leukosis virus-induced lymphomas, is likely to function through its noncoding RNA. *Molecular Cell Biology*, **17**, 1490–1502.

Tam, W., Hughes, S. H., Hayward, W. S. and Besmer, P. (2002). Avian *bic*, a gene isolated from a common retroviral site in avian leukosis virus-induced lymphomas that encodes a noncoding RNA, cooperates with c-myc in

lymphomagenesis and erythroleukemogenesis. *Journal of Virology*, **76**, 4275–4286.
Thomson, J. M., Parker, J., Perou, C. M. and Hammond, S. M. (2004). A custom microarray platform for analysis of microRNA gene expression. *Nature Methods*, **1**, 47–53.
Volinia, S., Calin, G. A., Liu, C. G. *et al*. (2006). A microRNA expression signature of human solid tumors defines cancer gene targets. *Proceedings of the National Academy of Sciences USA*, **103**, 2257–2261.
Wienholds, E., Kloosterman, W. P., Miska, E. *et al*. (2005). MicroRNA expression in zebrafish embryonic development. *Science*, **309**, 310–311.
Xu, P., Vernooy, S. Y., Guo, M. and Hay, B. A. (2003). The *Drosophila* microRNA Mir-14 suppresses cell death and is required for normal fat metabolism. *Current Biology*, **13**, 790–795.
Yang, W. J., Yang, D. D., Na, S. *et al*. (2005). Dicer is required for embryonic angiogenesis during mouse development. *Journal of Biological Chemistry*, **280**, 9330–9335.
Yekta, S., Shih, I. H. and Bartel, D. P. (2004). MicroRNA-directed cleavage of HOXB8 mRNA. *Science*, **304**, 594–596.
Zhao, Y., Samal, E. and Srivastava, D. (2005). Serum response factor regulates a musclespecific microRNA that targets Hand2 during cardiogenesis. *Nature*, **436**, 214–220.

25 哺乳动物肝脏中的 miR-122

Jinhong Chang and John M. Taylor*

25.1 引言

microRNA（miRNA）是一类小分子非编码 RNA，长度大约在 22 个核苷酸（nt）左右。它们来源于大的前体 RNA 的剪切，大多数似乎是多聚腺苷酸化的 II 类聚合酶的转录物（Lee *et al.*，2002）。miRNA 的加工依赖于两个连续的过程，第一步在细胞核内发生，是由核酸内切酶 Drosha 将初级转录物（pri-miRNA）切割成长度为 70～80 个核苷酸左右的发夹状 miRNA 前体（pre-miRNA）（Lee *et al.*，2003）。随后发夹状前体被转运到细胞质中（Bohnsack *et al.*，2004；Lund *et al.*，2004），在这里被另一种核酸内切酶 Dicer 切割，释放出成熟的 miRNA 分子（Ketting *et al.*，2001；Lee *et al.*，2003）。成熟的 miRNA 可以通过剪切靶基因 mRNA 或者抑制其翻译的方式调节与之序列互补的靶基因的表达（Bartel，2004）。

在哺乳动物中，数以百计的 miRNA 已被鉴定，其中一些是组织特异性表达（Lagos-Quintana *et al.*，2002）或者发育阶段特异性表达的（Krichevsky *et al.*，2003）。某些 miRNA 的异常表达与肿瘤的发展相联系（McManus，2003；见本书第 23 章）。miR-122 是一种肝脏特异性 miRNA，我们在最近的研究中检测了它在小鼠肝脏发育过程中及它在肝癌中的表达（Chang *et al.*，2004）。我们检测了 miR-122 前体的表达并且证明了肝脏中 miR-122 的一个靶基因可能是高亲和性阳离子氨基酸转运蛋白（CAT-1）。本综述不仅对早期有关 miR-122 研究进行了概述，而且还展示了之前未发表的结果，同时也对其他研究者后续发表的有关 miR-122 研究工作作一评述。

25.2 miR-122 的生物合成

2001 年，Tuschl 和他的同事们开始采用大规模克隆和测序的方法来鉴定成年小鼠多种组织中的小分子 RNA（Lagos-Quintana *et al.*，2002）。其中发现 miR-122 只存在于肝脏中，同时也是从肝脏中分离到的最常见的 miRNA。当他们在已知的表达序列标签（EST）数据库中对 miR-122 的序列进行检索时，唯一匹配的是一个名为 *hcr* 的土拨鼠基因的转录物。

土拨鼠是一个广泛使用的研究嗜肝 DNA 病毒复制及与肝癌有关系的动物模型。土拨鼠肝炎病毒与人 B 型肝炎病毒一样，往往引起慢性感染并可以发展成肝癌（Moroy *et al.*，1986；Etiemble *et al.*，1989）。为了揭示在染色体 DNA 上可能出现的变化，Buendia 和同事们于 1989 年研究了众多的由土拨鼠肝炎病毒引起的肝癌。在一例肿瘤中她们发现了一个由 *hcr* 基因到 *c-myc* 基因位点的易位现象，这个易位导致一个 c-myc

* 通讯作者。

异构体的过表达（Moroy *et al.*，1989），这一点在后面再详述。

Buendia 和同事们在他们原来的研究中，鉴定了正常土拨鼠肝脏 *hcr* 基因的mRNA。他们报道在 mRNA 的 5′端转录起始位点存在典型的真核生物启动子元件。如图 25.1 所示，他们发现 *hcr* 转录物是一段长 4.7kb 的未被剪切的多聚腺苷酸化的 RNA，一个由 37 个氨基酸构成的可读框位于其 5′端。而且还发现 95% 的 *hcr* RNA 都稍微短一些，大约为 4.5kb，并且没有 poly（A）。核酸内切酶保护实验结果表明，这些 RNA 在位于 poly（A）约 200nt 处的一个或多个位点被核酸内切酶加工。

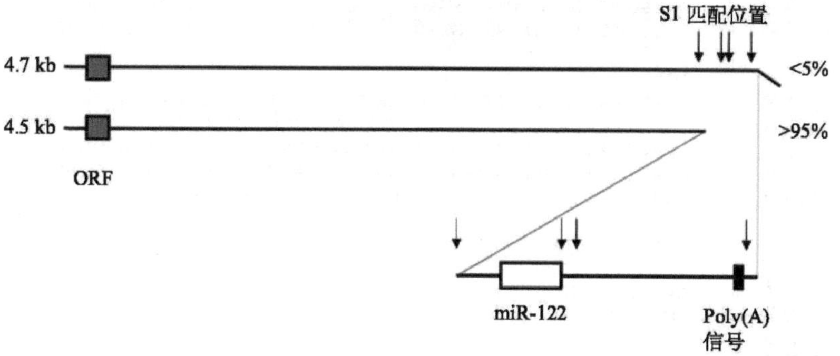

图 25.1 土拨鼠 *hcr* 转录物与 miR-122 序列之间的关系。*hcr* 转录物的细节来自于 Moroy（1989）。预测的 *hcr* 转录物上的可读框（ORF）由灰色方框显示，它的 poly（A）信号由黑色的方框表示。miR-122 用无填充的方框表示。箭头表示核酸酶 S1 核酸酶定位的位点，相对应于 *hcr* 转录物的没有多聚腺苷酸化的 3′端。

最近，Lagos-Quintana 等的研究（2002）表明小鼠 miR-122 位于上述 *hcr* 转录物的 3′端，同时他们认为这个区域折叠出的结构与可以生成 miR-122 前体的结构大体相一致。其他的研究也支持 *hcr* 就是 miR-122 的初级转录物。Buendia 和她的同事们证实 *hcr* 位点在正常土拨鼠的肝脏中高表达，而在其他组织中未检测到表达，这一点与 miR-122 的肝脏特异性表达相一致。另外，与其他多聚腺苷酸化的 RNA 不同的是，*hcr* 转录物主要存在于细胞核内。这种亚细胞定位似乎与其他 miRNA 的解释一致（Lee *et al.*，2002）：在核内 Drosha 剪切初级转录物释放出 miRNA 前体，进一步再由 Dicer 加工。如图 25.1 所示，4.5kb 长的 *hcr* 转录物的 3′端位于 miR-122 的 5′端上游 10nt 处，4.7kb 长的 *hcr* 转录物的 3′端与 miR-122 的 3′端精确地吻合。我们注意到，尽管这些数据都支持 *hcr* 转录物是 miR-122 初级转录物，但是这种加工过程远比之前认识的在核内 Drosha 加工产生 miRNA 前体，后由 Dicer 进一步加工释放出成熟的 miRNA 分子的单一加工途径（Lee *et al.*，2002）要复杂。也有可能存在选择性加工的途径，并非所有的转录物都用来产生 miRNA，因此还需要对 *hcr* 的加工做更加深入的研究。

在 Lagos-Quintana 等的研究（2002）发表的时候，许多动物的全基因组序列测定已经完成。这使得在这几个完整基因组序列中对 *hcr* 的序列进行基因组水平和进化上的评估成为可能。例如，图 25.2（a）显示了人、小鼠、河豚与土拨鼠的一段靠近 miR-122 的长为 160nt 的 DNA 序列的比对，由序列的一致性可以看出 miR-122 序列（阴影）在这 4 个物种之间是绝对保守的。与 miR-122 毗邻的序列也显示了显著的保守性，虽然低于 100%。而在这个区域以外保守性相对非常低。

(a)

```
              1                                                   50
土拨鼠        TGGGGACGAA GATGACTTCT TCCCAGCG.A CAGATTTTCC TTAGCAGAGC
人            TGGAGGTGAA GTTAACACCT TCGTGGCT.A CAGAGTTTCC TTAGCAGAGC
小鼠          TGAAGGGAAG GTTAATACCC TTGTGCCTGA CAGACTTTCC TTAGCAGAGC
河豚          TCACATCAAC ACCTCTCCAC CT. GCACAG AAAGCCCTCT TCTCCAGAGC
一致序列      T-------A- ---------- ---------- -A----- TC- T---CAGAGC

              51                                                 100
土拨鼠        TGTGGAGTGT GACAATGGTG TTTGTGTCCA AACTATCAAA CGCCATTATC
人            TGTGGAGTGT GACAATGGTG TTTGTGTCTA AACTATCAAA CGCCATTATC
小鼠          TGTGGAGTGT GACAATGGTG TTTGTGTCCA AACCATCAAA CGCCATTATC
河豚          TATGGAGTGT GACAATGGTG TTTGTTTCCT TTCTTTCAAA CGCCATTATC
一致序列      T-TGGAGTGT GACAATGGTG TTTGT-TC-- --C--TCAAA CGCCATTATC

              101                                                150
土拨鼠        ACACTAAATA GCTACTGTTA GGCAATCCTT CCGCTCAATA AGTATCTTGG
人            ACACTAAATA GCTACTGCTA GGCAATCCTT CC.CTCGATA AATGTCTTGG
小鼠          ACACTAAATA GCTACTGCTA GGCAATCCGT CCACTCCACG CGTGACTTGA
河豚          ACACTAAATA GCTACAGTGT GAACAGAACC TCGGCAGACC CCACCAAATG
一致序列      ACACTAAATA GCTAC-G--- G---A----- ------- A-- ----------

              151
土拨鼠        CATCTGTTCG
人            CATCGTTTGC
小鼠          CGTCTGTTCT
河豚          TCTCTGTTCT
一致序列      --TC--TT—
```

(b)

```
      * GG         C           -  *UC
AGCUGU  AGUGUGA AAUGGUGUUUG UG   C*
||||||  ||||||| ||||||||||| ||   A*
UCGAUA  UCACACU UUACCGCAAAC AC   A*
      AA       A           U**CA*
```

(c)

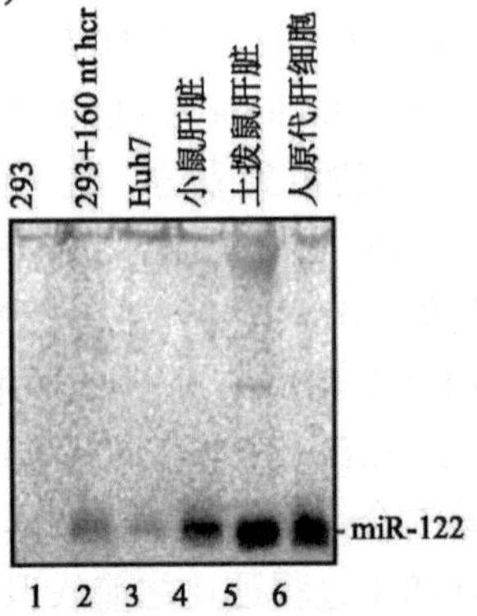

图 25.2 *hcr*转录物包含 miR-122 的前体。图（a）显示土拨鼠（X13234）、人（NT _ 025028）、小鼠（NT _ 039674.1）、河豚（UCSC Bioinformatics Site）的一段包含 miR-122 的长 160nt 的 DNA 序列的比对，其序列利用 UCSC 基因组和生物信息网站（http：//genome.ucsc.edu）上的 BLAST 分析/比对工具来选择。miR-122 的序列用灰色阴影表示。图（b）显示预测的小鼠 miR-122 茎环结构前体的折叠情况（http：//microrna.sanger.ac.ul）。灰色阴影部分表示 miR-122 的序列。星号用来表示 4 个物种的序列之间那些不保守的核苷酸。图（c）Northern 杂交结果显示了 miR-122 在肝脏和几种细胞株中的表达情况。第 1、2 泳道分别代表没有转染的 293 细胞和内源表达长 160nt 的土拨鼠 *hcr* 序列的 293 细胞，第 3 泳道是来自 Huh 7 细胞的 RNA，第 4、5、6 泳道分别代表来自小鼠肝脏、土拨鼠肝脏和人原代肝细胞的 RNA。

我们也研究了预测的包含 miR-122 的 RNA 的折叠结构，例如，图 25.2（b）显示了预测的包含小鼠 miR-122 的 66nt 的茎环结构（http：//microrna. sanger. ac. uk）。预测这个结构就是 miR-122 前体，可能还有一些侧翼序列。星号用来表示图 25.2（a）中 4 个物种的序列之间那些不保守的核苷酸。可以看出大多数差异都局限在茎环结构中不配对的环区，也就是说，miR-122 前体的二级结构在哺乳动物和河豚之间是非常保守的。

为了用实验证明 *hcr* 包含 miR-122 前体，我们克隆了长 160nt 的土拨鼠 *hcr* 序列[图 25.2（a)]，并在人胚肾 293 细胞中表达。如图 25.2（c）Northern 杂交显示，293 细胞原本并不表达 miR-122（第 1 泳道），而转染之后的细胞生成并积累了显著水平的 miR-122（第 2 泳道），其表达水平甚至高于人肝细胞株 Huh7（第 3 泳道）内源 miR-122 的表达水平，尽管它与小鼠（第 4 泳道）和土拨鼠（第 5 泳道）肝脏中或人原代肝细胞（第 6 泳道）中的 miR-122 表达水平还有相当差距。另外，在 293 细胞中表达的 miR-122 是有功能活性的，见后面章节。

25.3 小鼠胚胎发育过程中 miR-122 及其前体的积累

早期的研究显示许多 miRNA 呈现阶段特异性表达模式，预示着 miRNA 在发育中的功能（Lagos-Quintana *et al.*，2002；Lim *et al.*，2003）。因此，我们检测了在小鼠胚胎发育过程中及出生后几周内肝脏的样本。在小鼠胚胎中，肝芽在第 8.5～9.5 天开始发育。运用 RNase 保护实验，我们最早检测到 miR-122 是在胚胎第 12.5 天。如图 25.3 所示，miR-122 随着发育的时间推移而逐渐积累，在出生前达到一个均值。同时，我们检测了相应时期的假定的 miR-122 前体 *hcr* 的表达。虽然其表达变化趋势与 miR-122 有些相似，但 *hcr* 和 miR-122 的集聚并非是成 1∶1 相关的。最近也有报道在成熟 miR-21 和其前体之间存在相似的松散相关性（Jiang *et al.*，2005）。对于 miR-122，引起这种差异可能有以下因素：*hcr* 转录和稳定性的变异、*hcr* 被加工成 miR-122，以及 miR-122 的高度稳定性。既然 miR-122 最早是在胚胎第 12.5 天检测到，肝芽已经形成，我们推断 miR-122 可能调节在胎肝发育过程中表达的众多基因的某些成员。

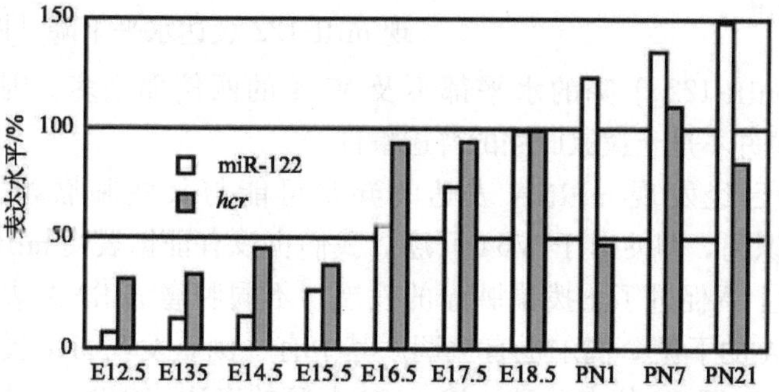

图 25.3 小鼠胚胎发育过程中肝脏 RNA 表达的分析。在指定的时间处死小鼠获取肝组织。miR-122 的表达用 RNA 酶保护实验分析，*hcr* 转录物的表达用 real-time RT-PCR 分析。两种 RNA 的表达都以 E18.5 时间点的水平为参照（100%）。E 表示胚胎发育的天数，PN 表示出生后的天数。

25.4 miR-122 的功能

25.4.1 miR-122 与肝癌

如上所述，慢性土拨鼠肝炎病毒的感染常常发展成为肝癌。追溯到 1989 年，Buendia 和她的同事们发现在许多肿瘤中 N-myc 和 c-myc 增强表达（Moroy *et al.*，1986），而其中多数是由于病毒的插入突变导致。而在她们研究的 30 例肿瘤中有一例（W64）是由不常见的染色体易位引起的。在断裂位点，*hcr* 基因的 5′端被转移到 *c-myc* 第二个外显子之前，导致 *c-myc* 表达提高了 50 倍，因此非常迅速地发展成为肝癌（Moroy *et al.*，1989）。如图 25.4（a）所示，我们认为这个染色体易位会导致包含 miR-122 序列的正常全长 *hcr* 的表达减弱，随后将降低加工成熟的 miR-122 水平。

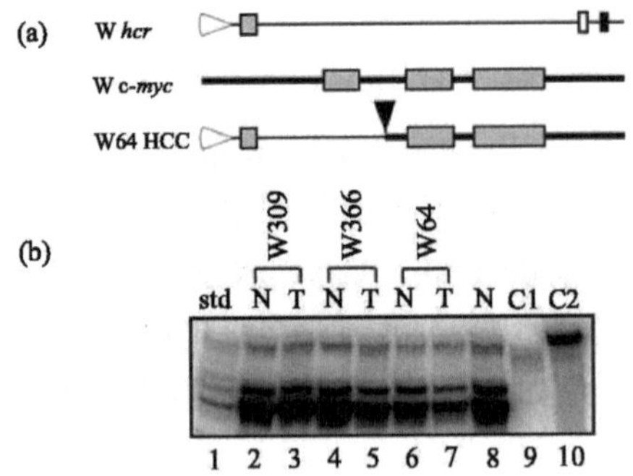

图 25.4 土拨鼠肝癌中的 miR-122。图（a）显示了 W64 肝肿瘤中 *hcr* 和 *c-myc* 基因之间的易位。*hcr* 基因的可读框和 *myc* 基因的外显子都以灰色方块表示。miR-122 的序列以未填充的方块表示，poly（A）信号以黑色方块表示。*c-myc* 易位到 *hcr* 基因的位点以黑色箭头指示。未填充的箭头表示启动子和转录方向。这些数据来自于 Moroy 等 1989 年的报道。图（b）是 RNA 酶保护实验分析土拨鼠肝癌中的 miR-122 的表达情况。第 1 泳道是 2 pg 的 miR-122 标准物，2～5 泳道是分别来自两对非肿瘤和肿瘤肝组织。第 6 和第 7 泳道是来自于 W64 土拨鼠的非肿瘤和肿瘤肝组织。第 9 和第 10 泳道分别是加 RNA 酶和不加 RNA 酶的无 RNA 负对照。

利用 RNase 保护实验，我们检测了 W64 肿瘤及其正常肝组织中 miR-122 的表达（Chang *et al.*，2004）。如图 25.4（b）第 6、7 泳道所示，我们发现 W64 肿瘤中 miR-122 的表达水平比其正常肝组织下降了 2 倍。这是染色体易位的预期结果。我们接着检测了同样的 miR-122 表达变化是否会在其他的土拨鼠肝癌中发生。我们检测了来自 Fox Chase 肿瘤中心的 10 对慢性肝炎病毒感染的土拨鼠肝癌组织及其非肿瘤组织，其中只有两例出现 miR-122 表达水平下降［图 25.4（b）2～5 泳道］，但是其 miR-122 下降的水平都不及 W64 的两倍那么多。因此，这种 *hcr* 与 c-myc之间的易位并不是土拨鼠肝癌的普遍事件。

其他研究者已经发现 miRNA 表达的异常可能与某些肿瘤相关（Calin *et al.*，2002），我们认识到，即使对于 W64 肝癌，我们也没有证据表明 miR-122 水平的下降本身和 *c-myc* 的上调促进了土拨鼠肿瘤的发展。不同肿瘤 miRNA 表达谱的研究通常都观测到 miRNA 的下调，偶尔也有上调。其中有一例，发现 myc 蛋白直接结合在 13 号染色体上的 miR-17-92 位点并激活该 miRNA 簇的表达（O'Donnell *et al.*，2005；另见本书第 22 章），这种过表达与 B 细胞淋巴瘤的形成有关（He *et al.*，2005）。多数下调的 miRNA 都涉及纯合性缺失、突变或者启动子超甲基化。在土拨鼠 W64 肝癌中染色体易位是一个 miRNA 下调表达的特例。一个相似的染色体易位产生了截断的 myc 与 miR-142 前体的 5′部分的融合，导致 c-myc 的上调与一种侵袭性 B 细胞白血病相关（Gauwerky *et al.*，1989；Lagos-Quintana *et al.*，2002）。在这个例子中，断裂点距离预测的 miR-142 前体 3′端的下游只有 4nt，目前还不知道这个易位是否干扰了 miR-142 的加工。

在研究中，我们分析了两种人的肝癌细胞株：Huh7 细胞，来源于原代的肝细胞瘤；HepG2 细胞，来源于人肝母细胞瘤。有趣的是，我们发现在两种细胞株中 miR-122 的表达都显著下降。在 Huh7 中，其表达量仅有原代培养的人肝细胞的 10%～20%［图 25.2（c）］，而在 HepG2 细胞中几乎检测不到（Chang *et al.*，2004）。当用 real-time RT-PCR 检测假定 miR-122 的初级转录物的时候，在 Huh7 细胞中的表达接近人肝细胞水平，而 HepG2 几乎检测不到。这表明 miR-122 的调控是在转录水平或转录后水平。因此，进一步研究 miR-122 在人肝癌细胞株中下调的机制将非常有趣。但是这种下调在多数的土拨鼠肝癌中并不常见，其他研究者近期也报道了在人肝癌中一样缺乏相关性（Jiang *et al.*，2005）。

25.4.2 验证 miR-122 的一个潜在的 mRNA 靶基因

近来，虽然数以百计的 miRNA 被鉴定出来，但是其中知道其生物功能的却屈指可数（Bartel，2004）。几个研究小组预测了哺乳动物 miRNA 的潜在靶基因。两个小组（Lewis *et al.*，2003；John *et al.*，2004）预测的 miR-122 靶基因之一是阳离子氨基酸转运蛋白（CAT-1，或称为可溶性载体家族 7 阳离子氨基酸转运蛋白成员 1，SLC7A1）（MGI：88117）。他们也展示了预测的 miR-122 与 CAT-1 之间的配对不仅在人、小鼠、大鼠是保守的，而且在河豚中也是保守的。运用之前用于预测果蝇和人 miRNA 靶基因的算法，在 CAT-1 的 2kb 的 3′-UTR 内预测出有 6 个靶位点（分别以 a～f 表示）（Chang *et al.*，2004；John *et al.*，2004）。

为了用实验来检测预测是否正确，我们利用了报告系统，其中包含的两个载体分别表达编码不同形式的 delta 型肝炎病毒蛋白的 mRNA：一种是表达 214 个氨基酸的大 delta 蛋白（δAg-L），另一种是编码 195 个氨基酸的小 delta 蛋白（δAg-S）。这两种蛋白质具有相同的 N 端序列，可以被同一种兔源多克隆抗体识别，因此可以利用免疫印迹分析进行定量。在表达 δAg-S 的载体的 3′-UTR 内，我们加入一个或多个预测的 miR-122 的靶位点序列，表达 δAg-L 的载体用来做转染的内源参照。转染 3d 后，我们用免疫印迹检测 δAg-S 与 δAg-L 的比值来反映在 δAg-S 载体中假定的 miR-122 靶序列是否导致 δAg-S 的表达受到抑制。

如图 25.5 所示，在内源有显著 miR-122 表达的 Huh7 细胞中，3′-UTR 带有三个靶位点（d、e 和 f）的 δAg-S 的表达受到强烈抑制（图 25.5，上面第 2 泳道），与之相反，只有三个靶位点中的一个不足以抑制 δAg-S 的表达（图 25.5，第 3～5 泳道）。为了在 Huh7 中表达更多的 miR-122 来观察其结果，我们将一个表达土拨鼠 *hcr* 中 160nt 的 miR-122 前体的载体瞬时转染到 Huh7。结果显示这种方法提高了对报告基因的抑制，但是仍必须有三个靶位点同时存在。

这些发现与其他研究者的观点一致，多个靶位点对于体内或体外 miRNA 调控的正确发挥起着关键作用（Doench and Sharp，2004；Brennecke *et al.*，2005）。在 293 细胞中没有内源 miR-122 的表达，因而没有观察到抑制作用，但是当过表达 miR-122 时，

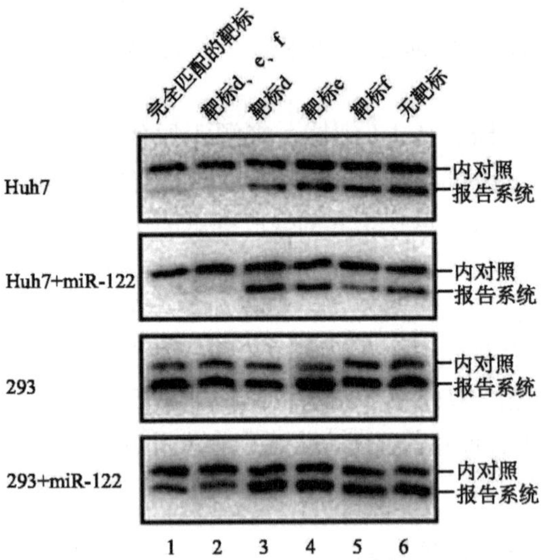

图 25.5　利用蛋白报告系统鉴定的 miR-122 的预测靶标——CAT-1。如图所示，Huh7 和 293 两种细胞系被加入有或没有 miR-122 的异源表达体系中。通过免疫印迹方法可在内对照和报告系统中检测到两种类型的肝炎 δ 蛋白（δAg-L 和 δAg-S）表达。另外，在载体的 3′-UTR 区和 δAg-S 之间插入了 miR-122 的可能的靶序列。第 1 泳道为阳性对照，里面插入了一个与 miR-122 100% 互补的靶序列；第 2 泳道是一个具有三个潜在的 miR-122 靶序列的人类 CAT-1，示为 d～f；第 3～5 泳道分别包含 d～f 三个靶标；第 6 泳道是没有任何 miR-122 靶序列的负对照。对这两种体系共转染 3d 后，利用以兔单克隆抗体进行的免疫印迹反应检测了细胞内总蛋白的表达并对两种类型的 δAg 作了定量分析。

连接有三个靶位点的报告基因受到了抑制。同样，只有一个靶位点的报告基因没有受到显著的抑制。另外，这些研究也进一步证实来自于土拨鼠 *hcr* 序列中的包含 miR-122 的 160nt 的序列所产生的 miR-122 是具有功能活性的，同样也支持了 *hcr* 转录物是 miR-122 前体的解释。

一般认为当 miRNA 与其靶序列的配对低于 100% 互补时，其引起的抑制只发生在翻译水平（Bartel，2004）。意外的是，当我们分析报告载体的 mRNA 的表达时，却发现连接有三个靶位点的报告基因的 mRNA 也有明显下降（Chang *et al.*，2004）。虽然 miRNA 在体内介导直接的剪切反应已有先例，但是只有当靶位点与 miRNA 完全互补或者接近完全互补的情况下才发生（Yekta *et al.*，2004）。因此必须声明的是，我们没有直接的实验证据表明，虽然 miR-122 与其每一个靶位点之间的配对都有明显的错配，但确实介导了报告基因 mRNA 的剪切。与之相关，近期的研究表明，mRNA 的翻译被 miRNA 或者 siRNA 抑制时，既可以与没有活性的多聚核糖体结合，又可以被转运到细胞质中被称为 P-body 的结构中去。这种结构独立于翻译机器，是 mRNA 储存或者降解的场所（Liu *et al.*，2005a；Liu *et al.*，2005b）。

我们的报告基因研究揭示，在体内，CAT-1 可以被 miR-122 负调控。与此一致的是，CAT-1 mRNA 的表达是非常独特的，它在哺乳动物除了肝脏以外的所有成体组织中都表达（Ito and Groudine，1997；Vekony *et al.*，2001）。我们的表达谱研究也显示在小鼠胚胎肝脏发育过程中 miR-122 和 CAT-1 的表达是负相关的（Chang *et al.*，2004）。如果能证明 miR-122 可以作用于全长的 CAT-1 mRNA 将会非常有趣。即便这样，弄清楚这种调节的生物相关性依然是一项重要任务。在哺乳动物体内，非常重要的一点是，许多氨基酸需要被转运到细胞内。CAT-1 是一个对于精氨酸和赖氨酸高亲和的转运蛋白，尽管 CAT-1 在肝脏中下调，但是功能上与 CAT-1 相似的 CAT-2 实际上是高表达的。

25.4.3 其他潜在的 miR-122 的靶基因

一些有效的预测哺乳动物 miRNA 及其靶基因的算法已被开发出来。对于 miR-122，除上面讲到的 CAT-1 外，还有许多其他预测的靶基因，其中包括 Ras 相关蛋白 RAB-10、细胞质多聚腺苷酸化元件结合蛋白 2、转录因子 sox-3、DNA 聚合酶 zeta 的催化亚基（John *et al.*，2004）。但这些预测尚未经过实验或生物学验证。最近 Krutzfeldt和他的同事们的在一项研究中（Krutzfeldt *et al.*，2005），利用化学合成的寡聚核苷酸"antagomirs"来沉默小鼠肝中的 miR-122。通过对 antagomir 处理的动物 mRNA 的基因表达和计算机分析，揭示 300 个以上的基因上调。其中一些基因的表达在正常的肝细胞中受到抑制。此外，在这些有 3′-UTR 注释的基因中，大约 50% 拥有至少一个 miR-122 识别位点，使得它们有可能是 miR-122 的直接靶基因。这些结果提示，miR-122 的功能可能与成熟肝脏的表型维持有关。进一步讲，由于这些基因中的多数在此前并未被预测（John *et al.*，2004；Krek *et al.*，2005；Lewis *et al.*，2005），作者认为 miR-122 直接作用的靶基因的数目可能非常大。

Peter Sarnow 及其同事们近期的研究表明 C 型肝炎病毒的复制在有 miR-122 表达的 Huh7 细胞中更加有效，而抑制 miR-122 后导致病毒 RNA 水平的大幅度削减。在病毒 RNA 的 5′区存在一功能性的 miR-122 结合位点。目前 miR-122 的这种不寻常的作用方式的机制还不清楚。

25.5 结论

本研究展示了肝特异性 miRNA——miR-122，是由一个肝特异性的、只有有限的编码能力的 II 类聚合酶转录产物（*hcr* 转录物）加工而来。miR-122 的序列与预测的含有 miR-122 的茎环结构在人、小鼠、土拨鼠及河豚之间都是高度保守的。在一例独特的土拨鼠肝癌中，*hcr* 基因易位到 *c-myc* 基因的第二个外显子之前，这导致 *c-myc* 呈 50 倍的过表达，而 miR-122 从正常 *hcr* 转录物中加工而来的水平减少。但是 miR-122 的下调协同 *c-myc* 是否促进肝癌的发展，这一点仍不清楚。我们尝试了验证 CAT-1 是一个预测的 miR-122 的靶基因。然而，为了理解 miR-122 在肝脏发育和肝脏疾病中的重要作用，尚有许多其他潜在的靶基因需要进一步的验证。这样的研究最终会帮助确立针对相关肝脏疾病的治疗策略。

致谢

John M. Taylor 的研究受到国立健康研究院的 JMT AI-26522 和 CA-06927 基金的支持，以及宾夕发尼亚联邦的拨款。我们感谢对我们初始论文（Chang *et al.*，2004）作出贡献的作者们。感谢 Eric Moss 和 Richard Katz 对我们的稿件提出的建设性意见。

参考文献

Bartel, D. P. (2004). MicroRNAs: genomics, biogenesis, mechanism, and function. *Cell*, **116**, 281–297.

Bohnsack, M. T., Czaplinski, K. and Gorlich, D. (2004). Exportin 5 is a RanGTP-dependent dsRNA-binding protein that mediates nuclear export of pre-miRNAs. *RNA*, **10**, 185–191.

Brennecke, J., Stark, A., Russell, R. B. and Cohen, S. M. (2005). Principles of microRNA-target recognition. *Public Library of Science Biology*, **3**, e85.

Calin, G. A., Dumitru, C. D., Shimizu, M. *et al*. (2002). Frequent deletions and downregulation of micro-RNA genes miR15 and miR16 at 13q14 in chronic lymphocytic leukemia. *Proceedings of the National Academy of Sciences USA*, **99**, 15 524–15 529.

Chang, J., Nicolas, E., Marks, D. *et al*. (2004). miR-122, a mammalian liver-specific microRNA, is processed from *hcr* mRNA and may down-regulate the high affinity cationic amino acid transporter CAT-1. *RNA Biology*, **1**, 106–113.

Doench, J. G. and Sharp, P. A. (2004). Specificity of microRNA target selection in translational repression. *Genes & Development*, **18**, 504–511.

Etiemble, J., Moroy, T., Jacquemin, E., Tiollais, P. and Buendia, M. A. (1989). Fused transcripts of *c-myc* and a new cellular locus, *hcr* in a primary liver tumor. *Oncogene*, **4**, 51–57.

Gauwerky, C. E., Huebner, K., Isobe, M., Nowell, P. C. and Croce, C. M. (1989). Activation of MYC in a masked t (8; 17) translocation results in an aggressive B-cell leukemia. *Proceedings of the National Academy of Sciences USA*, **86**, 8867–8871.

He, L., Thomson, J. M., Hemann, M. T. *et al*. (2005). A microRNA polycistron as a potential human oncogene. *Nature*, **435**, 828–833.

Ito, K. and Groudine, M. (1997). A new member of the cationic amino acid transporter family is preferentially expressed in adult mouse brain. *Journal of Biological Chemistry*, **272**, 26 780–26 786.

Jiang, J., Lee, E. J., Gusev, Y. and Schmittgen, T. D. (2005). Real-time expression profiling of microRNA precursors in human cancer cell lines. *Nucleic Acids Research*, **33**, 5394–5403.

John, B., Enright, A. J., Aravin, A. *et al*. (2004). Human microRNA targets. *Public Library of Science Biology*, **2**, e363.

Jopling, C. L., Yi, M., Lancaster, A. M., Lemon, S. M. and Sarnow, P. (2005). Modulation of hepatitis C virus RNA abundance by a liver-specific MicroRNA. *Science*, **309**, 1577–1581.

Ketting, R. F., Fischer, S. E. J., Bernstein, E. *et al*. (2001). Dicer functions in RNA interference and in synthesis of small RNA involved in developmental timing in *C. elegans*. *Genes & Development*, **15**, 2654–2659.

Krek, A., Grun, D., Poy, M. N. *et al*. (2005). Combinatorial microRNA target predictions. *Nature Genetics*, **37**, 495–500.

Krichevsky, A. M., King, K. S., Donahue, C. P., Khrapko, K. and Kosik, K. S. (2003). A microRNA array reveals extensive regulation of microRNAs during brain development. *RNA*, **9**, 1274–1281.

Krutzfeldt, J., Rajewsky, N., Braich, R. *et al*. (2005). Silencing of microRNAs in vivo with "antagomirs". *Nature*, **438**, 685–659.

Lagos-Quintana, M., Rauhut, R., Yalcin, A. *et al*. (2002). Identification of tissue-specific microRNAs from mouse. *Current Biology*, **12**, 735–739.

Lee, Y., Ahn, C., Han, J. *et al*. (2003). The nuclear RNase III Drosha initiates microRNA processing. *Nature*, **425**, 415–419.

Lee, Y. H., Jeon, K., Lee, J. -T., Kim, S. and Kim, V. N. (2002). MicroRNA maturation, stepwise processing and subcellular localization. *European Molecular Biology Organization Journal*, **21**, 4663–4670.

Lewis, B. P., Shih, I. H., Jones-Rhoades, M. W., Bartel, D. P. and Burge, C. B. (2003). Prediction of mammalian microRNA targets. *Cell*, **115**, 787–798.

Lewis, B. P., Burge, C. B. and Bartel, D. P. (2005). Conserved seed pairing, often flanked by adenosines, indicates that thousands of human genes are microRNA targets. *Cell*, **120**, 15–20.

Lim, L. P., Glasner, M. E., Yekta, Y., Burge, C. B. and Bartel, D. P. (2003). Vertebrate microRNA genes. *Science*, **299**, 1540.

Liu, J., Rivas, F. V., Wohlschlegel, J. *et al*. (2005a). A role for the P-body componentGW182in microRNA function. *Nature Cell Biology*, **7**, 1161–1166.

Liu, J., Valencia-Sanchez, M. A., Hannon, G. J. and Parker. R. (2005b). MicroRNA-dependent localization of targeted mRNAs to mammalian P-bodies. *Nature Cell Biology*, **7**, 719–723.

Lund, E., Guttinger, S., Calado, A., Dahlberg, J. E. and Kutay, U. (2004). Nuclear export of microRNA precursors. *Science*, **303**, 95–98.

McManus, M. T. (2003). MicroRNAs and cancer. *Seminars in Cancer Biology*, **13**, 253–258.

Moroy, T., Marchio, A., Etiemble, J. *et al*. (1986). Rearrangement and enhanced expression of c-myc in hepatocellular carcinoma of hepatitis virus infected woodchucks. *Nature*, **324**, 276–279.

Moroy, T., Etiemble, J., Bougueleret, L. *et al*. (1989). Structure and expression of *hcr*, a locus rearranged with c-*myc* in a woodchuck hepatocellular carcinoma. *Oncogene*, **4**, 59–65.

O'Donnell, K. A., Wentzel, E. A., Zeller, K. I., Dang, C. V. and Mendell, J. T. (2005). c-Myc-regulated microRNAs modulate E2F1 expression. *Nature*, **435**, 839–843.

Vekony, N., Wolf, S., Boissel, J. P., Gnauert, K. and Closs, E. I. (2001). Human cationic amino acid transporter hCAT-3 is preferentially expressed in peripheral tissues. *Biochemistry*, **40**, 12 387–12 394.

Yekta, S., Shih, I. H. and Bartel, D. P. (2004). MicroRNA-directed cleavage of HOXB8 mRNA. *Science*, **304**, 594–596.

26 胶质母细胞瘤中的 miRNA

Silvia Anna Ciafrè

26.1 引言

26.1.1 多形性胶质母细胞瘤：一种其致瘤分子机制还未完全明确的致死性脑肿瘤

多形性胶质母细胞瘤（GBM）是致死性最高的肿瘤之一，也是成人中最常见的脑肿瘤，大约占颅内瘤的 12%～15% 和星形胶质细胞瘤的 50%～60%（Zhu and Parada，2002；Hulleman and Helin，2005）。在大多数欧洲和北美洲国家中，大约每年在每 100 000人中增加 2～3 个新病例。由低度分化的星形胶质细胞组成的胶质母细胞瘤，偏向于发生在大脑半球皮层下的白质区域，它们既可以由低等级的星形胶质细胞肿瘤发展而来（继发性的或者进行性的多形性胶质母细胞瘤），也可以迅速地重新生成（原发多形性胶质母细胞瘤）(Wechsler-Reya and Scott，2001)。尽管在恶性神经胶质瘤致病的分子机理方面已经有了较大的进展，但是这些脑肿瘤的预后仍然不容乐观，就目前而言，诊断后平均存活期仅为 12 个月。在过去的几十年里，不管是日益发展的外科手术和放疗技术，还是化疗，都无法延长胶质母细胞瘤患者的预期寿命。

通常认为这种高度恶性的肿瘤产生于星形胶质细胞或者其前体，但是多形性胶质母细胞瘤形态和行为的异质性（术语上称为“多形性”），使我们很难对其起源作出判断（Wechsler-Reya and Scott，2001）。最近，一些实验结果导致一种假说的产生，假说认为这种恶性肿瘤可能由成体神经干细胞转化而来，而这些成体神经干细胞主要分布于脑肿瘤发生的大部分区域，当其中存在致癌突变时会引发胶质母细胞瘤的发生（Singh *et al.*，2003；Singh *et al.*，2004；Galli *et al.*，2004；Tunici *et al.*，2004；Yuan *et al.*，2004；Sanai *et al.*，2005）。目前，用传统分类法能反映原发性脑肿瘤的组织学形态和定位（Kleihues *et al.*，2002）。肿瘤产生自基因的紊乱和失调，这一观点已经被广泛认同，并且为今后根据影响病理进程和调控肿瘤生物学行为的基因变异来划分肿瘤提供了可能。细胞遗传学和分子学研究已经确定了一些与神经胶质瘤相关并且经常性复发及非随机的遗传变异。研究表明原癌基因的激活和肿瘤抑制基因的抑制是神经胶质瘤发生和发展的重要部分（Reifenberger and Collins，2004）。尽管如此，现今肿瘤遗传学上的知识仍然不足以使我们能确定对治疗效果或者临床反应有预示作用的相关因素。许多神经胶质瘤对治疗具有抗性的原因也尚未明确，因此其中存在着许多生物学最基本的特性期待我们去揭示。

目前，通过基因表达谱的研究来对肿瘤进行分级已经做了很多尝试（van den Boom *et al.*，2003；Mischel *et al.*，2003；Nigro *et al.*，2005）。最理想的情况是，当在肿瘤中确定了一类受共同调控的基因时（这一类基因可能具有相同的功能），那么这些基因在肿瘤的发生和发展中的作用也就会逐步显示出来。近年来，被称为 microRNA 的一类新的非编码 RNA 引起了人们极大的关注，它们被认为在很多生物学过程中都起了重要作用，以至于其表达谱在人类组织的发育和分化阶段的确定中都是决定性的信息（Pasquinelli *et al.*，2005）。根据这一思路，肿瘤特异性的 microRNA 表达研究可能会对肿瘤生物学的认识提供重要线索。

26.1.2 microRNA 和癌症

microRNA 是一类小分子的、非编码的 RNA 分子，它们特异性地靶作用于真核多细胞生物体内 mRNA 的 3′-UTR 区，通过阻止翻译起始来降低蛋白质的翻译，以这种方式转录后调控蛋白质表达（Kim，2005）。许多 microRNA 的表达是受时空调节的，其生理正常表达模式的破坏常与人类一些肿瘤的形成相关，表明它们可能作为一类新的原癌基因或者肿瘤抑制基因发挥重要作用（Gregory and Shiekhattar，2005）。事实上，一些定位于肿瘤中 microRNA 基因常定位于发生缺失、重排或者扩增的染色质区域（Calin *et al.*，2004a）；最近的一个例证是 miR-125b，其编码序列定位于染色质的 11q23-24 区域，而该区域经常在乳腺癌、卵巢癌和肺癌中缺失（Iorio *et al.*，2005）。与之相应的是，研究表明 miR-125b 在乳腺肿瘤中表达下调，因此它被认为可能在这些肿瘤中作为肿瘤抑制基因发挥作用。另一对在肿瘤中异常表达且与肿瘤形成相关的 microRNA 是 miR-15 和 miR-16，它们作为一个簇定位于 13q14.3 区，既在 B 细胞慢性淋巴细胞性白血病中下调表达，也在垂体腺瘤和前列腺癌中下调表达（Calin *et al.*，2002；Calin *et al.*，2004b；Bottoni *et al.*，2005；见本书中 23 章）。近期研究还证明了抗凋亡蛋白 Bcl2 可作为这两个 microRNA 的靶标，这就把在人类多种肿瘤中 Bcl2 的广泛高表达与 miR-15 和 miR-16 的下调表达关联在一起（Cimmino *et al.*，2005）。另一个相似的证据是在肺癌中观察到 *let*-7 的下调与 RAS 这一重要的原癌基因的高表达相关，这一发现表明在肺癌发生过程中 *let*-7 通过负调节 RAS 从而发挥其调控作用（Johnson *et al.*，2005；也见本书中 22 章）。还有一个明显的例子就是在结直肠癌形成的腺瘤和成癌阶段中 miR-143 和 miR-145 持续性下调（Michael *et al.*，2003），且 miR-143 的表达与脂肪细胞的分化相关（Esau *et al.*，2004）。所有这些在肿瘤中明显下调表达的 microRNA 可以被分为一类新的肿瘤抑制因子，它们对在肿瘤发生过程中的最基本生物学事件诸如细胞凋亡和增殖等都具有重大的影响作用。

此外，也有报道某些 microRNA 在人类肿瘤中的高表达现象，比如在小儿Burkitt 淋巴瘤和其他淋巴瘤中 miR-155 的前体 BIC 的高表达（Metzler *et al.*，2004；Kluiver *et al.*，2005）。还有定位于染色体 13q32-33 上的整个 microRNA 簇在 B 细胞淋巴瘤中都有高表达现象（He *et al.*，2005）。由这一 miRNA 基因簇所编码的 microRNA 能与 *c-myc* 基因协作加速肿瘤发生的进程，而其作用机制则是通过负调节已证实为是肿瘤抑制因子的转录因子 E2F1 来发挥其致瘤的功能（O'Donnell *et al.*，2005）。除此之外，我们也可把 miR-21 归于这类“致瘤性” microRNA，miR-21 在胶质母细胞瘤显著地高表达，近来也将其作为一种抗凋亡因子（Chan，2005）。以上都表明，最近的研究结果能为 microRNA 表达谱用作肿瘤分级及分型提供了坚实的依据。

26.1.3 大脑中的 microRNA

到目前为止，一些 microRNA 已经被确定其表达是有限制的，甚至特异地表达于一种组织、器官中或者某一个发育阶段（Wienholds and Plasterk，2005）。令人感兴趣的是大约半数特异性表达的 microRNA 是脑组织特异性的，或至少在脑组织中集中地高表达。然而，处于发育中的及成熟的大脑都具有相当的复杂性，而这一复杂性导致了 microRNA 在脊椎动物中枢神经系统中不同的区域、不同细胞类型和发育阶段中其表达模式的易变性和多样性。例如，miR-124 和 miR-128 在神经元中高度表达，而 miR-23、miR-26 和 miR-29 则是在星形胶质细胞中高表达。其他像 miR-9 和 miR-125则在不同的脑组织中大体呈均匀分布（Smirnova *et al.*，2005）。microRNA 在星形细胞和神经细胞中的差异分布可能会引起在这两类不同的细胞类型中蛋白质表达的差异。值得注意的是，在大脑中呈持续特异表达的 microRNA 通常在物种间特别是在哺乳动物中是保守的，而那些随时间呈差异表达的 microRNA 可在不同发育阶段被检测到（Dostie *et al.*，2003；Krichevsky *et al.*，2003；Miska *et al.*，2004；Rogelj and Giese，2004；Sempere *et al.*，2004）。这些都表明，miRNA 作为一个与其他基因等同的基因家族，能调控基因的表达，并在大脑中为维系某一细胞类型发挥功能（Klein *et al.*，2005）。

26.2 实验方法

26.2.1 胶质母细胞瘤病样和细胞系中 RNA 的提取

组织样本来源于诊断为原发性胶质母细胞瘤的成人病例，包括一例二级星形细胞瘤和一例三级少突星形细胞瘤。经患者同意后，手术采样，并立即冻于液氮中用以提取总 RNA。在研究中用到的人的细胞系包括 10 个胶质母细胞瘤细胞系（DBTRG-05MG、U118、U87、A172、LN18、M059J、M059K、LN229、T98G、U138MG）；一个神经母细胞瘤细胞系（SHSY5Y）；还包括 HeLa 癌细胞系。组织和细胞系中 RNA 用 Trizol（Invitrogen，Carlsbad，CA）提取，并按其操作说明进行。

26.2.2 microRNA 的芯片表达分析

miRNA 基因芯片分析按照 Liu 等（2004）提供的方法进行。简而言之，5μg 总 RNA 用生物素标记后，与每张包含 368 个探针的 miRNA 芯片杂交，且每条探针具有三个重复。每张芯片包含 245 个人和小鼠的 miRNA 基因。芯片上的探针均长为 40 个核苷酸，使用接触技术共价交联在高分子矩阵上。原始数据的标准化和分析使用 GENESPRING 软件 7.2 版本（Silicon Genetics，Redwood City，CA），并按照 Ciafrè 等（2005）描述的方法进行。统计比较法使用 ANOVA 工具（差异分析），并与 Benjamini 和 Hochberg 算法相结合来进行误差校正。聚类分析采用 Pearson 相关性来作为相似性的衡量标准。

26.3 结果与讨论

26.3.1 基因芯片分析胶质母细胞瘤组织样本中标志性的 microRNA

在我们的研究中，为了获得胶质母细胞瘤中特异表达的 microRNA 与肿瘤级别之间的关系，我们使用 microRNA 芯片技术对胶质母细胞瘤病例样本进行全基因组水平的表达谱分析。就芯片技术本身来说该项研究是大规模的。通过该研究，我们向鉴定胶质母细胞瘤中可能的新的分子标记这一目标迈出了第一步，并为今后进一步根据胶质母细胞瘤中特异分子的失调来作为肿瘤分级的理论依据开辟了道路，直至最后提出新的治疗靶标。

在我们的研究中所检测的胶质母细胞瘤样本的一个重要特性在于每个肿瘤样本都存在一个可以利用的内参：我们为每个患者切除在外科手术和病理上都认定为纯粹瘤性的中心区域（C 区域），以及一个或多个离肿瘤边界平均距离为 2cm 的周边神经胶质区（P 区域），这一区域根据外科医生肉眼判断不存在肿瘤。收集患者特异的“正常”参照组织给我们提供了一个重要机会，我们可以依此严谨地评价不同个体之间的共同差异，并且最后只突出其中准确而又巨大的差异部分加以研究。

我们的研究工作最先从 9 例原发性胶质母细胞瘤样本开始，包括 5 例女性和 4 例男性成人病例。为了确定参与神经胶质瘤肿瘤进程调控的 miRNA 分子，我们对每个肿瘤样本（C 区）和其相应的正常样本（P 区）之间 miRNA 表达的比值进行了统计。我们选取了所有 9 个肿瘤样本中至少有 4 个样品相对于其对应“正常”样本上调表达的 miRNA（$C/P \geqslant 1.5$）。采用同样分析方法我们确定了至少在 4 个样本中都有下调的 miRNA（C/P 值为 0～0.7）。我们也把所有样本分为两组进行整体比较，确定其总体的 C/P 比值（采用 Welch t-检验法，比较法，P 值小于 0.05）。通过以上所取参数，我们能确定 4 个上调的 miRNA 和唯一一个下调的 miRNA 即 miR-128a（表 26.1）。然而，当降低选择标准时，我们能够找到其他三个下调的 microRNA，并且这三个 miRNA 都属于同一家族，即 miR-181 家族。事实上，许多 microRNA 都是这种情况：相同的序号（如 181）意味着它们属于同一家族；后缀（即 a、b 或 c）则意味着它们位于不同的染色体位置和一些序列上细微的差异，但通常不会影响它们与靶标的结合活性。很有趣的是，我们发现同为 miR-181 家族的三个 miRNA 在胶质母细胞瘤样本中是下调表达的，这意味着可能存在某一靶标 mRNA 受这些 microRNA 的协同调控，并且在胶质母细胞瘤中这一 mRNA 可能是活性高表达的。

在过表达的 miRNA 中，miR-10b 是肿瘤样品与相应正常样品中表达比值最高的，在检测的 9 个样本中的 5 个具有 0.86～10.36 倍的增加。值得注意的是，当把所有样本分成两组进行整体比较时，即整体统计 C/P 比值，我们发现 miR-10b 平均上调 2.78 倍，且在统计学上差异最为显著（$P=0.0088$）。此外，我们没有发现任何一个由性别原因而引起差异表达的 miRNA。

在我们的研究中所证明的差异表达 miRNA 都是针对其成熟体的。实际上，我们所使用的芯片能够区分 76 个 microRNA 序列的成熟体和前体。我们认为已经加工成熟的、具有生物学活性的 miRNA 的选择性累积或缺失，相比基因所在 DNA 区域染色体的重排，这样颇为“呆板”的方式更能有效地反映 miRNA 的表达调控。与这一假设相应的是，我们在研究中发现在胶质母细胞瘤中差异表达的 microRNA 所在的基因组区域很少出现基因缺失、扩增或重排现象。

表 26.1　在胶质母细胞瘤患者的样本中，变化最显著的 microRNA

		C/P 均值（最小值-最大值）	染色体位置
上调的			
miR10b	5/9	2.78（0.86-10.36）	2q31
miR130a	5/9	1.82（0.62-5.77）	11q12
miR221	5/9	1.50（0.72-7.32）	Xp11.3
miR21	4/9	2.08（0.76-10.55）	17q23.2
下调的			
miR128a	5/9	0.68（0.34-1.82）	2q21
miR181a	2/9	0.61（0.29-2.42）	9q33.1-q34.13
miR18b	2/9	0.64（0.31-2.63）	1q31.2-q32.1
miR181c	3/9	0.71（0.30-2.51）	19p13.3

注：在第二列中，胶质母细胞瘤样本数目表示在总共 9 个样本中有差异并作统计的样本数。C/P 值代表肿瘤样品（C 区，也即肿瘤的中心区域）与对照样品（P 区，也即同一个患者的脑周围区域）miRNA 表达的平均比值。最大值和最小值也在括号中显示。

为了验证和进一步延伸芯片分析所获得的结果，我们接着用 Northern 杂交方法对上述 9 个样本中的 3 个进行了分析（数据未显示），并进一步分析了 10 对新样本。通过这种方法，我们在选取的过表达 miRNA 中验证了 miR-10b 与 miR-221 的过表达，也验证了 miR-128a 与 miR-181 的下调表达，进一步确认了芯片的结果。这一结果意义深远，特别是考虑到 Northern 杂交的灵敏度远低于芯片，这意味着先前通过基因芯片获得的差异表达 miRNA，其差异度也足以通过 Northern 杂交的方法检测出来，并且在没有经过芯片分析的样本中其差异也能通过 Northern 杂交法区分。事实上，由于我们所使用实验技术的特性，也可以由芯片结果所显示出的极低表达推测到，miR-181c 的表达用 Northern 杂交的方法是检测不到的。总而言之，由我们的研究结果可知，与所对应的正常样品相比，仅仅只有少数的 miRNA 在肿瘤样本被选择性调控。

26.3.2　人胶质母细胞瘤细胞系中 microRNA 表达分析

以上分析表明在胶质母细胞瘤中存在 microRNA 的差异性表达，为了进一步论证以上结果，我们采用同样的分析方法（基因芯片和 Northern 杂交）进一步对人恶性胶质瘤细胞系进行分析，并将其表达谱与两个成人和两个新生儿正常脑组织样本 miRNA 的表达谱进行比较。由于胶质母细胞瘤样品的复杂性和不稳定性，因此在这组实验中，我们期待能够找到一种胶质母细胞瘤体外的可再生模型，与肿瘤病样相比从而获得差异性表达 microRNA 更加均一而稳定的表达模式。在我们所期待的均一且稳定的数据中，我们选取在细胞系与正常样品中表达明显不同的 microRNA。此外，考虑到我们的研究目的之一是获得胶质母细胞瘤特异性 microRNA 分子标记，因此我们对与肿瘤病样具有相同调控模式的 miRNA 分子（同为上调或同为下调）给予特别关注。其中 miR-221

是我们最感兴趣的过表达microRNA（表26.2），它在所检测的10个细胞系中表达都显著上调（细胞系/正常脑组织为5.32，$P=0.000\ 656$），特别是其过表达通常伴随与其位于同一基因簇的miR-222前体的过表达（细胞系/正常脑组织为2.66，$P=0.0394$）。我们的研究还证实了先前已发表的结果（Chan *et al.*，2005），即miR-21是除上述miRNA之外唯一一种在患者和细胞系样本中都过表达的microRNA。miR-21是公认的抗凋亡因子，它不仅在恶性胶质瘤中过表达，而且在一种其他的中枢神经系统肿瘤——成神经细胞瘤中也过表达（Saito-Ohara *et al.*，2003）。此外，与先前从肿瘤病样中获得的结果相同，我们在肿瘤细胞系中也确证了下调表达的microRNA。其中，特别值得注意的是miR-128a（细胞系/正常脑组织平均比值为0.47，为10个细胞系的统计结果）和miR-181家族，miR-181a和miR-181b在胶质母细胞瘤细胞系中是统计学上表达抑制最显著的miRNA分子（细胞株/正常脑组织表达比值分别为0.32和0.29）。总之，在所检测的部分miRNA调控性表达中，我们从肿瘤细胞系中获得的结果与肿瘤病样中的结果是一致的。

表26.2 人恶性胶质瘤细胞系中microRNA表达的芯片分析

		L/B均值（最小值-最大值）	染色体位置
上调的			
miR221	10/10	5.32（1.61-16.46）	Xp11.3
miR222-prec	10/10	2.66（1.06-6.36）	Xp11.3
miR24-1	10/10	1.95（1.44-3.97）	9q22.1
miR29a	10/10	1.47（1.12-3.03）	7q32
miR21	9/10	1.55（1.03-2.12）	17q23.2
下调的			
miR181b	9/10	0.29（0.17-0.53）	1q31.2-q32.1
miR181a	9/10	0.32（0.16-0.60）	9q33.1-q34.13
miR128a	10/10	0.47（0.38-0.59）	2q21
miR181c	9/10	0.55（0.35-0.74）	19p13.3

注：该表详细列出了microRNA成熟体或前体的差异表达情况。在第二栏中，样本数目表示在总共10株胶质母细胞瘤细胞系样本中miRNA有差异表达的样本数。L/B值代表细胞株样本（L）与对照样本（B）miRNA表达的平均比值，其中最小值和最大值也在括号中列出。

26.3.3 基于miRNA表达谱的胶质母细胞瘤病样和细胞系的聚类分析

基因芯片是一种非常强大和通用的研究手段，因为它允许我们研究来自于通过生物信息学分析微芯片杂交结果而获得的“原始”数据，并且能利用基因芯片分析来观察同一实验、同一数据和同一样本的不同方面。因此，利用所获得的芯片数据，我们可对胶质母细胞瘤样品包括病例样品和细胞系在内进行聚类分析。为达到预定目的，我们选取的microRNA包括了在细胞株和胶质母细胞瘤病例样本中都具有相同表达模式的一类，以及上述提到的在肿瘤病例中特别值得关注的一类，如miR-10b和miR-130a，它们在肿瘤样本中过表达最为显著，但在细胞系中表达差异则不甚明显。

聚类分析的结果令人兴奋（图26.1），可以看出肿瘤病样和细胞系中过表达和下调表达的microRNA整齐地分离开来，很显然这是由于所有样本可以非随机地分为至少4

个组，其中第 1 组包括了聚类中所包含的 4 个正常脑组织对照，而该组正好与所有胶质母细胞瘤细胞系这一组分处该聚类的两端，进而与其他所有样本明显区分；紧邻这一组的是聚在一起绝大部分 C 样本。而第 4 个组中则包含所有 P 样本和 2 个仅有的非胶质母细胞瘤 C 样本，其中一个是 25C，为二级星形细胞瘤；另一个是 12C，为三级少突星形细胞瘤。

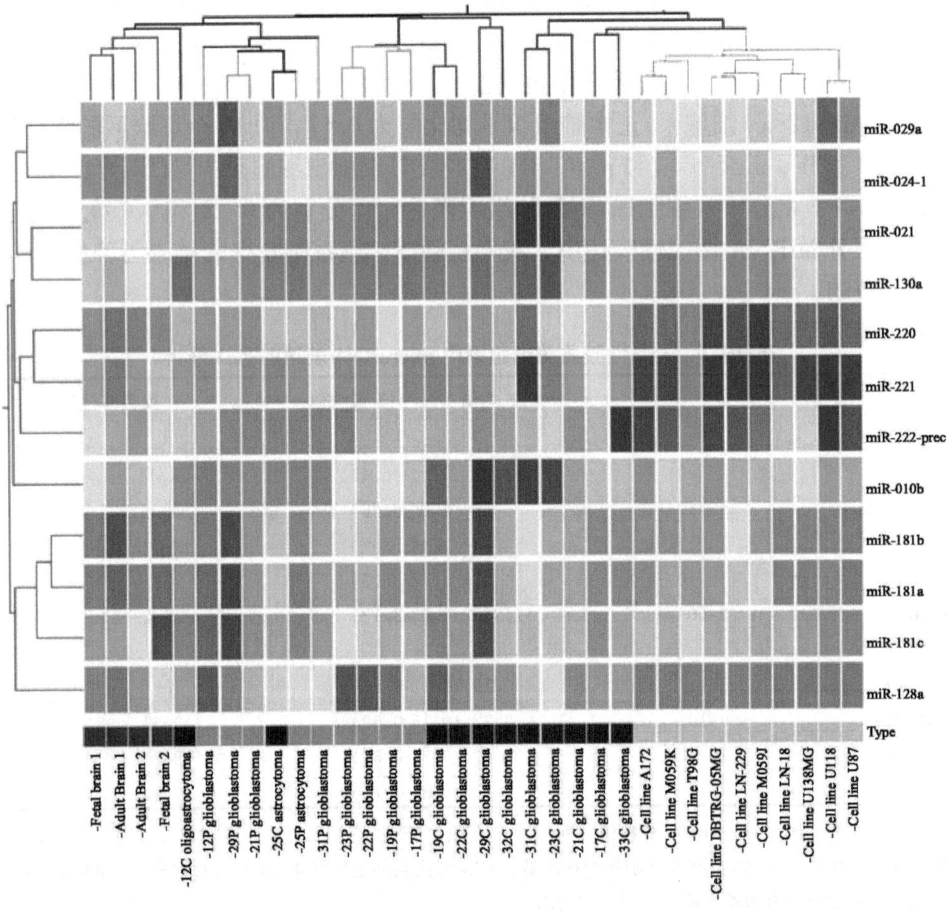

图 26.1　11 例脑肿瘤患者样本（包括 9 例胶质母细胞瘤、1 例少突星形细胞瘤、1 例三级星形细胞瘤）、4 个正常脑组织对照（2 例成人，2 例胎儿）及 10 种人胶质母细胞瘤细胞系的 microRNA 表达数据。在肿瘤病样中，深蓝色的表示肿瘤的中心区域（C 样本），浅蓝色的表示外周的对照样本（P 样本）。根据正常和肿瘤样本中 12 个差异表达 microRNA 其表达的平均比值进行了聚类分析并在热图中标出。红色表示表达水平最高的，而绿色表示最低的。系统树图表明不同组织样品之间或细胞组之间的关系。（见彩图 18）

当然，仅从这两个样本的 miRNA 表达谱显然不可能得出任何结论，但是很容易使我们推测到，可能是因为这些胶质母细胞瘤之间本身存在的部分差异及低转移的特性，导致了本为胶质母细胞瘤中特异的一类 miRNA 的差异性表达。此外，在系统发生树上样本分布的中间部分，基于我们对差异性 miRNA 的特异性选择，我们可以发现两个 P 样本，即 17P 和 19P 位于正常对照和肿瘤样本之间的远端边界。基于这一现象，非常令人感兴趣的是，事实上这两例 P 样本在病理组织学上已经被认定受到肿瘤细胞的侵袭，其中 17P 的浸润度为 20%，19P 为 50%。再者，对于样品 12C 和 25C，由于样品数目太少，我们无法作出任何有统计意义的结论。但是我们认为，这表明了另外一种暗示，即在所选取的 microRNA 中，我们可能会找到一些很好的候选 microRNA 分子用以确定样本中胶质瘤细胞存在和性质状态。

我们充分相信我们研究的重要性及数据的特异性，我们的分析也被聚类实验中样本分布的事实所证明，因为我们的结果并没有体现出任何“背景”相关因素，包括患者的性别或年龄，或区别不同细胞系的已知分子和细胞遗传学特征（如 *p53* 状态、染色体组型等）。换言之，我们实际上已经找到了恶性胶质细胞瘤的分子标记。

26.4 结论

我们研究得出的有关 microRNA 与癌症关系的结论几乎与所有最新文献所报道的完全一致。我们发现了在胶质母细胞瘤中过表达的 microRNA 即 miR-221 及其同源的 miR-222，这两个 miRNA 可以列入潜在的“癌基因”一类。相反，我们发现 miR-128 和 miR-181 家族在恶性胶质瘤中是广泛下调的。但是我们目前并没有确凿的证据能够把这些下调表达的 microRNA 归为“肿瘤抑制因子”一类。我们认为它们在中枢神经系统相关肿瘤中表达下调，但在有星形胶质细胞的环境中上调，这可能表示一种细胞分化标志的缺乏或丧失，而细胞的分化状态目前在许多肿瘤特别是胶质母细胞瘤中被用来划分肿瘤等级和性质。

为充分了解我们研究所确定的 microRNA 在胶质母细胞瘤中的具体作用，很有必要把它们的靶 mRNA 鉴定出来。为达到这一最终目标，实验必须有序并严格地进行。其中第一步是理论上的生物信息学预测。现在已开发了几种预测 microRNA 靶标的计算算法，并且日趋复杂和成熟，因为这些算法综合考虑了各种可能影响 microRNA 和靶标之间结合的可变参数。在我们成文期间绝大部分最常用且可靠的免费在线预测程序都是基于位置特异性序列互补的最大优化原则，并严格按照物种间保守性而开发。它们包括 Targetscan：http：//genes.mit.edu/targetscan/；Pictar：http：//pictar.bio.nyu.edu/；miRBase：http：//microrna.sanger.ac.uk/targets/v0/。搜索 microRNA 靶标必须采取的第一步是严格比较各种算法中排名较高的候选 mRNA，或者至少在两种算法中排名较高的 mRNA。这里所谓的“严格比较”指生物学上的综合评价，而不仅仅是指所选靶标的生物信息相关特征和生物学基本特性，包括组织特异性和不同发育阶段的相对丰度，以及它们在诸如细胞周期、细胞凋亡和细胞迁移或分化等最基本的细胞学过程中的作用。经过以上初步筛选以后，即可通过常规的分子生物学方法来完成候选靶标的实验验证。相关的基本实验包括蛋白质表达水平的测定（如 Western 杂交）及 mRNA-3′UTR 被 miRNA 识别的精确位置（例如，构建包含 miRNA 识别位点的靶标 mRNA 全长 3′-UTR 或其部分序列至报告基因下游，同时构建一个候选识别位点带有突变的相似载体）。

按照研究计划，我们目前正在筛选 miR-221 和 miR-222 的靶标。之所以选定这两个 microRNA，是因为它们在胶质母细胞瘤中是过表达的，我们也确信它们应作为“癌基因”而发挥作用。有趣的是，这两个 microRNA 除了位于同一个基因簇而很可能共

```
miR222 5' AGCUACAUCUGGCUACUGGGUCUC 3'
          ||||||||           || |
miR221 5' AGCUACAUUGUCUGCUGGGUUUC  3'

miR181c 5' AACAUUCAAC-CUGUCGGUGAGU  3'
           |||||||||| ||||||||||||
miR181a 5' AACAUUCAACGCUGUCGGUGAGU 3'
           ||||||||   |||||||||| |
miR181b 5' AACAUUCAUUGCUGUCGGUGGG  3'
```

图 26.2 miR-221 和 miR-222（上）及三个 miR-181 家族成员（下）之间的序列比对。阴影部分表示决定 microRNA 识别 mRNA 靶标的“种子”区域。如图所示，miR-181 家族各成员之间序列存在着高度的相似性，而 miR-221/miR-222 的相似性主要局限于其种子序列。

同转录之外，它们的成熟序列也极为相似（图 26.2）。以上原因使我们推测这两个 miRNA 可能拥有共同的靶标，而且在某些情况下它们可能协同发挥作用。事实上，在最初的生物信息学搜索中，我们就已经发现预测到的大多数靶标都是这两个 microRNA 所共有的（表 26.3）。另外，我们同时也在搜索恶性胶质瘤中被特异性抑制表达的 microRNA，特别是 miR-181 家族三个成员的靶标。我们发现 miR-181 家族与 miR-221/miR-222 的情况基本相似，miR-181 家族成员之间的相似性更胜于 miR-221 与 miR-222 之间（图 26.2）。事实上，当用生物信息学搜索时，其靶标的重叠性也显而易见（表 26.3 ）。

表 26.3 胶质母细胞瘤中受特异性调控的 microRNA 潜在的靶标

microRNA	推测的靶标
上调	
miR221	调节性突触膜胞吐蛋白 3（RIMS3）；HECT 结构域家族 2（HECTD2）；周期蛋白依赖性激酶抑制剂 1B（CDKN1B 或 p27 或 Kip1）；RNA 结合基序蛋白 24（RBM24）
miR222	调节性突触膜胞吐蛋白 3（RIMS3）；周期蛋白依赖性激酶抑制剂 1B（CDKN1B 或 p27 或 Kip1）；RNA 结合基序蛋白 24（RBM24）
miR21	多形性腺瘤基因 1（PLAG1）；视网膜色素变性蛋白 2（RP2）；活性依赖性神经保护蛋白（ADNP）
下调	
miR128a	推测的 MAPK 活化蛋白 PM20，PM21（DKFZp566C0424）；核糖体 S6 蛋白激酶，90kDa（RPS6KA5）；线粒体甘油-3-磷酸酰基转移酶（GPAM）；保罗样激酶 2（PLK2）；PHD 样锌指蛋白（PHF6）
miR181	氧甾醇结合蛋白样蛋白 3（OSBPL3）；肿瘤高甲基化基因 2（HIC2）

注：每个 microRNA 有多达 5 个潜在靶标被列出。在这些潜在靶标能被 Targetscan 程序（http：//genes. mit. edu/ targetscan/）预测到的前提之上，列在 Pictar 预测前 10 位的潜在靶标被选取（http：//pictar. bio. nyu. edu/）于列表。在有些情况下（比如 PLK2 被预测为 miR-128a 的靶标，RBM 被预测为 miR-222 的靶标），同一靶标也能被第三种预测软件如 miRBase（http：//microrna. sanger. ac. uk/targets/v0/）所预测到。注意到被 miR-181a、b、c 所预测到的靶标都被归在了一起，因为所有的预测程序都未能将它们区分开来。

综上所述，现在我们所面临的主要任务是要通过实验验证所预测的靶标的生物学功能，并且揭示同一个靶标被不同的 microRNA 所识别究竟具有何种生物学意义（协同抑或竞争?）。总之，我们的研究已经确定在胶质母细胞瘤中被选择性调控的 microRNA，我们将通过对这些 miRNA 靶基因的鉴定以深入研究并扩大对这些 miRNA 在胶质母细胞瘤中特异性功能的认识。

参考文献

Bottoni, A., Piccin, D., Tagliati, F. *et al*. (2005). miR-15a and miR-16-1 down-regulation in pituitary adenomas. *Journal of Cell Physiology*, **204**, 280–285.

Calin, G. A., Dumitru, C. D., Shimizu, M. *et al*. (2002). Frequent deletions and down-regulation of micro-RNA genes miR15 and miR16 at 13q14 in chronic lymphocytic leukemia. *Proceedings of the Natural Academy of Sciences USA*, **99**, 15524–15529.

Calin, G. A., Sevignani, C., Dumitru, C. D. *et al*. (2004a). Human microRNA genes are frequently located at fragile sites and genomic regions involved in cancers. *Proceedings of the Natural Academy of Sciences USA*, **101**, 2999–3004.

Calin, G. A., Liu, C. G., Sevignani, C. *et al*. (2004b). MicroRNA profiling reveals distinct signatures in B cell chronic lymphocytic leukemias. *Proceedings of the Natural Academy of Sciences USA*, **101**, 11 755–11 760.

Chan, J. A., Krichevsky, A. M. and Kosik, K. S. (2005). MicroRNA-21 is an antiapoptotic factor in human glioblastoma cells. *Cancer Research*, **65**, 6029–6033.

Ciafrè, S. A., Galardi, S., Mangiola, A. *et al*. (2005). Extensive modulation of a set of microRNAs in primary glioblastoma. *Biochemical and Biophysical Research Communications*, **334**, 1351–1358.

Cimmino, A., Calin, G. A., Fabbri, M. *et al*. (2005). miR-15 and miR-16 induce apoptosis by targeting BCL2. *Proceedings of the Natural Academy of Sciences USA*, **102**, 13 944–13 949.

Dostie, J., Mourelatos, Z., Yang, M., Sharma, A. and Dreyfuss, G. (2003). Numerous microRNPs in neuronal cells containing novel microRNAs. *RNA*, **9**, 180–186.

Esau, C., Kang, X., Peralta, E. *et al*. (2004). MicroRNA-143 regulates adipocyte differentiation. *Journal of Biological Chemistry*, **279**, 52 361–52 365.

Galli, R., Binda, E., Orfanelli, U. *et al*. (2004). Isolation and characterization of tumorigenic, stem-like neural precursors from human glioblastoma. *Cancer Research*, **64**, 7011–7021.

Gregory, R. I. and Shiekhattar, R. (2005). MicroRNA biogenesis and cancer. *Cancer Research*, **65**, 3509–3512.

He, L., Thomson, J. M., Hemann, M. T. *et al*. (2005). A microRNA polycistron as a potential human oncogene. *Nature*, **435**, 828–833.

Hulleman, E. and Helin, K. (2005). Molecular mechanisms in gliomagenesis. *Advances in Cancer Research*, **94**, 1–27.

Iorio, M. V., Ferracin, M., Liu, C. G. *et al*. (2005). MicroRNA gene expression deregulation in human breast cancer. *Cancer Research*, **65**, 7065–7070.

Johnson, S. M., Grosshans, H., Shingara, J. *et al*. (2005). RAS is regulated by the let-7 microRNA family. *Cell*, **120**, 635–647.

Kim, V. N. (2005). MicroRNA biogenesis: coordinated cropping and dicing. *Nature Reviews in Molecular and Cellular Biology*, **6**, 376–385.

Kleihues, P., Louis, D. N., Scheithauer, B. W. *et al*. (2002). The WHO classification of tumors of the nervous system. *Journal of Neuropathology and Experimental Neurology*, **61**, 215–225; discussion 226–229.

Klein, M. E., Impey, S. and Goodman, R. H. (2005). Role reversal: the regulation of neuronal gene expression by microRNAs. *Current Opinions in Neurobiology*, **15**, 507–513.

Kluiver, J., Poppema, S., de Jong, D. *et al*. (2005). BIC and miR-155 are highly expressed in Hodgkin, primary mediastinal and diffuse large B cell lymphomas. *Journal of Pathology*, **207**, 243–249.

Krichevsky, A. M., King, K. S., Donahue, C. P., Khrapko, K. and Kosik, K. S. (2003). A microRNA array reveals extensive regulation of microRNAs during brain development. *RNA*, **9**, 1274–1281.

Liu, C. G., Calin, G. A., Meloon, B. *et al*. (2004). An oligonucleotide microchip for genome-wide microRNA profiling in human and mouse tissues. *Proceedings of the Natural Academy of Sciences USA*, **101**, 9740–9744.

Metzler, M., Wilda, M., Busch, K., Viehmann, S. and Borkhardt, A. (2004). High expression of precursor mi-

croRNA-155/BIC RNA in children with Burkitt lymphoma. *Genes Chromosomes and Cancer*, **39**, 167–169.

Michael, M. Z., O'Connor, S. M., van Holst Pellekaan, N. G., Young, G. P. and James, R. J. (2003). Reduced accumulation of specific microRNAs in colorectal neoplasia. *Molecular Cancer Research*, **1**, 882–891.

Mischel, P. S., Shai, R., Shi, T. *et al*. (2003). Identification of molecular subtypes of glioblastoma by gene expression profiling. *Oncogene*, **22**, 2361–2373.

Miska, E. A., Alvarez-Saavedra, E., Townsend, M. *et al*. (2004). Microarray analysis of microRNA expression in the developing mammalian brain. *Genome Biology*, **5**, R68.

Nigro, J. M., Misra, A., Zhang, L. *et al*. (2005). Integrated array-comparative genomic hybridization and expression array profiles identify clinically relevant molecular subtypes of glioblastoma. *Cancer Research*, **65**, 1678–1686.

O'Donnell, K. A., Wentzel, E. A., Zeller, K. I., Dang, C. V. and Mendell, J. T. (2005). c-Myc-regulated microRNAs modulate E2F1 expression. *Nature*, **435**, 839–843.

Pasquinelli, A. E., Hunter, S. and Bracht, J. (2005). MicroRNAs: a developing story. *Current Opinions in Genetic Development*, **15**, 200–205.

Reifenberger, G. and Collins, V. P. (2004). Pathology and molecular genetics of astrocytic gliomas. *Journal of Molecular Medicine*, **82**, 656–670.

Rogelj, B. and Giese, K. P. (2004). Expression and function of brain specific small RNAs. *Reviews in Neurosciences*, **15**, 185–198.

Saito-Ohara, F., Imoto, I., Inoue, J. *et al*. (2003). PPM1D is a potential target for 17q gain in neuroblastoma. *Cancer Research*, **63**, 1876–1883.

Sanai, N., Alvarez-Buylla, A. and Berger, M. S. (2005). Neural stem cells and the origin of gliomas. *New England Journal of Medicine*, **353**, 811–822.

Sempere, L. F., Freemantle, S., Pitha-Rowe, I. *et al*. (2004). Expression profiling of mammalian microRNAs uncovers a subset of brain-expressed microRNAs with possible roles in murine and human neuronal differentiation. *Genome Biology*, **5**, R13.

Singh, S. K., Clarke, I. D., Terasaki, M. *et al*. (2003). Identification of a cancer stem cell in human brain tumors. *Cancer Research*, **63**, 5821–5828.

Singh, S. K., Clarke, I. D., Hide, T. and Dirks, P. B. (2004). Cancer stem cells in nervous system tumors. *Oncogene*, **23**, 7267–7273.

Smirnova, L., Grafe, A., Seiler, A., *et al*. (2005). Regulation of miRNA expression during neural cell specification. *European Journal of Neurosciences*, **21**, 1469–1477.

Tunici, P., Bissola, L., Lualdi, E. *et al*. (2004). Genetic alterations and *in vivo* tumorigenicity of neurospheres derived from an adult glioblastoma. *Molecular Cancer*, **3**, 25.

van den Boom, J., Wolter, M., Kuick, R. *et al*. (2003). Characterization of gene expression profiles associated with glioma progression using oligonucleotide-based microarray analysis and real-time reverse transcription-polymerase chain reaction. *American Journal of Pathology*, **163**, 1033–1043.

Wechsler-Reya, R. and Scott, M. P. (2001). The developmental biology of brain tumors. *Annual Reviews of Neurosciences*, **24**, 385–428.

Wienholds, E. and Plasterk, R. H. (2005). MicroRNA function in animal development. *Federation of the European Biochemical Sciences Letters*, **579**, 5911–5922.

Yuan, X., Curtin, J., Xiong, Y. *et al*. (2004). Isolation of cancer stem cells from adult glioblastoma multiforme. *Oncogene*, **23**, 9392–400.

Zhu, Y. and Parada, L. F. (2002). The molecular and genetic basis of neurological tumours. *Nature Reviews Cancer*, **2**, 616–626.

27 microRNA 路径在脆性 X 智力低下中的作用

Keith Szulwach and Peng Jin*

27.1 引言

脆性 X 智力低下蛋白（简称 FMRP）的缺失已经被鉴定为脆性 X 综合征（最常见的一种遗传性智力低下）的主要原因。FMRP 绑定 RNA 的这个特征可能暗示其可以调控翻译。最近，FMRP 的翻译抑制功能与 microRNA 的路径被联系在一起。现今，对于脆性 X 综合征的研究正朝着两个方向的证实而努力，即 FMRP 在相关目标信使 RNA 的翻译抑制上的功能和 microRNA 通路中的组分是如何帮助介导这一作用的。

27.2 脆性 X 综合征的临床表征

脆性 X 综合征是最常见的一种遗传性智力低下，据估计每 4000 名男性或者每 8000 名女性中就会出现一个这种综合征患者。该综合征以不完全外显率的 X 连锁显性性状向后代传递（外显率在男性中为 80%，在女性中为 30%）。脆性 X 综合征的临床特征包括程度不一的智力低下，IQ 一般为 20～70，脸部轻微的异常——下巴突出、耳朵大（这些主要是在男性中），青春期后男性的睾丸异常肥大（Crawford *et al.*，2001；Terracciano *et al.*，2005）。许多患者还表现出结缔组织的轻微异常。在行为上，患病男性易冲动、焦虑，说话含混不清、难于理解，触觉防御和咬手（Crawford *et al.*，2001；Terracciano *et al.*，2005）。脆性 X 综合征与孤僻症也有关联，总共有 25% 的男性患者表现出孤僻的症状（Crawford *et al.*，2001）。

27.3 脆性 X 综合征的分子基础

脆性 X 综合征主要是由 *FMR1* 基因 5′非编码区一个不稳定的三核苷酸重复引起的。*FMR1* 5′非编码区包含一种高度多态的 CGG 三核苷酸重复，它们可以被分为 4 个种类：普通等位基因（6～40 次重复），中等等位基因（41～55 次重复），前突变等位基因（56～200 次重复），全突变等位基因（>200 次重复）。普通和中等等位基因经常被 AGG 打断，它们通常能稳定地从父母那里传到下一代。然而，前突变等位基因是不稳定的，它们在遗传过程中能变成全突变或者不同大小的前突变等位基因（Crawford *et al.*，2001）。在子代中，伴随着重复次数的增多，前突变等位基因扩展成为全突变等位基因的风险呈指数增长，这种现象被称为“遗传早现”或者“沙曼悖论”（Crawford *et al.*，2001）。有趣的是，只有当被女性携带者遗传时，前突变等位基因才扩展成为全突变等位基因。这是因为全突变等位基因的男性在他们的精子中只含有前突变大小的等位

* 通讯作者。

基因。在全突变中，CGG 重复被大量延展和高度甲基化，这引起了 *FMR1* 基因在转录水平上受到抑制，导致 FMRP 的丢失。通过鉴定在 *FMR1* 基因中的其他突变，例如，在正常表型的患者中发生缺失和点突变，然而没有脆性位点的表达，这些肯定了 *FMR1* 基因是唯一与脆性 X 综合征病理相关的基因。因此，有功能的 FMRP 的缺失是脆性 X 综合征的原因。

27.4 FMRP 的生物学功能

FMRP 属于脆性 X 综合征相关的高度保守的一类蛋白质小家族（Siomi *et al.*，1996；Zhang *et al.*，1995）。这个家族的蛋白质以 2 个核糖核蛋白 K 同源结构域（KH 结构域）、一簇精氨酸和甘氨酸（RGG box）、出核与核内定位信号为同一个为特征（图 27.1）（Feng *et al.*，1997b）。KH 结构域和 RGG box 在 RNA 结合蛋白中是很常见的。事实上，在体外实验已经发现 FMRP 可以结合 RNA 同聚体和信使 RNA（mRNA），这暗示了 FMRP 在调节 RNA 新陈代谢中的潜在作用（Ashley *et al.*，1993）。在 RNA 依赖的行为中，FMRP 通过信使核糖蛋白颗粒（mRNP）与聚核糖体相联系，这个已经在体内和体外研究中证实了其在翻译调节中的作用（Ashley *et al.*，1993；Feng *et al.*，1997a；Laggerbauer *et al.*，2001；Li *et al.*，2001）。目前，为了寻找当 FMRP 缺失时翻译被错误调控的基因，很多努力被放在鉴别 FMRP 的 mRNA 靶标上，这些靶标本身可能是引起脆性 X 综合征各种表型的原因。一部分这样的 mRNA 靶标在通过鉴别 FMRP-RNA 相互作用的过程中需要的分子而被发现。两个研究小组独立地发现了 FMRP 结合到 RNA 上需要一种特殊的核酸结构，即 4 个 G 重复，以及该结构周围的特定序列（图 27.1）（Darnell *et al.*，2001；Schaeffer *et al.*，2001）。进一步突变分析发现 RGG box 作为 FMRP 的部分与结合 RNA 的 4 个 G 应答，而不是 KH 结构域（Darnell *et al.*，2004；Ramos，*et al.*，2003）。然而，RNA 结合到 FMRP 上的 KH2 结构域已经被说明是一个对 mRNA 靶标翻译抑制很重要的特征。在重症患者中 FMRP 第二个 KH 结构域的错义突变（I304N）显示了 FMRP 这个区域的重要性。I304N 错义突变被发现位于 KH2 结构域对蛋白质-RNA 相互作用很重要的位置，随后在体外 RNA 选择实验中显示一致的基序对 FMRP-KH2 与 mRNA 靶标的结合有作用。体外 RNA 选择实验的结构分析指出环-环-假结体或者说“kissing complex”的存在。有趣的是，这些结构性 RNA 能将多聚核糖体上的 FMRP 竞争下来，而高亲和性 G 四股结构的 RNA 无此功能，说明“kissing complex”RNA 与 FMRP 的 KH2 结构域的结合使得相关的翻译抑制（Darnell *et al.*，2005）。

FMRP 的翻译后修饰同样被表明是由 FMRP 介导的翻译调节。在 FMRP 中高度保守的苏氨酸残基（Ser499）的磷酸化被发现能导致 FMRP 与停滞的多核糖体结合在一起。然而，Ser499 的磷酸化没有显示出对 FMRP 结合 RNA 同聚体具有效用（Ceman *et al.*，2003）。因此，当 FMRP 磷酸化时会使结合的转录物翻译抑制，去磷酸化信号则引起 FMRP 从停滞的核糖体中解脱下来，从而使靶标 mRNA 表达。最近，甲基化作为第二种翻译后修饰也在 FMRP 中发现。在 FMRP 中的 RGG box 里的精氨酸能被甲基化，体外甲基化 FMRP 导致与最小包含 4 个 G 的 sc1 RNA 序列相结合的蛋白质减少。这个结果显示，FMRP 的精氨酸甲基化可以作为调节 FMRP-RNA 相互作用的附加机制

(*Stetler et al.*，2006)。

通常，FMRP 的表达尽管不是到处都是，但显然是广泛的，其中在大脑和睾丸中最丰富（Devys *et al.*，1993）。在神经元中，FMRP 被发现定位于与多聚核糖体相关的树突棘的基部（Feng *et al.*，1997b）。在脆性 X 综合征患者和 *Fmr*-1 敲除的小鼠中，树突更密集、长、细且盘旋（Terracciano *et al.*，2005）。这种 RNA 依赖和微管依赖的联系暗示着 FMRP 在 mRNA 的运输和树状发展中的作用（图 27.1）。MAP1B 作为微管稳定性的关键性元素，是 FMRP 的一个 mRNA 靶标，这支持了 FMRP 在神经发育不全中的作用。在缺乏 FMRP 的小鼠中发现 MAP1B 蛋白的水平提高了，神经元中微管的稳定性也提高了。因此，丢失 FMRP 导致了微管机能的改变，从而影响了神经发育，同时也指明了 FMRP 在突触可塑性中的潜在作用（Lu *et al.*，2004；Zhang *et al.*，2001）。

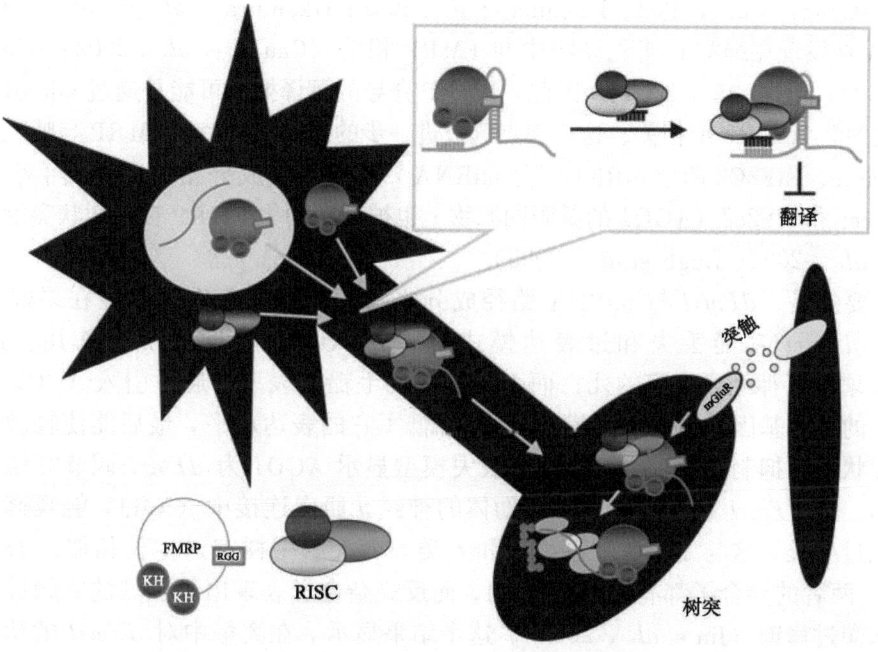

图 27.1　通过 miRNA 途径由 FMRP 介导的靶标 mRNA 翻译抑制模型。FMRP 定位到核里与靶标 mRNA 相结合，可能是通过含有 4 个 G 即 RGG box。mRNP 被运出核并进入胞质，在这里它能与 RISC 复合体相作用。FMRP-KH2 通过稳定 miRNA∶mRNA 2 具体的方式抑制了特定的 mRNA 靶标。然后含有 RISC 的 mRNP 被运送到树突，在那里 mRNA 靶标保持翻译抑制。突触处的谷氨酸信号激活了 mGluR 和下游 FMRP 的去磷酸化信号，从而引起了翻译抑制的解除。（见彩图 19）

FMRP 在突触可塑性中的作用尤其是在长期抑制（LTD）中的作用看起来是对的，因为 LTD 是蛋白质合成依赖的现象。事实上，FMRP 的这种作用已经被确认了。受 DHPG 拮抗剂激活的代谢性谷氨酸受体 5（mGluR5）激发了正常情况下的 LTD。这种情况下 LTD 的激发需要新蛋白质的合成，而不需要转录（Huber *et al.*，2000）。这个数据显示了 mGluR5 的激发使得转录的翻译抑制移除，局部释放了 LTD 所需的 mRNA

信息。此模型是建立在对 mGluR5 依赖的 LTD 的观察上的，在此观察中，mGluR5 依赖的 LTD 在 *Fmr1* 敲除的小鼠中扩增（Huber *et al.*，2002）。FMRP 的出现抑制了与 LTD 相关蛋白质的翻译，而 mGluR5 的激活导致这些转录物的局部翻译。现今，mGluR5 的对抗剂在保持 FMRP 介导的翻译抑制和 mGluR5 激活的蛋白质生成之间的平衡中的作用，是一种潜在的治疗脆性 X 综合征的靶标。

27.5 micoRNA 路径在 FMRP 介导的翻译控制中的角色

起初在果蝇里鉴定含 *dFmrp* 的复合物和 RISC 中的蛋白质成分的生化研究导致了 *dFmrp* 作为 RISC 成分的发现。进一步分析显示 *dFmrp* 与两个功能性 RISC 蛋白——dAGO2 和 Dicer 之间有特殊的相互作用（Caudy *et al.*，2002；Ishizuka *et al.*，2002）。尽管 dAGO2 一般与果蝇中 siRNA 介导的基因沉默相关，而缺失 *dFmr1* 不会影响 RNAi（Caudy *et al.*，2002；Ishizuka *et al.*，2002；Okamura *et al.*，2004）。内源性的 miRNA 被发现在蝇类和哺乳动物中与 FMRP 相关（Caudy *et al.*，2002；Ishizuka *et al.*，2002；Jin *et al.*，2004）。因此，FMRP 介导的翻译抑制可能是通过 microRNA 路径发生的，与 miRNA 相关。这个观点已被进一步的研究所支持，FMRP 与哺乳动物的 Argonaute、EIF2C2 两个 mRNP（含 miRNA）复合物的成分相关。在成年小鼠大脑中，Dicer 和 eIF2c2（AGO1 的鼠源同源物）也被观察到与 FMRP 在后树状突触相作用（Jin *et al.*，2004；Lugli *et al.*，2005）。

重要的是，*dFmr1* 与 miRNA 路径成分之间的遗传相互作用已经在果蝇中被阐明。在 *dFmr1* 功能丢失和过表达模式中，dAGO1 主要与 *dFmr1* 作用。过表达 *dFmr1* 增加了神经元细胞的死亡而引起轻微的毛糙眼表型。通过引入 AGO1 的衰退且致命的等位基因（包含 P 元素插入），降低了它的表达水平，最后能使轻微眼睛粗糙的症状受到抑制（图 27.2）。功能缺失模型显示 AGO1 为 *dFmr1* 调节突触可塑性所需的。当 *dFmr1* 缺失时，在果蝇幼体的神经元肌肉连接中（NMJ）能观察到显著的突触过生长，这与 *Fmr1* 敲除小鼠和人类患者大脑中树突过生长相似。*dFmr1* 和 dAGO1 两者的异合子都有正常的 NMJ，而反式杂合子表现出了强烈的突触过生长和突触末端过修饰（Jin *et al.*，2004）。这个结果显示，在突触中对 *dFmr1* 的功能的一个限制因素是 dAGO1 的功能。更重要的是，这直接表明 miRNA 路径在人类疾病中的潜在角色，因为 dAGO1 通过 *dFmr1* 的中介调节翻译抑制。*dFmr1* 和 dAGO2 的遗传相互作用也在基因 *ppk1* 的实验中被阐述了（*ppk1* 基因被发现控制蝇的节奏性运动）。*PpK1* 是 dfmr1 蛋白的一个 mRNA 靶标，它的表达是由 *dFmr1* 和 dAGO2 共同调节的（Xu *et al.*，2004）。

FMRP-KH2 与“kissing complex”RNA 结合从而介导翻译抑制，在一系列涉及这个过程 FMRP-KH2 角色的实验中，FMRP 配合 miRNA 路径的机制初露端倪。体外 RNA 选择实验能鉴别“kissing complex”是作为与 FMRP-KH2 结构域特异性作用且阻止 FMRP 与多聚核糖体结合的结构（Darnell *et al.*，2005）。然而，FMRP 的 KH2 结构域是结合分子间还是分子内的“kissing complex”还不是很清楚。由于体外 RNA 选择实验是通过随机 RNA 库展开的，所以“kissing complex”的鉴定代表着分子间的相互作用，FMRP-KH2 稳定了 miRNA 与 mRNA 靶标之间的二聚体，这个二聚体能够

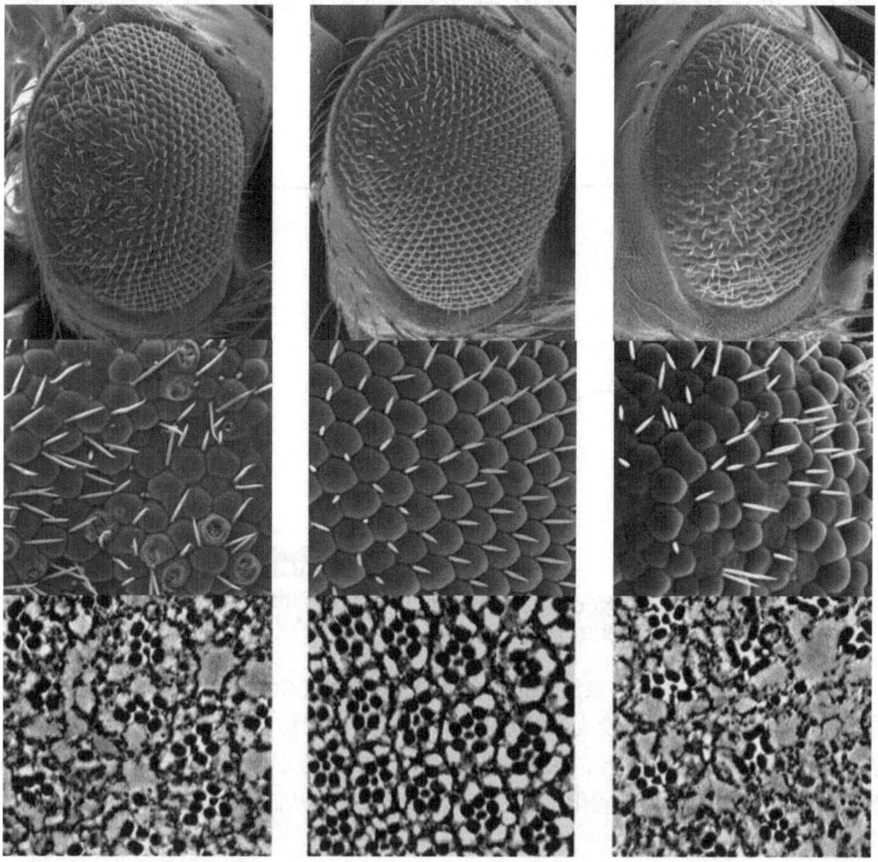

图 27.2　FMRP 与 miRNA 途径的遗传相互作用。通过一个少于 7 个核苷酸的启动子（$AGO1^{+/+}$；$dFmr1^{++}$）过表达 *dfmr1* 引起了轻微粗糙眼症状，这是由于神经元的程序性死亡。引入 *AGO1* 衰退性致命等位子（$AGO1^{+/-}$；$dFmr1^{++}$），这个等位子包含 P 元素插入，能减少 AGO1 的表达，结果使轻微粗糙眼症状被抑制了。*AGO1* 的回复子［回复（$AGO1^{+/+}$）；$dFmr1^{++}$］通过精确切去 P 元素插入而产生，不能抑制轻微毛糙眼症状。

抑制靶标的翻译（Darnell *et al.*，2005）。这种理解能够帮助解释 FMRP 在 miRNA 介导的翻译抑制过程中的作用，不过还没有被实验验证。

27.6　在 *FMR1* 基因中的小 RNA 沉默了

在 *FMR1* 基因非编码的部分，尤其是 5′非编码区域，可能与 RNAi 指导的扩展 CGG 重复甲基化有关。体外转录的 RNA 模仿前突变 *FMR1* 等位基因的 5′非编码区，发现形成了稳定的发夹结构，尤其是在没被打断的 CGG 重复区域。进一步研究发现，结构性的 RNA 被 Dicer 切割，产生了约 20nt 长的 RNA（Handa *et al.*，2003）。CGG 重复被 Dicer 切割这一过程使得起源于 CGG 重复的小 RNA 载入到 RITS（RNA-induced initiator of transcriptional gene silence，RNA 诱导的转录基因沉默起始子）复合物中，RITS被这些类siRNA的RNA向导到同源DNA序列。然后RITS复合物可能起始了染色体的修饰和 *FMR1* 基因的DNA甲基化，从而导致了转录沉默(图27.3)。

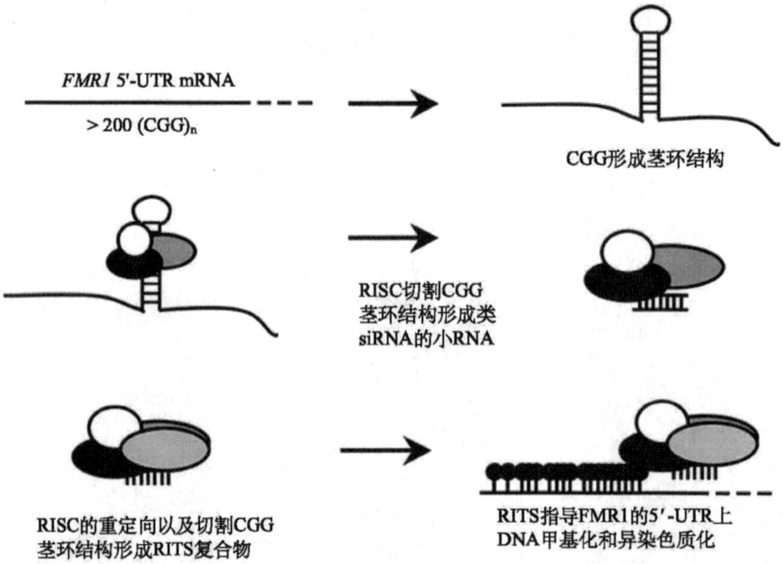

图27.3 RNAi引导的 *FMR1* 转录沉默的潜在机制。扩展的CGG重复的转录导致 *FMR1* 转录物中稳定发夹结构的形成。稳定发夹结构能被Dicer识别并剪切，形成类siRNA的小RNA。小RNA然后载入到RITS复合物上，并能重新作用到FMR1的5′非编码区。RITS复合物开始了CpG新的DNA甲基化和异染色质化。*FMR1* 基因被转录抑制从而使FMRP缺失。

27.7 总结

尽管目前越来越多数据显示，FMRP与miRNA通路上的组分在遗传、生化和分子上存在相互作用，但我们仍未确定RNAi路径配合FMRP去抑制特殊mRNA靶标的翻译的分子机制（对突触可塑性很重要）。通过了解人类第一个与microRNA通路相关的疾病——脆性X综合征的分子基础，不仅能使我们从机理上更好地认识这一疾病，而且将在整体上加深我们对microRNA通路的学习和记忆。

参考文献

Ashley, C. T., Jr., Wilkinson, K. D., Reines, D. and Warren, S. T. (1993). FMR1 protein: conserved RNP family domains and selective RNA binding. *Science*, **262**, 563 - 566.

Caudy, A. A., Myers, M., Hannon, G. J. and Hammond, S. M. (2002). Fragile X-related protein and VIG associate with the RNA interference machinery. *Genes & Development*, **16**, 2491 - 2496.

Ceman, S., O'Donnell, W. T., Reed, M. *et al*. (2003). Phosphorylation influences the translation state of FMRP-associated polyribosomes. *Human Molecular Genetics*, **12**, 3295 - 3305.

Crawford, D. C., Acuna, J. M. & Sherman, S. L. (2001). FMR1 and the fragile X syndrome: human genome epidemiology review. *Genetics in Medicine*, **3**, 359 - 371.

Darnell, J. C., Jensen, K. B., Jin, P. *et al*. (2001). Fragile X mental retardation protein targets G quartet mRNAs important for neuronal function. *Cell*, **107**, 489–499.

Darnell, J. C., Warren, S. T. and Darnell, R. B. (2004). The fragile X mental retardation protein, FMRP, recognizes G-quartets. *Mental Retardation and Developmental Disabilities Research Reviews*, **10**, 49–52.

Darnell, J. C., Fraser, C. E., Mostovetsky, O. *et al*. (2005). Kissing complex RNAs mediate interaction between the Fragile-X mental retardation protein KH2 domain and brain polyribosomes. *Genes & Development*, **19**, 903–918.

Devys, D., Lutz, Y., Rouyer, N., Bellocq, J. P. and Mandel, J. L. (1993). The FMR-1 protein is cytoplasmic, most abundant in neurons and appears normal in carriers of a fragile X premutation. *Nature Genetics*, **4**, 335–340.

Feng, Y., Absher, D., Eberhart, D. E. *et al*. (1997a). FMRP associates with polyribosomes as an mRNP, and the I304N mutation of severe fragile X syndrome abolishes this association. *Molecular Cell*, **1**, 109–118.

Feng, Y., Gutekunst, C. A., Eberhart, D. E. *et al*. (1997b). Fragile X mental retardation protein: nucleocytoplasmic shuttling and association with somatodendritic ribosomes. *Journal of Neuroscience*, **17**, 1539–1547.

Handa, V., Saha, T. and Usdin, K. (2003). The fragile X syndrome repeats form RNA hairpins that do not activate the interferon-inducible protein kinase, PKR, but are cut by Dicer. *Nucleic Acids Research*, **31**, 6243–6248.

Huber, K. M., Kayser, M. S. and Bear, M. F. (2000). Role for rapid dendritic protein synthesis in hippocampal mGluR-dependent long-term depression. *Science*, **288**, 1254–1257.

Huber, K. M., Gallagher, S. M., Warren, S. T. and Bear, M. F. (2002). Altered synaptic plasticity in a mouse model of fragile X mental retardation. *Proceedings of the National Academy of Sciences USA*, **99**, 7746–7750.

Ishizuka, A., Siomi, M. C. and Siomi, H. (2002). A *Drosophila* fragile X protein interacts with components of RNAi and ribosomal proteins. *Genes & Development*, **16**, 2497–2508.

Jin, P., Zarnescu, D. C., Ceman, S. *et al*. (2004). Biochemical and genetic interaction between the fragile X mental retardation protein and the microRNA pathway. *Nature Neuroscience*, **7**, 113–117.

Laggerbauer, B., Ostareck, D., Keidel, E. M., Ostareck-Lederer, A. and Fischer, U. (2001). Evidence that fragile X mental retardation protein is a negative regulator of translation. *Human Molecular Genetics*, **10**, 329–338.

Li, Z., Zhang, Y., Ku, L. *et al*. (2001). The fragile X mental retardation protein inhibits translation via interacting with mRNA. *Nucleic Acids Research*, **29**, 2276–2283.

Lu, R., Wang, H., Liang, Z. *et al*. (2004). The fragile X protein controls microtubule-associated protein 1B translation and microtubule stability in brain neuron development. *Proceedings of the National Academy of Sciences USA*, **101**, 15201–15206.

Lugli, G., Larson, J., Martone, M. E., Jones, Y. and Smalheiser, N. R. (2005). Dicer and eIF2c are enriched at postsynaptic densities in adult mouse brain and are modified by neuronal activity in a calpain-dependent manner. *Journal of Neurochemistry*, **94**, 896–905.

Okamura, K., Ishizuka, A., Siomi, H. and Siomi, M. C. (2004). Distinct roles for Argonaute proteins in small RNA-directed RNA cleavage pathways. *Genes & Development*, **18**, 1655–1666.

Ramos, A., Hollingworth, D. and Pastore, A. (2003). G-quartet-dependent recognition between the FMRP RGG box and RNA. *RNA*, **9**, 1198–1207.

Schaeffer, C., Bardoni, B., Mandel, J. L. *et al*. (2001). The fragile X mental retardation protein binds specifically to its mRNA via a purine quartet motif. *European Molecular Biology Organization Journal*, **20**, 4803–4813.

Siomi, M. C., Zhang, Y., Siomi, H. & Dreyfuss, G. (1996). Specific sequences in the fragile X syndrome protein FMR1 and the FXR proteins mediate their binding to 60 S ribosomal subunits and the interactions among them. *Molecular and Cellular Biology*, **16**, 3825–3832.

Stetler, A., Winograd, C., Sayegh, J. *et al*. (2006). Identification and characterization of the methyl arginines in the fragile X mental retardation protein Fmrp. *Human Molecular Genetics*, **15**, 87–96.

Terracciano, A., Chiurazzi, P. & Neri, G. (2005). Fragile X syndrome. *American Journal of Medical Genetics. Part C, Seminars in Medical Genetics*, **137**, 32–37.

Xu, K., Bogert, B. A., Li, W. *et al*. (2004). The fragile X-related gene affects the crawling behavior of *Drosophila* larvae by regulating the mRNA level of the DEG/ENaC protein pickpocket1. *Current Biology*, **14**, 1025–1034.

Zhang, Y., O'Connor, J. P., Siomi, M. C. *et al*. (1995). The fragile X mental retardation syndrome protein interacts with novel homologs FXR1 and FXR2. *European Molecular Biology Organization Journal*, **14**, 5358–5366.

Zhang, Y. Q., Bailey, A. M., Matthies, H. J. *et al*. (2001). *Drosophila* fragile X-related gene regulates the MAP1B homolog Futsch to control synaptic structure and function. *Cell*, **107**, 591–603.

28 前B细胞急性淋巴细胞白血病中 *V*(*D*)*J* 重组介导的免疫球蛋白重链基因座中 miRNA 125b-1 的插入

Takashi Sonoki and Norio Asou*

28.1 引言

急性淋巴细胞白血病（ALL）是由于执行免疫表型及遗传分化途径的淋巴系祖细胞异常而导致的一种恶性肿瘤。白血病细胞失去了进一步分化的特性并获得了自我增殖的能力，使得恶性肿瘤细胞在骨髓中呈克隆性增殖，从而使得骨髓被大量的白血病细胞所取代，不再产生充足的正常血细胞，以至于该病患者表现出红细胞、血小板及正常的白细胞数量减少。除了在骨髓中扩增，白血病细胞还可以浸润到其他器官，如淋巴结、脾脏、肝脏、中枢神经系统及生殖腺。有时候还可以形成实体瘤，如淋巴母细胞性淋巴瘤（Head，2004；Berg *et al.*，2005；Pui，2006）。

淋巴细胞在分化过程中依次表达细胞表面抗原（图 28.1）。由于 ALL 细胞带有正常淋巴祖细胞的很多特征，因此大量的 ALL 细胞可以通过细胞化学及免疫表型分析按照细

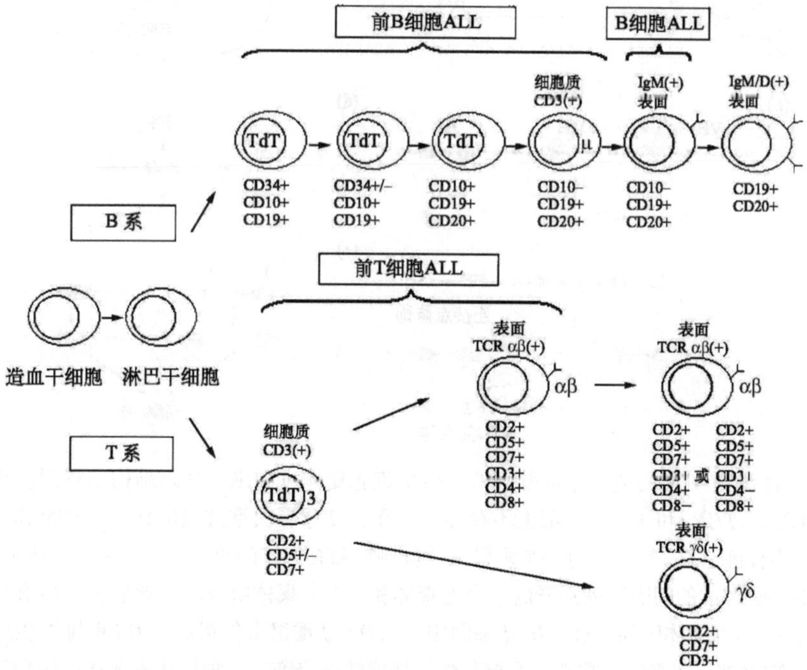

图 28.1　淋巴细胞的早期分化途径及 ALL 细胞的起源。淋巴细胞在骨髓中执行 B 系分化，而在胸腺中执行 T 系分化。TdT 表示末端脱氧核糖核酸转移酶。

* 通讯作者。

胞的起源将其分为前 B 细胞 ALL、B 细胞 ALL 和前 T 细胞 ALL（图 28.1）。最常见的 ALL 是前 B-ALL，其次为 T-ALL，第三是 B-ALL，分别约占 ALL 患者的 75%、20% 和 5%。前 B-ALL 是指细胞表面表达 B 系相关抗原，包括 CD19、HLA-DR 和 CD10。末端脱寡核苷酸转移酶（TdT）的表达是判断前 B-ALL 的有效标志。TdT 是一种可以催化在基因片段连接位点加入非种系编码的核苷酸（N 端）的细胞内酶。B 细胞 ALL 则表达表面免疫球蛋白及无 TdT 表达的 B 系相关抗原。这种表型的白血病细胞代表了一种独特的形态学，伴有大量空泡的高度嗜碱性细胞质，符合 L3 型或 Burkitt 型（法国-美国-英国分型）(Bennett *et al.*，1976)。T 细胞 ALL 是指表达 T 细胞相关抗原，包括细胞质的 CD3，同时伴有 CD7 加 CD2 或 CD5，其中细胞质的 CD3 具有诊断价值。淋巴细胞自发地经过免疫球蛋白（*IG*）或 T 细胞受体（*TCR*）基因的非连续 DNA 片段的重排而获得抗原组成成分的多样性 [图 28.2（a）、（b）]。产生多样性的主要机制是可变区（*V*）、多样区（*D*）和连接区（*J*）在淋巴细胞发生早期通过 *V*（*D*）*J* 重组而产生的组合（Okada and Alt，1995）。每一个淋巴细胞都有其独特的 *IG*/*TCR* 基因重排，因此，运用 Southern blot 技术检测到的同源细胞的 *IG*/*TCR* 基因重排是判断淋巴恶性肿瘤的有效的遗传标志，特别适用于免疫表型未知来源的 ALL 细胞（Asou *et al.*，1991）。

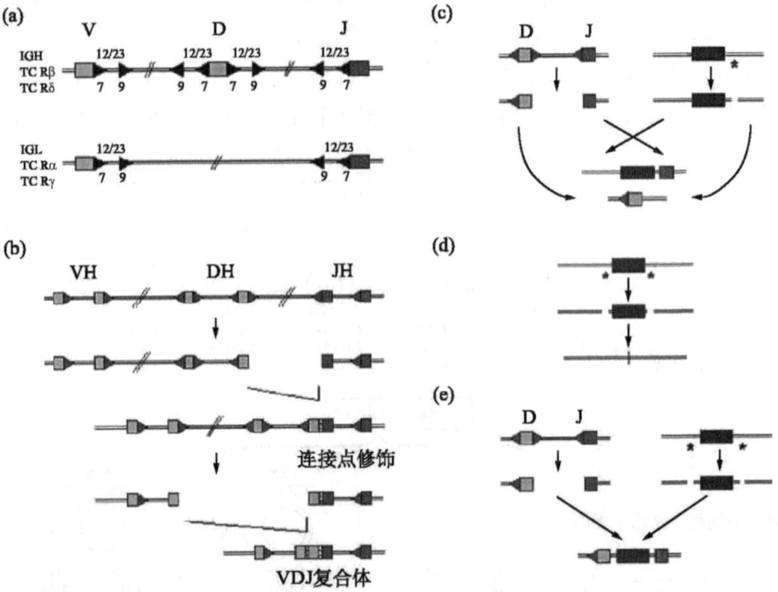

图 28.2 (a) 编码 V 区的免疫球蛋白（IG）和 T 细胞受体（TCR）基因结构示意图。在免疫球蛋白轻链（IGL）、*TCRα* 和 *TCRγ* 基因上不存在，而在免疫球蛋白重链（IGH）、*TCRβ* 和 *TCRδ* 基因上存在多个多样区（*D*）片段。每一个多样区片段侧翼都有保守的重组信号序列（RSS）。RSS 序列是由被 12bp 或 23bp 的间隔序列隔开的一个七聚体和一个九聚体组成的。盒形和三角形分别代表编码序列和七聚体/九聚体序列。(b) *IGH* 基因中 *V*（*D*）*J* 重组事件概况。*DJ* 重排发生后接着是 *V* 和 *D-J* 复合物重排。连接位点常常伴有核苷酸添加或缺失修饰。三角形代表 RSS。(c) *V*（*D*）*J* 重组错误介导的 *IG*/*TCR* 和（或）非 *IG*/*TCR* 染色体易位。在靠近非 *IG*/*TCR* 基因座处双链 DNA 断裂的侧翼区能找到隐藏的 RSS（星号）。(d) 通过识别隐藏的 RSS 的 *V*（*D*）*J* 重组机制也可以介导非 *IG*/*TCR* 基因座的缺失。(e) *V*（*D*）*J* 重组可以导致 *V*（*D*）*J* 重组产生的非 *IG*/*TCR* 基因插入到 *IGH* 基因座的研究已有报道。星号表示非 *IG*/*TCR* 基因座隐藏的 RSS。(见彩图 20)

V（*D*）*J*重组包括保守重组信号序列（RSS）的识别、双链DNA的切割和被切割双链DNA两末端的再连接［图28.2（b）］（Okada and Alt，1995）。RSS共有序列是由一个七聚体（CACAGTG）和一个九聚体（ACAAAAACC）及一段长为12±1bp或23±1bp的间隔序列组成的［图28.2（a）］。在被切割双链DNA的两末端再连接之前，边界位点会被进一步修饰，导致抗原组成成分的多样性增加。目前有多种不同的修饰机制，包括核苷酸缺失及N端添加。N端添加是在没有模板DNA的情况下由TdT催化的，并且常为富含GC的序列。

在*V*（*D*）*J*重组过程中出现的错误已经被认为是与遗传学改变有关，如包括*IG*或*TCR*基因座的染色体易位、缺失及插入（Kuppers and Dalla-Favera，2001）。染色体易位能将细胞癌基因易位到*IG*/*TCR*基因附近［图28.2（c）］。尽管不是在所有的情况下都会出现，但在非*IG*/*TCR*基因座双链DNA断裂的侧翼区能找到隐藏的RSS序列。易位的分子生物学后果就是造成*IG*/*TCR*基因座内强转录增强子调控的细胞癌基因表达失调。*V*（*D*）*J*重组也可以介导非*IG*/*TCR*基因座的缺失［图28.2（d）］。在这种情况下，通常可以在受影响的基因附近鉴定到隐藏的RSS序列。而在过量表达BCL2蛋白的淋巴瘤患者中已经发现不合理的*V*（*D*）*J*重组可以导致*BCL2*插入到*IGH*基因座［图28.2（e）］（Vaandrager *et al.*，2000）。在*BCL2*基因断裂点周围可以鉴定到RSS类似序列，表明*BCL2*的表达也可以由*V*（*D*）*J*重组机制介导。

这里，我们展示了通过对B-ALL细胞中重排的*IGH J*等位基因的克隆鉴定出*miRNA*125*b-1*插入到*IGH*中（Sonoki *et al.*，2005a）。进一步的序列分析表明该插入部分是由*V*（*D*）*J*重组介导的。我们的结果暗示了*miR*125*b-1*在B细胞发育早期及白血病生成过程中起着一定的作用。

28.2 病例报道及结果

患者是一个35岁伴有下腹疼痛的女性。7年前，该患者由于伴有CD19、CD20和TdT表达而被诊断为前B细胞ALL阳性。在经过化疗完全缓解后，该患者用与其HLA匹配的姊妹的骨髓进行了骨髓移植。影像学研究显示双侧卵巢癌跟患者的腹部疼痛有关。卵巢肿瘤组织被手术切除，而组织学检查表明符合淋巴母细胞性淋巴瘤并且免疫表型为TdT、CD10和CD19阳性，这与7年前初发ALL细胞的免疫表型一致（Sonoki *et al.*，2005b）。

对卵巢肿瘤细胞的Southern印迹分析结果显示单一的*IGH*基因的连接区（*IGH J*）重排条带及较弱的种系条带［图28.3（a）］。这表明*IGH J*的一个等位基因发生了重排，而另一个则发生了缺失。只能检测到微弱的种系来源的*IGH J*基因条带，说明卵巢癌几乎是由单一ALL细胞构成的。对*Pst* I酶切并经Southern印迹检测到的4.2kb的重排片段进行长距离反向PCR（LDI-PCR）扩增，得到一段长为1.8kb的扩增产物，并进一步测序［图28.3（a）］（Sonoki *et al.*，2005a）。

运用Blast搜索程序（http：//www.ncbi.nlm.nih）进行的序列分析揭示了重排的*IGH*等位基因是由来源于染色体11q24，长为241bp的V区（*VH4-33*）片段、18bp的D区（*DH2-21*）片段和一个J（JH5）区片段依次从5′到3′方向组成［图28.3（b）］。有趣的是，这段来源于11q24的*IGH*序列含有方向相同的*miR*125*b-1*前体（88bp）和成熟体（22bp）序列，表明 *IGH* 重排导致了该序列符合读框地插入到重排的 *IGH* 等位基因中。正是由于这种符合读框的插入，使得 *miR125b-1* 能够随同 *IGH* 片段一同被转录。然而，由于材料的限制，我们还没有检测其表达水平。

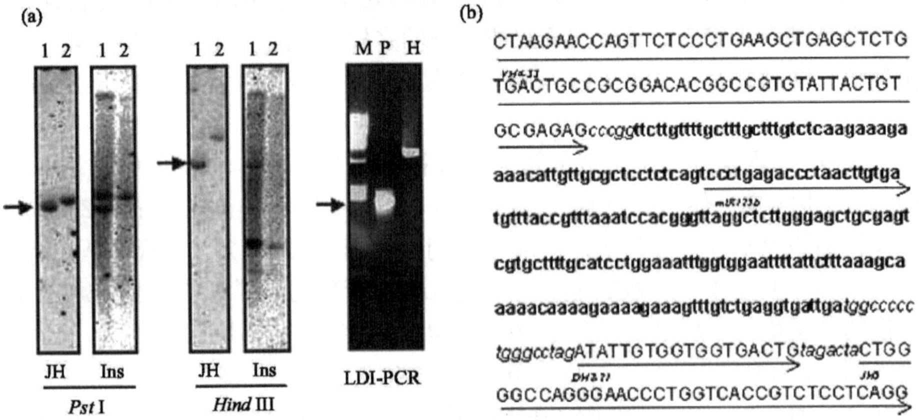

图 28.3 （a）IGH 连接区（IGHJ）的 Southern 印迹分析及采用 11q24 片段和 LDI-PCR 的共迁移结果。卵巢肿瘤细胞的 Southern 印迹分析结果显示单一的 IGHJ 重排条带（*Pst* I 消化为约 4.2kb 的片段，*Hind* III 消化为约 6.8kb 的片段）及较弱的种系条带。LDI-PCR 得到相应的 PCR 产物。经 *Pst* I 消化后得到的长为 1.8kb 的 LDI-PCR 扩增产物被进一步测序。重排的 IGHJ 含有一段长为 241bp、来源于染色体 11q23 的 DNA 片段。11q24 的序列显示发生了同样长度的重排。第 1 泳道：患者的卵巢肿瘤细胞；第 2 泳道：种系对照；M：DNA marker（λ/*Hind* III）；P：*Pst* I 消化的 DNA；H：*Hind* III 消化的 DNA。（b）PCR 产物的序列比对。一段来源于 11q24 的长为 262bp 的 DNA 片段插入到重排的 *IGH* 等位基因的 *VH4-33* 和 *DH2-21* 之间。*VH4-33*、成熟体 *miR-125b-1*、*DH2-21* 和 *JH5* 的序列用带箭头的下划线强调。箭头方向为 5′→3′。大写和小写/粗体字母分别代表 *IGH* 和 11q24 序列。斜体字母被认为是 *V*（*D*）*J* 重组连接修饰产生的。

为了研究 *V*（*D*）*J* 重组机制在该插入事件中是否起着重要作用，我们比对了 *VH4-33*/-*miR125b-1*/*DH2-21*/*JH5*、种系的 *VH4-33*、种系的 *DH2-21* 及种系的 *miR125b-1* 序列。*VH4-33* 在一个保守的 RSS 序列的上游处被截断，在 *VH4-33*/-*miR125b-1* 的连接处添加了一个推测为 N 区的富含 GC 的五核苷酸（CCCGG）[图 28.4 (a)]。*DH2-21* 在两个连接处均缺少了几个编码序列，这可能是由于在 *V*（*D*）*J* 重组过程中核苷酸缺失造成的。在 *miR125b-1*/*D2-21* 的边缘有一长为 17bp 的富含 GC 的核苷酸，表明发生了 N 区的添加事件。而在 *D2-21*/*JH5* 边缘发现 *DH2-21* 的编码区和边缘序列都能找到四核苷酸（GACT）。这种四核苷酸的重复可能不是由于 N 区的添加而是由于其他的修饰机制导致的 [图 28.4 (b)]。对衍生 *IGH* 等位基因的序列分析支持了 *V*（*D*）*J* 重组机制参与了 *IGH* 片段的双链切割和 *IGH*/*miR125b-1* 连接处的再连接这种观点。此外，我们在种系 *miR125b-1* 的周围没有发现 RSS 类似序列，暗示了不是 *V*（*D*）*J* 重组机制而是存在一种未知的机制引发了 *miR125b-1* 从其基因座中被切除。

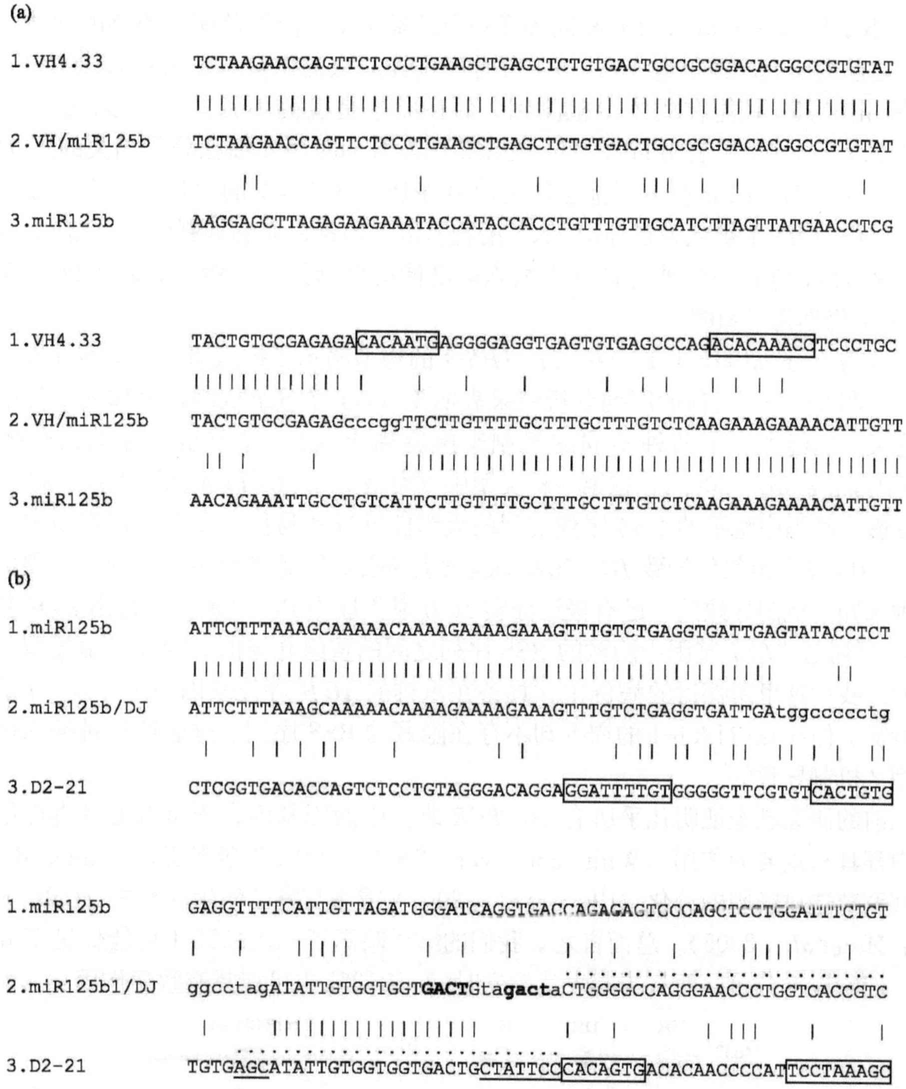

图 28.4 （a）*VH/miR125b-1* 连接处 *VH4-33*（第一行）、*VH4-33/miR125b-1*（第二行）和 *miR125b-1*（第三行）的序列比较。*VH4-33* 在 RSS 序列的上游处被截断。七聚体和九聚体序列用方框表示。一个推测为 N 区的五核苷酸（cccgg）添加在连接处。圆点处字母代表 *VH4-33* 的编码序列。（b）*miR125b-1/DH2-21JH5* 连接处 *DH2-21*（第一行）、*miR125b-1/DH2-21JH5*（第二行）和 *miR125b-1*（第三行）的序列比较。七聚体和九聚体序列用方框表示。注意在 *DH2 21* 的 5′端的 RSS 序列是反向的。圆点处字母代表 *DH2-21* 或 *JH5* 的编码序列（JH5 序列见第二行）。下划线序列是缺失的 *DH2-21* 编码序列。重复序列（gact）用粗体字母表示。

28.3 讨论

有三个 miR-125（miR-125a、miR-125b-1 和 miR-125b-2）被认为是与线虫的 miRNA *lin*-4 同源的（Lagos-Quintana *et al.*，2002）。miR-125a 与 miR-125b 的区别仅仅在于中部的双尿嘧啶核苷的插入、一个尿嘧啶转变为胞嘧啶及一个腺嘌呤的添加。

miR-125b-1 与 miR-125b-2 具有相同的序列但是来源于不同染色体基因座的前体。有趣的是，之前的研究已经报道线虫 *lin*-4 可时序调控幼虫的发育（Ambros，2004），黑腹果蝇中 miR-125b 只能在成体中检测到，而在卵中是检测不到的（Lagos-Quintana *et al.*，2002）。这些结果表明 miR-125b 是跟组织发育的时序或细胞分化相关的。*IGH* 等位基因中 miR-125b-1 的插入可能会影响前 B 细胞中小 RNA 的表达，进而导致分化异常。一些信使 RNA 被认为是 miR-125b 的靶基因，包括白血病抑制因子（LIF）（Lewis *et al.*，2003），它是一个维持各种干细胞多潜能的细胞因子。然而，miR-125b 准确的靶 mRNA 仍然是未知的。

5′-VH4-33/miR125b-1/*DH2-21*/*JH5-3′*的构型暗示了插入事件可能发生在 *DJ* 连接之后（图 28.5）。具体的序列分析结果表明 *V*（*D*）*J* 重组机制在该插入事件中具有重要意义。已经提出了两种不同的机制来解释由 *V*（*D*）*J* 重组介导的染色体易位（Marculescu *et al.*，2002）。在第一种类型中（类型 1），*IG*/*TCR* 基因中真正的 RSS 序列与受影响基因中隐藏的 RSS 序列之间的重组能够导致易位。在第二种类型中（类型 2），*V*（*D*）*J* 重组仅仅导致 *IG*/*TCR* 基因发生断裂，然而受影响的基因的断裂仍然是由一种未知的机制导致的。已有报道证实 *IGH* 基因座中 *BCL2* 的插入是由 *IGH* 基因中的 RSS 序列与 *BCL2* 基因中隐藏的 RSS 序列之间的重组介导的，因此是由类型 1 机制导致的。我们这里所探讨的病例中，具备在重排的 *IGH* 等位基因中 *V*（*D*）*J* 重组的一些特征，但在 miR125b-1 的周围却不存在隐藏的 RSS 序列，这表明这种插入可能是由类型 2 机制导致的。

之前的研究已经证明几乎所有 *IG*/*TCR* 改变中的靶基因在正常及恶性淋巴细胞的发育中都具有重要的作用（Willis and Dyer，2000）。新的证据表明一些 microRNA 分子能够调节造血细胞的分化（Chen *et al.*，2004）或者与淋巴瘤生成有关（Calin *et al.*，2005；He *et al.*，2005）。总而言之，我们的结果暗示了 miR125b-1 可能促进了 B 淋巴细胞早期阶段的分化，而且当其表达改变时，miR125b-1 可能具有致病作用。

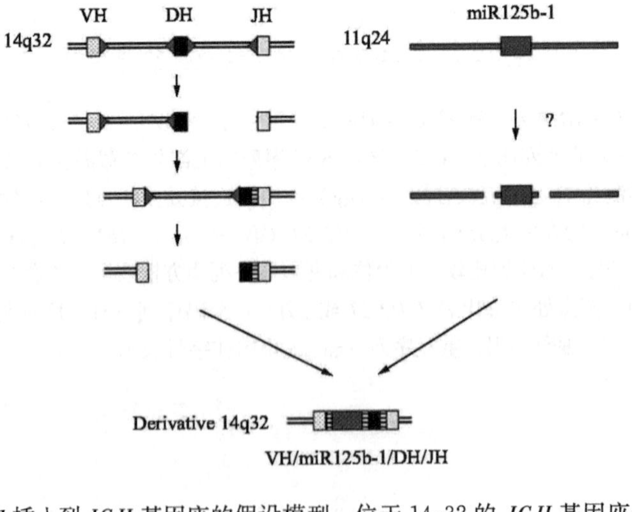

图 28.5　*miR125b-1* 插入到 *IGH* 基因座的假设模型。位于 14q32 的 *IGH* 基因座经过 *DH* 和 *JH* 重排后进行 *DH*/*JH* 连接处修饰。然后 RSS 双链 DNA 断裂处被剪切下来的 *miR125b-1* 片段侵入。由于 *miR125b-1* 基因座缺少 RSS 样序列，因此，*miR125b-1* 片段是通过一种未知的机制被剪切下来的。

参考文献

Ambros, V. (2004). The functions of animal microRNAs. *Nature*, **431**, 350 – 355.

Asou, N., Suzushima, H., Hattori, T. *et al*. (1991). Acute unclassified leukemia originating from undifferentiated cells with the aberrant rearrangement and expression of immunoglobulin and T-cell receptor genes. *Leukemia*, **5**, 293 – 299.

Bennett, J. M., Catovsky, D., Daniel, M. T. *et al*. (1976). Proposals for the classification of the acute leukaemias. French – American – British (FAB) co-operative group. *British Journal of Haematology*, **33**, 451 – 458.

Berg, S. L., Steuber, C. P. and Poplack, D. G. (2005). Clinical manifestations of acute lymphoblastic leukemia. In *Hematology: Basic Principles and Practice*, Fourth Edition, Hoffman, R., Benz, E. J. Jr, Shattil, S. J., Furie, B., Cohen, H. J., Silberstein, L. E. and McGlave, P. (eds.). Philadelphia, PA: Elsevier, pp. 1155 – 1162.

Calin, G. A., Ferracin, M., Cimmino, A. *et al*. (2005). A microRNA signature associated with prognosis and progression in chronic lymphocytic leukemia. *New England Journal of Medicine*, **353**, 1793 – 1801.

Chen, C. Z., Li, L., Lodish, H. F. and Bartel, D. P. (2004). MicroRNAs modulate hematopoietic lineage differentiation. *Science*, **303**, 83 – 86.

He, L., Thomson, J. M., Hemann, M. T. *et al*. (2005). A microRNA polycistron as a potential human oncogene. *Nature*, **435**, 828 – 833.

Head, D. R. (2004). Classification and differentiation of the acute leukemias. In *Wintrobe's Clinical Hematology*, Eleventh Edition, Greer, J. P., Foerster, J., Lukens, J. N., Rodgers, G. M., Paraskevas, F. Glader, B. (eds.). Philadelphia, PA: LippincottWilliams & Wilkins, pp. 2063 – 2076.

Kuppers, R. and Dalla-Favera, R. (2001). Mechanisms of chromosomal translocations in B cell lymphomas. *Oncogene*, **20**, 5580 – 5594.

Lagos-Quintana, M., Rauhut, R., Yalcin, A. *et al*. (2002). Identification of tissue-specific microRNAs from mouse. *Current Biology*, **12**, 735 – 739.

Lewis, B. P., Shih, I. H., Jones-Rhoades, M. W., Bartel, D. P. and Burge, C. B. (2003). Prediction of mammalian microRNA targets. *Cell*, **115**, 787 – 798,

Marculescu, R., Le, T., Simon, P., Jaeger, U. and Nadel, B. (2002). V (D) J-mediated translocations in lymphoid neoplasms: a functional assessment of genomic instability by cryptic sites. *Journal of Experimental Medicine*, **195**, 85 – 98.

Okada, A. and Alt, F. W. (1995). The variable region assembly mechanism. In *Immunoglobulin Genes*, Second Edition, Honjo, T. and Alt, F. W. (eds.). London: Academic Press, pp. 205 – 234.

Pui, C-H. (2006). Acute lymphoblastic leukemia. In *Williams Hematology*, Seventh Edition, Lichtman, M. A., Beutler, E., Kipps, T. J., Seligsohn, U., Kaushansky, K. and Prchal, J. T. (eds.). New York: McGraw-Hill Medical, pp. 1321 – 1342.

Sonoki, T., Iwanaga, E., Mitsuya, H. and Asou, N. (2005a). Insertion of microRNA-125b-1, a human homologue of lin-4, into a rearranged immunoglobulin heavy chain gene locus in a patient with precursor B-cell acute lymphoblastic leukemia. *Leukemia*, **19**, 2009 – 2010.

Sonoki, T., Iwanaga, E., Mitsuya, H. and Asou, N. (2005b). Ovarian relapse seven years after bone marrow transplantation for B-cell acute lymphoblastic leukemia: an unusual Krukenberg tumor. *American Journal of Hematology*, **80**, 75 – 76.

Vaandrager, J. W., Schuuring, E., Philippo, K. and Kluin, P. M. (2000). V (D) J recombinase-mediated transposition of the BCL2 gene to the IGH locus in follicular lymphoma. *Blood*, **96**, 1947 – 1952.

Willis, T. G. and Dyer, M. J. (2000). The role of immunoglobulin translocations in the pathogenesis of B-cell malignancies. *Blood*, **96**, 808 – 822.

29　TPA 诱导 HL-60 细胞分化相关的 miRNA

Tomoko Kozu

29.1　引言

miRNA 是一组长度为 22nt 左右的非编码 RNA，在翻译水平上参与基因表达调控（Grosshans and Slack，2002；Bartel，2004）。越来越多的研究结果表明，miRNA 通过结合 RISC 复合物中 mRNA 的 3′-UTR 的方式识别其靶标 mRNA，从而发挥调控的作用；mRNA 中至少有 7nt 碱基与 miRNA 5′端第 2～8 个碱基完全互补配对，大约 70% miRNA 和 mRNA 是以这样的互补方式来结合的（Brennecke *et al.*，2005；Lewis *et al.*，2005）。大多数 miRNA 识别其靶标 mRNA 的序列在进化上高度保守（Berezikov *et al.*，2005）。由于一个 miRNA 可以广泛结合靶标序列，因此估计在基因组中存在着大量的 miRNA 的靶标序列。到目前为止，人类基因组中大约有 330 种 miRNA 已被验证，预测一个 miRNA 可调控几百个靶基因，那么，超过 30% 的基因受 miRNA 调控（Bartel and Chen，2004；John *et al.*，2004；Lim *et al.*，2005）。miRNA 是由 RNA 聚合酶 II 转录的基因所编码的，这些基因既可作为独立的基因又可作为内含子位于其他基因内部，所以 miRNA 的调控功能具有组织和发育时期特异性（Lagos-Quintana *et al.*，2002；Lee *et al.*，2004；Hsu *et al.*，2006）。为了了解每种 miRNA 的确切功能，有必要研究不同时空上 miRNA 与其靶基因之间的相互作用。

血细胞生成是造血干细胞历经增殖和分化的结果，是一个受调控的多步骤逐渐演化的过程，维持造血干细胞的自我更新并使造血干细胞向不同的血细胞系分化。该过程用于研究细胞分化和凋亡是一个非常良好的研究体系。研究已表明，一些 miRNA在造血细胞中特异表达，如 miR-181 特异性表达于胸腺中、miR-223 在髓系细胞中、miR-142 在所有造血细胞中（Chen and Lodish，2005）。在 B 细胞慢性淋巴性白血病（B-CLL）中，编码 miR-15a/-16 簇的基因常位于染色体缺失或受损区域（Pekarsky *et al.*，2005；Ramkissoon *et al.*，2005）。在具有 t（8；17）易位的幼淋巴细胞性白血病中，miR-142 基因在 *Myc* 基因的上游发生融合，随后引发了 *c-Myc* 的表达。在 B 细胞淋巴瘤中，一个位于 11q23 区、编码 6 种 miRNA，包括 miR-17、miR-18、miR-19a、miR-20、miR-19b 和 miR-92 的基因被大量扩增，其表达量明显增高（Hayashita *et al.*，2005；L. He *et al.*，2005）。miR-181 的异常表达也已被证实在小鼠中导致 B 细胞的增加（Chen *et al.*，2004）。这些数据提示 miRNA 在造血细胞分化中发挥着重要角色。

在本章中，我们首先介绍 TPA 诱导白血病细胞系 HL-60 分化的一些特性，重点概括了在分化过程中 mRNA 和 miRNA 表达谱的变化，最后讨论 miRNA 的功能和进一步需要解决的问题。

29.2 HL-60 细胞分化

HL-60 是一种髓性细胞系，来源于急性前髓性白血病患者（Collins *et al.*，1977；Collins，1987）。体外培养 HL-60 需要转铁蛋白和胰岛素，在集落刺激因子样的细胞因子自分泌的作用方式下刺激生长。HL-60 细胞中 *Myc* 基因大量扩增，高出正常 15～30 倍，c-MYC 蛋白表达也呈现很高的水平（Collins and Groudine，1982；Nowell *et al.*，1983）。通常，17 号染色体短臂上 *p53* 基因的一个基因座是残缺不全的，在 17 号染色体上的其他基因座则全部丢失，因此，在 HL-60 细胞中 P53 蛋白是缺少的或者是完全没有的（Wolf and Rotter，1985）。此外，HL-60 细胞含有的 N-RAS 密码子有 61 个突变点。尽管这些基因的异常导致至少 3 个重要致癌基因的突变，但是，体外培养的 HL-60 细胞仍能够在不同诱导剂的处理下最终分化成髓系的几种细胞类型。例如，维甲酸、DMSO 和放线菌素 D 可诱导 HL-60 细胞分化为粒细胞；各种中性的复合物包括维生素 D_3 可诱导 HL-60 向单核细胞分化；而佛波酯肿瘤诱导剂 12-*O*-tetradecanoylphorbol-13-acetate（TPA）可诱导 HL-60 细胞向巨噬细胞方向分化。粒细胞-巨噬细胞集落刺激因子（granulocyte-macrophage colony-stimulating factor，GM-CSF）和微碱性培养基（pH 7.6～7.8）共培养可诱导分化为嗜曙红细胞。TPA 是前面提到的诱导剂中最具有潜力的一种分化诱导剂。TPA 诱导 HL-60 分化发生在具有 DNA 合成的非细胞分裂期，而受维甲酸诱导分化成粒细胞需要通过几个细胞分裂期才能完成。TPA 诱导的 HL-60 细胞变黏，且表面呈现单核/巨噬细胞表面抗原，在受诱导 48h 内表达非特异性的酯酶，并具有吞噬活力。因此，TPA 诱发了 HL-60 细胞内染色体重排而未经过细胞分裂。大量证据表明，HL-60 细胞内 TPA 的细胞受体是蛋白激酶 C（PKC）（Gilmore and Martin，1983；Salehi *et al.*，1988；Slosberg *et al.*，2000）。PKC 是一种钙调的磷酸酯酶依赖的蛋白激酶，在通过细胞膜转到各种细胞内信号方面发挥关键作用。一般情况下，PKC 是通过内源性的二酰甘油激发而瞬间激活的，这里，TPA 替代了内源性的二酰甘油，导致延长了 PKC 的活性。为了分析 TPA 诱导的分化情况，采用 HL-60 的一种改性细胞系 HL-525 细胞进行研究（Tonetti *et al.*，1992）。这种细胞对 TPA 诱导引起的向巨噬细胞分化成熟的作用有抑制，但对向单核和粒细胞方向分化的诱导剂是敏感的。HL525 是 PKCβ 和 PRKX 缺陷型的细胞系。PRKX 是髓系特异的蛋白激酶，其表达受 PKCβ 的调控，介导巨噬细胞和粒细胞的发育（Semizarov *et al.*，1998）。TPA 处理后 30min 内，HL-60 细胞内至少有 14 种蛋白质发生特异性磷酸化。特别是转铁受体发生磷酸化，膜上受体的水平下降，导致增殖能力迅速下降。作为 PKC 的直接靶基因，拓扑异构酶 II 也发生磷酸化，其功能是调控特异基因的 DNA 复制和转录。拓扑异构酶 II 的磷酸化引起 DNA 的解旋和松弛，导致基因表达的改变（Sahyoun *et al.*，1986）。染色质结构的改变可能引发 *Myc* 内含子因子（MIF-1）结合到 *MYC* 基因内含子 1 区的 X-box 位点，导致 *MYC* 转录子成熟提前终止从而引起 c-MYC 的表达下调（Salehi *et al.*，1988；Meulia *et al.*，1992）。在 TPA 处理后，NF-κB 也即刻被活化。尽管有关 TPA 引发的信号转导通路的确切机制仍不清楚，通过 DNA 芯片分析已经显示基因改变是暂时的、协调的。

29.3 mRNA 和 miRNA 表达谱的变化

TPA 处理 HL-60 细胞 48h 内发生了广泛的染色质重排。TPA 诱导后的基因表达谱也已用 DNA 芯片分析出来（Zheng *et al.*，2002）。最初，表现出来超过 100 个基因的表达被关闭，包括 *Myc*、*Fibrillarin*、*HMG-2*、*PCNA*、*RPS6 K*（ribosomal protein S6 kinase，核糖体蛋白 S6 激酶）、*DNA JB2*、*GEM*、*GAB1* 和 *TLX1*。这些基因大多在转录和转录后水平上参与细胞增殖通路。事实上，TPA 诱导 15min，每个细胞中大多数 RNA 下降至 40%，48h 后逐渐恢复到最初水平（结果未发表）。此外，TPA 诱导后 15min 内早期反应基因被诱导，并在随后的 2～3h 中表达，但未能够检测到（图 29.1）。在 TPA 诱导 0.25h 和 0.5h 早期反应基因包括 *TGF-b2*、*CSF1R*、*SMARCB1*（INI1、SWI/SNF 染色体重排复合物的亚基）、*Rab2* 和转录因子［如 JUND、FOSB、同源蛋白 NKX2.1、转录因子 3（E2A 免疫球蛋白增强子结合因子 E12/E47，TCF3）和 κ-样锌指因子（KLF4）］。之后，一组基因发生转录活化，这些基因为中期反应基因，

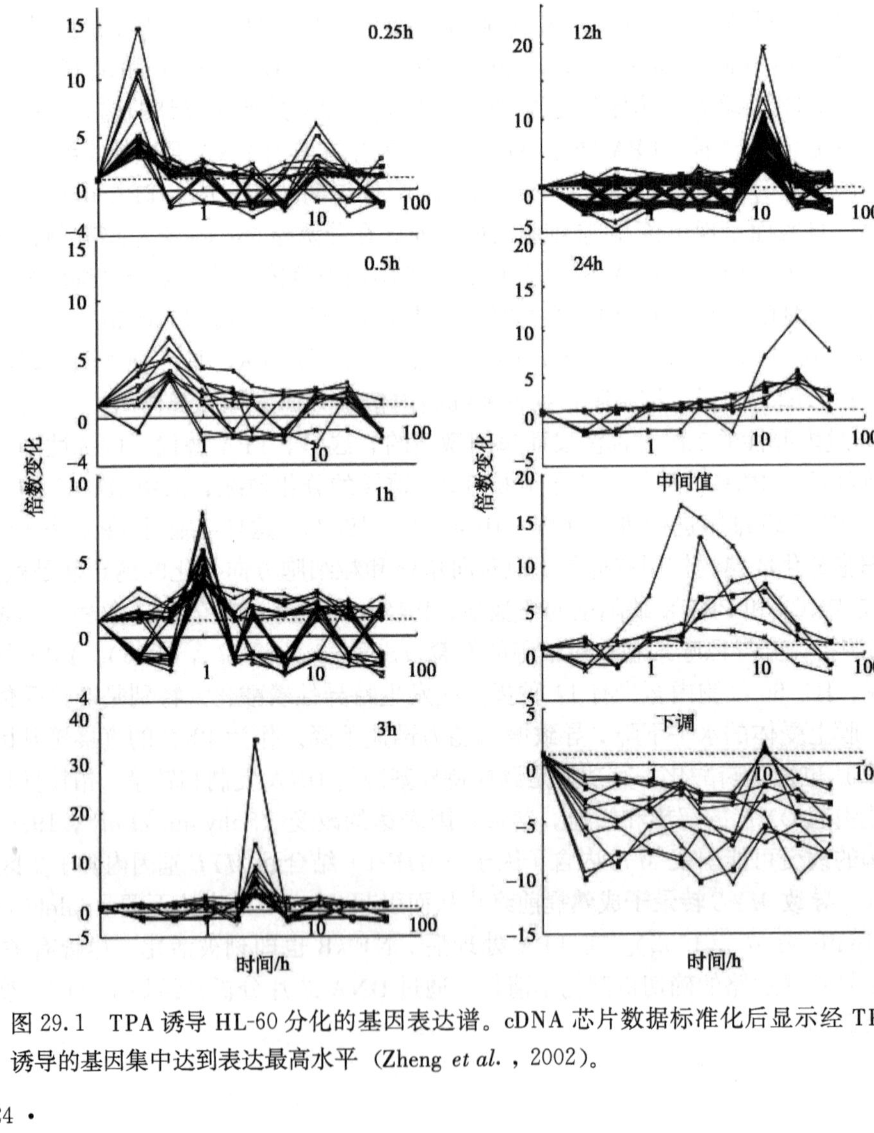

图 29.1 TPA 诱导 HL-60 分化的基因表达谱。cDNA 芯片数据标准化后显示经 TPA 诱导的基因集中达到表达最高水平（Zheng *et al.*，2002）。

它们在 TPA 处理后 2～3h 被诱导表达，并在处理 12～24h 表达关闭。这些基因包括白细胞介素 8 和一些低分子质量的诱导因子 A2、A3、A4 和 A7，以及早期生长因子-1 和 2（EGR-1 和 EGR-2）和 Pac-1。处理 12～24h 时，后期反应基因被诱导或被抑制，48h 时这些基因或表达达到高峰或下调。后期反应基因包括一些在造血细胞分化中起作用的转录因子，如 RUNX1、HOXB7、TSSC1、MLL、ETS2 和 KLF1，以及分化标记蛋白，如 villin、vimentin 及 activin A。在 48h，基因表达未进一步发生活化，因此可以推断 TPA 诱导向单核/巨噬分化过程中发生基因重排在 48h 完毕。利用双向凝胶电泳进行蛋白分析，结果显示 HL-60 和巨噬细胞之间有 136 点（全部的 19.9%）有数量改变（Juan *et al.*，2002）。但是，仅有 4 个蛋白质（G 蛋白、组胺酰基-tRNA 合成酶同源物、hnRNP A2/B1 和 A1）在蛋白质分析和 cDNA 芯片数据上是吻合的，其余的在 mRNA 表达和蛋白质含量之间表现较弱的相关性。这个结果提示蛋白质的表达水平存在 miRNA 的调控。

29.4 TPA 诱导分化的 miRNA 表达谱

为了阐明 miRNA 在巨噬细胞分化中的功能，我们从经 TPA 处理和未经处理的 HL-60 细胞中分离了 18～26nt RNA，并进行序列测定、数据库检索和表达谱分析（图 29.2）(Kasashima *et al.*，2004)。结果显示，在 RNA 库中存在几种细胞内 RNA 组分。克隆的 RNA 中超过一半的 RNA 呈现了大量非编码 RNA 的断裂产物，这些非编码 RNA 如 rRNA、snRNA、snoRNA 和 tRNA。rRNA 在 TPA（＋）库中出现的频率比 TPA（－）高出大约 2.5 倍。我们推测，这可能是 TPA 引起的少量基因的重排和凋亡的结果。排除非 miRNA 的序列，我们在 HL-60 细胞中发现了 2 种新的和 38 种已知的 miRNA 表达。这些新的 miR 被命名为 miR-423 和 miR-424（http：//www.sanger.ac.uk/Software/Rfam/mirna）(Griffiths-Jones *et al.*，2006)。此外，我们还在 HL-60 细胞中发现了 miR-30e 和 miR-378 的反义链（表 29.1）。迄今为止，有 4 种方法可用来分析 miRNA 的表达谱，包括 miRNA 直接克隆法、miRNA 芯片、Northern 杂交法和定量 RT-PCR 分析方法。新的 miRNA 可通过前面提到的克隆方法鉴定，但是为了获得所有表达的 miRNA 的定量分析，需要进行大量的克隆子的分析（Elbashir *et al.*，2001)。已知 miRNA 表达谱可采用 Northern 杂交、miRNA 芯片和定量 RT-PCR 方法获得（Ciafrè *et al.*，2005；Iorio *et al.*，2005）。在 Northern 杂交中，成熟 miRNA和 miRNA 前体的大小和数量都可检测到。而在实时定量 PCR 中，利用单个 miRNA 特异引物可对成熟 miRNA 进行定量分析（Chen *et al.*，2005)。为了获得 TPA 处理和未处理的 HL-60 细胞 miRNA 的表达谱，我们用 150 种已知 miRNA 的特异引物（TaqMan 标记法，Applied Biosystems）进行实时定量 RT-PCR。结果显示，71 种 miRNA 在 HL-60 细胞中表达正常，而有 3 种在 TPA 诱导 48h 明显升高（未发表结果）。Lu 等利用一种新的芯片技术——免疫磁珠芯片（beads-based microarray）的方法分析了在全反式维甲酸处理下 HL-60 细胞向中性粒细胞分化过程中 miRNA 表达谱的变化（Lu *et al.*，2005）。他们发现其中有 59 个 miRNA 表达正常，与我们的数据基本一致。我们在 RT-PCR 中获得许多 miRNA 阳性结果，但在芯片分析中未能检测到或是不确定（表 29.1）。在 HL-60 细胞中共发现有 95 种 miRNA，这些 miRNA 可根据对

TPA 诱导的反应不同而进行分类，表达水平呈现为上调或下调。32 种 miRNA 是下调的，而 35 种 miRNA 表达上调。下调的 miRNA 包括 miR-15、miR-16、miR-17-92 簇，以及造血干细胞特异的 miRNA 诸如 miR-181、miR-142 和 miR-223。大多数表达下调程度为 40%～80%。miR-16 调控一种具有丰富 AU 元件的短命转录因子的表达（Jing *et al.*，2005）。miR-17-92 簇在淋巴瘤中被扩增，已被实验证实是一个致癌基因（L. He *et al.*，2005）。miR-181 在造血干细胞和前祖细胞中表达时，促进 B 细胞分化（Chen *et al.*，2004）。而 miR-142 则被发现位于一例浸润期 B 细胞白血病患者的易位位点。所以，在 TPA 诱导分化过程中这些 miRNA 的下调可能与癌症相关。上调表达的 miRNA 包括 miR-21、miR-24、miR-27a、miR-124a、miR-125a、miR-146、miR-155、miR-221、miR-222、miR-423 和 miR-424。miR-124 特异表达在大脑，与神经发生相关（Smirnova *et al.*，2005）。miR-125、miR-155 和 miR-21 在人乳腺癌中是低表达的（Iorio *et al.*，2005），而 miR-221、miR-222 和 miR-146 在甲状腺乳头状癌中高表达，抑制了 KIT 的表达（H. He *et al.*，2005）。其中一些异常表达的 miRNA 在细胞增殖过程中起阻滞作用。为了阐明单个 miRNA 在 HL-60 分化中的作用，我们需要进一步确定这些分化过程中 miRNA 的靶基因。

表 29.1　4 种方法分析 HL-60 细胞中 miRNA 表达谱

HL-60 细胞	免疫磁	克隆[a]		Northern 杂交[b]		Real-time PCR[c]		
中的 miRNA	珠芯片	TPA⁻	TPA⁺	TPA⁻	TPA⁺	TPA⁻	TPA⁺	比例
let-7a	+	1	3			0.106	0.127	**1.20**
let-7b	+	2	0			0.076	0.035	**0.46**
let-7c	+							
let-7d	+	3	0			0.179	0.182	1.02
let-7e	−	0	1			0.0004	0.0021	**5.71**
let-7f	+	0	1					
let-7g	+					0.174	0.200	1.15
let-7i						0.027	0.029	1.07
miR-15a	+	5	**2**	1	**0.84**	0.021	0.022	1.08
miR-15b	+					0.090	0.058	**0.64**
miR-16	+	1	0	1	**0.78**	1.000	0.780	**0.78**
miR-17-3p	+	0	1			0.009	0.0061	**0.66**
miR-17-5p	+	5	**1**	1	**0.41**	0.842	0.638	**0.76**
miR-18	−	2	0					
miR-19a	+					1.229	0.373	**0.30**
miR-19b	+	1	0					
miR-20	+	1	0			0.733	0.253	**0.34**
miR-21	+	1	21	1	4.95	0.095	0.515	**5.44**
miR-23a	+	1	3	1	1.8	0.108	0.237	**2.20**
miR-23b	+					0.015	0.013	**0.87**
miR-24	+	0	6	1	2.34			
miR-25	+	1	1			0.302	0.138	**0.46**
miR-26a	+	2	4			0.121	0.156	**1.29**
miR-26b	+	1	2			0.064	0.082	**1.29**
miR-27a				1	2.06	0.036	0.275	**7.61**
miR-27b	+	8	10			0.005	0.007	**1.42**

续表

HL-60 细胞中的 miRNA	免疫磁珠芯片	克隆[a]		Northern 杂交[b]		Real-time PCR[c]		
		TPA$^-$	TPA$^+$	TPA$^-$	TPA$^+$	TPA$^-$	TPA$^+$	比例
miR-28						0.003	0.011	**3.86**
miR-29a	−	1	0			0.220	0.457	**2.08**
miR-29b	+					0.103	0.067	**0.65**
miR-29c	+	0	1			0.369	0.430	1.16
miR-30a-3p	−	1	0			0.0051	0.0063	1.24
miR-30a-5p	−	1	0					
miR-30b	+					0.216	0.140	**0.65**
miR-30c						0.126	0.154	**1.22**
miR-30d	+					0.037	0.032	**0.85**
miR-30e	+	0	1			0.009	0.019	**2.18**
miR-30e-3′		1	3					
miR-33	+							
miR-34a						0.00006	0.0033	**58.71**
miR-92	+	2	1			1.402	0.902	**0.64**
miR-93	+	1	0					
miR-98	+					0.019	0.022	1.16
miR-99a						0.009	0.030	**3.40**
miR-100						0.009	0.035	**4.01**
miR-101	+	1	0					
miR-103	+					0.143	0.104	**0.73**
miR-106a	+					0.501	0.302	**0.60**
miR-106b	+							
miR-107	+					0.0031	0.0023	**0.74**
miR-124a	++	0	2			0.0075	0.033	**4.41**
miR-124b						0.0019	0.0046	**2.42**
miR-125a	+					0.0086	0.062	**7.16**
miR-125b						0.0064	0.019	**2.95**
miR-128a	−	1	0			0.0016	0.0032	**1.98**
miR-130b						0.130	0.056	**0.43**
miR-139	+					0.0006	0.0008	**1.30**
miR-140*	+					0.055	0.054	0.98
miR-142-3p	++	6	**1**	1	**0.57**	2.571	1.030	**0.40**
miR-142-5p	++	13	**9**	1	**0.42**	0.113	0.075	**0.67**
miR-146						0.002	0.075	**49.80**
miR-148a						0.058	0.052	**0.89**
miR-152	+							
miR-153	+							
miR-155	−	0	1			0.000	0.002	**9.44**
miR-181a	+			1	**0.61**	0.159	0.105	**0.66**
miR-181b	+					0.257	0.073	**0.28**
miR-181c	+					0.005	0.004	**0.73**
miR-186						0.119	0.137	1.15

续表

HL-60 细胞中的 miRNA	免疫磁珠芯片	克隆[a]		Northern 杂交[b]		Real-time PCR[c]		
		TPA$^-$	TPA$^+$	TPA$^-$	TPA$^+$	TPA$^-$	TPA$^+$	比例
miR-191						0.172	0.193	1.12
miR-193	+					—		
miR-195						0.008	0.012	**1.54**
miR-197						0.020	0.033	**1.68**
miR-199a*						0.048	0.024	**0.50**
miR-199b	+					0.042	0.011	**0.26**
miR-200c						0.001	0.003	**4.03**
miR-210						0.010	0.003	**0.35**
miR-213						0.009	0.001	**0.08**
miR-221	+	1	1			0.071	0.776	**10.98**
miR-222	+	0	3			0.038	0.349	**9.30**
miR-223	+			1	**0.61**	0.516	0.321	**0.62**
miR-294	+							
miR-301						0.014	0.101	**7.24**
miR-302a	+					0.078	0.068	**0.87**
miR-320	+	4	**1**					
miR-324-5p						0.009	0.004	**0.44**
miR-328	+					0.001	0.001	**1.68**
miR-330	+					—		
miR-339	+	0	1			0.030	0.010	**0.35**
miR-342						0.058	0.108	**1.86**
miR-352	+							
miR-374						0.014	0.022	**1.59**
miR-422b		23	11	1	**1.25**			
miR-423		1	0	1	**2.7**			
miR-424		1	3	1	**2.92**			

注：a. 克隆数；b. 将 TPA 设定为 1 的相对值；c. 以 miR-16 为参照进行优化。

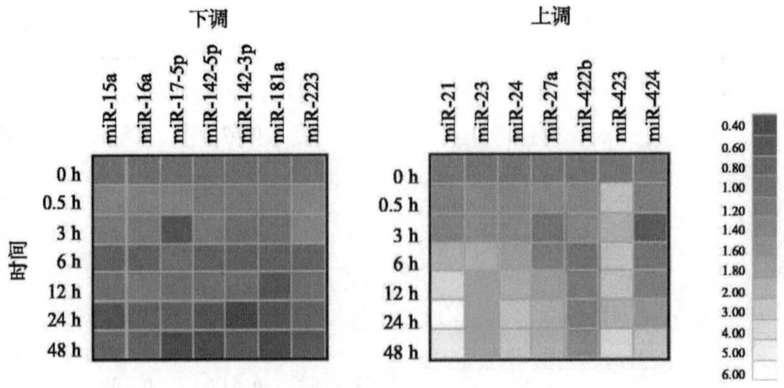

图 29.2 TPA 诱导在不同时间点 miR 的表达谱。TPA 诱导后 48h 和起始时（0 时）上调和下调 miR 的表达水平用不同的灰度标识出来。这些 miR 的表达水平经 Northern 杂交鉴定（Kasashima *et al.*，2004）。

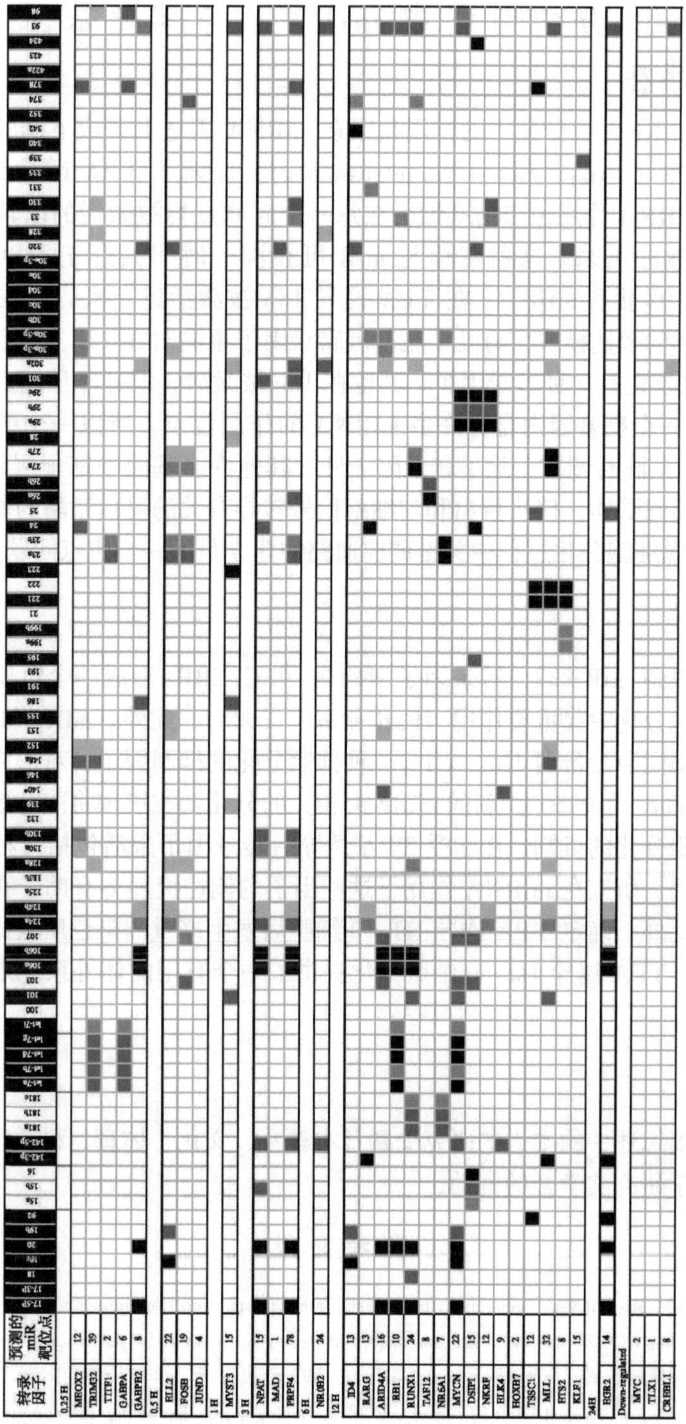

图 29.3　TPA 激活的转录因子中作为 miRNA 靶标的位点的预测。在 HL-60 细胞中表达的 miRNA，其被预测的位于转录因子的靶标位点分别用 3 种颜色标识出来：红色表示上调；蓝色表示下调；灰色表示无变化或未知。预测的 miR 靶标位点栏中的数字代表由 Target Scan Software (Release 3.1) 预测到的所有 miR 靶标位点。聚类的 miR 由相同的颜色表示。(本书原图即为黑白图。——译者注)

29.5 HL-60 分化过程中 miRNA 与其靶基因 mRNA 同时存在

为了阐明 miRNA 在分化中的作用和探索 miRNA 表达上调或下调的原因，我们采用 miRanda 软件（http：//www. targetscan. org/）搜索了 TPA 诱导后激活的且 3′-UTR 区含有 miRNA 作用位点的基因。在每一个时间点均被激活的以转录因子为 miR 靶标的位点被标注出来，这些靶标与 miR 可在同一时间共存于 HL60 细胞中（图 29.3）。miR-17-92 簇和 miR-142 在 TPA 诱导 12h 被激活过一次，但在 48h 却表达下调，表现出双相的表达模式。有几个靶基因转录因子也同时在 12h 被激活。预测到 let-7 家族的靶标分子也是一种转录因子，其也在 12h 被激活，但并非早期反应基因。正如图 29.3 所示，一个靶基因内含有许多 miRNA 的作用位点，所以一个靶基因必然被几种不同的 miRNA 同时调控。除了转录因子外，其他许多基因中都预测到了 miRNA 的作用位点，如编码受体、接头蛋白和与细胞信号转导有关的蛋白激酶的基因。因此，对 TPA 诱导向巨噬细胞分化过程中关键调控通路的建立是下一个焦点问题。

29.6 结论

最近，有报道 miR-223、转录因子 NFI-A 和 C/EBPa 形成一个负反馈环，在维甲酸诱导向粒细胞分化中起重要作用（Fazi *et al.*，2005）。此外，miR-181 在肌原细胞分化中表现为下调同源盒蛋白 Hox-AII [一种抑制分化的抑制因子，对形成肌肉表型有利（Naguibneva *et al.*，2006）]。新的 miRNA 相关的分化调控机理将能有效地阐明 HL-60 细胞向巨噬细胞分化的机制。由于受 TPA 诱导后转录因子激活包括几种与白血病发生相关的原癌基因，研究在 miRNA 作用下这些因子的调控机理将有助于我们理解白血病的发生原因。此外，确定 TPA 诱导 HL-60 细胞后发生严重的染色质重排的机制也是很重要的。因此，TPA 诱导 HL-60 细胞分化提供了一个有用的体外系统来研究造血细胞的分化。

致谢

引用在这篇综述中的本人的研究受到日本教育、文化、体育、科学和技术部所设立的优先照顾科学研究奖学金的资助。

参考文献

Bartel, D. P. (2004). MicroRNAs: genomics, biogenesis, mechanism, and function. *Cell*, **116**, 281-297.

Bartel, D. P. and Chen, C. Z. (2004). Micromanagers of gene expression: the potentially widespread influence of metazoan microRNAs. *Nature Reviews in Genetics*, **5**, 396-400.

Berezikov, E., Guryev, V., van de Belt, J. *et al*. (2005). Phylogenetic shadowing and computational identification of human microRNA genes. *Cell*, **120**, 21-24.

Brennecke, J., Stark, A., Russell, R. B. and Cohen, S. M. (2005). Principles of microRNA-target recognition. *Public Library of Science Biology*, **3**, e85.

Chen, C., Ridzon, D. A., Broomer, A. J. *et al*. (2005). Real-time quantification of microRNAs by stem-loop RT-PCR. *Nucleic Acids Research*, **33**, e179.

Chen, C. Z. and Lodish, H. F. (2005). MicroRNAs as regulators of mammalian hematopoiesis. *Seminars in Immunology*, **17**, 155–165.

Chen, C. Z., Li, L., Lodish, H. F. and Bartel, D. P. (2004). MicroRNAs modulate hematopoietic lineage differentiation. *Science*, **303**, 83–86.

Ciafrè, S. A., Galardi, S., Mangiola, A. *et al*. (2005). Extensive modulation of a set of microRNAs in primary glioblastoma. *Biochemical Biophysical Research Communications*, **334**, 1351–1358.

Collins, S. and Groudine, M. (1982). Amplification of endogenous myc-related DNA sequences in a human myeloid leukaemia cell line. *Nature*, **298**, 679–681.

Collins, S. J. (1987). The HL-60 promyelocytic leukemia cell line: proliferation, differentiation, and cellular oncogene expression. *Blood*, **70**, 1233–1244.

Collins, S. J., Gallo, R. C. and Gallagher, R. E. (1977). Continuous growth and differentiation of human myeloid leukaemic cells in suspension culture. *Nature*, **270**, 347–349.

Elbashir, S. M., Lendeckel, W. and Tuschl, T. (2001). RNA interference is mediated by 21-and 22-nucleotide RNAs. *Genes & Development*, **15**, 188–200.

Fazi, F., Rosa, A., Fatica, A. *et al*. (2005). A minicircuitry comprised of microRNA-223 and transcription factors NFI-A and C/EBPalpha regulates human granulopoiesis. *Cell*, **123**, 819–831.

Gilmore, T. and Martin, G. S. (1983). Phorbol ester and diacylglycerol induce protein phosphorylation at tyrosine. *Nature*, **306**, 487–490.

Griffiths-Jones, S., Grocock, R. J., van Dongen, S., Bateman, A. and Enright, A. J. (2006). miRBase: microRNA sequences, targets and gene nomenclature. *Nucleic Acids Research*, **34**, D140–144.

Grosshans, H. and Slack, F. J. (2002). Micro-RNAs: small is plentiful. *Journal of Cell Biology*, **156**, 17–21.

Hayashita, Y., Osada, H., Tatematsu, Y. *et al*. (2005). A polycistronic microRNA cluster, miR-17-92, is overexpressed in human lung cancers and enhances cell proliferation. *Cancer Research*, **65**, 9628–9632.

He, H., Jazdzewski, K., Li, W. *et al*. (2005). The role of microRNA genes in papillary thyroid carcinoma. *Proceedings of the National Academy of Sciences USA*, **102**, 19 075–19 080.

He, L., Thomson, J. M., Hemann, M. T. *et al*. (2005). A microRNA polycistron as a potential human oncogene. *Nature*, **435**, 828–833.

Hsu, P. W., Huang, H. D., Hsu, S. D. *et al*. (2006). miRNAMap: genomic maps of microRNA genes and their target genes in mammalian genomes. *Nucleic Acids Research*, **34**, D135–139.

Iorio, M. V., Ferracin, M., Liu, C. G. *et al*. (2005). MicroRNA gene expression deregulation in human breast cancer. *Cancer Research*, **65**, 7065–7070.

Jing, Q., Huang, S., Guth, S. *et al*. (2005). Involvement of microRNA in AU-rich element-mediated mRNA instability. *Cell*, **120**, 623–634.

John, B., Enright, A. J., Aravin, A. *et al*. (2004). Human microRNA targets. *Public Library of Science Biology*, **2**, e363.

Juan, H. F., Lin, J. Y., Chang, W. H. *et al*. (2002). Biomic study of human myeloid leukemia cells differentiation to macrophages using DNA array, proteomic, and bioinformatic analytical methods. *Electrophoresis*, **23**, 2490–2504.

Kasashima, K., Nakamura, Y. and Kozu, T. (2004). Altered expression profiles of microRNAs during TPA-induced differentiation of HL-60 cells. *Biochemical Biophysical Research Communications*, **322**, 403–410.

Lagos-Quintana, M., Rauhut, R., Yalcin, A. *et al*. (2002). Identification of tissue-specific microRNAs from mouse. *Current Biology*, **12**, 735–739.

Lee, Y., Kim, M., Han, J. *et al*. (2004). MicroRNA genes are transcribed by RNA polymerase II. *European Molecular Biology Organization Journal*, **23**, 4051–4060.

Lewis, B. P., Burge, C. B. and Bartel, D. P. (2005). Conserved seed pairing, often flanked by adenosines, indicates that thousands of human genes are microRNA targets. *Cell*, **120**, 15–20.

Lim, L. P., Lau, N. C., Garrett-Engele, P. *et al*. (2005). Microarray analysis shows that some microRNAs down-regulate large numbers of target mRNAs. *Nature*, **433**, 769–773.

Lu, J., Getz, G., Miska, E. A. *et al*. (2005). MicroRNA expression profiles classify human cancers. *Nature*, 435, 834–838.

Meulia, T., Krumm, A., Spencer, C. and Groudine, M. (1992). Sequences in the human c-myc P2 promoter affect the elongation and premature termination of transcripts initiated from the upstream P1 promoter. *Molecular Cell Biology*, **12**, 4590–4600.

Naguibneva, I., Ameyar-Zazoua, M., Polesskaya, A. *et al*. (2006). The microRNA miR-181 targets the homeobox protein Hox-A11 during mammalian myoblast differentiation. *Nature Cell Biology*, **8**, 278–284.

Nowell, P., Finan, J., Dalla-Favera, R. *et al*. (1983). Association of amplified oncogene c-myc with an abnormally banded chromosome 8 in a human leukaemia cell line. *Nature*, **306**, 494–497.

Pekarsky, Y., Calin, G. A. and Aqeilan, R. (2005). Chronic lymphocytic leukemia: molecular genetics and animal models. *Current Topics in Microbiology and Immunology*, **294**, 51–70.

Ramkissoon, S. H., Mainwaring, L. A., Ogasawara, Y. *et al*. (2005). Hematopoietic-specific microRNA expression in human cells. *Leukemia Research*, **30**, 643–647.

Sahyoun, N., Wolf, M., Besterman, J. *et al*. (1986). Protein kinase C phosphorylates topoisomerase II: topoisomerase activation and its possible role in phorbol ester-induced differentiation of HL-60 cells. *Proceedings of the National Academy of Sciences USA*, **83**, 1603–1607.

Salehi, Z., Taylor, J. D. and Niedel, J. E. (1988). Dioctanoylglycerol and phorbol esters regulate transcription of c-myc in human promyelocytic leukemia cells. *Journal of Biological Chemistry*, **263**, 1898–1903.

Semizarov, D., Glesne, D., Laouar, A., Schiebel, K. and Huberman, E. (1998). A lineagespecific protein kinase crucial for myeloid maturation. *Proceedings of the National Academy of Sciences USA*, **95**, 15 412–15 417.

Seo, J., Kim, M. and Kim, J. (2000). Identification of novel genes differentially expressed in PMA-induced HL-60 cells using cDNA microarrays. *Molecular Cells*, **10**, 733–739.

Slosberg, E. D., Yao, Y., Xing, F. *et al*. (2000). The protein kinase C beta-specific inhibitor LY379196 blocks TPA-induced monocytic differentiation of HL60 cells. *Molecular Carcinogenesis*, **27**, 166–176.

Smirnova, L., Grafe, A., Seiler, A. *et al*. (2005). Regulation of miRNA expression during neural cell specification. *European Journal of Neurosciences*, **21**, 1469–1477.

Tonetti, D. A., Horio, M., Collart, F. R. and Huberman, E. (1992). Protein kinase C beta gene expression is associated with susceptibility of human promyelocytic leukemia cells to phorbol ester-induced differentiation. *Cell Growth & Differentiation*, **3**, 739–745.

Wolf, D. and Rotter, V. (1985). Major deletions in the gene encoding the p53 tumor antigen cause lack of p53 expression in HL-60 cells. *Proceedings of the National Academy of Sciences USA*, **82**, 790–794.

Zheng, X., Ravatn, R., Lin, Y. *et al*. (2002). Gene expression of TPA induced differentiation in HL-60 cells by DNA microarray analysis. *Nucleic Acids Research*, **30**, 4489–4499.

30 miRNA 在骨骼肌分化中的作用

Irina Naguibneva*，Anna Polesskaya and Annick Harel-Bellan

30.1 引言

microRNA（miRNA）作为一类重要的、体内自然形成的短小 RNA 分子，它们在基因的转录后调控中发挥了重要的作用。秀丽隐杆线虫和果蝇的遗传学研究表明，miRNA 能对在发育过程中的重要事件在时间和空间上实施微调，这些事件包括前体细胞的增殖、分化和程序性死亡（Ambros，2003；Brennecke *et al.*，2003；Sempere *et al.*，2003，Xu *et al.*，2003；Biemar *et al.*，2005）。至今为止，几乎所有的研究都表明 miRNA 在所研究的细胞类型中都是必需的。最近，通过对斑马鱼胚胎发育过程中 miRNA 空间表达的系统分析，表明大部分 miRNA 都具有时间依赖性的组织特异性表达模式（Wienholds *et al.*，2005）。通过计算机方法预测到平均每种 miRNA 有几百个靶标 mRNA，这表明 miRNA 在不同的遗传学事件中都发挥着广泛的调控作用（Lewis *et al.*，2003；Brennecke *et al.*，2005；Krek *et al.*，2005；Xie *et al.*，2005）。然而到目前为止，通过实验方法证明 miRNA 功能性的靶基因依然非常少。

我们已经对 miRNA 在哺乳动物骨骼肌中的作用进行了阐述。肌肉的形成（图 30.1）涉及成肌细胞前体细胞的增殖，这些细胞随后会退出细胞周期而进入到终末分化程序，其中的事件包括成肌细胞融合形成体积巨大的多核细胞（即肌管），并开始表达肌肉组织特异性标志基因如肌球蛋白重链基因（MHC）和肌肉肌酸激酶基因（MCK）（图 30.1）。通过诱导使全能 ES 细胞定向分化成肌细胞，或者在已建立的成肌细胞系中

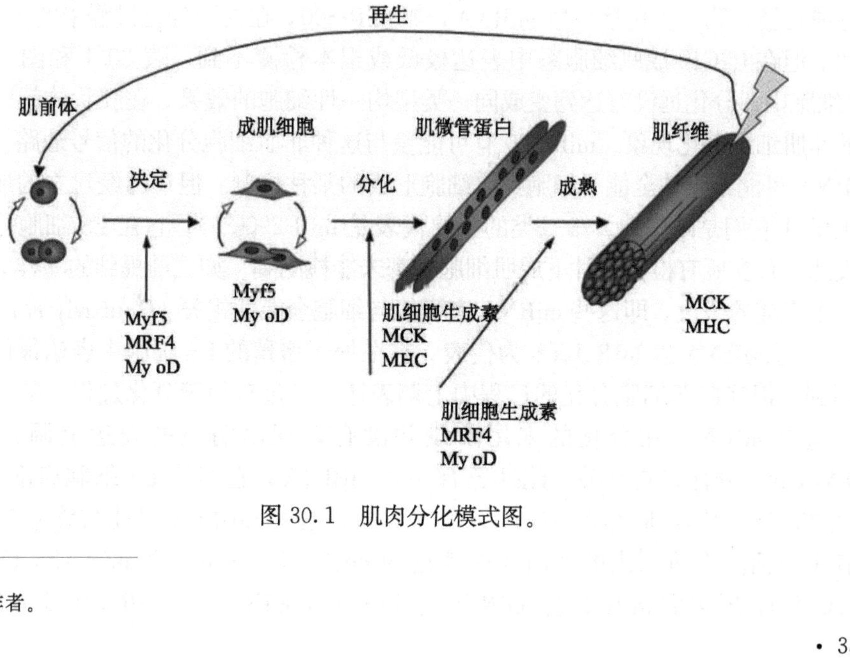

图 30.1 肌肉分化模式图。

* 通讯作者。

通过剥夺生长因子的方法，使它们错误地进入骨骼肌分化通路，这两种方法都可以使分化过程在离体模型中得到重现。

属于 bHLH 类（basic helix-loop-helix）肌源性因子的 MyoD 基因家族及 MEF 蛋白家族作为“控制阀”，直接控制肌肉组织性特异基因的表达（见综述 Buckingham *et al*，2003）。肌肉发生过程中其他重要的转录调控因子，如 Pax 和 Hox 蛋白家族，或作用于 MyoD（Pax3）基因上游（Tajbakhsh *et al*.，1997），或直接调控 MyoD 的表达（*HoxA-11* 和 *HoxA-13*）（Yamamoto and Kuroiwa，2003）。虽然目前对于肌肉发生过程中转录调控的认识已经有了很大进展，但是几乎没有研究关注到基因的转录后调控机制及受非蛋白因子的调控。

目前，有关 microRNA 参与肌肉组织分化调控的研究数据极少。前人对 miRNA 的研究是从成熟的组织和胚胎细胞系中克隆出 miRNA 分子开始的（Lagos-Quintana *et al*.，2002；Lagos-Quintana *et al*.，2003；Houbaviy *et al*.，2003；Poy *et al*.，2004）。miRNA 在发育过程和成体中具有组织特异性表达（Sempere *et al*.，2004），尤其是在中枢神经系统中（Krichevsky *et al*.，2003）。microRNA 在骨骼肌中似乎不太丰富。目前已知仅有三种 miRNA 富集于骨骼肌中，包括 miR-133、miR-1 和 miR-206（Sempere *et al*.，2004）。在小鼠中，miR-1 家族（包括 miR-1-1 和 miR-1-2）在心肌和骨骼肌前体细胞中特异性表达。这些 miRNA 控制心肌细胞的增殖和生存，且其表达受血清应答因子（SRF）的调控。在骨骼肌中，miR-1 的转录受 MyoD 和 MEF-2 转录因子的调控（Zhao *et al*.，2005）。

30.2 肌肉组织分化过程中 miRNA 的表达

为了了解 miRNA 在小鼠肌肉中的功能，我们用 Northern 杂交方法分析全能 ES 细胞分化过程中和终末分化的成肌细胞系（C2C12）中 miRNA 的表达，见图 30.2（a），结果总结于表 30.1。

部分 miRNA 在肌肉组织定向分化的整个过程中都未能检测到，而检测到的 miRNA 可以分成几类。第一类包括少数 miRNA，如 miR-300，在处于分化过程中的 ES 细胞中上调表达，但在 C2C12 成肌细胞系中表达极低或根本检测不到［表 30.1 和图 30.2（a）］。在 ES 细胞中，分化远没有达到变成同一类型均一性细胞的效果，在胚状体就能观察到很明显的非肌细胞分化现象。miR-300 有可能参与这种非肌细胞分化的信号通路。或者，这类 miRNA 可能参与从全能干细胞到肌细胞形成的某种机制，但在已经建立的成肌细胞系如 C2C12 中它们是缺失的。第二类的主要代表是 miR-290-295，它在 ES 细胞分化过程中下调表达，且在所有检测条件下成肌细胞中都未能检测到。如之前提到的一样，我们可以提出一个有趣的假设，即这些 miRNA 有可能与细胞全能性相关（Houbaviy *et al*.，2003）。

第三类 miRNA 以 miR-125b 为代表，它在处于增殖的 ES 细胞中表达很低或者根本检测不到，但在向肌细胞分化的过程中上调表达。通过对处于分化过程中的成肌细胞的分析，这类 miRNA 在分化的末尾阶段并没有表现出明显的表达上调，表明这类 miRNA 可能与分化定向有关。此外还有一类 miRNA，它们从 ES 细胞启动分化开始，直至最终诱导为成肌细胞都会被诱导表达。那么这些 miRNA 可能与终末分化程序有关，其中包括前面所列出的在肌肉中表达的 miR-133、miR-1 及 miR-126（Sempere *et al*.，2004），还包括 miR-208、miR-297、let-7c 及 miR-181。miR-181 令人出乎意料，因为有研究表明它是B淋巴细胞系中重要的调节因子（Chen *et al.*，2004）。这类miRNA的表达谱大致与肌肉组织特异性蛋白如MCK的表达谱一致［图30.2（a）］。

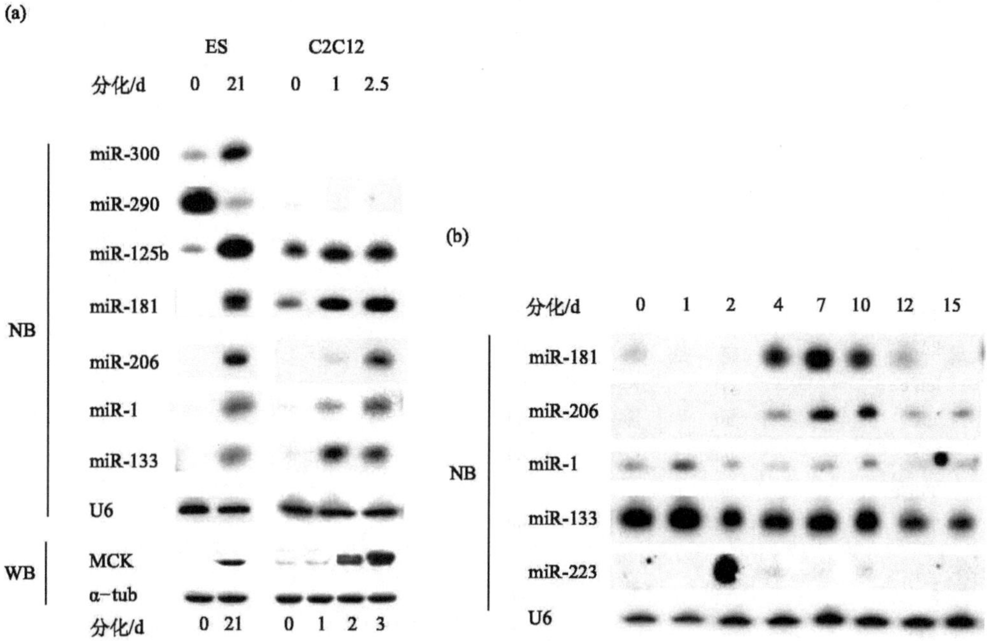

图30.2 肌肉组织分化过程中部分miRNA的表达。(a) 处于分化阶段的ES或C2C12细胞中miRNA和肌肉组织标志性基因的时序性表达。NB，Northern blot；WB，Western blot；MCK，肌肉肌酸激酶；α-tub，α-微管蛋白（在此作为上样量对照）。(b) 肌肉再生过程中miRNA的时序性表达。

表30.1 肌肉分化过程中各种miRNA的表达

miRNA	ES	EB	MB	MT
296	+/−	+	+/−	+/−
298	+/−	+	+/−	+/−
300	+/−	++	−	−
290	++	−	−	−
291s	++	−	−	−
291as	++	−	−	−
295	++	−	−	−
298	+	−	−	−
299	+	+/−	−	−
16	−	+	+/−	+/−
21	−	++	++	++
22	+/−	+	++	++
34a	+/−	++	+/−	+
99a	−	nd	+/−	+/−
125b	+/−	++	+	++

续表

miRNA	ES	EB	MB	MT
143	+/−	++	++	++
let7d	−	nd	+	+
let7i	−	nd	+	+
let7g	−	nd	+	+
301	+/−	+/−	+/−	+/−
133	−	++	−	+
1	−	+	−	+
181	−	++	+/−	++
206	−	+	−	+
208	−	+	−	+
297	−	+	−	+
let7c	−	+	+/−	++
188	nd	nd	−	+
23a	nd	nd	+/−	++
30b	nd	nd	−	+
339	nd	nd	−	+
9	−	nd	−	−
10b	−	−	−	−
15a	−	−	−	−
15b	−	−	−	−
99b	−	−	−	−
106	−	−	−	−
124a	−	−	−	−
129	−	−	−	−
131	−	−	−	−
141	−	nd	−	−
142s	−	−	−	−
142as	−	−	−	−
213	−	−	−	−
302	−	−	−	−
223	−	−	−	−

注：Northern 杂交检测胚胎干细胞中 miRNA 的表达，包括处于增殖中的细胞（ES 细胞），或者是其肌细胞分化倾向已经决定的胚胎体（EB）。同样也检测了 C2C12 细胞中 miRNA 的表达，包括处于增殖期的（即成肌细胞，MB），或者是已分化成肌管的（MT）。miRNA 根据其表达谱进行分类。表达水平：高，++；中，+/−；检测不到，−；nd，尚未检测。

至今为止，还几乎没有与骨骼肌中 miRNA 功能和靶标相关的研究结果。我们研究所证明的与肌源性细胞命运决定及分化相关的 miRNA，即 miRNA125a/b 和 *let-7c*，在从 10.5d 到出生阶段的小鼠胚胎中高表达。最近发表的结果显示，在胚胎发育过程中肢芽内骨骼肌组织的发生受到 Lin-41 蛋白的调控，而在这一过程中 Lin-41 蛋白的表达是受 *let-7c* 或 miR125a/b 表达下调的（Mansfield *et al.*，2004，Schulman *et al.*，2005）。这一过程中的具体作用机制及肌肉中 *lin-41* 的下游靶标至今尚不清楚。在骨骼肌发育过程中 miRNA 可能调控的另一靶标是 RNA 结合蛋白 Lin-28，该基因在胚胎肌肉组织中高表达（Yang and Moss，2003；Polesskaya *et al.*，2007）。运用体外分化模型，研究表明 Lin-28 可以受 *let-7c* 和 miR-125a/b 的调控（Sempere *et al.*，2004）。此外，我们目前的工作也显示，对骨骼肌发育和功能维持的调控依赖于 Lin-28 在肌细胞中的表达量（Polesskaya *et al.*，2007）。事实上，我们认为 miRNA 对靶标蛋白不会达到“有或无”的调控效果（即 miRNA 表达，则靶标蛋白不表达）。它相当于一个精密的调节系统，通过轻微调节靶标蛋白的水平而导致完全不同甚至相反的发育现象。

30.3 miRNA 在肌肉再生中的差异表达

为了充分证明骨骼肌中 miRNA 的功能，我们在一个体内模型中分析了多个已在体外实验中证明与肌肉终末分化相关的 miRNA 的表达。按照 Charge 和 Rudnicki（2004）描述的方法，骨骼肌的再生可以通过局部注射心肌毒素到成年小鼠胫前（TA）肌肉中诱导。简单说来，在胫前肌肉中注射心肌毒素会导致 10%～12% 的肌纤维迅速坏死，随后会激活肌肉干细胞（即肌卫星细胞），并会在注射后的前 3d 使接受注射的成肌细胞群增殖。新肌纤维的形成开始于再生的第 2～3 天，并表达与胚胎时期类似的肌凝蛋白。肌纤维从第 5 天开始成熟，并一直持续到第 7～8 天，这一时期的主要标志是成熟的肌动肌凝蛋白替代类似胚胎时期的肌凝蛋白。再生过程从功能上在 10～16d 内完成，而在组织学水平上则在一个月之内完成。有趣的是，两种肌肉特异性 miRNA 即 miR-133 和 miR-1，在整个再生过程中都呈现连续性的高表达［图 30.3（a）］。而 miR-206 和 miR-181 在静息的肌肉中几乎检测不到，但在肌纤维再生过程中则明显上调表达，并随着新肌纤维的形成而逐渐增加。在再生的第 2～3 天，细胞坏死会引发的短暂的炎症反应，并伴随着非肌细胞的集中。随之而来的则是 miR-223 的表达［图 30.2（b）］，它是一种在骨髓起源的细胞如粒性白细胞和单核细胞中特异性表达的 miRNA（Ramkissoon *et al.*，2005；Monticelli *et al.*，2005）。然而，miR-206 和 miR-181 的表达上调发生在再生的第 4～7 天，这样就不能解释为是因局部炎症所引起［图 30.1（b）］。此外，我们对再生肌组织进行了组织学的研究，以便获得细胞类型特异性的 miRNA 表达，以及 miRNA 的亚细胞定位。

miR-181 是在再生肌组织中上调幅度最大的一种 microRNA，可运用荧光原位杂交技术检测［图 30.3（a）］。细胞经 DAPI 染色后，在再生区域能检测到 miR-181 的表达，而这一区域最显著的特征就是存在数量巨大且紊乱排列的细胞核。miR-181 在新形成的多核性肌纤维中及在邻近的单核成肌细胞中都具有高表达活性，这与再生肌纤维中的标志性蛋白即胚胎肌凝蛋白重链（eMHC）的染色结果恰好重叠。成熟的横纹肌肌纤维中 MHC 染色呈阳性，但是 eMHC 则不同，并且也不表达 miR-181［图 30.3（a）、（b）］。因此，miR-181 在静息的肌组织中表达量很低，但在再生期于新形成的肌纤维中表达则上调，这表明它可能与肌肉终末分化过程有关。为了说明这一问题，基于反义核酸技术，我们发展了一种 microRNA 功能缺失的研究方法（Naguibneva *et al.*，2006a）。

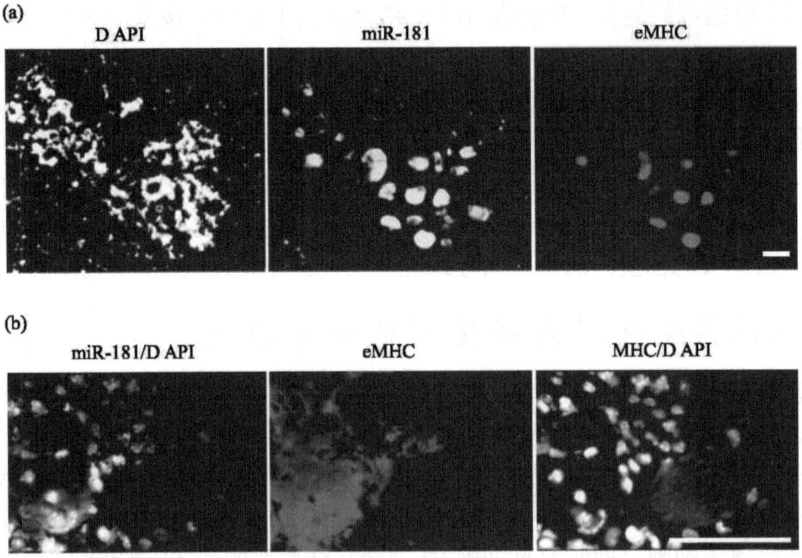

图 30.3 表达 miR-181 的细胞是分化中的肌细胞。(a) 低倍镜 (200×)。心肌毒素诱导肌肉再生的第 5 天，取胫骨前端肌肉横切面，用胚胎 MHC 抗体为一抗及 TRITC 标记的二抗，进行荧光原位杂交分析。与 miR-181 互补的寡核苷酸探针用 DIG 标记，并带有 FITC 标记的二抗。肌肉横截面也用 DAPI 进行复染。(b) 高倍镜 (630×)。采用 (a) 中同样的标记方法。另外，处于静息期的肌纤维用 MHC 抗体染色，二抗用 Cy-5 标记。标尺为 25μm。

30.4 miRNA 功能缺失的检测

在哺乳动物中，通过遗传学的方法敲除基因表达较为困难，而用反义核酸技术则可以有效地减少 miRNA 的表达。我们所采用的是由 Wengel 和其同事及 Imanishi 和其同事共同开发的包括锁核酸（LNA）的互补核酸链［综述见 Petersen and Wengel (2003)］。LNA 碱基是核糖核苷酸的类似物，其在核糖环中包含一个位于 2′氧和 4′碳之间的亚甲基键［图 30.4 (a)］。LNA 的化学性质和它们在原位杂交中的应用在本书前面的章节中已由 S. Kauppinen 做了详细的介绍。核酸链中 LNA 碱基的引入使得互补配对而形成的双链更加稳定。此外，包含 LNA 的寡核苷酸链溶解性很好，在生理条件下非常稳定，且浓度低于 100nmol/L 时对细胞基本是无毒的。我们设计了 anti-miR-181 LNA/DNA 的混合体，其中包括了至少 7 个 DNA 碱基的延伸［图 30.4 (b)］。

虽然 LNA 对 RNaseH 酶并不敏感，但根据 Erdmann 所诠释的规律，当与 RNA 结合后核苷酸链中 7 个连续的 DNA 碱基足以激活 RNaseH 酶 (Kurreck *et al.*, 2002)。合成的能与 miR-181a 互补配对的反义 LNA/DNA 核苷酸链，能有效地下调 miR-181 的表达以致低于 Northern 杂交的检测极限［图 30.4 (c)］。这一抑制效果是序列特异性的，因为当序列带有碱基突变时这一抑制现象并不存在。在成肌细胞中 LNA/DNA 对靶 miRNA 的抑制效果至少可以持续数天，同样也意味着 LNA/DNA 在细胞内也可以保持这么久，这一时间足够我们在体外研究 miRNA 在成肌细胞系分化中的功能 (Naguibneva *et al.*, 2006b)。因此，这种方法很适合我们对 miRNA 在成肌细胞末期分化中的功能开展研究。

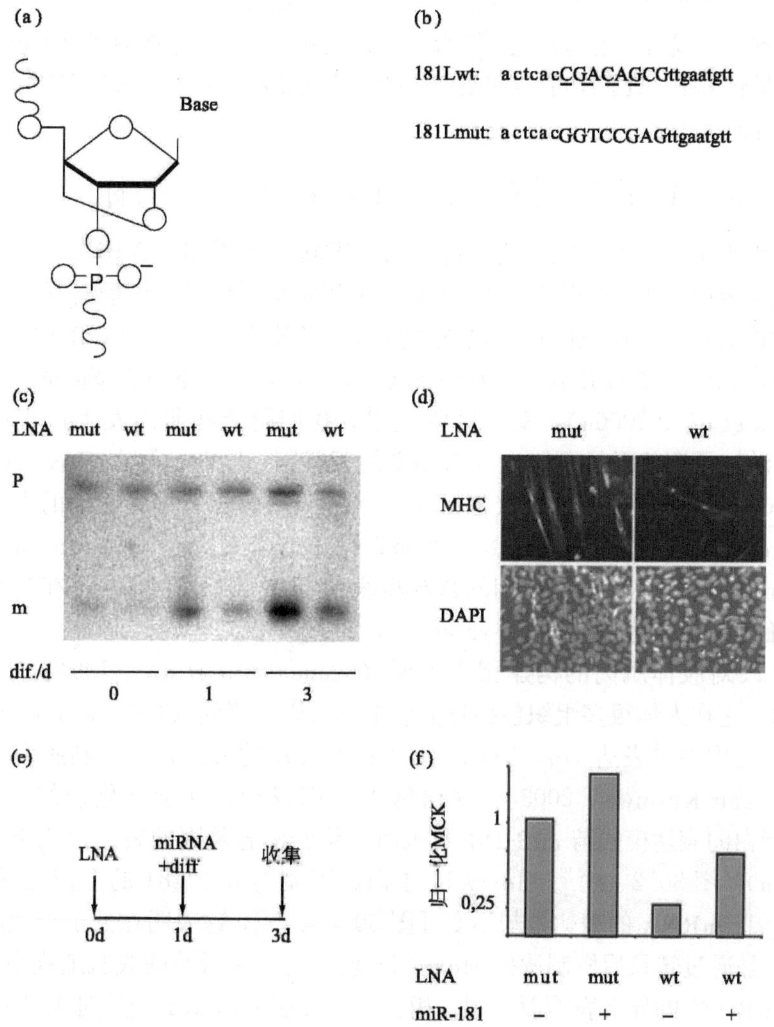

图 30.4 miR-181 的抑制影响成肌细胞的分化。(a) 锁核酸结构图。(b) anti-miR-181 LNA 序列，大写字母是被修饰的碱基，下划线表示突变碱基，包含 4 个突变碱基的寡聚核苷酸用作对照。(c) Northern杂交分析。转染 LNA 后 miR-181 不能检测到。(d) 将野生型或突变型 anti-miR-181a 的反义链 LNA (50nM) 转染至 C2C12 细胞中，免疫荧光检测 MHC 表达。(e)、(f) 挽救实验。将野生型或突变型 anti-miR-181a 的反义链 LNA (50nmol/L) 转染至 C2C12 细胞，24h 后再次转染合成的 miR-181 或双链 RNA 对照，置于分化条件下培养。转染后的第 3 天提取细胞抽提物进行 Western 杂交分析，以 α-tubulin 为内参定量 MCK 的表达。

30.5 miR-181 在肌细胞终末分化中的必要性

将 anti-miR-181 LNA/DNA 核酸链转染入 C2C12 细胞系中，通过观察肌小管的形成及对 MHC 和 MCK 基因的表达检测，都表明它能极大地影响成肌细胞的分化［图 30.4 (d)］。相反，突变的序列则没有任何影响。这一异常表型可以通过转染人工合成的双链 miR-181 模拟物到分化的细胞中而得到逆转。这些结果都证明抑制效应是由 miR-181

的反义互补寡核苷酸链与 miR-181 的特异性结合而引起的［图 30.4（e）、（f）］。人工合成的 miR-181 本身对成肌细胞的分化并没有太大的影响，在血清存在的情况下也不会诱导分化。这些结果将 miR-181 的功能与成肌细胞的分化联系在一起，那么我们随之面临的主要问题就是它在肌肉细胞中的作用机制和下游靶标。

30.6 *Hox-A11* 基因是 miR-181a 的直接靶标

在成肌细胞中，终末分化由这一过程的关键转录因子 MyoD 诱发，这一阶段的主要表现有肌浆蛋白和 P21 的表达。体内 MyoD 和肌浆蛋白在处于静息期的骨骼肌细胞中几乎不能检测到，但在肌肉再生过程中其表达急剧上调，这与 miR-181 在这一过程的表达谱非常相似。在 miR-181 缺失的细胞中，MyoD 和其下游靶基因的表达都被抑制（Naguibneva *et al.*，2006a）。基于这些现象，我们猜想在肌肉发生过程中，作用于 MyoD 的上游转录调节因子可能是 miR-181 的靶基因。同源框蛋白 Hox-A11 已经多次被预测为 miR-181 家族多个成员（包括 a、b 和 c）的靶标，尽管它们的得分并不相同（Lewis *et al.*，2003；Krek *et al.*，2005；见 http：//www.microrna.org/ and http：//pictar.bio.nyu.edu/）。我们的数据也表明 miR-181a 和 b（c 不在列）都在分化的 C2C12 细胞系中表达（Naguibneva *et al.*，2006a）。

Hox-A11 对肢体肌肉的构建相当重要（Beauchemin *et al.*，1994；Hashimoto *et al.*，1999），它在人体很多组织包括骨骼肌中都可以检测到（Takahashi *et al.*，2004）。当在 C2C12 细胞中过表达 Hox-A11 时能抑制 MyoD 的表达，并抑制肌肉的终末分化（Yamamoto and Kuroiwa，2003）。在研究中我们发现，处于分化期的 C2C12 细胞，Hox-A11 蛋白的表达模式与 miR-181 及肌肉分化的标志基因的表达模式恰好是相反的［图 30.5（a）、图 30.2（a）］。Hox-A11 蛋白的下调与 miR-181 的上调几乎同时发生，但是 Hox-A11 mRNA 的表达量却不变［图 30.5（b）］，这表明在处于分化的成肌细胞中 miR-181 是通过转录后机制调控 Hox-A11 表达的。在增殖的成肌细胞中，Hox-A11 蛋白由于 miR-181 的异常表达而下调。相反，当抑制 miR-181 表达时 Hox-A11 蛋白上调，因为转染 miR-181 LNA 反义链的细胞比对照组中 Hox-A11 蛋白的绝对水平要高（Naguibneva *et al.*，2006a）。

为了证明 Hox-A11 mRNA 的 3′-UTR 区所预测的 miR-181 靶作用位点确实与其转录后表达沉默相关，我们在萤光素酶报告基因的下游克隆了串联排列的潜在靶序列，并与表达 miR-181 家族不同异构体的载体共转染至不表达 miR-181 的细胞中。插入了野生型序列的报告载体，其报告基因活性很明显受到 miR-181a 外源表达的影响，然而突变的序列则能避免这一影响（Naguibneva *et al.*，2006a）。有趣的是，过表达 miR-181a 对报告基因的影响明显比 miR-181b 显著，并且共转染 181b 并不能增加 181a 的抑制效应。

我们同样在功能上检测了 miR-181 和 Hox-A11 的相关性。我们认为，如果 Hox-A11 是 miR-181a 的直接靶标，那么用反义 LNA 缺失 miR-181a 表达则会抑制 Hox-A11 的下调及成肌细胞的终末分化，而且当利用 RNA 干涉技术下调 Hox-A11 表达后应该会回复上述现象。虽然不能做到完全回复，但用 siRNA 方法下调 Hox-A11 表达后，确实可以使转染了 miR-181 LNA 反义链的成肌细胞恢复其分化能力。而且在上述实验中，

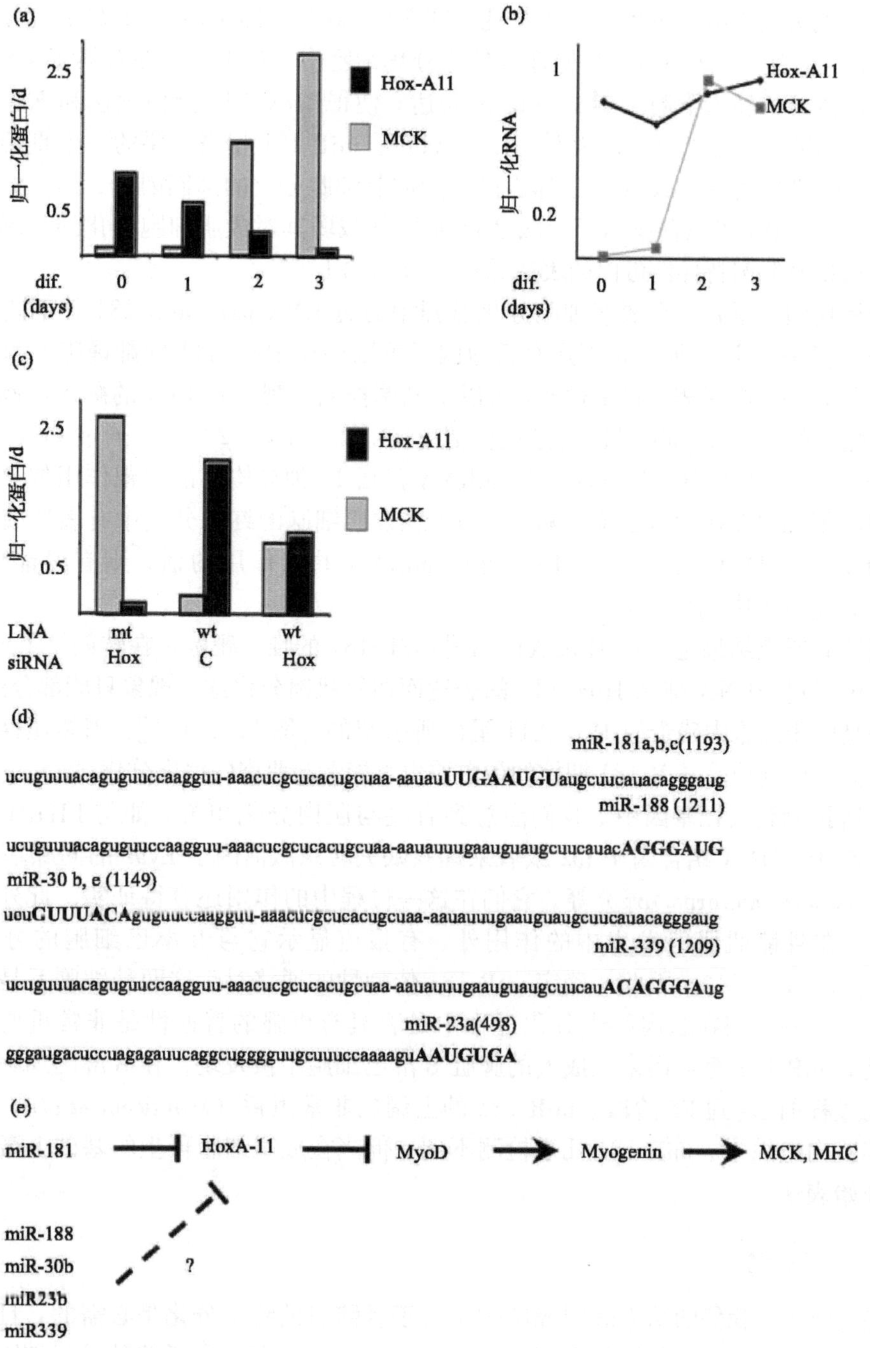

图 30.5 miR-181 靶作用于 Hox-A11。（a）Hox-A11 在体外成肌细胞分化过程中的表达。Western杂交检测 C2C12 细胞分化过程中指定时间点 Hox-A11 或 MCK 的表达，α-tubulin 为内参。（b）Q-RT-PCR检测 Hox-A11 和 MCK 的表达，36b4 为内参。Hox-A11 的下调抑制因 miR-181 的下调而诱发的表型。将 Hox-A11 siRNA 或随机的对照序列（c）与 miR-181 的野生型反义链 LNA（wt）或其突变序列（m）共转染 C2C12 细胞，并在分化培养基中培养 2d，Western 杂交检测 MCK 和 Hox-A11 表达，α-tubulin 为内参。（d）Hox-A11 3′-UTR microRNA 的结合位点预测(PicTar：http：//pictar. bio. nyu. edu)。（e）miR-181 在成肌细胞终末分化中参与的信号通路。

Hox-A11 的表达与分化过程具负相关性［图 30.5（c）］，即 Hox-A11 在正常分化的对照细胞缺失表达，而在用 LNA 处理过的非分化细胞中表达上调。在转染了 LNA 的细胞中，siRNA 的转入下调了 Hox-A11 的表达，使得 Hox-A11 蛋白表达和细胞分化都达到中间水平。综合以上数据表明，Hox-A11 是 miR-181 相当重要的一个直接作用靶标。以前的研究表明 Hox-A11 在体内可作为成肌细胞分化的抑制因子，而我们的结果则表明，miR-181 可以靶作用于 Hox-A11 基因并减弱其对成肌细胞分化的抑制，从而诱导 MyoD 及肌肉特异性蛋白的表达［图 30.5（e）］。

但是我们注意到，在成肌细胞分化过程中通过 LNA 抑制 miR-181 并不能完全阻止 Hox-A11 的下调。那么是否还有其他因素可以调控 Hox-A11 的翻译呢？目前已有研究表明，一些同时表达的 miRNA 可以协同调控同一靶标 mRNA 的翻译。例如，胰腺 β 细胞中的 Myotrophin 基因就是这种情况（Krek *et al.*，2005）。通过 PicTar 预测，在 Hox-A11 mRNA 中一共发现 9 种 miRNA 包括 13 种异构体潜在靶作用位点。我们也发现除了 miR-181 之外还有 4 种 miRNA 在成肌细胞的终末分化中有表达或上调表达［图 30.5（d）和表 30.1］。假如这些 miRNA 共同作用的话，则有可能使 Hox-A11 在分化过程中完全消失。

我们的研究结果也显示 Hox-A11 并非 miR-181 的唯一靶标。在转染了 LNA 的成肌细胞中通过 siRNA 抑制 Hox-A11 的表达而回复肌肉分化这一现象只能部分地发生，这也许是由于细胞中残余的 Hox-A11 蛋白所引起的［图 30.5（c）］。当然还存在另外一种可能，即其他受 miR-181 调控的蛋白质也可能参与肌肉的终末分化。

在所预测到的靶基因中，我们注意到有些与肌肉分化相关，如与 bHLH 相关的分化抑制子、DNA 结合因子 Id2 或者果蝇眼缺失转录激活因子 Eya1 的同源基因（see http：//www.microrna.org）等，它们在这一过程中的作用还有待证实。此外，miR-181 除了在骨骼肌肌肉发生中的作用外，有报道显示它与 B 淋巴细胞的分化相关（Chen *et al.*，2004）。因此，确定 miR-181 依赖性的通路对于这两种细胞系是否都相同，以及这一通路在肌肉终末分化过程中是否具有更强的普遍性是非常重要的。有趣的是，miR-181 至今还未在成人的脾脏 B 淋巴细胞中被发现。在 B 淋巴细胞前体细胞分化过程的 E4 到 E6 阶段，miR-181 的上调也非常短暂（Monticelli *et al.*，2005）。在成年肌肉组织中，miR-181 几乎检测不到，但当在成肌细胞再生的基础上激活分化时则开始表达。

30.7 结论

综上所述，我们的结果表明 miR-181 对于骨骼肌的终末分化是必需的，且在这一过程中其最重要的一个靶标是同源框蛋白 Hox-A11。然而，在增殖的成肌细胞中无论是过表达 miR-181，还是下调 Hox-A11 的表达，都无法激发成肌细胞的终末分化（Naguibneva *et al.*，2006）。因此，我们可以得出 miR-181 对于肌细胞分化仅为必要但并非充分条件，就像其他的 miRNA 一样，它在肌肉分化过程中与复杂的转录调控网络一起共同演绎着这曲乐章。

参考文献

Ambros, V. (2003). MicroRNA pathways in flies and worms: growth, death, fat, stress, and timing. *Cell*, **113**, 673－676.

Bains, W., Ponte, P., Blau, H. and Kedes, L. (1984). Cardiac actin is the major actin gene product in skeletal muscle cell differentiation in vitro. *Molecular Cell Biology*, **4**, 1449－1453.

Beauchemin, M., Noiseux, N., Tremblay, M. and Savard, P. (1994). Expression of Hox A11 in the limb and the regeneration blastema of adult newt. *The International Journal of Developmental Biology*, **38**, 641－649.

Biemar, F., Zinzen, R., Ronshaugen, M. *et al*. (2005). Spatial regulation of microRNA gene expression in the *Drosophila* embryo. *Proceedings of the National Academy of Sciences USA*, **102**, 15 907－15 911.

Brennecke, J., Hipfner, D. R., Stark, A., Russell, R. B. and Cohen, S. M. (2003). *Bantam* encodes a developmentally regulated microRNA that controls cell proliferation and regulates the proapoptotic gene hid in *Drosophila*. *Cell*, **113**, 25－36.

Brennecke, J., Stark, A., Russell, R. B. and Cohen, S. M. (2005). Principles of microRNA-target recognition. *Public Library of Science Biology*, **3**, 85.

Buckingham, M., Bajard, L., Chang, T. *et al*. (2003). The formation of skeletal muscle: from somite to limb. *Journal of Anatomy*, **202**, 59－68.

Charge, S. B. and Rudnicki, M. A. (2004). Cellular and molecular regulation of muscle regeneration. *Physiological Reviews*, **84**, 209－238.

Chen, C. Z., Li, L., Lodish, H. F. and Bartel, D. P. (2004). MicroRNAs modulate hematopoietic lineage differentiation. *Science*, **303**, 83－86.

Dinsmore, J., Ratliff, J., Jacoby, D., Wunderlich, M. and Lindberg, C. (1998). Embryonic stem cells as a model for studying regulation of cellular differentiation. *Theriogenology*, **49**, 145－151.

Hashimoto, K., Yokouchi, Y., Yamamoto, M. and Kuroiwa, A. (1999). Distinct signaling molecules control Hoxa-11 and Hoxa-13 expression in the muscle precursor and mesenchyme of the chick limb bud. *Development*, **126**, 2771－2783.

Houbaviy, H. B., Murray, M. F. and Sharp, P. A. (2003). Embryonic stem cell-specific MicroRNAs. *Developmental Cell*, **5**, 351－358.

Krek, A., Grun, D., Poy, M. N. *et al*. (2005). Combinatorial microRNA target predictions. *Nature Genetics*, **37**, 495－500.

Krichevsky, A. M., King, K. S., Donahue, C. P., Khrapko, K. and Kosik, K. S. (2003). A microRNA array reveals extensive regulation of microRNAs during brain development. *RNA*, **9**, 1274－1281.

Kurreck, J., Wyszko, E., Gillen, C. and Erdmann, V. A. (2002). Design of antisense oligonucleotides stabilized by locked nucleic acids. *Nucleic Acids Research*, **30**, 1911－1918.

Lagos-Quintana, M., Rauhut, R., Yalcin, A. *et al*. (2002). Identification of tissue-specific microRNAs from mouse. *Current Biology*, **12**, 735－739.

Lagos-Quintana, M., Rauhut, R., Meyer, J., Borkhardt, A. and Tuschl, T. (2003). New microRNAs from mouse and human. *RNA*, **9**, 175－179.

Lewis, B. P., Shih, I. H., Jones-Rhoades, M. W., Bartel, D. P. and Burge, C. B. (2003). Prediction of mammalian microRNA targets. *Cell*, **115**, 787－798.

Mansfield, J. H., Harfe, B. D., Nissen, R. *et al*. (2004). MicroRNA-responsive "sensor" transgenes uncover Hox-like and other developmentally regulated patterns of vertebrate microRNA expression. *Nature Genetics*, **36**, 1079－1083.

Monticelli, S., Ansel, K. M., Xiao, C. *et al*. (2005). MicroRNA profiling of the murine hematopoietic system. *Genome Biology*, **6**, R71.

Naguibneva, I., Ameyar-Zazoua M., Polesskaya A. *et al*. (2006a). The small non-coding RNA miR-181 targets the homeobox protein Hox-A11 during mammalian myoblast differentiation. *Nature Cell Biology*, **8**, 278 - 284.

Naguibneva, I., Ameyar-Zazoua, M., Nonne, N. *et al*. (2006b). An LNA-based loss-of-function assay for micro-RNAs. *Biomedicine & Pharmacotherapy*, **60**, 633 - 638.

Petersen, M. and Wengel, J. (2003). LNA: a versatile tool for therapeutics and genomics. *Trends in Biotechnology*, **21**, 74 - 81.

Polesskaya, A., Cuvellier, S., Naguibneva, I. *et al*. (2007). Lin-28 binds IGF-2 mRNA and participates in skeletal myogenesis by increasing translation efficiency. *Genes and Development*, **21**, 1125 - 1138.

Poy, M. N., Eliasson, L., Krutzfeldt, J. *et al*. (2004). A pancreatic islet-specific microRNA regulates insulin secretion. *Nature*, **432**, 226 - 230.

Ramkissoon, S. H., Mainwaring, L. A., Ogasawara, Y. *et al*. (2005). Hematopoietic-specific microRNA expression in human cells. *Leukemia Research*, **30**, 643 - 647.

Schulman, B. R., Esquela-Kerscher, A. and Slack, F. (2005). Reciprocal expression of lin-41 and the microRNAs let-7 and mir-125 during mouse embryogenesis. *Developmental Dynamics*, **234**, 1046 - 1054.

Sempere, L. F., Sokol, N. S., Dubrovsky, E. B., Berger, E. M. and Ambros, V. (2003). Temporal regulation of microRNA expression in Drosophila melanogaster mediated by hormonal signals and broad-Complex gene activity. *Developmental Biology*, **259**, 9 - 18.

Sempere, L. F., Freemantle, S., Pitha-Rowe, I. *et al*. (2004). Expression profiling of mammalian microRNAs uncovers a subset of brain-expressed microRNAs with possible roles in murine and human neuronal differentiation. *Genome Biology*, **5**, R13.

Tajbakhsh, S., Rocancourt, D., Cossu, G. and Buckingham, M. (1997). Redefining the genetic hierarchies controlling skeletal myogenesis: Pax-3 and Myf-5 act upstream of MyoD. *Cell*, **89**, 127 - 138.

Takahashi, Y., Hamada, J., Murakawa, K. *et al*. (2004). Expression profiles of 39 HOX genes in normal human adult organs and anaplastic thyroid cancer cell lines by quantitative real-time RT-PCR system. *Experimental Cell Research*, **293**, 144 - 153.

Wienholds, E., Kloosterman, W. P., Miska, E. *et al*. (2005). MicroRNA expression in zebrafish embryonic development. *Science*, **309**, 310 - 311.

Xie, X., Lu, J., Kulbokas, E. J. *et al*. (2005). Systematic discovery of regulatory motifs in human promoters and 3′ UTRs by comparison of several mammals. *Nature*, **434**, 338 - 345.

Xu, P., Vernooy, S. Y., Guo, M. and Hay, B. A. (2003). The *Drosophila* microRNA Mir-14 suppresses cell death and is required for normal fat metabolism. *Current Biology*, **13**, 790 - 795.

Yamamoto, M. and Kuroiwa, A. (2003). Hoxa-11 and Hoxa-13 are involved in repression of MyoD during limb muscle development. *Development, Growth & Differentiation*, **45**, 485 - 498.

Yang, D. H. and Moss, E. G. (2003). Temporally regulated expression of Lin-28 in diverse tissues of the developing mouse. *Gene Expression Patterns*, **3**, 719 - 726.

Zhao, Y., Samal, E. and Srivastava, D. (2005). Serum response factor regulates a musclespecific microRNA that targets Hand2 during cardiogenesis. *Nature*, **436**, 214 - 220.

31 病毒 microRNA 的鉴定及其潜在的功能

Finn Grey*, Alec J. Hirsch and Jay A. Nelson

毫无疑问，RNAi 及 microRNA（miRNA）的发现是近年来生物学研究领域一项最具意义的进展。miRNA 最先在线虫 *Caenorhabditis elegans* 体内被鉴定出来。最初发现一种小 RNA——*lin-4*，可以调控异时表达基因 *lin-14* 的表达（Lee *et al.*，1993；Wightman *et al.*，1993）。进一步研究发现第二个具有相似功能的小 RNA——*let-7*，它可以调控发育基因的表达（Reinhart *et al.*，2000）。随后，应用大规模克隆策略和生物信息学方法的研究在植物和动物中鉴定出几百种 miRNA 基因，表明 miRNA 转录后调控方式在进化上是一种保守的、共有的基因调控机制（Bartel，2004；Pfeffer *et al.*，2004；Pfeffer *et al.*，2005）。最近的研究表明在高等生物中相当大比例的基因可能受 miRNA 的调控（Brennecke *et al.*，2005；Grün *et al.*，2005；Krek *et al.*，2005；Lewis *et al.*，2005；Xie *et al.*，2005）。考虑到 miRNA 的广泛性及在基因调控上的有效性，病毒通过表达自身编码的小分子 RNA 来参与 RNAi 途径并不令人感到意外。这一章我们将综述有关病毒编码的 miRNA 的最新进展，包括考察它们的表达、基因组定位及在相关病毒中的进化保守程度。我们也将讨论病毒 miRNA 的潜在功能。

31.1 病毒 miRNA 的鉴定

最初 miRNA 的发现是通过测定基因组中与某一观察到的发育表型相关区域的正向遗传学（forward genetic study）方法完成的（Lee *et al.*，1993）。随后的策略是使用了大规模的克隆测序及生物信息学的方法。通过这些方法，已经在动植物中发现了大量的 miRNA 基因。至今为止，已经鉴定了 1000 多种 miRNA 基因。基于生物信息学的研究，估计这一数字在不久的将来会显著地增长（Bartel，2004；Bentwich *et al.*，2005；Berezikov *et al.*，2005）。这两种 miRNA 基因鉴定方法各有优缺点，其中一些与病毒 miRNA 基因的鉴定密切相关。直接克隆 miRNA 依赖于细胞总 RNA 片段大小的筛选，接着在 miRNA 的 5′端和 3′端连接上寡核苷酸接头。利用与接头寡聚核苷酸特异性配对的引物进行反转录及 PCR 扩增，从而使 cDNA 被克隆。对克隆子进行测序，并分析鉴定出来的 cDNA 在基因组中的侧翼序列是否具有形成茎环结构的能力。这种方法的优点是假阳性比较低，因为任何被鉴定的序列几乎是表达的。直接克隆也可以保证 miRNA 5′端和 3′端的准确性，这在 miRNA 的靶位点和功能的确定上具有重要作用。然而，直接克隆依赖于 miRNA 的高丰度表达，那些表达水平低的、受严格调控的或者对克隆过程不起反应的 miRNA 将无法克隆。

与直接克隆法不同，生物信息学方法不需要分离和克隆 miRNA，因此也不受限于一个特定样品中 miRNA 的表达水平。通过对已知 miRNA 样品的分析，可以鉴定出

* 通讯作者。

miRNA 前体结构和序列基序特征。这些基序特征包括可以形成短的茎环二级结构、茎环序列的进化保守及在茎环序列中 miRNA 序列具有高度的保守性，这些特性已经被用于设计根据序列信息预测 miRNA 基因的计算机方法中（Lim *et al.*，2003）。生物信息学方法的缺点是预测的序列具有高假阳性，并且不能保证 miRNA 的茎环序列 5′端和 3′端的准确性。需要应用生物化学的方法，如采用特定的 PCR 扩增或者 RNA 酶保护来绘制预测 miRNA 的精确末端。这两种方法已经成功地运用到鉴定病毒编码的 miRNA 中。下面的部分我们将回顾已经被证实编码 miRNA 的病毒。

31.2 疱疹病毒

疱疹病毒属于一个大的、包裹的双链 DNA 病毒家族，这类病毒在整个自然界中传播（Roizman and Pellet，2001）。疱疹病毒家族成员是通过病毒粒子的形态学确定的。然而，在病毒急性感染期及稳定、维持、从潜伏期到再活化期，考虑这些病毒中的 miRNA 功能时，其基因转录表达方式的复杂性却是让人迷惑的（Roizman and Pellet，2001）。鉴于病毒在生命周期的不同阶段需要多种水平的转录调控，这些病毒在进化中形成编码 miRNA 的能力并不令人感到奇怪。事实上，有可能疱疹病毒已经利用 RNA 干扰调控基因表达上百万年了。

31.2.1 非洲淋巴细胞瘤病毒

最初鉴定的 miRNA 是在从被非洲淋巴细胞瘤病毒（EBV）感染过的 B 细胞系中克隆小分子 RNA 过程中获得的。EBV 最初认为是淋巴组织增生-Burkitt 淋巴瘤的病原(Burkitt's lymphoma)。EBV 是疱疹病毒第三个亚家族的典型成员，除了 Burkitt 淋巴瘤，EBV 还与 Castleman 病（Castleman's disease）、Hodgkin 病（Hodgkin's disease）和原发性渗出性淋巴瘤（PEL）相关。通过感染上皮溃疡处，EBV 能够侵染进入 B 淋巴细胞，对这些细胞具有很强的转化能力。Pfeffer 等最先开始研究，发现 EBV 病毒编码了 5 种 miRNA 基因，这些 miRNA 在基因组两个区域形成簇［图 31.1］。miR-BHRF1-1、2、3 位于 BHRF1 的非编码区，BHRF1 是抗凋亡蛋白 BCL2 的同源基因。miR-BHRF1-1 位于 5′端非编码区（UTR），miR-BHRF1-2 和 miR-BHRF1-3 则是由 3′端非编码区所编码的。miR-BART-1 和 miR-BART-2 位于 BART 家族的内含子区域，BART 家族成员都需要选择性拼接，这些选择性剪接体可能翻译成许多种蛋白质，尽管在病毒感染时这些蛋白质是否表达需要进一步的确认（Smith *et al.*，2000）。

有趣的是，miR-BART-2 与病毒 DNA 聚合酶转录物 BALF5 直接互补。考虑到完全互补可以预测这种共表达将会导致 BALF5 的剪切降解，暗示了这一 miRNA 具有控制急性感染基因表达并抑制 DNA 复制的功能（Pfeffer *et al.*，2004）。此外，一项早期的研究鉴定了一个小的 BALF5 转录物，它的 3′端与 miR-BART-2 的切割位点精确匹配（Furnari *et al.*，1992）。然而，BALF5 的剪切产物只在一种 EBV 菌株——B95-8 中发现，而全长的 BALF5 在 EBV 的其他菌株中都有发现，因此这些现象发现的生物学意义仍然是不清楚的（Furnari *et al.*，1992；Sullivan and Ganem，2005）。这些发现表明，BALF5 可能对 miR-BART-2 的剪切有抗性，或者当快速复制时，BALF5 的表达水平克服了 miR-BART-2 的负调控。在快速复制时 miR-BART-2 是否

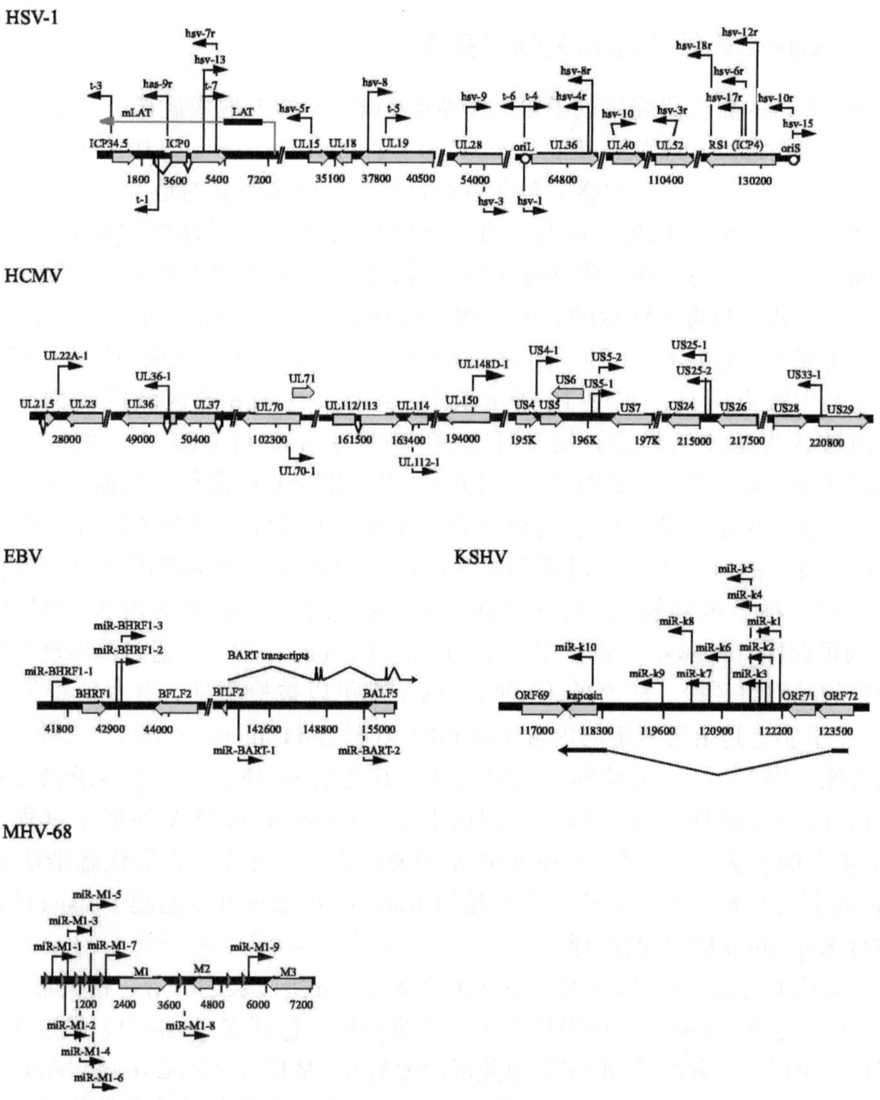

图 31.1 疱疹病毒 miRNA（黑色箭头）与周围可读框（绿色箭头）相互关系的示意图。HSV-1 的 LAT 用红色表示。MHV-68 的 tRNA 所在位置用红色箭头表示。相关参考核苷酸序列在 GenBank 的序列号：HSV-1-NC _ 001806；HCMV-X17403；EBV-AJ507799；KSHV-AF14880。HCMV 的 UL148D-1 相当于 GenBank 中的序列号 AC146906。(见彩图 22)

表达仍不清楚，有可能 miR-BART-2 和 BALF5 是互斥表达。也就是 BALF5 在潜伏病毒激活时表达，而 EBV 体内的 miR-BART-2 只有在潜伏感染期才表达。只在 B95-8 中发现了 BART 转录物的上游存在大段缺失，这自然会影响 miR-BART-2 的调控，并导致在病毒激活时和 BALF5 共表达。这将导致 BALF5 的剪切产物大量聚集。然而，Furnari 等的早期研究表明，B95-8 中 BALF5 的异常转录物是稳定的、多聚腺嘌呤化的，这并不是发生 miRNA 剪切的情况。对 EBV 的潜伏期和再激活期的基因调控进行更进一步清楚的分析，可能会对 miRNA 和其相关的靶转录物是如何调控的有更好的理解。

31.2.2 Kaposi 恶性肉瘤相关疱疹病毒

多个研究组的克隆研究发现了第二个编码 miRNA 的人疱疹病毒——Karposi 恶性肉瘤相关疱疹病毒（KSHV）(Cai *et al.*, 2005；Pfeffer *et al.*, 2005；Samols *et al.*, 2005)。类似 EBV、KSHV 的感染与许多肿瘤相关，最为明显的是 Karposi 恶性肉瘤，它普遍存在于 AIDS 病毒患者和地中海出身的年长男性的恶性皮肤患者中（Moore and Chang，2001)。与其他疱疹病毒相同的是，KSHV 具有复杂的复制周期，包括最初的快速复制和能被再次激活的长时间的潜伏感染（Moore and Chang，2001)。在 3 种独立的研究中，总共有 11 种不同的 miRNA 在来源于潜伏感染期的淋巴组织瘤的 2 种 B 细胞系中被克隆到。其中 10 种 miRNA 是由大约 4kb 的区域编码而来的，该区域先前被认为是非编码的，位于可读框（ORF）K12 与 ORF71 之间。另外一种 miRNA位于 *kaposin* 基因的编码区。与 EBV 一样，KSHV 的潜伏感染期具有限额基因表达特点。在潜伏感染期，位于编码病毒 miRNA 基因组序列两侧的许多基因会表达。在两个独立的研究中，通过详细绘制的潜伏期的转录物鉴定出由两个单独的启动子驱动的三种重叠的转录物。这些启动子具有用一个单独的内含子编码 10 种 miRNA的可能性（Pearce *et al.*, 2005；Cai and Cullen，2006)。通过瞬时转染编码这些转录物的基因组片段，所有的 10 种 miRNA 都可以被检测到，有力地暗示了那 10 种 miRNA 事实上是由已鉴定的内含子编码的（Cai and Cullen，2006)。三种剪接体也被预测可能编码 Kaposin 可读框，其中包括了其他的 miRNA。由于转录物会被切割以释放出 miRNA 前体的茎环结构，理论上 Drosha 酶对 miRNA 的加工过程会阻止 Kaposin 蛋白的表达，从而产生一种新的基因调控方式。然而，在潜伏感染期 miRNA 和 Kaposin 蛋白均被检测到，说明有充足的 Kaposin 转录物可以逃脱 Drosha 的加工过程而进行 Kaposin mRNA 的翻译。

不管其精确的发生机制，病毒 miRNA 与 Kaposin 蛋白表达的密切相关暗示了一种功能相关的可能性。*kaposin* 编码许多不同的蛋白质，包括 Kaposin B，最近研究表明这种蛋白质可以结合并激活 MAPK 相关蛋白激酶 2（MK2）(McCormick and Ganem，2005)。MK2 被 Kaposin B 激活后，将会导致 KSHV 感染的细胞内细胞因子表达的提高，这个过程是通过阻止细胞因子 mRNA 3′端富含 AU 区的不稳定效应实现的。miRNA是否具有一些功能与这种机制或者 *kaposin* 的其中一种基因产物有关呢？或者是否这种病毒已经进化形成这样一种机制，即简单利用同一个潜伏期启动子来表达多基因产物，这有待于进一步研究。

31.2.3 鼠源疱疹病毒 68

与 EBV 和 KSHV 关系较为远缘的鼠源疱疹病毒-68 是能在感染潜伏期表达 miRNA 的第三个 γ 疱疹病毒成员（Pfeffer *et al.*, 2005)。鼠源疱疹病毒-68（MHV-68）可以感染并在脾生发中心的 B 细胞稳定下来形成潜伏感染。通过对稳定感染的 B 细胞系小分子 RNA 进行 cDNA 克隆，9 种 miRNA 被鉴定出来。同样的，这 9 种 miRNA 在病毒基因组中成簇存在，位于基因组中一段编码已知的编码潜伏相关蛋白质的区域。特别有趣的是，病毒编码的 8 种类似 tRNA 的转录物与已鉴定的 miRNA 共线性存在。

Northern杂交分析和 RNA 二级结构预测表明，这些 miRNA 由位于病毒 tRNA 下游的两个末端茎环结构所编码。这些序列被预测可以编码另外 6 种 miRNA。然而，这些 miRNA 至今还未被检测到。每个病毒 tRNA 都是由三类 RNA 聚合酶启动子转录的，因此可能会启动相关 miRNA 的表达。这种情况对病毒而言是独一无二的，因为所有其他细胞的 miRNA 都是由两类 RNA 聚合酶转录的。通过对 MHV-68 感染的小鼠组织进行分析，发现病毒 tRNA 既在裂解期表达也在潜伏期表达（Bowden *et al.*，1997）。虽然还没有鉴定出 MHV-68 miRNA 和病毒 tRNA 的功能，将病毒 tRNA 1-4（和它们的相关 miRNA）从病毒中敲除后，对病毒的感染能力及从潜伏期再激活都没有显著的影响，表明了这些 miRNA 可能起一种精细的作用，或者在功能作用上具有一定的冗余性（Simas *et al.*，1998）。

31.2.4 人巨细胞病毒

包括我们自己在内的许多研究已经鉴定出由属于 β 疱疹病毒的人巨细胞病毒（HCMV）所编码的 miRNA（Dunn *et al.*，2005；Grey *et al.*，2005；Pfeffer *et al.*，2005）。与其他疱疹病毒相比，HCMV miRNA 的表达发生在裂解感染期而不是在潜伏感染期。HCMV 可以感染很大比例的人群，尽管在大多数具有免疫能力的个体中都是良性的，但在免疫缺陷的患者中则有可能引起严重性的疾病。与其他的疱疹病毒类似，HCMV 被认为具有最初的剧烈复制阶段，紧接着建立一个长时期的潜伏感染期。然而，低水平的持续性感染作为一种病毒维持生存的相关机制并没有被排除。利用直接克隆和生物信息学方法的策略已经鉴定了 12 个 miRNA，其中 4 个来自一个单独 pre-miRNA 茎环结构的两臂。不像 γ 疱疹病毒，HCMV 编码的 miRNA 基因遍及整个病毒基因组（Grey *et al.*，2005；Pfeffer *et al.*，2005）。这是否反映了 γ 疱疹病毒与 β 疱疹病毒的区别呢？或者是否反映了在裂解感染期与潜伏感染期病毒 miRNA表达方式的不同呢？这都是不清楚的。然而纯粹基于序列的数据而不受病毒复制时期影响的生物学方法分析未能识别出任何 miRNA 簇，表明 miRNA 基因组位置可能反映了 γ 疱疹病毒与 β 疱疹病毒之间的区别而不是裂解期与潜伏期之间的区别（Grey *et al.*，2005；Pfeffer *et al.*，2005）。

我们实验室利用一种称为茎环寻找（SLF）的计算机算法来预测 HCMV 基因组中可能形成二级茎环结构的 RNA。这种算法通过计算自由能来确定茎区域碱基配对的理论稳定性，包括 G∶U 之间的配对。同时维持完全配对的碱基的最大长度及最小长度以决定茎环的大小。得分矩阵可以权衡每个序列折叠结构的利弊，并对每个可能的茎环结构序列评估一个累积加分。使用 STF 对 HCMV 基因组分析鉴定出 406 种可能的茎环结构序列。以前鉴定的 miRNA 常常在许多不同的物种中具有广泛的保守性（Pasquinelli *et al.*，2000）。因此，我们猜测 HCMV 表达的重要功能的 miRNA 也许会在近源病毒（如黑猩猩细胞巨化病毒 CCMV）中保守。SLF 预测 HCMV 中的 406 个候选基因的每个序列与 CCMV 基因组进行比较寻找可能的同源序列，与 CC-MV 比较同源性超过 60% 的茎环结构序列将被筛选出作进一步的研究。我们的初步研究表明了这种水平的同源性可以充分鉴定出具有重要意义的保守序列，而不会将任何可能的 miRNA 排除在外。对这 406 条序列进行分析后，110 条可能的茎环序列超过了 60% 的同源性。

根据上述标准从 HCMV 中筛选出的 110 条茎环结构序列和与之相应同源的 CCMV 序列用生物信息学程序（MiRscan）(Lim *et al.*，2003）进行分析，预测哪个保守的茎环序列更具有编码真正 miRNA 的能力。MiRscan 程序从多方面，例如，形成茎环结构的能力、茎环的对称性和 miRNA 序列的茎环结构保守性，去比较两条序列并给出得分。miRNA 的 5′端的碱基偏向性，如 miRNA 的第一个碱基偏向于尿嘧啶，也是该程序的一个打分标准。程序能预测出一个可以从 pre-miRNA 茎环结构产生的候选成熟分子。在以前相似的研究中，用 MiRscan 算法打分超过 10 分的茎环结构序列可以被实验验证（Lim *et al.*，2003）。依据上面提及的标准，从 HCMV 中筛选的 110 条茎环序列和与之相应的同源 CCMV 序列都用 MiRscan 程序进行分析。利用 MiRscan 算法分析这 110 条序列，其中 13 条序列的得分大于 10。为了确定预测的 miRNA 是否在 HCMV 中表达，感染细胞的总 RNA 用末端标记的寡核苷酸探针进行 Northern 杂交分析。在 HCMV AD169 感染成纤维细胞后的 2h、8h、24h、48h、72h 分别收集细胞并提取总 RNA。4 种预测的 miRNA（UL36-1、US4-1、US5-1 和 US5-2）在感染 RNA 样品中被检测到，另外一种 miRNA——UL70-1，则是利用针对预测茎环结构序列的反义互补链的探针检测到（图 31.2)。大多数的病毒 miRNA 能在感染 24h 后开始被检测到，随后就可以积累直到感染后 72h 达到最高水平。

类似于所有的疱疹病毒，基于它们对病毒蛋白质表达和对病毒 DNA 复制的要求，HCMV 转录物的表达在动力学上可以被分成三类，最早期、早期和晚期（DeMarchi *et al.*，1980）。为了确定每一种病毒 miRNA 属于哪一类，病毒感染在有亚胺环己酮存在的情况下，或者有膦甲酸存在的情况下进行。其中亚胺环己酮能阻断蛋白质的翻译，可指示早期表达基因；而膦甲酸能阻断 DNA 的复制，可指示晚期表达基因。感染 36h 后提取总 RNA，并用 Northern blot 分析。图 31.3 显示是亚胺环己酮而不是膦甲酸阻断了 UL36-1 的表达，表明 UL36-1 表达是在早期。这一发现令人惊讶，因为 UL36 的转录物，包括编码的 UL36-1 miRNA 的内含子是在动力学的最早期表达的（Wathen and Stinski，1982）。此外，在最初的 Northern blot 分析中检测到的小于 80 个碱基的序列在亚胺环己酮样品中呈上升水平趋势。阻断产生成熟 miRNA 的一个可能原因是，用过量的亚胺环己酮处理阻断了一些蛋白质的表达，例如，加工成熟 miRNA 所必需的 Dicer。然而，UL36-1 的这一表达模式是独一无二的，用亚胺环己酮处理过后并没有检测到 UL70-1、US4-1、US5-1 或者 US5-2 有类似的产物。

在更早的时间点，比如，用亚胺环己酮处理 14h 后，UL36-1 的表达模式与用亚胺环己酮处理 36h 的结果相似，而细胞内源的 miR-22 的表达在亚胺环己酮处理 36h 后仍然保持不变，表明细胞仍然可以产生成熟的 miRNA（数据未显示）。有两种可能性的解释，一种可能性是 UL36-1 的前体 miRNA 是独立转录而不是从 UL36 内含子加工而来的，另外一种可能性则是由 pre-miRNA 转录前体产生成熟 UL36-1 的过程需要某种早期的基因产物。US4-1、US5-1 和 US5-2 的表达能被亚胺环己酮阻断而不能被膦甲酸阻断，表明这些转录物也是早期表达的。相反的是，在亚胺环己酮存在的情况下 UL70-1 才能表达，这表明了这个 miRNA 的表达不依赖于病毒蛋白质表达的开始，因此它的表达在动力学上属于最早期。UL70-1 的探针也可以与未被感染对照样品的某一转录物发

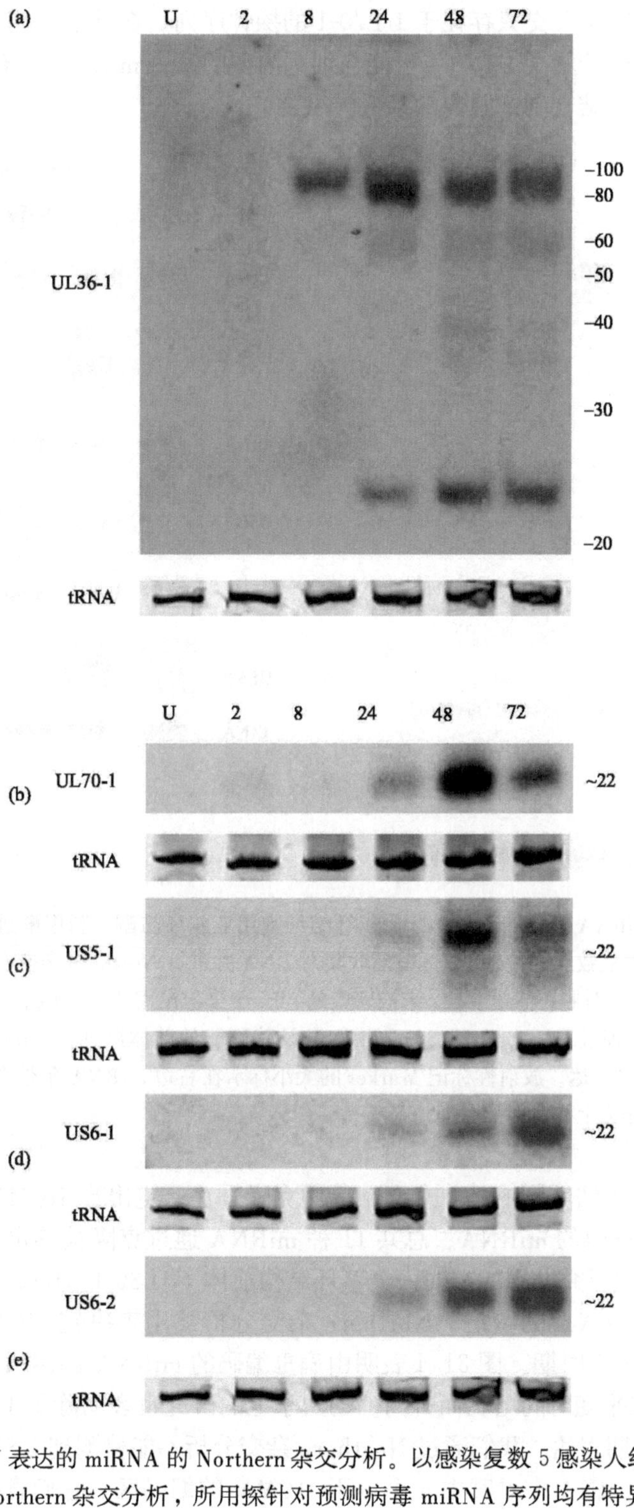

图 31.2 HCMV 表达的 miRNA 的 Northern 杂交分析。以感染复数 5 感染人纤维细胞。总 RNA 被收集后进行 Northern 杂交分析，所用探针对预测病毒 miRNA 序列均有特异性。（a）UL36-1 miRNA 的表达及其大约 80 个碱基长的前体 miRNA。（b）～（e）miRNA UL70-1、US5-1、US6-1 和 US6-2 的表达。溴化乙锭染色的 tRNA 条带作为印迹结果的上样量对照。泳道分别是：U，非感染样品；感染后 2h、8h、24h、48h、72h 的样品。放射性标记 Marker 的大小标示在右边。

生交叉杂交。这种交叉杂交只存在于UL70-1的探针序列，在其他的病毒探针没有发生这种现象。这一发现暗示了UL70-1可能与细胞内源的某一miRNA具有一定的同源性，或者该探针非特异地结合到细胞内的某一转录物。

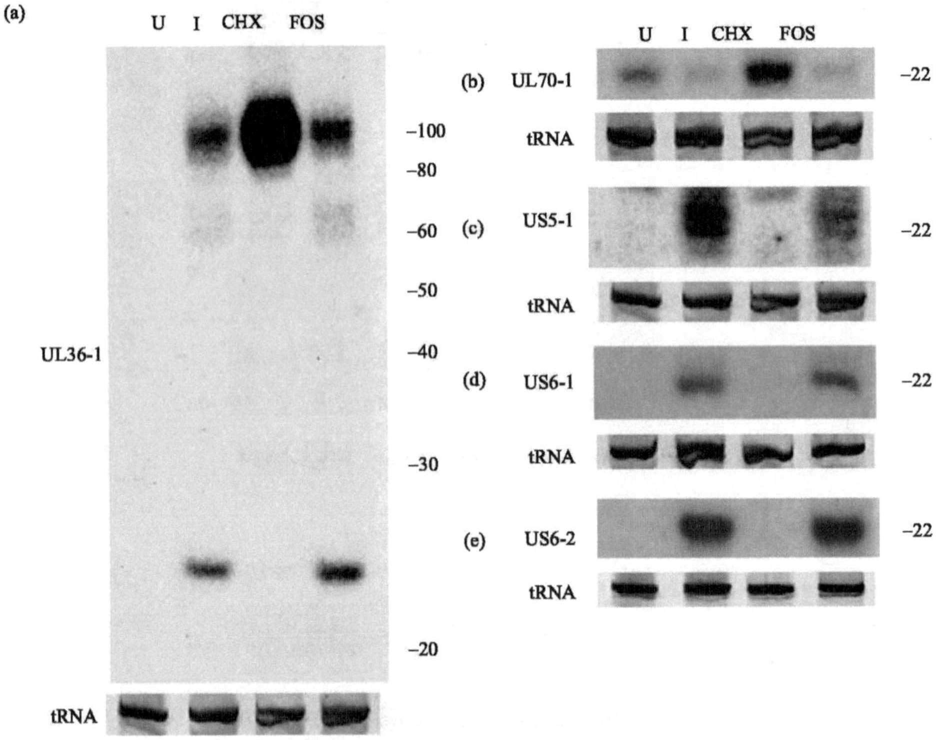

图31.3 HCMV miRNA表达的动力学。人成纤维细胞用亚胺环己酮、膦甲酸进行处理，或者不用药物处理，以感染复数5进行感染。36h后收集总RNA并进行Northern杂交分析。从感染细胞中提取总RNA作为负对照。泳道：U，未被感染的；I，感染但没用药；CHX，亚胺环己酮处理过的；FOS，膦甲酸处理过的。（a）UL36-1 miRNA及其可能的前体序列。（b）～（e）UL70-1、S5-1、S6-1和S6-2的表达。放射性标记Marker的大小标示在右边，tRNA条带在聚丙烯酰胺凝胶上用溴化乙锭染色作为上样量对照。

与生物信息学方法不同的是，Pfeffer等用克隆方法鉴定出当HCMV急性感染成纤维细胞时HCMV编码的miRNA。总共11种miRNA通过克隆被鉴定出来，其中包括3个miRNA与我们研究发现的在同一个茎环结构前体（UL36-1、US5-1和US5-2）。为了扩展这些额外miRNA的鉴定，Northern杂交分析被用来决定HCMV急性感染期miRNA表达的动力学时期。图31.4表明由病毒编码的miRNA都遵从一种相似的表达模式，即其表达水平随时间增长而升高。动力学上的研究也表明除了UL70-1之外的所有miRNA都在早期表达。我们通过Northern杂交分析不能检测到US33-1。

鉴定出来的miRNA中，其中4个位于HCMV的编码区，它们直接与已注释基因的可读框（ORF）互补，可能会切割这些基因的mRNA。UL70是个必需的基因，其可读框被破坏后，病毒将失去复制能力（Dunn *et al.*，2003；Yu *et al.*，2003）。UL114编码的尿嘧啶DNA转葡萄糖基酶对病毒DNA的复制和溶解是必需的（Prichard *et al*. , 1996; Courcelle *et al*. , 2001)。UL150 和 US29 的功能仍然未知。我们最近证实了，瞬时表达的 HCMV miRNA 可以下调 3′端 UTR 包含精确完全互补的靶位点报告基因的表达，表明与 miRNA 互补配对的病毒转录物可能会被 miRNA 所切割。miRNA 直接降解 mRNA 的调控是否是这些 miRNA 相关的生物学功能还不清楚，这有待于进一步的研究。另一个令人感兴趣的则是由 UL36 内含子所编码的 miRNA。UL36 属于一个剪接性转录物家族，其编码的蛋白质在感染病毒的细胞中能够阻断凋亡信号通路（Goldmacher *et al*. , 1999；Skaletskaya *et al*. , 2001）。

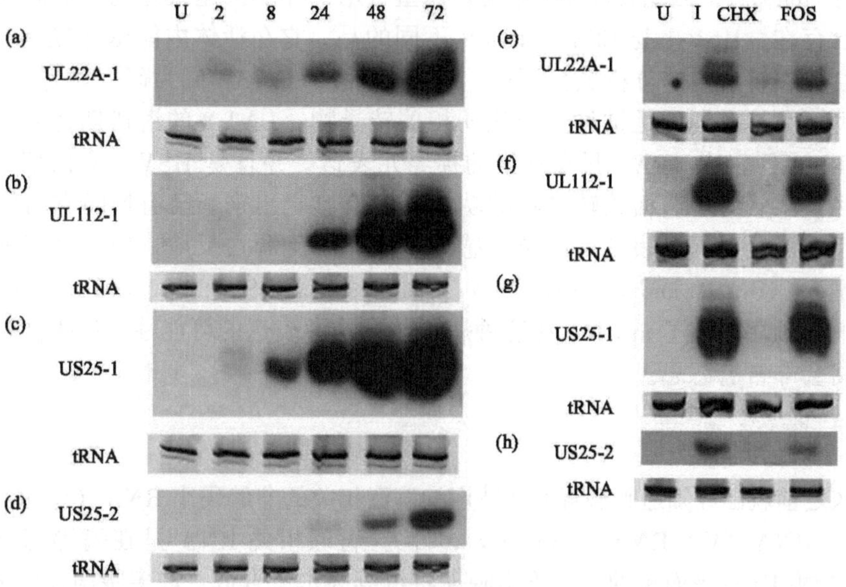

图 31.4　HCMV 表达的 miRNA 的 Northern 杂交的分析。以感染复数 5 感染人纤维细胞。提取总 RNA 并用针对预测病毒 miRNA 序列的探针进行 Northern 杂交分析。(a) ～ (d) miRNA UL22A-1、L112-1、S25-1 和 S26-2 的表达。溴化乙锭染色的 tRNA 条带作为上样量对照。泳道：U，未被感染的；感染后 2h、8h、24h、48h、72h。(e) ～ (h) 用亚胺环己酮、膦甲酸或者不用药物处理时 miRNA 的表达。泳道：U，未被感染的；I，感染后未用药处理；CHX：亚胺环己酮处理过；FOS，膦甲酸处理过。

内含子 miRNA 的共调控可能表明了小分子 RNA 与宿主蛋白质编码的转录产物之间的功能相关性。UL36 和 UL36-1 的共表达类似于 BHRF1 miRNA 的表达，BHRF1 miRNA 由 EBV 的抗凋亡因子 Bcl-2 的同源物的内含子区域产生。考察编码区与miRNA 之间的这种关系是否是被其他疱疹病毒所利用的一种共有的策略将是令人感兴趣的。与其他疱疹病毒一样，所表达 miRNA 的功能都是未知的。然而，许多 miRNA 在以前的研究中就已经被偶然缺失掉了。UL36 编码区用其 cDNA 所代替，即剔除掉编码 UL36-1的内含子，病毒的复制没有受到影响（Patterson and Shenk，1999）。同样，随着 BAC 版本的病毒的构造，US5-1 和 US5-2 被剔除，对病毒的复制能力也没有明显的副作用。这些结果表明，与 MHV-68 类似，缺失掉 HCMV miRNA 也许只引起了微小的作用，或者它们在功能上是冗余的。

31.2.5 单纯疱疹病毒

虽然还没有报道证实单纯疱疹病毒-1（HSV-1）能表达 miRNA，我们的研究及 Pfeffer 等的研究都预测了 HSV 基因组可能存在许多 miRNA 基因。HSV 是 α 疱疹病毒的亚家族成员，具有嗜神经系统的特性。它首先侵染黏膜上皮，然后在感觉神经元的三叉神经节处稳定下来形成潜伏感染。普通感冒引起的唇疱疮与 HSV-1 的再活化有关系，但如果患者免疫力缺乏，感染将会引起更严重后果。不像 HCMV，HSV-1 可以感染很大范围的不同物种，因此有许多感染动物模型可用。许多构建很好的潜伏感染的体外模型也已存在。HSV-1 与 EBV、KSHV 不同的是，它在活体内能迅速复制，使得对病毒复制的裂解阶段的分析成为可能。这些特性使得 HSV 成为研究病毒 miRNA 的首选模型。尤其有趣的是被称为潜伏期相关转录物（LAT）的潜伏期特异的大片段非编码 RNA 的表达。LAT 只在感染的神经元表达，并且是 HSV-1 潜伏期唯一表达的转录物。虽然潜伏期相关转录物的功能还没有鉴定出来，已有推断它可能涉及限制病毒反式激活蛋白的表达，以及在感染期阻断细胞凋亡反应，但是两者的作用机制仍不清楚（Branco and Fraser，2005；Thompson and Sawtell，2001）。Pfeffer 的研究和我们的预测表明了 miRNA 在这种病毒转录物中表达的可能性，如果能被证实其正确性将会非常有意思。

31.3 腺病毒

很久之前就已经知道腺病毒表达特定的病毒相关的非编码小 RNA（160nt），称为病毒相关 RNA（VA RNA）（Shenk，2001）。病毒相关 RNA 是在病毒感染早期由 RNA 聚合酶 III 转录而来的，在感染晚期将继续高水平合成。许多腺病毒的亚型，包括 Ad2 和 Ad5，可以编码两种 VA RNA，即特定的 VAI 和 VAII，然而其他亚型的腺病毒只能编码一种单独的 VA RNA。VAI 在细胞内是大量表达的——每个细胞内可高达 10^8 个拷贝，然而，VAII 的浓度则降低了 10 倍。VAI 可以结合并阻断蛋白激酶 R（PKR）的激活，PKR 一般需要双链 RNA 的激活（可能是由于在腺病毒感染的细胞可以双向转录病毒基因组）。激活的 PKR 磷酸化 eIF-2a 后，导致翻译的阻断并抑制病毒的复制。

2004 年，Lu 和 Cullen 提出疑问，在哺乳动物体内 VAI 是否会抑制 miRNA 的功能（Lu and Cullen，2004）？他们最初用萤光素酶表达系统来检测 miRNA 的功能。在一个表达质粒中，已知 miRNA 的互补位点被克隆到萤光素酶基因的 3′端 UTR。目标 miRNA以 pri-miRNA 或 pre-miRNA 方式共表达，结果导致萤光素酶活性的降低。Lu 和 Cullen 发现共表达的 VAI 可以通过以下 RNA 恢复表达质粒中萤光素酶的活性：由 RNA 聚合酶 II 驱动的转录的 pri-miRNA，或者由 RNA 聚合酶 III 转录的 pre-miRNA，又或者是直接转录进细胞的短发夹 RNA（也相当于一种 pre-miRNA）。有趣的是，即使是在 VAI 存在的情况下，转染 siRNA 仍可以抑制萤光素酶的表达。与这些结果一致的是，VAI 被发现与 miRNA 竞争输出蛋白 5 和 Dicer 酶。这两种蛋白质都是 miRNA 生物学发生过程所必需的，然而，Dicer 是短发夹 RNA 转染过程所必需的。事实上，转染的 siRNA 仍然有能力抑制萤光素酶报告基因的表达，这明显地表明 VAI 并不会干扰 RISC 的功能。

这个报道出现后不久，Andersson 等报道了 VAI 和 VAII 的类似结果，也发现了 VA RNA 不仅可以结合 Dicer，而且能被加工成 miRNA（Andersson *et al.*，2005）。另外两个研究小组也证实了 VAI 的这些发现，这三个研究团队都赞同小 RNA 来源于 VA RNA 末端的茎（Andersson *et al.*，2005；Aparicio *et al.*，2006；Sano *et al.*，2006）。有趣的是，这个区域与抑制 PKR 活性的相关区域是不同的。当合成的 miRNA 与萤光素酶报告基因共转染进入细胞时，因为合成的 miRNA 与萤光素酶报告基因的 3′端 UTR 具有互补性，萤光素酶的表达被抑制，表明这些 miRNA 是有生物学功能的。此外，VA RNA 衍生而来的 miRNA 与 RISC 复合物的相关性可以用 miRNA 与 RISC 蛋白 Argonaute 特异性结合的免疫共沉淀方法来检测，也可以通过从腺病毒感染细胞提取物中的 VA 特定的 RISC 的活性来检测（Andersson *et al.*，2005；Aparicio *et al.*，2006）。为了表明 VA miRNA 在病毒复制中的作用，Aparicio 等将一种 VAI miRNA 的 2′-*O*-甲基化 RNA 反义链转染进入腺病毒感染的细胞，在病毒生长期，这将导致生长速度减慢（Aparicio *et al.*，2006）。虽然 2′-*O*-甲基-RNA 没有与抑制 PKR 活性的 VAI 区域重叠，但是也不能排除 2′-*O*-甲基-RNA 会干扰它的活性的可能性。因此，通过这种方法来阻止 VAI miRNA 对病毒感染影响的结论是不明确的。

Sano 等猜测 VA miRNA 的功能可能参与细胞基因的调控，并用计算机方法来鉴定与 VA miRNA 完全互补或不完全互补的靶基因（Sano *et al.*，2006）。虽然没有发现完全匹配的靶基因，但在某些基因的 3′端 UTR 处发现了一些不完全匹配的序列，并将它们克隆到萤光素酶的 3′端 UTR。有趣的是，能介导 VA 特异抑制萤光素酶表达的唯一位点被发现在 *dicer* 基因的 3′端 UTR。然而，来源于 *dicer* 3′-UTR 的一条长为 1.3kb 的序列对 VAI miRNA 并不敏感，这一序列是不是 VAI miRNA 的真正靶序列仍是一个未解决的问题。

31.4 多瘤病毒

猴病毒 40

通过对具有前体 miRNA 特征的茎环结构进行计算机搜索，发现在多瘤病毒猴病毒 40（SV40）基因组中只有两个可能的候选基因（Sullivan *et al.*，2005）。其中一个候选基因通过从 SV40 感染的细胞中提取出的 RNA 进行 Northern 杂交分析而得到验证。鉴定出来的这个前体 miRNA 与先前提到的一种叫做 SV40 相关的小 RNA 即 SAS 重叠，因此 SAS 极有可能是 miRNA 的初级转录物。此外，这个 miRNA 与从基因组的反义链转录得来编码大 T 抗原的 mRNA 完全互补。正是因为这种精确的互补，这个 miRNA 被认为能介导 T 抗原 mRNA 的剪切。预测的 3′裂解片段在 SV40 病毒感染的细胞中通过 Northern 杂交和 RNA 酶保护分析均能检测到，与上述假设一致。

为了测定该 miRNA 在感染过程中到底发挥什么作用，作者构建了一种突变型病毒，其中该前体 miRNA 的发夹结构核苷酸序列发生变化，但是保持 T 抗原基因的氨基酸序列完整不变。被这种突变体感染的细胞，并没有发现 mRNA 3′端的剪切产物，而且在感染过程中突变体病毒产生的 T 抗原 mRNA 和蛋白质的水平也明显高于野生型病毒。然而，在体外细胞培养体系中，这种病毒突变体的复制与野生型的病毒具有相同的动力学特征。这表明，过量的 T 抗原对于病毒的体外复制并非是有害的。该研究的作者认为，T 抗原的表达调控事实上可能是一种免疫逃避机制，从而减少 T 抗原通过 MHC-Ⅰ到细胞毒性 T 淋巴细胞（CTL）的呈递。为了对此进行检测，经野生型 SV40 或突变体感染的细胞孵育在对 T 抗原区域特异的细胞毒性 T 淋巴细胞克隆中。正如预期的那样，受 miRNA 突变了的病毒感染的细胞能表达更多的 T 抗原，它比受野生型病毒感染的细胞更容易受到 CTL 介导的细胞溶解。

31.5 反转录病毒

人类免疫缺陷病毒（HIV）

已有几篇关于检测 HIV 是否表达 miRNA 的报道。Bennasser 等鉴定了一个由 *env* 基因编码的 miRNA，并通过对从 HIV 病毒感染的细胞中提取的 RNA 进行 Northern 杂交得到验证（Bennasser *et al.*，2005）。这一发夹结构在 HIV-2 和 SIV 基因组中是保守的，这表明在功能上具有潜在的相关性。转染编码病毒 miRNA 的发夹及具有 miRNA同源识别位点的绿色荧光蛋白（GFP）报告基因，导致预期的 GFP 表达的下调。另外，转染这种短发夹结构会下调在病毒感染中 env 包膜基因的 mRNA，这一效应可通过与病毒 miRNA 反义的 2′-*O*-甲基-RNA 寡核苷酸的转染得到逆转。另一个 miRNA 是由 Omoto 等鉴定得到的，位于病毒 *nef* 基因的编码区域（Omoto and Fujii，2005；Omoto *et al.*，2004）。这种 miRNA 在感染细胞中也能被检测到。有趣的是，Pfeffer 等的克隆策略并没有发现任何由 HIV 编码的 miRNA（Pfeffer *et al.*，2005）。如前所述，如果 miRNA 并非高表达或者难以进行克隆，那这种方法就很难避免假阳性。

另外（甚至有些自相矛盾），HIV-1 似乎会编码一种 RNAi 的抑制物（Bennasser *et al.*，2005）。在 HIV 病毒中 Tat 蛋白是一种病毒 LTR 的反式激活蛋白，通过与位于所有病毒 mRNA 5′端的 Tat 激活区域（TAR）结合起作用。Bennaser 等发现 Tat 在报告实验中能抑制 RNAi，而且通过对 Tat 的突变实验将与 RNAi 抑制相关的区域定位于这一 101 个氨基酸长的蛋白质中的第 48～72 位氨基酸。一个保留转录反式激活能力但失去了抑制 RNAi 能力的点突变（TatK51A）已被鉴定出来。

Tat 可能是通过与转录酶 Dicer 竞争 miRNA 前体来实现抑制 RNAi，因为已知 Tat 对 RNA 茎环结构的具有亲和力，并且 Tat 激活区域与 miRNA 前体具有许多相同特征。理论上，Tat 与病毒的结合可以缓解病毒转录的抑制，从而增加复制。然而，需要进一步的研究确定这些 miRNA 的实际功能及 Tat 在抑制 RNAi 中所起的作用。

31.6 细胞 miRNA 和病毒的复制

31.6.1 灵长类泡状病毒-1

最近的证据表明，细胞 miRNA 在哺乳动物细胞的病毒生物学中也发挥作用。因为植物和昆虫体内具有依赖于小分子 RNA 的病毒防御机制，因此推测在哺乳动物中也可能存在类似的抗病毒机制。Lecellier 等检验了反转录病毒灵长类泡状病毒-1（PFV-1）

在 P19 存在和缺乏时的复制情况，P19 是一种已知的 RNAi 抑制物（Lecellier *et al.*，2005）。在 P19 表达的细胞中，发现 PFV-1 RNA 水平有提高，这表明 RNAi 诱导抑制 PFV-1 的情况是存在的。研究人员猜测可能是由病毒编码的 miRNA 引发这一现象。研究人员将病毒基因组片段克隆到 GFP 报告基因的 3′-UTR 区域中，在病毒存在的情况下，预计编码 miRNA 的区域将会导致 GFP 表达量的下降。令人惊讶的是，并未发现有病毒基因组片段导致病毒依赖的 GFP 的抑制。不过，有一个接近病毒基因组 3′端的区域确实导致 GFP 蛋白（但不是 RNA）的表达量下降，且与 PFV-1 感染不相关。研究人员使用计算机算法发现了一个与人类 miRNA miR-32 可能的（不完全的）配对。GFP 报告基因中 miR-32 位点的突变能恢复 GFP 蛋白的表达。此外，以反义 RNA 作用于 miR-32 或者改变 PFV-1 基因组中的靶位点都导致感染细胞中病毒 RNA 含量的增加。由于 miR-32 的靶位点位于所有病毒 mRNA 的 3′非翻译区，可以预料，所有病毒蛋白质的翻译将被抑制。因此，观察到的病毒 mRNA 的减少就有可能是病毒翻译激活物 Tas 的翻译受抑制后的次级效应。有趣的是，在转染哺乳动物和植物细胞中，病毒的 Tas 蛋白还能抑制 miRNA 的活性。尽管可能是这种蛋白质能够克服 miR-32 对 PFV-1 复制的抑制作用，但事实是，当 P19 存在时，PFV-1 RNA 的量大大增加了，这表明 miRNA 活性的抑制最多也是不完全的。然而，由 SV40 的示例中看出，可能是 PFV-1 已进化到不再逃避细胞 miRNA 的限制，而是利用它来减少自己的复制，以减少宿主的免疫反应。

31.6.2 丙型肝炎病毒

丙型肝炎病毒（HCV）是黄病毒家族的一个成员，该病毒科有单链正义 RNA 基因组，而且整个复制周期完全在细胞质中进行。因此，这些病毒预计不会产生 miRNA，因为它们与 miRNA 生物合成途径中的细胞核内的组成部分不发生相互作用。然而，极有可能这些细胞质病毒会与细胞内 miRNA 发生相互作用，这种相互作用将可能对病毒复制产生极大的影响。由于丙型肝炎病毒是一种肝炎病毒，Jopling 等探讨了肝特异表达的 miRNA-miR-122 是否在其复制过程中起作用（Jopling *et al.*，2005）。miR-122 在人和鼠的肝脏，以及支持 HCV 复制子复制的人肝癌细胞系 Huh7 细胞中均有表达。通过序列搜索，在 HCV 基因组 3′端和 5′端的非翻译区发现与 miR-122 的 5′端“种子序列”（seed sequence）匹配的序列。而且这些区域在所有 6 种 HCV 基因型中都是保守的。有趣的是，在 Huh7 细胞中具有 1a 或 1b HCV 复制子的基因型，用 2′-*O*-甲基反义 RNA 寡聚核苷酸使 miR-122 失活后，导致 HCV RNA 含量的减少。这种作用对于 HCV 是特异的，把 miR-122 特异序列置放在 GFP 报告基因的 3′非翻译区会造成预期的 GFP 转录下调。在 HCV 基因组中 miR-122 结合区域的突变结果显示 5′-UTR 位点对于高效的复制是必要的，而 3′非翻译区域则不是。另外，与 5′-UTR 突变体互补的 miR-122 突变体的表达可以恢复 HCV RNA 的复制。对缺乏功能性 RNA 依赖的 RNA 聚合酶（因此只检测 5′端非翻译区指导翻译的能力）的复制子做进一步试验，发现野生型或 miR-122 突变体病毒均可以产生等量的蛋白质，这表明 HCV IRES 的翻译并不需要 miR-122。

31.7 结论

尽管大量的研究鉴定了病毒表达的 miRNA，但是对这些 miRNA 在病毒复制及感染的方面所起的功能还知之甚少。SV40 T 抗原转录物的切割是唯一一个证实的病毒 miRNA 靶标的报道，在这个例子中，该转录物与 miRNA 完全互补（Sullivan *et al.*，2005）。绝大多数病毒 miRNA 并没有预测到可以切割已知的转录物，增加了鉴定其潜在靶标的挑战性。而确定与靶标基因相关的功能鉴定则更具挑战性。虽然已经提出 SV40 miRNA 的功能是降低 T 抗体的呈递，但是仍需要体内实验验证以确定是否这就是它们在 SV40 感染中起的主要的作用（Sullivan *et al.*，2005）。

关于病毒 miRNA 功能至关重要的一个问题就是，它们是否调控宿主或病毒基因的表达。尽管所有的假定情况都是可能的，许多的研究表明对病毒转录物的自我调控是其基本功能。首先，到目前为止，已鉴定出的病毒 miRNA 与宿主转录物都没有完全的同源性，直接降解调节几乎可以排除（Pfeffer *et al.*，2005）。其次，众所周知，单核苷酸的改变就可以破坏 miRNA 的功能，易变的宿主基因序列将是不可靠的靶位点（Brennecke *et al.*，2005）。因此，可以预测到病毒 miRNA 将与宿主转录物中的保守序列结合，引起的进化压力使得病毒保持 miRNA 序列不变，以维持其与宿主靶标位点功能作用。然而，病毒 miRNA 序列的保守性并不高，只有亲缘关系非常近的病毒的 miRNA 才有一些同源性（Grey *et al.*，2005）。miRNA 序列的快速分化支持病毒 miRNA 自我调控病毒转录物的模型。相对于靶向宿主基因而需要维持的高度保守性，由于病毒基因组既编码 miRNA 也编码其靶基因，它们序列的共同进化可能比较快地发生。Sullivan 和 Ganem 的发现为这一理论提供了进一步的证据。在鉴定了 SV40 表达的 miRNA 之后，在大鼠的多瘤病毒中又鉴定了另外两种 miRNA，它们具有相同的功能，即切割病毒表达的早期 T 抗原转录物。然而，这些 miRNA 是由病毒基因组的不同区域编码而来的，因此，与 SV40 miRNA 没有同源性。这排除了它们具有相同细胞靶基因的可能性，更暗示了它们的功能是独立作用于病毒基因（Sullivan and Ganem，2005）。

假如病毒 miRNA 的靶标是病毒转录物，许多可能的功能可以被提出。在这一领域当前的观点认为 miRNA 转录后的影响范围从相对的抑制特定基因的表达到更精确、更广泛的基因表达调控。因此，病毒 miRNA 能与一些特异的病毒反式激活基因作用，在 miRNA 水平上调的同时，短时间内有效地抑制其表达水平［图 31.5（a）］。这一模型可以被看成类似于内源性的 miRNA 在胚胎发育时期行使着临时开关的作用（Bartel，2004）。这种靶标作用可能对病毒的复制及其基因的表达都有影响作用，或者是 miRNA 可能通过对更多的病毒基因的转录抑制而达到精确的效果。疱疹病毒基因的表达在时间上是被严格调控的，转录物的表达在动力学上分为最早期、早期及晚期（Wathen and Stinski，1982）。疱疹病毒表达的 miRNA 能够增强转录阶段的时效转变，这是通过靶向前一个复制阶段的 mRNA，从而有效地阻止不需要的转录物的翻译而实现的［图 31.5（b）］。

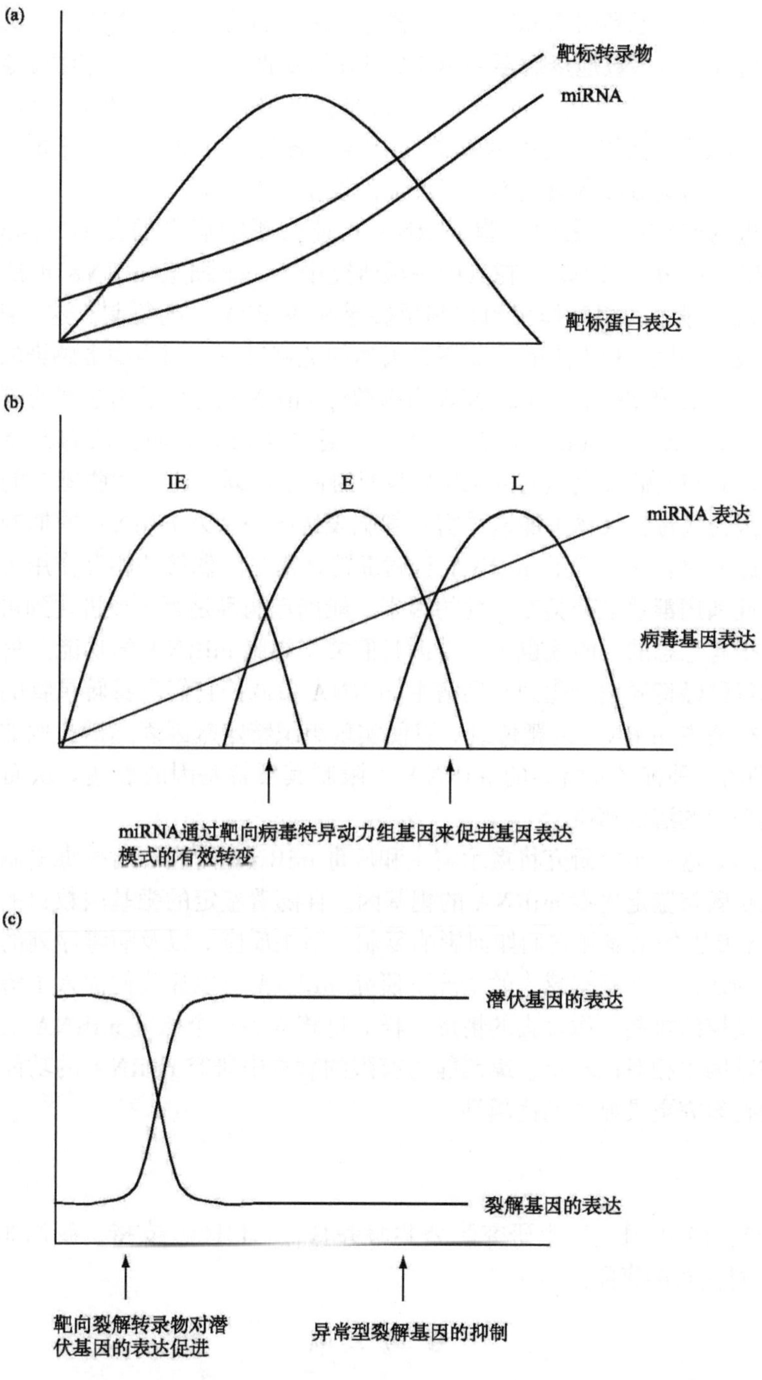

图 31.5　图示病毒 miRNA 在疱疹病毒感染情况下的可能功能。(a) 特异性抑制模型：病毒 miRNA 以时序特异的方式抑制数量有限的靶基因。(b) 全局模型：精确的全局性调控一组靶转录物以便有效地改变时序转录模式。(c) 在潜伏感染期，病毒 miRNA 靶向病毒转录物的可能功能。

病毒 miRNA 的调控作用也许又可能通过负调控病毒裂解基因的表达而促进疱疹病毒建立潜伏期。当考虑到病毒 miRNA 在病毒潜伏期的功能时，这种协作式的基因调控模型可能更适合。大多数疱疹病毒 miRNA 是在潜伏期被鉴定的，这时病毒转录被高度限制（Cai *et al.*，2005；Pfeffer *et al.*，2004；Pfeffer *et al.*，2005；Samols *et al.*，2005）。在病毒复制周期中，潜伏期病毒 miRNA 的表达可能会防止病毒异常基因的高表达，防护抗原的呈递或者阻止不适当反应的发生［图 31.5（c）］。

两个最近的研究已经表明细胞 miRNA 可能会影响病毒的复制（Jopling *et al.*，2005；Lecellier *et al.*，2005）。在其中一项研究中，一个细胞 miRNA 被证实通过与病毒转录物 3′端保守序列相互作用而抑制反转录病毒 PRV-1 的复制。这一细胞 miRNA 的抑制效应很可能是一种人工效应而不是天然的免疫反应，因为病毒感染的是非宿主的人源细胞系。Fahr 和 Stark 等的研究表明内源性 miRNA 对转录物序列的进化有重要影响（Farh *et al.*，2005；Stark *et al.*，2005）。这两项研究表明转录物已经进化到能选择性地避免含有与它们共表达的 miRNA 匹配的种子序列。这一“脱靶”的观点尤其与病毒相关，因为病毒转录物可能遭受宿主细胞表达的一系列 miRNA 的抑制作用。正如 Lecellier 等提出的，这种宿主 miRNA 与病毒转录物之间偶然的相互作用可能是一种决定细胞趋向性和病毒感染种类专一性的因素。能确定病毒是否已经进化到可以避免产生这些序列是很有意思的，而这也可以告诉我们关于细胞 miRNA 的功能。另外一种可能性就是，病毒已经特异地进化到利用宿主 miRNA 负调控它们自身转录物的水平。病毒能够进化获得宿主 miRNA 的靶位点，以便实现组织特定基因表达谱。例如，在理论上 HSV 能够利用一种神经元特异的 miRNA 去限制其裂解基因的表达，从而促进其在适当的细胞类型中的潜伏感染。

毫无疑问，进一步的研究将揭示宿主和病毒 miRNA 的表达对病毒复制的影响。下一个重要的步骤将鉴定病毒 miRNA 的靶基因。伴随着鉴定的靶基因数目的增长，关于病毒 miRNA 基因的功能和它们如何影响复制、宿主反应，以及病毒序列的进化应该能得到更清楚的认识。在病毒感染的情况下研究 miRNA 可以让我们深入了解病毒复制及其基因表达调控的机制，像过去的情形一样，这将成为一个研究 miRNA 功能的广泛有效模型。在基因组相对比较小、编码能力有限的病毒中研究 miRNA 的功能应该比在复杂生物中进行研究更具显著的优越性。

致谢

这项研究由美国国立卫生研究院公共服务基金 AI21640 支持。我们非常感谢 Michael Jarvis 对文章的审阅。

参考文献

Andersson，M．G．，Haasnoot，P．C．，Xu，N．*et al*．(2005)．Suppression of RNA interference by adenovirus virus-associated RNA．*Journal of Virology*，**79**，9556－9565．

Aparicio，O．，Razquin，N．，Zaratiegui，M．，Narvaiza，I．and Fortes，P．(2006)．Adenovirus virus-associated RNA is processed to functional interfering RNAs involved in virus production．*Journal of Virology*，**80**，1376－1384．

Bartel，D．P．(2004)．MicroRNAs：genomics，biogenesis，mechanism，and function．*Cell*，**116**，281－297．

Bennasser，Y．，Le，S．Y．，Benkirane，M．and Jeang，K．T．(2005)．Evidence that HIV-1 encodes an siRNA and a suppressor of RNA silencing. *Immunity*, **22**, 607 – 619.

Bentwich, I., Avniel, A., Karov, Y. *et al*. (2005). Identification of hundreds of conserved and nonconserved human microRNAs. *Nature Genetics*, **37**, 766 – 770.

Berezikov, E., Guryev, V., van de Belt, J. *et al*. (2005). Phylogenetic shadowing and computational identification of human microRNA genes. *Cell*, **120**, 21 – 24.

Bowden, R. J., Simas, J. P., Davis, A. J. and Efstathiou, S. (1997). Murine gammaherpesvirus 68 encodes tRNA-like sequences which are expressed during latency. *Journal of General Virology*, **78**, 1675 – 1687.

Branco, F. J. and Fraser, N. W. (2005). Herpes simplex virus type 1 latency-associated transcript expression protects trigeminal ganglion neurons from apoptosis. Journal of *Virology*, **79**, 9019 – 9025.

Brennecke, J., Stark, A., Russell, R. B. and Cohen, S. M. (2005). Principles of microRNA-target recognition. *Public Library of Science Biology*, **3**, e85.

Cai, X. and Cullen, B. R. (2006). Transcriptional origin of Kaposi's sarcoma-associated herpesvirus microRNAs. *Journal of Virology*, **80**, 2234 – 2242.

Cai, X., Lu, S., Zhang, Z. *et al*. (2005). Kaposi's sarcoma-associated herpesvirus expresses an array of viral microRNAs in latently infected cells. *Proceedings of the National Academy of Sciences USA*, **102**, 5570 – 5575.

Courcelle, C. T., Courcelle, J., Prichard, M. N. and Mocarski, E. S. (2001). Requirement for uracil-DNA glycosylase during the transition to late-phase cytomegalovirus DNA replication. *Journal of Virology*, **75**, 7592 – 7601.

DeMarchi, J. M., Schmidt, C. A. and Kaplan, A. S. (1980). Patterns of transcription of human cytomegalovirus in permissively infected cells. *Journal of Virology*, **35**, 277 – 286.

Dunn, W., Chou, C., Li, H. *et al*. (2003). Functional profiling of a human cytomegalovirus genome. *Proceedings of the National Academy of Sciences USA*, **100**, 14 223 – 14 228.

Dunn, W., Trang, P., Zhong, Q. *et al*. (2005). Human cytomegalovirus expresses novel microRNAs during productive viral infection. *Cellular Microbiology*, **7**, 1684 – 1695.

Farh, K. K., Grimson, A., Jan, C. *et al*. (2005). The widespread impact of mammalian microRNAs on mRNA repression and evolution. *Science*, **310**, 1817 – 1821.

Furnari, F. B., Adams, M. D. and Pagano, J. S. (1992). Regulation of the Epstein-Barr virus DNA polymerase gene. *Journal of Virology*, **66**, 2837 – 2845.

Goldmacher, V. S., Bartle, L. M., Skaletskaya, A. *et al*. (1999). A cytomegalovirus-encoded mitochondria-localized inhibitor of apoptosis structurally unrelated to Bcl-2. *Proceedings of the National Academy of Sciences USA*, **96**, 12 536 – 12 541.

Grey, F., Antoniewicz, A., Allen, E. *et al*. (2005). Identification and characterization of human cytomegalovirus-encoded microRNAs. *Journal of Virology*, **79**, 12 095 – 12 099.

Grun, D., Wang, Y. L., Langenberger, D., Gunsalus, K. C. and Rajewsky, N. (2005). MicroRNA target predictions across seven *Drosophila* species and comparison to mammalian targets. *Public Library of Science Computer Biology*, **1**, e13.

Jopling, C. L., Yi, M., Lancaster, A. M., Lemon, S. M. and Sarnow, P. (2005). Modulation of hepatitis C virus RNA abundance by a liver-specific microRNA. *Science*, **309**, 1577 – 1581.

Krek, A., Grun, D., Poy, M. N. *et al*. (2005). Combinatorial microRNA target predictions. *Nature Genetics*, **37**, 495 – 500.

Lecellier, C. H., Dunoyer, P., Arar, K. *et al*. (2005). A cellular microRNA mediates antiviral defense in human cells. *Science*, **308**, 557 – 560.

Lee, R. C., Feinbaum, R. L. and Ambros, V. (1993). The *C. elegans* heterochronic gene lin-4 encodes small RNAs with antisense complementarity to lin-14. *Cell*, **75**, 843 – 854.

Lewis, B. P., Burge, C. B. and Bartel, D. P. (2005). Conserved seed pairing, often flanked by adenosines, indicates that thousands of human genes are microRNA targets. *Cell*, **120**, 15 – 20.

Lim, L. P., Lau, N. C., Weinstein, E. G. *et al*. (2003). The microRNAs of *Caenorhabditis elegans*. *Genes & Development*, **17**, 991–1008.

Lu, S. and Cullen, B. R. (2004). Adenovirus VA1 noncoding RNA can inhibit small interfering RNA and microRNA biogenesis. *Journal of Virology*, **78**, 12 868–12 876.

McCormick, C. and Ganem, D. (2005). The kaposin B protein of KSHV activates the p38/MK2 pathway and stabilizes cytokine mRNAs. *Science*, **307**, 739–741.

Moore, P. and Chang, Y. (2001). Kaposi's sarcoma-associated Herpesvirus. *Fields Virology*, **2**, 2803–2831.

Omoto, S. and Fujii, Y. R. (2005). Regulation of human immunodeficiency virus 1 transcription by nef microRNA. *Journal of General Virology*, **86**, 751–755.

Omoto, S., Ito, M., Tsutsumi, Y. *et al*. (2004). HIV-1 nef suppression by virally encoded microRNA. *Retrovirology*, **1**, 44.

Pasquinelli, A. E., Reinhart, B. J., Slack, F. *et al*. (2000). Conservation of the sequence and temporal expression of let-7 heterochronic regulatory RNA. *Nature*, **408**, 86–89.

Patterson, C. E. and Shenk, T. (1999). Human cytomegalovirus UL36 protein is dispensable for viral replication in cultured cells. *Journal of Virology*, **73**, 7126–7131.

Pearce, M., Matsumura, S. and Wilson, A. C. (2005). Transcripts encoding K12, v-FLIP, v-cyclin, and the microRNA cluster of Kaposi's sarcoma-associated herpesvirus originate from a common promoter. *Journal of Virology*, **79**, 14 457–14 464.

Pfeffer, S., Zavolan, M., Grasser, F. A. *et al*. (2004). Identification of virus-encoded microRNAs. *Science*, **304**, 734–736.

Pfeffer, S., Sewer, A., Lagos-Quintana, M. *et al*. (2005). Identification of microRNAs of the herpesvirus family. *Nature Methods*, **2**, 269–276.

Prichard, M. N., Duke, G. M. and Mocarski, E. S. (1996). Human cytomegalovirus uracil DNA glycosylase is required for the normal temporal regulation of both DNA synthesis and viral replication. *Journal of Virology*, **70**, 3018–3025.

Reinhart, B. J., Slack, F. J., Basson, M. *et al*. (2000). The 21-nucleotide let-7 RNA regulates developmental timing in Caenorhabditis elegans. *Nature*, **403**, 901–906.

Roizman, B. and Pellet, E. (2001). The family Herpesviridae: a brief introduction. *Fields Virology*, **2**, 2381–2397.

Samols, M. A., Hu, J., Skalsky, R. L. and Renne, R. (2005). Cloning and identification of a microRNA cluster within the latency-associated region of Kaposi's sarcoma-associated herpesvirus. *Journal of Virology*, **79**, 9301–9305.

Sano, M., Kato, Y. and Taira, K. (2006). Sequence-specific interference by small RNAs derived from adenovirus VAI RNA. *Federation of European Biological Sciences Letters*, **580**, 1553–1564.

Shenk, T. (2001). Adenoviridae: the viruses and their replication. *Fields Virology*, **2**, 2265–2326.

Simas, J. P., Bowden, R. J., Paige, V. and Efstathiou, S. (1998). Four tRNA-like sequences and a serpin homologue encoded by murine gammaherpesvirus 68 are dispensable for lytic replication *in vitro* and latency in vivo. *Journal of General Virology*, **79**, 149–153.

Skaletskaya, A., Bartle, L. M., Chittenden, T. *et al*. (2001). A cytomegalovirus-encoded inhibitor of apoptosis that suppresses caspase-8 activation. *Proceedings of the National Academy of Sciences USA*, **98**, 7829–7834.

Smith, P. R., de Jesus, O., Turner, D. *et al*. (2000). Structure and coding content of CST (BART) family RNAs of Epstein-Barr virus. *Journal of Virology*, **74**, 3082–3092.

Stark, A., Brennecke, J., Bushati, N., Russell, R. B. and Cohen, S. M. (2005). Animal microRNAs confer robustness to gene expression and have a significant impact on 30 UTR evolution. *Cell*, **123**, 1133–1146.

Sullivan, C. S. and Ganem, D. (2005). MicroRNAs and viral infection. *Molecular Cell*, **20**, 3–7.

Sullivan, C. S., Grundhoff, A. T., Tevethia, S., Pipas, J. M. and Ganem, D. (2005). SV40-encoded microRNAs regulate viral gene expression and reduce susceptibility to cytotoxic T cells. *Nature*, **435**, 682–686.

Thompson, R. L. and Sawtell, N. M. (2001). Herpes simplex virus type 1 latency-associated transcript gene promotes neuronal survival. *Journal of Virology*, **75**, 6660–6675.

Wathen, M. W. and Stinski, M. F. (1982). Temporal patterns of human cytomegalovirus transcription: mapping the viral RNAs synthesized at immediate early, early, and late times after infection. *Journal of Virology*, **41**, 462–477.

Wightman, B., Ha, I. and Ruvkun, G. (1993). Posttranscriptional regulation of the heterochronic gene lin-14 by lin-4 mediates temporal pattern formation in C. elegans. *Cell*, **75**, 855–862.

Xie, X., Lu, J., Kulbokas, E. J. *et al*. (2005). Systematic discovery of regulatory motifs in human promoters and 30 UTRs by comparison of several mammals. *Nature*, **434**, 338–345.

Yu, D., Silva, M. C. and Shenk, T. (2003). Functional map of human cytomegalovirus AD169 defined by global mutational analysis. *Proceedings of the National Academy of Sciences USA*, **100**, 12 396–12 401.

32 翻译的缺失：microRNA 对 HIV 的调控和一个具有 RNA 介导的 RNA 聚合酶活性的关键酶

Yoichi Robertus Fujii

每个国家的人民每一年的劳动，原本就是供给他们每年消费的一切生活必需品和便利品的源泉。构成这种必需品和便利品的，不是本国劳动的直接生产，就是从其他国家购买的生产品。

——亚当 • 斯密

32.1 引言

人类免疫缺陷病毒 HIV-1 的基因 *nef* 位于该病毒基因组的 3′端，并且与 3′长末端重复序列（LTR）部分重叠。*nef* 基因在 HIV 感染时表达，而且在病毒复制早期常常占 HIV-1 特异 RNA 转录产物的 80%（Robert-Guroff *et al.*，1990）。HIV-1 的 LTR 活性在 Tat 诱发后的几个小时内下调，这可能有助于病毒进入潜伏期（Drysdale and Pavlakis，1991）。然而，由 Tat 反式激活造成下调的机制，以及 *nef* RNA 累积的机制并不是完全清楚。microRNA（miRNA）是 21～25nt 的小分子 RNA，它们选择性地靶向 mRNA 序列，并通过 RNA 干扰（RNAi）的方式引起翻译抑制或者 RNA 的切割(Zeng *et al.*，2003；Yekta *et al.*，2004)。不过，功能分析（functional assay）表明，在植物、真菌、昆虫和线虫中自然存在的 RNAi 并没有在哺乳动物中发现（Fire *et al.*，1998；Tuschl *et al.*，1999；Ketting *et al.*，1999；Tabara *et al.*，1999；Aravin *et al.*，2001；Baulcombe，2001；Sijen and Plasterk，2003)。根据 HIV-1 感染的哺乳动物细胞得到的数据，我们推测基于 RNAi 的生物过程可以通过关闭有害基因的方式达到抑制病毒的效果。该方法的可行性在对老年性黄斑部退化的 RNAi 阶段 I 的治疗试验中得到反映，所有验证的患者病情稳定并没有出现有毒副作用。

细胞内由 RNA 介导的 RNA 聚合酶（RdRP），是线虫、拟南芥和粗糙脉孢菌的 RNA 干扰途径中的一个关键酶，它可以以单链的 RNA 为模板复制成双链 RNA 从而启动和增强基因沉默过程（Sijen *et al.*，2001；Matzke and Birchler，2005）。然而在哺乳动物中并没有鉴定出 RdRP。这个酶可以促进 RNA 聚合酶链反应（R-PCR)，它不仅仅可以作为 miRNA 产生 RNAi 抗病毒策略的一部分，同时在哺乳动物基因组中起基因沉默作用（图 32.1)。

在这个章节中，我会尽量描述 HIV-1 病毒 miRNA 的克隆及其表达的验证。我也会尽力指出这在基础研究中的价值，以及作为一种新型治疗方法的潜在可能性。同时，我们也会展示出反转录酶（RT）在体外拥有的 RNA 聚合酶活性。病毒 miRNA 和反转录病毒反转录酶的 RdRP 活性的发现极大地支持了这样一个假说模型：病毒的潜伏是由病毒 miRNA 在哺乳细胞中的 RNA 聚合酶链反应（R-PCR）所引导的。

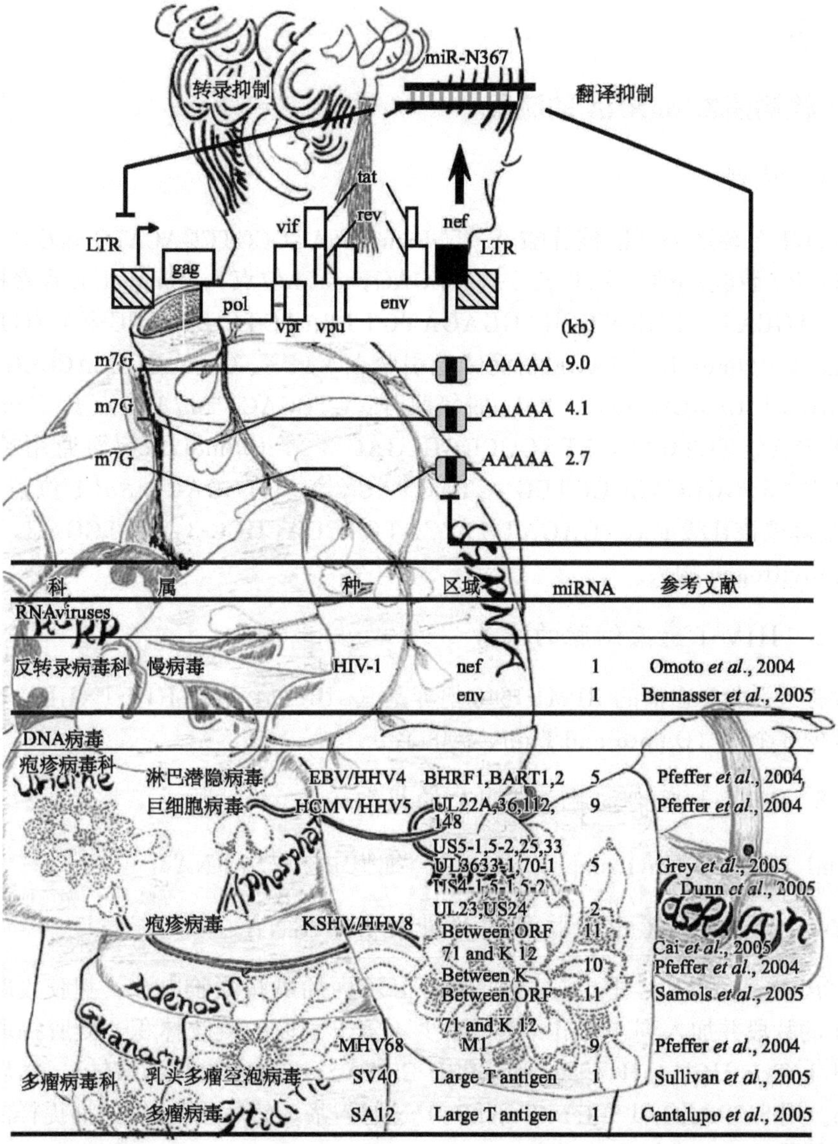

科	属	种	区域	miRNA	参考文献
RNAviruses					
反转录病毒科	慢病毒	HIV-1	nef	1	Omoto *et al.*, 2004
			env	1	Bennasser *et al.*, 2005
DNA病毒					
疱疹病毒科	淋巴潜隐病毒	EBV/HHV4	BHRF1,BART1,2	5	Pfeffer *et al.*, 2004
	巨细胞病毒	HCMV/HHV5	UL22A,36,112,148 US5-1,5-2,25,33	9	Pfeffer *et al.*, 2004
			UL3633-1,70-1 US4-1,5-1,5-2	5	Grey *et al.*, 2005
			UL23,US24	2	Dunn *et al.*, 2005
	疱疹病毒	KSHV/HHV8	Between ORF 71 and K 12	11	Cai *et al.*, 2005
			Between K	10	Pfeffer *et al.*, 2004
			Between ORF 71 and K 12	11	Samols *et al.*, 2005
		MHV68	M1	9	Pfeffer *et al.*, 2004
多瘤病毒科	乳头多瘤空泡病毒	SV40	Large T antigen	1	Sullivan *et al.*, 2005
	多瘤病毒	SA12	Large T antigen	1	Cantalupo *et al.*, 2005

图 32.1 *nef* miRNA 和病毒 miRNA 的示意图。HIV-1 *nef* miRNA 消除前病毒 DNA 的假想模型（上面）将会在图 32.5 进一步阐明。报道的病毒 miRNA 列于表格（中间）。这些病毒和细胞间 miRNA 可保持病毒持续感染。作用于系统性的 RNAi 机器的 dsRNA 由 RdRP 进行扩增。细胞的 RdRP 通过把 ssRNA 模板合成 dsRNA 来启动或者增强 RNAi 途径。这些细胞酶都可以在植物（这里以花来表示）中发现，但并没有在果蝇和哺乳动物中发现（以穿和服的日本少女象征）。此外，部分 RNA 病毒的基因组 DNA 编码病毒的 RdRP。在某些感染案例中，哺乳动物会暂时性的需要 RdRP。脊髓灰质炎病毒的 RdRP 结构中包含各种元件，大拇指、手掌，看起来像和服宽腰带，称之为“Ohbi”。大肠杆菌的 Klenow 聚合酶、HIV-1 反转录酶、T7 噬菌体聚合酶、脊髓灰质炎病毒 RdRP 都具有保守的类似元件。据推测一些反转录病毒（包括内源的反转座子）的反转录酶可能具有 RdRP 活性，所以反转录酶可以扮演 RdRP 角色，而且扩增的病毒 miRNA 可以通过宿主的 RNAi 机制扰乱细胞间的防御系统。随后，这些病毒 miRNA 可以通过除去前病毒的 DNA 而诱导进入潜伏期，并产生新的病毒变种。

32.2 方法

32.2.1 检测病毒 miRNA 的流程

32.2.1.1 试剂

10μmol/L 3′端接头寡聚核苷酸 A（5′-P-cuguguAGGCGTCGACATG-ddC-3′）（cugu-gu，RNA；P，磷酸；ddC，双脱氧 C；GTCGAC，*Sal* I 位点），10mmol/L 寡聚核苷酸 B（5′-TCTGAGCATAGGCGGCCGAGGAGATGTTCATGTCGACGCC-3′）（GTCGAC，*Sal* I 位点），10μmol/L 5′RACE 精简锚定引物（AAP），C（5′-GGCCACGCGTCGAC-TAGTACGGGIIGGGIIGGGIIG-3′）(I，脱氧肌苷；GTCGAC，*Sal* I 位点)，10μmol/L 寡聚核苷酸 D（5′-TCTGAGCATAGGCGGCCGAG-3′），10μmol/L 精简通用扩增引物（AUAP）E（5′-GGCCACGCGTCGACTAGTAC-3′）(GTCGAC，*Sal* I 位点)，以及 10μmol/L 寡聚核苷酸 F（5′-GAGATGTTCATGTCGACGCC-3′）(GTCGAC，*Sal* I 位点）均从 Invitrogen 购买。

32.2.1.2 HIV-1 感染细胞的准备

用含有灭活胎牛血清的 RPMI-1640 培养基（GIBCO）培养 HIV-1（IIIB，SF2）感染细胞至少 6 个月（Omoto and Fujii，2005）。

32.2.1.3 HIV-1 感染细胞总 RNA 的提取

用 1ml TRIZOL（Invitrogen）从 5×10^6 细胞中提取总 RNA。

32.2.1.4 从总 RNA 中回收目的片段大小的 RNA

取 10μl 样品总 RNA 进行 7mol/L 尿素-15% 丙烯酰胺凝胶电泳。割胶收取范围为 21～25nt 的片段并加入到 400ml（体积至少 4 倍于割取的凝胶体积）凝胶提取缓冲液 (20mmol/L Tris-HCl、pH 7.5、5mmol/L EDTA、400mmol/L 乙酸钠)，然后剧烈振荡 10min。用 SUPREC-01 filter（TaKaRa）过滤匀浆。然后用酚/氯仿抽提样品，并在每次操作的最后一步进行乙醇沉淀。

32.2.1.5 3′端接头寡聚核苷酸的连接

用小牛肠碱性磷酸酶（CIAP）(20U/μl)（Roche）对 RNA 进行去磷酸化，反应中加入的试剂包括 60μmol/LATP、1μl 100μmol/L RNA 3′端接头寡聚核苷酸 A、2μl 用 T4 RNA 连接酶缓冲液［500mmol/L Tris-HCl、pH 7.5、100mmol/L MgCl2、100mmol/L DTT、10mmol/L ATP、600μg/ml 牛血清白蛋白(BSA)］稀释的 T4 RNA 连接酶（10U/μl）［图 32.2（a)］。样品于 37℃温育 1h。

32.2.1.6 反转录及第一条 cDNA 链制备

cDNA 第一链的制备主要是通过 2.0 版本的 5′ RACE 体系（Invitrogen）对 cDNA 末端进行快速扩增［图 32.2（b)］。将 3′接头连接产物（4μl）与 10μmol/L 寡聚核苷酸

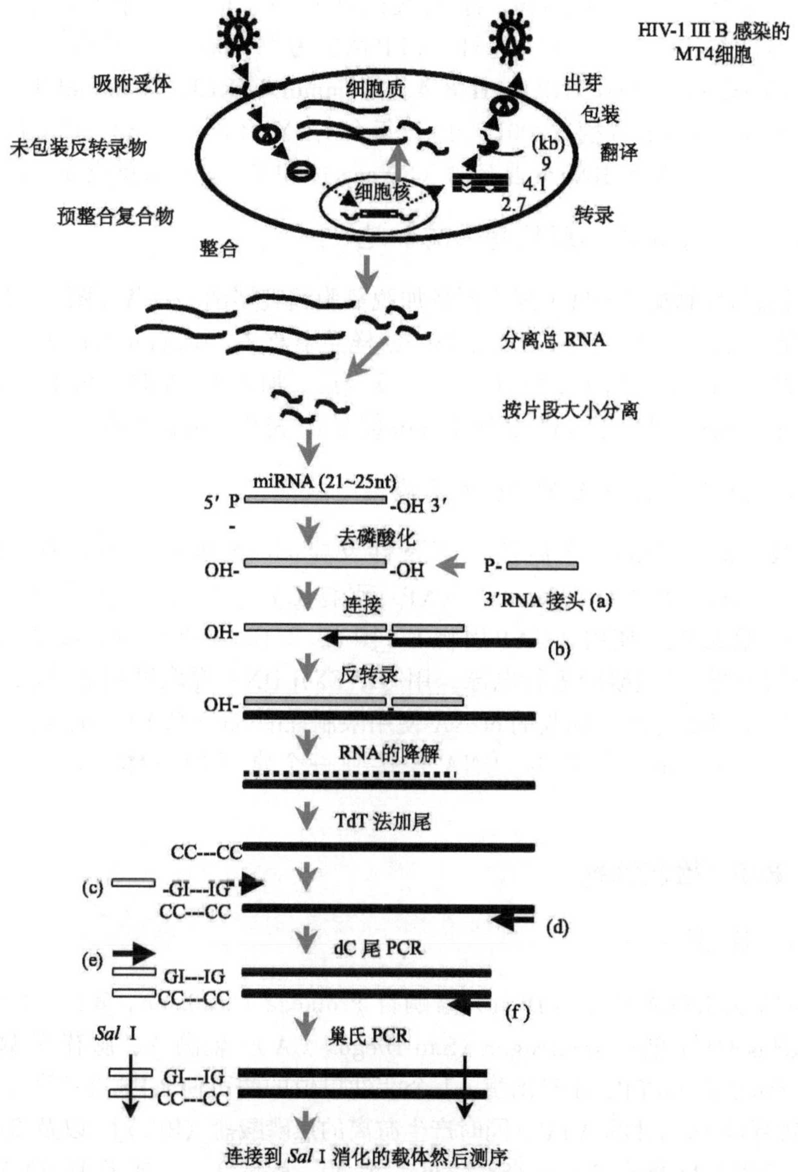

图 32.2　HIV-1 的复制途径和 HIV-1 编码 miRNA 的克隆策略。可产生新病毒的 HIV-1 感染源于病毒颗粒吸附在细胞上，同时 Env 蛋白与 CD4 和趋化因子受体相互作用。病毒颗粒入侵细胞后，蛋白质外壳部分脱落，其 RNA 在细胞质里进行反转录。前病毒的 dsDNA 在病毒整合前复合体中的整合酶作用下整合到宿主基因组。整合的前病毒 DNA 会导致病毒 mRNA 产生（c. 9.0kb、4.1kb 和 2.7kb)。这些 mRNA 翻译成病毒蛋白质。在组装完病毒基因组 RNA（9kb）后，产生的病毒以出芽形式离开细胞并进一步成熟。要克隆 HIV-1 编码的 miRNA，首先要提取 HIV-1 感染细胞的总 RNA。经过 DNase 处理和片段大小选择，5′磷酸化的 miRNA 先去磷酸化，然后连接上 3′端接头寡聚核苷酸（a)。接着，用引物（b）将 RNA 反转录出第一条 cDNA。去氧胞嘧啶通过 TdT 反应后被转移到 cDNA。带 dC 尾巴的 cDNA 在引物（c）和（d）下进行 PCR 扩增。最后，用引物（e）和（f）进行嵌套 PCR。得到的 cDNA 用限制性内切核酸酶消化，产生的片段连接到质粒。

B（1μl）混匀于72℃反应2min。冰上快速冷却后，将产物加入以下反应体系：20mmol/L DTT、dNTP混合物（每种dNTP浓度为10mmol/L）及用5×第一链反转录缓冲液（50mmol/L Tris-HCl、pH 8.4、125mmol/L KCl、7.5mmol/L $MgCl_2$）稀释的SuperScript II反转录酶（200U/μl）（每个1μl）（Invitrogen）。42℃反应50min。反转录反应结束后，加入RNase混合物（RNase H和T1），37℃反应30min。

32.2.1.7 cDNA用末端脱氧转移酶加尾

用末端脱氧转移酶（TdT）反应制备加脱氧胞嘧啶尾的cDNA［图32.2（c）］：在5μl 5×加尾缓冲液中加入10μl cDNA第一链样品中及2.5μl 2mmol/L的dCTP。混合物于94℃孵育3min，然后冰上放置1min。反应后，加入1μl TdT（Invitrogen），样品于37℃孵育10min，然后于65℃加热10min使TdT失活，再置于冰上。

32.2.1.8 加C尾cDNA的PCR反应

首先94℃退火5min，之后按以下条件反应25个PCR循环：94℃45s；50℃1min；72℃1 min，引物为10μmol/L AAP（引物C）［图32.2（c）］和引物D［图32.2（d）］；巢式PCR使用AUAP引物E［图32.2（e）］和F［图32.2（f）］。得到的PCR产物于2%琼脂凝胶进行电泳。用QIAEXII DNA提取试剂盒（QIAGEN）回收大小约70bp处的片段；回收的cDNA使用限制性酶Sal I（20 U/μl）（TaKaRa）（图32.2）进行酶切。消化得到的cDNA连接到一个常规的载体（Omoto and Fujii，2005）。

32.2.2 RdRP检测流程

32.2.2.1 试剂

纯化的萤火虫萤光素酶和D-萤光素购自Promega（Madison，WI）。UTP、GTP、ATP和RNaseOUT购自Invitrogen（San Diego，CA）。辅酶A、腺苷-5′-磷酸硫酸酐（APS）、三磷腺苷（ATP）硫酸化酶［1个活性单位的酶可使APS在37℃、pH8的条件下每分钟释放1mmol的ATP，同时产生游离的焦磷酸盐（PPi）］，以及3′-2′-脱氧尿苷三磷酸（ddUTP）购自Sigma（St. Louis，MO）。Poly A、C或者U RNA同聚物和寡聚U12 RNA由Hokkaido Systems Science（Sapporo，Japan）合成。

32.2.2.2 重组反转录蛋白的表达与纯化

构建谷胱甘肽-S-转移酶（GST）-HIV-1 RT融合蛋白的表达质粒，首先要PCR扩增HIV-1的NL4-3及SF2菌株的p66和p51片段，分别用以下两组引物进行扩增：引物A（5′-CGGGATCCCCCATTAGTCCTATTGAGACTGTAC-3′）和引物B（5′-CCGCTCGAGTTATAGTACTTTCCTGATTCCAAGCACTG-3′），以及引物A和引物C（5′-CCGCTCGAGTTAGAAAGTTTCTGCTCCTATTATGGG-3′）。同样，猫科FV和HERV-K（Berkhout *et al.*，1999）反转录片段分别使用以下两组引物进行PCR扩增：引物D（5′-CGTGGATCCATGGATCTGCTGAAGCCGTTGACGG-3′）和引物E

(5′-CCGCTCGAGCTAATATTGT TTTGGATAACCAACAGGTAATC-3′) 以 pSKY3.0 (Omoto *et al.*，2004) 为模板进行扩增，引物 F (5′-CGGGATCCAAATCAAGAAAGAG-AAGGAATAGGGTATCC -3′) 和引物 G (5′-CCGCTCGAGTTAAGCATGAAGTTCTTGT-GCTTTTATGAGTGC -3′) 的扩增参考构建的 Jurkat T 细胞 cDNA 文库。扩增出的每个反转录片段用 *Bam*HI 和 *Xho*I 酶进行消化后，连接到 pGEX-4T2 (Amersham) 的 *Bam*HI-*Xho*I 位点。GST 融合蛋白则在 *E. coli* BL21 中表达，然后用 Bulk GST Purification Modules (Amersham) 进行纯化。每个蛋白质的表达情况都要通过 SDS-PAGE 和使用抗-GST 的单克隆抗体的免疫印迹技术进行精确分析。

32.2.2.3 反转录检测

反转录检测是利用反转录酶进行实验分析，并根据说明进行化学发光的检测。

32.2.2.4 RNA 依赖的 RNA 聚合酶 (RdRP) 活性检测

RdRP 检测的操作流程在即有模式 (Lahser and Malcolm，2004) 的基础上只做了微小的改动 (图 32.4)。

32.3 结果与讨论

32.3.1 受 HIV-1 感染细胞的 miRNA 鉴定与功能分析

哺乳动物 miRNA 功能上的重要性仍需进一步阐明。作为阐明 miRNA 功能的一种方式，我们把重点集中在那些被 HIV-1 持续感染的细胞中。我们发现来自于艾滋病长期不进展者中的 HIV-1 *nef* 双链 RNA 能抑制 HIV-1 的转录 (Yamamoto *et al.*，2002)。我们推断这些数据反映出在哺乳动物中存在 RNAi 机制及 *nef* 双链 RNA 能衍生出一些 miRNA。此外，也有报道指出哺乳动物转录后基因沉默机制 (PTGS) 可以通过人工合成与病毒 mRNA 同源的 21～25nt 干扰 RNA (siRNA) 诱发有效的体外反应来抑制病毒复制 (Gitlin *et al.*，2002；Hu *et al.*，2002；Jacque *et al.*，2002；Lee *et al.*，2002；Novina *et al.*，2002；Paddison *et al.*，2002；Capodici *et al.*，2002；Coburn and Cullen，2002)。然而，那时我对"还没有人知道 RNAi 机制是否参与自然生态相互作用"产生疑问。因此，为了研究病毒 miRNA 在持续感染 HIV-IIIB 的 T 细胞中的表达，我们提取总 RNA 并用 *nef* miR-N367 探针进行 Northern 杂交。我们发现一些大约 25nt 大小的小 RNA 分子及一些可能的前体片段 (图 32.3)。这些片段能抵制单链 RNA 特异性 RNA 酶，因此估计它们有可能是 miRNA。接着，我们探究 miR-N367 能否降低 HIV-1 的转录。用 STYLE 载体表达 miR-N367 的实验表明 miR-N367 能抑制被 HIV-1 IIIB 感染的 MT-4T 细胞中 HIV-1 LTR 启动的 luc 活性 (Omoto and Fujii，2005)。这些发现增加了 miRNA 调节病毒基因表达的可能性。尽管在转录过程中，Tat 和宿主细胞因子 [如 Tat 应答区域结合蛋白 (TRBP)] 对 HIV-1RNA 的延伸有促进作用，但更多最新的报告指出 TRBP 有利于 Tat 依赖的 HIV-1 复制。该机制似乎起到作为 Dicer 抑制因子的作用，通过防止宿主细胞产生抗 HIV-1 的 miRNA 从而阻止 RNAi (Chendrimada *et al.*，2005；Haase *et al.*，2005；Ong *et al.*，2005)。此外，

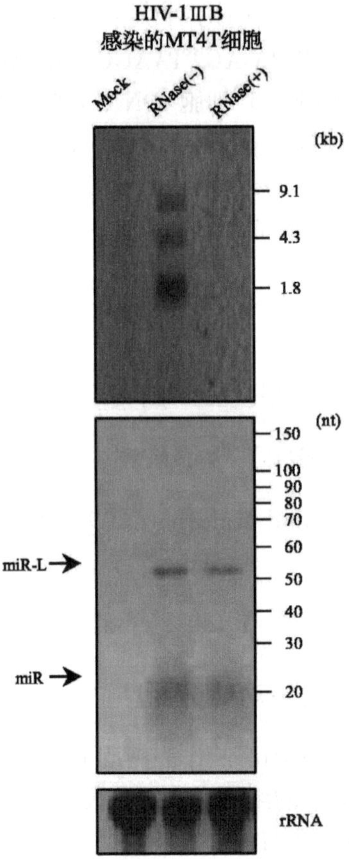

图 32.3　探测 HIV-1 产生的来源于 *nef* 的 miRNA。对受 HIV-1 感染的 MT4T 细胞中的 *nef* miRNA 进行 Northern 杂交分析。总 RNA 进行 RNaseA 和 T1 混合处理或不处理。HIV-1 转录物和 mRNA 的大概大小由右边间距为 10bp 的 Marker（Ambion）来判断。探针为反义的 miR-N367。成熟 miRNA（miR）和其预测的折叠前体（miR-L）的位置注明于左边。

不依赖于 Tat 的启动子干扰广泛存在于反转录病毒的 LTR、噬菌体的 PL 启动子、原核生物的操纵子及酵母中（Cullen *et al.*，1984）。为了进一步研究 miR-N367 对 *nef* 3′-UTR 区的转录后控制效应，我们测试了 miR-N367 的顺式作用。结果发现 miR-N367 能抑制 HIV-1 LTR 启动子的活性，它是通过位于 5′-LTR 的 U3 中的反式作用元件及位于目标区的 3′-UTR 中的 *nef* 序列来起作用。一些源于 HIV-1 基因组中的 miRNA 可能被转运到核仁中并能作用于 DNA 序列，导致含有 CpG 甲基化的 DNA-RNA 配对，从而阻止转录的启动或者终止，而这个过程是不依赖于 Tat 和 TRBP 作用的（Omoto and Fujii，2005）。这些数据进一步支持我关于 RNAi 机器存在于哺乳动物中的假想。之后，有报道指出 RNAi 能抗病毒起免疫防御机制作用（Ding *et al.*，2004；Wilkins *et al.*，2005；Lu *et al.*，2005；Jopling *et al.*，2005；Hariharan *et al.*，2005；Lecellier *et al.*，2005），这表明病毒与细胞 miRNA 作用之间的平衡有助于保持持续的感染状态。

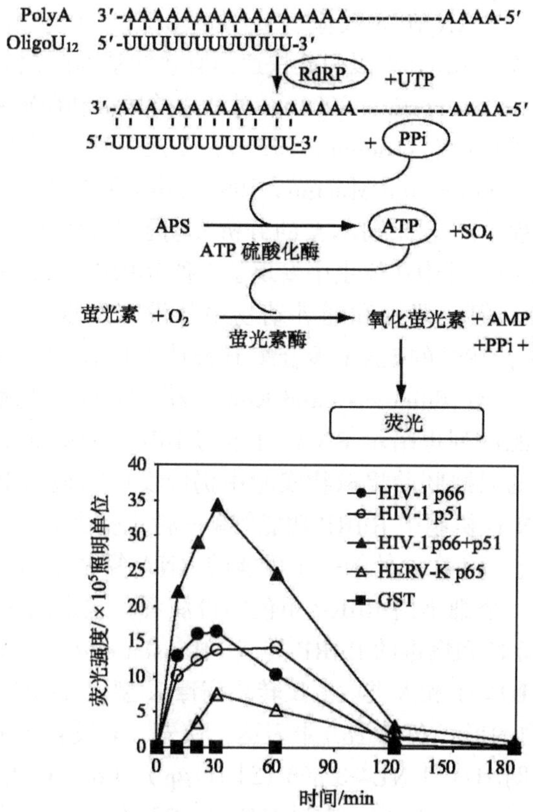

图 32.4 RdRP实验和 RT 的 RNA 聚合酶活性。实验是基于对 RdRP 反应过程中产生的 PPi 的探测来进行的（上半部分图）。自由的 PPi 能在 ATP 硫酸化酶的催化反应中与 APS 反应产生 ATP。而 ATP 池提供能量给萤光素酶，从而催化反应产生光子。最终 RdRP 反应需要的缓冲液为 50mmol/L Tri-HCl（pH8.0）、10mmol/L $MgCl_2$、10mmol/L $MnCl_2$、20mmol/L KCl、20U/ml RNaseOUT、10mmol/L DTT、0.5mmol/L 辅酶 A。室温下先将寡居核苷酸 U12（0.5mg/ml）和 poly（A）（5mg/ml）RNA 混合物在缓冲液中预孵育 15min，然后再加入重组蛋白、1nmol/L 萤光素酶和 0.1U ATP 硫酸化酶。反应开始于加入 1μmol/L UTP 混合物、5μmol/L APS 和 100μmol/L D-萤光素。于 37℃时将 100μl 的 RdRP 反应混合物加入 96 孔板。利用 Multi-label Counter 1420 ARVO（Pharmacia）对荧光信号进行随时监控。将 GST 控制样品得到的背景活性从 GST-RT 蛋白的 RdRP 活性中减去。1U 的 RdRP 活性以在 37℃10min 里用 poly（rA）-oligo（rU）12 RNA 复合引物模板合成 1nmol UTP 所需的蛋白质数量来计算。下半部分图显示反转座子反转录酶的 RNA 聚合酶活性——HIV-1 NL4-3 反转录酶（p66、p51 和 p66/p51）的 RNA 聚合酶活性。RdRP 实验在 HIV-1 p66（实心圆点）、p51（空心圆点）、p66 和 p51 混合物（实心三角形）、HERV-K p65 反转录酶（空心三角形）和对照 GST（实心四边形）（250ng/μl）中进行。对三份样品进行量化测定并减去 GST 蛋白得到的背景活性。在这些 RdRP 实验中，在三份样品中检测少于 15% 的差异。在其他三个独立实验中得到相似的结果。

32.3.2 反转录酶表现出体外的 RNA 聚合酶活性

已经有报道表明，在某些特定的条件下，RdRP 能从单链 RNA 为模板合成双链

RNA，从而启动或者增强 RNAi 的效应（Sijen *et al.*，2001；Matzke and Birchler，2005）。通过扩增 miRNA，RdRP 可以引起快速而有效的基因沉默，而且该过程中包含保守的 RNAi 机制（Mourrain *et al.*，2000）。对植物类病毒利用宿主酶如 RNA 聚合酶 II（Pol II）的复制系统的研究（Diener，1991），以及植物中具有活性的内源 RdRP（Schiebel *et al.*，1993；Cogoni and Macino，1999）等结果支持了细胞 RdRP 存在的可能性。对线虫 RNAi 过程中产生的 siRNA 的分析表明了它们可能来源于细胞 RdRP 的作用（Sijen *et al.*，2001）。其中在线虫中发现了 4 种 RdRP，拟南芥中发现了 6 种，粗糙脉孢菌中发现了 3 种，但在果蝇和哺乳动物中却没有发现。有趣的是，肝炎病毒（HDV）中细胞内 DNA 依赖性的 RNA 聚合酶 II 被认为是 RNA 依赖的 RNA 复制的执行者（Modahl *et al.*，2000；Filipovska and Konarska，2000）。然而，哺乳动物基因组中缺乏 RdRP 类基因同源序列也暗示 RNAi 在没有 RdRP 的情况下也能进行。更有甚者，在缺乏 RdRP 活性的果蝇胚胎提取物实验中仍旧发现完整的 RNAi 过程（Zamore *et al.*，2000），因此 RNAi 机制中 RdRP 功能的单一性也受到质疑。

作为哺乳动物中除了 pol II 之外的一个可能的 RNA 复制途径，我们猜测人类反转座子的反转录酶会充当一个细胞内 RdRP 角色的扮演者。这是因为人类 HIV-1 的反转录酶的蛋白质结构与 pol II 和病毒的 RdRP 类似（Hansen *et al.*，1997）。为了证明这个假想，人类反转座子［HIV-1 和人类内源反转录病毒 K 型（HERV-K）］编码的反转录酶蛋白以 GST 融合蛋白的形式在 *E. coli* 中表达。首先，对反转录酶以完整的 GST-RT 蛋白形式进行的实验表明 HIV-1 NL4-3 p66（24 U/μg）和 p51（7 U/μg）的确介导了反转录酶活性（Le Grice *et al.*，1991）。在对 HIV-1 SF2 p66 和 p51 的实验中也得到类似的结果。HERV-K 编码的反转录酶也显示出反转录酶活性（12 U/mg）。这些结果都表明所表达的反转录酶蛋白都具有酶活性。

接着，用纯反转录酶蛋白进行 RdRP 试验。结果用 NL4-3 p66（1.6U/μg）或 p51（1.5U/μg）均测量到相当的酶活性（图 32.4）。p66 和（或）p51 的 RNA 酶活性随着蛋白质浓度的增加呈一定程度的线性增加，但在缺乏寡聚核苷酸 U12RNA 的反应体系中并没能探测得到这种现象。而作为对照的 GST 蛋白并没有显示出任何的活性。这些结果暗示了 HIV-1 p66 和（或）p51 具有 RdRP 活性。有趣的是，p66 和 p51 结合体的活性（3.5U/μg：反转录酶，25U/μg）大约为 p66 或者 p51 单独作用时活性的 2 倍（图 32.4），表明 p66/p51 的异二聚体比单独的 p66 或 p51 蛋白呈现更高的 RNA 聚合酶活性。动力学实验显示 HIV-1 p66 和（或）p51 的酶活性在酶反应开始后的 30min 达到峰值（图 32.4）。类似的结果在 HIV-1 SF2 p66 和 p51 中同样得到。HERV-K 反转录酶同样具有 RNA 聚合酶活性（0.8 U/μg）(图 32.4)。另外，经检测猫科动物的 FV 反转录酶也有一定的酶活性。在大肠杆菌（200 U/μg）表达人类肝炎病毒 C（HCV）NS5B 蛋白作为正对照的情况下，HERV-K 反转录酶的细胞内 RdRP 活性低于（HCV）NS5B 蛋白的 RdRP 活性。

3′-叠氮基-2′-胸腺嘧啶脱氧核苷酸是一种熟知的反转录酶抑制剂，可以完全封闭 HIV-1 p66 和 p51 的反转录酶活性。为了检测对 ddUTP 的易受性，我们进行了不同 ddUTP 浓度下（1μmol/L、10μmol/L、100μmol/L）的 RdRP 实验。ddUTP 以剂量效益封闭 RNA 聚合酶活性，但并没有封闭其反转录酶活性。由于 3′-叠氮基-2′-胸腺嘧啶脱氧核苷酸并没有抑制 RNA 聚合酶活性，表明 RNA 聚合酶活性有可能来源于 HIV-1 反转录酶蛋白。

最近，科学家们发现了数以百计的由人类基因组编码的或者是由 HIV-1（Omoto and Fujii，2006；Bennasser *et al.*，2005）及其他病毒（Pfeffer *et al.*，2004；Cai *et al.*，2005；Grey *et al.*，2005；Dunn *et al.*，2005；Samols，2005；Sullivan *et al.*，2005；Cantalupo *et al.*，2005；也可参见由 Nelson 及其同事编写的本书第 13 章）编码的 miRNA（图 32.1）。尽管这些病毒 miRNA 的功能还没有完全清楚，但已经明确的是 DNA 和 RNA 病毒包括类病毒的感染可以抑制由宿主 RNA pol II 转录的细胞内蛋白质编码基因的转录。有趣的是，几乎一半的哺乳动物基因组来源于古老的反转座元件（Bannert and Kurth，2004）。在这些反转座元件中，一些 HERV-K 保留了具有功能和酶活性的反转录酶的可读框。如果来源于人类基因组的 HIV-1 或 HERV 的反转录酶能够复制和扩增 miR-N367，那么来源于 3′-LTR U3 区的 miRNA 积累估计可以长期保持持续的感染状态，甚至可在 AIDS 患者中保持长达 7～15 年。尽管 HIV-1 能够以突变的形式逃避 RNAi 的作用（Das *et al.*，2004；Westerhout *et al.*，2005），但是 siRNA 能导致 HIV-1 基因组突变的原因仍旧未知。我们猜测 HIV-1 反转录酶的 RNA 复制酶活性可能会造成抗 RNAi 的变体出现，而这些变体就可能与其潜伏状态相关（图 32.5 和图 32.6）。

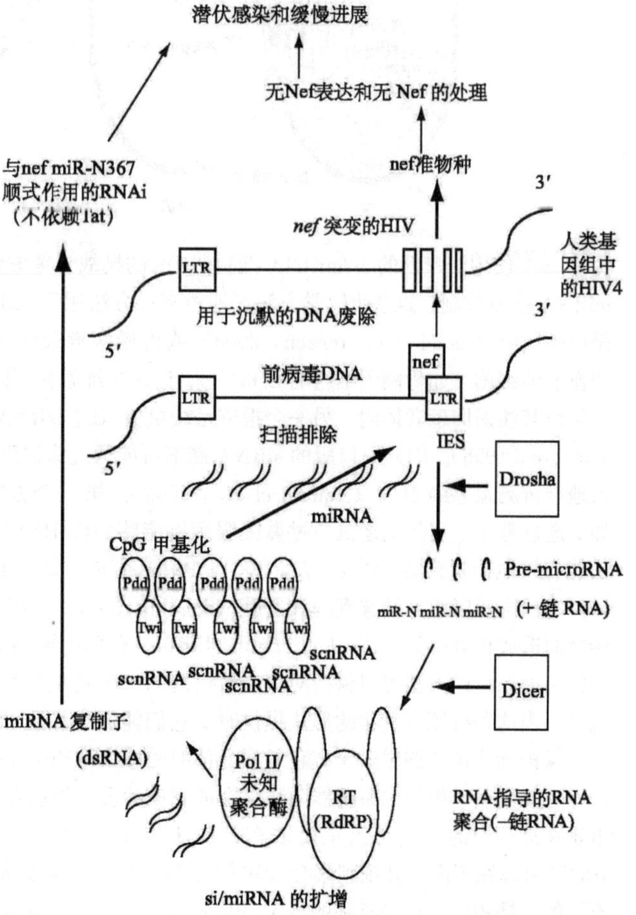

图 32.5　反转录病毒的反转录酶不仅可以引起中间重复序列的扩增，还可以剪切异染色质中的 DNA。该流程图代表一个对于在 LTR 中的内部删除序列（IES）的 si/miRNA 突变模型。源于 *nef* 区域的 pre-miRNA 在 Dicer 作用下产生 miR-N microRNA，像 scanRNA（scnRNA）一样，miRNA 可以指导 Twi 和 Pdd-like 蛋白结合到同源 DNA 序列，伴随着 DNA 的 CpG 甲基化，将导致目标 DNA 片段的降解。实际上 *nef* 是一个准种，如 D36 PBMC（GenBank accession number of U37271）、C18 PBMC（U37267）等，均来源于 AIDS 的长期不进展者。基因组 DNA 的缺失可能牵涉到病毒变体和最终的基因沉默，而这又可能导致感染个体的病毒潜伏或者长期不进展者。这一沉默效应需要 RdRP 以 pre-miRNA 或者 miRNA 为模板来扩增 miRNA。尽管反转录酶可能拥有 RdRP 活性，但据报道指出在某种程度上细胞 pol II 是一个可以产生 dsRNA 的酶。

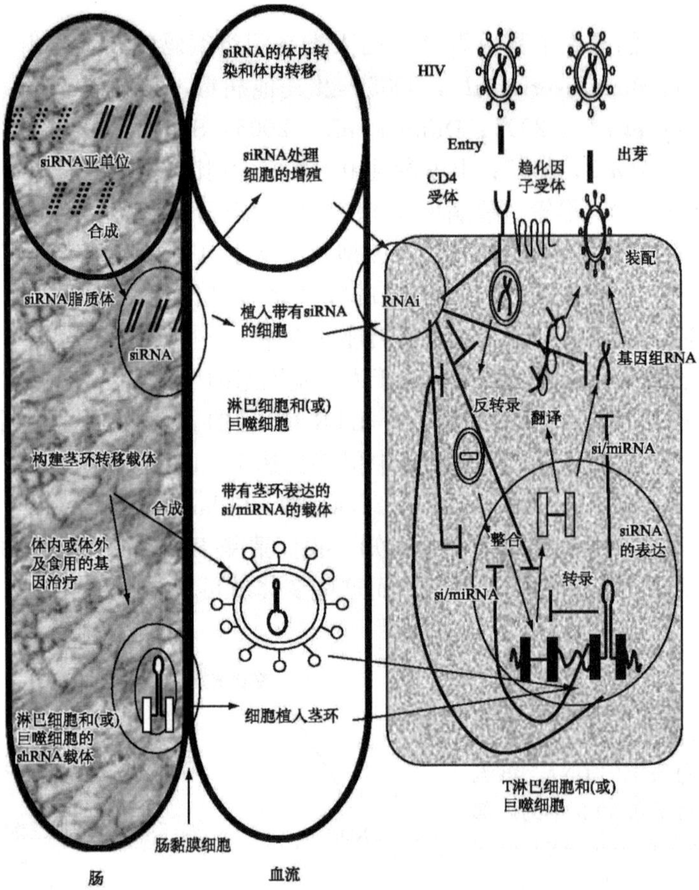

图 32.6 使用治疗性的 si/miRNA 抵制 AIDS 的挑战。考虑到 RNAi 的重要性，HIV 似乎可被 si/miRNA 强制控制。这些生物学方法可通过多种方法用于 AIDS 的治疗。最近在考虑的一个提案就是用脂质体（Sioud and Sorensen，2003）或者慢病毒载体（Wiznerowicz and Trono，2005）处理造血前体细胞（如骨髓干细胞的 $CD34^{+}$），让这些细胞在基因水平上具有抗 HIV 的 si/miRNA，然后再将其注射回患者体内。另一个报道是线虫摄取的 dsRNA 表达载体能被运输到内脏（Timmons and Fire，1998）。因此，口服的 siRNA 制剂可能通过保护巨噬细胞和树突状细胞免遭感染从而有效地抵抗肠道感染 HIV（Aquaro *et al.*，2002）。第三个方案是，它们可以应用于黏膜途径，例如，通过鼻子，实际上老鼠通过鼻腔服用抗流感病毒 H5N1 和呼吸道合胞病毒的 si/miRNA 的方法能有效地抑制感染（Ge *et al.*，2004；Bitko *et al.*，2005）。最后的方案是，摄取噬菌体 DNA 可以被老鼠黏膜吸收并转移到脾和肝脏（Schubbert *et al.*，1997）。因为 HIV 可以通过性传播和血液传播而造成机会感染（Gottlieb *et al.*，1981），有理由推测，通过 siRNA 处理来防止 HIV-1 入侵黏膜免疫系统的方法可以保持对机会致病菌的天生免疫活性。转基因植物中含有基因编码病原体抗原，当这些抗原以食物的形式提供时，它们能促进黏膜和全身的免疫反应，从而完全地或者部分地保护动物体免遭暴露于真正的病原体时受感染（Yusibov *et al.*，1997；Hanlon *et al.*，2002）。此外，使用基于植物的系统能防止潜在的感染哺乳动物病毒的安全隐患（Hooper，1999）。我们最近正在进行中的研究重点主要放在针对 HIV-I *nef* 的 dsRNA 片段的表达研究，并证明了 *nef* siRNA可以在拟南芥胚细胞聚合物中探测到（Fujii，未发表）。转基因所带来的成果对“资源匮乏”的发展中的世界是有利的（Wiedle *et al.*，2002），与传统的药理学相比也具有优势。

参考文献

Aquaro, S., Calio, R., Balzarini, J. *et al*. (2002). Macrophages and HIV infection: therapeutical approaches toward this strategic virus reservoir. *Antiviral Research*, **55**, 209–225.

Aravin, A. A., Naumova, N. M., Tulin, A. V. *et al*. (2001). Double-stranded RNA-mediated silencing of genomic tandem repeats and transposable elements in the *D. melanogaster* germline. *Current Biology*, **11**, 1017–1027.

Bannert, N. and Kurth, R. (2004). Retroelements and the human genome: new perspectives on an old relation. *Proceedings of the National Academy of Sciences USA*, **101**, 14 572–14 579.

Baulcombe, D. C. (2001). RNA silencing. Diced defence. *Nature*, **409**, 295–296.

Bennasser, Y., Le, S. Y., Benkirane, M. and Jeang, K. T. (2005). Evidence that HIV-1 encodes an siRNA and a suppressor of RNA silencing. *Immunity*, **22**, 607–619.

Berkhout, B, Jebbink, M. and Zsiros, J. (1999). Identification of an active reverse transcriptase enzyme encoded by a human endogenous HERV-K retrovirus. *Journal of Virology*, **73**, 2365–2375.

Bitko, V., Musiyenko, A., Shulyayeva, O. and Barik, S. (2005). Inhibition of respiratory viruses by nasally administered siRNA. *Nature Medicine*, **11**, 50–55.

Cai, X., Lu, S., Zhang, Z. *et al*. (2005). Kaposi's sarcoma-associated herpesvirus expresses an array of viral microRNAs in latently infected cells. *Proceedings of the National Academy of Sciences USA*, **102**, 5570–5575.

Cantalupo, P., Doering, A., Sullivan, C. S. *et al*. (2005). Complete nucleotide sequence of polyomavirus SA12. *Journal of Virology*, **79**, 13094–13104.

Capodici, J., Kariko, K. and Weissman, D. (2002). Inhibition of HIV-1 infection by small interfering RNA-mediated RNA interference. *Journal of Immunology*, **169**, 5196–5201.

Chendrimada, T. P., Gregory, R. I., Kumaraswamy, E. *et al*. (2005). TRBP recruits the Dicer complex to Ago2 for microRNA processing and gene silencing. *Nature*, **436**, 740–744.

Coburn, G. A. and Cullen, B. R. (2002). Potent and specific inhibition of human immunodeficiency virus type 1 replication by RNA interference. *Journal of Virology*, **76**, 9225–9231.

Cogoni, C. and Macino, G. (1999). Gene silencing in *Neurospora crassa* requires a protein homologous to RNA-dependent RNA polymerase. *Nature*, **399**, 166–169.

Cullen, B. R., Lomedico, P. T. and Ju, G. (1984). Transcriptional interference in avian retrovirus-implication for the promoter insertion model of leukaemogenesis. *Nature*, **307**, 241–245.

Das, A. T., Brummelkamp, T. R., Westerhout, E. M. *et al*. (2004). Human immunodeficiency virus type 1 escapes from RNA interference-mediated inhibition. *Journal of Virology*, **78**, 2601–2605.

Diener, T. O. (1991). Subviral pathogens of plants: viroids and viroidlike satellite RNAs. *Federation of the American Society for Experimental Biologists Journal*, **5**, 2808–2813.

Ding, S. W., Li, H., Lu, R., Li, F. and Li, W. X. (2004). RNA silencing: a conserved antiviral immunity of plants and animals. *Virus Research*, **102**, 109–115.

Drysdale, C. M. and Pavlakis, G. N. (1991). Rapid activation and subsequent down-regulation of the human immunodeficiency virus type-1 promoter in the presence of Tat-possible mechanisms contributing to latency. *Journal of Virology*, **65**, 3044–3051.

Dunn, W., Trang, P., Zhong, Q. *et al*. (2005). Human cytomegalovirus expresses novel microRNAs during productive viral infection. *Cellular Microbiology*, **7**, 1684–1695.

Filipovska, J. and Konarska, M. M. (2000). Specific HDV RNA-templated transcription by pol II in vitro. *RNA*, **6**, 41–54.

Fire, A., Xu, S., Montgomery, M. K. *et al*. (1998). Potent and specific genetic interference by double-stranded RNA in *Caenorhabditis elegans*. *Nature*, **391**, 806–811.

Ge, Q., Filip, L., Bai, A. *et al*. (2004). Inhibition of influenza virus production in virus-infected mice by RNA interference. *Proceedings of the National Academy of Sciences USA*, **101**, 8676–8681.

Gitlin, L., Kareisky, S. and Andino, R. (2002). Short interfering RNA confers intracellular antiviral immunity in human cells. *Nature*, **418**, 430 – 434.

Gottlieb, M. S., Schroff, R., Schanker, H. M. *et al*. (1981). *Pneumocystis carinii* pneumonia and mucosal candidiasis in previously healthy homosexual men. *New England Journal of Medicine*, **305**, 1425 – 1431.

Grey, F., Antoniewic, A., Allen, E. *et al*. (2005). Identification and characterization of human cytomegalovirus-encoded microRNAs. *Journal of Virology*, **79**, 12 095 – 12 099.

Haase, A. D., Jaskiewicz, L., Zhang, H. *et al*. (2005). TRBP, a regulator of cellular PKR and HIV-1 virus expression, interacts with Dicer and functions in RNA silencing. *European Molecular Biology Organization Reports*, **6**, 961 – 967.

Hanlon, C. A., Niezgoda, M., Morrill, P. and Rupprecht, C. E. (2002). Oral efficacy of an attenuated rabies virus vaccine in skunks and raccoons. *Journal of Wild Diseases*, **38**, 420 – 427.

Hansen, J. L., Long, A. M. and Schultz, S. C. (1997). Structure of the RNA-dependent RNA polymerase of poliovirus. *Structure*, **5**, 1109 – 1122.

Hariharan, M., Scaria, V., Pillai, B. and Brahmachari, S. K. (2005). Targets for human encoded microRNAs in HIV genes. *Biochemical Biophysical Research Communications*, **337**, 1214 – 1218.

Hooper, E. (1999). *The River; a Journey to the Source of HIV and AIDS*. Little, Brown and Company.

Hu, W. Y., Myers, C. P., Kilzer, J. M., Pfaff, S. L. and Bushman, E. D. (2002). Inhibition of retroviral pathogenesis by RNA interference. *Current Biology*, **12**, 1301 – 1311.

Jacque, J. M., Triques, K. and Stevenson, M. (2002). Modulation of HIV-1 replication by RNA interference. *Nature*, **418**, 435 – 438.

Jopling, C. L., Yi, M., Lancaster, A. M., Lemon, S. M. and Sarnow, P. (2005). Modulation of hepatitis C virus RNA abundance by a liver-specific microRNA. *Science*, **309**, 1577 – 1581.

Ketting, R. F., Haverkamp, T. H., van Luenen, H. G. and Plasterk, R. H. (1999). *mut-7* of *C. elegans*, required for transposon silencing and RNA interference, is a homolog of Werner syndrome helicase and RNaseD. *Cell*, **99**, 133 – 141.

Lahser, F. C. and Malcolm, B. A. (2004). A continuous nonradioactive assay for RNA-dependent RNA polymerase activity. *Analytical Biochemistry*, **325**, 247 – 254.

Lecellier, C. -H., Dunoyer, P., Arar, K. *et al*. (2005). A cellular microRNA mediates antiviral defense in human cells. *Science*, **308**, 557 – 560.

Lee, N. S., Dohjima, T., Bauer, G. *et al*. (2002). Expression of small interefering RNAs targeted against HIV-1 rev transcripts in human cells. *Nature Biotechnology*, **20**, 500 – 505.

Le Grice, S. F., Naas, T., Wohlgensinger, B. and Schatz, O. (1991). Subunit-selective mutagenesis indicates minimal polymerase activity in heterodimer-associated p51 HIV-1 reverse transcriptase. *European Molecular Biology Organization Journal*, **10**, 3905 – 3911.

Lu, R., Maduro, M., Li, F. *et al*. (2005). Animal virus replication and RNAi-mediated antiviral silencing in Caenorhabditis elegans. *Nature*, **436**, 1040 – 1043.

Matzke, M. A. and Birchler, J. A. (2005). RNAi-mediated pathways in the nucleus. *Nature Reviews in Genetics*, **6**, 24 – 35.

Modahl, L. E., Macnaughton, T. B., Zhu, N., Johnson, D. L. and Lai, M. M. (2000). RNA-dependent replication and transcription of hepatitis delta virus RNA involve distinct cellular RNA polymerases. *Molecular Cell Biology*, **20**, 6030 – 6039.

Mourrain, P., Beclin, C., Elmayan, T. *et al*. (2000). Arabidopsis SGS2 and SGS3 genes are required for posttranscriptional gene silencing and natural virus resistance. *Cell*, **101**, 533 – 542.

Novina, C. D., Murray, M. F., Dykxfoorn, D. M. *et al*. (2002). siRNA-directed inhibition of HIV-1 infection. *Nature Medicine*, **8**, 681 – 686.

Omoto, S. and Fujii, Y. R. (2005). Regulation of human immunodeficiency virus 1 transcription by nef microRNA.

Journal of General Virology, **86**, 751 – 755.

Omoto, S. and Fujii, Y. (2006). Cloning and detection of HIV-1 encoded microRNA. *Method in Molecular Biology*, **342**, 255 – 265.

Omoto, S., Ito, M., Tsutsumi, Y. *et al*. (2004). HIV-1 nef suppression by virally encoded microRNA. *Retrovirology*, **1**, 44.

Ong, C. L., Thorpe, J. C., Gorry, P. R. *et al*. (2005). Low TRBP levels support an innate human immunodeficiency virus type 1 resistance in astrocytes by enhanceing the PKR antiviral response. *Journal of Virology*, **79**, 12 763 – 12 772.

Paddison, P. J., Caudy, A. A. and Hannon, G. J. (2002). Stable suppression of gene expression by RNAi in mammalian cells. *Proceedings of the National Academy of Sciences USA*, **99**, 1443 – 1448.

Pfeffer, S., Zavolan, M., Grasser, F. A. *et al*. (2004). Identification of virus-encoded microRNAs. *Science*, **304**, 734 – 736.

Robert-Guroff, N., Popovic, N., Gartner, S. *et al*. (1990). Structure and expression of tat-, rev-, and nef-specific transcripts of human immunodeficiency virus type 1 in infected lymphocytes and macrophages. *Journal of Virology*, **64**, 3391 – 3398.

Samols, M. A., Hu, J., Skalsky, R. L. and Renne, R. (2005). Cloning and identification of a microRNA cluster within the latency-associated region of Kaposi's sarcoma-associated herpesvirus. *Journal of Virology*, **79**, 9301 – 9305.

Schiebel, W., Pelissier, T., Riedel, L. *et al*. (1993). Isolation of an RNA-directed RNA polymerase-specific cDNA clone from tomato. *Plant Cell*, **10**, 2087 – 2101.

Schubbert, R., Renz, D., Schmitz, B. and Doerfler, W. (1997). Foreign (M13) DNA ingested by mice reaches peripheral leukocytes, spleen, and liver via the intestinal wall mucosa and can be covalently linked to mouse DNA. *Proceedings of the National Academy of Sciences USA*, **94**, 961 – 966.

Sijen, T. and Plasterk, R. H. (2003). Transposon silencing in the *Caenorhabditis elegans* germ line by natural RNAi. *Nature*, **426**, 310 – 314.

Sijen, T., Fleenor, J., Simmer, F. *et al*. (2001). On the role of RNA amplification in dsRNA-triggered gene silencing. *Cell*, **107**, 465 – 476.

Sioud, M. and Sorensen, D. R. (2003). Cationic liposome-mediated delivery of siRNAs in adult mice. *Biochemical Biophysical Research Communications*, **312**, 1220 – 1225.

Sullivan, C. S., Grundhoff, A. T., Tevethia, S., Pipas, J. M. and Ganem, D. (2005). SV40-encoded microRNAs regulate viral gene expression and reduce susceptibility to cytotoxic T cells. *Nature*, **435**, 682 – 686.

Tabara, H., Sarkissian, M., Kelly, W. G. *et al*. (1999). The *rde*-1 gene, RNA interference, and transposon silencing in *C. elegans*. *Cell*, **99**, 123 – 132.

Timmons, L. and Fire, A. (1998). Specific interference by ingested dsRNA. *Nature*, **395**, 854.

Tuschl, T., Zamore, P. D., Lehmann, R., Bartel, D. P. and Sharp, A. (1999). Targeted mRNA degradation by double-stranded RNA *in vitro*. *Genes & Development*, **13**, 3191 – 3197.

Westerhaout, E. M., Ooms, M., Vink, M., Das, A. T. and Berkhout, B. (2005). HIV-1 can escape from RNA interference by evolving an alternative structure in its RNA genome. *Nucleic Acids Research*, **33**, 796 – 804.

Wiedle, P. J., Mastro, T. D., Grant, A. D., Nkengasong, J. and Macharia, D. (2002). HIV/AIDS treatment and HIV vaccines for Africa. *Lancet*, **359**, 2261 – 2267.

Wilkins, C., Dishongh, R., Moore, S. C. *et al*. (2005). RNA interference is an antiviral defence mechanism in *Caenorhabditis elegans*. *Nature*, **436**, 1044 – 1047.

Wiznerowicz, M. and Trono, D. (2005). Harnessing HIV for therapy, basic research and biotechnology. *Trends in Biotechnology*, **23**, 42 – 47.

Yamamoto, T., Omoto, S., Mizuguchi, M. *et al*. (2002). Double-stranded nef RNA interferes with human immunodeficiency virus type 1 replication. *Microbiology and Immunology*, **46**, 809 – 817.

Yekta, S., Shih, I. and Bartel, D. P. (2004). MicroRNA-directed cleavage of HOXB8 mRNA. *Science*, **304**, 594–596.

Yusibov, V., Modelska, A., Steplewski, K. *et al*. (1997). Antigen produced in plants by infection with chimeric plant viruses immunize against rabies virus and HIV-1. *Proceedings of the National Academy of Sciences USA*, **94**, 5784–5788.

Zamore, P. D., Tuschl, T., Sharp, P. A. and Bartel, D. P. (2000). RNAi: double-stranded RNA directs the ATP-dependent cleavage of mRNA at 21-and 22-nucleotide RNAs. *Genes & Development*, **15**, 188–200.

Zeng, Y., Yi, R. and Cullen, B. R. (2003). MicroRNAs and small interfering RNAs can inhibit mRNA expression by similar mechanisms. *Proceedings of the National Academy of Sciences USA*, **100**, 9779–9784.

VI　干细胞发育中的 microRNA

33 miRNA 在小鼠胚泡中的功能

Hristo B. Houbavity

33.1 引言

在哺乳动物胚胎发育过程中最早的分化事件是内细胞团（ICM）和胚泡内滋养层的形成（Theiler，1989；Kaufman and Bard，1999）。类似于爬行类和鸟类，哺乳动物的内细胞团形成胚胎和胚胎外隔膜，而滋养层则生成真哺乳亚纲类动物特有的胎盘。

多潜能干细胞系既能由内细胞团产生也能由胚胎滋养层产生（Evans and Kaufman，1981；Martin，1981；Tanaka *et al.*，1998），来源于内细胞团的胚胎干细胞（ESC）被注射到胚泡以后能够分化成胚胎中各种类型的细胞，而胚胎滋养层干细胞（TSC）则只能在受体胚泡中分化成胎盘部分。这些干细胞在体内的发育潜能至少能够在体外被部分地诱导重现，由于临床治疗前景较为明确，因而利用 ES 细胞和 TS 细胞进行直接的体外分化已经成为当前研究的热点。

胚胎干细胞与来自于最原始的生殖细胞（primordial germ cell，PGC）即所谓的胚胎生殖细胞（embryonic germ，EG）几乎相同（Labosky *et al.*，1994；Stewart *et al.*，1994）。因此，胚胎干细胞被认为与生殖干细胞具有类似的基本特征。确实，维持胚胎干细胞多潜能性的一些转录因子，如 Nanog 和 Oct-4 在生殖干细胞及其前体中都有表达（Niwa *et al.*，2000；Pesce and Scholer，2001；Chambers *et al.*，2003；Mitsui *et al.*，2003；Kehler *et al.*，2004）。

miRNA 和 siRNA 在 ES 细胞和 TS 细胞中表达的作用可以从两个方面来进行阐述。首先，特异表达于 ES 细胞和 TS 细胞中的 miRNA 很可能对于胚胎早期发育是非常重要的，类似于转录因子 Nanog 和 Oct-4，miRNA 也许在维持干细胞多潜能性中发挥了重要功能（Chambers *et al.*，2003；Mitsui *et al.*，2003；Niwa *et al.*，2000）。miRNA是无脊椎动物发育的重要调控因子（2004 年 Bartel 综述），最明显的例子是在线虫中（*C. elegans*）lin-4 和 Let-7 的缺失会导致发育过程中表型控制的异时现象（Lee *et al.*，1993；Reinhart *et al.*，2000）。在果蝇（*D. melanogaster*）中，RISC 复合体（RNA induced silencing complex）的效应成分即包含 PAZ/PIWI 结构域的蛋白家族与生殖细胞的维持有关（Cox *et al.*，1998；Cox *et al.*，2000）。同样在哺乳动物中该基因的同源基因在精子发生中也是必需的（Deng and Lin，2002；Kuramochi-Miyagawa *et al.*，2004）。最近的研究表明负责 miRNA 加工的核酸酶 Dicer 在果蝇中参与了生殖干细胞的维持（Hatfield *et al.*，2005）。

在早期胚胎及相应的干细胞系，特别是胚胎干细胞中寻找小分子 RNA 的另外一个原因与 RNAi 和基因转录后沉默有关。RNAi 依赖的抑制性染色体修饰已经在四膜虫（*Tetrahymena*）和酿酒酵母（*S. pombe*）中得到了证实（Mochizuki *et al.*，2002；Volpe *et al.*，2002；Mochizuki and Gorovsky，2004；Verdel *et al.*，2004），并也有充足的证据证明 RNAi 在果蝇中发挥了基因转录后沉默的作用（Pal-Bhadra *et al.*，2002；Pal-Bhadra *et al.*，2004），同样 RNAi 在哺乳动物中的基因转录后沉默功能也得到了阐述（Kawasaki and Taira，2004；Morris *et al.*，2004）。然而除了在四膜虫和酿酒酵母中外，siRNA 介导的沉默目前还不是很清楚，因为目前普遍认为 siRNA 是参与了时空特异性的基因转录后沉默的起始（Hall *et al.*，2002）。因此，这些 siRNA 被认为非常稀少，现有的相关生物学材料和方法不能保证能对其进行克隆。相反，ES 细胞能大量培养用以克隆 siRNA，并且在胚胎发育过程中比如 X 染色体失活及致瘤反转录病毒(莫洛尼鼠白血病病毒，MMLV）的转录沉默中能呈现多种表观沉默现象（Lee *et al.*，1996；Cherry *et al.*，2000；Wutz and Jaenisch，2000）。X 染色体失活依赖于一对互补的非编码小分子 RNA Xist 和 Tsix 的相互作用（Lee *et al.*，1999）。由于 Xist 转录后被下调并且与 Tsix 有互补性，所以可以推测在此过程中双链 dsRNA 形成，随后 RNAi 机制启动降解 dsRNA（Panning *et al.*，1997）。线虫和果蝇的研究已经表明 RNAi 在生殖细胞中对重复序列的沉默机制（Ketting *et al.*，1999；Aravin *et al.*，2001；Aravin *et al.*，2004）。由于胚胎干细胞和哺乳动物生殖细胞的相关性并且在小鼠中存在多个 MMLV 前病毒拷贝，所以我们推测在小鼠胚胎干细胞中致瘤性反转录病毒的转录沉默对于重复序列是一种相当普遍的机制，并且可能涉及 RNAi 机制。

33.2 鉴定参与胚胎干细胞转录沉默中 siRNA 的困难

能证明 siRNA 参与表观现象的一种方法是 Northern 杂交，杂交探针的设计源自假定的候选区域。我们曾经利用小分子 RNA 杂交的方法进行试验检测来自 Xist 基因座及 ES 细胞的重复序列，尽管同样的条件能轻易地检测到 miRNA（结果未显示），但是用相同的方法我们并没有检测到 siRNA。因此，小分子 RNA 克隆法是留给我们的唯一选择，这种方法不考虑 siRNA 的来源，只要克隆数足够，理论上我们就能对小量的小分子 RNA 进行鉴定。

将 5′端放射性 P 标记的胚胎干细胞总 RNA 进行变性聚丙烯酰胺凝胶分析，可见一片不同分子质量大小的条带［图 33.1（a），奇数泳道］，其他对应于不同非编码 RNA (比如 tRNA、5S rRNA、5.8S rRNA 和 snRNA）的不连续条带也清晰可见。因为 5′磷酸化标记需要自由的 5′羟基，而 siRNA 和 miRNA 在其 5′端存在磷酸基团，所以在上述实验中不会出现 siRNA 和 miRNA 条带（Elbashir *et al.*，2001a）。要标记 siRNA 和 miRNA，RNA 样品必先进行脱磷酸化处理。RNA 经过磷酸酶处理并被 5′端放射标记以后，标记的 siRNA 和 miRNA 在胶上出现一条约 82bp 的清晰主带，并且对其他条带的浓度和分布影响不大［图 33.1（a），比较奇数泳道和偶数泳道］。更重要的是，在 siRNA 和 miRNA（21～23bp）的相应区域内并没有其他明显的条带出现。这一结果反驳了认为 siRNA 和 miRNA 比其他 21～23bp 的带有 5′羟基但是并非由 Dicer 加工的小分子 RNA 数量稀少的误解。然而，我们非常必要运用适当的方法特异克隆 Dicer 的加工产物，以更好地鉴定 siRNA 和 miRNA。

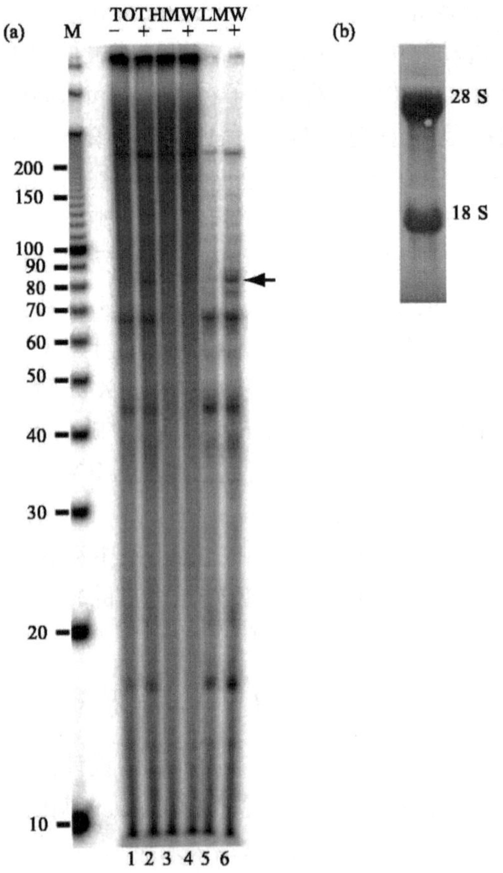

图 33.1 ES 细胞中小分子 RNA 的大小分布。(a) ES细胞总 RNA（第 1、2 泳道）或者大分子质量 RNA 片段（HMW，第 2、3 泳道），以及用 10% 聚乙二醇沉淀获得的小分子质量 RNA 片段（LMW，第 5、6 泳道）通过直接磷酸化的方法（基数泳道），或者先用碱性磷酸酶去磷酸化，再磷酸化（偶数泳道）。左边为分子质量标准（M）。箭头所指处是通过去磷酸化得到的片段。(b) 通过变性琼脂糖凝胶显示图 (a) 中实验所用 RNA 的 28S 和 18S RNA 都很完整。

小分子 RNA 的克隆策略首先依赖于 T4 RNA 连接酶介导的已知序列的寡核苷酸配体与目的 RNA 的连接（Lagos-Quintana *et al.*，2001；Lau *et al.*，2001；Lee and Ambros，2001）。配体寡核苷酸然后被用于 RT-PCR 扩增目的 RNA。为了避免带有 5′磷酸基团的 RNA 自身连接（自身环化或叠接），在传统的克隆策略中实验 RNA 样品首先得进行去磷酸化处理（Lagos-Quintana *et al.*，2001；Lee and Ambros，2001），结果 siRNA 和 miRNA（带有 5′磷酸基团和 3′游离的羟基）变得和其他非 Dicer 加工的 RNA（带有游离的 5′羟基和 3′磷酸基团）没有差别。为了特异克隆 Dicer 加工的 RNA，一种 5′腺苷酸化的寡核苷酸被用作 3′端克隆接头（Lau *et al.*，2001），这一修饰能使 3′接头与目的 RNA 在没有 ATP 的条件下发生连接。然而需要 ATP 参与的目标 siRNA 和 miRNA 的自身连接在此条件下不能发生。3′脱氧或 3′烷基修饰的 3′配体寡核苷酸能阻止自身连接，并能使目标 RNA 和接头在下一步 ATP 存在的反应中发生交联，而且此连接只能发生在目标 RNA 5′端和 5′配体之间。

上述克隆策略只会克隆到 Dicer 的加工产物吗？克隆到的小分子 RNA 的大小分布表明事实并不如此，三个小分子 RNA 库的小分子 RNA 大小的柱状图如图 33.2（a）所示，这三个小分子 RNA 库分别来自培养于滋养层的胚胎干细胞（库 L1）、没有滋养层但处于 LIF 诱导的胚胎干细胞（库 L2），以及单层培养下被维甲酸诱导分化的胚胎干细胞。所有三个文库小分子 RNA 的大小在 22nt 处出现峰值，这表明 Dicer 的加工产物确实占据了文库的重要部分。然而大小在 21～23nt 之外的小分子 RNA 还是占据了三个文库的大部分。特别是在文库 L2 和 L3 中，在 17nt 处出现的峰值比 22nt 处更加显著。这些在 21～23nt 之外的小分子 RNA 不像是哺乳动物 Dicer 酶的加工产物，而是 RNA 文库的“噪声”（Zhang *et al.*，2002；Zhang *et al.*，2004）。

(a)

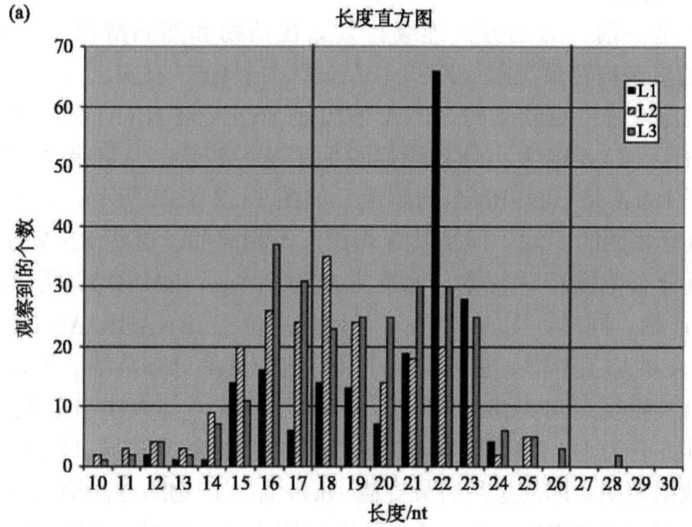

(b)

```
18S rRNA 5'-end 15 observations
Average: 20.5
RMSD:     2.3

ATACCTGGTTGATCCTGCCAGTAGC
 TACCTGGTTGATCCTGCCAGTAGC
 TACCTGGTTGATCCTGCCAGTAG
 TACCTGGTTGATCCTGCCAGTA
 TACCTGGTTGATCCTGCCAGT
 TACCTGGTTGATCCTGCCAGT
 TACCTGGTTGATCCTGCCAGT
 TACCTGGTTGATCCTGCCAG
 TACCTGGTTGATCCTGCCAG
 TACCTGGTTGATCCTGCCAG
 TACCTGGTTGATCCTGCCAG
 TACCTGGTTGATCCTGCCA
 TACCTGGTTGATCCTGCC
 TACCTGGTTGATCCTGCC
 TACCTGGTTGATCCTG
```

(c)

```
tRNA-Ile-ATT 3'-end 7 observations
Average: 20.4
RMSD:     1.1

TCGCGGGTTCGATCCCCGTACGGGCCACCA
        TCGATCCCCGTACGGGCCACCA
        TCGATCCCCGTACGGGCCACCA
           ATCCCCGTACGGGCCACCA
            TCCCCGTACGGGCCACCA
             CCCCGTACGGGCCACCA
               CCGTACGGGCCACCA
```

(d)

```
miR-21 21 observations
Average: 22.6
RMSD:     1.1

TAGCTTATCAGACTGATGTTGAC
TAGCTTATCAGACTGATGTTGAC
TAGCTTATCAGACTGATGTTGAC
TAGCTTATCAGACTGATGTTGAC
TAGCTTATCAGACTGATGTTGAC
TAGCTTATCAGACTGATGTTGAC
TAGCTTATCAGACTGATGTTGAC
TAGCTTATCAGACTGATGTTGAC
TAGCTTATCAGACTGATGTTGAC
TAGCTTATCAGACTGATGTTGAC
TAGCTTATCAGACTGATGTTGAC
TAGCTTATCAGACTGATGTTGAC
TAGCTTATCAGACTGATGTTGAC
TAGCTTATCAGACTGATGTTGAC
TAGCTTATCAGACTGATGTTGAC
TAGCTTATCAGACTGATGTTGA
TAGCTTATCAGACTGATGTTGA
TAGCTTATCAGACTGATGTTGA
TAGCTTATCAGACTGATGTTGA
TAGCTTATCAGACTGATGTTG
    TTATCAGACTGATGTTGA
```

图 33.2 克隆的小分子大小分布。(a) 来自不同细胞的小分子 RNA 库克隆子的长度大小柱状图，L1，培养于滋养层的 ES 细胞；L2，培养于 LIF 但不含滋养层的 ES 细胞；L3，用 RA 诱导分化的单层培养 ES 细胞。垂直线代表从测序胶中提取的克隆材料的范围 (18～26nt)。对应于 18S rRNA 5′端、tRNA-IIe-ATT 的 3′端及 miR-21 的克隆子排列分别如 (b)、(c)、(d) 所示。

从胚胎干细胞中克隆得到的多种小分子 RNA 是 rRNA 和 tRNA 的片段。rRNA 基因在基因组中是一前一后的方式连续排列，在植物和酿酒酵母中一些 rRNA 拷贝以 siRNA 依赖的机制被转录沉默（Xie *et al.*，2004；Cam *et al.*，2005），所以很容易想到从胚胎干细胞文库中克隆到的 rRNA 残段是 rRNA 被 RNAi 机制沉默的反映。然而克隆到的小分子 rRNA 的大小分布规律驳斥了这种观念，从胚胎干细胞被克隆到的最频繁的小分子 RNA 是 18S rRNA 的 5′端，如图 33.2（b）所示，文库 L1～L3 中 15 个 rRNA 残片具有相同的 5′端，但是其 3′端是互不相同的。这些 RNA 分子的平均长度是 20.5nt，而且分布范围相对较宽（标准方差为 2.3nt，RMSD），所以这些残段不像是 Dicer 的加工产物。同样，图 33.2（c）显示的定位于 tRNA-Ile-ATT 3′端的 7 个克隆子也不像是 Dicer 的加工产物，它们的大小具有比较宽的分布范围，平均为 20.4nt，标准方差为 4.6nt。相反，与 miR-21 相应的 21 个克隆子其大小分布比较均一，平均为 22.6nt，标准方差为 1.1，这些都与 Dicer 加工的预期结果相同［图 33.2（d）］。

上述的数据表明，即使运用特异克隆 Dicer 加工产物的方法构建小分子 RNA 文库，也会得到大量不相关的 RNA 克隆子。所以运用方法过滤掉不相关的 RNA 分子显得非常必要。microRNA 是由典型的具有茎环结构的前体分子（pre-miRNA）加工而来的（Lee *et al.*，1993；Hutvagner *et al.*，2001；Lagos-Quintana *et al.*，2001；Lau *et al.*，2001；Lee and Ambros，2001）。这些特征能使我们通过生物信息学的方法方便地在一个已构建好的 RNA 文库中找到潜在 miRNA 分子。为了证明所克隆的序列是潜在 miRNA，我们可以从基因组数据库中获得这些 RNA 分子两端延伸大约 50nt 以后的基因组序列，然后用计算机软件进行折叠（Zuker *et al.*，1999），如若这些克隆子能形成稳定的发夹结构则表明它是潜在的 miRNA 分子。

与 miRNA 不同，siRNA 不具有相同的结构和前体序列特征，siRNA 是由长的双链 RNA（大于 100bp）被 Dicer 酶加工而来，并且不具有序列偏好性（Zamore *et al.*，2000；Elbashir *et al.*，2001b）。双链 RNA 来源于基因组 DNA 双向转录，或者是通过 RNA 依赖的 RNA 聚合酶合成 RNA 的互补链（Baulcombe，2004）。除了具有三类 RNA 酶相同的切割末端之外，长度是识别 siRNA 和其他非 Dicer 酶加工产物的唯一标准（Zamore *et al.*，2000；Elbashir *et al.*，2001b）。与 miRNA 克隆子一样，成簇的 siRNA 具有严谨的大小分布，最大 22nt［图 33.3（a）］。而成簇的 mRNA 与上述讨论的 rRNA 和 tRNA 一样，大小分布较广［图 33.3（b）］。所以一个基因座既可能产生真正的 siRNA，也可能仅仅只是降解产物，就这一点而言，小分子 RNA 大小分布广泛且在 22nt 处出现峰值是有理可循的。

到目前为止在胚胎干细胞中并没有发现 siRNA 参与转录沉默的功能被证实，增加小分子 RNA 文库的分子大小有可能鉴定出这些 siRNA。然而一旦增加小分子 RNA 文库的分子大小，不相关的克隆子的数目也会随着增加，而且由于 miRNA 是 ES 细胞中最主要的 Dicer 加工产物，这就更加增加了问题的复杂性。只有随着更多生物信息学标准的应用以及更多的策略来分析文库才是鉴定潜在 siRNA 的可靠方法。

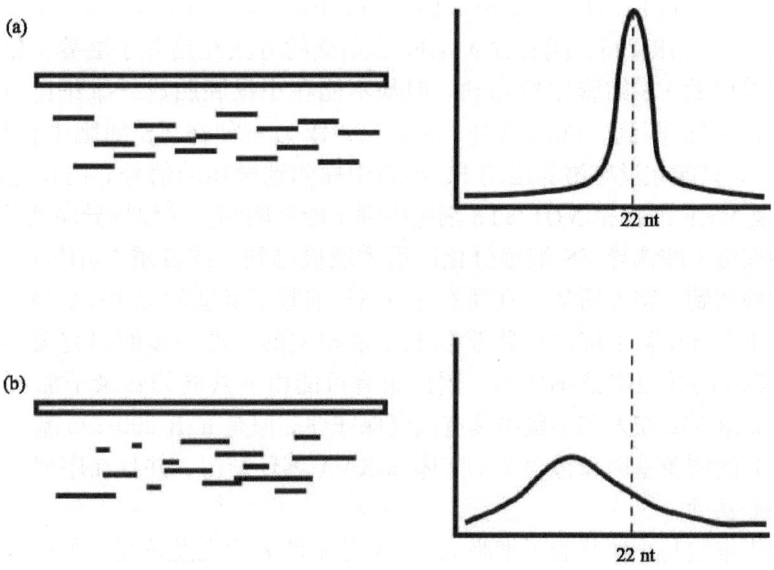

图 33.3　成簇的 siRNA 和成簇的降解产物的差异。产生成簇 siRNA 或成簇降解片段的假定基因座，以及相应小分子克隆子预测的大小分布分别如（a）、（b）所示。

33.3　ES 细胞中的 miRNA

如上所述，与 siRNA 不同，miRNA 在小分子 RNA 文库中能轻易地通过生物信息学的方法鉴定。然而，由于高比例的非 Dicer 加工产物的存在，一个前体分子即使能折叠成发夹结构，也并不能完全证明它确实就是一个 miRNA，其部分原因就是因为很难形成一个精确的标准来确定什么样的发夹结构才是最佳的。但是有关验证 miRNA 的具体规则已经得到确定（Ambros *et al.*，2003）。首先，要证明一个克隆是 miRNA 或其前体分子，它至少在进化上是保守的。其次，若这一克隆子通过 Northern 杂交的方法证明其在 21～23nt 位置有明显的条带，则更能充分地说明这一克隆是 miRNA。最后一点，若能证明一推测的 miRNA 分子的加工成熟依赖于 Dicer 酶和 Drosha 酶，那将更加令人信服。

已经有两个研究组对小鼠和人胚胎干细胞中的 miRNA 进行了研究（Houbaviy *et al.*，2003；Suh *et al.*，2004）。Houbaviy 等在未分化的小鼠胚胎干细胞及用维甲酸诱导分化的小鼠胚胎干细胞中鉴定了 53 种不同的 microRNA 分子（Houbaviy *et al.*，2003）。其中大部分（32 个）与以前从其他非 ES 细胞克隆得到的 microRNA 相同或类似，但是有 15 个具有特异的序列（miR-290-302）。有趣的是，虽然这 15 种 miRNA 前体分子的同源基因在人和大鼠基因组中都能找到，但是它们在脊椎动物中并不保守。由于它们的保守性低，所以用 Northern 杂交检测的方法来证明相应的克隆是否真正是 miRNA 显得尤为必要。此外，在未分化的胚胎干细胞中利用 Northern 杂交的方法检测到 miRNA 表达相当高，所以 miRNA 很可能与 ES 细胞生物学功能性相关。在以前从未克隆到的 miRNA 当中，有 9 个来自于 7 种不同前体 miRNA 发夹区的成熟 miRNA

分子（miR-290、miR-291-s、miR-291-as、miR-292-s、miR-292-as、miR-293、miR-294、miR-295 和 miR-296）能通过 Northern 杂交的方法在培养于滋养层细胞的 ES 细胞或没有滋养层的 ES 细胞中检测到，但却不能在小鼠胚胎成纤维细胞（MEFS）或 NIH/3T3 细胞中检测到。除此之外，miR-302 作为一种在 ES 细胞中特异克隆到的 miRNA 分子，只能在没有滋养层的 ES 细胞中检测到微弱的信号，而在生长于滋养层的 ES 细胞及 MEF 细胞和 NIH/3T3 细胞中则未能检测到。其他特异序列的 miRNA 分子或者只能在维甲酸诱导 ES 细胞分化以后才能检测到，或者用 Northern 杂交的方法根本就不能检测到。综上所述，在所有小鼠 ES 细胞中确证的 miRNA 当中，miR-290-296 和 miR-302 与胚胎干细胞生物学功能是最相关的。进一步的研究表明，miR-290-295 都位于 2kb 的基因组范围之内，因此很有可能由一共同的转录子加工而来。虽然 miR-296 和 miR-302 在人和小鼠中具有高度保守性，但是 miR-290-295 基因簇前体分子在人中预测到的同源基因只包含 3 个前体 miRNA 茎环结构，并且在序列上与它的小鼠同源分子相差甚远。

人胚胎干细胞与小鼠胚胎干细胞 miRNA 分子的表达在总体是类似的，Suh 等在未分化的人胚胎干细胞中鉴定了 36 种 miRNA，包括 miR-296 的人同源基因及小鼠 miR-302 家族的同源分子（记为 miR-302a-d)(Suh *et al.*，2004)。另有 9 个 miRNA（miR-367-373、miR-373*、miR-374）与以前所鉴定的 miRNA 序列差异很大，所以给予新的 miRNA 编号。进一步的分析表明，事实上其中大部分 miRNA 与以前从其他物种克隆的 miRNA 相关。通过对 miR-370 的基因座分析，发现 miR-370 实际上定位于 Dlk1-Gtl2 基因印记区一个 miRNA 基因簇上，其中包括 miR-300，这一 miRNA 以前是从小鼠 ES 细胞克隆获得但 Northern 杂交却不能检测到。除 miR-300 之外，这个 miRNA 簇还包括多个大脑特异表达的 miRNA（Lagos-Quintana *et al.*，2002；Houbaviy *et al.*，2003；Seitz *et al.*，2003；Kim *et al.*，2004；Seitz *et al.*，2004）。由于整个 miRNA 基因簇很可能被一共同的初级转录物所涵盖，所以 miR-370 与 miR-300 不太可能只在 ES 细胞特异表达。生物信息学分析表明 pre-miR-302a-d 和 pre-miR-367 形成一个基因簇并很可能是由同一初级转录物表达而来，但是这个基因簇中只有一个 miRNA（与人 miR-302a 相同的鼠 miR-302）在未分化的小鼠 ES 细胞能被克隆到，这也表明这个簇的其他 miRNA 包括 miR-302b-d 和 miR-367 也可能在 ES 细胞中表达。人 miR-371-373 和 miR-373* 尽管具有不同的命名，但是它们事实上是小鼠 miR-290～295 基因簇的同源基因（Houbaviy *et al.*，2003）。所以，在人 ES 细胞中克隆的 miRNA 中仅仅只有 3 个（miR-368、miR-369、miR-374）与以前从其他样本中克隆的 miRNA 完全不同，这些样本包括未分化的小鼠 ES 细胞。在这 3 个 miRNA 中通过Northern杂交检测只有 miR-368 在 ES 细胞中表达而在其他体细胞系中没有表达，miR-369 在 ES 细胞中检测不到信号，而 miR-374 除 ES 细胞外在 HeLa 细胞中也能检测到。上述所构建的人和小鼠 ES 细胞 miRNA 库都并不包含所有可能的 miRNA，所以小鼠 ES 细胞中 miRNA 文库不包含 miR-374，并且不能反映不同物种中 miRNA 表达存在根本差异。

总之，通过克隆建库分析及 Northern 杂交分析可以得出以下 miRNA 与 ES 细胞生物学功能相关，这些 miRNA 包括 miR-296、miR-368、miR-302a-d 和 miR-367 基因簇，小鼠 miR-290-295 基因簇及与之同源的人 miR-371-373 基因簇。

33.4 Pre-miR-290-295/miR-371-373 基因簇和 pre-miR-367-pre-miR-302a-d 基因簇

以上数据表明 miR-296 和 miR-367 在 ES 细胞中具有胚胎干细胞特异性功能，这两个 miRNA 在 ES 细胞中表达相当低并在两个文库中都只克隆到一次。相反，miR-290-295 基因簇的 miRNA 却占培养于滋养层的小鼠 ES 细胞总 miRNA 的 25%，占不含滋养层的小鼠 ES 细胞总 miRNA 的 29%（Houbaviy *et al.*，2003），没有其他任何 miRNA 在小鼠 ES 细胞文库中具有如此高的克隆效率。同样，miR-367 和 miR-302a-d 基因簇在人 ES 细胞中具有最高的克隆效率，它们占所有克隆总数的 86%（Suh *et al.*，2004）。与以上克隆建库相似，通过 Northern 杂交我们也发现表达自 pre-miR-290-295 基因簇和 pre-miR-367-pre-miR-302a-d 基因簇的 miRNA 分别在小鼠 ES 细胞和人 ES 细胞中具有最强的杂交信号。有趣的是，与小鼠 pre-miR-290-295 同源的 pre-miR-371-373 基因簇表达的 miRNA 只占人 ES 细胞克隆总数的 4%，而当 ES 细胞被维甲酸诱导分化以后，表达自 pre-miR-367-pre-miR-302a-d 基因簇的 miRNA 只在 ES 细胞克隆文库中得到一个克隆。因此，尽管在质量上从小鼠 ES 细胞和人 ES 细胞克隆到的 miRNA 种类总体上是一致的，但是在量的方面最大的差别是 pre-miR-290-295 基因簇与 pre-miR-371-373 基因簇的相对表达及 pre-miR-367-pre-miR-302a-d 簇之间存在表达差异。

如前所述，小鼠 miR-302 只有在没有滋养层的 ES 细胞中检测到，但在含有 MEF 滋养层的 ES 细胞中却没有检测到。所以一般会推测 pre-miR-367-pre-miR-302a-d 基因簇可能与 ES 细胞和滋养层的相互作用有关。由于伦理的原因，人 ES 细胞不能生长于人胚胎成纤维细胞，所以用来构建 miRNA 文库的人 ES 细胞系是生长于 STO 滋养层——一种永生化的类似于小鼠成纤维细胞样细胞系（Bernstein *et al.*，1976）。人 ES 细胞中 miR-367-miR-302a-d 的上调表达反映了小鼠滋养层细胞不能与人 ES 细胞系相互作用。

通过对前体发夹结构序列的比较分析表明，小鼠和人的 pre-miR-290-295/pre-miR-371-373 和 pre-miR-367-pre-miR-302a-d 是相互关联的（图 33.4）。其中最保守的区域是位于加工自前体 miRNA 分子发夹 3′端成熟 miRNA 的 2～7 位核苷酸，这一区域为 AAGTGC，即所谓的种子区，它是 miRNA 靶位点识别的决定因素（Lewis *et al.*，2003；Doench and Sharp，2004；Lewis *et al.*，2005）。所以，由 pre-miR-290-295/pre-miR-371-373 和 pre-miR-367-pre-miR-302a-d 茎环 3′端加工而来的 miRNA 有可能可以抑制相同的 mRNA（然而在成熟的 miR-290-296/miR-371-373 的 5′端还是存在差异，它改变种子序列及理论上的靶基因）。而来自于前体 miRNA 茎环结构 5′端序列成熟的 miRNA 分子种子区序列保守性较差，由 pre-miR-290-295/pre-miR-371-373 基因簇加工的成熟 miRNA 种子区是 CTCAAA，而由 pre-miR-367-pre-miR-302a-d 加工的成熟 miRNA 种子区是 CTTTAA。尽管 pre-miR-367 在人和小鼠中是保守的，但是它与 pre-miR-302a-d 及 pre-miR-290-295/pre-miR-371-373 并没有太大关系，并且其种子区完全不相同［图 33.4（b）］。虽然克隆自 ES 细胞的两个基因簇很相似，但是它们却是完全不同的基因，它们属于进化树中不同的分支并且基因组织方式不同（Houbaviy *et al.*，2003；Suh *et al.*，2004）。

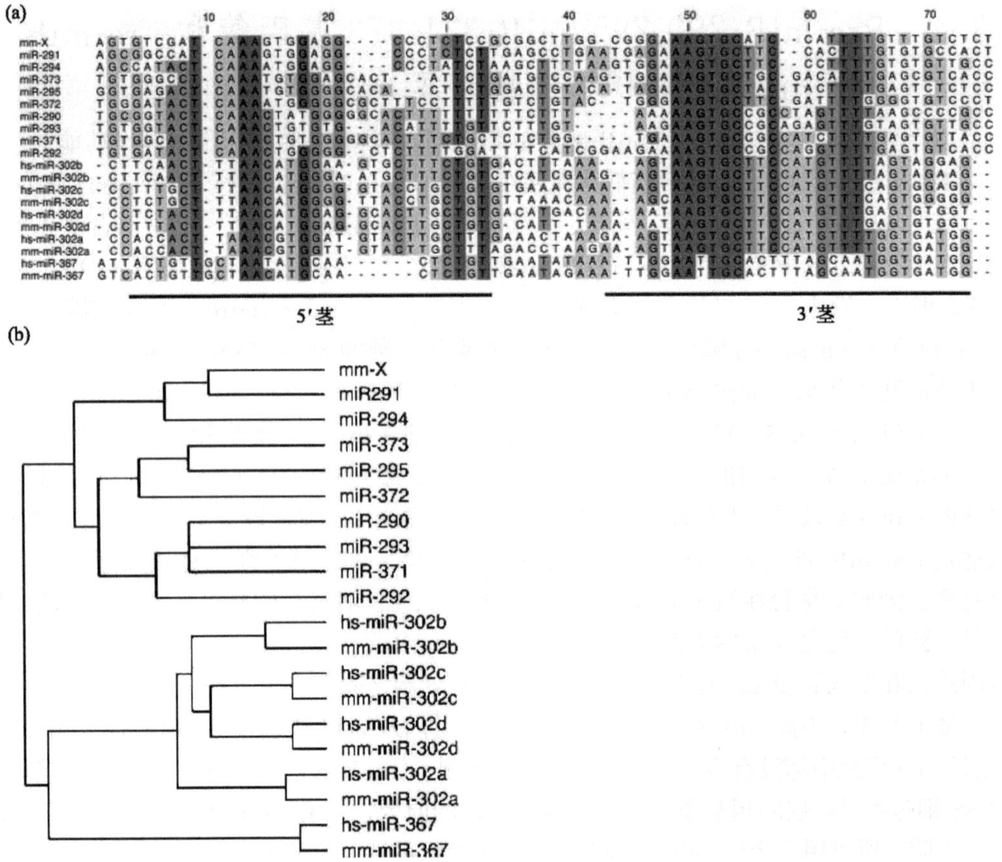

图 33.4 pre-miR-290-295/pre-miR-371-373 和 pre-miR-367-pre-miR-302a-d 的保守性分析。(a) 人和小鼠中 pre-miR-367-pre-miR-302a-d 发夹、人 pre-miR-371-373 发夹和小鼠 pre-miR-290-295 发夹的多序列比对。mm-X 为 pre-miR-290-295 基因簇中预测的第 7 个前体 miRNA。发夹茎区两条链的大体位置用下划线标示。(b) 为 (a) 中多序列对比的树状图。

通过 Blast 程序对基因组进行搜索很容易在四足动物中获得 pre-miR-367-302a-d 的同源基因，但是很难在鱼类中找到。多序列的比对显示蛙类、鸡、小鼠和人之间 pre-miR-367 和 pre-miR-302a-d 发夹区序列高度保守（图 33.5），而且发夹的 3′茎区比 5′茎区更加保守，其中茎区的 3′链作为成熟 miRNA 的来源，其保守性甚至精确到每个核苷酸。由于极高度的保守性，Blast 搜索程序不太可能在鱼类基因组中遗漏 pre-miR-367-pre-miR-302a-d 基因簇的同源基因。通过对 pre-miR-367-pre-miR-302a-d 侧翼基因组序列的生物信息学分析，发现这一前体 pre-miRNA 与一蛋白质编码基因的内含子方向恰好相反（ENSEMBL 标识符为：人，ENSG00000174720；小鼠，ENSMUSG00000027968；红原鸡，ENSGALG00000012048；爪蟾，ENSXETG00000024097）。当用相应的 Blast 程序来分析这一基因的鱼类同源基因时（斑马鱼，ENSDARG00000017315；河豚，NEWSINFRUG00000127190），相应的鱼类基因组的系统折叠并没有找到任何潜在的具茎环结构的前体。所以，很可能 pre-miR-367-pre-miR-302a-d 基因簇在四足脊椎动物中具有功能特异性而在鱼类中却不存在。

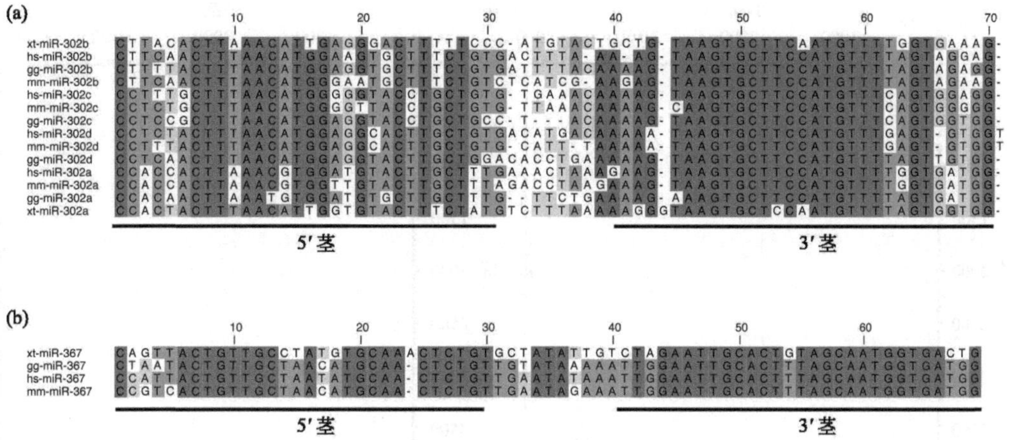

图 33.5 pre-miR-367-pre-miR-302a-d 基因簇的保守性分析。(a) 青蛙 (*Xenopus tropicalis*, xt)、鸡 (*Gallus gallus*, gg)、小鼠 (*Mus musculus*, mm) 和人 (*Homo sapiens*, hs) pre-miR-302a-d 发夹区多序列比对。(b) 相应物种 pre-miR-367 发夹区的多序列比对。

Pre-miR-367-pre-302a-d 基因簇由于具有很高的保守性，所以利用点矩阵作图分析很容易检测到其发夹区 (Sonnhammer and Durbin, 1995)。点矩阵作图分析是通过图形来表示两不同序列的同源性，图中的每条轴代表序列比较的位置，置于坐标中的点代表某一位置同源性大于所设定的阈值，而同源性则是通过两条短序列 (10～20bp) 正向或反向的相似百分比来衡量的。与主对角线平行的线表示序列正向同源，而与主对角线垂直的线则表示序列反向同源。因为前体 miRNA 发夹茎区两条链相互之间只有部分互补，所以在点矩阵图中同源的前体 pre-miRNA 呈 X 形。对人和小鼠 pre-miR-367-pre-miR-302a-d 簇基因座进行点矩阵分析，发现其直线与主对角线平行，这表明这一基因座除 miRNA 基因簇序列之外也具有很好的保守性 [图 33.6 (a)]。点矩阵图中 4×4 排列的 X 形表示 pre-miR-302a-d 簇 4 个同源的发夹，而主对角线的另外一个 X 形则代表 pre-miR-367 发夹。鸡和小鼠 pre-miR-367-pre-miR302a-d 基因座的点矩阵分析显示它们的保守性相对较低，但是 pre-miRNA 的位置还是能清楚地辨认出来 [图 33.6 (b)]。

Pre-miR-290-295/pre-miR-370-373 基因簇的保守性比 pre-miR-368-pre-miR-302a-d 基因簇的低。小鼠 pre-miR-290-295 和人 pre-miR-371-373 基因座点矩阵分析表明这区域整体上没有明显的同源性，点矩阵图上对应于前体 miRNA 的 X 形也非常弱 [图 33.6 (c)]。由于 pre-miR-290-295/pre-miR-371-373 发夹区序列变化很大，所以在用基因组搜索来确认同源基因簇时就会出现一些特殊的问题。当用成熟的 miR-290-295 序列来 Blast 搜索人基因组时只能找到一个发夹 (pre-miR-371)(Houbaviy *et al.*, 2003)，而其他两个发夹则是通过 pre-miR-371 侧翼基因组序列的系统折叠找到的。因为前体 miRNA 序列比成熟 miRNA 序列包含更多的信息，因此在 Blast 搜索中能得到更好的结果。假如用 pre-miR-290-295 发夹序列替代成熟的 miRNA 序列进行 Blast 搜索，则人基因组中 3 个 pre-miR-371-373 发夹有 2 个可以检测出来。利用这种方法我们至少可以在

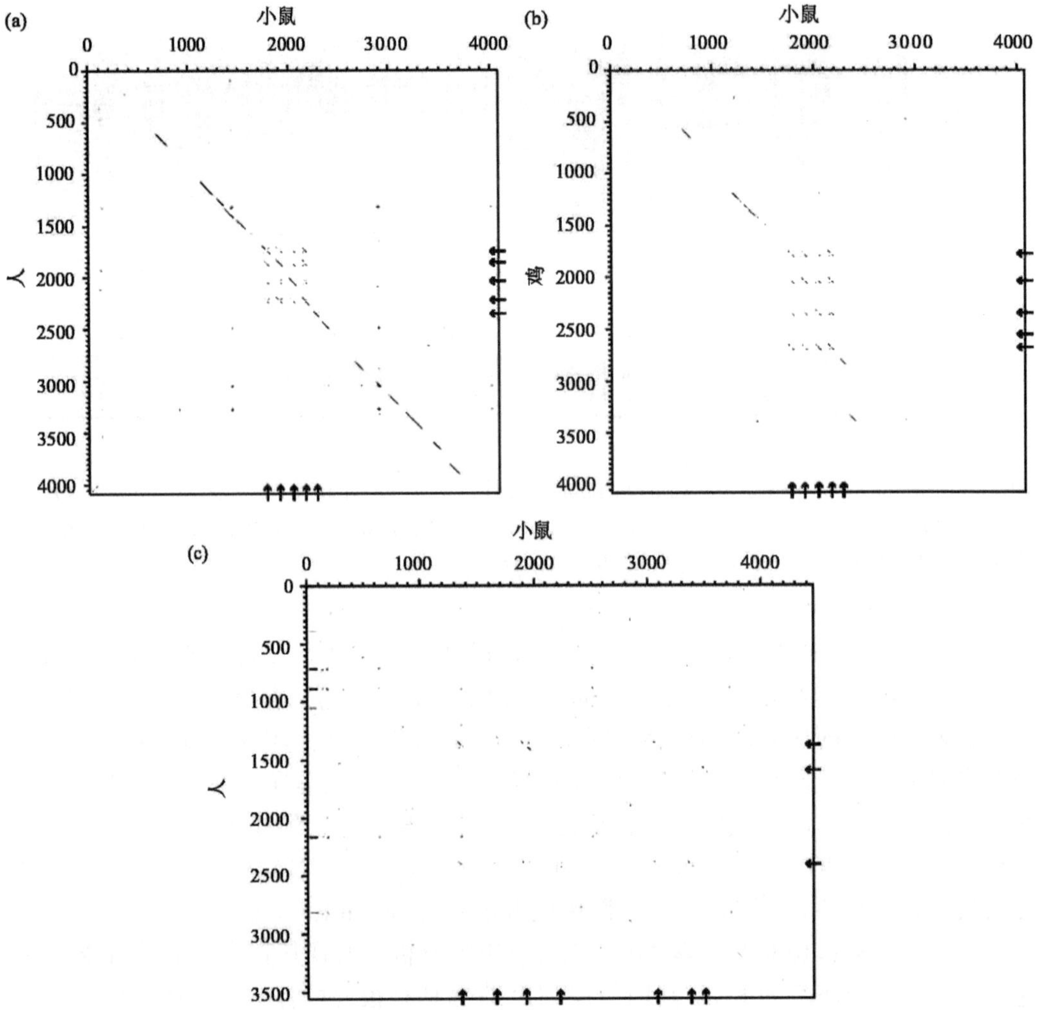

图 33.6　pre-miR-290-295/pre-miR-371-373 和 pre-miR-367-pre-miR-302a-d 基因座的点矩阵分析。（a）人和小鼠 pre-miR-367-pre-miR-302a-d 的点矩阵分析。（b）小鼠和鸡 pre-miR-367-pre-miR-302a-d 的点矩阵分析。（c）小鼠 pre-miR-290-295 和人 pre-miR-371-373 基因座点矩阵分析。箭头代表纵轴中某一发夹所在的位置。

牛和狗基因组中找到一个同源发夹，其他发夹可以通过基因组侧翼序列的系统折叠找到（Houbaviy *et al.*，2005）。此外，通过系统折叠的方法我们可以在小鼠基因组中找到 pre-miR-290-295（mm-X）基因簇以前的分析中未能找到的第 7 个前体 miRNA 发夹。但是在小鼠 miRNA 克隆中并没有克隆到这一发夹来源的 miRNA，表明它可能不能产生 miRNA 或者产生的 miRNA 非常不稳定。小鼠 pre-miR-290-295 基因簇、人 pre-miR-371-373 基因簇及其他从牛和狗中预测的同源基因簇的基因组结构如图 33.7（a）所示。4 个基因簇中 miRNA 前体分子的发夹区多序列比对如图 33.7（b）所示。在非哺乳动物和有袋的灰色短尾负鼠（*Monodelphis domesitica*）基因组中用 Blast 程序并没有搜索到与上述比对一致的发夹结构。因此，这表明有可能 pre-miR-290-295/pre-miR-

371-373 基因簇只存在于真哺乳动物中，或者在有袋动物和非哺乳动物中我们所用的 Blast 程序不够敏感以致不能检测到。前一种情况的可能性更大，我们下面进行进一步的讨论。

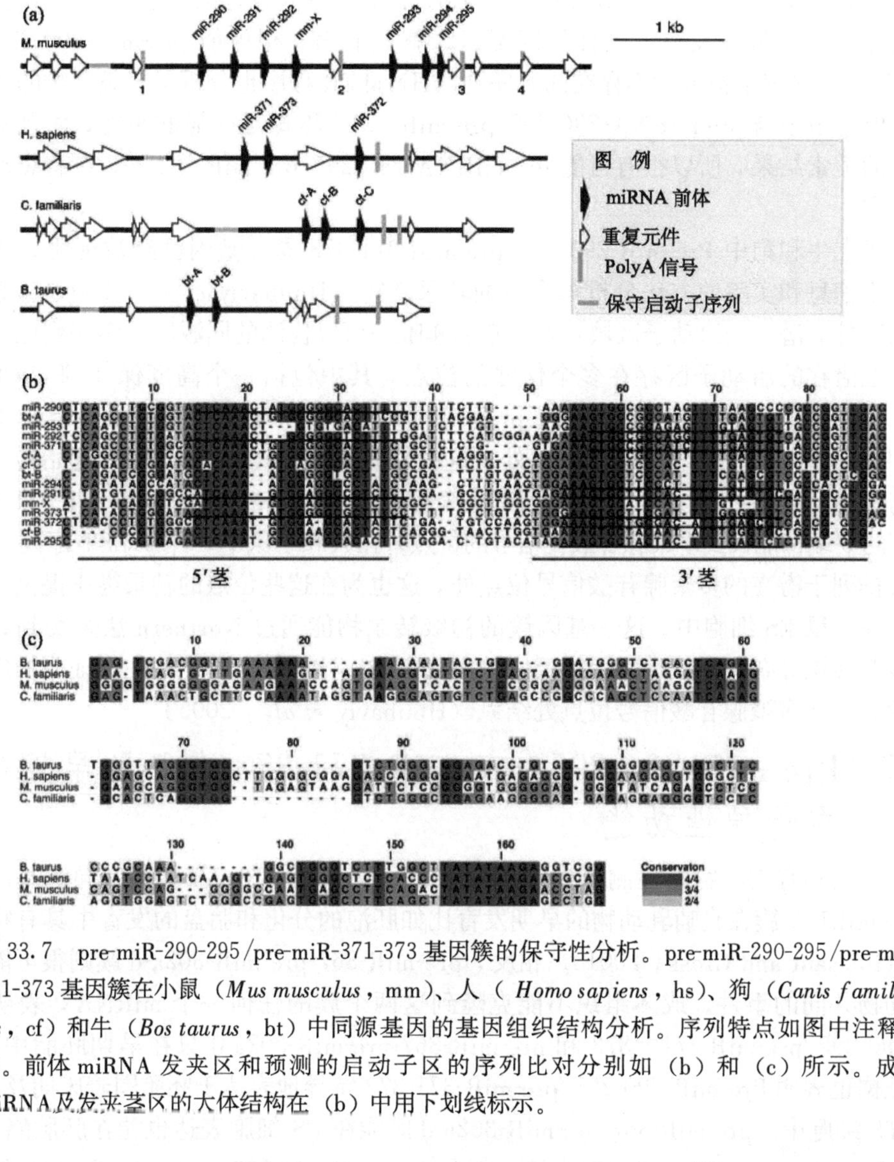

图 33.7　pre-miR-290-295/pre-miR-371-373 基因簇的保守性分析。pre-miR-290-295/pre-miR-371-373 基因簇在小鼠（*Mus musculus*，mm）、人（*Homo sapiens*，hs）、狗（*Canis familiaris*，cf）和牛（*Bos taurus*，bt）中同源基因的基因组织结构分析。序列特点如图中注释所示。前体 miRNA 发夹区和预测的启动子区的序列比对分别如（b）和（c）所示。成熟 miRNA 及发夹茎区的大体结构在（b）中用下划线标示。

通过计算机折叠在基因组范围内鉴定潜在的前体 miRNA 发夹是一种最敏感的检测前体 miRNA 同源体方法（Bentwich *et al.*，2005）。一旦预测的前体 miRNA 被鉴定出来，就可以用图 33.7（b）的比对方法来进行搜索。然而，上述方法需要很复杂的计算程序，因为序列折叠要费一定时间。一种更加快速的方法更适合于已知多序列的比对，这种方法依赖于 HMMER 程序，它使用隐马尔可夫模型（hidden Markov model，HMMS）来寻找序列。用 pre-miR-290-295　6 个发夹区的比对来构建马尔可夫模型，它能检测到人所有的 3 个 pre-miR-371-373 发夹，还能在小鼠基因簇中找到第 7 个潜在的前体 miRNA，以及在牛和狗基因组通过系统折叠预测到的 miRNA 同源分子。所以，HMMER 程序在寻找 pre-miR-290-295/pre-miR-371-373 基因簇的同源基因时与系统折叠具有相同的敏感性。用个人台式电脑对全基因组进行 HMMER 程序搜索，CPU 需要运行若干天。图 33.7（b）是用 HMMER 程序来搜索鸡整个基因组这一 miRNA 基因簇的同源序列，但是并没有找到任何匹配区。就此而言，很可能 pre-miR-290-295/pre-miR-371-373 在鸡中根本就不存在同源序列。HMMER 程序也分析了有袋动物的整个基因组，但是由于与 pre-miRNA-290-295/pre-miR-371-373 缺乏明显的匹配，而且鉴于鸡基因组的搜索结果，所以很有可能 pre-miRNA-290-295/pre-miR-371-373 在有袋动物中也不存在。

由于在牛和狗中 Pre-miR-290-295/pre-miR-371-373 同源基因已经被证明，所以可以用生物信息和实验的方法分析每个簇的转录产物（Houbaviy *et al.*，2005）。除了发夹结构以外，潜在的启动子区域是 4 个基因座唯一可以检测的同源区。多序列比对分析显示，在潜在的启动子区存在多个保守的位点，其中包括一个高度保守的 TATA 框[图 33.7（c）]。通过 5′RACE 分析，pre-miR-290-295 最初转录物的起始位点位于保守的 TATA 框第 1 个 T 下游 35 个碱基处，这也是真核生物 RNA 聚合酶Ⅱ起始转录的标准距离（Houbaviy *et al.*，2005）。在所有 4 个物种中 pre-miR-290-295/pre-miR-371-373 的基因座的 3′端都能找到多聚腺苷酸化信号的位点。在人和小鼠中，许多 EST 序列的 3′端紧接着排列于潜在的多聚腺苷酸信号位点处，这也为在这些位点的转录终止提供了实验依据。在小鼠 ES 细胞中，这一基因簇的初级转录物能通过 Northern 法杂交到，并能用寡核苷酸探针杂交和核酸酶保护反应的方法定位，这一转录物正好在已证明的启动子区起始，并在多聚腺苷酸信号位点处结束（Houbaviy *et al.*，2005）。

33.5 Pre-miR-290-295/pre-miR-371-373 在胚胎早期的潜在特异性功能

在鸟类和有袋动物中检测不到 Pre-miR-290-295/pre-miR-371-373 的同源基因，表明这一 miRNA 簇在真哺乳动物的早期发育比如胚泡的分化和胎盘的发育中具有特异性作用（Rossant and Cross，2001）。相反，pre-miR-367-pre-miR-302a-d 簇则很可能控制四足动物共同的事件。成体组织不能克隆到这两个簇的任何一个 miRNA，表明 Pre-miR-290-295/pre-miR-371～373 和 pre-miR-367-pre-miR-302a-d 只在早期胚胎中表达。其他证据也表明 Pre-miR-290-295/pre-miR-371-373 特异地表达于胚胎围着床期及 ES 细胞和 TS 细胞中。pre-miR-367-pre-miR-302a-d 既能在 ES 细胞表达也能在胚胎癌（embryonal carcinoma，EC）细胞中表达，但是 Pre-miR-290-295/pre-miR-371-373 却只能在前者表达（Suh *et al.*，2004）。ES 细胞和 EC 细胞都具有很好的发育潜能，但是只有 ES 细胞能发育成胚胎所有类型的细胞（Andrews *et al.*，2001；Smith，2001）。所以由于 Pre-miR-290-295/pre-miR-371-373 较为受限的表达表明它具有 ES 细胞更特异的功能。

通过对来源于 Pre-miR-290-295 和 pre-miR-371-373 基因簇最初转录物的 EST 序列分析，为这些 miRNA 在胚胎早期的特异性表达提供了更好的佐证。所有位于小鼠 miRNA 基因簇的 EST 序列都来源于 ES 细胞、胚胎生殖细胞和围着床期的胚胎。而位于人这一 miRNA 基因簇的 EST 序列都来自于睾丸癌和人胚胎干细胞。值得指出的是，睾丸癌包含有与原始生殖细胞相同的细胞，所以反过来也与 ES 细胞相似（Andrews *et al.*，2001）。并没有在人为着床期的胚胎中获得这一 miRNA 基因簇的 EST 序列，有可能因为 EST 数据有限。

与 miR-290-295 在滋养层细胞发育中具有的功能一致，它们能在滋养层干细胞中被检测到（Houbaviy *et al.*，2005）。但是到目前为止，miR-367-miR-302a-d 在滋养层干细胞是否有表达还未知。

很容易推想到 Pre-miR-290-295/pre-miR-371-373 基因簇在干细胞的维持中发挥了作用，但是 Dicer 缺失以后所呈现的表型驳斥了这种观点。昆虫具有两个 Dicer 同源体（Lee *et al.*，2004），其中 Dicer-1 负责加工 miRNA，而 Dicer-2 负责加工 siRNA。Dicer-1在果蝇生殖干细胞缺失以后会导致细胞周期延迟，而 Dicer-2 的缺失却没有影响（Hatifield *et al.*，2005）。然而，Dicer-1 缺失的生殖干细胞系仍保留在卵巢干细胞隔离区间，并保持了干细胞的特性。与果蝇的数据一致，小鼠 ES 细胞 Dicer 缺失以后仍旧可育，具有正常 ES 细胞的表型，并表达干细胞标志基因（Kanellopouliu *et al.*，2005；Murchison *et al.*，2005）。然而，缺失 Dicer-1 的小鼠 ES 细胞周期变慢，也不具有正常分化的能力。由 Dicer 缺失导致的生长缺陷不单只针对 ES 细胞，Dicer 在小鼠肢体中的特异缺失导致多种与生长缺陷一致的发育延迟，但并不改变肢体发育的协同模式（Harfe *et al.*，2005）。所以，假如由 Dicer 引起的细胞周期缺陷是因为 miRNA 不能加工产生的话，那么所涉及的 miRNA 可能不单只表达于 ES 细胞和早期胚胎。考虑到 Dicer 敲除以后产生的表型，所以 pre-miR-290-295/pre-miR-371-373 基因簇更有可能用于在调控早期胚胎发育中的重要事件而不是胚胎干细胞的维持。有趣的是，Dicer 敲除的胚泡不能重新产生 ES 细胞，表明 miRNA 对 ES 细胞起源是非常重要的（Bernstein *et al.*，2003）。

33.6 结论

从 ES 细胞中克隆小分子 RNA 不能证明潜在的 siRNA，但却揭示了一些 ES 细胞中特异表达的 miRNA。其中两个 miRNA 基因簇显得特别有趣，一个是 pre-miR-367-pre-miR-302a-d 簇，它只在四足动物中表达；另外一个是 pre-miR-290-295/pre-miR-371-373 基因簇，它只在真哺乳动物中表达。这两个簇都很有可能在早期发育中发挥了重要功能，所以在小鼠中对它们进行敲除是一个很有吸引力的研究领域。在 ES 细胞中这些簇的鉴定表明它们表达于胚泡的内细胞团，而 pre-miR-290-295/pre-miR-371-373 基因簇在滋养层干细胞的鉴定更加表明它们表达于滋养层。然而，这些基因簇在小鼠早期胚胎中某一单个细胞中的表达未知。近来，miRNA 的整体原位杂交技术已经发展起来，这一技术能用于整个着床前的胚胎（如胚泡），也能用于着床以后的早期胚胎切片（如卵圆柱期）（Wienholds *et al.*，2005）。更吸引人的是与 miRNA 基因簇表达抑制相关的胚胎分化过程中的决定事件。同时，原位杂交技术能显示 pre-miR-290-295/pre-miR-371-373 基因簇和 pre-miR-367-pre-miR-302a-d 基因簇在着床前的胚胎是否呈现梯度表达，并能显示这些 miRNA 在胚泡原始内胚层中是否存在。

除此之外，还有一个最关键的问题没有解决，那就是要证明 pre-miR-290-295/pre-miR-371-373 基因簇和 pre-miR-367-pre-miR-302a-d 基因簇的靶基因。前面已经讨论过，两个 miRNA 基因簇中，加工自 3′端前体 miRNA 茎区的成熟 miRNA 种子区是完全一样的。这一种子区与 miR-93 一致，但是它的表达不限于 ES 细胞和滋养层干细胞或早期的胚胎（Lewis *et al.*，2003；Lewis *et al.*，2005）。Pre-miR-93 与 pre-miR-290-295/pre-miR-371-373 和 pre-miR-367-pre-miR-302a-d 没有任何关联，因为成熟的 miR-93 序列来自于前体发夹茎区的 5′链。所以 pre-miR-290-295/pre-miR-371-373 和 pre-miR-367-pre-miR-302a-d 在进化上独立于 pre-miR-93，并执行特异的功能。miRNA 对 mRNA的有效抑制条件是需要在 mRNA 中存在多个 miRNA 种子区互补的序列（Doench *et al.*，2003；Doench and Sharp，2004）。所以，有可能从 pre-miR-302a-d 茎区 3′链加工而来的 miRNA 与 miRNA-367，以及从 pre-miR-302a-d 茎区 5′链加工而来的 miRNA 相互协作共同来调控 miR-93 单独不能有效压制的靶基因。同样，这一观点也适合于 pre-miR-290-295/pre-miR-371-373。由于这些 miRNA 5′端的可变性，这一基因簇产生具特异种子区的成熟 miRNA，它们不单来自发夹茎区的 5′链，也来自于 3′链。引人注目的是，有两个加工自发夹区 3′链的 miRNA（miR-293 和 miR-371）具有可变的种子区，而且在小鼠和人之间是保守的，这表明它们功能的重要性。在 miR-93 所预测到的靶基因中，并没有基因的表达与 ES 细胞的特性相关，也没有上述讨论的具有可选择种子区作用的靶基因。通过生物信息学和实验的方法来鉴定这两个在 ES 细胞中特异表达的 miRNA 基因簇的靶基因，将能补充通过基因敲除获得表型的研究结果，更好地阐明它们的功能。

参考文献

Ambros, V., Bartel, B., Bartel, D. P. *et al*. (2003). A uniform system for microRNA annotation. *RNA*, **9**, 277–279.

Andrews, P. W., Przyborski, S. A. and Thomson, J. A. (2001). Embryonal carcinoma cells as embryonic stem cells. In *Stem Cell Biology*, D. R. Marshak, R. L. Gardner and D. Gottlieb (eds.). Cold Spring Harbor, New York: Cold Spring Harbor Laboratory Press, pp. 231–265.

Aravin, A. A., Naumova, N. M., Tulin, A. V. *et al*. (2001). Double-stranded RNA-mediated silencing of genomic tandem repeats and transposable elements in the D. melanogaster germline. *Current Biology*, **11**, 1017–1027.

Aravin, A. A., Klenov, M. S., Vagin, V. V. *et al*. (2004). Dissection of a natural RNA silencing process in the *Drosophila melanogaster* germ line. *Molecular Cell Biology*, **24**, 6742–6750.

Bartel, D. P. (2004). MicroRNAs: genomics, biogenesis, mechanism, and function. *Cell*, **116**, 281–297.

Baulcombe, D. (2004). RNA silencing in plants. Nature, **431**, 356–363.

Bentwich, I., Avniel, A., Karov, Y. et al. (2005). Identification of hundreds of conserved and nonconserved human microRNAs. *Nature Genetics*, **37**, 766–770.

Bernstein, A., MacCormick, R. and Martin, G. S. (1976). Transformation-defective mutants of avian sarcoma viruses: the genetic relationship between conditional and nonconditional mutants. *Virology*, **70**, 206–209.

Bernstein, E., Kim, S. Y., Carmell, M. A. et al. (2003). Dicer is essential for mouse development. *Nature Genetics*, **35**, 215–217.

Cam, H. P., Sugiyama, T., Chen, E. S. *et al*. (2005). Comprehensive analysis of heterochromatin- and RNAi-mediated epigenetic control of the fission yeast genome. *Nature Genetics*, **37**, 809–819. Chambers, I., Colby, D., Robertson, M. et al. (2003). Functional expression cloning of Nanog, a pluripotency sustaining factor in embryonic stem cells. *Cell*, **113**, 643–655.

Cherry, S. R., Biniszkiewicz, D., van Parijs, L., Baltimore, D. and Jaenisch, R. (2000). Retroviral expression in embryonic stem cells and hematopoietic stem cells. *Molecular Cell Biology*, **20**, 7419–7426.

Cox, D. N., Chao, A., Baker, J. et al. (1998). A novel class of evolutionarily conserved genes defined by piwi are essential for stem cell self-renewal. *Genes & Development*, **12**, 3715–3727.

Cox, D. N., Chao, A. and Lin, H. (2000). piwi encodes a nucleoplasmic factor whose activity modulates the number and division rate of germline stem cells. *Development*, **127**, 503–514.

Deng, W. and Lin, H. (2002). miwi, a murine homolog of piwi, encodes a cytoplasmic protein essential for spermatogenesis. *Developmental Cell*, **2**, 819–830.

Doench, J. G. and Sharp, P. A. (2004). Specificity of microRNA target selection in translational repression. *Genes & Development*, **18**, 504–511.

Doench, J. G., Petersen, C. P. and Sharp, P. A. (2003). siRNAs can function as miRNAs. *Genes & Development*, **17**, 438–442.

Eddy, S. R., Mitchison, G. and Durbin, R. (1995). Maximum discrimination hidden Markov models of sequence consensus. *Journal of Computational Biology*, **2**, 9–23.

Elbashir, S. M., Lendeckel, W. and Tuschl, T. (2001a). RNA interference is mediated by 21- and 22-nucleotide RNAs. *Genes & Development*, **15**, 188–200.

Elbashir, S. M., Martinez, J., Patkaniowska, A., Lendeckel, W. and Tuschl, T. (2001b). Functional anatomy of siRNAs for mediating efficient RNAi in Drosophila melanogaster embryo lysate. *European Molecular Biology Organization Journal*, **20**, 6877–6888.

Evans, M. J. and Kaufman, M. H. (1981). Establishment in culture of pluripotential cells from mouse embryos. *Nature*, **292**, 154–156.

Hall, I. M., Shankaranarayana, G. D., Noma, K. *et al*. (2002). Establishment and maintenance of a heterochromatin domain. *Science*, **297**, 2232–2237.

MicroRNAs in the stem cells of the mouse blastocyst 463 Harfe, B. D., McManus, M. T., Mansfield, J. H., Hornstein, E. and Tabin, C. J. (2005). The RNaseIII enzyme Dicer is required for morphogenesis but not patterning of the vertebrate limb. *Proceedings of the National Academy of Sciences USA*, **102**, 10 898–10 903.

Hatfield, S. D., Shcherbata, H. R., Fischer, K. A. *et al*. (2005). Stem cell division is regulated by the microRNA pathway. *Nature*, **435**, 974–978.

Houbaviy, H. B., Murray, M. F. and Sharp, P. A. (2003). Embryonic stem cell-specific microRNAs. *Developmental Cell*, **5**, 351–358.

Houbaviy, H. B., Dennis, L., Jaenisch, R. and Sharp, P. A. (2005). Characterization of a highly variable eutherian microRNA gene. *RNA*, **11**, 1245–1257.

Hutvagner, G., McLachlan, J., Pasquinelli, A. E. *et al*. (2001). A cellular function for the RNA interference enzyme Dicer in the maturation of the let-7 small temporal RNA. *Science*, **293**, 834–838.

Kanellopoulou, C., Muljo, S. A., Kung, A. L. *et al*. (2005). Dicer-deficient mouse embryonic stem cells are defective in differentiation and centromeric silencing. *Genes & Development*, **19**, 489–501.

Kaufman, M. H. and Bard, J. B. L. (1999). *The Anatomical Basis of Mouse Development*. San Diego: Academic Press.

Kawasaki, H. and Taira, K. (2004). Induction of DNA methylation and gene silencing by short interfering RNAs in human cells. *Nature*, **431**, 211–217.

Kehler, J., Tolkunova, E., Koschorz, B. *et al*. (2004). Oct 4 is required for primordial germ cell survival. *European Molecular Biology Organization Reports*, **5**, 1078–1083.

Ketting, R. F., Haverkamp, T. H., van Luenen, H. G. and Plasterk, R. H. (1999). Mut-7 of C. *elegans*, required for transposon silencing and RNA interference, is a homolog of Werner syndrome helicase and RNaseD. *Cell*, **99**, 133–141.

Kim, J., Krichevsky, A., Grad, Y. *et al*. (2004). Identification of many microRNAs that copurify with polyribosomes in mammalian neurons. *Proceedings of the National Academy of Sciences USA*, **101**, 360–365.

Kuramochi-Miyagawa, S., Kimura, T., Ijiri, T. W. *et al*. (2004). Mili, a mammalian member of piwi family gene, is essential for spermatogenesis. *Development*, **131**, 839–849.

Labosky, P. A., Barlow, D. P. and Hogan, B. L. (1994). Mouse embryonic germ (EG) cell lines: transmission through the germline and differences in the methylation imprint of insulin-like growth factor 2 receptor (Igf2r) gene compared with embryonic stem (ES) cell lines. *Development*, **120**, 3197–3204.

Lagos-Quintana, M., Rauhut, R., Lendeckel, W. and Tuschl, T. (2001). Identification of novel genes coding for small expressed RNAs. *Science*, **294**, 853–858.

Lagos-Quintana, M., Rauhut, R., Yalcin, A. *et al*. (2002). Identification of tissue-specific microRNAs from mouse. *Current Biology*, **12**, 735–739.

Lau, N. C., Lim, L. P., Weinstein, E. G. and Bartel, D. P. (2001). An abundant class of tiny RNAs with probable regulatory roles in *Caenorhabditis elegans*. *Science*, **294**, 858–862.

Lee, J. T., Strauss, W. M., Dausman, J. A. and Jaenisch, R. (1996). A 450 kb transgene displays properties of the mammalian X-inactivation center. *Cell*, **86**, 83–94.

Lee, J. T., Davidow, L. S. and Warshawsky, D. (1999). Tsix, a gene antisense to Xist at the X-inactivation centre. *Nature Genetics*, **21**, 400–404.

Lee, R. C. and Ambros, V. (2001). An extensive class of small RNAs in *Caenorhabditis elegans*. *Science*, **294**, 862–864.

Lee, R. C., Feinbaum, R. L. and Ambros, V. (1993). The *C. elegans* heterochronic gene lin-4 encodes small RNAs with antisense complementarity to lin-14. *Cell*, **75**, 843–854.

Lee, Y. S., Nakahara, K., Pham, J. W. *et al*. (2004). Distinct roles for *Drosophila* Dicer-1 and Dicer-2 in the siRNA/miRNA silencing pathways. *Cell*, **117**, 69–81.

Lewis, B. P., Shih, I. H., Jones-Rhoades, M. W., Bartel, D. P. and Burge, C. B. (2003). Prediction of mammalian microRNA targets. *Cell*, **115**, 787–798.

Lewis, B. P., Burge, C. B. and Bartel, D. P. (2005). Conserved seed pairing, often flanked by adenosines, indicates that thousands of human genes are microRNA targets. *Cell*, **120**, 15–20.

Martin, G. R. (1981). Isolation of a pluripotent cell line from early mouse embryos cultured in medium conditioned by teratocarcinoma stem cells. *Proceedings of the National Academy of Sciences USA*, **78**, 7634–7638.

Mitsui, K., Tokuzawa, Y., Itoh, H. *et al*. (2003). The homeoprotein Nanog is required for maintenance of pluripotency in mouse epiblast and ES cells. *Cell*, **113**, 631–642.

Mochizuki, K., Fine, N. A., Fujisawa, T. and Gorovsky, M. A. (2002). Analysis of a piwi-related gene implicates small RNAs in genome rearrangement in tetrahymena. *Cell*, **110**, 689–699.

Mochizuki, K. and Gorovsky, M. A. (2004). Small RNAs in genome rearrangement in Tetrahymena. *Current Opinions in Genetics and Development*, **14**, 181–187.

Morris, K. V., Chan, S. W., Jacobsen, S. E. and Looney, D. J. (2004). Small interfering RNA-induced transcriptional gene silencing in human cells. *Science*, **305**, 1289–1292.

Murchison, E. P., Partridge, J. F., Tam, O. H., Cheloufi, S. and Hannon, G. J. (2005). Characterization of Dicer-deficient murine embryonic stem cells. *Proceedings of the National Academy of Sciences USA*, **102**, 12 135–12 140.

Niwa, H., Miyazaki, J. and Smith, A. G. (2000). Quantitative expression of 10/-3/4 defines differentiation, dedifferentiation or self-renewal of ES cells. *Nature Genetics*, **24**, 372–376.

Pal-Bhadra, M., Bhadra, U. and Birchler, J. A. (2002). RNAi related mechanisms affect both transcriptional and posttranscriptional transgene silencing in *Drosophila*. *Molecular Cell*, **9**, 315–327.

Pal-Bhadra, M., Leibovitch, B. A., Gandhi, S. G. *et al*. (2004). Heterochromatic silencing and HP1 localization in *Drosophila* are dependent on the RNAi machinery. *Science*, **303**, 669–672.

Panning, B., Dausman, J. and Jaenisch, R. (1997). X chromosome inactivation is mediated by Xist RNA stabilization. *Cell*, **90**, 907–916.

Pesce, M. and Scholer, H. R. (2001). Oct-4: gatekeeper in the beginnings of mammalian development. *Stem Cells*, **19**, 271–278.

Reinhart, B. J., Slack, F. J., Basson, M. *et al*. (2000). The 21-nucleotide let-7 RNA regulates developmental timing in *Caenorhabditis elegans*. *Nature*, **403**, 901–906.

Rossant, J. and Cross, J. C. (2001). Placental development: lessons from mouse mutants. *Nature Reviews Genetics*, **2**, 538–548.

Seitz, H., Youngson, N., Lin, S. P. *et al*. (2003). Imprinted microRNA genes transcribed antisense to a reciprocally imprinted retrotransposon-like gene. *Nature Genetics*, **34**, 261–262.

Seitz, H., Royo, H., Bortolin, M. L. *et al*. (2004). A large imprinted microRNA gene cluster at the mouse Dlk1-Gtl2 domain. *Genome Research*, **14**, 1741–1748.

Smith, A. (2001). Embryonic stem cells. In *Stem Cell Biology*, D. R. Marshak, R. L. Gardner and D. Gottlieb (eds.). Cold Spring Harbor, New York: Cold Spring Harbor Laboratory Press, pp. 205–230.

Sonnhammer, E. L. and Durbin, R. (1995). A dot-matrix program with dynamic threshold control suited for genomic DNA and protein sequence analysis. *Gene*, **167**, GC1–10.

Stewart, C. L., Gadi, I. and Bhatt, H. (1994). Stem cells from primordial germ cells can reenter the germ line. *Developmental Biology*, **161**, 626–628.

Suh, M. R., Lee, Y., Kim, J. Y. *et al*. (2004). Human embryonic stem cells express a unique set of microRNAs. *Developmental Biology*, **270**, 488–498.

Tanaka, S., Kunath, T., Hadjantonakis, A. K., Nagy, A. and Rossant, J. (1998). Promotion of trophoblast stem cell proliferation by FGF4. *Science*, **282**, 2072–2075.

Theiler, K. (1989). *The House Mouse: Atlas of Embryonic Development*. New York: Springer-Verlag.

Verdel, A., Jia, S., Gerber, S. *et al*. (2004). RNAi-mediated targeting of heterochromatin by the RITS complex. *Science*, **303**, 672–676.

Volpe, T. A., Kidner, C., Hall, I. M. *et al*. (2002). Regulation of heterochromatic silencing and histone H3 lysine-9 methylation by RNAi. *Science*, 297, 1833–1837.

Wienholds, E., Kloosterman, W. P., Miska, E. *et al*. (2005). MicroRNA expression in zebrafish embryonic development. *Science*, **309**, 310–311.

Wutz, A. and Jaenisch, R. (2000). A shift from reversible to irreversible X inactivation is triggered during ES cell differentiation. *Molecular Cell*, **5**, 695–705.

Xie, Z., Johansen, L. K., Gustafson, A. M. *et al*. (2004). Genetic and functional diversification of small RNA pathways in plants. *Public Library of Science Biology*, **2**, E104.

Zamore, P. D., Tuschl, T., Sharp, P. A. and Bartel, D. P. (2000). RNAi: double-stranded RNA directs the ATP-dependent cleavage of mRNA at 21 to 23 nucleotide intervals. *Cell*, **101**, 25–33.

Zhang, H., Kolb, F. A., Brondani, V., Billy, E. and Filipowicz, W. (2002). Human Dicer preferentially cleaves dsRNAs at their termini without a requirement for ATP. *European Molecular Biology Organization Journal*, **21**, 5875–5885.

Zhang, H., Kolb, F. A., Jaskiewicz, L., Westhof, E. and Filipowicz, W. (2004). Single processing center models for human Dicer and bacterial RNase III. *Cell*, **118**, 57–68.

Zuker, M., Mathews, D. H. and Turner, D. H. (1999). Algorithms and thermodynamics for RNA secondary structure prediction: a practical guide. In *RNA Biochemistry and Biotechnology*, J. Barciszewski and B. F. C. Clark (eds.). Kluwer Academic Publishers.

34　miRNA 在造血过程中的作用

Michaela Scherr and Matthias Eder

34.1　引言

RNA 干扰（RNA interference）是一种高度保守的特异性调控真核基因表达的细胞机制，它是通过诱导互补信使 RNA（complementary mRNA）进行序列特异性降解或者抑制其翻译来实现的（reviewed in Hannon，2002；Hutvagner and Zamore，2002）。RNA 干扰可由两种小分子 RNA 所引发：一种称为小干扰 RNA（small interfering RNA），源于由不同载体转录或直接转染进入细胞而产生长的双链 RNA；第二种称为微 RNA（microRNA），由宿主基因组编码的茎环（stem-loop）前体加工产生。

非编码 miRNA 通过 RNA 干涉途径负调控转录后水平的基因表达（Bartel，2004）。第一个 miRNA，即 *lin-4*，于 1993 年由 Ambros 和他的同事在研究线虫时序发育时发现（Lee *et al.*，1993），并很快促进了第一个 miRNA 靶标 *lin-14* 被鉴定出来（Wightman *et al.*，1993）。第二个发现的 miRNA 与胞内信号转导的调控有关，并且最近被发现可以抑制线虫 RAS 的同源体 *let-60* 的表达（Johnson *et al.*，2005）。通过对特定片段大小的 RNA 的克隆及生物信息预测策略，数以百计的 miRNA 在果蝇、线虫、植物、鱼和哺乳动物中被鉴定出来（Lagos-Quintana *et al.*，2001；Llave *et al.*，2002；Lim *et al.*，2003a，2003b；Watanabe *et al.*，2005）。最近，miRNA 在 Epstein Barr 病毒中被发现，也同样可能在其他病毒中被发现（Pfeffer *et al.*，2004；Cai *et al.*，2005）。越来越多的证据表明 miRNA 在细胞周期、增殖、分化、细胞生存和发育等广泛的生命过程中发挥着重要的调控作用（Brennecke *et al.*，2003；Xu *et al.*，2003；Chen *et al.*，2004；Yekta *et al.*，2004）。

34.2　miRNA 的生物发生

miRNA 通常由 RNA 聚合酶 II 转录。如图 34.1 所示，miRNA 基因的初始转录物——miRNA 的前体（pri-miRNA）在输送到细胞质以前经过了多步的加工过程（Lee *et al.*，2004；Cai *et al.*，2004）。有着数百到数千核苷酸长度的 pri-miRNA 转录物包含 5′-7 甲基鸟苷酸帽子和一个 3′端多聚腺苷酸尾，组成了单顺反子或多顺反子miRNA。大部分 miRNA 由不同于蛋白质编码序列的基因组区域转录而来，其他的则位于蛋白质编码基因的内含子中（Rodriguez *et al.*，2004）。pri-miRNA 含有长为 70～80 核苷酸的茎环结构（成熟的 miRNA 位于臂中），它们能被 RNAse III Drosha 所识别而加工成发夹 miRNA 前体（Lee *et al.*，2003）。Drosha 对 pri-miRNA 的高效率加工需要 DCGR8/Pasha 参与（Denli *et al.*，2004；Han *et al.*，2004），并形成具有 5′磷酸和 2 个核苷酸突出的 3′羟基端的 pre-miRNA。通过 Ran-GTP 依赖的方法，pre-miRNA 被 Exportin-5 从细胞核运输到细胞质中（Yi *et al.*，2003；Bohnsack *et al.*，2004）。在细胞质中，

RNAse III-Dicer 加工后的成熟 miRNA 是一个长度大约为 21nt 的 RNA 双链，同 siRNA-duplexes的结构相同，只是 miRNA 通常并不完全配对。现有的模型表明 Dicer 的 PAZ 结构域可识别双链 pre-miRNA 的 2 个核苷酸突出的 3′羟基端（Zhang *et al.*，2004）。一种潜在解旋酶活性产生了成熟的单链 miRNA，它被组装在一种名为 RISC 的效应物复合体中，而另外一条链被降解了。RISC 可以通过转录抑制或者降解 mRNA 来调控靶标 mRNA 的命运。通常情况下，由 RISC 和 mRNA 间的碱基错配造成的不完全杂交抑制了 mRNA 的转录而不会破坏 mRNA。显然，在 RISC 中的 Argonaute 蛋白控制着 RISC 中同 miRNA 相连的 mRNA 的命运。例如，miR-196 可以用和 siRNA 同样的方式切断小鼠胚胎中的 HOXB8 靶标 mRNA（Yeka *et al.*，2004）。有关 miRNA 生物发生的细节最近被重新整理并且在本书的其他章节中进行了描述（Du and Zamore，2005）。

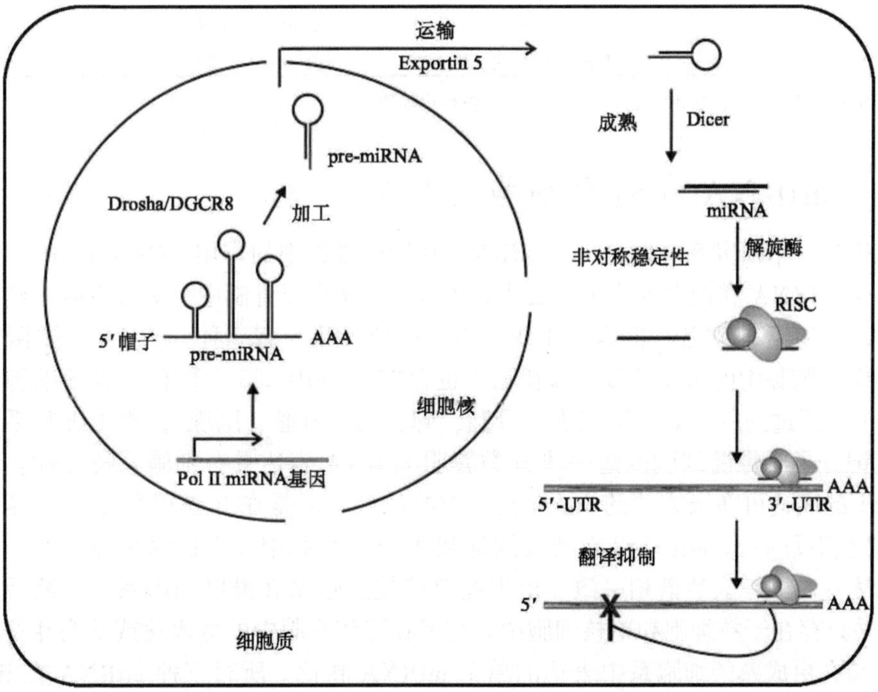

图 34.1 miRNA 的生物发生途径。Pri-miRNA 在细胞核中被 Pol II 转录并被 Drosha（核糖核酸酶 III）及 DGCR8（双链 RNA 结合蛋白）加工成茎环结构前体（pre-miRNA）。pre-miRNA被 Exportin 5 运输到细胞质中并被另一个称为 Dicer 的 RNAse III 进一步加工成成熟的 miRNA。一条链被装进多蛋白复合体 RISC 中，最终介导 RISC 找到 mRNA 导致翻译终止（或 mRNA 的降解）。

目前，在人类基因组中已有超过 250 个被证实编码 miRNA 的基因，还有一些其他的通过基于序列注释的方法被预测了出来。生物信息学预测的方法显示，一个单独的 miRNA 平均可调控 200 个靶标基因，暗示着 miRNA 调控了至少 30% 蛋白质编码基因（Xie *et al.*，2005；Lewis *et al.*，2005；Krek *et al.*，2005）。特定 miRNA 在细胞内的出现或缺失已被发现与癌症和病毒感染等许多人类疾病相关（McManus，2003；Lu *et* al.，2005；He *et al.*，2005；Jopling *et al.*，2005）。

在下面的部分我们将总结关于 miRNA 在造血过程中的表达与功能研究进展（表 34.1）。

表 34.1　造血细胞中表达的 miRNA

miRNA	靶基因	功能、细胞系、表达和（或）疾病	参考文献
miR-181	?	B 细胞分化	Chen *et al.*（2004）
miR-142	?	骨髓细胞，B 淋巴样细胞	Chen *et al.*（2004）
miR-223	NFI-A	粒细胞分化	Chen *et al.*（2004），Fazi *et al.*（2005）
miR-155	PU.1（?） C/EBβ（?）	（B 细胞分化） B-NHL	Eis *et al.*（2005），van den Berg *et al.*（2003），Metzler *et al.*（2004）
miR-15a，miR-16-1	BCL-2	CLL	Calin *et al.*（2002，2005），Cimmino *et al.*（2005）
miR-17-92	?	B 淋巴样细胞	He *et al.*（2005）

注：NHL，非 Hodgkin's 淋巴瘤；CLL，慢性淋巴性白血病。

34.3　miRNA 和造血细胞的分化

最近的一个研究系统地分析了 miRNA 在造血过程中的作用（Chen *et al.*，2004）。为了确定 miRNA 在造血细胞中的表达，作者首先从小鼠骨髓中分离并克隆了约 100 种 miRNA。在接下来对各种器官与组织的表达分析发现，有三种 miRNA 主要限定于造血细胞中：胸腺中的 miR-181（肺和脑中也存在），miR-223 全部位于骨髓细胞，miR-142 位于分析过的所有造血组织中（骨髓、脾、胎儿肝脏、胸腺）。基于细胞系特异的表面标记分子对骨髓细胞的进一步分类表明 miRNA 表达具有细胞系特异性：成熟的 miR-181 的表达可在未成熟的 lin-细胞中被检测到，但是在 B 淋巴分化时特异性地增强。与之相反的是，miR-142 在类红细胞和 T 淋巴细胞中非常低水平地表达，但其高水平的表达与组织表达谱相一致，出现在单核粒细胞和 B 淋巴细胞系中。最后，miR-223 几乎只存在于粒细胞和单核细胞中，与其在脾和胸腺中的低表达或缺失相符。有趣的是，与在更成熟的细胞系中表达的单个 miRNA 相比，所有三种 miRNA 在 lin-细胞中的表达都是低水平的。

为了研究 miRNA 在造血细胞中的功能，利用反转录病毒载体可以将优化的 Pol III 启动转录的 miRNA 表达框转移到 lin-骨髓细胞中来过表达细胞系特异的 miRNA。通过监测反转录酶病毒基因编码的绿色荧光蛋白，可在体外悬浮培养的进程和（或）移植到经过致死照射的受体的体内实验中追踪被转染的细胞。有意思的是，异常 miRNA 的表达改变了细胞系的分化，出现 $CD19^+$ B 淋巴细胞的加倍，并且在表达 miR-181 时出现 Thy-1.2^+ 细胞和主要 $CD8^+$ T 淋巴细胞的伴随性减少。相似的是，在移植受体中 lin-骨髓细胞转移的 miR-181 的表达导致出现 80% GFP/$CD19^+$ 的双阳性细胞，而在对照的动物组中只有 30%。当 Thy-1.2^+ 细胞大幅度减少时，在骨髓样细胞系中没有或只有很少的效应被观察到。这项研究表明特定的 miRNA 在造血细胞中可以差异性表达，并且可以调控细胞系的分化。

2005 年由 Fazi 等发表的一篇论文揭示了同 miR-223 介导粒细胞分化有关的一些分子机制（Fazi *et al.*，2005）。作者分析了在全反式维甲酸（ATRA）诱导的粒细胞分化过程中人类细胞 miR-223 的表达和功能。涉及反式维甲酸受体 α（RARα）的染色体转座是急性早幼粒细胞白血病（APL）的标志。在 APL 中，以 PML-RARα 为主的嵌合蛋白，通过组蛋白去甲酰化酶和 DNA 甲基转移酶的异常聚集，进而扰乱 PML 的功能和抑制与分化相关的基因的转录。在体内和体外实验中，不同剂量的 ATRA 均可以解除分化阻抑从而导致 PML-RARα 阳性 APL 的消失。通过对一些初始正常的细胞、APL $CD34^+$ 的细胞、人 APL 细胞系 NB4 和源于 NB4 的 ATRA 耐受克隆实验，Fazi 等第一次发现 miR-223 主要表达于 CD34 阳性（+）骨髓细胞中，这同 Chen 等在小鼠中的发现相似。接下来他们观察到在体内和体外的 APL 细胞中 RA 都诱导了 miR-223 的表达。miR-223 的表达同粒细胞分化之间的紧密关联性是特异的，因为：①在 RA 耐受细胞中 miR-223 的水平没有发生变化；②在维生素 D3 诱导的单核细胞分化过程中没有 miR-223 的诱导产生；③在 RA 诱导的分化中 miR-15 和 miR-16a 的表达水平没有变化。

接下来的启动子分析揭示了两个潜在的 C/EBPα 结合位点，大约位于 miR-223 编码序列 700bp 的上游。C/EBPα 是一个与粒细胞终末分化相关的转录因子（Tenen，2003），其活性可被 PML/RARα 降低。通过功能基因报告检测和染色质免疫共沉淀技术（chromatin immunoprecipitation），作者发现这些结合位点是 C/EBPα 结合所不可或缺的，并且 RA 的处理可诱导 C/EBPα 向 miR-223 启动子区域的聚集进而激活 miR-223 基因的转录。3′ C/EBPα 结合位点还可以被一种具有同 C/EBP 家族成员相似结合序列的转录因子 NFI-A 识别。事实上，在基因转录上具有拮抗作用的 NFI-A 和 C/EBPα 竞争性地结合于启动子，由 RA 处理的启动子激活与 NFI-A 被 C/EBPα 替换有关。基于序列分析和含有 NFI-A 3′-UTR 的表达载体的报告基因检测技术，发现 NFI-A 自身也可作为 miR-223 的靶标。最后，miR-223 的过表达和沉默揭示出 miR-223 在以 CD11b 和 G-CSF 受体表达及细胞的形态改变等为特征的 NB4 的粒细胞分化过程中起关键调控作用。这些数据显示出了一个模型：NFI-A 产生低水平的 miR-223，而作为分化特异性的激活子 C/EBPα 增强 miR-223 的表达进而抑制 NFI-A 的表达，这构成了一个自调节环（autoregulatory loop）的方式。这项研究使得 miR-223 作为重要的成员加入到了骨髓分化的过程中。后来，2005 年由 Eis 等进行的一项基于序列比对的研究表明，调控骨髓及 B 细胞晚期分化的两个转录因子 PU.1 和 C/EBPβ（Tenen，2003；Xie *et al.*，2004）也可以被一个称为 miR155 的 miRNA 调控（见下文）。

由 Chen 等（2004）和 Fazi 等（2005）进行的基础工作分享了一些有趣的定量特征。例如，miR-223 的 3～5 倍的诱导表达引起的分化后粒细胞的增加同 miR-181 在 B 淋巴细胞中表达引起的增加相似。两项研究均在一定程度上表明造血细胞的分化至少在祖细胞水平上是需要基因表达精细的调节而不只是一个开关转换。miRNA 表达的分化特异图谱（differentiation specific pattern）也已在胚胎干细胞等非造血干细胞中描述出来（Houbaviy *et al.*，2003；Suh *et al.*，2004）。基于在胚胎干细胞分化时的表达谱，miRNA 可以被分为三类：①在未分化的胚胎干细胞中表达但不存在于成年组织中的 miRNA；②既在未分化的胚胎干细胞中表达又在成年组织中出现的 miRNA；③在分化过程中表达剧烈增加的 miRNA。除此之外，miRNA 在黑腹果蝇中通过降低 Dacapo (Dap) 的表达而参与了生殖干细胞的分裂 (Dap 是细胞周期蛋白依赖的激酶抑制剂 p21/p27 家族的同源物) (Hatfield *et al.*, 2005)。对于特异细胞系和分化相关的 miRNA 种类的数量，miRNA 在造血干细胞的维持、造血祖细胞的定向及成熟的过程中所起的作用，搞清楚这些问题将是非常有趣的。

34.4 在 B 细胞淋巴瘤和白血病中的 miRNA

在 B 细胞慢性淋巴白血病细胞 (CLL) 的分子遗传分析中，miRNA 首次被识别为与血液病变相关的因子 (Calin *et al.*, 2002)。在此项研究和接下来的研究中作者鉴定出了含有 miR-16-1-miR-15a 基因的 13q14 区域的基因组缺失，并分离出一个导致体内和体外都低水平表达的 miR-16-1-miR-15a 初级前体突变的生殖细胞系，这些异常表达暗示了 CLL 和乳腺癌的家族历史 (Calin *et al.*, 2005)。这项工作的细节已经发表 (Calin *et al.*, 2004a; Calin *et al.*, 2005; Cimmino *et al.*, 2005) 并在本书的 23 章由 Croce 和他的同事详细描述了。该工作揭示了 BCL2 是 miR-15 和 miR-16 的靶标，并且，包括 miR-15a-miR-16-1 和 miR-155 在内的 13 种 miRNA 的表达差异可作为 CLL 的预后危险度的检测指标 (prognostic risk group)。考虑到大约 50% 已知的 miRNA 基因都位于与癌症有关的区域 (Calin *et al.*, 2004b)，CLL 的工作进一步说明了 miRNA 序列的改变或 miRNA 的异常表达在造血细胞的恶性转化 (癌变) (transformation) 方面可能起着重要作用。

miR-15a 和 miR-16-1 能够改变 miR-155 和 miR17-92 多顺反子的表达，这些已经在 Hodgkin 淋巴瘤 (HD)、少儿 Burkitt 淋巴瘤 (BL)、弥漫性大 B 细胞淋巴瘤 (DL-BCL) 及其他非 Hodgkin B 细胞淋巴瘤 (NHL) 中报道过 (van den Berg *et al.*, 2003; Metzler *et al.*, 2004; Eis *et al.*, 2005; He *et al.*, 2005)。miR-155 从非编码多聚腺苷酸化的 *BIC* 基因的剪切转录物中产生。*BIC* 基因最初在鸟类淋巴中被鉴定出作为一个反转录病毒的插入位点，并在细胞转化中同 *c-myc* 基因协同作用 (Tam *et al.*, 2002)。*BIC* 转录物在 HD 细胞系中过表达，而且在小儿的 Burkitt 淋巴瘤中高于 100 倍。Eis 等的研究发现在这些细胞系中 BIC 转录物和 miR-155 在 DLBCL 和 B 细胞淋巴瘤的滤泡及边缘区域 (follicular and marginal zone) 均过表达。这两种 RNA 水平的表达可以在早期区分 DLBCL 的不同亚组型。

He 等后来报道一个位于 13q31-32 (在人 B 细胞淋巴瘤中会大量扩增的区域) 的 miRNA 多顺反子会在包括 DLBCL 和滤泡性淋巴瘤在内的 16NHL 中过表达 (He *et al.*, 2005)。作者进一步揭示了在骨髓移植模型中 miR17-92 多顺反子和 *c-myc* 基因的过表达的功能协同性，该模型 (*Eμ-myc*) 是以 Ig 重链增强子调控 *c-myc* 表达的转基因小鼠构建的。尽管移植对照 *Eμ-myc* 骨髓细胞可以诱导具有长期的潜伏性和低浸润性的 B 细胞淋巴瘤，但是移植由反转录病毒表达 miR17-92 多顺反子的 *Eμ-myc* 骨髓细胞可以在 100d 内引起所有移植小鼠中致死性 B 细胞淋巴瘤的生成。有趣的是，miR17-92 多顺反子的转录可以被 *c-myc* 基因的基因产物调控，此家族的两个成员 miR-17-5p 和 miR-20a 还可负调控 E2F1 的表达，在这里 E2F1 是 *c-myc* 的另一个转录靶标，它可以促进细胞周期的进行 (O'Donnell *et al.*, 2005; 同见由 O'Donnell 和 Mendell 所写的本书第 22 章)。最后应当注意的是，miRNA 表达谱也可鉴定出急性淋巴细胞白血病(ALL)的不同亚型，这潜在反映了它们发生癌变的不同遗传机制（Lu *et al.*，2005)。同全基因组范围的 mRNA 表达分析相比，miRNA 表达谱在给癌症分类方面更有优越性，这使得 miRNA 表达谱可以作为癌症诊断的新工具。

综上所述，遗传和功能分析的数据揭示了：①导致 miRNA 异常表达的遗传改变包括 miRNA 的突变和基因缺失；②miRNA 有时同 B 细胞的恶性转化（癌变）相关；③miRNA表达的变化在人 B 细胞淋巴瘤和白血病上有预示意义。毋庸置疑，在不久的将来我们将看到其他更多在髓系白血病（myeloid leukemia)、骨髓增生性疾病（myeloproliferative disorders)、骨髓增生异常综合征（myelodysplastic syndromes）等血液病变中 miRNA 的表达和功能的研究报道。

34.5 结束语

随着越来越多数量的 miRNA 靶标被鉴定出来，miRNA 表达的调控和 miRNA 的信号通路正在被阐释，并且一些不同于在造血过程中细胞系分化的 miRNA 功能被描述了出来。以我们对正常和病变的造血细胞中 miRNA 调控过程的理解，在不久的将来最终可使我们通过调节 miRNA 的功能就可以在分子水平上治疗疾病。

参考文献

Ambros, V., Bartel, B., Bartel, D. P. *et al*. (2003). A uniform system for microRNA annotation. *RNA*, **9**, 277–279.

Bartel, D. P. (2004). MicroRNAs: genomics, biogenesis, mechanism, and function. *Cell*, **116**, 281–297.

Bohnsack, M. T., Czaplinski, K. and Gorlich, D. (2004). Exportin 5 is a RanGTP-dependent dsRNA-binding protein thatmediates nuclear export of pre-miRNAs. *RNA*, **10**, 185–191.

Brennecke, J., Hipfner, D. R., Stark, A., Russell, R. B. and Cohen, S. M. (2003). *Bantam* encodes a developmentally regulated microRNA that controls cell proliferation and regulates the proapoptotic gene hid in *Drosophila*. *Cell*, **113**, 25–36.

Cai, X., Hagedorn, C. H. and Cullen, B. R. (2004). Human microRNAs are processed from capped, polyadenylated transcripts that can also function as mRNAs. *RNA*, **10**, 1957–1966.

Cai, X., Lu, S., Zhang, Z. *et al*. (2005). Kaposi's sarcoma-associated herpesvirus expresses an array of viral microRNAs in latently infected cells. *Proceedings of the National Academy of Sciences USA*, **102**, 5570–5575.

Calin, G. A., Dumitru, C. D., Shumizu, M. *et al*. (2002). Frequent deletions and downregulation of micro-RNA genes miR15 and miR16 at 13q14 in chronic lymphocytic leukemia. *Proceedings of the National Academy of Sciences USA*, **99**, 15 524–15 529.

Calin, G. A., Liu, C. G., Sevignani, C. *et al*. (2004a). A microRNA profiling reveals distinct signatures in B cell chronic lymphocytic leukemias. *Proceedings of the National Academy of Sciences USA*, **101**, 11 755–11 760.

Calin, G. A., Sevignani, C., Dunitru, C. D. *et al*. (2004b). Human microRNA genes are frequently located at fragile sites and genomic regions involved in cancers. *Proceedings of the National Academy of Sciences USA*, **101**, 2999–3004.

Calin, G. A., Ferracin, M., Cimmino, A. *et al*. (2005). A microRNA signature associated with prognosis and progression in chronic lymphocytic leukemia. *New England Journal of Medicine*, **353**, 1793–1801.

Chen, C. Z., Li, L., Lodish, H. F. and Bartel, D. P. (2004). MicroRNAs modulate hematopoietic lineage differentiation. *Science*, **303**, 83–86.

Cimmino, A., Calin, G. A., Fabbri, M. et al. (2005). miR-15 and miR-16 induce apoptosis by targeting BCL2.

Proceedings of the National Academy of Sciences USA, **102**, 13 944 – 13 949.

Denli, A. M., Tops, B. B., Plasterk, R. H., Ketting, R. F. and Hannon, G. J. (2004). Processing of primary microRNAs by the Microprocessor complex. *Nature*, **432**, 231 – 235.

Du, T. and Zamore, P. D. (2005). MicroPrimer: the biogenesis and function of microRNA. *Development*, **132**, 4645 – 4652.

Eis, P. S., Tam, W., Sun, L. *et al*. (2005). Accumulation of miR-155 and BIC RNA in human B cell lymphomas. *Proceedings of the National Academy of Sciences USA*, **102**, 3627 – 3632.

Elbashir, S. M., Lendeckel, W. and Tuschl, T. (2001). RNA interference is mediated by 21- and 22-nucleotide RNAs. *Genes & Development*, **15**, 188 – 200.

Fazi, F., Rosa, A., Fatica, A. *et al*. (2005). A minicircuitry comprised of microRNA-223 and transcription factors NFI-A and C/EBPalpha regulates human granulopoiesis. *Cell*, **123**, 819 – 831.

Han, J., Lee, Y., Yeom, K. H. *et al*. (2004). The Drosha-DGCR8 complex in primary microRNA processing. *Genes & Development*, **18**, 3016 – 3027.

Hannon, G. J. (2002). RNA interference. *Nature*, **418**, 244 – 251.

Hatfield, S., Shcherbata, H. R., Fischer, K. A. *et al*. (2005). Stem cell division is regulated by the microRNA pathway. *Nature*, **435**, 974 – 978.

He, L., Thomson, J. M., Hemann, M. T. *et al*. (2005). A microRNA polycistron as a potential human oncogene. *Nature*, **435**, 828 – 833.

Houbaviy, H. B., Murray, M. F. and Sharp, P. A. (2003). Embryonic stem cell-specific microRNAs. *Developmental Cell*, **5**, 351 – 358.

Hutvagner, G. and Zamore, P. D. (2002). A microRNA in a multiple-turnover RNAi enzyme complex. *Science*, **297**, 2056 – 2060.

Johnson, S. M., Grosshans, H., Shingara, J. *et al*. (2005). RAS is regulated by the let-7 microRNA family. *Cell*, **120**, 635 – 647.

Jopling, C. L., Yi, M., Lancaster, A. M., Lemon, S. M. and Sarnow, P. (2005). Modulation of hepatitis C virus RNA abundance by a liver-specificmicroRNA. *Science*, **309**, 1577 – 1581.

Krek, A., Grün, D., Poly, M. N. *et al*. (2005). Combinatorial microRNA target predictions. *Nature Genetics*, **37**, 495 – 500.

Lagos-Quintana, M., Rauhut, R., Lendeckel, W. and Tuschl, T. (2001). Identification of novel genes coding for small expressed RNAs. *Science*, **294**, 853 – 858.

Lee, R. C., Feinbaum, R. L. and Ambros, V. (1993). The *C. elegans* heterochronic gene lin-4 encodes small RNAs with antisense complementarity to lin-14. *Cell*, **75**, 843 – 854.

Lee, Y., Ahn, C., Han, J. *et al*. (2003). The nuclear RNase III Drosha initiates microRNA processing. *Nature*, **425**, 415 – 419.

Lee, Y., Kim, M., Han, J. *et al*. (2004). MicroRNA genes are transcribed by RNA polymerase II. *European Molecular Biology Organization Journal*, **23**, 4051 – 4060.

Lewis, B. P., Burge, C. B. and Bartel, D. P. (2005). Conserved seed pairing, often flanked by adenosines, indicates that thousands of human genes are microRNA targets. *Cell*, **120**, 15 – 20.

Lim, L. P., Lau, N. C., Weinstein, E. G. *et al*. (2003a). The microRNAs of *Caenorhabditis elegans*. *Genes & Development*, **17**, 991 – 1008.

Lim, L. P., Glasner, M. E., Yekta, S., Burge, C. B. and Bartel, D. P. (2003b). Vertebrate microRNA genes. *Science*, **299**, 1540.

Llave, C., Xie, Z., Kasschau, K. D. and Carrington, J. C. (2002). Cleavage of Scarecrow-like mRNA targets directed by a class of *Arabidopsis* miRNA. *Science*, **297**, 2053 – 2056.

Lu, J., Getz, G., Miska, E. A. *et al*. (2005). MicroRNA expression profiles classify human cancers. *Nature*, **435**, 834 – 838.

McManus, M. T. (2003). MicroRNAs and cancer. *Seminars in Cancer Biology*, **13**, 253 – 258.

Metzler, M., Wilda, M., Busch, K., Viehmann, S. and Borkhardt, A. (2004). High expression of precursor microRNA-155/BIC RNA in children with Burkitt lymphoma. *Genes, Chromosomes & Cancer*, **39**, 167–169.

O'Donnell, K. A., Wentzel, E. A., Zeller, K. I., Dang, C. V. and Mendell, J. T. (2005). c-Myc-regulated microRNAs modulate E2F1 expression. *Nature*, **435**, 839–843.

Pfeffer, S., Zavolan, M., Grasser, F. A. *et al*. (2004). Identification of virus-encoded microRNAs. *Science*, **304**, 734–736.

Rodriguez, A., Griffiths-Jones, S., Ashurst, J. L. and Bradley, A. (2004). Identification of mammalian microRNA host genes and transcription units. *Genome Research*, **14**, 1902–1910.

Suh, M. R., Lee, Y., Kim, J. Y. *et al*. (2004). Human embryonic stem cells express a unique set of microRNAs. *Developmental Biology*, **270**, 488–498.

Tam, W., Hughes, S. H., Hayward, W. S. and Besmer, P. (2002). Avian bic, a gene isolated from a common retroviral site in avian leukosis virus-induced lymphomas that encodes a noncoding RNA, cooperates with c-myc in lymphomagenesis and erythroleukemogenesis. *Journal of Virology*, **76**, 4275–4286.

Tenen, D. G. (2003). Disruption of differentiation in human cancer: AML shows the way. *Nature Reviews Cancer*, **3**, 89–101.

van den Berg, A., Kroesen, B. J., Kooista, K. *et al*. (2003). High expression of B-cell receptor inducible gene BIC in all subtypes of Hodgkin lymphoma. *Genes, Chromosomes & Cancer*, **37**, 20–28.

Wightman, B., Ha, I. and Ruvkun, G. (1993). Posttranscriptional regulation of the heterochronic gene lin-14 by lin-4 mediates temporal pattern formation *in C. elegans*. *Cell*, **75**, 855–862.

Watanabe, Y., Yachie, N., Numata, K. *et al*. (2005). Computational analysis of microRNA targets in *Caenorhabditis elegans*. *Gene* (Epub ahead of print).

Xie, H., Ye, M., Feng, R. and Graf, T. (2004). Stepwise reprogramming of B cells into macrophages. *Cell*, **117**, 663–676.

Xie, X., Lu, J., Kulbokas, E. J. *et al*. (2005). Systematic discovery of regulatory motifs in human promoters and 30 UTRs by comparison of several mammals. *Nature*, **243**, 338–345.

Xu, P., Vernooy, S. Y., Guo, M. and Hay, B. A. (2003). The *Drosophila* microRNA Mir-14 suppresses cell death and is required for normal fat metabolism. *Current Biology*, **13**, 790–795.

Yekta, S., Shih, I. H. and Bartel, D. P. (2004). MicroRNA-directed cleavage of HOXB8 mRNA. *Science*, **304**, 594–596.

Yi, R., Qin, Y., Macara, I. G. and Cullen, B. R. (2003). Exportin-5 mediates the nuclear export of pre-microRNAs and short hairpin RNAs. *Genes & Development*, **17**, 3011–3016.

Zhang, H., Kolb, F. A., Jaskiewicz, L., Westhof, E. and Filipowicz, W. (2004). Single processing center models for human Dicer and bacterial RNase III. *Cell*, **118**, 57–68.

35　胚胎干细胞分化中的 **microRNA** 及其靶标预测

Yvonne Tay, Andrew M. Thomson and Bing Lim*

35.1　引言

胚胎干细胞（ESC）具有无限自我更新和分化为多种细胞系的潜能，所以被称为多潜能细胞（Smith，2001；Czyz *et al.*，2003）。对哺乳动物胚胎干细胞的研究有利于对胚胎早期发育事件的认识，同时也对基于细胞的再生药物发展非常有利。胚胎干细胞是从着床前期胚胎的内细胞团（ICM）分离而来的（Evans and Kaufman，1981），具有来自内细胞团的多能细胞的多种特征（图 35.1）。这些特征包括表达多能性和自我更新的重要调节因子 *Oct4*、*Sox2* 和 *Nanog*，还具有分化为胚胎各种细胞类型的能力，包括中胚叶、外胚叶和内胚叶（Orkin，2005）。*Oct4* 在小鼠着床前期胚胎发育的四细胞阶段被激活，是内细胞团形成的必需因子（Chew *et al.*，2005）。在小鼠胚胎干细胞中 *Oct4* 上调表达会导致分化为原始的内胚叶和中胚叶，但是下调表达会导致分化为滋养外胚层（Niwa *et al.*，2000）。受 *Oct4* 和 *Sox2* 共调控的基因对胚胎干细胞维持自我更新能力是必需的（Chew *et al.*，2005）。*Nanog* 与 *Oct4*、*Sox2* 共同作用，*Nanog* 的过表达可以通过胚胎干细胞自我更新抵消对白血病抑制因子（LIF）激活通路的依赖（Mitsui *et al.*，2003）。*Nanog* 基因的敲除会导致小鼠胚胎干细胞分化为体壁/内脏内胚层（Mitsui *et al.*，2003）。

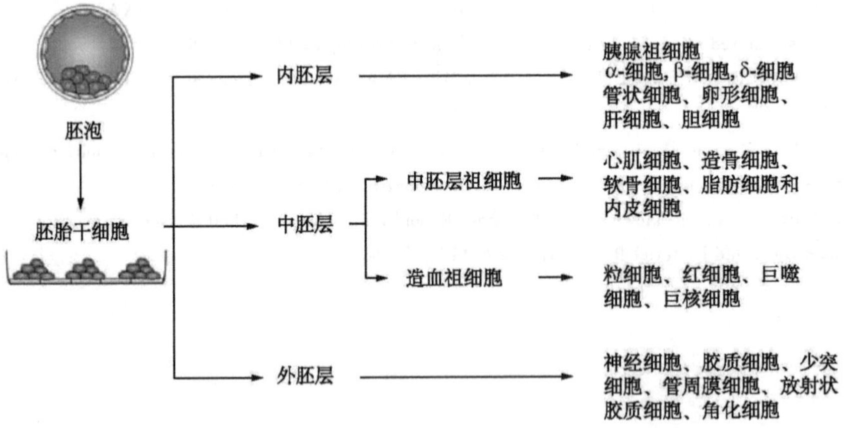

图 35.1　小鼠胚胎干细胞的分化。

虽然已经了解这些转录因子在胚胎干细胞的自我更新和分化调节中的主要作用和错综复杂的关系，但是对调节胚胎干细胞命运的确切分子机理依然了解很少。转录后调控机理在许多基因的表达调控中发挥了关键作用，真核生物中的多个转录后调控点尤其如

---

* 通讯作者。

此（Hollams *et al.*，2002；Proudfoot *et al.*，2002）。很显然，现在一些非编码 RNA，包括小分子 RNA（miRNA），对于 mRNA 的降解和翻译效率具有重要的调节作用（Seitz *et al.*，2004）。开始形成的原始 miRNA 转录产物（pri-miRNA）依次被细胞核内的 Drosha 酶和细胞质中的包含 Dicer RNA 酶 III 的复合物加工成成熟的 miRNA，并成为 RNA 干扰沉默复合物（RISC）的一部分（Gregory *et al.*，2005；He *et al.*，2005）。被激活的 RISC-miRNA 复合物结合到相应的 mRNA 顺式元件中，然后这些复合物就被运送到 P-body，mRNA 降解和翻译抑制就在这里发生（Cheng *et al.*，2005；Gregory *et al.*，2005；Liu *et al.*，2005a，b；Marx，2005；Rand *et al.*，2005）。沉默的模式取决于 4 个 Argonaute（AGO）RNA 结合蛋白中的哪个出现在 RISC 中，当 AGO2 单独出现的时候是介导 mRNA 降解，而当 AGO1～4 同时出现则介导翻译的抑制（Meister *et al.*，2004；Rand *et al.*，2005）。

最近的研究提出 miRNA 具有调节脊椎动物发育的作用（Miska，2005；Schulman *et al.*，2005）。在阻断了内源 miRNA 产生的斑马鱼中引入一个 miRNA（miR-430）以后，可以恢复神经外胚层发育和神经分化过程中的缺陷（Giraldez *et al.*，2005）。在哺乳动物中，特定的 miRNA 可以调节 B 细胞的分化（Chen *et al.*，2004）、脂肪细胞的分化（Esau *et al.*，2004）和胰岛素的分泌（Poy *et al.*，2004）。miRNA 对 *Hox* 基因的表达调控可以调节发育模式过程，从而形成不对称的形态（Mansfield *et al.*，2004；Yekta *et al.*，2004）。一些 miRNA 的表达变化与人类肿瘤和肿瘤细胞系是对应的（McManus，2003；Metzler *et al.*，2004；Takamizawa *et al.*，2004；Lu *et al.*，2005；Miska，2005）。在缺失了 Dicer1 的小鼠胚胎干细胞中，因缺乏成熟 miRNA 的形成导致小鼠胚胎干细胞不能正常分化（Kanellopoulou *et al.*，2005）。这些数据充分表明 miRNA 表达量的调控在胚胎干细胞生长和分化中的重要控制作用。胚胎干细胞特异 miRNA 已经在小鼠和人胚胎干细胞中得到鉴定，但是它们的功能的重要性还有没有得到估计（表 35.1 和表 35.2）。

表 35.1　胚胎干细胞分化中下调的 miRNA

物种	miRNA	分化类型	功能	参考文献
小鼠	miR-290 miR-291-s/as miR-292-s/as miR-293 miR-294 miR-295	胚状体形成（+/−RA）	小鼠 ESC-特异的 miRNA 簇据推测有 ES 细胞特异的功能	Houbaviy *et al.* (2003)
人	miR-302a/a* miR-302b/b* miR-302c/c* miR-302d miR-367	胚状体形成	同源簇，也在 ES 细胞中表达	Suh *et al.*（2004）
人	miR-371 miR-372 miR-373/3*	胚状体形成	人 ESC-特异的 miRNA 簇，与上面提到的小鼠特异簇同源	Suh *et al.*（2004）

表 35.2 胚胎干细胞分化中上调的 miRNA

物种	miRNA	分化类型	功能	参考文献
小鼠	let-7a-3	神经		Lee *et al.* (2005)
小鼠	miR-9/9*		影响神经细胞系分化，可能在 STAT3 信号通路中起作用	Krichevsky *et al.* (2005)
小鼠	miR-21	胚状体形成 (+/−RA)		Houbaviy *et al.* (2003)
小鼠	miR-22	胚状体形成 (+/−RA)		Houbaviy *et al.* (2003)
		神经		Krichevsky *et al.* (2005)
小鼠	miR-124a	神经	影响神经细胞系分化，可能在 STAT3 信号通路中起作用	Krichevsky *et al.* (2005)
小鼠	miR-125b	神经		Lee *et al.* (2005)
		神经		Krichevsky *et al.* (2005)
小鼠	miR-134	RA 诱导		Our lab (未发表数据)

35.2 胚胎干细胞（ESC）中表达的 miRNA

在胚胎干细胞中 miRNA 的表达方式可分成以下 4 种情况：①在胚胎干细胞中表达，同时也在胚胎瘤（EC）细胞表达，这些 miRNA 可能在哺乳动物多能干细胞中具有保守的作用；②只在胚胎干细胞中特异性表达，在任何其他细胞包含 EC 中都不表达。这些 miRNA 应该对胚胎干细胞具有特异的作用；③在胚胎干细胞中很少表达，但在分化过程中逐渐上升，这些 miRNA 应该参与分化的过程；④在胚胎干细胞中表达，在分化过程中依然保持恒定表达水平，这些 miRNA 应该参与到细胞生理学的整个过程。

35.2.1 小鼠胚胎干细胞中表达的 miRNA

miRNA 最早是在胚胎干细胞中通过 cDNA 克隆鉴定的（表 35.1 和表 35.2）。Houbaviy 等在小鼠胚胎干细胞中鉴定出 53 个 miRNA，其中 15 个是新发现的（Houbaviy *et al.*, 2003；也可以参考本书第 33 章）。虽然之前描述的许多 miRNA 在分化过程中保持恒定或上调表达，但在这些新发现的 miRNA 中，有 8 个（miR-290、miR-291s、miR-291as、miR-292、miR-292as、miR-293、miR-294、miR-295）是胚胎干细胞和胚胎发育早期特异性表达的，主要有 4 个划分标准：①它们的序列与之前鉴定的 miRNA 明显不同，包括从成年小鼠器官克隆到的 miRNA；②它们不能通过 Northern 杂交分析法在成年小鼠器官中检测到；③它们在胚胎干细胞体外分化过程中被抑制；④所有定位在簇里的序列标签都来源于胚胎干细胞或者着床前期胚胎（Houbaviy *et al.*, 2005）。

从 miR-290 到 miR-295 是一个由基因座上彼此相距 2.2kb 以内的、部分同源的 pre-miRNA 发夹结构加工而来的簇。这一胚胎发育早期表达的整个 microRNA 簇

（EEmiRC）由一个叠接的、带有帽子结构和多腺苷酸位点的初始转录产物剪接而来，并且转录由一个包含 TATA 盒保守启动子元件所启动。通过序列分析发现 EEmiRC 转录单元在物种间变化很明显，只能在有胎盘（真哺乳动物亚纲）的哺乳动物中通过生物信息学的方法鉴定到（Houbaviy *et al.*，2005）。在这个基因座中唯一保守的区域是 pre-miRNA 发夹结构和预测的最小启动子。至于这些 pre-miRNA 的数量和确切的序列、它们与启动子的距离和多聚腺苷酸的位置、发夹结构的侧翼区域、插入重复元件的种类位置和数量，都是随物种的不同而不同的。

35.2.2 在人类胚胎干细胞中表达的 miRNA（hESC）

生物信息学预测在人类基因组中也同样具有 EEmiRC，并且得到实验的支持，通过 cDNA 克隆在人类胚胎干细胞中鉴定到同源的 microRNA（miR-371、miR-372、miR-373 和 miR-373*）（Suh *et al.*，2004）。虽然小鼠和人 EEmiRC miRNA 差异很大，并使 miRNA 编号时使用不同的数字序号显得合理，但是，多重序列比对揭示相关的序列可以出现在每个簇和多个物种间。再者，不止成熟 miRNA 序列具有保守性，整个 pre-miRNA 发夹结构序列也具有保守性（Houbaviy *et al.*，2003）。

miR-371 到 miR-373* 基因簇定位在 19 号染色体 1050bp 的区域中（Suh *et al.*，2004）。有趣的是，它们都在肿瘤细胞系中高表达，其中 miR-372 和 miR-373 具有保护细胞致癌基因压力和转化人类细胞的能力（Kim，2005；Voorhoeve *et al.*，2006）。这说明它们可能在多能干细胞和肿瘤细胞中保守的重要调控网络中发挥功能，同时作为区分非分化的人类胚胎干细胞和特殊肿瘤细胞的分子标记（表 35.1 和表 35.2）。

Suh 等报道了由 8 个高度相关的 miRNA（miR-302b、miR-302b*、miR-302c、miR-302c*、miR-302a、miR-302a*、miR-302d 和 miR-367）组成的簇，这个簇定位在 4 号染色体 700bp 的区域。miR-302b、miR-302c 和 miR-302d 是 miR-302 的高度同源物，而 miR-302 最初是从小鼠胚胎干细胞中克隆到的。虽然这些是人类胚胎干细胞中最丰富的 miRNA，但是小鼠中同源的 miR-302 却是非常稀少的（Suh *et al.*，2004）。

35.2.3 小鼠和人类胚胎干细胞中保守的 miRNA 簇

有两个 miRNA 簇最吸引人，因为它们在人和小鼠胚胎干细胞中是保守而且特异性表达的。虽然这些同源物在数量和序列上的变化反映了这些保守的调控途径存在分歧，但是这些保守的 miRNA 很可能对哺乳动物胚胎干细胞具有核心调控作用。

从人类和小鼠中克隆到的 miRNA 具有相当的差别。这可能暗示它们在人类和鼠胚胎干细胞的调控网络中具有根本的不同点，也可能只是因为所使用的克隆技术对于鉴定细胞系中全套的 miRNA 还不够灵敏。最近发展的微阵列技术克服了这个局限性，它可以检测全部 miRNA 的表达情况。微阵列技术从 124 个哺乳动物中鉴定到 6 个新的 microRNA（miR-214、miR-134、miR-25、miR-182、miR-204、miR-132），它们都被证实在小鼠胚胎干细胞中特异性表达（Thomson *et al.*，2004）。

35.3 胚胎干细胞分化过程中上调的 miRNA

35.3.1 小鼠胚胎干细胞神经分化过程中 miR-125b 和 *let-7* 的诱导表达

在小鼠胚胎干细胞神经分化过程中，miR-125b 和 *let-7* 被诱导表达，而它们的预测靶标 *lin-28* 和 *lin-41* 的表达是下调的。这两个 mRNA 在胚胎干细胞中都是低表达的，在类胚体中（EB）则轻微减少，而随着神经前体分化为成熟的神经其表达量也随之上调。然而，在分化过程中它们的表达量对于 *lin-28* 和 *lin-41* 的下调既非充分也并不是必需的（Lee *et al.*，2005）。

35.3.2 miR-124a 和 miR-9 影响小鼠胚胎干细胞神经的分化

通过体外研究起源于小鼠胚胎干细胞的神经生成过程中 miRNA 的表达谱发现，许多 miRNA 在神经前体细胞分化为神经细胞和星形胶质细胞过程中被同时诱导（Krichevsky *et al.*，2005）。在神经分化的 5 个阶段的任意两个阶段之间都发现，134 个检测的脊椎动物 miRNA 中的 70 个有大于两倍的变化的。miR-124a 和 miR-9 在脑部中几乎专一性表达，它们影响着小鼠胚胎干细胞培养过程中神经分化过程。Krichevsky 等猜测在神经前体中早期高度表达 miR-124a 是为了抑制神经胶质形成，而 miR-9 的表达则促进神经发生（Krichevsky *et al.*，2005）。再者，STAT3 作为信号转导和转录激活（STAT）通路的成员，也参与到这些 miRNA 的功能中。这些数据都证明了特定的 miRNA 在胚胎干细胞分化过程中对决定神经的发育方向具有决定性的作用。

35.4 视黄酸诱导胚胎干细胞分化过程中上调的 miRNA

我们实验室发现在视黄酸诱导小鼠胚胎干细胞分化过程中伴随着许多 microRNA 表达量的上调，包括 miR-134（表 35.2）。miR-134 已经被证明可以诱导小鼠胚胎干细胞分化为具有原始的外胚层表型，这是神经分化的初期形态。有趣的是，最近的研究表明 miR-134 能指导神经干细胞的分化过程（Schratt *et al.*，2006）。

单个胚胎干细胞的 miRNA 表达谱

需要引起我们注意的是，即使像胚胎干细胞这种看似一致的细胞也可能存在细胞间的差异。最近发展了一种基于定量 PCR 的 220-plex 方法检测单个胚胎干细胞的 miRNA 的表达谱，这是一个用于检测特定细胞类型中精确的 miRNA 表达谱的重要工具（Tang *et al.*，2006）。

35.5 胚胎干细胞中 microRNA 的转录调控

在胚胎干细胞中我们对 microRNA 转录调控的了解并不多。然而，我们和其他实验室的数据都证明了在分化过程中 microRNA 的表达水平是受到调控的。在胚胎干细胞分化过程中，转录因子 *Oct4*、*Sox2* 和 *Nanog* 的水平始终在减少。有趣的是，在人类胚胎干细胞中，至少有 14 个 microRNA 的基因座被 *Oct4*、*Sox* 或者 *Nanog* 邻近结合，其中 2 个 microRNA（miR-137 和 miR-301）的预测启动子被这三个转录因子同时占据

(Boyer *et al.*, 2005)(表 35.3)。但是，目前还没有确切的实验证明这些转录因子确实调节这些 microRNA 基因座的转录效率。同样的情况，在小鼠胚胎干细胞中也存在 5 个 microRNA 基因座被 *Nanog* 和 *Oct4* 转录因子结合，其中 miR-296 和 miR-302 的预测启动子被 *Nanog* 和 *Oct4* 同时结合 (Boyer *et al.*, 2005)(表 35.3)。然而目前并没有调控的确切数据。

表 35.3 具有与 OCT4、SOX2 和 NANOG 转录因子结合区域邻近位点的 microRNA

(虽然这些转录因子是否调节这些 microRNA 的转录仍然是未知的)

microRNA	转录因子		
	OCT4	SOX2	NANOG
Hs-miRNA			
miR-7-1		+	
miR-10a	+		
miR-22		+	+
miR-32		+	+
miR-128a			+
miR-135b		+	+
miR-137	+	+	+
miR-196a-1	+		
miR-196b	+		
miR-204		+	+
miR-205		+	+
miR-301	+	+	+
miR-361			+
miR-448	+		
Mm-miRNA			
miR-9-2			+
miR-124a			+
miR-135			+
miR-296	+		+
miR-302	+		+

来源：Boyer *et al.*, 2005 (人类)；Loh *et al.*, 2006 (小鼠)。

视黄酸诱导的 miR-134 是从一个包含 20 个 microRNA 的初始转录产物加工而来的 (Seitz *et al.*, 2004)。虽然初步的研究估计在这个转录物上游可能有一个弱视黄酸受体 (RAP) 结合位点，但是对于这个转录的启动子仍然是一无所知。

35.6 在胚胎干细胞中预测和分析 microRNA 和它们的靶标 mRNA

随着越来越多 microRNA 被发现，生物信息分析的重点集中在设计分析软件用于预测它们的特性、丰度或者潜在的 mRNA 顺式元件靶标。为了这个目的，很多预测模型得到开发和检验，这是一个高度竞争的研究领域 (表 35.4)。用于分析

microRNA特性和丰度的工具并没有像用于预测 mRNA 顺式元件靶标的工具那样得到广泛使用。

表 35.4 microRNA 和它们的 mRNA 顺式元件靶标预测工具：预测工具的成功始终有些局限，虽然 rna22 预算法具有最大的潜能和最多的验证靶标

参考文献/物种	被检测 miRNA 的数量	预测靶标的数量	确证靶标的数量	方法
Lewis *et al.* (2003) *Homo sapiens*, *Mus musculus*, *Rattus norvegicus*, *Fugu rubripes*	8	15	11	TargetScan
Kiriakidou *et al.* (2004) *Homo sapiens*	10	23	12	Diana-MicroT
Enright *et al.* (2003) *Drosophila melanogaster* John *et al.* (2004) *Homo sapiens*	通过计算方法显示了一个能以 24% 和 39% 的假阳性率找出一些以前报道的靶标的能力		None	MiRanda
Krek *et al.* (2005) *Mus musculus*	2	13	7	PicTar
Rehmsmeier *et al.* (2004) *Drosophila melanogaster*	能找出一些以前报道的靶标		None	RNAhybrid
Miranda *et al.* (2006)	3	253	180	rna22-"Teirisias"
(http://cbcsrv.watson.ibm.com/rna22.html) *Mus musculus*	miR-134	160	120	

35.6.1 从基因组中预测 microRNA

由于许多模型存在可变因素，预测 microRNA 的数量可能存在相当大的差异，这个差异可能会从几百到几千。在这个领域中研究者要面对的一个主要问题是，在细胞中许多 microRNA 的表达量是非常低的，或者它们只在特定的细胞系中表达，也或者只在细胞周期的特定时间点才表达。所以，通过获得生物学的数据来检验这些模型具有一定程度的局限性。然而，考虑到正确的识别和将 pre-miRNA 加工成成熟的形式，至少需要 10 个配对的环状结构（Zeng *et al.*, 2005），所以运用 RNA 二级结构模型可以从基因组进行预测，从而确定哪些转录子有可能产生 microRNA。正如前面所述，由于有注释的基因表达数据库缺乏覆盖度，仅有极少量的数据可以被用于检测工作模型。然而，目前的深度测序计划发现了许多小分子非编码 RNA，这都有助于确认基于预测 microRNA 的计算机模型（Rigoutsos，2006）。

35.6.2 预测与 microRNA 结合的 mRNA 顺式元件

microRNA 一个独有的特征是它们并不需要与相应的 mRNA 顺式元件完全互补，这表明需要建立一个弹性的标准用于预测 microRNA 的靶作用序列（Stark *et al.*,

2005)。因此，一个 microRNA 可能同时对许多序列同源性较低的 mRNA 起作用。这一个创新性的机制让许多基因得到等同的控制，但是，用于预测 microRNA 靶标 mRNA的运算法则就相当复杂。至今为止，大部分预测工具只成功鉴定到少量基因（表 35.4）。在过去两年半的时间里设计的第一代和第二代预测工具目前已向基于"Teiresias"算法发展预测模型，这个算法原本是用来设计分析工具以预测蛋白质与蛋白质之间交互作用的（Rigoutsos and Floratos，1998）。

35.6.3 检测胚胎干细胞中 microRNA 靶标 mRNA 的预测

我们实验室正在研究非编码 RNA 在胚胎干细胞分化中的作用。我们希望可以了解哪些 microRNA 是在胚胎干细胞中表达的，以及它们的表达方式是如何影响细胞生长和分化的。这些知识应该可以提高我们操作和发展胚胎干细胞作为再生医学的治疗手段。因此，我们对可以预测新 microRNA 及其 mRNA 顺式元件靶标的分析工具很感兴趣。我们已经测试过好几个预测工具，至今为止，我们发现最有潜力的一个新的算法是 rna22，它基于"Teiresias"模型。

在我们的研究中，使用经典的萤光素酶报告载体检测技术，将预测的 mRNA 顺式元件插入到萤光素酶 mRNA 的 3′非编码区（UTR）（Balmer *et al.*，2001）。将感兴趣的 microRNA 前体、不相关的 microRNA 前体和非 microRNA 前体分别与荧光报告载体共转染细胞，通过检测萤光素酶报告基因的抑制程度指示翻译抑制的水平。一些研究者将要研究的 mRNA 的整个 3′-UTR 克隆到报告结构中，这样可以让 mRNA 折叠成正确的形式，并且使顺式元件处于一个与内环境更加类似的生物学环境之下（Brennecke *et al.*，2003）。然而，如果很多 microRNA 需要共同作用到这个 3′-UTR 来发挥翻译抑制作用，这仍然不是一个高效率的报告体系。我们使用 rna22 预测了小鼠三个不同的 microRNA 靶标，其中预测到 miR-134 对超过 5000 种 miRNA 可能有作用。在检测的 253 个顺式元件中，我们发现 183 个顺式元件的萤光素酶报告基因活性被成功抑制，其中 miR-134 抑制了 160 个检测顺式元件中的 114 个。这是第一次在细胞或者物种中证明一个 microRNA 可以同时作用多个 mRNA。Lmk1 是其中一个预测的 miR-134 靶标，而且后来在小鼠神经干细胞中证明了是 miR-134 的一个主要的靶标（Schratt *et al.*，2006）。有趣的是，当检测 4 个预测的 miR-134 靶标的内源蛋白质和 mRNA 表达量时，我们发现 pre-miR-134 可以引起这些基因的翻译水平下调，而其中一些是指导胚胎干细胞生长和分化的重要基因。我们推测实际的阳性 mRNA 靶标数量是高于我们在荧光报告载体检测到的，这一差异是使用转染检测方法限制我们看到所有真实相互作用的变数。因为这样，一些真实的阳性靶标可能被遗漏了，这表明现在迫切需要设计一个新的检测方法。尽管如此，一些分析工具，特别是 rna22，对于预测 miRNA 和 mRNA 在胚胎干细胞中相互作用还是非常强大和精确的。

35.6.4 mRNA 中 microRNA 的其他靶作用区域

目前，大部分预测模型都瞄准 mRNA 的 3′-UTR，因为它们比 5′-UTR 长，而且已经被证实它们跟 mRNA 的稳定性、翻译效率和定位相关。然而，5′-UTR 也同样可以指导 mRNA 的翻译（Muckenthaler *et al.*，1998；Rouault，2005；Thomson *et al.*，

2005)。5′-UTR 和编码区同样可能是 miRNA 的潜在靶标，但是直至成稿时，仍然没有 miRNA 作用在 5′-UTR 和编码区域的相关报道。我们使用 rna22 预测软件发现在胚胎干细胞中有许多 microRNA 可作用于多个 mRNA 的 5′-UTR 和编码序列。

35.6.5 胚胎干细胞的 microRNA 和 RNA 结合蛋白以及它们的 RNA 运输体

研究已经确定了结合到 mRNA 顺式作用元件中的反式作用 RNA 结合蛋白决定了 mRNA 的翻译效率、稳定性和选择定位到 P-body 或者多聚核糖体（翻译活跃 mRNA）还是其他细胞器（Yeap *et al.*，2002；Giles *et al.*，2003；Gore *et al.*，2005；Thomson *et al.*，2005）。再者，microRNA 的正确运输和定位已经证明对树突棘的功能和发育非常重要，而且还对指导 mRNA 到 P-body 进行翻译沉默很重要（Schratt *et al.*，2006）。因此，研究人员现在开始研究 microRNA 和结合到 mRNA 的 RNA 结合蛋白复合体的相互关联。最后，microRNA 被证明与 Argonaute 复合物有关，这个复合物与许多 RNA 结合蛋白相结合，包括脆性 X 智力低下蛋白，该蛋白质是神经干细胞衍生细胞行使功能所必需的 RNA 结合蛋白（Jin *et al.*，2004；John *et al.*，2004）。最近一个令人兴奋的报道指出 mRNA 的定位在脊椎动物发育早期对于决定细胞命运是至关重要的（Gore *et al.*，2005）。所以，从胚胎干细胞和发育研究的观点来看，确定 microRNA-RNA 结合蛋白-mRNA 三者之间的关系来揭示 mRNA 的定位是绝对必要的，这可能在胚胎干细胞分化为特定的细胞表型中扮演着关键性角色。

35.7 结论和未来工作展望

所有生物体都形成了一套精确和巧妙控制系统去调节细胞应答和动态平衡。microRNA 在脊椎动物和无脊椎动物物种间是高度保守的，它们在调节细胞中靶标mRNA 的翻译效率、定位和稳定性中都起着主要作用。mRNA 的定位由 microRNA 和 RNA 结合蛋白共同决定，这对于决定细胞命运极为重要，这个发现对于干细胞生物学家来讲无疑是令人兴奋的。为了今后我们能熟练地运用胚胎干细胞来进行定向分化和用作治疗手段，在胚胎干细胞中确定这些转录后调控机制显得尤为必要。

由于成熟 microRNA 序列短，而且它的作用并不要求精确的互补，所以可以预测单一 miRNA 作用很多 mRNA。电脑预测软件确实指出一些 microRNA，每个也许可以调节数千个基因，而我们在胚胎干细胞中的研究成果也开始证明了其真实性。特别令人兴奋的一个是 miR-134，它可以作用于许多与诱导胚胎干细胞分化有关的基因。胚胎干细胞的分化同样也伴随着许多 microRNA 表达量的变化，microRNA 协同作用是细胞如何建立控制系统调节等同的多基因的典范。

我们开始体会到转录后调节机制对于指导细胞命运扮演着至关重要的角色。在过去的 10 年，有关 microRNA 生物学、它们的 mRNA 顺式元件靶标和它们在细胞周期调控和分化中作用的信息激增。我们期待未来的研究可以发展更好的预测工具去鉴定 microRNA，弄清楚它们的 mRNA 和 RNA 结合蛋白的作用方式，以及揭开它们在指导胚胎干细胞生长和分化中的功能和调节作用的神秘面纱。

参考文献

Balmer, L., Beveridge, D. J., Jazayeri, J. A. *et al*. (2001). Identification of a novel AU-rich element in the 30 UTR of epidermal growth factor receptor mRNA that is the target for regulated RNA-binding proteins. *Molecular and Cellular Biology*, **21**, 2070 – 2084.

Boyer, L. A., Lee, T. I., Cole, M. F., Johnstone, S. E. and Levine, S. S. (2005). Core transcriptional regulatory circuitry in human embryonic stem cells. *Cell*, **122**, 947 – 956.

Brennecke, J., Hipfner, D. R., Stark, A., Russell, R. B. and Cohen, S. M. (2003). *Bantam* encodes a developmentally regulated microRNA that controls cell proliferation and regulates the proapoptotic gene hid in *Drosophila*. *Cell*, **113**, 25 – 36.

Chen, C. Z., Li, L., Lodish, H. F. and Bartel, D. P. (2004). MicroRNAs modulate hematopoietic lineage differentiation. *Science*, **303**, 83 – 86.

Cheng, L., Tavazole, M. and Doetsch, F. (2005). Stem cells: from epigenetics to microRNAs. *Neuron*, **46**, 363 – 367.

Chew, J. L., Loh, Y. H., Zhang, W. *et al*. (2005). Reciprocal transcriptional regulation of Pou5f1 and Sox2 via the Oct4/Sox2 complex in embryonic stem cells. *Molecular and Cellular Biology*, **25**, 6031 – 6046.

Czyz, J., Wiese, C., Rolletschek, A. *et al*. (2003). Potential of embryonic and adult stem cells *in vitro*. *Biological Chemistry*, **384**, 1391 – 1409.

Enright, A. J., John, B., Gaul, U. *et al*. (2003). MicroRNA targets in *Drosophila*. *Genome Biology*, **5**, R1.

Esau, C., Kang, X., Peralta, E. *et al*. (2004). MicroRNA-143 regulates adipocyte differentiation. *Journal of Biological Chemistry*, **279**, 52361 – 52365.

Evans, M. J. and Kaufman, M. H. (1981). Establishment in culture of pluripotential cells from mouse embryos. *Nature*, **292**, 154 – 156.

Giles, K. M., Daly, J. M., Beveridge, D. J. *et al*. (2003). The 30 untranslated region of p21WAF1 mRNAis a composite cis-acting sequence bound by RNA-binding proteins from breast cancer cells, including HuR and poly (C) -binding protein. *Journal of Biological Chemistry*, **278**, 2937 – 2946.

Giraldez, A. J., Cinalli, R. M., Glasner, M. E. *et al*. (2005). MicroRNAs regulate brain morphogenesis in zebrafish. *Science*, **308**, 833 – 838.

Gore, A. V., Maegawa, S., Cheong, A. *et al*. (2005). The zebrafish dorsal axis is apparent at the four-cell stage. *Nature*, **438**, 1030 – 1035.

Gregory, R. I., Chendrimuka, T. P., Cooch, N. and Shiekhattar, R. (2005). Human RISC couples microRNA biogenesis and posttranscriptional gene silencing. *Cell*, **123**, 631 – 640.

He, L., Thomson, J. M., Hemann, M. T. *et al*. (2005). A microRNA polycistron as a potential human oncogene. *Nature*, **435**, 828 – 33.

Hollams, E. M., Giles, K. M., Thomson, A. M. and Leedman, P. J. (2002). mRNA stability and the control of gene expression: implications for human disease. *Neurochemical Research*, **27**, 957 – 980.

Houbaviy, H. B., Murray, M. F. and Sharp, P. A. (2003). Embryonic stem cell-specific microRNAs. *Developmental Cell*, **5**, 351 – 358.

Houbaviy, H. B., Dennis, L., Jaenisch, R. and Sharp, P. A. (2005). Characterization of a highly variable eutherian microRNA gene. *RNA*, **11**, 1 – 13.

Jin, P., Zarnescu, D. C., Ceman, S. *et al*. (2004). Biochemical and genetic interaction between the fragile X mental retardation protein and the microRNA pathway. *Nature Neuroscience*, **7**, 113 – 117.

John, B., Enright, A. J., Aravin, A. *et al*. (2004). Human microRNA targets. *Public Library of Science Biology*, **2**, e363.

Kanellopoulou, C., Muljo, S. A., Kung, A. L. *et al*. (2005). Dicer-deficient mouse embryonic stem cells are defective in differentiation and centromeric silencing. *Genes & Development*, **19**, 489 – 501.

Kim, K. (2005). Personal communication from Keystone Symposia on Stem Cells, Senescence and Cancer, Singapore, 2005.

Kiriakidou, M., Nelson, P. T., Kouranov, A. *et al*. (2004). A combined computational-experimental approach predicts human microRNA targets. *Genes & Development*, **18**, 1165 – 1178.

Krek, A., Grun, D., Poy, M. N. *et al*. (2005). Combinatorial microRNA target predictions. *Nature Genetics*, **37**, 495 – 500.

Krichevsky, A., Sonntag, K., Isacson, O. and Kosik, K. S. (2005). Specific microRNAs modulate ES cell-derived neurogenesis. *Stem Cells*, **Dec 15** (Epub ahead of print).

Lee, Y. S., Kim, H. K., Chung, S., Kim, K. and Dutta, A. (2005). Depletion of human micro- RNA miR-125b reveals that it is critical for the proliferation of differentiated cells but not for the downregulation of putative targets during differentiation. *Journal of Biological Chemistry*, **280**, 16 635 – 16 641.

Lewis, B. P., Shih, I. H., Jones-Rhoades, M. W. *et al*. (2003). Prediction of mammalian microRNA targets. *Cell*, **115**, 787 – 798.

Liu, J., Rivas, F. V., Wohlschlegel, J. *et al*. (2005a). A role for the P-body componentGW182in microRNA function. *Nature Cell Biology*, **Nov 13** (Epub ahead of print).

Liu, J., Valencia-Sanchez, M. A., Hannon, G. J. and Parker, R. (2005b). MicroRNA-dependent localization of targetedmRNAs tomammalian P-bodies. *Nature Cell Biology*, **7**, 719 – 723.

Loebel, D. A., Watson, C. M., De Young, R. A. and Tam, P. P. (2003). Lineage choice and differentiation in mouse embryos and embryonic stem cells. *Developmental Biology*, **264**, 1 – 14.

Loh, Y. H., Wu, Q., Chew, J. L. *et al*. (2006). The Oct4 and Nanog transcription network regulates pluripotency in mouse embryonic stem cells. *Nature Genetics*, **38**, 431 – 440.

Lu, J., Getz, G., Miska, E. A. *et al*. (2005). MicroRNA expression profiles classify human cancers. *Nature*, **435**, 834 – 838.

Mansfield, J. H., Harfe, B. D., Nissen, R. *et al*. (2004). MicroRNA-responsive "sensor" transgenes uncover Hox-like and other developmentally regulated patterns of vertebrate microRNA expression. *Nature Genetics*, **36**, 1079 – 1083.

Marx, J. (2005). Molecular biology. P-bodies mark the spot for controlling protein production. *Science*, **310**, 764 – 765.

McManus, M. T. (2003). MicroRNAs and cancer. *Seminars in Cancer Biology*, **13**, 253 – 258.

Meister, G., Landthaler, M., Patkaniowska, A. *et al*. (2004). Human Argonaute2 mediates RNA cleavage targeted by miRNAs and siRNAs. *Molecular Cell*, **15**, 185 – 197.

Metzler, M., Wilda, M., Busch, K., Viehmann, S. and Borkhardt, A. (2004). High expression of precursor microRNA-155/BIC RNA in children with Burkitt lymphoma. *Genes, Chromosomes & Cancer*, **39**, 167 – 169.

Miranda, K. C., Huynh, T., Tay, Y. *et al*. (2006). A pattern-based method for the identification of microRNA binding sites and their corresponding heteroduplexes. *Cell*, **126**, 1203 – 1217.

Miska, E. A. (2005). How microRNAs control cell division, differentiation and death. *Current Opinion in Genetics & Development*, **15**, 563 – 568.

Mitsui, K., Tokuzawa, Y., Itoh, H. *et al*. (2003). The homeoprotein Nanog is required for maintenance of pluripotency in mouse epiblast and ES cells. *Cell*, **113**, 631 – 642.

Muckenthaler, M., Gray, N. K. and Hentze, M. W. (1998). IRP-1 binding to ferritin mRNA prevents the recruitment of the small ribosomal subunit by the cap-binding complex eIF4F. *Molecular Cell*, **2**, 383 – 388.

Niwa, H., Miyazaki, J. and Smith, A. G. (2000). Quantitative expression of Oct-3/4 defines differentiation, dedifferentiation or self-renewal of ES cells. *Nature Genetics*, **24**, 372 – 376.

Orkin, S. H. (2005). Chipping away at the embryonic stem cell network. *Cell*, **122**, 828 – 830.

Poy, M. N., Eliasson, L., Krutzfeldt, J. *et al*. (2004). A pancreatic islet-specific microRNA regulates insulin secretion. *Nature*, **432**, 226 – 230.

Proudfoot, N. J., Furger, A. and Dye, M. J. (2002). Integrating mRNA processing with transcription. *Cell*, **108**,

501 - 512.

Rand, T. A., Petersen, S., Du, F. and Wang, X. (2005). Argonaute2 cleaves the anti-guide strand of siRNA during RISC activation. *Cell*, **123**, 621 - 629.

Rehmsmeier, M., Steffen, P., Hochsmann, M. and Giegerich, R. (2004). Fast and effective prediction of microRNA/target duplexes. *RNA*, **10**, 1507 - 1517.

Rigoutsos, I. and Floratos, A. (1998). Combinatorial pattern discovery in biological sequences: The TEIRESIAS algorithm. *Bioinformatics*, **14**, 55 - 67.

Rouault, T. A. (2005). The intestinal heme transporter revealed. *Cell*, **122**, 649 - 651.

Schratt, G. M., Tuebing, F., Nigh, E. A. *et al*. (2006). A brain-specific microRNA regulates dendritic spine development. *Nature*, **439**, 283 - 289.

Schulman, B. R., Esquela-Kerscher, A. and Slack, F. J. (2005). Reciprocal expression of lin-41 and the microRNAs let-7 and mir-125 during mouse embryogenesis. *Developmental Dynamics*, **234**, 1046 - 1054.

Seitz, H., Royo, H., Bortolin, M. L. *et al*. (2004). A large imprinted microRNA gene cluster at the mouse Dlk1-Gtl2 domain. *Genome Research*, **14**, 1741 - 1748.

Smith, A. G. (2001). Embryo-derived stem cells: of mice and men. *Annual Review of Cell and Developmental Biology*, **17**, 435 - 462.

Stark, A., Brennecke, J., Bushati, N., Russell, R. B. and Cohen, S. M. (2005). Animal microRNAs confer robustness to gene expression and have a significant impact on 30 UTR evolution. *Cell*, **123**, 1133 - 1146.

Suh, M. R., Lee, Y., Kim, J. Y. *et al*. (2004). Human embryonic stem cells express a unique set of microRNAs. *Developmental Biology*, **270**, 488 - 498.

Takamizawa, J., Konishi, H., Yanagisawa, K. *et al*. (2004). Reduced expression of the *let-6* microRNAs in human lung cancers in association with shortened postoperative survival. *Cancer Research*, **64**, 3753 - 3756.

Tang, F., Hajkova, P., Barton, S. C., Lao, K. and Surani, M. A. (2006). MicroRNA expression profiling of single whole embryonic stem cells. *Nucleic Acids Research*, **34**, e9.

Thomson, A. M., Cahill, C. M., Cho, H. *et al*. (2005). The acute box cis-element in human heavy ferritin mRNA 5′-untranslated region is a unique translation enhancer that binds poly (c) -binding proteins. *Journal of Biological Chemistry*, **280**, 30 032 - 30 045.

Thomson, J. M., Parker, J., Perou, C. M. and Hammond, S. M. (2004). A custom microarray platform for analysis of microRNA gene expression. *Nature Methods*, **1**, 1 - 7.

Voorhoeve, P. M., Sage, C. L., Schrier, M. *et al*. (2006). A genetic screen implicates miRNA-372 and miRNA-373 as oncogenes in testicular germ cell tumors. *Cell*, **124**, 1169 - 1181.

Yeap, B. B., Voon, D. C., Vivian, J. P. *et al*. (2002). Novel binding of HuR and poly (C) -binding protein to a conserved UC-rich motif within the 3′-untranslated region of the androgen receptor messenger RNA. *Journal of Biological Chemistry*, **277**, 27 183 - 27 192.

Yekta, S., Shih, I. H. and Bartel, D. P. (2004). MicroRNA-directed cleavage of HOXB8 mRNA. *Science*, **304**, 594 - 596.

Zeng, Y., Yi, R. and Cullen, B. R. (2005). Recognition and cleavage of primary microRNA precursors by the nuclear processing enzyme Drosha. *European Molecular Biology Organization Journal*, 24, 138 - 148.

36 单个细胞中 microRNA 表达谱的获得

Fuchou Tang, Kaiqin Lao* and M. Azim Surani*

36.1 引言

microRNA（miRNA）是一类大小约 17～25 个核苷酸的非编码 RNA，在不同发育阶段的生物学过程中发挥着十分关键的作用，包括细胞周期调控、细胞分化、凋亡、细胞干性维持及基因印记（Ambros，2004；Alvarez-Garcia and Miska，2005；Harfe，2005；Plasterk，2006）。了解 miRNA 表达谱是剖析其生物学功能的先决条件。为此，科研人员在过去 3 年中已经开发出多种研究方法，比如各种 miRNA 基因芯片技术（Krichevsky *et al.*，2003；Babak *et al.*，2004；Barad *et a. l*，2004；Calin *et al.*，2004；Liu *et al.*，2004；Miska *et al.*，2004；Nelson *et al.*，2004；Sempere *et al.*，2004；Sioud and Rosok，2004；Sun *et al.*，2004；Thomson *et al.*，2004；Baskerville and Bartel，2005；Liang *et al.*，2005；Lu *et al.*，2005；Castoldi *et al.*，2006；Neely *et al.*，2006）。这些方法大多数要求用于检测的总 RNA 达到微克（μg）数量级，尽管当中也有少数方法更为灵敏，只需要纳克（ng）数量级的 RNA。然而，所有的这些方法均需要纯化总 RNA，这对于研究单个细胞 miRNA 表达谱并不可行。在一些情况下，比如在发育极早期的胚胎、成体干细胞和肿瘤干细胞的研究中，分析单个细胞的 miRNA 表达谱通常至关重要。在这些情况下，用于 miRNA 表达谱检测所能获得的材料可能非常有限。很多时候，细胞间存在自身固有的遗传差异，这就有必要在单个细胞水平上进行实验分析。出于这些原因，开发可以用于研究单个细胞的 miRNA 表达谱的技术就很有必要了。

最近，我们开发了一种基于实时 PCR 技术的 miRNA 表达谱检测技术，正如我们所阐述的，应用该方法研究单个胚胎干细胞（ES 细胞）非常有效（Chen *et al.*，2005；Lao *et al.*，2006；Tang *et al.*，2006a，b）。我们使用一套具有茎环结构的引物，将 miRNA 成熟体分子特异性地反转录成对应的 cDNA。我们还设计了一个通用反向引物，使得我们在采用基于 TaqMan 探针的实时 PCR 方法定量检测 miRNA 表达水平之前，可以均一地扩增 miRNA 的 cDNA 产物。

36.2 方法

36.2.1 引物和探针的设计

为了特异性地区分 miRNA 成熟体及其前体 RNA，我们使用了茎环结构的引物进行反转录反应（图 36.1）。该引物具有 8 个核苷酸能与其对应的 miRNA 的 3′末端互补，引物的左边部分形成一个茎环结构。因为在每个单细胞中不同种类的 miRNA 的拷贝数

* 通讯作者。

介于几十到几千之间，所以在分析 220 种不同丰度的 miRNA 时，将其划分为 220 部分分别进行分析的做法并不可行。为了解决这一问题，在分别检测每种 miRNA 的表达水平之前，我们增加了一个预先 PCR 反应的步骤来扩增这些 miRNA 的 cDNA 产物。在预 PCR 反应步骤中，我们使用了一个能与其对应的 miRNA cDNA 3′端形成 16 个核苷酸互补配对的正向引物，以及一个可与其对应的 miRNA cDNA 5′端形成 18 个核苷酸互补配对的反向通用引物，从而扩增这些 cDNA。在预 PCR 步骤中引入该反向通用引物减少了引物与引物间潜在的相互作用，并且能同时均匀地扩增这 220 种 miRNA 的 cDNA。实验表明，18 个循环次数的预 PCR 步骤可不引入任何显著的反应偏向性而扩增得到足量的 miRNA cDNA 产物用于表达分析。最后，在进行实时 PCR 步骤中，使用正反向引物间设计一个与 miRNA cDNA 互补的 TaqMan 探针以特异性检测 miRNA 的表达。

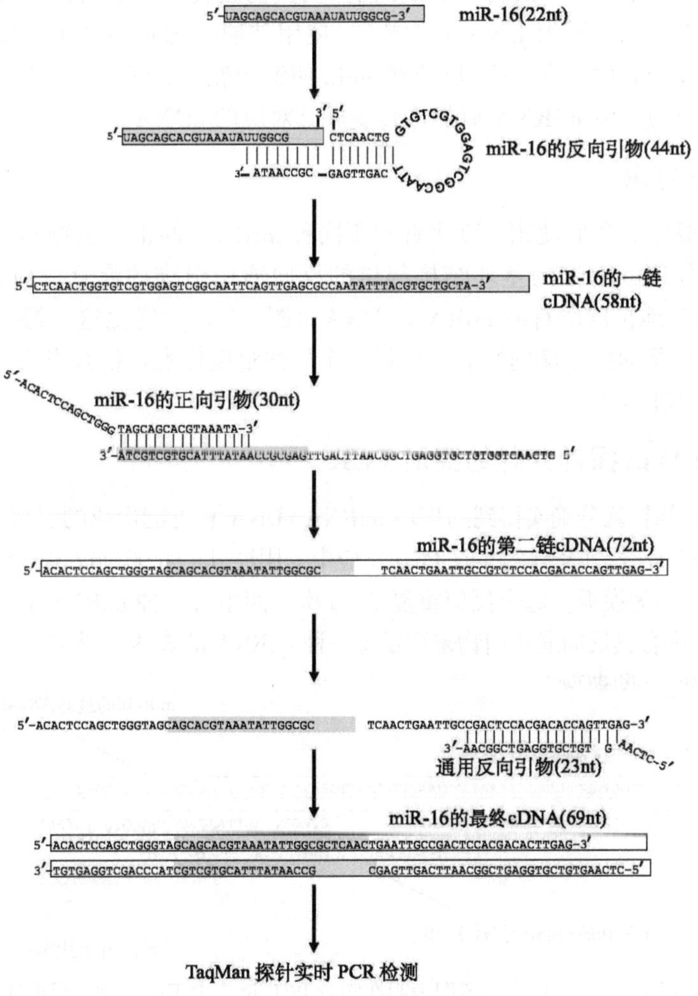

图 36.1　以 miR-16 为例的 miRNA 表达谱检测方法示意图。灰色阴影的字母对应于 miR-16 序列。

36.2.2 单细胞的分离

在此，我们举个例子来说明如何分离单个胚胎干细胞（ES 细胞）进行 miRNA 分析，但这一操作可适用于分析任何细胞。ES 细胞群经胰蛋白酶消化得到单细胞悬液后，用含有 0.1% BSA 的 PBS 溶液重悬细胞。

36.2.3 细胞裂解与反转录

由于在单细胞中每种 miRNA 的拷贝数介于几十到数千之间，任何需要从单个细胞中纯化 RNA 的方法均会导致 miRNA 的大量损失，并可能引入实验误差。我们发现在 95 ℃ 热裂解细胞 5min 足以可靠而有效地释放出 miRNA。同时，具有茎环结构的引物只对 miRNA 成熟体特异并抵制 miRNA 前体及其初级转录物，所以就没有必要通过纯化和割胶等步骤去除基因组 DNA 和 RNA。使用玻璃毛细管挑选单一细胞个体，将其转移到室温的反应管中。在 95℃ 热处理 5min 使细胞裂解，然后加入反转录酶和其他试剂进行反转录反应，将 miRNA 成熟体转变成其对应的 cDNA。

36.2.4 Pre-PCR

在这一步骤中，我们使用 220 个针对不同种 miRNA 的正向引物和 1 个对应于在反转录反应中所使用的引物的茎环结构部位的反向通用引物的混合反应物，通过 18 个 PCR 循环以均匀地扩增所有的 miRNA cDNA（图 36.1）。优化这一操作以确保扩增反应不引入任何显著的扩增偏向性，并提供一个好的量度标准评估具有不同表达水平的所有 miRNA 的相对丰度。

36.2.5 TaqMan 探针介导的实时 PCR

用 TaqMan 探针区分确实得到的扩增 miRNA cDNA 和可能形成的引物二聚体；在一个 10μl 体系的 TaqMan 探针介导的实时 PCR 反应中，用经过 1/1000（1/1000 到 1/10 000）稀释的 pre-PCR 产物作为模板。每个反应重复 2～3 次，使用每一种 miRNA 特异性正向引物和 TaqMan 探针，配合其反向通用引物来定量每一种 miRNA 的表达（图 36.2）。

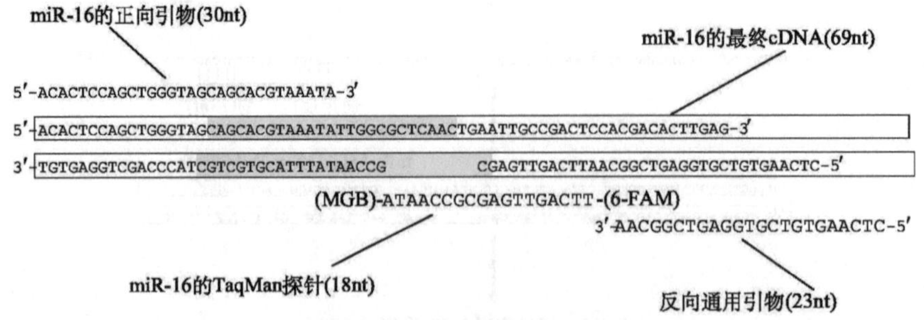

图 36.2 以 miR-16 为例，示意图表明在实时 PCR 反应中正向引物，反向通用引物与 TaqMan 探针的关系。灰色阴影的字母对应于 miR-16 序列。

36.2.6 计算 miRNA 的表达水平

在单个细胞的相同条件下，所合成的 miRNA 用作标准样品进行梯度稀释反应。基于梯度稀释实验的数据信息绘制标准曲线。每一个细胞中的 miRNA 的拷贝数可以根据标准曲线来推算。由于合成所有 220 种 miRNA 并不切合实际，通常只使用一个合成的 miRNA (miR-16) 来获得标准曲线，由此推算其他 220 种 miRNA 的相对丰度。实验表明，对所有 220 种 miRNA 而言，pre-PCR 和实时 PCR 步骤的扩增效率即使谈不上完全一致的话，也是非常相似的。尽管实验结果并不能反映每种 miRNA 拷贝数的绝对值，但用这种方法所得到的相对丰度值已经足够正确反映不种细胞类型中 miRNA 的表达方式和类型。

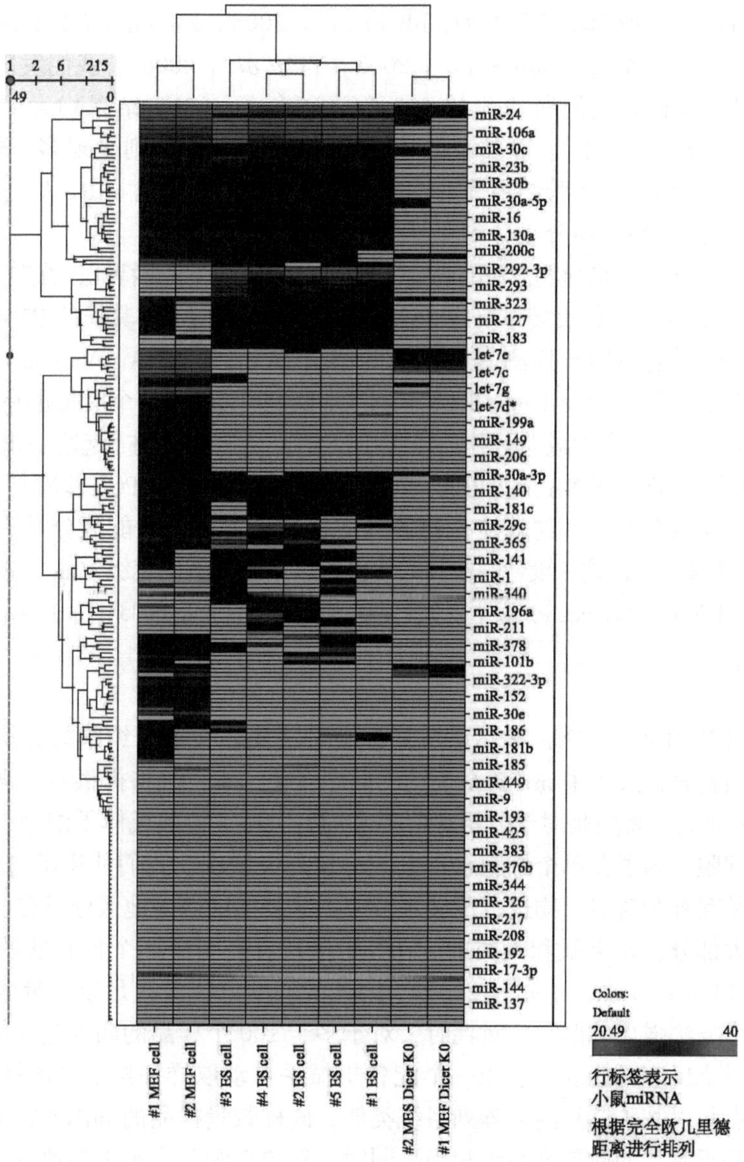

图 36.3 单个胚胎干细胞 (ES 细胞)、单个野生型小鼠胚胎成纤维细胞 (MEF) 和单个 Dicer 敲除的 MEF 的 microRNA 表达谱非监督聚类图。聚类图是由 214 个 miRNA 的表达水平 (Ct 值) 获得的。相关系数用于相似性评估，完全连锁法用于聚类方法。注：较高的 Ct 值意味着较低的表达水平。(见彩图 23)

36.3 结果与讨论

为了证实此检测方法的灵敏度，我们分析了单小鼠 ES 细胞和小鼠胚胎成纤维细胞（MEF）(图 36.3；Tang *et al.*，2006a，b）的 miRNA 表达谱。实验结果表明，此方法能在单个细胞水平上清楚地区分 ES 细胞和 MEF 的 miRNA 表达谱。为了严谨地检验本方法对 miRNA 成熟体的特异性，我们检测了经 Dicer 基因敲除的小鼠胚胎成纤维细胞（MEF)。众所周知，敲除 Dicer 酶会导致 miRNA 成熟体的缺失，并促使 miRNA 初级转录物和 miRNA 前体的积累（Cobb *et al.*，2005；Kanellopoulou *et al.*，2005；Muljo *et al.*，2005；Murchison *et al.*，2005；Yi *et al.*，2006)。我们发现，与野生型的 MEF 对照组相比，我们所检测的 202 个（94%）miRNA 结果均为阴性信号（图 36.3；Tang *et al.*，2006b)，而其余的 13 个（6%）miRNA 则呈现多于野生型 MEF 对照组 1% 的本底信号。实验结果确证了我们的检测方法对成熟 miRNA 是高度特异的，而且无需进行 RNA 纯化与分级分离即可高效完成。

我们的 miRNA 表达谱检测方法的稳定性有以下几方面的主要特征。首先，本方法使用了具有茎环结构的引物进行反转录反应，这可将成熟的 miRNA 与其长的 RNA 前体区分开来。这一设计也可期望用于检测其他类型的小 RNA，如 piRNA（Vazquez *et al.*，2004；Zamore and Haley，2005；Carthew，2006)。其次，我们可以使用一个反向通用引物来扩增所有 miRNA cDNA。这就大大减少了引物间的相互作用，并使得在同一起始 PCR 反应中均匀、可靠地扩增所有 miRNA cDNA 成为可能。第三，我们可以将起始 PCR 步骤与 TaqMan 探针介导的实时 PCR 结合起来。这就使得检测具有高度的灵敏性，能区分具有相似序列的 miRNA。我们期望，类似这一设计的检测方法也可以用于检测纳克级（ng）总 RNA 用量的其他类型的小 RNA（Vazquez *et al.*，2004；Zamore and Haley，2005；Carthew，2006)。

36.4 结论

基于实时 PCR 的 miRNA 表达谱检测方法可使我们在单个细胞的分辨率水平上追踪在胚胎干细胞分化过程中 miRNA 表达的动态变化。本方法将提供一个强有力的工具进行 miRNA 研究，特别是对于分析那些稀有细胞类型，比如成体干细胞、肿瘤干细胞和胚胎早期细胞。为了在单个细胞水平上获得检测灵敏度，我们使用了与待测 miRNA 形成 8 个碱基互补配对的引物进行反转录反应。这就能够严谨地区分只有 2 个核苷酸差异的分子。大部分已知小鼠和人类的 miRNA 序列具有至少 2 个核苷酸的差别（Griffiths-Jones，2004；Miska *et al.*，2004)，因此我们的方法应该足以定量区分它们的表达。虽然这个方法强大，但它相对耗时。对于多于 100 个样品的高通量 miRNA 表达谱分析来说，一个反应可能需要使用一个配备机械手自动取样加样的 384 孔板实时 PCR 系统，这一点与以基于芯片的微阵列系统类似。同样数量样品的 miRNA 表达谱制备费用将与当前基于芯片的微阵列系统相当。同时，在单个细胞水平上检测 miRNA 的问题可以通过使用我们的方法连同其他检测方法，比如 LNA 探针介导的 RNA 原位杂交来扫描候选的 miRNA。以这种方式，便可以在更大的样品范围内分析 miRNA 候选分子的表达变化。我们期望并推断，单细胞 miRNA 表达谱分析技术将大大地有助于揭示成体干细胞、肿瘤干细胞和早期胚胎发育过程中的 miRNA 功能。

参考文献

Alvarez-Garcia, I. and Miska, E. A. (2005). MicroRNA functions in animal development and human disease. *Development*, **132**, 4653－4662.

Ambros, V. (2004). The functions of animal microRNAs. *Nature*, **431**, 350－355.

Babak, T., Zhang, W., Morris, Q., Blencowe, B. J. and Hughes, T. R. (2004). Probing microRNAs with microarrays: tissue specificity and functional inference. *RNA*, **10**, 1813－1819.

Barad, O., Meiri, E., Avniel, A. *et al*. (2004). MicroRNA expression detected by oligonucleotide microarrays: system establishment and expression profiling in human tissues. *Genome Research*, **14**, 2486－2494.

Baskerville, S. and Bartel, D. P. (2005). Microarray profiling of microRNAs reveals frequent coexpression with neighboring miRNAs and host genes. *RNA*, **11**, 241－247.

Calin, G. A., Liu, C. G., Sevignani, C. *et al*. (2004). MicroRNA profiling reveals distinct signatures in B cell chronic lymphocytic leukemias. *Proceedings of the National Academy of Sciences USA*, **101**, 11 755－11 760.

Carthew, R. W. (2006). A new RNA dimension to genome control. *Science*, **313**, 305－306.

Castoldi, M., Schmidt, S., Benes, V. *et al*. (2006). A sensitive array for microRNA expression profiling (miChip) based on locked nucleic acids (LNA). *RNA*, **12**, 913－920.

Chen, C., Ridzon, D. A., Broomer, A. J. *et al*. (2005). Real-time quantification of microRNAs by stem-loop RT-PCR. *Nucleic Acids Research*, **33**, e179.

Cobb, B. S., Nesterova, T. B., Thompson, E. *et al*. (2005). T cell lineage choice and differentiation in the absence of the RNase III enzyme Dicer. *Journal of Experimental Medicine*, **201**, 1367－1373.

Griffiths-Jones, S. (2004). The microRNA Registry. *Nucleic Acids Research*, **32**, D109－111.

Harfe, B. D. (2005). MicroRNAs in vertebrate development. *Current Opinion in Genetics & Development*, **15**, 410－415.

Kanellopoulou, C., Muljo, S. A., Kung, A. L. *et al*. (2005). Dicer-deficient mouse embryonic stem cells are defective in differentiation and centromeric silencing. *Genes & Development*, **19**, 489－501.

Krichevsky, A. M., King, K. S., Donahue, C. P., Khrapko, K. and Kosik, K. S. (2003). A microRNA array reveals extensive regulation of microRNAs during brain development. *RNA*, **9**, 1274－1281.

Lao, K., Xu, N. L., Yeung, V. *et al*. (2006). Multiplexing RT-PCR for the detection of multiple miRNA species in small samples. *Biochemical Biophysical Research Communications*, **343**, 85－89.

Liang, R. Q., Li W., Li, Y. *et al*. (2005). An oligonucleotide microarray for microRNA expression analysis based on labeling RNA with quantum dot and nanogold probe. *Nucleic Acids Research*, **33**, e17.

Liu, C. G., Calin, G. A., Meloon, B. *et al*. (2004). An oligonucleotide microchip for genome-wide microRNA profiling in human and mouse tissues. *Proceedings of the National Academy of Sciences USA*, **101**, 9740－9744.

Lu, J., Getz, G., Miska, E. A. *et al*. (2005). MicroRNA expression profiles classify human cancers. *Nature* **435**, 834－838.

Miska, E. A., Alvarez-Saavedra, E., Townsend, M. *et al*. (2004). Microarray analysis of microRNA expression in the developing mammalian brain. *Genome Biology*, **5**, R68.

Muljo, S. A., Ansel, K. M., Kanellopoulou, C. *et al*. (2005). Aberrant T cell differentiation in the absence of Dicer. *Journal of Experimental Medicine*, **202**, 261－269.

Murchison, E. P., Partridge, J. F., Tam, O. H., Cheloufi, S. and Hannon, G. J. (2005). Characterization of Dicer-deficient murine embryonic stem cells. *Proceedings of the National Academy of Sciences USA*, **102**, 12 135－12 140.

Neely, L. A., Patel, S., Garver, J. *et al*. (2006). A single-molecule method for the quantitation of microRNA gene expression. *Nature Methods*, **3**, 41－46.

Nelson, P. T., Baldwin, D. A., Scearce, L. M. *et al*. (2004). Microarray-based, high-throughput gene expression profiling of microRNAs. *Nature Methods*, **1**, 155－161.

Plasterk, R. H. (2006). Micro RNAs in animal development. *Cell*, **124**, 877－881.

Sempere, L. F., Freemantle, S., Pitha-Rowe, I. *et al*. (2004). Expression profiling of mammalian microRNAs uncovers a subset of brain-expressed microRNAs with possible roles in murine and human neuronal differentiation. *Genome Biology*, **5**, R13.

Sioud, M. and Rosok, O. (2004). Profiling microRNA expression using sensitive cDNA probes and filter arrays. *Biotechniques*, **37**, 574–576, 578–580.

Sun, Y., Koo, S., White, N. *et al*. (2004). Development of a micro-array to detect human and mouse microRNAs and characterization of expression in human organs. *Nucleic Acids Research*, **32**, e188.

Tang, F., Hajkova, P., Barton, S. C., Lao, K. and Surani M. A. (2006a). MicroRNA expression profiling of single whole embryonic stem cells. *Nucleic Acids Research*, **34**, e9.

Tang, F., Hajkova, P., Barton, S. C. *et al*. (2006b). 220-plex microRNA expression profile of a single cell. *Nature Protocols*, **1**, 1154–1159.

Thomson, J. M., Parker, J., Perou, C. M. and Hammond, S. M. (2004). A custom microarray platform for analysis of microRNA gene expression. *Nature Methods*, **1**, 47–53.

Vazquez, F., Vaucheret, H., Rajagopalan, R. *et al*. (2004). Endogenous *trans-acting* siRNAs regulate the accumulation of *Arabidopsis* mRNAs. *Molecular Cell*, **16**, 69–79.

Yi, R., O'Carroll, D., Pasolli, H. A. *et al*. (2006). Morphogenesis in skin is governed by discrete sets of differentially expressed microRNAs. *Nature Genetics*, **38**, 356–362.

Zamore, P. D. and Haley, B. (2005). Ribo-gnome: the big world of small RNAs. *Science*, **309**, 1519–1524.

37　Piwi-交互 RNA（piRNA）

Ergin Beyret and Haifan Lin

37.1　引言

过去的10年里出现了一批长度为18～32nt的小分子非编码RNA，它们是基因表达的有力调控者，在进化上具有保守性。对于小分子RNA的功能研究显示了它们在细胞和发育生物学多个方面中起了至关重要的作用，这些内容已在本书的前几个章节中做了详细描述。作为小分子RNA世界的最新成员，piwi-交互RNA（piwi-interacting RNA，piRNA）是一群大小主要集中为26～32nt的小分子RNA，在2006年被发现于哺乳动物的睾丸中（Aravin *et al.*，2006；Girard *et al.*，2006；Grivna *et al.*，2006a；Lau *et al.*，2006；Watanabe *et al.*，2006）。之所以这样命名，是因为它们与进化上保守的Argonaute/Piwi蛋白家族中的Piwi亚家族蛋白相互作用。piRNA也大量存在于果蝇（Brennecke *et al.*，2007；Gunawardane *et al.*，2007）和鱼类生殖腺（Houwing *et al.*，2007）中，暗示了其功能在进化上的保守性。piRNA在大小、生物合成、表达模式及可能的功能上都不同于miRNA和siRNA。尽管尚有待于完全阐明，但其生物合成和功能的有关线索已经开始出现。到目前为止，已鉴定60 000多种不同种类的piRNA，其数目远远超过已知晓的数百个miRNA。piRNA的高度复杂性在揭示小分子RNA介导基因调控的新的不同机制方面给人们提供了前所未有的机遇。本章总结了piRNA的最新研究进展。

37.2　Ago/Piwi蛋白家族包括两个亚家族

任何关于小分子RNA的完整描述都离不了对其伴侣蛋白——Argonaute/Piwi（Ago/Piwi）家族蛋白质的认识。这个高度保守的蛋白质家族最初是通过克隆果蝇中的*Piwi*基因及其在线虫和人类中的同源基因，以及鉴定拟南芥中的*piwi*类似基因*Ago*和*Zwille*来发现的（Cox *et al.*，1998）。该家族成员含有两个特征结构域——PAZ（即piwi argonaute zwille）和PIWI，因此也被称为含PAZ-PIWI结构域的蛋白质，或者PPD蛋白质。结构研究表明PAZ结构域包含一个寡核苷酸/低聚糖-结合（OB）折叠，而PIWI结构域则类似于RNase H核酸内切酶（Lingel *et al.*，2003；Song *et al.*，2003，2004；Yan *et al.*，2003；Ma *et al.*，2004；Parker *et al.*，2004）。如这些结构分析所示，PAZ结构域与小分子RNA作用，而PIWI结构域则具有一个RNA内切酶的活性（Song *et al.*，2004；Miyoshi *et al.*，2005；Saito *et al.*，2006）。PPD蛋白质的系统发生分析揭示了其与果蝇Piwi和拟南芥Ago蛋白相似性基础上的两个亚家族的分歧（Carmell *et al.*，2002）。有趣的是，尽管Ago蛋白发生于不同真核生物中，包括纤毛虫、植物、真菌和动物，然而Piwi蛋白则似乎不存在于植物和真菌中（Mochizuki *et al.*，2002）。

就像Ago蛋白一样，Piwi蛋白也与基因调控相关。例如，果蝇Piwi就发现与转录水平的基因沉默有关（Pal-Bhadra *et al.*，2004）。一般来说，由于异染色质的扩展(spreading)，异染色质附近的基因是失活的。如果没有Piwi，这个所谓的"位置效应花斑"（positional effect variegation）就会被抑制。这种沉默不足与基因异染色质化的缺失相关，就如同已鉴定的与组蛋白和异染色质蛋白1（HP1）等表观抑制蛋白的异染色质修饰水平的降低有关。除了转录水平的沉默，Piwi蛋白可能还与转录后水平沉默相关，因为Piwi（Saito *et al.*，2006）及其大鼠同源物Riwi（Lau *et al.*，2006）具有"切割机"（slicer）的活性。此外，小鼠中Piwi的同源物——Miwi（Grivna *et al.*，2006b）和Mili（Y. Unhavaithaya and H. Lin，未发表）位于胞质中，与翻译机器和mRNA相作用。由于已表明它们是精子发生过程所必需的，那么，这种相互作用可能是精子发生相关基因的翻译调节不可或缺的。

37.3 果蝇中Piwi蛋白的功能

与Ago成员呈现较广泛的表达不同，Piwi蛋白主要是在生殖腺中被检测到，而且很大程度上与干细胞维持有关。正如所预期的，Piwi蛋白是生殖细胞系（germline）发育和配子形成过程所必需的，其功能缺失将导致不育。另外，Piwi蛋白在体细胞（soma）中也有很重要的作用。例如，在果蝇发育过程中，无论是雌性还是雄性，Piwi首先是作为胚胎发生和生殖系系统（germline lineage）建立中的母体成分，之后，在表观调控、基因组的稳定、生殖干细胞（GSC）的维持及接下来的配子形成方面则作为合子因子（Lin and Spradling，1997；Cox *et al.*，2000；Pal-Bhadra *et al.*，2004；Kalmykova *et al.*，2005；Megosh *et al.*，2006；Pelisson *et al.*，2007）。在果蝇的早期胚胎中，母体的Piwi是一种胞质蛋白质，出现于整个胚胎中并富集于胚质中，作为一种生殖细胞系特异的、名为"极体"的细胞器的成分（Megosh *et al.*，2006）。剔除母体的Piwi会导致原生殖细胞（PGC）的建立失败，而双倍和三倍剂量的Piwi则将按比例地增加PGC的数目。在PGC形成后，Piwi从细胞质移位到细胞核中，在核内它是胚胎发生时PGC的正常发育所必需的（D. Cox，博士论文）。在胚胎发生后，Piwi蛋白在生殖细胞和体细胞中都继续作为核蛋白执行生殖系和体干功能（Lin and spradling，1997；Cox *et al.*，1998，2000；Pal-Bhadra *et al.*，2004）。特别是，母体的Piwi蛋白是胚胎发生所需的，缺失母体的Piwi蛋白会导致胚胎死亡，从而产生一个由于多种不同的有丝分裂和形态发生缺陷所致的完全的渗透表型（penetrant phenotype）(Cox *et al.*，1998)。

在后胚胎发育的过程中，Piwi蛋白抑制了基因组中的转座并作为一个外成性调控者起作用（Pal-Bhadra *et al.*，2004；Kalmykova *et al.*，2005；Pelisson *et al.*，2007）。在Piwi突变体的卵巢中，GSC无需自我更新（self-renewal）就进入卵子发生(Cox *et al.*，1998)。另外，突变体中卵子发生后的步骤通常是异常的（Lin and Spradling，1997)，暗示着Piwi蛋白在卵子发生过程中的post-GSC功能。有趣的是，Piwi在GSC维持过程中的功能保留在体龛细胞（somatic niche cell）中：从生殖细胞中剔除*Piwi*不影响GSC的自我更新（Cox *et al.*，1998），然而Piwi在piwi突变体的体细胞壁龛细胞中的特异表达维持了GSC表型（Szakmary *et al.*，2005）。另外，Piwi在体细胞中的过量表达消耗了 GSC 小生境，导致 GSC 数目的大大增加（Cox *et al.*，2000）。除了体干功能，Piwi 在生殖细胞系中的作用是促进 GSC 的分裂（Cox *et al.*，2000），保证卵子发生之后步骤的正常进行（Lin and Spradling，1997）和为将来的胚胎发生供应母体的 Piwi 蛋白（Cox *et al.*，1998）。

37.4 Piwi 蛋白在其他生物体中的功能

Piwi 蛋白在其他生物体中的功能描述主要集中在生殖细胞系。在秀丽隐杆线虫（*C. elegans*）中，两个 Piwi 同源基因——*prg-1* 和 *prg-2* 经 RNAi 缺失后导致了一个弱化的生殖细胞系有丝分裂增殖区（reduced germline mitotic proliferation zone），这个区相当于 *C. elegans* 的"GSC"（Cox *et al.*，1998）。在小鼠中，Piwi 的三个关系密切的同源物是精子发生（spermatogenesis）过程所必需的（Deng and Lin，2002；Kuramoche-Miyagawa *et al.*，2004；Carmell *et al.*，2007）。其中，Mili 可能还有 Miwi，在精原干细胞（spermatogonial stem cell）到精子发生的中粗线期之间的早期生殖细胞（germ cell）中表达（Kuramochi-Miyagawa *et al.*，2004；Carmell *et al.*，2007）。还有研究显示 Mili 在 PGC 中也有表达。在小鼠中 4 个 Piwi 同系物中的第三个——Miwi，表达时期是从中粗线期的精母细胞（spermatocyte）到圆形精子细胞（Deng and Lin，2002），与 Mili 和 Miwi2 在精子形成过程中的表达谱互补。与这个表达模式一致的是，在 Miwi 缺乏的情况下，生殖细胞可以完成减数分裂，却一律停滞在圆形精子细胞发育的初始阶段，意味着 Miwi 在精子发生中发挥关键的调控作用（Deng and Lin，2002）。Mili 和 Miwi 都是只能在精子发生阶段的细胞中被检测到表达的胞质蛋白，暗示了其功能的生殖细胞系自主权（germline-autonomy）。相反，Miwi2 在生殖细胞（germline）和滋养细胞（sertoli cell，即输精管中的支持细胞）中都有表达。然而，Miwi2 的体细胞表达并不是生殖细胞系（germline）功能所必需的（Carmell *et al.*，2007）。

不像果蝇的 Piwi 蛋白，小鼠 Piwi 蛋白的突变表型是雄性特异的，精子发生阻滞在特定阶段，导致完全的单雄性不育（male-only infertility）。对其他生物体，如斑马鱼、水母和真涡虫，Piwi 同源物的研究同样反映了它们在进化上保守的生殖系功能中的作用，也有一些可能是在干细胞水平上发挥功能（Tan *et al.*，2002；Seipel *et al.*，2004；Reddien *et al.*，2005；Rossi *et al.*，2006）。在人类中，还没有 Piwi 蛋白功能缺失表型的报道。然而，研究显示，在剂量效应上，人类 Piwi 同源物——Hiwi（Qiao *et al.*，2002）和 Hili（Lee *et al.*，2006）与睾丸的精原细胞瘤有关，尽管还不清楚这些蛋白表达水平的升高是癌症发生的起因还是结果。

对 Piwi 蛋白在高等生物体细胞中的功能推断，来源于它们在多个体干组织（somatic tissues）中的表达情况（Sharma *et al.*，2001；lee *et al.*，2006）和 Hiwi 过表达与恶性胃癌（gastric malignencies）之间的关联性（Liu *et al.*，2006）。除了这些研究之外，对其就知之甚少了。相反，少数几个研究决定性地阐明了 Ago 蛋白的功能。例如，小鼠 *ago2* 呈现出胚胎致死性，反映了在胚胎发育中 RNAi 途径作为基本性角色的重要性（Liu *et al.*，2004）。除了这些系统发生、细胞和表型的变化，Piwi 和 Ago 蛋白之间的一个明显差异也许是它们分别与 piRNA 和 si/miRNA 结合的能力不同。

37.5 piRNA 的发现

2006 年夏天，piRNA 隆重登上了小分子 RNA 世界的舞台，5 个研究组同期独立地发现了它们（Aravin *et al.*，2006；Girard *et al.*，2006；Grivna *et al.*，2006a；Lau *et al.*，2006；Watanabe *et al.*，2006）。其中三个研究组各自采用免疫共沉淀的方式，从高丰度表达 Piwi 蛋白的小鼠睾丸中查找与 Miwi 和 Mili 结合的小分子 RNA，也就是寻找与 Piwi 蛋白结合的小分子 RNA（Aravin *et al.*，2006；Girard *et al.*，2006；Grivna *et al.*，2006a）。他们免疫共沉淀了一个丰度高、大小约为 26～31nt 的非 miRNA 的小分子 RNA。这些与 Miwi 和 Mili 结合的小分子 RNA 分别呈现出 26nt 和 31nt 的中间长度。正如所料，在人类睾丸中也发现了两类相当的 piRNA（Aravin *et al.*，2006；Girard *et al.*，2006），暗示了它们可能与人类中 Miwi 和 Mili 的同源物——Hiwi 和 Hili 相互作用。另外两个研究组——Watanabe 等（2006）和 Lau 等（2006）分别在查找小鼠和大鼠生殖系（germline）中表达的小分子 RNA 时也得到了同样的结论。Lau 等（2006）观察到，这些不同于 miRNA 的小分子 RNA，与大鼠 Piwi，即 Riwi 一起共分离出来。因为与 Piwi 蛋白结合，所以这些小分子 RNA 被命名为 piwi-交互 RNA（piRNA）。

piRNA 不同于 miRNA，不仅体现在大小和丰度上，也体现在表达的组织倾向性和复杂性上。piRNA 仅在睾丸中能被检测到，而且在精子发生的粗线期后期呈现特高丰度的表达（Aravin *et al.*，2006；Girard *et al.*，2006；Grivna *et al.*，2006a；Watanabe *et al.*，2006）。目前，已经鉴定出至少 55 000 种与 Miwi 和（或）Mili 相结合的 piRNA。piRNA 的总数预计将远超出目前已知的数目，因为在鉴定小分子 RNA 的测序中，很多 piRNA 还只被检测到一次。piRNA 的数目至少比 miRNA 高出两个数量级，暗示着它们在功能上潜在的复杂性和多样性。

目前，鉴定表明 piRNA 也存在于果蝇（Brennecke *et al.*，2007；Gunawardane *et al.*，2007）、斑马鱼（Houwing *et al.*，2007）、真涡虫（planaria）（来自个人交流）、有纤毛原生动物（ciliate protozoan）和四膜虫（*Tetrahymena thermophila*）（Mochizuki *et al.*，2002；Mochizuki and Gorovsky，2004a）中，意味着它们进化上的保守性和生物学意义。在果蝇中，三个 Piwi 蛋白（Piwi、Ago3 和 Aub）分别与不同群的piRNA 作用，就像 Miwi 和 Mili。大约 75% 的果蝇 piRNA 来源于基因组上的高度重复序列，因此，一小部分 piRNA 最初曾被鉴定为 repeat-associated siRNA（rasiRNA）（Vagin *et al.*，2006）。与之截然不同的是，尽管哺乳动物基因组中大约 40% 被注释为重复序列，然而只有 15% 的哺乳动物 piRNA 来源于重复序列。

对 piRNA 序列的基因组作图显示它们大多在基因组上成簇分布。尽管单个的 piRNA序列在进化上看上去不那么保守（这一点不像 miRNA）但是 piRNA 簇本身在人类、小鼠和大鼠的基因组上却呈现出同线性（synteny）。引人注目的是，大多数 piRNA对应于基因组上的间隔区，而这些区过去曾被认为不转录并因此被称为“垃圾”DNA。piRNA 的这些独有特征引发了几个问题：它们是怎样产生的，如何被调控？这些 piRNA 仅仅是垃圾 RNA 还是有什么功能？如果有，那么它们的功能是什么？以下几节总结了关于这些疑问的当前进展。

37.6 piRNA 的生物合成

piRNA 的生物合成看上去不同于 siRNA 和 miRNA 的路径。与 miRNA 和 siRNA 类似，piRNA 的 5′端对“尿嘧啶”（U）呈现出很高的偏向性，这似乎是 *Drosha* 和 *Dicer* 等 RNase III 的酶切产物特征。但是，不同于 miRNA 和 siRNA，哺乳动物 piRNA似乎来源于单链前体，因为同一个簇中大多数 piRNA 都来源于一条链，且以交叠的方式头尾相接排布（图 37.1）。经常地，一个簇中一半 piRNA 对应于双链 DNA 中的一链，而另一半的 piRNA 对应于转录方向相反的另一链，仿佛这两半代表了来自一个中心启动子区的两个转录分支的前体（图 37.1）。与大片段 piRNA 单链前体的存在相印证的是，已有研究从小鼠睾丸中鉴定了大量没有已知功能的长片段 EST。其中一个 EST 就对应于位于 17 号染色体上最大的 piRNA 簇中的一个（Yin et al. ，未发表）。

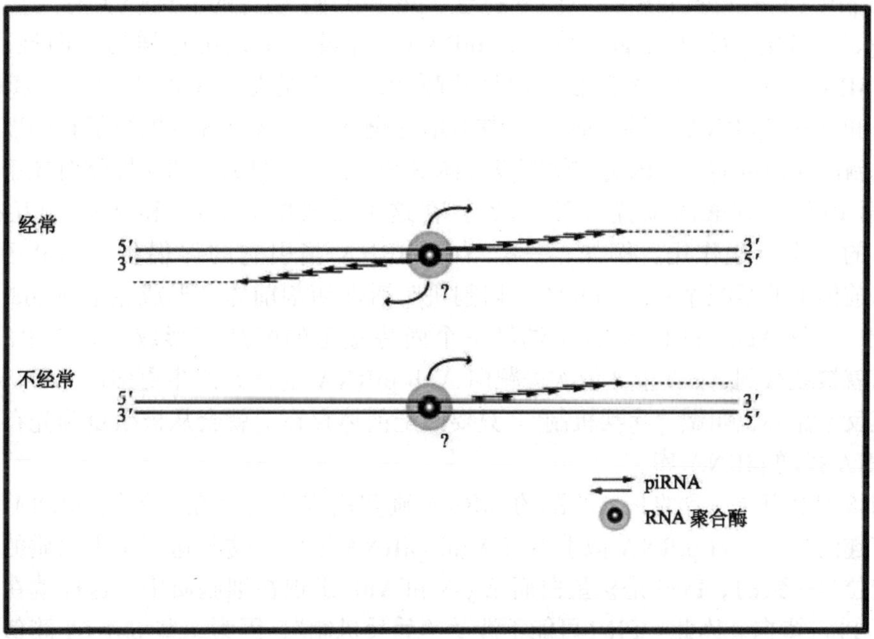

图 37.1　哺乳动物 piRNA 基因簇。大多数哺乳动物 piRNA 基因簇似乎都由一个双向启动子区控制。观察到的单向基因簇的频率较低。一个基因簇内单个 piRNA 仅来源于 DNA 链中的一条链，方向相同且头尾相接并同源。这些观察显示可能存在长片段的单链初级转录物作为前体被加工形成单个 piRNA。

到目前为止，对 piRNA 前体的计算机预测没有揭示任何类似于 miRNA 前体的结构信息。在 piRNA 簇之间也没有找到共同的二级结构元件。这些生物信息分析的结论已得到了实验观察的支持，即果蝇 Dicer1 或 Dicer2 功能缺失的突变体并未呈现piRNA/rasiRNA 任何表达水平的下降（Vagin *et al.* ，2006）。尽管这不能排除这两个Dicer同源体之间冗余的可能性，但是有一个来源于斑马鱼的更加令人信服的证据。Houwing 等（2007）观察到在斑马鱼中合子的（zygotic）Dicer 不是 piRNA 生物合成所必需的。然而，在这种情况下，母体装载的 Dicer 可能参与了 piRNA 的产生。有趣的是，Grivna

等（2006）和 Aravin 等（2006）的研究显示，在 Miwi 和 Mili 缺乏的小鼠中，Miwi piRNA 和 Mili piRNA 的表达大幅下调了，而 miRNA 未受影响。相同的现象也发生在 Ziwi 的至少一个 piRNA 伴侣身上（Houwing *et al.*，2007）。如果 Piwi 蛋白具有 RNA 剪切的活性（Saito *et al.*，2006；Gunawardane *et al.*，2007），那么，Piwi 蛋白很可能就是参与将前体切割成 piRNA 过程的酶。另外，它们还可能结合成熟的 piRNA，形成效应复合物。这个相互作用可能是稳定 piRNA 必需的，否则在缺乏这些伴侣蛋白质的情况下，piRNA 可能很快被细胞内的核酸酶降解。

最近基于生物信息分析的推测是，在果蝇中某些转座子来源的 piRNA 的生物合成可能牵涉到一个加速 piRNA 前体产生 piRNA 的"扩增机制"（independently by Brennecke *et al.*，2007；Gunawardane *et al.*，2007）。在果蝇的三个 Piwi 蛋白中，Aub 和 Piwi 与来源于转座子及其衍生物反义链的 piRNA 结合，Ago3 则结合正链 piRNA。尽管 Aub piRNA 和 Piwi piRNA（即分别与 Aub 和 Piwi 结合的 piRNA）有 5′U 的偏向性，Ago3 piRNA（即与 Ago3 结合的 piRNA）却没有呈现出这样的倾向性。但是，Ago3 piRNA 的第 10 位核苷酸经常是腺嘌呤。特殊的是，来源于同一个簇的 Aub piRNA和 Ago3 piRNA 5′端的前 10 个核苷酸完全互补。这个观察提高了它们以"切割机"机制产生的可能性，因为在切割复合体 RISC 中"切割机"的活性就对应于小分子 RNA 第 10 位核苷酸的位置（图 37.2）。在这个模式中，Ago3 和 Aub 相互在对方 piRNA的产生上起作用。例如，一个 Aub piRNA 指引它的伴侣蛋白 Aub 到 Ago3 piRNA前体上的匹配序列。Aub 的"切割机"活性切割前体，形成相应 Ago3 piRNA 的 5′端。一旦 Ago3 piRNA 的 3′端经一个尚待鉴定的酶加工形成了，产生的 Ago3 piRNA就被装载到 Ago3 上，依次去靶向 Aub piRNA 前体并产生更多的 Aub piRNA。这个正反馈循环也叫做"乒乓机制"，只要匹配前体存在，就会从极微量预先存在的成熟 piRNA 扩增 piRNA 库。

与该扩增模式一致的是，匹配的 piRNA 确实高丰度地存在于果蝇 piRNA 的文库中。有趣的是，Piwi piRNA 似乎不与 Ago3 piRNA 匹配。这与这三个蛋白质的细胞内空间定位是一致的，Piwi 是核蛋白而 Ago3 和 Aub 出现在细胞质中，这样就在空间上隔离了 Piwi 蛋白。因此，Piwi 可能不涉及"乒乓机制"。因为一些 piRNA 簇似乎只生产与一种 Piwi 蛋白作用的 piRNA，所以这个"乒乓机制"即使存在的话，也不能参与所有 piRNA 的产生。

这个"乒乓机制"可以解释 piRNA 5′端的产生，却不能鉴定负责 3′切割的酶。piRNA 的最终大小可能是通过一个单个 Piwi 蛋白与负责 3′切割的 RNase之间的相互作用来确定的。Pane 等（2007）的研究暗示了在果蝇中，Zucchini 和 Squash 是两个这样的候选 RNase。Zucchini 属于磷脂酶-D/核酸酶（phospholipase-D/nuclease）家族，而 Squash 与根癌农杆菌（*Agrobacterium tumefaciens*）的 RNase HII 有同源性。它们都与 Aub 相互作用，是果蝇中 piRNA/rasiRNA 产生所必需的。

还有一个悬而未决的问题是"乒乓机制"是否存在于哺乳动物系统中。*miwi* 和 *mili* 突变体中观察到的转座子沉默缺陷与基因组序列甲基化状态的减少相关，暗示了一个转录水平的沉默机制。然而，转录物的形成是"乒乓模式"——一个描述转座子转录后水平沉默的模式中的正反馈循环所必需的。Piwi 蛋白对转录的抑制将破坏这个循环。

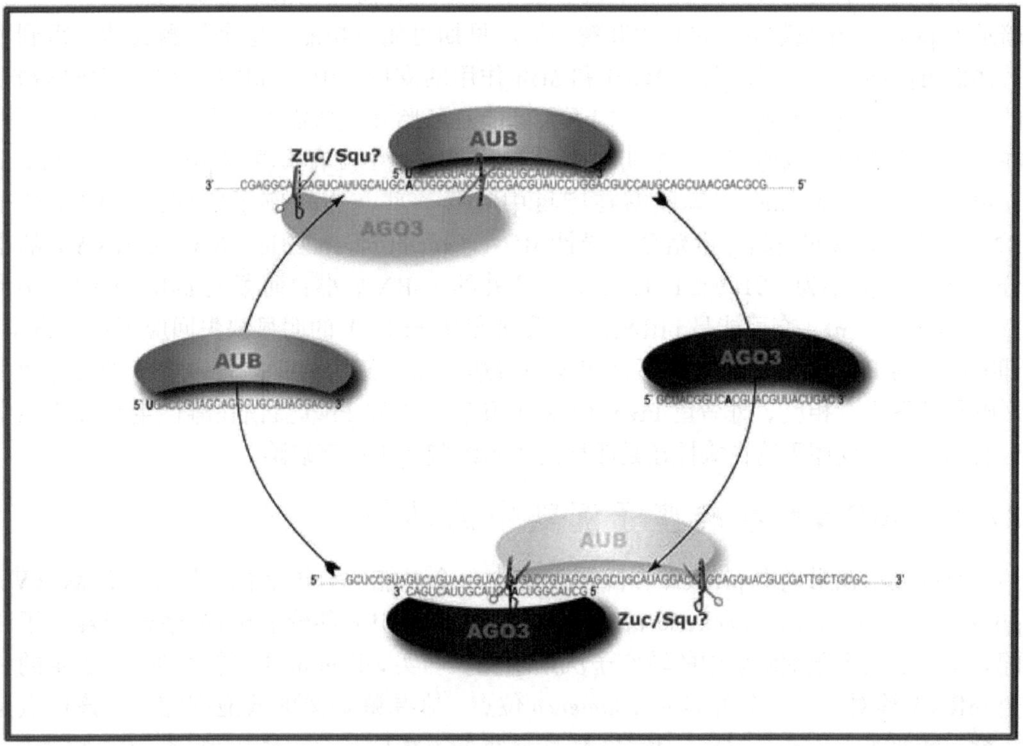

图 37.2　piRNA 生物合成和扩增的“乒乓”模型。一个 Aub piRNA 指导 Aub 靶向具有互补序列的 Ago3 piRNA 前体。之后这个前体被 Aub 切割，产生一个与之匹配的 Ago3 piRNA，Ago3 piRNA能够作用于 Aub piRNA 前体产生一个 Aub piRNA，开始了一个正反馈循环。果蝇 Piwi 亚家族中的 Aub piRNA 和 Ago3 piRNA 的 5′端前 10 个核苷酸呈现出非常高的互补性。图中所示为前体的假设序列，其中 Aub piRNA 第一个核苷酸偏爱的“U”和 Ago3 piRNA 第 10 个核苷酸偏爱的“A”以加粗形式突出标示。

piRNA 的一个特征是其 3′端有一个 2′-*O*-甲基化，这一点与植物中的 miRNA 类似却不同于动物中的 miRNA（Kirino and Mourelatos，2007；Ohara *et al.*，2007）。然而，甲基化的机制和功能意义尚不清楚。因为植物 miRNA 3′端被认为是由“Hen1”甲基转移酶加工的甲基化赋予了其抵抗核酸酶的稳定性（Li *et al.*，2005；Yu *et al.*，2005；Yang *et al.*，2006），因此，动物中 piRNA 的这个甲基化可能承担着同样的功能。或者这可能是一个抵抗 RNA 编辑的保护机制，也或者仅仅是动物中 Piwi 蛋白而不是 Ago 识别的一个标签。目前，类似于 Hen1 的进行 piRNA 甲基化的酶还未被鉴定。

37.7　piRNA 的生物学功能

piRNA 序列对应于基因组中的外显子、内含子、间隔区独特的序列、重复序列和转座元件，因此一个很诱人的推测是 piRNA 可能具有多种类型的功能。piRNA 主要在生殖腺中被检测到其表达，暗示了它们在配子形成中的功能。在小鼠睾丸中，piRNA

主要富集在后粗线期（post-pachytene）的精母细胞，而且在精细胞晚期急剧下降。这暗示了 piRNA 在减数分裂过程中和精子形成早期可能有功能。这个预测的功能得到了其伴侣蛋白即在精子形成期的 Miwi 和 Mili 作用的支持。由于 piRNA 在储存成熟精子的附睾中没有被检测到，因此，它们不太可能是胚胎发生所需的父系因子。有趣的是，在哺乳动物的卵巢或前期 II～中期 II 的成熟卵母细胞中没有检测到 piRNA（Watanabe *et al.*，2006）。Watanabe 等能够在卵巢中克隆一些与逆转座子序列匹配的小分子 RNA。然而，这些被归为生殖系特异性 RNA（germline-specific RNA，gsRNA）的小分子 RNA，大小为（21.9±1.3）nt，比睾丸的 gsRNA 小；而睾丸 gsRNA 的大小为（25.5±4.53）nt，有可能是 piRNA。小鼠卵巢中 piRNA 的明显缺失回应了一个事实，即哺乳动物 Piwi 蛋白在睾丸而不是卵巢中表达以及它们的突变体只影响精子发生而不影响卵子发生。相反，斑马鱼 Piwi（Ziwi）和三个果蝇 Piwi 蛋白在雌性生殖细胞系中也表达，其突变体无论在雄性还是雌性的生殖细胞系中都有缺陷。

37.8 piRNA 在转座子沉默中的功能

研究显示在果蝇中 piRNA 在配子发生中一个可能的分子活性是转座子沉默（Vagin *et al.*，2006；Brennecke *et al.*，2007）。在果蝇中大部分 piRNA 序列与转座子匹配，暗示了其生殖细胞系中的转座子沉默功能。确实，Brennecke 等（2007）鉴定的一个 piRNA 簇对应于一个著名的 *Flamenco* 位点。在果蝇卵巢的滤泡细胞中，该位点是沉默逆转座子 *gypsy*、*idefix* 和 *ZAM* 所必需的（Pelisson *et al.*，1994；Prud'homme *et al.*，1995；Desset *et al.*，2003；mevel-Ninio *et al.*，2007），它包括截断的和因此而失活的转座子。来源于这个簇的 piRNA 特异性地与 Piwi 作用，而 Piwi 是沉默 *gypsy* 元件在内的一些转座子所必需的（Sarot *et al.*，2004）。正如 Ago 蛋白利用 miRNA 和 siRNA 靶向转录物一样，Piwi 蛋白可能利用 piRNA 靶向生殖细胞系中逆转座子的 RNA 中间产物，切断它们并最终导致其降解。实际上，在缺乏 Piwi 而非 Aub 的情况下，*gypsy* RNA 的水平是升高的。而且由 P-元件引起的 *Flamenco* 位点的突变发生导致了 *gypsy* RNA 的上调和只来源于这个位点的 piRNA 水平的下降。这就为 *gypsy* piRNA 作为 Piwi 的伴侣在沉默该转座子中起作用提供了一个相关的证据。尽管 Piwi/piRNA 介导的沉默模式仍难以琢磨，果蝇 piRNA 生物合成中设想的“乒乓”模式也适用于转座子的转录后水平沉默（图 37.2 和图 37.3）。与转座子反义的 piRNA 可能引导 Piwi 或 Aub 到逆转座子转录物。随后这些 Piwi 蛋白可能切断转座子转录物，形成新 piRNA 的 5′端，新 piRNA 可能再与 Ago3 作用。因此，Piwi 蛋白在“乒乓”模式中可能有双重功能：它们既是 piRNA 产生所必需的，也是逆转座子转录后水平沉默必不可少的。

尽管大多数果蝇 piRNA 和大约 1/3 的斑马鱼 piRNA 对应于注释的重复序列，然而只有一小部分哺乳动物 piRNA 似乎来源于重复区。虽然果蝇 piRNA 的生物合成和功能设想模式可能也适用于这小部分 piRNA，却不适用于大部分哺乳动物 piRNA。有可能哺乳动物在发展 piRNA 介导的其他功能时，其介导转座子沉默的功能是衰退的。这种适应性可能是进化过程中哺乳动物基因组上除了少数几个主线之外的所有移动元件消除的结果。

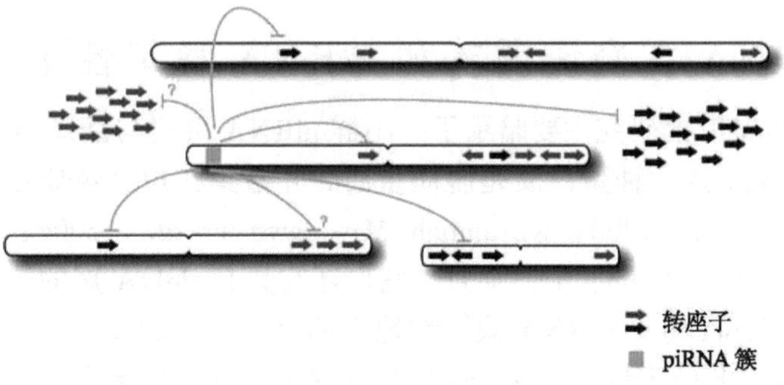

图 37.3 生殖细胞系中 piRNA 介导的转座子沉默。在生殖细胞系中，具有与逆转座子互补序列的 piRNA 能够指导 Piwi 蛋白靶向相应匹配的转座子并导致其沉默。这种监督作用可以通过 Piwi 作为染色质结合蛋白的表观沉默功能在转录水平上获得，或是通过 Aub、Ago3，可能还有 Piwi 的“切割机”活性在转录后水平上获得。

37.9 piRNA 在转录抑制中的功能

除了通过转录后水平机制进行转座子沉默的功能之外，piRNA 可能与转录抑制有关（图 37.3）。因为 Piwi 促进异染色质化（Pal-Bhadra *et al.*，2004），所以，有可能是它被 piRNA 引导到基因组序列和（或）新生转录物，导致靶位点的转录沉默。支持这一结论的是，在 Mili（Aravin *et al.*，2007）或 Miwi2（Carmell *et al.*，2007）缺失的情况下，小鼠睾丸中 Line 1 元件呈现出去甲基化（de-methylation）。相应地，Line1 和 IAP 类型的逆转座子在敲除了 *mili* 和 *miwi2* 的突变体中被上调了。斑马鱼在重复序列来源 piRNA 的方面处于果蝇和哺乳动物之间。在这个生物体中，大约 34% 卵巢 piRNA 和 21% 睾丸 piRNA 来源于转座子序列。在这些 piRNA 中，大约 60% 对应于反义 LTR 元件，包括卵巢和睾丸中都存在的 GypsyDR1 和 GypsyDR2 元件，与小鼠和果蝇中的观察一致。然而，Ziwi 对这些转座子的影响还不能被估定，因为在 Ziwi 缺失的情况下生殖细胞也丧失了。

37.10 piRNA 在 DNA 重组/重排中的功能

Lau 等（2006）的研究主要暗示了 piRNA 在这方面的潜在功能，他们观察到了 Riwi 与 RecQ DNA 螺旋酶共分离的现象。RecQ DNA 螺旋酶能够解旋双链 DNA，参加了 DNA 复制、重组和修复通路等众多细胞活动。这个观察支持了 piRNA 在减数分裂过程中介导重组的观点。在这方面，鉴定 Riwi 的亚细胞定位是很重要的。除了对于 Riwi 的研究，早期在四膜虫（*Tetrahymena thermophila*）中的研究工作也暗示在接合后新生的大核内，*Tetrahymena* piwi（Twi1p）和 scan RNA（scnRNA）在消除特殊 DNA 序列的过程中起了作用（Mochizuki *et al.*，2002；Mochizuki and Gorovsky，2004a，b；Lee and Collins，2006）。可能 scnRNA 就是与 Twi1p 相结合、*Tetrahymena* 的 piRNA。

37.11 piRNA 在翻译调节和 mRNA 稳定性中的作用

关于 Miwi 和 Mili 的研究主要暗示了一小群 piRNA 可能与翻译调节和（或）控制 mRNA 稳定性有关。这两种蛋白质是胞质蛋白，并富集在拟染色质小体（chromatoid body）（Deng and Lin，2002；Kuramochi-Miyagawa *et al.*，2004；Grivna *et al.*，2006b；Kotaja *et al.*，2006a、b）。而且，它们还与具有 PolyA 尾的 RNA 相作用。在 *miwi* 突变体中，Miwi 的靶 mRNA 戏剧性地下调（Deng and Lin，2002），暗示 Miwi 正调节其靶 mRNA 的稳定性。Miwi 和 Mili 的这个功能可能与其 piRNA 有关。事实上，Grivna 等（2006b）证明一亚群 piRNA 与翻译机器共分离出来，且 Miwi 与这些 piRNA 和翻译机器都有作用。相似的结合情况在 Mili 上也能观察到（Unhavaithaya and Lin，未发表数据）。此外，Piwi（Megosh *et al.*，2006）、Miwi（Grivna *et al.*，2006b）、Mili（Kuramochi-Miyagawa *et al.*，2004）和 Ziwi（Tan *et al.*，2002）都与 Vasa 或其同源物相互作用。Vasa 是 DEAD-box 家族中一个 ATP 依赖性 RNA 螺旋酶。该蛋白质家族在生殖细胞中特异表达，并被暗示通过与 dIF2（果蝇中翻译起始因子 eIF5B 的同源物）相互作用参与翻译调控（Carrera *et al.*，2000）。基于这些性质，可以推测它促进了生殖细胞系特异 RNA 的翻译。最后，研究显示果蝇 Piwi 的同源蛋白 Aub 调控了翻译过程（Wilson *et al.*，1996）。这些观察意味着一个亚群的 piRNA 与其伴侣蛋白可能调控了翻译和 mRNA 的稳定性。

mRNA 的稳定性控制，或是通过 piRNA 的方式，或不是，可能发生在拟染色质小体中。这是个特殊的结构，目前已经知道它含有 Gw182、小鼠 Vasa 同源物（MVH）、Dicer、miRNA、mRNA、Miwi 和 Mili。Miwi 和 Mili 都与 Mael 作用。Mael 是个功能未知的新蛋白质，也定位于小鼠的拟染色质小体中和果蝇生殖细胞系拟染色质小体类似结构 nuage 中（Findley *et al.*，2003；Costa *et al.*，2006）。除了 Piwi 蛋白，Mael 与染色质重塑者（chromatin remodeler）SNF5 和染色质结合蛋白 SIN3B 结合。拟染色质小体的功能是个谜；然而，很诱人的一个推测是它在 mRNA 的储存和加工中扮演了角色，因为已经知道其类似结构——P-body 在体细胞的这些过程中有功能。拟染色质小体在精母细胞早期以颗粒的形式形成，然后这些颗粒在圆形精子细胞中融合形成一个明显的圆球。这是一个高度动态的结构，围绕着核膜移动，并与核孔和高尔基复合体瞬时性结合。而且，研究还显示在大鼠中它们还穿过早期精子细胞之间的胞质桥，暗示了它在生殖细胞之间作为货物运载者的功能（Ventala *et al.*，2003）。

除了在配子发育方面的功能，斑马鱼和果蝇的 Piwi 蛋白在母体中的表达意味着 piRNA 可能有母体效应功能。Ziwi 和至少一个 piRNA 伴侣是母体负载的（Houwing *et al.*，2007），就像果蝇 Piwi 蛋白（Brennecke *et al.*，2007；Gunawardane *et al.*，2007）。当然也有可能是 Ziwi 的母体功能不依赖于 piRNA 的，因为 Ziwi piRNA 在卵原细胞（oogonia）和PGC中未观察到表达，即使是Ziwi存在于这些细胞中。当前，还不清楚Piwi蛋白及其piRNA在表达谱方面的差异是由于功能分歧还是仅仅是检测方法的灵敏度问题。

37.12 结语

piRNA领域的研究进展日新月异。新的测序、细胞学分析和对其伴侣Piwi蛋白的研究将加深我们对piRNA生物合成和功能的认识。例如，特异性piRNA的亚细胞定位在哪里？"乒乓"模式中的起始piRNA是什么，还有哪些别的RNase？这个模式能否适用于哺乳动物系统？那些不适用于该生物合成模式的piRNA是如何产生的？这些piRNA是否存在于体干组织？扰乱特异性piRNA的表达会导致什么后果？最后的问题是一个piRNA究竟如何与一个Piwi蛋白及其他因子相互作用来获得特异的调控功能。对这些问题的回答将积极地推进我们对piRNA生物合成和功能及其在疾病生物学中潜在意义的认识。

参考文献

Aravin, A., Gaidatzis, D., Pfeffer, S. *et al*. (2006). A novel class of small RNAs bind to MILI protein in mouse testes. *Nature*, **442**, 203–207.

Aravin, A. A., Sachidanandam, R., Girard, A., Fejes-Toth, K. and Hannon, G. J. (2007). Developmentally regulated piRNA clusters implicate MILI in transposon control. *Science*, **316**, 744–747.

Brennecke, J., Aravin, A. A., Stark, A. *et al*. (2007). Discrete small RNA-generating loci as master regulators of transposon activity in *Drosophila*. *Cell*, **128**, 1089–1103.

Carmell, M. A., Girard, A., van de Kant, H. J. *et al*. (2007). MIWI2 is essential for spermatogenesis and repression of transposons in the mouse male germline. *Developmental Cell*, **12**, 503–514.

Carmell, M. A., Xuan, Z., Zhang, M. Q. and Hannon, G. J. (2002). The Argonaute family: tentacles that reach into RNAi, developmental control, stem cell maintenance, and tumorigenesis. *Genes & Development*, **16**, 2733–2742.

Carrera, P., Johnstone, O., Nakamura, A. *et al*. (2000). VASA mediates translation through interaction with a Drosophila yIF2 homolog. *Molecular Cell*, **5**, 181–187.

Costa, Y., Speed, R. M., Gautier, P. *et al*. (2006). Mouse MAELSTROM: the link between meiotic silencing of unsynapsed chromatin and microRNA pathway? *Human Molecular Genetics*, **15**, 2324–2334.

Cox, D. N., Chao, A., Baker, J. *et al*. (1998). A novel class of evolutionarily conserved genes defined by piwi are essential for stem cell self-renewal. *Genes & Development*, **12**, 3715–3727.

Cox, D. N., Chao, A. and Lin, H. (2000). *piwi* encodes a nucleoplasmic factor whose activity modulates the number and division rate of germline stem cells. *Development*, **127**, 503–514.

Deng, W. and Lin, H. (2002). miwi, a murine homolog of piwi, encodes a cytoplasmic protein essential for spermatogenesis. *Developmental Cell*, **2**, 819–830.

Desset, S., Meignin, C., Dastugue, B. and Vaury, C. (2003). COM, a heterochromatic locus governing the control of independent endogenous retroviruses from *Drosophila melanogaster*. *Genetics*, **164**, 501–509.

Findley, S. D., Tamanaha, M., Clegg, N. J. and Ruohola-Baker, H. (2003). Maelstrom, a *Drosophila* spindle-class gene, encodes a protein that colocalizes with Vasa and RDE1/AGO1 homolog, Aubergine, in nuage. *Development*, **130**, 859–871.

Girard, A., Sachidanandam, R., Hannon, G. J. and Carmell, M. A. (2006). A germline-specific class of small RNAs binds mammalian Piwi proteins. *Nature*, **442**, 199–202.

Grivna, S. T., Beyret, E., Wang, Z. and Lin, H. (2006a). A novel class of small RNAs in mouse spermatogenic cells. *Genes & Development*, **20**, 1709–1714.

Grivna, S. T., Pyhtila, B. and Lin, H. (2006b). MIWI associates with translational machinery and PIWI-interacting RNAs (piRNAs) in regulating spermatogenesis. *Proceedings of the National Academy of Sciences USA*, **103**, 13415–13420.

Gunawardane, L. S., Saito, K., Nishida, K. M. *et al*. (2007). A slicer-mediated mechanism for repeat-associated siRNA 5′ end formation in Drosophila. *Science*, **315**, 1587–1590.

Houwing, S., Kamminga, L. M., Berezikov, E. *et al*. (2007). A role for Piwi and piRNAs in germ cell maintenance and transposon silencing in Zebrafish. *Cell*, **129**, 69–82.

Kalmykova, A. I., Klenov, M. S. and Gvozdev, V. A. (2005). Argonaute protein PIWI controls mobilization of retrotransposons in the *Drosophila* male germline. *Nucleic Acids Research*, **33**, 2052–2059.

Kirino, Y. and Mourelatos, Z. (2007). Mouse Piwi-interacting RNAs are 2′-O-methylated at their 3′ termini. *Nature Structural & Molecular Biology*, **14**, 347–348.

Kotaja, N., Bhattacharyya, S. N., Jaskiewicz, L. *et al*. (2006a). The chromatoid body of male germ cells: similarity with processing bodies and presence of Dicer and microRNA pathway components. *Proceedings of the National Academy of Sciences USA*, **103**, 2647–2652.

Kotaja, N., Lin, H., Parvinen, M. and Sassone-Corsi, P. (2006b). Interplay of PIWI/Argonaute protein MIWI and kinesin KIF17b in chromatoid bodies of male germ cells. *Journal of Cell Science*, **119**, 2819–2825.

Kuramochi-Miyagawa, S., Kimura, T., Ijiri, T. W. *et al*. (2004). Mili, a mammalian member of piwi family gene, is essential for spermatogenesis. *Development*, **131**, 839–849.

Lau, N. C., Seto, A. G., Kim, J. *et al*. (2006). Characterization of the piRNA complex from rat testes. *Science*, **313**, 363–367.

Lee, J. H., Schutte, D., Wulf, G. *et al*. (2006). Stem-cell protein Piwil2 is widely expressed in tumors and inhibits apoptosis through activation of Stat3/Bcl-XL pathway. *Human Molecular Genetics*, **15**, 201–211.

Lee, S. R. and Collins, K. (2006). Two classes of endogenous small RNAs in *Tetrahymena thermophila*. *Genes & Development*, **20**, 28–33.

Li, J., Yang, Z., Yu, B., Liu, J. and Chen, X. (2005). Methylation protects miRNAs and siRNAs from a 3′-end uridylation activity in *Arabidopsis*. *Current Biology*, **15**, 1501–1507.

Lin, H. and Spradling, A. C. (1997). A novel group of pumilio mutations affects the asymmetric division of germline stem cells in the Drosophila ovary. *Development*, **124**, 2463–2476.

Lingel, A., Simon, B., Izaurralde, E. and Sattler, M. (2003). Structure and nucleic-acid binding of the *Drosophila* Argonaute 2 PAZ domain. *Nature*, **426**, 465–469.

Liu, J., Carmell, M. A., Rivas, F. V. *et al*. (2004). Argonaute 2 is the catalytic engine of mammalian RNAi. *Science*, **305**, 1437–1441.

Liu, X., Sun, Y., Guo, J. *et al*. (2006). Expression of hiwi gene in human gastric cancer was associated with proliferation of cancer cells. *International Journal of Cancer*, **118**, 1922–1929.

Ma, J. B., Ye, K. and Patel, D. J. (2004). Structural basis for overhang-specific small interfering RNA recognition by the PAZ domain. *Nature*, **429**, 318–322.

Megosh, H. B., Cox, D. N., Campbell, C. and Lin, H. (2006). The role of PIWI and the miRNA machinery in Drosophila germline determination. *Current Biology*, **16**, 1884–1894.

Mevel-Ninio, M., Pelisson, A., Kinder, J., Campos, A. R. and Bucheton, A. (2007). The flamenco locus controls the gypsy and ZAM retroviruses and is required for Drosophila oogenesis. *Genetics*, **175**, 1615–1624.

Miyoshi, K., Tsukumo, H., Nagami, T., Siomi, H. and Siomi, M. C. (2005). Slicer function of *Drosophila* Argonautes and its involvement in RISC formation. *Genes & Development*, **19**, 2837–2848.

Mochizuki, K., Fine, N. A., Fujisawa, T. and Gorovsky, M. A. (2002). Analysis of a piwi-related gene implicates small RNAs in genome rearrangement in Tetrahymena. *Cell*, **110**, 689–699.

Mochizuki, K. and Gorovsky, M. A. (2004a). Conjugation-specific small RNAs in Tetrahymena have predicted properties of scan (scn) RNAs involved in genome rearrangement. *Genes & Development*, **18**, 2068 - 2073.

Mochizuki, K. and Gorovsky, M. A. (2004b). Small RNAs in genome rearrangement in Tetrahymena. *Current Opinions in Genetics & Development*, **14**, 181 - 187.

Ohara, T., Sakaguchi, Y., Suzuki, T. *et al*. (2007). The 3′ termini of mouse Piwi-interacting RNAs are 2′-O-methylated. *Nature Structural & Molecular Biology*, **14**, 349 - 350.

Pal-Bhadra, M., Leibovitch, B. A., Gandhi, S. G. *et al*. (2004). Heterochromatic silencing and HP1 localization in Drosophila are dependent on the RNAi machinery. *Science*, **303**, 669 - 672.

Pane, A., Wehr, K. and Schupbach, T. (2007). Zucchini and squash encode two putative nucleases required for rasiRNA production in the Drosophila germline. *Developmental Cell*, **12**, 851 - 862.

Parker, J. S., Roe, S. M. and Barford, D. (2004). Crystal structure of a PIWI protein suggests mechanisms for siRNA recognition and slicer activity. *European Molecular Biology Organization Journal*, **23**, 4727 - 4737.

Pelisson, A., Sarot, E., Payen-Groschene, G. and Bucheton, A. (2007). A novel repeat-associated small interfering RNA-mediated silencing pathway downregulates complementary sense gypsy transcripts in somatic cells of the *Drosophila ovary*. *Journal of Virology*, **81**, 1951 - 1960.

Pelisson, A., Song, S. U., Prud'homme, N. *et al*. (1994). Gypsy transposition correlates with the production of a retroviral envelope-like protein under the tissue-specific control of the *Drosophila* flamenco gene. *European Molecular Biology Organization Journal*, **13**, 4401 - 4411.

Prud'homme, N., Gans, M., Masson, M., Terzian, C. and Bucheton, A. (1995). Flamenco, a gene controlling the gypsy retrovirus of *Drosophila melanogaster*. *Genetics*, **139**, 697 - 711.

Qiao, D., Zeeman, A. M., Deng, W., Looijenga, L. H. and Lin, H. (2002). Molecular characterization of hiwi, a human member of the piwi gene family whose overexpression is correlated to seminomas. *Oncogene*, **21**, 3988 - 3999.

Reddien, P. W., Oviedo, N. J., Jennings, J. R., Jenkin, J. C. and Sanchez Alvarado, A. (2005). SMEDWI-2 is a PIWI-like protein that regulates planarian stem cells. *Science*, **310**, 1327 - 1330.

Rossi, L., Salvetti, A., Lena, A. *et al*. (2006). DjPiwi-1, a member of the PAZ-Piwi gene family, defines a subpopulation of planarian stem cells. *Developmental Genes & Evolution*, **216**, 335 - 346.

Saito, K., Nishida, K. M., Mori, T. *et al*. (2006). Specific association of Piwi with rasiRNAs derived from retrotransposon and heterochromatic regions in the *Drosophila genome*. *Genes & Development*, **20**, 2214 - 2222.

Sarot, E., Payen-Groschene, G., Bucheton, A. and Pelisson, A. (2004). Evidence for a piwi-dependent RNA silencing of the gypsy endogenous retrovirus by the *Drosophila melanogaster flamenco gene*. *Genetics*, **166**, 1313 - 1321.

Seipel, K., Yanze, N. and Schmid, V. (2004). The germ line and somatic stem cell gene Cniwi in the jellyfish Podocoryne carnea. *International Journal of Developmental Biology*, **48**, 1 - 7.

Sharma, A. K., Nelson, M. C., Brandt, J. E. *et al*. (2001). Human CD34 (t) stem cells express the hiwi gene, a human homologue of the *Drosophila gene piwi*. *Blood*, **97**, 426 - 434.

Song, J. J., Liu, J., Tolia, N. H. *et al*. (2003). The crystal structure of the Argonaute2 PAZ domain reveals an RNA binding motif in RNAi effector complexes. *Nature Structural Biology*, **10**, 1026 - 1032.

Song, J. J., Smith, S. K., Hannon, G. J. and Joshua-Tor, L. (2004). Crystal structure of Argonaute and its implications for RISC slicer activity. *Science*, **305**, 1434 - 1437.

Szakmary, A., Cox, D. N., Wang, Z. and Lin, H. (2005). Regulatory relationship among piwi, pumilio, and bag-of-marbles in *Drosophila* germline stem cell self-renewal and differentiation. *Current Biology*, **15**, 171 - 178.

Tan, C. H., Lee, T. C., Weeraratne, S. D. *et al*. (2002). Ziwi, the zebrafish homologue of the Drosophila piwi: co-localization with vasa at the embryonic genital ridge and gonadspecific expression in the adults. *Gene Expresion Patterns*, **2**, 257 - 260.

Vagin, V. V., Sigova, A., Li, C. *et al*. (2006). A distinct small RNA pathway silences selfish genetic elements in the germline. *Science*, **313**, 320 - 324.

Ventela, S., Toppari, J. and Parvinen, M. (2003). Intercellular organelle traffic through cytoplasmic bridges in early spermatids of the rat: mechanisms of haploid gene product sharing. *Molecular Biology of the Cell*, **14**, 2768–2780.

Watanabe, T., Takeda, A., Tsukiyama, T. *et al*. (2006). Identification and characterization of two novel classes of small RNAs in the mouse germline: retrotransposon-derived siRNAs in oocytes and germline small RNAs in testes. *Genes & Development*, **20**, 1732–1743.

Wilson, J. E., Connell, J. E. and Macdonald, P. M. (1996). Aubergine enhances oskar translation in the *Drosophila* ovary. *Development*, **122**, 1631–1639.

Yan, K. S., Yan, S., Farooq, A. *et al*. (2003). Structure and conserved RNA binding of the PAZ domain. *Nature*, **426**, 468–474.

Yang, Z., Ebright, Y. W., Yu, B. and Chen, X. (2006). HEN1 recognizes 21–24 nt small RNA duplexes and deposits a methyl group onto the 2′ OH of the 3′ terminal nucleotide. *Nucleic Acids Research*, **34**, 667–675.

Yu, B., Yang, Z., Li, J. *et al*. (2005). Methylation as a crucial step in plant microRNA biogenesis. *Science*, **307**, 932–935.

38　免疫学、心脏病学、糖尿病以及单细胞生物中的microRNA

Krishnarao Appasani

正如本章所述，被称为“microRNA”的小分子RNA调控着不同的生物学过程，比如发育、分化及多种疾病的发生。但是，microRNA的作用机制尚未明确。本书并未涵盖microRNA在免疫系统甚至心脏的应激反应等方面相关的最新研究进展。某些microRNA在免疫系统中呈阶段特异性表达，它们在其中作为重要调控因子的角色正日益明显。大约20年前，生物学家就开始采用基因敲除的方法，通过对基因敲除动物进行研究来确定靶基因的功能。采用类似策略，现在则可能通过使RNA断裂并降解的方法来部分沉默基因的表达。总的来说，至今所进行的基因敲除小鼠的研究，已帮助我们认识到基因是如何控制健康和疾病的。由于microRNA组学的迅猛发展，本章所提供的材料也许稍显过时。事实上，在当我们将本书各章节定稿时，microRNA在免疫学、心脏病学、糖尿病及单细胞生物中的作用已陆续报道。所以，本章将对这些方面进行综述。

38.1　microRNA在免疫学中的作用

研究表明，人类超过30%的基因受一类被称作microRNA的小分子RNA调控，它们阻止某些特定基因翻译为蛋白质，并调控诸如细胞分裂、发育等非常关键的生物学过程。至今为止，虽然已在哺乳动物中鉴定出超过500种microRNA分子，但是对于它们究竟如何起作用，以及单一microRNA分子的重要性等问题至今仍然没有明确的答案。

Dicer是负责调控性RNA分子生物合成的一个重要酶，也是免疫系统所需要的。Dicer在T细胞识别指令中的作用显示，miRNA确实在淋巴细胞中发挥着非常重要的调控作用（Muljo *et al.*，2005；Cobb *et al.*，2006）。*Bic*基因在鸡淋巴瘤细胞中发现之初被认为是作为禽类白血病病毒最常见的整合位点（Clurman and Hayward，1989），但是最近则发现它也作为miR-155的初级转录物存在（Tam *et al.*，1997；Lagos-Quintana *et al.*，2002）。在激活的B细胞、T细胞、激活的巨噬细胞及树突细胞中，都出现bic/miR-155表达升高的现象（Stetson and Medzhitov，2006；Taganov *et al.*，2006）。此外，在B细胞淋巴瘤、部分实体瘤以及霍奇金病中也有miR-155高表达的报道，表明该基因位点可能也与癌症有一定关联（Calin and Croce，2006；Costinean *et al.*，2006）。

至今为止，在脊椎动物中尚没有关于缺失miRNA基因后对生物体所引起后果的报道。因此，为了从体内阐述microRNA的功能，来自Sanger研究所的Allan Bradley小组和来自哈佛大学的Klaus Rajewsky小组各自独立开展哺乳动物基因敲除实验，以期获得*bic*基因缺失的小鼠（Rodriguez *et al.*，2007；Thai *et al.*，2007）。Bradley实验室构建了*bic/miR-155*等位基因缺失型小鼠，结果表明，这些*bic/miR-155*等位基因缺失小鼠可以存活并能繁殖，但最后会发生肺支气管重建（这是支气管上皮基底胶原沉积以及支气管腔壁增厚的后果）。此外，支气管肺泡灌洗液中白细胞的数量也显著增多。这些表型都表明 *bic/miR-155* 可能直接参与免疫系统动态平衡的调控，或者也有可能间接地发挥作用。为了了解体内免疫反应缺陷的本质，Bradley 研究小组也探索了 B 细胞和 T 细胞是否对 *bic/miR-155* 基因具有内在需求。此研究对 miR-155 的靶基因进行了大规模的鉴定，这些靶基因具有多种多样的分子生物学功能，如 T 细胞的共激活、趋化性以及信号转导（Rodriguez *et al.*，2007）。有趣的是，转录因子 c-Maf 作为白细胞介素-4 通路中潜在的转录激活子，其作用也在其中得到了揭示。本研究发现了 miR-155 的一些新的潜在靶基因，这也进一步支持并印证了 *bic/miR-155* 在多种细胞中的核心调控子作用。令人感兴趣的是，人的 *bic/miR-155* 基因位于 21 号染色体，并且定位于哮喘病、花粉敏感以及过敏性皮炎的基因易感区。通过基因敲除的方法从而引起基因功能的缺失并导致严重表型的产生，该研究不仅能为 miRNA 的体内功能提供线索，也与人类疾病直接密切相关。这些转基因小鼠研究也有望帮助我们更多地了解潜在的人类免疫疾病相关基因的基因位点。

在 T 细胞依赖性的抗体应答中，生发中心是抗体亲和性成熟以及记忆性 B 细胞产生的场所（Rajewsky，1996）。在人体的生发中心即 B 细胞中能检测到 *bic/miR-155* 基因的表达。为了弄清 *bic/miR-155* 基因的生理学功能，Rajewsky 研究小组通过构建转基因小鼠的方法，发现在与消化道相关的淋巴组织中 B 细胞和 T 细胞是被激活的（Thai *et al.*，2007）。尽管从野生型小鼠中分离到的 B 细胞中也能检测到 *bic/miR-155* 正常水平的表达，但是当这些细胞受到 CD40 或者能与 Toll 样受体结合的分裂素刺激时，*bic/miR-155* 的表达水平上调。同样，T 细胞中也可以检测到 *bic/miR-155* 正常水平的表达，但当受细胞因子（如白细胞介素-4）的激活时其表达水平上升，说明这些动物更倾向于向辅助 T 细胞 Th2 亚型分化。这两个研究组的转基因实验从基因功能缺失和功能获得两个方面结合，证明了 miR-155 确实参与了体内免疫应答反应中特定分化过程的调控。这些研究给我们带来非常重要的启示，即一个基因可能不止受一个 microRNA调控。

目前，对于炎症、先天性免疫及 miRNA 表达水平之间关系的研究才刚刚开始。哺乳动物先天性免疫和获得性免疫的激活受到多种机制的调控（Taganov *et al.*，2007）。最近，来自加州理工学院的 David Baltimore 及其同事证明了 microRNA 在免疫应答通路中具有调控作用（Taganov *et al.*，2006）。通过对人类单核细胞中 200 种 miRNA 的表达谱分析，揭示其中有些 miRNA（如 miR-146a/b、miR-132 及 miR-155）为内毒素应答基因。此外，通过对 miR-146a 和 miR-146b 基因表达水平的系统分析，发现在一系列微生物群组以及促炎症细胞因子的作用下，这两种 miRNA 被诱导表达（Taganov *et al.*，2006）。同一研究也表明 miR-146 是 NF-kappaB 依赖性基因（Taganov *et al.*，2006）。最近的研究发现 miR-155 是唯一一个受 Toll 样受体的配体调控的 microRNA（O’Connell *et al.*，2007）。从前期的研究可知 miR-155 是一个原癌基因（Calin and Croce，2006；Costinean *et al.*，2006），因此，从目前研究所证明的关于 miR-155 参与先天性免疫的研究（Taganov *et al.*，2007）表明炎症和癌症之间可能具有某种潜在的联系，以上都值得我们深入探索。

38.2 心脏病学中的 microRNA

动物与植物中数目众多的 miRNA 可能参与许多基因的表达调控，从而形成细胞的多样性以及个体不同的发育模式。有关 microRNA 在多种类型的癌症中的作用已有不少研究报道，本书第 V 部分也对此进行了详述。但是对于 miRNA 在心肌肥大中的功能至今还未能明确。

目前在心脏病学这一领域中 microRNA 的研究在其中已经占有相当重要的地位，关于这些微小的 RNA 分子如何影响心脏发育和疾病这一课题逐渐引人关注。最近，4 个研究小组已经各自独立证实了 microRNA 在心脏病学中的重要性，特别是其在心脏发育和功能方面，以及其对参与电传导、心肌肥大和心脏收缩的基因的表达调控。一般来说，细胞因子或由各种信号转导通路所引起的压力过负等外部刺激作用于心肌细胞后，引起心脏应激或心肌肥大（McKinsey and Olson，2005），并最终诱导心脏基因表达模式的重编程以及只在“胚胎”心脏中特异性表达的基因的重新激活（McKinsey and Olson，2005）。miR-133 和 miR-1 这两个 microRNA 在骨骼肌和心肌细胞中特异表达（Chen *et al.*，2006；van Rooij *et al.*，2006）。miR-133 在骨骼肌成肌细胞增殖及分化过程中的功能已经得到确定，但其在心肌细胞肥大中的作用却尚无任何研究。

因此，来自意大利罗马高级卫生学院的 Peschle 研究小组及加州大学圣地亚哥分校的 Condorelli 研究小组合作对 miR-133 和 miR-1 在不同组织中的表达谱进行了研究（Care *et al.*，2007）。他们通过原位杂交的方法获得了 miR-133 存在于胚胎心脏及骨骼肌中的初始线索。在三个小鼠心肌肥大模型中（心肌肥大是一种对于机械或激素压力的必然的适应性生理反应，以至心肌细胞体积变大），miR-133 和 miR-1 的表达水平降低(其中在右心室中更甚)。将研究范围扩展到人时，发现在患有心脏疾病的患者中，病变的心室和心房中两种 miRNA 的表达水平均较正常人降低了 50%（Care *et al.*，2007）。综合鼠和人的数据表明 miR-133 和 miR-1 这两个 miRNA 的表达水平与心肌肥大具有负相关性。

此外，研究人员利用“antagomir”寡核苷酸的方法研究 miRNA 的体外及体内功能。最近的研究也表明，miRNA 可能依据“组合通路模型”实现其功能，即单个 miRNA可以靶向多个 mRNA 分子，而几个共表达的 miRNA 也可能靶向同一个 mRNA 分子（Lin *et al.*，2005；Stark *et al.*，2005）。基于这个观点，研究人员找到了 miR-133 的三个与心肌肥大发育过程相关的靶基因，即 RhoA、Cdc42 及 NELFA/Whsc2。由于 miR-133 和 miR-1 已被揭示为心肌肥大的关键调控因子，因此它们在心脏疾病的治疗中具有潜在的应用前景，特别是通过注射 miR-133 的特异性阻遏物即 antagomir-133 的方法为将来的治疗应用提供了一种新的途径（care *et al.*，2007）。

心脏的收缩性取决于肌球蛋白重链（MHC）中 α 链和 β 链的表达水平，因而很有必要全面了解这些基因的表达调控机制，并由此发展出相应的治疗策略（Mckinsey and Olson，2005）。在此之前，来自西南医学院的 Olson 研究小组已经鉴定出与病理性心肌生长和心脏重塑相关的 miRNA 表达特征谱（van Rooij *et al.*，2006）。他们在近期研究中采用 Cre 介导的重组方法构建了 miR-208 突变的小鼠，并发现 αMHC 基因突变导致了胚胎早期致死。敲除了 miR-208 的小鼠则可以存活，而且直到 20 周龄心脏仍未出现任何异常（如大小、形状和结构）。但是，当用超声波心动描记术对其机能进行监控时，发现由于心脏收缩时左心室直径增大，使得心脏收缩性出现轻微的下降（van Rooij *et al.*，2007）。突变小鼠的心脏机能从第6个月起进一步衰弱。此外，研究人员也发现敲除了miR-208的小鼠对于心肌纤维化和心肌肥大具有抵抗性（van Rooij *et al.*，2007）（图38.1）。

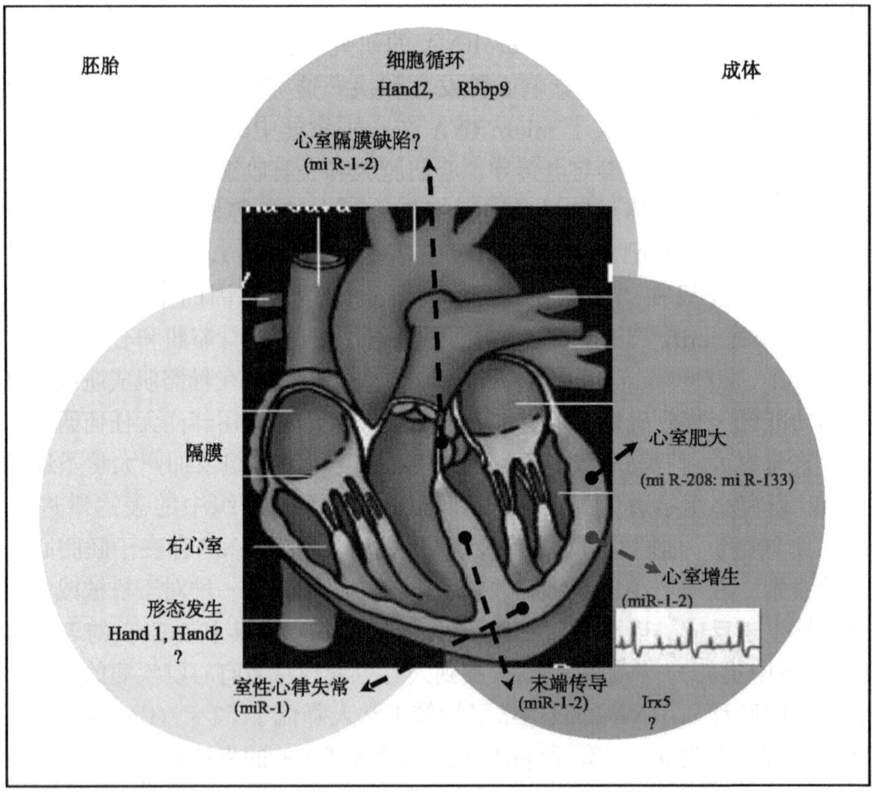

图38.1 心脏发生及其功能维持过程中的microRNA。详细描述了microRNA在心肌发生过程中的重要性以及在疾病中的作用。miR-1的缺失导致室性心律失常，在其中表现为心跳电脉冲变得不规则。miR-1-2的缺乏可导致室间隔缺损以及远端传导缺陷。miR-208和miR-133的缺乏可导致心肌肥大，表现为心肌细胞显著增大。miR-1-2的缺失也会影响心脏的形态发生。图中显示了它们在胚胎发育过程中已鉴定的潜在靶基因。miR-1与细胞周期相关的假定靶基因包括Hlf（肝性白血病因子）和Rbbp9（成视网膜细胞瘤结合蛋白9），同样显示于图中。[此图参考Chien，K. R.（2007）. Nature，447，389和Mishima，Y.，Stalhut，C. and Giraldez，A. J.（2007）. Cell，129，248的原图，经过修改并重新作图而成。]

利用转基因的方法，研究人员证实将miR-208敲除会引起βMHC表达水平上调。这些实验也表明miR-208通过甲状腺激素受体信号传导途径增强βMHC的表达（van Rooij *et al.*，2007）。研究人员又利用生物信息学的方法发现甲状腺激素受体相关蛋白1基因可作为miR-208的潜在靶基因。在治疗上可通过控制miR-208的表达或其与mRNA靶标的相互作用以抑制βMHC的表达，并可能增强心脏的功能。这些结果都表明，miR-208 作为一个必不可少的心脏特异的 βMHC 调控分子，在心脏应激和 T3 信号转导途径中发挥了中介作用（van Rooij *et al.*，2007）。

器官形成是一个复杂的生物过程，要求对基因表达进行精确的空间和时间调控（Mishima *et al.* 2007）。尽管心脏疾病中 miRNA 的表达失调已有报道，但是在心脏的正常发育和状态维持过程中是否需要 miRNA 的作用则尚未明了（van Rooij *et al.*，2006；Sayed *et al.*，2007）。转录因子作用网络以剂量效应的方式调控心脏发育及功能维持，但是翻译水平上的调控对这些信号通路的微调效果则基本未知（Y. Zhao *et al*，2007）。因此，为了研究 miRNA 在心脏发育过程中的作用，两个研究小组构建了在心脏组织中特异性缺失 microRNA 加工酶 Dicer 的小鼠模型，并对 miR1-2 进行重点研究。在肌肉发生过程中，已有研究表明 miR-1 参与肌细胞分化过程（Zhao *et al.*，2005）。最近报道称成年大鼠心脏中的 miR-1 表达水平明显高于新生大鼠，表明 miR-1 除了在肌肉发生中起作用外，还可能具有病理生理功能（Chen *et al.*，2006；Rao *et al.*，2006；Yang *et al.*，2007）。在患有冠心病的患者个体中同样发现 miR-1 上调的现象，尤其在缺血区上调更为明显。

在治疗应用中，将经过修饰的 miR-1 特异的反义寡核苷酸在体内输送至梗死的心肌，结果心律不齐的症状被明显抑制。这些结果表明 miR-1 作为致心律失常或促心律失常因子对缺血性心脏具有损害作用（Yang *et al.*，2007）。加利福尼亚大学旧金山分校的 Deepak Srivastava 及其同事们在心脏发育过程中通过基因敲除的方法完全缺失小鼠 miR1-2 基因，发现这些突变小鼠除了心脏壁增厚之外，心脏机能正常（Y. Zhao *et al.*，2007）。此外，缺失 miR1-2 的小鼠具有一系列的异常症状，包括致死性、心律失常及单核细胞细胞周期的明显异常现象（图 38.1）。Y. Zhao（2007）等构建了肌肉特异 miRNA 即 miR1-2 缺失的小鼠，并揭示了 miRNA 在一种最最常见的先天性心脏病即室间隔缺损性心脏病中的作用，这种心脏病最明显的特征是心脏的左右心室间的隔膜上出现缺孔（图 38.1）。

以上研究都鉴定了 miR-1 的靶基因，它们或许可以部分地对相关疾病的表现症状给予解释。这些靶基因包括一种缝隙连接蛋白，它在心肌细胞间电传导过程起作用（Yang *et al.*，2007）；此外还包括心脏转录因子 Irx5，它调节着心脏电传导系统的形成和成熟（Y. Zhao *et al.*，2007）（图 38.1）。以上结果具有重要的提示意义，首先这些结果表明 miR1-2 在胚胎及成体心脏中发挥关键作用；其次，研究鉴定了一组 miR-1 的潜在靶基因，它们在心脏发育及生理机能方面发挥着重要的作用；此外，结果也表明 miR-1 的表达量对于心脏发育非常重要。总的说来，这些研究都表明 miR-1 表达水平的严格调控对于心脏信号传导及其功能的维持都具有极其重要的作用。通过表达谱分析，我们可知在心肌肥大的小鼠心脏中 miR-21 和 miR-18b 的表达水平比正常组高达 4 倍之多（Cheng *et al.*，2007；Tatsuguchi *et al.*，2007）。

体内研究方法是现代转化医学（即从基础研究到临床应用）研究的基石之一，其目的是了解复杂的生理过程是如何在分子水平得到协同调控的（Chien，2007）。尽管前面提到的 4 个研究小组都敲除了不同的 microRNA 分子，但我们仍然不知道每个 miRNA 分子所有的靶基因。更重要的是，这些研究对我们提出的问题远远多于所获得的答案。尽管如此，这些研究还是提供了确凿的证据证明一批 miRNA 可以在体内调节多种心血管功能（图 38.1）。之前的研究显示 miRNA 在胚胎心肌前体细胞中确实参与调控特定细胞命运的决定（Y. Zhao *et al.*，2005，2007）。在不久的将来，我们期待能将 miRNA 确定到心血管不同细胞类型的细胞命运决定过程中的特定位置。总体说来，这些结果对转化医学研究具有重要的启示意义，也必将加深我们对与心脏疾病相关信号通路的了解，并在今后能将 miRNA 发展成为一种潜在的治疗靶标，对诸如高血压、缺血性心脏病、心脏瓣膜病、内分泌失调等心血管疾病提供新的治疗手段（Chien，2007）。microRNA 也可能与阿尔茨海默病相关，对此我们期待后续的研究。或许不久的将来，我们可以从 microRNA 中找到其他基因无法解释的引起遗传缺陷性疾病的答案（Couzin，2007）。

38.3 糖尿病中 microRNA 的作用

糖尿病是一种很常见的代谢失调症，它能够引发失明、肾衰竭及下肢坏疽，也是引起心血管疾病以及中风的主要风险。2 型糖尿病是糖尿病的最常见形式，其病因为胰腺β细胞的胰岛素释放不足及（或者）胰岛素目标组织的敏感度下降（Abderrahmani *et al.*，2006）。为了研究 miRNA 在胰岛内分泌细胞中的作用，Stoffel 及其同事们克隆并鉴定了一个新的、进化保守的胰岛特异性 miRNA——miR-375（Poy *et al.*，2004）。结果显示过表达 miR-375 会抑制葡萄糖诱导的胰岛素分泌，相反，抑制内源 miR-375 的功能则会提高胰岛素的分泌。研究人员预测并通过实验证实了肌侵蛋白（Mtpn）可作为 miR-375 新的靶基因（Poy *et al.*，2004）。在葡萄糖刺激的胰岛素分泌及胞外分泌中，利用干扰小分子 RNA 抑制 Mtpn 的表达能够模拟 miR-375 的作用。这些结果令人兴奋，特别是它们对于了解机体如何调控胰岛素分泌开启了一扇新的大门，并可能为糖尿病的治疗开辟一条新的途径（Poy *et al.*，2004）。最近，Regazzi 研究小组通过对 microRNA 表达谱进行大规模分析，证明 miR-9 调控胰岛素分泌细胞所必需的重要基因的表达，并突出了它们对于β细胞特异性以及β细胞死亡调控的重要意义。

38.4 单细胞生物中的 microRNA

涡虫是具有再生能力这一独特功能的简单的后生动物，因此它是研究再生、细胞谱系决定及基础干细胞生物学等多方面的理想模型。已有报道在涡虫中克隆并初步鉴定了 71 个 miRNA（Palakodeti *et al.*，2006）。尽管有些 miRNA 是已在其他物种中鉴定的 miRNA 家族的成员，但是该研究也证明了部分涡虫特异性 miRNA。在裂殖酵母中，存在唯一一类 siRNA 位于 RNA 诱导的沉默复合体中，并证实它们与异染色质的形成及表观沉默相关（Lippman and Martiensen，2004）。在四膜虫中也鉴定出一类长度大约为 26～31 个碱基的小分子 RNA，被称为 scan RNA（Mochizuki and Gorovky，2004；Lee and Collins，2006）。在这些单细胞生物中所发现的小分子 RNA 通路看起来比多细胞生物中要相对简单。

直到最近才在低等生物中检测到 microRNA。新的高通量并行焦磷酸测序方法的发展及应用有助于从数以千计的 RNA 分子中筛选到 microRNA（Margulies *et al.*，2005）。应用这些深度测序方法，两个研究小组独立从一种绿藻——莱茵衣藻中检测到了大约 4000 条小 RNA 序列（Molnar *et al.*，2007；T. Zhao *et al.*，2007）。令人吃惊的是，其中大约有 200 条（5%）是 microRNA。这是第一个证明 microRNA 存在于低等单细胞生物中的研究。除了 miRNA 外，许多来源于不同基因座的内源小分子 RNA 也被发现（Zhao *et al.*，2007）。有趣的是，在莱茵衣藻中的所有 miRNA 与其他绿藻、植物及动物中的 miRNA 均不具有同源性，提示莱茵衣藻可能在从共同的祖先分支出来后独立产生了自身所特有的 miRNA 基因（Molnar *et al.*，2007；Siomi and Siomi，2007）。但是，莱茵衣藻的 miRNA 却与植物 miRNA 具有以下共同特点：①长度大约为 21 个碱基，5′端对于尿嘧啶有偏好性；②在 Dicer 的作用下，从茎环结构的前体上加工而成；③能够指导靶 RNA 分子的切割（T. Zhao *et al.*，2007）。

目前对于这些 miRNA 的功能仍然不清楚。研究发现莱茵衣藻在配子分化以及鞭毛装配过程中某些 miRNA 的表达水平发生变化，提示这些 miRNA 可能与无性生殖和鞭毛发育有关（T. Zhao *et al.*，2007）。这些 miRNA 可能有助于莱茵衣藻对极端环境或代谢通路作出反应（Molnar *et al.*，2007）。microRNA 存在于藻类中这一事实说明它们比我们之前所认为的更为古老，有可能已经持续存在 10 亿年以上（Odling-Smee，2007）。简单的单细胞生物中的 RNA 似乎与高等生物中的一样复杂。目前我们面临的主要的任务是要确定这些 miRNA 的靶基因，阐明它们在莱茵衣藻生物学中的功能，这项任务艰巨同样也令人兴奋。最后，我们想知道莱茵衣藻近属中存在的 miRNA 和 siRNA如何影响到其基因型和表型。我们相信数年之内在单细胞生物中的所有小 RNA 分子都将得到详尽的研究，届时将有助于我们更全面、更深入地了解 microRNA 的生理学功能。

参考文献

Abderrahmani, A., Cheviet, S., Ferdaoussi, M. *et al*. (2006). ICER induced by hyperglycemia represses the expression of genes essential for insulin exocytosis. *European Molecular Biology Organization Journal*, **25**, 977–986.

Calin, G. A. and Croce, C. M. (2006). MicroRNA signatures in human cancers. *Nature Reviews in Cancer*, **11**, 857–866.

Care, A., Catalucci, D., Felicetti, F. *et al*. (2007). MicroRNA-133 controls cardiac hypertrophy. *Nature Medicine*, **13**, 613–618.

Chen, J. F., Mandel, E. M., Thomson, J. M. *et al*. (2006). The role of microRNAs-1 and *microRNAs-133* in skeletal muscle proliferation and differentiation. *Nature Genetics*, **38**, 228–233.

Cheng, Y., Ji, R., Yue, J. *et al*. (2007). MicroRNAs are aberrantly expressed in hypertrophic heart: do they play a role in cardiac hypertrophy? *American Journal of Pathology*, **170**, 1831–1840.

Chien, K. R. (2007). MicroRNAs and the tell tale heart. *Nature*, **447**, 389–390.

Clurman, B. E. and Hayward, W. S. (1989). Multiple proto-oncogene activations in avian leukosis virus-induced lymphomas: evidence for stage-specific events. *Molecular Cell Biology*, **9**, 2657–2664.

Cobb, B. S., Hertweck, A., Smith, J. *et al*. (2006). A role for Dicer in immune regulation. *Journal of Experimental Medicine*, **203**, 2519–2527.

Costinean. S., Zanesi, N., Pekarsky, Y. *et al*. (2006). Pre-B cell proliferation and lymphoblastic leukemia/high-grade lymphoma in E (mu) -*miR155* transgenic mice. *Proceedings of the National Academy of Sciences USA*, **103**, 7024–7029.

Couzin, J. (2007). Erasing microRNAs reveals their powerful punch. *Science*, **316**, 530.

Kwon, C., Han, Z., Olson, E. N. and Srivastava, D. (2005). MicroRNA 1 influences cardiac differentiation in *Drosophila* and regulates Notch signaling. *Proceedings of the National Academy of Sciences USA*, **102**, 18986–18991.

Lagos-Quintana, M., Rauhut, R., Yalcin, A. *et al*. (2002). Identification of tissue-specific microRNAs from mouse. *Current Biology*, **12**, 735–739.

Lee, S. R. and Collins, K. (2006). Two classes of endogenous small RNAs in *Tetrahymena thermophila*. *Genes & Development*, **20**, 28–33.

Lin, H., Thomson, J. M., Hemann, M. T. *et al*. (2005). A microRNAs polycistron as a potential human oncogene. *Nature*, **435**, 828–833.

Lippman, Z. and Martiensen, R. (2004). The role of RNA interference in heterchromatic silencing. *Nature*, **431**, 364–370.

Margulies, M., Egholm, M., Altman, W. E. *et al*. (2005). Genome sequencing in microfabricated high-density picolitre reactors. *Nature*, **437**, 376–380.

McKinsey, T. A. and Olson, E. N. (2005). Toward transcriptional therapies for the failing heart: chemical screens to modulate genes. *Journal of Clinical Investigation*, **115**, 538–546.

Mishima, Y., Stahlhut, C. and Giraldez, A. J. (2007). miR-1–2 gets to the heart of the matter. *Cell*, **129**, 247–249.

Mochizuki, K. and Gorovky, M. A. (2004). Conjugation-specific small RNAs in Tetrahymena have predicted properties of scan (scn) RNAs involved in genome rearrangement. *Genes & Development*, **18**, 2068–2073.

Molna'r, A., Schwach, F., Studholme, D. J., Thuenemann, E. C. and Baulcombe, D. C. (2007). miRNAs control gene expression in the single-cell alga *Chlamydomonas reinhardtii*. *Nature*, May 30 [Epub ahead of print]

Muljo, S. A., Ansel, K. M., Kanellopoulou, C. *et al*. (2005). Aberrant T cell differentiation in the absence of Dicer. *Journal of Experimental Medicine*, **202**, 261–269.

O'Connell, R. M., Taganov, K. D., Boldin, M. P., Cheng, G. and Baltimore, D. (2007). MicroRNA-155 is induced during the macrophage inflammatory response. *Proceedings of the National Academy of Sciences USA*, **104**, 1604–1609.

Odling-Smee, L. (2007). Complex set of RNAs found in simple algae. *Nature*, **447**, 518.

Palakodeti, D., Smielewska, M. and Graveley, B. R. (2006). MicroRNAs from the planarian *Schmidtea mediterranea*: a model system for stem cell biology. *RNA*, **12**, 1640–1649.

Plaisance, V., Abderrahmani, A., Perret-Menoud, V. *et al*. (2006). MicroRNA-9 controls the expression of Granuphilin/Slp4 and the secretory response of insulin-producing cells. *Journal of Biological Chemistry*, **281**, 26 932–26 942.

Poy, M. N., Eliasson, L., Krutzfeldt, J. *et al*. (2004). A pancreatic islet-specific microRNA regulates insulin secretion. *Nature*, **432**, 226–230.

Rajewsky, K. (1996). Clonal selection and learning in the antibody system. *Nature*, **381**, 751–758.

Rao, P. K., Kumar, R. M., Farkhondeh, M., Baskerville, S. and Lodish, H. (2006). Myogenic factors that regulate expression of muscle-specific microRNAs. *Proceedings of the National Academy of Sciences USA*, **103**, 8721–8726.

Rodriguez, A., Vigorito, E., Clare, S. *et al*. (2007). Requirement of *bic/microRNAs-155* for normal immune function. *Science*, **316**, 608–611.

Sayed, D., Hong, C., Chen, I. -Y., Lipowy, J. and Abdellatif, M. (2007). MicroRNAs play an essential role in the development of cardiac hypertrophy. *Circulation Research*, **100**, 416–424.

Siomi, H. and Siomi, M. C. (2007). Expanding RNA physiology: microRNAs in a unicellular organism. *Genes & Development*, **21**, 1153–1156.

Stark, A., Brennecke, J., Bushati, N., Russell, R. B. and Cohen, S. M. (2005). Animal microRNAs confer robustness to gene expression and have a significant impact on 3′UTR evolution. *Cell*, **123**, 1133–1146.

Stetson, D. B. and Medzhitov, R. (2006). Recognition of cytosolic DNA activates an IRF3- dependent innate immune response. *Immunity*, **24**, 93–103.

Taganov, K. D., Boldin, M. P., Chang, K. J. and Baltimore, D. (2006). NF-κB-dependent induction of microRNA *miR-146*, an inhibitor targeted to signaling proteins of innate immune responses. *Proceedings of the National Academy of Sciences USA*, **103**, 12 481–12 486.

Taganov, K. D., Boldin, M. P. and Baltimore, D. (2007). MicroRNAs and immunity: tiny players in a big field. *Immunity*, **26**, 133–137.

Tam, W., Ben-Yehuda, D. and Hayward, W. S. (1997). *bic*, a novel gene activated by proviral insertions in avian leukosis virus-induced lymphomas, is likely to function through its noncoding RNA. *Molecular Cell Biology*, **17**, 1490–1502.

Tatsuguchi, T., Seok, H. Y., Callis, T. E. *et al*. (2007). Expression of microRNAs is dynamically regulated during cardiomyocyte hypertrophy. *Journal of Molecular and Cellular Cardiology*, **42**, 1137–1141.

Thai, T., Calado, D. P., Casola, S. *et al*. (2007). Regulation of germinal center response by microRNAs-155. *Science*, **316**, 604–608.

van Rooij, E., Sutherland, L. B., Liu, N. *et al*. (2006). A signature pattern of stress-responsive microRNAs that can evoke cardiac hypertrophy and heart failure. *Proceedings of the National Academy of Sciences USA*, **103**, 18 255–18 260.

van Rooij. E., Sutherland, L. B., Qi, X. *et al*. (2007). Control of stress-dependent cardiac growth and gene expression by a microRNAs. *Science*, **316**, 575–579.

Yang, B., Lin, H., Xiao, J. *et al*. (2007). The muscle specific microRNAs *miR-1* regulates cardiac arrhythmogenic potential by targeting GJA1 and KCNJ2. *Nature Medicine*, **13**, 486–491.

Zhao, T., Li, G., Mi, S. *et al*. (2007). A complex system of small RNAs in the unicellular green alga *Chlamydomonas reinhardtii*. *Genes & Development*, **21**, 1190–1203.

Zhao, Y., Samal, E. and Srivastava, D. (2005). Serum response factor regulates a musclespecific mircroRNA that targets Hand2 during cardiogenesis. *Nature*, **436**, 214–220.

Zhao, Y., Ransom, J. F., Li, A. *et al*. (2007). Dysregulation of cardiogenesis, cardiac conduction, and cell cycle in mice lacking *miRNA-1–2*. *Cell*, **129**, 303–317.

索　引